Studienbücher der
Geographie

Bahrenberg / Giese /
Mevenkamp / Nipper
Statistische Methoden in der Geographie
Band 2
Multivariate Statistik

D1735859

capio lumen

1790

Studienbücher der

Geographie

(Früher: Teubner Studienbücher der Geographie)

Herausgegeben von

Prof. Dr. Hans Gebhardt, Heidelberg

Prof. Dr. Roland Baumhauer, Würzburg

Prof. Dr. Jörg Bendix, Marburg

Prof. Dr. Paul Reuber, Münster

Die Studienbücher der Geographie behandeln wichtige Teilgebiete, Probleme und Methoden des Faches, insbesondere der Allgemeinen Geographie. Über Teildisziplinen hinweggreifende Fragestellungen sollen die vielseitigen Verknüpfungen der Problemkreise sichtbar machen. Je nach der Thematik oder dem Forschungsstand werden einige Sachgebiete in theoretischer Analyse oder in weltweiten Übersichten, andere hingegen stärker aus regionaler Sicht behandelt. Den Herausgebern liegt besonders daran, Problemstellungen und Denkansätze deutlich werden zu lassen. Großer Wert wird deshalb auf didaktische Verarbeitung sowie klare und verständliche Darstellung gelegt. Die Reihe dient den Studierenden zum ergänzenden Eigenstudium, den Lehrern des Faches zur Fortbildung und den an Einzelthemen interessierten Angehörigen anderer Fächer zur Einführung in Teilgebiete der Geographie.

Statistische Methoden in der Geographie

Band 2
Multivariate Statistik

3., neubearbeitete Auflage

von

Dr. rer. nat. Gerhard Bahrenberg
Professor an der Universität Bremen

Dr. rer. nat. Ernst Giese
Professor an der Universität Gießen

Dr. rer. pol. Nils Mevenkamp
Wiss. Mitarbeiter an der Universität Bremen

Dr. rer. nat. Josef Nipper
Professor an der Universität zu Köln

Mit 112 Abbildungen und 24 Tabellen

Gebr. Borntraeger Verlagsbuchhandlung
Berlin · Stuttgart 2008

Prof. Dr. rer. nat. **Gerhard Bahrenberg**
1943 geboren in Bad Kreuznach; 1962–1969 Studium der Geographie und Mathematik in Münster; 1969 1. Staatsexamen und Promotion; 1969–1975 Wissenschaftlicher Assistent am Seminar für Geographie und ihre Didaktik der Gesamthochschule Duisburg; 1974 Habilitation für Geographie und ihre Didaktik; 1975 Wissenschaftlicher Rat und Professor an der Gesamthochschule Duisburg; seit 1975 Professor für Sozial- und Wirtschaftsgeographie an der Universität Bremen; seit August 2008 im Ruhestand.

Prof. Dr. rer. nat. **Ernst Giese**
1938 geboren in München; 1958–1964 Studium der Fächer Geographie und Mathematik in München und Münster; 1964 1. Staatsexamen und 1965 Promotion in Münster; 1965–1971 Wissenschaftlicher Assistent am Institut für Geographie und Länderkunde der Westfälischen Wilhelms-Universität in Münster; 1971 Habilitation für Geographie in Münster; 1971–1973 Wissenschaftlicher Rat und Professor an der Westfälischen Wilhelms-Universität in Münster; 1973–2007 Professor für Wirtschaftsgeographie an der Justus-Liebig-Universität in Gießen; seit April 2007 emeritiert.

Prof. Dr. rer. nat. **Josef Nipper**
1947 geboren in Vestrup; 1968–1973 Studium der Fächer Geographie, Mathematik und Mathematische Logik in Münster; 1973 1. Staatsexamen und 1975 Promotion in Münster; 1973–1978 Wissenschaftlicher Angestellter, anschließend bis 1984 Hochschulassistent am Geographischen Institut der Universität Gießen; 1983 Habilitation für Wirtschafts- und Sozialgeographie; 1983–1984 Gastprofessor an der Wilfried Laurier University in Waterloo (Ontario, Kanada); 1984–1986 Professor für Stadtgeographie an der Justus-Liebig-Universität in Gießen; seit 1986 Professor für Sozial- und Wirtschaftsgeographie an der Universität zu Köln.

Dr. rer. pol. **Nils Mevenkamp**
1965 geboren in Bochum; 1986–1992 Studium der Geographie an der Universität Bremen (Diplomstudium mit den Nebenfächern Biologie und Geologie); 1992 Diplomexamen und 1999 Promotion in Bremen; 1992–1994 Wissenschaftlicher Mitarbeiter im IHW-Projekt „Entwicklung eines DV-gestützten Informationssystems für die kommunale Verwaltung"; 1994–1997 Wissenschaftlicher Mitarbeiter im Studiengang Geographie der Universität Bremen; 1999–2005 Wissenschaftlicher Assistent am Institut für Geographie der Universität Bremen; seit 2002 Mitglied im Forschungsinstitut Stadt und Region (ForStaR) an der Universität Bremen; seit 2005 Lektor für die Methodenausbildung am Institut für Geographie an der Universität Bremen.

ISBN 978-3-443-07144-8
ISSN 1618-9175

© 2008 Gebr. Borntraeger, Berlin, Stuttgart
Gedruckt auf alterungsbeständigem Papier nach ISO 9706-1994

Gebr. Borntraeger Verlagsbuchhandlung, Johannesstr. 3A, D-70176 Stuttgart, Germany
mail@borntraeger-cramer.de   www.borntraeger-cramer.de

Druck: Gottlob Hartmann GmbH, Stuttgart
Printed in Germany

Vorwort

Sechs Jahre sind vergangen seit dem korrigierten Nachdruck der zweiten, neubearbeiteten Auflage des Bandes 2 „Multivariate Statistik" der „Statistischen Methoden in der Geographie". Die damals im Vorwort gemachten Aussagen zur Entwicklung Geographischer Informationssysteme und zur Bedeutung statistischer Verfahren als Elemente solcher Systeme sind unverändert gültig. Die in diesem Band vorgestellten statistischen Verfahren sind ebenfalls immer noch diejenigen, die in der Lehre und in der täglichen Arbeit von GeographInnen den „quantitativen" Kern bilden.

Wie bei den damaligen Überlegungen zur zweiten Auflage hat dieser Sachverhalt zusammen mit der allgemeinen Zielrichtung des Buches, die in der Geographie grundlegenden multivariaten Verfahren darzustellen, dazu geführt, für diese dritte Auflage keine wesentlichen inhaltlichen Änderungen vorzunehmen. Das gilt sowohl für die Darstellung der Methoden als auch die verwendeten Beispiele. Gegen Letzteres könnte man einwenden, dass diese „in die Jahre" gekommen sind, allerdings scheinen sie uns immer noch (manchmal auch gerade wegen ihres „nicht perfekten" Charakters) bestens geeignet zu sein, die Vorteile und Möglichkeiten wie auch die Nachteile und Gefahren der Anwendung der Verfahren deutlich zu machen. Jedenfalls sind uns keine geeigneteren eingefallen.

Änderungen haben sich in drei Bereichen ergeben. Erstens ist mit Nils Mevenkamp ein neuer Mitautor dazugekommen. Zweitens ist bei der Layoutgestaltung das Element der Boxen eingeführt worden. Mit den drei Boxentypen – Formeln/Formales, Möglichkeiten/Grenzen und Beispiel/Literatur – hoffen wir, noch etwas mehr Übersicht zu gewinnen.

Drittens haben wir uns bemüht, die Fehler, auf die wir aufmerksam gemacht worden sind bzw. die wir selber entdeckt haben, zu berichtigen. Allen, die uns dabei geholfen haben, möchten wir für diese Arbeit herzlich danken. Und da die vergangene Auflage gezeigt hat, dass es ohne solche Hilfe wohl nicht geht, bitten wir alle Leser auch bei dieser Auflage um solche Hinweise.

Eine vierte Änderung, die im vorliegenden Text nicht sichtbar wird, hat sich dadurch ergeben, dass im Zuge der um sich greifenden „Digitalisierung" das Buch vollständig mit der Software L^AT_EX erstellt worden ist. L^AT_EX bot sich an, da der Text viele mathematische Zeichen und Formeln enthält. Gleichzeitig war es für die Autoren das ein oder andere Mal ein durchaus spannendes Abenteuer, sich mit der Logik und den Möglichkeiten dieser für die Autoren „neuen" Software auseinander zu setzen.

In diesem Zusammenhang möchten die Autoren sich bei einigen Kölner „Heinzelmännchen" bedanken. Frau Kristina Schulz und Herr Dipl. Geogr. Benedikt Frese haben mit großer Geduld an der Erstellung einer ersten L^AT_EX-Fassung mitgeholfen. Herr Udo Beha hat sich um die kartographische Überarbeitung der Abbildungen gekümmert und ist mit mehr als großer Nachsicht auch jedem kleinsten Änderungswunsch nachgekommen.

Bremen, Gießen, Köln, Sommer 2008

Gerhard Bahrenberg
Ernst Giese
Nils Mevenkamp
Josef Nipper

Inhaltsverzeichnis

1 Einleitung

Der erste Teil der „Statistischen Methoden in der Geographie" behandelte ausschließlich die uni- und bivariate Statistik. Im hier vorliegenden Band wird auf diesen ersten Teil durch den Begriff „Band 1" hingewiesen (z.t. mit einer Ergänzung eines Stichwortes wie etwa „Band 1: Regressions- und Korrelationsanalyse"). In der univariaten Statistik wird jeweils nur eine Variable betrachtet, und zwar im Wesentlichen hinsichtlich der Verteilung ihrer Werte. In der bivariaten Statistik analysiert man die Verteilung zweier Variablen gleichzeitig, indem z. B. nach Art und Stärke des Zusammenhangs zwischen den beiden Variablen oder nach dem Einfluss der einen auf die andere gefragt wird. Wenn es aber um die „statistische Erklärung" einer Variablen Y geht, also um die Aufdeckung ihrer Variation, reicht eine bivariate Analyse häufig nicht aus. So wird etwa die Verdunstung nicht nur durch eine Variable (z.b. die Lufttemperatur), sondern durch einige weitere (z.b. die Windgeschwindigkeit, die relative Feuchte usw.) beeinflusst. Mit anderen Worten: In fast allen konkreten empirischen Untersuchungen ist es sinnvoll und notwendig, mehr als zwei Variablen in die Analyse einzubeziehen. Wir sprechen dann von einer „multivariaten" Analyse, die Gegenstand dieses zweiten Bandes ist. Im Wesentlichen stellt sie eine „natürliche" Erweiterung der bivariaten Analyse dar, so dass deren Grundprinzipien übernommen werden können.

Die Reihe der multivariaten Analyseverfahren ist mittlerweile recht lang, und es ist nicht leicht, einen Überblick zu gewinnen. Ein gängiges Kriterium zur Klassifikation der multivariaten Analyseverfahren ist das Skalenniveau der betrachteten Variablen (vgl. Band 1: Grundbegriffe der Statistik). Die sozusagen „klassischen" Methoden (Regressions-, Korrelations-, Faktorenanalyse) sind nur auf metrisch skalierte Variablen anwendbar, die – für den Fall statistischer Tests – bestimmte Verteilungsvoraussetzungen erfüllen müssen. Daneben sind in zunehmendem Maß, vor allem in den Sozialwissenschaften, Verfahren für Variablen nicht-metrischen Skalenniveaus getreten, die unter dem Begriff „diskrete Datenanalyse" zusammengefasst werden. Sie betreffen Variablen, deren Ausprägungen als Kategorien betrachtet werden können. Diese Kategorien sind im Fall von nominalskalierten Variablen ungeordnet (z. B. männlich/weiblich bei der Variablen „Geschlecht"). Sie können aber auch geordnet sein (z. B. hoch/mittel/niedrig bei der Variablen „Einkommen"). In diesem Fall spricht man von einer „kategorialen Ordinalskala". Die diskrete Datenanalyse wird deshalb auch häufig als „kategoriale Datenanalyse" bezeichnet. Ein Schwerpunkt liegt in der Analyse von mehrdimensionalen Kontingenztafeln (vgl. Band 1: Kontingenzkoeffizienten).

Für eine differenzierte Übersicht möge die folgende Tab. 1.1 dienen (vgl. O'BRIEN/WRIGLEY 1984).

Wir betrachten zunächst den Fall, dass eine Unterscheidung zwischen einer abhängigen und (mehreren) unabhängigen (erklärenden) Variablen gemacht wird, d.h. dass die abhängige Variable durch die unabhängigen Variablen „erklärt" werden soll (Felder $(a) - (f)$). In der ersten Zeile ($(a) - (c)$) stehen die Fragestellungen, bei denen die abhängige Variable metrisch skaliert ist. Sind auch die unabhängigen Variablen metrisch, hat man es mit der multiplen Regressionsanalyse zu tun (Feld (a); Kap. 2). Falls einige der unabhängigen

Tab. 1.1: Typen statistischer Problemstellungen

	Unabhängige Variablen			keine
	alle metrisch	gemischt	alle diskret	Abhängigkeit
Abhängige Variable				
metrisch	(a)	(b)	(c)	(g)
kategorial	(d)	(e)	(f)	(h)

Variablen metrisch, andere diskret sind, kann man die Regressionsanalyse mit sogenannten „Dummy-Variablen" anwenden (Feld (b); Abschn. 2.5). Sind schließlich alle unabhängigen Variablen diskret, kommt die sogenannte Varianzanalyse zur Anwendung (Feld (c); Kap. 4). Alle drei Verfahren gehören zu den klassischen Standardmethoden.

Von kategorialer Analyse spricht man bei den Feldern $(d) - (f)$. Geeignete Modelle für solche Situationen sind sogenannte Logit-, Probit- oder Log-lineare Ansätze (Kap. 5).

In der letzten Spalte sind schließlich die Fälle aufgeführt, in denen es nicht darum geht, von mehreren unabhängigen Variablen auf eine andere unabhängige zu schließen, sondern um den Zusammenhang zwischen mehreren Variablen, die gegenseitig voneinander abhängig sind. Im Fall (g), wenn alle Variablen metrisch sind, kommt die klassische multiple Korrelationsanalyse zur Anwendung (Kap. 2). Im Fall (h) sind alle Variablen kategorial. Man hat es dann mit sogenannten multiplen Kontingenztabellen zu tun, die gewöhnlich mit dem sogenannten log-linearen Ansatz untersucht werden (Kap. 5).

Nicht in dieses Schema passt die Pfadanalyse, die eine Erweiterung der Regressionsanalyse darstellt in dem Sinn, dass auch Beziehungen zwischen den unabhängigen Variablen in dem Regressionsmodell berücksichtigt werden (Kap. 3).

Ein zweites Typisierungskriterium kann sich darauf beziehen, ob es bei der Analyse um die Aufdeckung latenter, gleichsam hinter den Variablen stehender Strukturen oder „nur" um die Beziehungen zwischen den direkt beobachteten und gemessenen Größen geht. Letztere Analyse spielt sich sozusagen auf der Beobachtungsebene ab. Als Methoden kommen Korrelations- und Regressionsanalyse (mit den Varianten Pfad- und Varianzanalyse), aber auch die multivariate Analyse kategorialer Variablen in Betracht.

Häufig hat man es dagegen mit Größen zu tun, die nicht direkt messbar sind. Es handelt sich bei ihnen um theoretische Konstrukte und Begriffe wie soziale Schicht, Entwicklungsstand, Intelligenz, Kontinentalität (des Klimas), Verstädterungsgrad, Bodengüte, Zentralität (einer Gemeinde), mit denen wir unsere Umwelt zu erfassen und zu beschreiben versuchen. Wenn über solche latenten Variablen Aussagen gemacht werden sollen, müssen sie zunächst operationalisiert, beobachtbar gemacht werden, indem sie auf direkt messbare Variablen zurückgeführt werden. Derartige Fragen lassen sich mit der Faktorenanalyse behandeln, allerdings nur für metrische Variablen (Kap. 6).

Ein anderes Beispiel für solche latenten Strukturen betrifft die Bestimmung von Typen. Mit Typisierungen strebt man vielfach die Abgrenzung von quasi „natürlichen" Klassen an, in die die Objekte unserer Umwelt eingeordnet werden. Betrachtet man die Menge der Städte in der BRD, so besteht bei vielen Geographen die Vermutung, sie lasse sich in einige wenige Stadttypen zerlegen, z. B. in Zwergstädte, Kleinstädte, Mittelstädte, Großstädte. Diesen Stadttypen entsprechen nun nicht einfach nur Größenordnungsgruppen (etwa der amtlichen Statistik), sondern sie sind außer durch ihre Einwohnerzahl auch durch Merkmale wie Ausstattung mit bestimmten zentralen Einrichtungen, Reichweite und Intensität der Verflechtungen mit dem Umland, Wanderungssaldo, Aufteilung der Beschäftigten auf die Wirtschaftssektoren, PKW-Besatz usw. charakterisiert. Die Zusammenfassung einer Vielzahl von Objekten bzw. Beobachtungsgegenständen zu möglichst homogenen Klassen (Typen) unter Berücksichtigung mehrerer Merkmale wird mit Hilfe der Clusteranalyse (Kap. 7) vorgenommen, als deren Spezialfall die in der Geographie besonders interessanten Regionalisierungsverfahren anzusehen sind. Die Ergebnisse von solchen Klassifikationsverfahren können darüber hinaus mittels der Diskriminanzanalyse überprüft und verbessert werden. Allerdings hat die Diskriminanzanalyse (Kap. 8) als Trennverfahren durchaus einen eigenen Stellenwert. Zudem kann sie auf spezifische Probleme des Typs (d) (Tab. 1.1) angewendet werden.

Die Trennung zwischen Methoden, die ausschließlich auf der Beobachtungsebene angesiedelt sind, und solchen, die auf latente Strukturen gerichtet sind, ist natürlich nicht scharf. Insbesondere sind Theorieebene und Beobachtungsebene in der empirischen Forschung kaum exakt voneinander zu unterscheiden. Insofern verdienen statistische Modelle, die beide Ebenen integrierend behandeln, wie etwa das LISREL-System (= Linear Structural Relationship) Beachtung (vgl. FISCHER 1986, BACKHAUS u.a. 1996). Die Darstellung dieses Systems würde den Rahmen dieses Bandes jedoch sprengen.

In der Geographie sind die Beobachtungseinheiten (Objekte) häufig Raumeinheiten (Punkte, Linien oder Flächen). Die Variablen werden für diese Raumeinheiten „gemessen". Ein Ziel der statistischen Analyse besteht darin, die räumliche Variation der Werte zu „erklären", indem sie zurückgeführt wird auf die räumliche Variation einer (bivariater Fall) oder mehrerer Variablen (multivariater Fall). Außerdem kann man versuchen, Regelhaftigkeiten der räumlichen Verteilung durch Bezug auf die Lagekoordinaten der Raumeinheiten zu erfassen (Trendflächenanalyse). Beide Ziele lassen sich mit regressionsanalytischen Methoden realisieren.

Darüber hinaus gibt es die Möglichkeit, die räumliche Verteilung der Variablenwerte als (augenblicklichen End-) Zustand eines zufallsbedingten (stochastischen) Prozesses aufzufassen, der in Raum und Zeit variiert. Damit wird versucht, gewissermaßen die räumliche O r d n u n g der Variablenwerte endogen, d. h. ohne Bezug auf andere Variablen, zu erklären. Entsprechende Analyseverfahren werden im letzten Kapitel (Kap. 9) angesprochen.

In diesem Buch wird das Mittel der Textboxen eingesetzt. Solche Boxen setzen sich vom normalen Textfluss ab und sind ein Mittel, um

– Ergänzungen vorzunehmen, die nicht notwendigerweise für das Verständnis zwingend sind, und
– Aussagen hervorzuheben.

Im nachfolgenden Text treten drei Boxentypen auf:

FuF : Formeln und Formales
        Diese Boxen sind als Ergänzungen zu verstehen, wenn z.b. ausführlichere mathe-
        matische Ableitungen vorgenommen werden.

MuG: Möglichkeiten und Grenzen
        In diesen Boxen wird auf Möglichkeiten der Interpretation eingegangen sowie ins-
        besondere auch auf die (statistischen) Voraussetzungen und die Grenzen bei der
        Anwendung einer Methode hingewiesen.

MiG : Methode in der Geographie
        Diese Boxen sind ebenfalls stärker als Ergänzungen zu verstehen. In ihnen wird da-
        rüber informiert, wo und wie die Methoden in geographischer Forschung eingesetzt
        worden sind. Das kann einmal dadurch geschehen, dass ein (Literatur-) Überblick
        über die Anwendung der Methode in der Geographie gegeben wird, zum Anderen
        dadurch, das ein Beispiel (aus der Literatur) etwas ausführlicher dargestellt wird.

Die Autoren erhoffen sich durch dieses zusätzliche Gliederungselement einen Mehrwert
für den Leser.

Eine Anmerkung ist noch hinsichtlich der verwendeten Literatur zu machen: Es sind einige neue Arbeiten (insbesondere mit statistischer Fokussierung) aufgenommen, insgesamt
jedoch ist die Literatur der vorhergehenden Auflagen weiter verwendet worden. Bei den
verwendeten Beispielen aus der (geographischen) Literatur hat das insbesondere seine Begründung darin, dass in diesen „älteren" Arbeiten in der Regel deutlich stärker auf die
Methode, die ja hier im Mittelpunkt steht, eingegangen wird als das heutzutage der Fall ist.
Ein Grund dafür mag sein, dass diese Methoden viel mehr zum „Standard" geworden sind.

2 Multiple Korrelations- und Regressionsanalyse

2.1 Einführung

Wir beginnen mit einem Beispiel, das auf Grund seines „schmuddeligen Charakters" typisch ist für viele Probleme, denen man bei empirischen Untersuchungen begegnet. Gegeben seien als Untersuchungselemente die 65 kreisfreien Städte und Landkreise – sie werden kurz Kreise genannt – der vier norddeutschen Bundesländer Schleswig-Holstein, Hamburg, Niedersachsen und Bremen (vgl. Abb. 2.1). Wir wollen nach einer statistischen Erklärung für den „Binnenwanderungssaldo pro 1000 Einwohner 1980–82" suchen[1]. Das bedeutet, wir betrachten den „Binnenwanderungssaldo . . . " als abhängige Variable Y und versuchen, ihn als Funktion einer oder mehrerer unabhängiger Variablen $X_1, \ldots, X_m$ darzustellen, d. h. $Y = f(X_1, \ldots, X_m)$.

Bezeichnungen   *FuF*

Variablen werden wie im Band 1 mit großen Buchstaben (gegebenenfalls mit einer Indizierung zur Unterscheidung) bezeichnet, also X, Y, Z, X_1, X_2, X_3 usw. Für Variablenwerte werden kleine Buchstaben benutzt, eventuell ebenfalls mit einer Indizierung. Im Allgemeinen wählen wir zur Kennzeichnung von Variablen den Index i (also X_i), zur Kennzeichnung von Untersuchungselementen den Index j. Das j-te Untersuchungselement der i-ten Variablen hat dann den Variablenwert x_{ij}. Im Fall von m Variablen X_1, $\ldots$, X_m und n Untersuchungselementen $1, 2, \ldots, n$ kann man die entsprechende Datenmenge leicht in einem Rechteckschema, einer sogenannten Matrix, darstellen:

Variable	\multicolumn{6}{c}{Untersuchungselemente}
	1	2	...	j	...	n
X_1	x_{11}	x_{12}	...	x_{1j}	...	x_{1n}
X_2	x_{21}	x_{22}	...	x_{2j}	...	x_{2n}
$\vdots$	$\vdots$	$\vdots$	$\cdots$	$\vdots$	$\cdots$	$\vdots$
X_i	x_{i1}	x_{i2}	...	x_{ij}	...	x_{in}
$\vdots$	$\vdots$	$\vdots$	$\cdots$	$\vdots$	$\cdots$	$\vdots$
X_m	x_{m1}	x_{m2}	...	x_{mj}	...	x_{mn}

Bezeichnungen   *FuF*

Wir werden uns in diesem Kapitel zur Regressions- und Korrelationsanalyse auf lineare Funktionen[2] beschränken. Y kann somit geschrieben werden als

$$Y = a + \beta_1 X_1 + \beta_2 X_2 + \ldots + \beta_m X_m.$$

---

[1] Der Binnenwanderungssaldo ist definiert als Differenz der Zuzüge in ein Gebiet und Fortzüge aus einem Gebiet, in diesem Fall einem Kreis. Berücksichtigt werden dabei nur die Zu- und Fortzüge der deutschen Bevölkerung (also nicht der Ausländer). Die Daten der folgenden Analysen wurden GATZWEILER/RUNGE (1984) entnommen.

[2] Linear bedeutet, die Funktionen müssen linear in den Parametern β_1, $\ldots$, β_m sein, nicht jedoch in den Variablen X_1, $\ldots$, X_m. Eine Beziehung $Y = \alpha + \beta_1 X_1^2$ ist somit linear, nicht jedoch die Beziehung $Y = \alpha + X_1^\beta$.

Abb. 2.1: Die Kreise Norddeutschlands

Wie die bivariate, so geht auch die multiple Regressionsanalyse davon aus, dass Y eine Zufallsvariable ist. Y wird also nicht eindeutig durch die $X_1, \ldots, X_m$ determiniert, sondern es ist noch eine Zufallsvariable ϵ einzubeziehen, die für Messfehler, aber auch für nicht berücksichtigte unabhängige Variablen stehen kann. Insgesamt erhält man als Modell der multiplen Regression (genau entsprechend dem bivariaten Fall):

$$Y = \alpha + \beta_1 X_1 + \beta_2 X_2 + \ldots + \beta_m X_m + \epsilon \qquad (2.1)$$

mit $\quad Y$ = abhängige Variable oder Zielvariable

$\qquad X_i$ = unabhängige Variablen ($i = 1, \ldots, m$)

$\qquad \beta_i$ = Regressionskoeffizienten ($i = 1, \ldots, m$)

$\qquad \alpha$ = Regressionskonstante

$\qquad \epsilon$ = Zufallsfehler.

Schreibt man diese Gleichung für die einzelnen Werte der Variablen Y, also für die y_j, auf, so ergibt sich entsprechend:

$$y_j = \alpha + \beta_1 x_{1j} + \beta_2 x_{2j} + \ldots + \beta_m x_{mj} + e_j \qquad \text{(für alle } j = 1, \ldots, n)$$

mit $\quad y_j$ = Wert von y für das j-te Untersuchungselement

$\qquad x_{ij}$ = Wert von X_i für das j-te Untersuchungselement

$\qquad e_j$ = j-tes Residuum.

Es ist darauf hinzuweisen, dass die $\alpha, \beta_1, \ldots, \beta_m$ Parameter der Grundgesamtheit sind. Sie werden im Fall von Stichproben geschätzt durch die Parameter $a, b_1, \ldots, b_m$. Das Modell (2.1) schreibt sich dann als

$$\hat{Y} = a + b_1 X_1 + b_2 X_2 + \ldots + b_m X_m \qquad (2.2)$$

mit $\quad \hat{Y}$ = auf Grund der Regressionsgleichung geschätzte Variable Y, deren Werte sich von den wahren Werten von Y durch die jeweiligen Residuen unterscheiden.

$\qquad a$ = Schätzwert der Regressionskonstanten α

$\qquad b_i$ = Schätzwerte der Regressionskoeffizienten β_i ($i = 1, \ldots, m$).

Wenn die Gefahr von Verwechslungen ausgeschlossen ist, nennt man a auch Regressionskonstante und die b_i Regressionskoeffizienten.

Die a und b_i werden wie im bivariaten Fall nach dem „Prinzip der kleinsten Quadrate" berechnet, d.h. so, dass die Funktion

$$F(a, b_1, \ldots, b_m) = \sum_{j=1}^{n} \big(y_j - (a + b_1 x_{1j} + \ldots + b_m x_{mj}) \big)^2$$

minimal wird. Der Lösungsweg ist analog zu demjenigen für den bivariaten Fall (vgl. Band 1: Regressions- und Korrelationsanalyse) und soll hier nicht besprochen werden. In den verschiedenen statistischen Programmpaketen werden nach dem Verfahren der „kleinsten Quadrate" die Werte für a, b_1, ..., b_m unmittelbar berechnet.

Das Ziel ist nun, solche Variablen X_i auszuwählen, dass durch (2.1) die Werte von Y möglichst gut angepasst werden bzw. dass sich die Variation der Y-Werte so weit wie möglich auf die Variation der Variablen X_i zurückführen lässt.

Tab. 2.1: Werte einiger ausgewählter Variablen in den norddeutschen Kreisen

Nr.	Y	X_1	X_2	X_3	X_4	X_5	X_6	X_7
1	−11,90	101434	−6,20	13,30	1343,00	576,00	862,00	0,49
2	−11,20	233965	−7,00	14,20	1676,00	626,00	822,00	0,71
3	−11,60	51080	−4,20	15,10	1778,00	542,00	1141,00	0,64
4	−7,80	18549	−9,50	14,30	1153,00	378,00	1033,00	0,56
5	−18,20	27572	1,00	16,10	453,00	803,00	1084,00	0,26
6	−15,50	36140	−6,90	15,20	1537,00	618,00	621,00	0,56
7	−14,30	728365	−5,10	11,30	2152,00	655,00	612,00	0,83
8	−22,10	284875	−6,20	12,20	2579,00	788,00	654,00	0,90
9	−5,60	104094	−5,00	12,10	2254,00	608,00	724,00	1,02
10	−10,60	78346	−7,70	14,10	1014,00	542,00	677,00	0,34
11	−4,10	28648	−7,80	13,20	1115,00	545,00	809,00	0,59
12	17,30	52675	−8,20	14,70	1345,00	554,00	867,00	0,74
13	−3,00	70649	−8,90	12,20	1307,00	658,00	666,00	0,66
14	−23,10	47410	−7,10	14,60	499,00	623,00	1177,00	0,34
15	5,10	29881	−9,70	15,20	959,00	439,00	1065,00	0,47
16	−28,40	79012	−1,50	10,30	612,00	887,00	1102,00	0,26
17	20,40	22642	−5,80	18,40	126,00	361,00	1383,00	0,12
18	8,10	33245	−6,50	20,40	132,00	296,00	1500,00	0,11
19	6,50	47149	−5,10	13,50	107,00	432,00	970,00	0,09
20	−1,80	27662	−1,40	23,30	78,00	384,00	1755,00	0,13
21	10,60	35249	−9,50	14,20	91,00	272,00	1308,00	0,09
22	10,50	40833	−4,80	12,80	92,00	331,00	1514,00	0,13
23	13,40	31910	−4,00	15,30	93,00	375,00	1091,00	0,10
24	0,20	63462	−2,60	18,20	84,00	400,00	1545,00	0,10
25	7,50	23488	−8,20	15,10	158,00	363,00	1499,00	0,13
26	25,20	23366	−2,70	11,40	81,00	271,00	1648,00	0,09
27	9,40	76597	−4,60	13,60	236,00	410,00	807,00	0,13
28	−0,10	46735	−5,50	11,90	176,00	414,00	958,00	0,10
29	−6,20	30743	−5,40	14,90	119,00	404,00	1214,00	0,11
30	−2,30	48319	−9,80	13,50	197,00	474,00	919,00	0,12
31	10,70	109291	−3,80	11,60	263,00	286,00	1483,00	0,15
32	36,60	30073	−0,80	10,80	153,00	226,00	1680,00	0,13
33	−0,40	19702	−7,70	11,50	146,00	303,00	1252,00	0,12
34	22,20	31183	−2,40	9,80	125,00	295,00	1298,00	0,09
35	0,20	78736	−4,30	11,90	247,00	418,00	994,00	0,13
36	−0,70	22831	−13,90	14,40	111,00	422,00	1249,00	0,09
37	4,20	28351	−6,20	23,70	131,00	302,00	1630,00	0,11
38	23,60	10258	−4,20	20,60	40,00	331,00	1225,00	0,07
39	16,60	34146	−6,50	13,10	125,00	376,00	1159,00	0,10

Fortsetzung der Tabelle der letzten Seite

Nr.	Y	X_1	X_2	X_3	X_4	X_5	X_6	X_7
40	−0,60	27989	−4,30	13,70	81,00	373,00	1275,00	0,11
41	10,40	41169	−0,50	15,30	79,00	374,00	1066,00	0,09
42	−3,30	39258	−9,80	15,60	118,00	402,00	948,00	0,10
43	27,60	17944	−1,30	14,30	93,00	266,00	1817,00	0,12
44	6,60	69066	1,00	11,80	136,00	364,00	1305,00	0,12
45	13,80	15692	−3,30	13,90	145,00	238,00	1499,00	0,14
46	−1,10	27731	−6,60	13,70	142,00	473,00	1108,00	0,10
47	27,00	43864	−3,80	12,60	139,00	337,00	1050,00	0,09
48	8,50	28657	−4,50	14,30	218,00	366,00	1491,00	0,17
49	6,80	66001	−5,30	9,90	393,00	362,00	962,00	0,20
50	13,30	18901	−5,40	13,20	108,00	237,00	970,00	0,07
51	13,70	53928	−5,10	13,60	113,00	323,00	1245,00	0,08
52	12,50	32558	−0,40	13,10	67,00	347,00	1328,00	0,09
53	13,00	34929	−7,80	12,00	226,00	346,00	999,00	0,15
54	11,20	35010	−3,60	14,90	88,00	286,00	1304,00	0,08
55	24,60	54424	1,20	10,70	159,00	366,00	1255,00	0,10
56	4,90	34870	−3,80	13,50	68,00	411,00	1461,00	0,08
57	23,50	40214	−2,60	12,90	128,00	355,00	1253,00	0,10
58	4,40	33156	0,00	13,90	122,00	390,00	1415,00	0,09
59	38,40	46974	0,10	7,50	252,00	350,00	1223,00	0,14
60	12,60	23950	−4,80	15,40	66,00	384,00	950,00	0,07
61	3,70	27369	4,40	15,00	123,00	412,00	1422,00	0,12
62	20,50	27485	0,80	9,90	142,00	363,00	1200,00	0,12
63	−1,50	25865	−3,50	15,90	113,00	413,00	1308,00	0,08
64	3,40	9900	−5,20	24,00	81,00	278,00	1410,00	0,09
65	3,20	20607	−5,50	13,70	160,00	266,00	1160,00	0,10

mit
Y = Binnenwanderungssaldo je 1000 Einwohner 1980-1982
X_1 = Zahl der sozialversicherungspflichtig Beschäftigten 1983
X_2 = Entwicklung der sozialversicherungspflichtig Beschäftigten 1980-1983 in %
X_3 = Arbeitslose je 100 Arbeitnehmer 1984
X_4 = Einwohner je km^2 1982
X_5 = Sozialversicherungspflichtig Beschäftigte je 1000 Einwohner 1983
X_6 = Einwohner je Arzt in freier Praxis 1981
X_7 = Verhältnis der bebauten Fläche zur Freifläche 1981

Bei der Suche nach geeigneten Variablen gehen wir (in dem vorliegenden Beispiel) von den gängigen Hypothesen über das Wanderungsverhalten aus. Danach sind Umzüge einmal „arbeitsplatzorientiert" (man tritt eine neue Arbeitsstelle an, die „zu weit" vom bisherigen Wohnstandort entfernt ist, und zieht in ihre Nähe), zum anderen „wohnungsorientiert" (man behält zwar seinen Arbeitsplatz, sucht sich aber eine neue Wohnung, weil einem die alte aus den unterschiedlichsten Gründen nicht mehr gefällt). Das erste Motiv führt häufig zu sogenannten Fernwanderungen, das zweite zu Nahwanderungen. Beim Binnenwanderungssaldo auf Kreisebene werden natürlich nur die Wanderungen über die Kreisgrenzen hinweg erfasst. Dazu gehört sicher der größte Teil der arbeitsplatzorientierten Wanderungen. Von den wohnungsorientierten kommen dagegen im Wesentlichen nur solche im Zuge des Suburbanisierungsprozesses (Stadt-Umland-Wanderung) in Frage. Wir werden also solche Variablen als unabhängige bzw. „erklärende" auswählen, die den Arbeitsmarkt oder den Verstädterungsgrad eines Kreises beschreiben. Zur ersten Kategorie gehören etwa Variablen wie die Zahl der Beschäftigten, die Beschäftigtenentwicklung, die Arbeitslosenquote, zur zweiten Kategorie Variablen wie Bevölkerungsdichte, Beschäftigte je 1000 Erwerbsfähige[3], Einwohner je Arzt in freier Praxis, Verhältnis der bebauten Fläche zur Freifläche[4].

Die Werte dieser Variablen finden sich in Tab. 2.1. Die einfachen Korrelationen zwischen dem Binnenwanderungssaldo und diesen unabhängigen Variablen sind in Tab. 2.2 dargestellt.

Tab. 2.2: Korrelation zwischen dem Binnenwanderungssaldo und ausgewählten unabhängigen Variablen auf der Basis der Kreise Norddeutschlands

	X_1	X_2	X_3	X_4	X_5	X_6	X_7
Y	$-0{,}3342^*$	$0{,}3112^*$	$-0{,}1378$	$-0{,}5477^*$	$-0{,}7601^*$	$0{,}4665^*$	$-0{,}5133^*$

* Diese Koeffizienten sind – bei einseitigem Test – auf dem 5%-Niveau signifikant.

Bei der Tab. 2.2 fällt zunächst auf, dass die Korrelationskoeffizienten derjenigen Variablen, die für den Verstädterungsgrad (und damit die Stadt-Umland-Wanderung) stehen, absolut betrachtet höher sind als die Korrelationskoeffizienten der auf den Arbeitsmarkt bezogenen Variablen. Offensichtlich sind in dem betrachteten Zeitraum wohnungsbezogene Umzüge für die Variation von Y bestimmender als arbeitsplatzorientierte. Überraschend gering ist der Einfluss der Arbeitslosenquote, der Korrelationskoeffizient $r_{yx_3} = -0{,}1378$ ist noch nicht einmal auf dem 5%-Niveau bei zweiseitiger Fragestellung signifikant. Darüber hinaus hat der Korrelationskoeffizient zwischen Y und X_1 sogar das falsche, d. h. nicht erwartete Vorzeichen, während die Vorzeichen der anderen Korrelationskoeffizienten die erwartete Richtung der Beziehungen angeben. Offensichtlich spiegelt X_1 im Wesentlichen den Verstädterungsgrad wider und muss wohl der Gruppe der Variablen X_4 bis X_7 zugerechnet werden. Dann ergibt das negative Vorzeichen von r_{YX_i} jedenfalls einen Sinn. Ein Ziel der Regressionsanalyse ist es ja, einen möglichst großen Teil der Varianz von Y durch die unabhängigen Variablen aufzudecken. Gemäß Tab. 2.2 ist dazu am besten die Variable X_5 geeignet, da sie die höchste Korrelation mit Y aufweist. Führt man eine Regression von Y nach X_5 durch, so ergibt sich

$$Y = 36{,}6159 - 0{,}0751 \, X_5$$

mit dem Bestimmtheitsmaß $B_{YX_5} = r^2_{YX_5} = 0,5778$. Damit entfallen also 57,78% der Varianz von Y auf X_5.

---

[3] Als „Erwerbsfähige" gelten Personen im Alter von 15 bis 65 Jahren. Die Variable „Beschäftigte je 1000 Erwerbsfähige" charakterisiert weniger den Arbeitsmarkt als den Verstädterungsgrad, da Städte Arbeitsplätze nicht nur für die eigene Bevölkerung, sondern auch für das „Umland" anbieten (Pendler!). Beschäftigte werden am Arbeitsstandort gezählt, bedeuten also praktisch Arbeitsplätze; Erwerbsfähige beziehen sich dagegen auf den Wohnstandort.

[4] Die bebaute Fläche umfasst im Wesentlichen die Flächen für Gebäude, Betriebe und Verkehrsanlagen (einschließlich Straßen). Zur Freifläche zählen Flächen für Erholungszwecke, landwirtschaftliche Nutzflächen, Wald- und Wasserflächen.

Zur Erhöhung des erklärten Varianzanteils von Y bietet sich auf den ersten Blick die Variable X_4 an, da sie den – absolut gesehen – zweithöchsten Korrelationskoeffizienten mit Y aufweist (gem. Tab. 2.2 ist $r_{YX_4} = -0,5477$). Da $B_{YX_4} = r^2_{YX_4} = 0,3$, könnte man vermuten, durch zusätzliche Einbeziehung von X_4, also durch eine Regression von Y nach X_5 und X_4, könne der erklärte Varianzanteil von Y auf 87,78% (= 57,78% + 30%) gesteigert werden. Das ist aber n i c h t der Fall. Berechnet man nämlich die Regression von Y nach X_5 und X_4, erhält man

$$Y = 36{,}2536 - 0{,}0738\, X_5 + 0{,}0004\, X_4$$

und das Bestimmtheitsmaß $B = 0,5780 = 57,80\%$. Das Bestimmtheitsmaß hat sich also kaum geändert, es ist nur um 0,02% größer geworden. Warum? Offensichtlich sagen die Variablen X_4 und X_5 annähernd das Gleiche aus, sie variieren in ähnlicher Weise, so dass durch die Hinzufügung von X_4 zu der ursprünglichen Regression kaum neue Informationen über Y erhalten werden. Zur Bestätigung dieser Vermutung kann man den Korrelationskoeffizienten zwischen X_4 und X_5 heranziehen. Er ist

$$r_{X_4 X_5} = 0{,}7082.$$

Wir haben es hier mit einem Problem zu tun, das sich aus dem engen linearen Zusammenhang zwischen den unabhängigen Variablen ergibt. Man nennt es das „Multikollinearitätsproblem". Es wird uns im Folgenden noch beschäftigen.

2.2 Partielle und multiple Korrelation

2.2.1 Partielle Korrelation

Multikollinearitätsprobleme treten in nicht-experimentellen Wissenschaften häufig auf. Der Sinn von Experimenten besteht ja gerade darin, den Einfluss einer Variablen auf eine andere sozusagen rein darzustellen, indem der mögliche Einfluss dritter Variablen durch einen geeigneten Versuchsaufbau ausgeschlossen wird, d. h. indem dritte Variablen konstant gehalten werden. In den empirischen Wissenschaften, in denen keine Experimente möglich sind, bietet das Konzept der p a r t i e l l e n   K o r r e l a t i o n eine Möglichkeit, diesen Mangel zu überwinden. Es stellt gleichsam einen analytischen Ersatz für Experimente dar.

In unserem Beispiel hatten wir vermutet, dass der Einfluss der Variablen X_4 (Bevölkerungsdichte) auf Y, der über den Einfluss von X_5 hinausgeht, sehr gering ist. Mit anderen Worten, wenn man die Wirkung von X_5 ausschaltet, dürfte der Korrelationskoeffizient zwischen Y und X_4, nur noch sehr klein sein. Einen solchen Korrelationskoeffizienten nennt man den „partiellen Korrelationskoeffizienten zwischen Y und X_4 unter Ausschluss von X_5" und schreibt ihn $r_{YX_4 \cdot X_5}$. Die ersten beiden Indexstellen geben also die beiden Variablen an, die miteinander korreliert werden. Davon durch einen Punkt getrennt ist die Indexstelle für die Variable, deren Wirkung ausgeschaltet wird. Der Einfachheit halber bezeichnet man die abhängige Variable Y auch als X_0. Dann können für die Indexstellen die Nummern der jeweiligen Variablen gewählt werden. Statt $r_{Y X_4 \cdot X_5}$ schreibt man dann einfacher $r_{04.5}$. Wir werden im folgenden grundsätzlich diese Schreibweise wählen.

Wie wird nun der partielle Korrelationskoeffizient in der Praxis berechnet, d. h. wie erfolgt die Ausschaltung des Einflusses von X_5?

Schaltet man den Einfluss von X_5 auf Y aus, bedeutet das, die Regression von Y nach X_5 zu berechnen und statt der alten Variablen Y die Residualvariable $Y - \hat{Y}$ wählen. Dabei ist $\hat{Y}$ durch die empirisch ermittelte Regressionsgerade $\hat{Y} = a_{05} + b_{05}\, X_5$ gegeben. $Y - \hat{Y}$ ist also die Residualvariable der Regression von Y nach X_5. Entsprechend eliminiert man den Einfluss von X_5 auf X_4, indem man statt X_4 die Variable $X_4 - \hat{X}_4$ betrachtet, die die Residualvariable der Regression von X_4 nach X_5, also der Regressionsgeraden $\hat{X}_4 = a_{45} + b_{45}\, X_5$ ist. Wir haben damit die beiden Variablen Y und X_4 vom Einfluss von X_5 bereinigt. Der partielle Korrelationskoeffizient zwischen Y und X_4 unter Ausschluss von X_5 ist dann definiert als einfacher Korrelationskoeffizient zwischen den beiden Residualvariablen $(Y - \hat{Y})$ und $(X_4 - \hat{X}_4)$, also

$$r_{04.5} = r_{(Y - \hat{Y})(X_4 - \hat{X}_4)}. \tag{2.3}$$

Setzt man in diese Definition die Formeln für den Korrelationskoeffizienten und die Regressionsgeraden ein, so ergibt sich – was wir hier ohne Beweis anführen –

$$r_{04.5} = \frac{r_{04} - (r_{05} \cdot r_{45})}{\sqrt{1 - r_{05}^2} \cdot \sqrt{1 - r_{45}^2}}.$$

Allgemein gilt für den partiellen Korrelationskoeffizienten:

$$r_{0k.l} = \frac{r_{0k} - (r_{0l} \cdot r_{kl})}{\sqrt{1 - r_{0l}^2} \cdot \sqrt{1 - r_{kl}^2}} \tag{2.4}$$

mit X_0 = abhängige Variable

$X_k,\, X_l$ = unabhängige Variablen $(1 \leq k, l \leq m)$.

Wir hatten oben bereits festgestellt, was jetzt durch den nahe an Null liegenden partiellen Korrelationskoeffizienten bestätigt wurde, dass mit der Hereinnahme von X_4 als zweiter unabhängiger Variable in die Regressionsgleichung für Y wenig an zusätzlicher Varianzaufklärung erreicht wird. Gleichzeitig ist deutlich geworden, dass bei der Suche nach einer geeigneten zweiten unabhängigen Variablen die einfachen Korrelationskoeffizienten mit Y wenig hilfreich sind, da in ihnen ja der verborgene Einfluss von X_5 enthalten ist. Vielversprechender erscheint es, dafür die partiellen Korrelationskoeffizienten zu benutzen, da sie ein Maß dafür sind, welcher Anteil an durch X_5 nicht erklärter Varianz von Y durch eine neue Variable abgedeckt werden kann. Tab. 2.3 zeigt die partiellen Korrelationskoeffizienten für unser Beispiel.

Beim Vergleich von Tab. 2.2 mit 2.3 wird sehr gut deutlich, welchen Einfluss die Ausschaltung der Wirkung von X_5 auf die Korrelationskoeffizienten hat. Die partiellen Korrelationskoeffizienten der Variablen X_1, X_4, X_6 und X_7 liegen jetzt nahe bei 0, denn diese

Variablen sind wie X_5 ebenfalls Maße für den Verstädterungsgrad, variieren also ähnlich wie X_5. Sie werden also Y kaum eigenständig, d.h. über X_5 hinaus, beeinflussen können. Dagegen sind die partiellen Korrelationskoeffizienten von X_2 und X_3 absolut jeweils größer geworden, bei X_3 sogar um einen beträchtlichen Betrag. Das bedeutet: X_3 erklärt von allen Variablen den größten Anteil der nicht auf X_5 zurückzuführenden Rest- bzw. Residualvarianz von Y, denn X_3 hat den größten isolierten Einfluss auf Y.

Tab. 2.3: Partielle Korrelationskoeffizienten von Y mit ausgewählten unabhängigen Variablen unter Ausschluss von X_5

	X_1	X_2	X_3	X_4	X_6	X_7
$Y (= X_0)$	$-0{,}0102$	$0{,}3449$	$-0{,}3618$	$0{,}0205$	$-0{,}0187$	$0{,}0292$

Partielle Korrelation   *MuG*

Der partielle Korrelationskoeffizient lässt sich aus den einfachen Korrelationskoeffizienten der beteiligten Variablen berechnen. Er liegt wie der einfache Korrelationskoeffizient zwischen -1 und $+1$, wobei

-1: einen perfekten negativen linearen Zusammenhang,
$+1$: einen perfekten positiven linearen Zusammenhang,
   0: keinen linearen Zusammenhang

zwischen den beiden Variablen unter Ausschluss der dritten bedeutet. Der partielle Korrelationskoeffizient ist also in gleicher Weise wie der einfache zu interpretieren. Er ist natürlich auch symmetrisch hinsichtlich der beiden „vor dem Punkt" indizierten Variablen, d. h.

$$r_{0k.l} = r_{k0.l}.$$

Dagegen kann man zwei Variablen vor und hinter dem Punkt nicht einfach vertauschen, denn in aller Regel ist $r_{0k.l} \neq r_{0l.k}$. Dies lässt sich leicht aus Gleichung (2.3) (für den allgemeinen Fall mit den Variablen X_k und X_l) schließen.
In unserem Beispiel ergibt sich

$$\hat{Y} = \hat{X}_0 = 36{,}6159 - 0{,}0751\,X_5 \qquad \text{mit} \quad r_{05} = -0{,}7601$$

$$\hat{X}_4 = -848{,}6353 + 3{,}0886\,X_5 \qquad \text{mit} \quad r_{45} = +0{,}7082$$

Außerdem ist gemäß Tab. 2.2 $r_{04} = -0{,}5477$. Daraus errechnet sich $r_{04.5} = -0{,}0205$. Mit anderen Worten: Nur $r_{04.5}^2 = 0{,}0004 = 0{,}04\%$ der Varianz von Y, die nicht durch X_5 „erklärt" wird, kann auf den Einfluss von X_4 bereinigte Variation von X_4 zurückgeführt werden. Der isolierte Einfluss von X_4 auf Y ist also verschwindend gering.
Hingegen ergibt sich für $r_{05.4}$ ein Wert von $-0{,}6301$ (z.B. berechnet nach Gleichung (2.4)). Insgesamt ergibt sich damit:

$$r_{04.5} = -0{,}0205 \neq -0{,}6301 = r_{05.4}$$

Man kann natürlich auch testen, ob der partielle Korrelationskoeffizient $\rho_{04.5}$ der Grundgesamtheit von Null verschieden ist oder nicht. Diese Frage wird in Abschn. 2.4 behandelt.

Partielle Korrelation   *MuG*

2.2.2 Multiple Korrelation

Bevor wir uns der Regressionsgleichung für Y zuwenden, wollen wir noch kurz auf den multiplen Korrelationskoeffizienten eingehen. Wir fragen uns dazu, wie groß der insgesamt durch X_5 und X_3 erklärte Varianzanteil von Y ist. Dieser Varianzanteil heißt das multiple Bestimmtheitsmaß. Es wird geschrieben als $B_{Y.X_5 X_3}$ bzw. in der vereinfachten Form als $B_{0.53}$. Vor dem Punkt der Indizierung wird also die abhängige, hinter dem Punkt werden die unabhängigen Variablen gekennzeichnet. Zur Bestimmung von $B_{0.53}$ kann man folgendermaßen vorgehen: Gemäß Tab. 2.2 ist $r_{05} = -0,7601$, d.h., $r_{05}^2 = 0,5778 = 57,78\%$ der Gesamtvarianz von Y entfallen auf X_5.

$r_{03.5} = -0,3618$ bedeutet, dass von der Residualvarianz von Y, deren Anteil an der Gesamtvarianz von Y gleich $(1 - r_{05}^2) = 42,22\%$ ist, ein Anteil von $r_{03.5}^2 = 0,1309$ zusätzlich allein auf die Variable X_3 entfällt. $0,1309 = 13,09\%$ von der Residualvarianz von Y machen also $0,1309$ von $42,22\%$ der Gesamtvarianz von Y aus. $0,1309$ von $42,22\%$ sind $5,53\%$. Addiert man diesen Prozentanteil zu dem bereits durch X_5 erklärten von $57,78\%$, so bedeutet dies, dass insgesamt $63,31\%$ der Gesamtvarianz von Y durch die beiden Variablen X_5 und X_3 erklärt werden. Es gilt also

$$B_{0.53} = 63,31\% = 0,6331.$$

Die positive Wurzel aus dem Bestimmtheitsmaß wird als multipler Korrelationskoeffizient $R_{0.53}$ bezeichnet, also

$$R_{0.53} = +\sqrt{0,6331} = 0,7957.$$

Allgemein ist das multiple Bestimmtheitsmaß bei zwei unabhängigen Variablen X_l und X_k also durch folgende Gleichung gegeben:

$$B_{0.kl} = r_{0k}^2 + (1 - r_{0k}^2) \cdot r_{0l.k}^2. \tag{2.5}$$

Es gilt dabei immer

$$B_{0.kl} = B_{0.lk}.$$

D.h., der multiple Korrelationskoeffizient ist unabhängig von der Reihenfolge, mit der die Variablen in die Berechnung eingehen. Dieser Sachverhalt lässt sich leicht mit (2.5) nachweisen. Hier soll er nur an einem Beispiel demonstriert werden. Es ist

$$\begin{aligned}
B_{0.53} &= r_{05}^2 + (1 - r_{05}^2) \cdot r_{03.5}^2 \\
&= (-0,7601)^2 + (1 - (-0,7601)^2) \cdot (-0,3618)^2 \\
&= 0,6331 = 63,31\%.
\end{aligned}$$

Vertauscht man nun die Reihenfolge, so ergibt sich (möglicherweise bis auf Rundungsfehler)

$$\begin{aligned}
B_{0.35} &= r_{03}^2 + (1 - r_{03}^2) \cdot r_{05.3}^2 \\
&= (-0,1378)^2 + (1 - (-0,1378)^2) \cdot 0,7912^2 = 0,6331 = 63,31\%.
\end{aligned}$$

Dabei wurde

r_{03} $= -0{,}1378$ aus Tab. 2.2 entnommen,

$r_{05.3} = -0{,}7912$ gemäß Gleichung (2.4) berechnet.

$r_{05.3} = -0{,}7912$ bedeutet, der partielle Korrelationskoeffizient zwischen Y und X_5 unter Ausschluss von X_3 beträgt $-0{,}7912$, oder X_5 erklärt $(-0{,}7912)^2 = 62{,}60\%$ der Restvarianz von Y nach der Regression mit X_3.

Multiple Korrelation *MuG*

Hinsichtlich der Anwendung des multiplen Korrelationskoeffizienten bzw. Bestimmtheitsmaßes ist auf Folgendes hinzuweisen:

(1) Die Indizierung des multiplen Korrelationskoeffizienten erfolgt auf die gleiche Weise wie beim multiplen Bestimmtheitsmaß.

(2) Zur leichteren Unterscheidbarkeit verwenden wir für den multiplen Korrelationskoeffizienten den Großbuchstaben R, für den einfachen und den partiellen den Kleinbuchstaben r.

(3) Multiple Korrelationskoeffizienten nehmen nur Werte zwischen 0 und 1 an, also keine negativen. Eine Unterscheidung nach positiven und negativen Zusammenhängen, wie sie beim einfachen Korrelationskoeffizienten sinnvoll ist, ist nicht möglich.

(4) Multiples Bestimmtheitsmaß und multipler Korrelationskoeffizient sind unabhängig von der Reihenfolge, mit der die Variablen in die Berechnung eingehen. Es gilt also

$$B_{0.kl} = B_{0.lk}.$$

Dieser Relation ist für die Praxis wichtig, da ansonsten keine Eindeutigkeit gegeben wäre.

Multiple Korrelation *MuG*

2.2.3 Varianzzerlegung einer abhängigen Variablen

Wir können nun eine Zerlegung der gesamten Varianz der Variablen Y vornehmen. Diese gesamte Varianz sei 100%. Davon sind durch die beiden Variablen X_3 und X_5 insgesamt $63{,}31\%$ erklärt. Somit bleiben $36{,}69\%$ als Restvarianz. Die $63{,}31\%$ an erklärter Varianz ergeben sich weder als Summe der partiellen noch als Summe der einfachen Bestimmtheitsmaße:

– nicht als Summe der partiellen Bestimmtheitsmaße, denn

$$r_{03.5}^2 + r_{05.3}^2 = 0{,}1309 + 0{,}6260 = 0{,}7569 \neq 0{,}6331 = R_{0.53}^2.$$

Der Grund liegt darin, dass die partiellen Korrelationskoeffizienten und Bestimmtheitsmaße sich ja auf die jeweilige Residualvarianz von Y beziehen;

– nicht als Summe der einfachen Bestimmtheitsmaße, denn

$$r_{05}^2 + r_{03}^2 = 0{,}5778 + 0{,}0190 = 0{,}5968 \neq 0{,}6331 = R_{0.53}^2.$$

Bei dieser Summenbildung wird ja der „gemeinsame" Effekt von X_5 und X_3 außer Acht gelassen. Er zeigt sich darin, dass X_5 und X_3 sehr schwach miteinander korrelieren. Es ist nämlich $r_{35} = -0{,}1255$. Dieser negative Korrelationskoeffizient bewirkt, dass die einfachen Korrelationskoeffizienten zwischen X_3 bzw. X_5 und Y sozusagen abgeschwächt werden. Deshalb ist die Summe der einfachen Bestimmtheitsmaße in diesem Beispiel kleiner als das multiple Bestimmtheitsmaß. Falls zwei unabhängige Variablen dagegen positiv miteinander korrelieren, würde die Summe der einfachen Bestimmtheitsmaße das multiple Bestimmtheitsmaß überschreiten, da in diesem Fall der gemeinsame Effekt der beiden unabhängigen Variablen gleichsam doppelt gezählt würde.

Die 63,31% an erklärter Varianz lassen sich vielmehr wie folgt aufteilen:

Wir hatten oben schon festgestellt, dass allein von X_3 (unter Ausschluss von X_5) 5,53% der Gesamtvarianz von Y erklärt werden. Analog kann man den ausschließlich von X_5 (unter Ausschluss von X_3) erklärten Varianzanteil bestimmen. Da

$$r_{05.3} = -0{,}7912$$

und $$r_{05.3}^2 = 0{,}6260 = 62{,}60\%,$$

entfallen auf X_5 62,60% der nicht durch X_3 erklärten Varianz von Y. Diese Restvarianz ist

$$(1 - r_{03}^2) = (1 - 0{,}1378^2) = 0{,}9810 = 98{,}10\%.$$

Da 62,60% von 98,10% gleich 61,41% sind, erklärt also X_5 allein (ohne den Einfluss von X_3) 61,41% der Gesamtvarianz von Y.

Insgesamt werden also von X_3 allein (unter Ausschluss von X_5) und von X_5 allein (unter Ausschluss von X_3)

$$5{,}53\% + 61{,}41\% = 66{,}94\%$$

der gesamten Varianz von Y erklärt. Dieser Anteil ist höher als der durch $R_{0.53}^2 = 63{,}31\%$ gegebene, insgesamt durch X_3 und X_5 erklärte Varianzanteil. Dieser Unterschied kann nur daran liegen, dass bei der Berechnung von $R_{0.53}^2$ implizit ein g e m e i n s a m e r , a u f d i e g l e i c h z e i t i g e W i r k u n g v o n X_3 u n d X_5 zurückzuführender Varianzanteil einging. Dieser ist demnach

$$63{,}31\% - 66{,}91\% = -3{,}60\%.$$

Dass dieser gemeinsame Anteil in unserem Beispiel negativ ist, lässt sich auf die (geringe) negative Korrelation zwischen X_3 und X_5 zurückführen, die die einzelne Wirkung der beiden Variablen jeweils abschwächt. Diese Tatsache findet auch Ausdruck darin, dass die beiden partiellen Korrelationskoeffizienten von X_3 und X_5 mit Y absolut gesehen jeweils größer sind als die entsprechenden einfachen Korrelationskoeffizienten.

2.2.4 Partielle und multiple Korrelation im allgemeinen Fall

Man kann das Konzept des partiellen Korrelationskoeffizienten natürlich auf Fälle mit mehr als zwei unabhängigen Variablen (bzw. mit insgesamt mehr als drei Variablen) entsprechend anwenden. Dann ist nicht nur der Einfluss einer Variablen, sondern der Einfluss mehrerer Variablen auszuschließen. Allgemein bezeichnet

$$r_{01.234...m}$$

den partiellen Korrelationskoeffizienten zwischen den Variablen X_0 $(= Y)$ und X_1 unter Ausschluss des Einflusses der Variablen $X_2, X_3, X_4, \ldots, X_m$.

Man bestimmt diese partiellen Korrelationskoeffizienten in analoger Weise wie oben für den Ausschluss einer Variablen: Zunächst wird die multiple Regression von $X_0 (= Y)$ nach $X_2, X_3, X_4, \ldots, X_m$ berechnet, anschließend die multiple Regression von X_1 nach X_2, $X_3, X_4, \ldots, X_m$. Schließlich werden die beiden daraus resultierenden Residualvariablen miteinander korreliert.

Wir geben für diesen allgemeinen Fall keine Berechnungsformel an, da die Berechnungen von den vorhandenen statistischen Programmpaketen durchgeführt werden.

In unserem Beispiel ergeben sich als partielle Korrelationskoeffizienten unter Ausschluss des Einflusses von X_3 und X_5 die Werte der Tab. 2.4.

Tab. 2.4: Partielle Korrelationskoeffizienten der unabhängigen Variablen mit Y unter Ausschluss von X_3 und X_5

	X_1	X_2	X_4	X_6	X_7
Y $(= X_0)$	−0,0780	0,3137	−0,0604	0,1041	0,0045

Demnach ist

$$r_{YX_2.X_3X_5} = r_{02.35} = 0,3137$$

und die Variable X_2 (Entwicklung der Beschäftigtenzahl 1980–1983) erklärt

$$r_{02.35}^2 = 0,3137^2 = 0,0984 = 9,84\%$$

der Restvarianz von Y nach der Regression nach X_3 und X_5.
Da

$$B_{0.35} = 63,31\%$$

ist, beträgt diese Restvarianz 36,69% $(= 1 - B_{0.35})$.
Damit erklärt die Variable X_2 allein (unter Ausschluss der Wirkungen von X_3 und X_5) 3,61% $(= 0,0984 \cdot 36,69\%)$ der Gesamtvarianz von Y.

Multiples Bestimmtheitsmaß und multipler Korrelationskoeffizient lassen sich ebenfalls für mehr als zwei Variablen definieren:

$B_{0.123...m}$ = Anteil der Varianz von X_0 (= Y), der insgesamt durch eine lineare Regression nach $X_1, X_2, X_3, \ldots, X_m$ erklärt wird;

$R_{0.123...m} = +\sqrt{B_{0.123...m}}$.

Die Reihenfolge der unabhängigen Variablen spielt dabei keine Rolle, d.h., es ist z.B.

$$B_{0.123...m} = B_{0.3124...m} = B_{0.m(m-1)...21}.$$

Das multiple Bestimmtheitsmaß $B_{0.235}$ gibt also an, wieviel % der Varianz von Y insgesamt durch die drei Variablen X_2, X_3 und X_5 erklärt wird. Es ist

$$B_{0.235} = 63{,}31\% + 3{,}61\% = 66{,}92\%.$$

Mit anderen Worten, etwa 2/3 der Varianz von Y lassen sich auf die drei Variablen X_2, X_3 und X_5 zurückführen.

Der multiple Korrelationskoeffizient ist demnach

$$R_{0.235} = +\sqrt{0{,}6692} = 0{,}8180.$$

2.3 Multiple Regressionsanalyse

2.3.1 Die Regressionsgleichung

Die grundlegende allgemeine Gleichung der multiplen Regressionsanalyse für eine Grundgesamtheit lautet (vgl. Gleichung (2.1))

$$X_0\,(=Y) \quad = \alpha + \beta_1\,X_1 + \beta_1\,X_1 + \beta_2\,X_2 + \ldots \beta_m\,X_m + \epsilon$$

mit
$\quad Y \qquad\qquad$ = abhängige Variable

$\quad X_1, \ldots, X_m$ = unabhängige Variable

$\quad \epsilon \qquad\qquad$ = Zufallsvariable (= Zufallsfehler)

$\quad \alpha \qquad\qquad$ = Regressionskonstante

$\quad \beta_i \qquad\qquad$ = partieller Regressionskoeffizient für X_i ($1 \leq i \leq m$).

β_i heißt partieller Regressionskoeffizient, weil er „nur" den spezifischen Einfluss der Variablen X_1 wiedergibt. Er gibt damit an, um wieviel Einheiten Y zunimmt, wenn X_1 um eine Einheit größer wird und alle anderen unabhängigen Variablen konstant bleiben. Der Zufallsfehler ϵ steht für die zufälligen Abweichungen, die aus Messfehlern oder aus der Nichtberücksichtigung anderer Variablen resultieren.

Die α und β_i ($i = 1, \ldots, m$) müssen in der Regel aus einer Stichprobe, deren Umfang wie üblich n sein soll, geschätzt werden. Diese Schätzung erfolgt mit Hilfe der Werte, die

die abhängige und die unabhängigen Variablen bei den einzelnen Stichprobenelementen annehmen, nach der „Methode der kleinsten Quadrate" – analog zu dem in Band 1 behandelten bivariaten Fall. Dort wurde die Methode der kleinsten Quadrate an Hand des Streuungsdiagramms veranschaulicht. Ein solches Streuungsdiagramm kann man höchstens noch für den Fall von zwei unabhängigen Variablen zeichnen. Bei mehr als zwei unabhängigen Variablen ist diese Möglichkeit nicht mehr gegeben. Die Methode der kleinsten Quadrate funktioniert mathematisch aber ebenso. Wir verzichten hier auf ihre Darstellung, da sie in die Programme der entsprechenden Statistikpakete eingespeist ist. Als Resultat dieser Methode erhält man die Schätzgleichung

$$\hat{Y} = a + b_1\, X_1 + b_2\, X_2 + \ldots + b_m\, X_m$$

mit $\quad \hat{Y} =$ Schätzfunktion von Y (bestehend aus den geschätzten Werten von Y)

$\quad a \ =$ Schätzwert von α

$\quad b_i =$ Schätzwert von β_i $(i = 1, \ldots, m)$.

Es gilt analog zum bivariaten Fall für die Werte von Y und $\hat{Y}$:

$$y_j \ = a + b_1\, x_{1j} + b_2\, x_{2j} + \ldots + b_m\, x_{mj} + e_j$$

$$\hat{y}_j \ = y_j - e_j$$

mit $\quad y_i \ =$ Wert von Y für das j-te Untersuchungselement

$\quad \hat{y}_i \ =$ auf Grund der Regressionsgleichung geschätzter Wert von Y für das j-te Untersuchungselement

$\quad x_{ij} =$ Wert von X_i für das j-te Untersuchungselement

$\quad e_j \ = j$-tes Residuum.

Berechnen wir für unser Beispiel die Regression von

$\quad Y \ (= X_0)$

– nach X_5,

– nach X_3 und X_5 sowie

– nach X_2, X_3 und X_5,

so ergibt sich

$$\hat{X}_0 = 36{,}6159 - 0{,}0751\, X_5 \qquad (r_{05}^2 = 57{,}78\%) \qquad (2.6)$$

$$\hat{X}_0 = 52{,}7648 - 0{,}0781\, X_5 - 1{,}0587\, X_3 \quad (R_{0.53}^2 = 63{,}31\%) \qquad (2.7)$$

$$\hat{X}_0 = 53{,}6286 - 0{,}0755\, X_5 - 0{,}9247\, X_3 + 0{,}8171\, X_2$$

$$(R_{0.532}^2 = 66{,}92\%). \qquad (2.8)$$

Durch Gleichung (2.6) im bekannten bivariaten Fall wird eine Gerade, die sogenannte „Regressionsgerade", beschrieben. Durch Gleichung (2.7) wird eine Ebene dargestellt, die man entsprechend als Regressionsebene bezeichnen könnte. Im Fall von Gleichung (2.8) (und von Regressionsgleichungen mit mehr als drei unabhängigen Variablen) spricht man von sogenannten Hyperebenen.

Es sei darauf hingewiesen, dass die partiellen Regressionskoeffizienten einer bestimmten Variablen sich in der Regel von Gleichung zu Gleichung ändern. So ist b_5 in Gleichung (2.6) $-0,0751$ und in den anderen Gleichungen $-0,0781$ bzw. $-0,0755$, während die Werte von b_3 in den beiden Gleichungen (2.7) und (2.8) $-1,0587$ und $-0,9247$ betragen und damit einen größeren Unterschied aufweisen. Die Unterschiedlichkeit der partiellen Regressionskoeffizienten einer bestimmten Variablen ist durch die Menge der jeweils in die Regression einbezogenen Variablen bedingt, genauer durch die jeweiligen Zusammenhänge (Korrelationen) zwischen den unabhängigen Variablen. Wären X_2, X_3 und X_5 paarweise nicht miteinander korreliert, dann wären deren partielle Regressionskoeffizienten in allen drei Gleichungen konstant. Je größer die paarweisen Korrelationen absolut sind, desto größer werden die Unterschiede zwischen den partiellen Regressionskoeffizienten sein.

In unserem Beispiel sind die Unterschiede gering, denn die paarweisen einfachen Korrelationskoeffizienten betragen

$$r_{35} = -0,1255, \quad r_{25} = -0,1166, \quad r_{23} = -0,1379.$$

Die Interpretation der Gleichungen erfolgt wie im bivariaten Fall:

Gleichung (2.7) besagt, dass X_0 den Wert 52,7648 annimmt, wenn $X_5 = X_3 = 0$ ist. Außerdem nimmt X_0 um 0,0781 bzw. um 1,0587 Einheiten ab, wenn X_5 (bei Konstanthaltung von X_3) bzw. X_3 (bei Konstanthaltung von X_5) um eine Einheit zunimmt.

Gemäß Gleichung (2.8) ist $X_0 = 53{,}6286$ für $X_5 = X_3 = X_2 = 0$ und X_0 nimmt um

0,0755 Einheiten bei Zunahme von X_5 um eine Einheit ab
    (bei Konstanthaltung von X_3 und X_2),
0,9247 Einheiten bei Zunahme von X_3 um eine Einheit ab
    (bei Konstanthaltung von X_5 und X_2),
0,8171 Einheiten bei Zunahme von X_2 um eine Einheit zu
    (bei Konstanthaltung von X_5 und X_3).

Die partiellen Regressionskoeffizienten sind also auch ein Maß für das Gewicht, mit dem die einzelnen Variablen auf X_0 $(= Y)$ einwirken. Dieses Gewicht hängt aber ganz entscheidend von der Skalierung der Variablen ab, d. h. von der Maßeinheit, mit der sie gemessen werden.

Wird eine Variable X_i etwa in Metern (m) gemessen und ist ihr partieller Regressionskoeffizient b_i, so steigt dieser auf $100\,b_i$, wenn X_i in cm gemessen wird; er sinkt dagegen auf $0,001\,b_i$, wenn X_i in km gemessen wird.

Um solche skalenbedingten Einflüsse auszuschalten, ist es am besten, alle Variablen einer Regressionsgleichung zu standardisieren und die Regressionsanalyse für diese standardisierten Variablen durchzuführen. Man erhält, wenn man für die standardisierten X_i jeweils Z_i schreibt:

$$\hat{Z}_0 = a_s + b_{s1} \, Z_1 + b_{s2} \, Z_2 + \ldots + b_{sm} \, Z_m$$

mit Z_i = standardisierte Variable der Ausgangsvariablen X_i
        b_{si} = partieller Regressionskoeffizient der Variablen Z_i.

Da standardisierte Variablen den Mittelwert 0 haben, gilt $a_s = 0$, und die obige Gleichung vereinfacht sich zu

$$\hat{Z}_0 = b_{s1} \, Z_1 + b_{s2} \, Z_2 + \ldots + b_{sm} Z_m.$$

Die partiellen Regressionskoeffizienten b_{si} von Z_i nennt man auch standardisierte partielle Regressionskoeffizienten von X_i. Die Standardisierung von Variablen bewirkt, dass die Standardabweichung 1 wird. Mit anderen Worten, eine Einheit von Z_i entspricht einer Standardabweichung von X_i. Demnach gibt b_{si} an, dass $X_0 \, (= Y)$ um b_{si} Standardabweichungen zunimmt, wenn X_i um eine Standardabweichung wächst. Die b_{si} können somit auch als Maß für das relative Gewicht der unabhängigen Variablen bei der Erklärung von $X_0 \, (= Y)$ angesehen werden.

In der Literatur werden die b_{si} auch als „Beta-Koeffizienten" bezeichnet. Sie dürfen allerdings nicht verwechselt werden mit den β-Koeffizienten in der Regressionsgleichung für die Grundgesamtheit.

Standardisiert man die Variablen unseres Beispiels, so verändern sich die Gleichungen (2.6) – (2.8) zu

$$\hat{Z}_0 = -0{,}7601 \, Z_5 \qquad\qquad (2.6')$$

$$\hat{Z}_0 = -0{,}7899 \, Z_5 - 0{,}2370 \, Z_3 \qquad\qquad (2.7')$$

$$\hat{Z}_0 = -0{,}7635 \, Z_5 - 0{,}2070 \, Z_3 + 0{,}1937 \, Z_2. \qquad\qquad (2.8')$$

Die Bestimmtheitsmaße verändern sich durch die Standardisierung natürlich nicht. Zudem sei darauf hingewiesen, dass im bivariaten Fall (Gleichung (2.6')) der standardisierte Regressionskoeffizient gleich dem einfachen partiellen Korrelationskoeffizienten ist, d. h.

$$r_{05} = b_{s5} \qquad \text{in Gleichung (2.6').}$$

Schließlich zeigt Gleichung (2.8'), dass die Variable X_5 (bzw. Z_5) ein deutlich größeres Gewicht als die beiden anderen Variablen hat: eine Änderung von X_5 um eine Standardabweichung bewirkt eine (absolut gesehen) stärkere Änderung von Y, als wenn X_3 und X_2 sich um eine Standardabweichung ändern.

2.3.2 Strategien zur Auswahl der unabhängigen Variablen

Wir wollen hier noch einmal auf die oben bereits angesprochene Frage eingehen, wie viele unabhängige Variablen und welche in eine Regressionsanalyse einbezogen werden sollten. Die Antwort darauf hängt vor allem von dem Ziel der Regressionsanalyse ab.

Einerseits ist es denkbar, dass eine relativ gut bestätigte Theorie darüber vorliegt, welche unabhängigen Variablen eine gegebene abhängige Variable Y in linearer Weise beeinflussen. Diese Variablen seien $X_1, \ldots, X_m$.

Dann wird man eine Regression

$$\hat{Y} = a + b_1\, X_1 + \ldots b_m\, X_m$$

durchführen und anschließend

- an Hand der b_i, prüfen, ob die X_i alle den erwarteten signifikanten Einfluss auf Y haben,
- untersuchen, ob das Regressionsmodell genügend gut in dem Sinne ist, dass die Variablen $X_1, \ldots, X_m$ einen ausreichend großen Varianzanteil von Y erklären.

Die entsprechenden statistischen Prüfverfahren werden in Abschn. 2.4 vorgestellt. Zeigt eine der beiden Prüfungen ein negatives Resultat, wird man die Theorie verändern, was zu einem neuen Regressionsmodell führt.

Bei dieser Art der Anwendung ist die Auswahl der Variablen durch die Theorie eindeutig bestimmt.

Andererseits kann eine solche Theorie vollständig fehlen. Häufig wird dann pragmatisch nach der „Strategie des Fischens" verfahren: Man wirft ein möglichst großes Netz aus in der Hoffnung, dass darin etwas „Sinnvolles" hängen bleibt. Das heißt, es werden möglichst viele unabhängige Variablen in die Analyse einbezogen, um ein Maximum an erklärter Varianz von Y zu erzielen. Diese Strategie ist also in erster Linie auf ein gutes Schätzmodell ausgerichtet, unabhängig von dessen theoretischer Relevanz. Tendenziell gilt dabei: Je mehr unabhängige Variablen in eine Regressionsgleichung einbezogen werden, desto größer wird der Anteil an erklärter Varianz. Bei dieser Vorgehensweise landet man leicht bei sehr umfangreichen, kaum zu durchschauenden Regressionsmodellen.

Deshalb sollte sie durch „das Prinzip sparsamer Parametrisierung" ergänzt werden. Dieses Prinzip besagt, dass von zwei Regressionsmodellen, die etwa den gleichen Varianzanteil von Y erklären, dasjenige gewählt werden sollte, bei dem weniger Parameter zu schätzen sind. Die zu schätzenden Parameter sind bei der Regressionsanalyse die partiellen Regressionskoeffizienten und die Regressionskonstante. Die Anzahl der zu schätzenden Parameter ist also gleich der Anzahl der unabhängigen Variablen plus 1. Das bedeutet: Liegen zwei konkurrierende Regressionsmodelle mit unterschiedlicher Variablenanzahl, aber etwa gleichem erklärten Varianzanteil von Y vor, sollte dasjenige mit der geringeren Anzahl unabhängiger Variablen gewählt werden.

Zum Zweck der sparsamen Parametrisierung sind sogenannte schrittweise Verfahren für die Auswahl der unabhängigen Variablen entwickelt worden. Man unterscheidet zwischen

- vorwärts gerichteter Auswahl (forward selection),
- rückwärts gerichteter Auswahl (backward selection),
- schrittweiser Auswahl (stepwise selection).

Sei $X_1, \ldots, X_m$ die Menge der zur Verfügung stehenden unabhängigen Variablen.

Bei der vorwärts gerichteten Auswahl wird als erste diejenige Variable X_{i_1} ($1 \leq i_1 \leq m$) in die Regression einbezogen, deren einfache Korrelation mit Y absolut am größten ist. Anschließend wird als zweite Variable X_{i_2} diejenige ausgewählt, die den größten Anteil an durch X_{i_1} noch nicht erklärter Restvarianz erklärt, für die also der partielle Korrelationskoeffizient mit Y unter Ausschaltung von X_{i_1} maximal ist. Die dritte ausgewählte Variable X_{i_3} ist dementsprechend diejenige Variable, deren partieller Korrelationskoeffizient mit Y unter Ausschaltung von X_{i_1} und X_{i_2} maximal ist. Dieses Verfahren wird so lange fortgeführt, bis ein bestimmtes Abbruchkriterium erfüllt ist. Als Abbruchkriterium dient im allgemeinen ein statistisches : Eine Variable X_{i_k}, wird nur dann in die Regressionsgleichung aufgenommen, wenn ihr Einfluss auf Y signifikant ist, d.h., wenn ihr zugehöriger Regressionskoeffizient β_{i_k} in der Grundgesamtheit signifikant von 0 verschieden ist. Das Signifikanzniveau kann vom Bearbeiter frei gewählt werden. Als Standard gilt ein Signifikanzniveau von $0{,}05(= 5\%)$. Der Signifikanztest für den Regressionskoeffizienten wird in Abschn. 2.4 besprochen.

Bei rückwärts gerichteter Auswahl wird umgekehrt vorgegangen. Zunächst werden alle m unabhängigen Variablen X_1, ..., X_m in die Regressionsanalyse einbezogen. Dann werden schrittweise diejenigen Variablen eliminiert, deren Regressionskoeffizienten in der Grundgesamtheit nicht signifikant von 0 verschieden sind.

Das im engeren Sinn schrittweise Verfahren, das auch als schrittweise Regression bezeichnet wird, kombiniert die vorwärts und rückwärts gerichtete Auswahl. Die beiden ersten unabhängigen Variablen werden dabei wie bei der vorwärts gerichteten Selektion bestimmt.

Danach wird geprüft, ob die erste Variable immer noch das Kriterium des signifikant von 0 verschiedenen Regressionskoeffizienten erfüllt. Falls nicht, wird sie eliminiert. Andernfalls wird die dritte Variable ausgewählt. Erfüllt sie das Kriterium des von 0 verschiedenen Regressionskoeffizienten, wird sie in das Regressionsmodell aufgenommen. Es wird dann geprüft, ob die beiden ersten Variablen in diesem Regressionsmodell mit drei unabhängigen Variablen signifikant von 0 verschiedene Regressionskoeffizienten aufweisen. Dieses Verfahren wird solange fortgeführt, bis keine Variable mehr das Eintritts- oder Ausschlusskriterium erfüllt. Damit man nicht in einer endlosen Schleife landet, müssen die Signifikanzniveaus für das Eintritts- und Ausschlusskriterium unterschiedlich sein. In der Regel wird das Signifikanzniveau für das Eintrittskriterium (z.B. 5%) höher gewählt als dasjenige für das Ausschlusskriterium (z.B. 10%). Diese schrittweise Variablenauswahl wird am häufigsten benutzt. Im Übrigen liefern alle drei Auswahlverfahren häufig sehr ähnliche, oft sogar identische Ergebnisse.

Schließlich sei noch darauf verwiesen, dass man unabhängig von dem Auswahlverfahren dasselbe Ergebnis bekommt, wenn die durch die Verfahren ausgewählten Variablen identisch sind. Denn die Auswahl ist ja der eigentlichen Berechnung der Regressionsgleichung nach dem Prinzip der kleinsten Quadrate vorangestellt.

Wir hatten zu Beginn dieses Kapitels die ausgesprochen theorieorientierte der rein induktiven Strategie der Variablenauswahl gegenübergestellt. In der Praxis sind dagegen eher Mischstrategien angebracht, etwa wenn einige plausible Vermutungen über die Wirkungen von unabhängigen auf eine abhängige Variable vorliegen, diese aber noch unvollständig und unpräzise sind. Dies trifft auch auf unser Beispiel zu. Ausgangspunkt waren die beiden Hypothesen, dass der Binnenwanderungssaldo eines Kreises einmal von der Arbeitsmarktsituation, zum anderen von dem Verstädterungsgrad des Kreises abhängt. Wir hatten dann insgesamt 7 Variablen ausgewählt, die diese beiden Größen beschreiben könnten[5]. Diese erste Auswahl ist also durchaus „theoriebezogen" bzw. – etwas schlichter – hypothesenbezogen. Wir haben aber keine Vermutungen darüber angestellt, welche der beiden Variablen X_2 und X_3 die Arbeitsmarktsituation und welche der fünf Variablen X_1, X_4, X_5, X_6, X_7 den Verstädterungsgrad besser beschreibt. Deshalb haben wir oben eine vorwärts gerichtete Variablenselektion durchgeführt, ohne diesen Begriff freilich schon dafür zu benutzen. Wir hatten dabei die drei Variablen X_5, X_3 und X_2 in dieser Reihenfolge als Kandidaten gefunden, um in die endgültige Regressionsgleichung aufgenommen zu werden, ohne auf eventuelle Einschränkungen durch nicht ausreichende Signifikanzniveaus Rücksicht zu nehmen.

Es sollen nun einige Ergebnisse unterschiedlicher Auswahlverfahren für das Beispiel aufgeführt werden. Die Ergebnisse für die vorwärts gerichtete und die schrittweise Auswahl sind in diesem Fall identisch.

(A1) Vorwärts gerichtete und schrittweise Auswahl bei einem Signifikanzniveau von 0,05 (alle Variablen, deren Regressionskoeffizienten auf dem 5%-Niveau von 0 verschieden sind, werden schrittweise in die Regression eingeführt). Als Signifikanzniveau für den eventuellen Ausschluss einer Variablen wurde 0,1 gewählt.

1. Schritt: $Y = 36,6159 - 0,0751\,X_5$ mit $B_{05} = 57,78\%$
   Die partiellen Korrelationskoeffizienten der anderen unabhängigen Variablen mit Y unter Ausschluss von X_5 sind:

	X_1	X_2	X_3	X_4	X_6	X_7
Y (= X_0)	−0,0102	0,3449	−0,3618	0,0205	−0,0149	0,0292

2. Schritt: $Y = 52,7648 - 0,0781\,X_5 - 1,0587\,X_3$ mit $B_{0.53} = 63,31\%$
   Die partiellen Korrelationskoeffizienten der anderen unabhängigen Variablen mit Y unter Ausschluss von X_5 und X_3 sind:

	X_1	X_2	X_4	X_6	X_7
Y (= X_0)	−0,0780	0,3137	−0,0604	0,1041	0,0045

3. Schritt: $Y = 53,6286 - 0,0755\,X_5 - 0,9247\,X_3 + 0,8171\,X_2$
   mit $B_{0.532} = 66,92\%$
   Die partiellen Korrelationskoeffizienten der anderen unabhängigen Variablen mit Y unter Ausschluss von X_5, X_3 und X_2 sind:

---

[5]Die Variablen sind leider nicht zum gleichen Zeitpunkt erhoben worden. Doch stört das die Analyse kaum, da sich ihre Verteilung innerhalb kurzer Zeiträume wenig ändert.

	X_1	X_4	X_6	X_7
$Y (= X_0)$	$-0{,}0736$	$0{,}0331$	$-0{,}0575$	$0{,}1010$

Diese geringen partiellen Korrelationskoeffizienten lassen schon vermuten, dass wohl keine weitere unabhängige Variable in die Regression mit einbezogen werden kann. Tatsächlich bricht das Auswahlverfahren nach dem 3. Schritt ab.

(A2) Vorwärts gerichtete und schrittweise Auswahl bei einem Signifikanzniveau von 0,10 für die Einbeziehung einer neuen und von 0,11 für den Ausschluss (beim schrittweisen Verfahren) einer alten Variablen.
Hier ergibt sich das gleiche Resultat wie in (A1), d.h., zwischen den beiden Signifikanzniveaus für den Einschluss einer neuen Variablen bestehen in diesem Beispiel hinsichtlich der Ergebnisse keine Unterschiede.

(A3) Rückwärts gerichtete Auswahl bei einem Signifikanzniveau von 0,10 (alle Variablen, deren Regressionskoeffizienten auf dem 10%-Niveau nicht signifikant von 0 verschieden sind, werden schrittweise aus der Regression ausgeschlossen).

1. Schritt: Es wird die Regressionsgleichung mit allen 7 unabhängigen Variablen als Ausgangsgleichung bestimmt. Das ist:

$$\hat{Y} = 58{,}5348 - 4{,}4642 \cdot 10^{-6} X_1 + 1{,}0460 X_2 - 0{,}8670 X_3$$
$$- 0{,}0168 X_4 - 0{,}0809 X_5 - 0{,}0045 X_6 + 46{,}2820 X_7$$
$$(B_{0.1234567} = 69{,}68\%).$$

Der Regressionskoeffizient für X_1 liegt am weitesten unterhalb der Schwelle für das 10%-Signifikanzniveau. Deshalb wird X_1 im 2. Schritt ausgeschlossen.

2. Schritt: Die Regression mit den restlichen 6 unabhängigen Variablen (also ohne X_1) ergibt:

$$\hat{Y} = 58{,}1122 + 1{,}0342 X_2 - 0{,}8564 X_3 - 0{,}0178 X_4 - 0{,}0809 X_5$$
$$- 0{,}0044 X_6 + 47{,}9293 X_7$$
$$(B_{0.234567} = 69{,}62\%).$$

Jetzt liegt der Regressionskoeffizient für X_6 am weitesten unterhalb der Schwelle für das 10%-Signifikanzniveau. Nach dem Ausschließungskriterium wird als nächste daher die Variable X_6 entfernt.

3. Schritt: Die Regression mit den restlichen 5 unabhängigen Variablen (also ohne X_1 und ohne X_6) ergibt:

$$\hat{Y} = 52{,}3450 + 0{,}9083 X_2 - 0{,}9617 X_3 - 0{,}0161 X_4 - 0{,}0776 X_5$$
$$+ 44{,}9119 X_7$$
$$(B_{0.23457} = 69{,}30\%).$$

Alle Regressionskoeffizienten sind auf dem 10%-Niveau signifikant, so dass das Verfahren nach dem 3. Schritt abgebrochen wird.

(A4) Rückwärts gerichtete Auswahl bei einem Signifikanzniveau von 0,05. Die ersten Schritte sind die gleichen wie in (A3). Allerdings ist der Regressionskoeffizient von X_4 nicht mehr auf dem 5%-Niveau signifikant von 0 verschieden. Die weitere Schrittfolge lautet deshalb

4. Schritt: Die Regression mit den verbleibenden 4 unabhängigen Variablen X_2, X_3, X_4 und X_7 ergibt:

$$\hat{Y} = 54{,}8020 + 0{,}9035\,X_2 - 0{,}8898\,X_3 - 0{,}0814\,X_5 + 5{,}4594\,X_7$$
$$(B_{0.2357} = 67{,}32\%).$$

Jetzt ist der Regressionskoeffizient von X_7 nicht mehr signifikant von 0 verschieden (auf dem 5%-Niveau), und X_7 wird gestrichen.

5. Schritt: Die Regression mit den verbleibenden 4 unabhängigen Variablen X_2, X_3 und X_4 ergibt:

$$\hat{Y} = 53{,}6286 + 0{,}8171\,X_2 - 0{,}9247\,X_3 - 0{,}0755\,X_5$$
$$(B_{0.235} = 66{,}92\%).$$

Das Verfahren wird nach diesem Schritt abgebrochen, da alle Regressionskoeffizienten auf dem 5%-Niveau signifikant von 0 verschieden sind.

Die letzte Gleichung von (A4) stimmt mit den jeweils letzten Gleichungen von (A1) und (A2) überein, da jeweils die gleichen Variablen in die Regressionsanalyse einbezogen wurden.

Bei der Frage, welche der beiden alternativen Lösungen – (A1), (A2) und (A4) einerseits, (A3) andererseits – vorzuziehen ist, würden wir uns für die erste Lösung entscheiden. Sie ist beträchtlich sparsamer parametrisiert (3 statt 5 unabhängige Variablen), und ihr Bestimmtheitsmaß ist nur um 2,38% geringer. Die Beantwortung dieser Frage ist allerdings „Geschmacksache".

Multiple Regression: Auswahlverfahren   *MuG*

Die drei Auswahlverfahren führen nicht unbedingt zu dem gleichen Ergebnis, wie der Vergleich von (A2) und (A3) zeigt. Diese Aussage gilt auch dann, wenn das Signifikanzniveau identisch ist. Außerdem kann festgestellt werden: Bei gleichem Auswahlverfahren wurden in der Lösung mit höherem Signifikanzniveau (α kleiner) höchstens so viele Variablen ausgewählt wie bei derjenigen mit niedrigerem Signifikanzniveau (α größer).
Es sei auch noch einmal darauf hingewiesen, dass sich die Regressionskoeffizienten bei allen Verfahren von Schritt zu Schritt ändern. Nur wenn eine Variable von allen anderen stochastisch vollkommen unabhängig ist, bliebe deren Regressionskoeffizient über alle Schritte hinweg konstant. Schließlich belegen die Ergebnisse noch einmal unsere Behauptung, dass mit der Anzahl der unabhängigen Variablen (natürlich nur, wenn neue schrittweise hinzugefügt oder alte schrittweise eliminiert werden) das Bestimmtheitsmaß sich ändert. Mit völlig anderen Variablen könnte man allerdings bei kleinerer Variablenanzahl durchaus ein besseres Ergebnis erreichen. In diesem Zusammenhang ist auch darauf hinzuweisen, dass bei nicht signifikant von 0 verschiedenem Regressionskoeffizienten der zusätzlich von dieser Variablen erklärte Varianzanteil sehr gering ist, was deutlich abzulesen ist an der Veränderung der Werte für das Bestimmtheitsmaß B in den Varianten (A3) und (A4). Insofern bietet sich auch der „zusätzlich erklärte Varianzanteil" einer Variablen als Auswahlkriterium an.

Multiple Regression: Auswahlverfahren   *MuG*

Abschließend wollen wir noch auf die Frage eingehen, ob denn das jetzt erreichte Bestimmtheitsmaß von gut $66\frac{2}{3}\%$ hoch genug ist, um mit dem Ergebnis zufrieden zu sein. Auch auf diese Frage gibt es keine allgemeingültige Antwort. Falls man nicht zufrieden ist, sollte nach „besseren" erklärenden Variablen bzw. nach einer besseren „Theorie" gesucht werden. In unserem Beispiel ist es offensichtlich, dass unsere Theorie noch sehr rudimentär ist. Wir haben z.b. angenommen, dass der Binnenwanderungssaldo ausschließlich durch arbeitsplatzorientierte und Stadt-Umland-Wanderungen bestimmt wird. Es ist aber offensichtlich, dass Altenwanderungen und Ausbildungswanderungen, die anderen Determinanten unterliegen, ebenfalls einen gewichtigen Beitrag liefern können. Man müsste nun nach Variablen suchen, die die Determinanten dieser Wanderungen erfassen. Oder es wäre denkbar, den Binnenwanderungssaldo auf solche Altersgruppen zu beschränken, bei denen Alten- und Ausbildungswanderungen keine große Rolle spielen. Wählt man etwa als neue abhängige Variable

Y = Binnenwanderungssaldo der Einwohner von unter 18 Jahren und von 30 bis unter
50 Jahren pro 1000 dieser Altersgruppe,

so erhält man folgendes Ergebnis – die Variablen $X_1 - X_7$ wurden dabei beibehalten, und es wurde eine schrittweise Auswahl mit den Signifikanzniveaus 5% (für den Einschluss einer neuen Variablen) und 10% (für den Ausschluss einer alten Variablen) (analog dem Auswahlverfahren in (A1)) durchgeführt:

$$\hat{Y} = 16{,}28 + 0{,}325\,X_2 - 0{,}005\,X_4 - 0{,}024\,X_5$$

mit $R_{0.245} = 0{,}8754$ und $B_{0.245} = 76{,}63\%.$

Statt der Variablen X_3 ist jetzt die Variable X_4 in die Regressionsgleichung aufgenommen worden, und der erklärte Varianzanteil hat sich immerhin um knapp 10% auf über $\frac{3}{4}$ erhöht.

2.3.3 Das Problem der Multikollinearität

Wir hatten schon mehrfach auf dieses Problem hingewiesen. Das Regressionsmodell

$$Y = \alpha + \beta_1 X_1 + \beta_2 X_2 + \ldots + \beta_m X_m + \epsilon$$

bzw. $$\hat{Y} = a + b_1 X_1 + b_2 X_2 + \ldots + b_m X_m$$

geht ja von der Vermutung aus, die Variable Y lasse sich darstellen als Summe von linearen Effekten der Variablen $X_1, \ldots, X_m$. Das bedeutet implizit, dass sich diese Effekte im Idealfall eindeutig voneinander trennen lassen und dass man unabhängig von der Zahl der berücksichtigten unabhängigen Variablen gleiche Regressionskoeffizienten erhält. Mit anderen Worten: Bei den folgenden vier Regressionsgleichungen

$$\hat{Y} = a + b_1 X_1$$

$$\hat{Y} = a + b_1 X_1 + b_2 X_2$$

$$\hat{Y} = a + b_1 X_1 + b_2 X_2 + \ldots + b_{m-1} X_{m-1}$$

$$\hat{Y} = a + b_1 X_1 + b_2 X_2 + \ldots + b_{m-1} X_{m-1} + b_m X_m$$

müsste man jeweils die gleichen Regressionskoeffizienten errechnen. Wir hatten schon bei der Darstellung der Auswahlverfahren für die unabhängigen Variablen gesehen, dass diese Annahme nicht zutrifft. Dies war ja auch der Grund dafür, dass wir den partiellen Korrelationskoeffizienten einführten.

Allgemein gilt: Nur wenn eine Variable von jeder anderen Variablen und von jeder Kombination der anderen Variablen stochastisch unabhängig ist (die entsprechenden einfachen und multiplen Korrelationskoeffizienten also 0 sind), wird ihr Regressionskoeffizient immer gleich sein, unabhängig davon, welche der anderen Variablen in die Regressionsanalyse einbezogen werden. Je größer dagegen ihre stochastische Abhängigkeit ist, desto stärker werden die Änderungen ihres Regressionskoeffizienten bei den verschiedenen Gleichungen sein.

Zur Verdeutlichung dieses Sachverhalts betrachten wir noch einmal unser Beispiel, und zwar mit den Variablen Y, X_3, X_4 und X_5. Berechnet man die Regressionen von Y nach X_4, von Y nach X_3 und X_4 sowie von Y nach X_4 und X_5, so ergibt sich:

$$\hat{Y} = 10{,}7632 - 0{,}0124\, X_4 \tag{2.9}$$

$$\hat{Y} = 25{,}6059 - 0{,}0132\, X_4 - 1{,}0274\, X_3 \tag{2.10}$$

$$\hat{Y} = 36{,}2536 + 0{,}0004\, X_4 - 0{,}0738\, X_5. \tag{2.11}$$

Zwischen (2.9) und (2.10) besteht nur ein geringer Unterschied hinsichtlich b_4. Dagegen hat b_4 in Gleichung (2.11) sogar das Vorzeichen gewechselt. Allerdings ist der Regressionskoeffizient in (2.11) nicht signifikant von 0 verschieden. Diese Beobachtungen erklären sich leicht, wenn man die einfachen Korrelationen von X_4 mit X_3 bzw. X_5 betrachtet. Es ist nämlich

$$r_{34} = -0,1578$$
$$r_{45} = +0,7082.$$

Der geringe Zusammenhang zwischen X_3 und X_4 bewirkt, dass die zusätzliche Hereinnahme von X_3 in die Regressionsgleichung kaum einen Einfluss auf den Regressionskoeffizienten b_4 hat (vgl. (2.9) und (2.10)). Wir haben es bei Gleichung (2.10) also annähernd mit dem Fall zu tun, dass sich die Effekte von X_4 und X_3 addieren. Dies trifft nicht auf X_4 und X_5 zu, denn X_4 und X_5 korrelieren hoch positiv miteinander. Entsprechend stark ändert sich b_4 beim Übergang von (2.9) zu (2.11).

Ist die stochastische Abhängigkeit einer unabhängigen Variablen von einer oder mehreren anderen der in eine Regressionsgleichung einbezogenen unabhängigen Variablen groß, so spricht man von Multikollinearität.

Wie das Beispiel gezeigt hat, erschwert das Vorliegen von Multikollinearität die Interpretation einer Regressionsgleichung. So könnte man auf Grund von Gleichung (2.11) behaupten, X_4 habe keinen signifikanten Einfluss auf Y. Diese Behauptung ist in dieser Form aber sicherlich falsch, wie die Gleichungen (2.9) und (2.10) belegen. Richtiger wäre es zu sagen: Wenn man die Regression von Y nach X_4 und X_5 bestimmt, ist der isolierte Einfluss von X_4 auf Y verschwindend gering. Das heißt, im Fall von Multikollinearität sind die Regressionskoeffizienten immer unter der Bedingung der übrigen in die Analyse einbezogenen Variablen zu interpretieren.

So lässt sich bei Vorliegen von Multikollinearität nicht mehr die Aussage machen: Wenn X_1 sich um eine Einheit ändert, ändert sich Y um b_i Einheiten. Denn bei Multikollinearität werden sich mit X_i auch die mit X_i korrelierenden unabhängigen Variablen X_j ändern und entsprechend Y beeinflussen.

Auch bei der Frage nach der Signifikanz von Regressionskoeffizienten (vgl. Abschn. 2.4) spielt die Multikollinearität eine wichtige Rolle.

Ist man dagegen ausschließlich an einem guten Schätzmodell für Y, d.h. an einem möglichst hohen Anteil erklärter Varianz von Y, interessiert, spielt die Multikollinearität keine Rolle – auch nicht bei der Frage, ob ein multipler Korrelationskoeffizient von 0 verschieden ist.

Im Übrigen wird bei der schrittweisen Auswahl von Variablen automatisch darauf geachtet, dass eventuelle Multikollinearitäten möglichst schwach bleiben.

Das Auftreten von Multikollinearitäten lässt sich in der Praxis kaum vermeiden, höchstens minimieren. Dass Multikollinearitäten in dem Regressionsmodell nicht explizit berücksichtigt werden, ist eine Schwäche des Modells, wenn man es nicht nur als gutes Schätzmodell für eine Variable Y benutzt, sondern auch für inhaltliche Interpretationen. Als Erweiterung der Regressionsanalyse bietet sich die Pfadanalyse an, bei der die stochastische Abhängigkeiten zwischen den unabhängigen Variablen explizit berücksichtigt werden.

2.3.4 Variablentransformation

Für den bivariaten Fall haben wir im Band 1 schon mögliche Variablentransformationen besprochen. In entsprechender Weise kann man auch bei der multiplen Regressionsanalyse die unabhängigen Variablen transformieren. Dies ist vor allem dann notwendig, wenn die Vermutung besteht, der Einfluss einer unabhängigen auf die abhängige Variable sei nicht linear.

Für Variablentransformation ist alles das zu berücksichtigen, was für den bivariaten Fall gesagt wurde. Darüber hinaus ist bei der multiplen Regressionsanalyse zu beachten, dass sich durch Variablentransformationen auch die Auswahl der unabhängigen Variablen ändern kann (wenn man sie nicht fest vorgibt, sondern eine der drei schrittweisen Auswahlprozeduren anwendet). Wir greifen zur Veranschaulichung das letzte Beispiel des Abschn. 2.3.2 auf. Bestimmt werden soll die Regression von

Y = Binnenwanderungssaldo der Einwohner von unter 18 Jahren und von 30 bis unter 50 Jahren pro 1000 dieser Altersgruppe,

nach den Variablen $X_1, \ldots, X_7$ mit einer schrittweisen Auswahl (Signifikanzniveau 5% für den Einschluss einer neuen, 10% für den Ausschluss einer alten Variablen). Als Resultat erhält man:

Schritt 1: $\hat{Y} = 6{,}72 - 0{,}009\,X_4$

        mit $r_{04} = 0{,}8044$ und $r_{04}^2 = B_{04} = 64{,}71\%$

Schritt 2: $\hat{Y} = 14{,}56 - 0{,}006\,X_4 - 0{,}023\,X_5$

        mit $R_{0.45} = 0{,}8637$ und $R_{0.45}^2 = B_{0.45} = 74{,}60\%$

Schritt 3: $\hat{Y} = 16{,}28 + 0{,}325\,X_2 - 0{,}005\,X_4 - 0{,}024\,X_5$

        mit $R_{0.245} = 0{,}8754$ und $R_{0.245}^2 = B_{0.245} = 76{,}63\%.$

Wir transformieren nun die Variable X_4 nach

$LN\,X_4 = \ln X_4$ (wobei $\ln X_4$ die Werte der Variablen X_4 in ihren natürlichen Logarithmus (zur Basis e) transformiert).

Eine Transformation dieser Variablen bietet sich an, weil X_4 (= Zahl der Einwohner pro km^2) in den Stadtkreisen extrem hohe Werte annimmt, die zudem noch sehr stark streuen, während eine große Zahl von Landkreisen nur sehr geringe Werte aufweist. Führen wir nun eine Regression in der gleichen Weise durch, wobei also nur X_4 durch $LN\,X_4$ ersetzt wird, so ergibt sich:

Schritt 1: $\hat{Y} = 32{,}07 - 5{,}472\,LN\,X_4$

        mit $r_{04} = 0{,}8305$ und $r_{04}^2 = B_{04} = 68{,}97\%$

Schritt 2: $\hat{Y} = 30{,}15 - 3{,}562\,LN\,X_4 - 0{,}020\,X_5$

        mit $R_{0.45} = 0{,}8724$ und $R_{0.45}^2 = 76{,}11\%$

Schritt 3: $\hat{Y} = 37{,}27 - 0{,}389\,X_3 - 3{,}955\,LN\,X_4 - 0{,}019\,X_5$

        mit $R_{0.345} = 0{,}8874$ und $R_{0.345}^2 = 78{,}75\%.$

Bei beiden Regressionsanalysen terminiert zwar das Auswahlverfahren nach dem Schritt 3, doch wird bei diesem Schritt jeweils eine andere Variable einbezogen: im ersten Fall X_2, im zweiten Fall X_3. Auch die Regressionskoeffizienten für X_5 sind leicht unterschiedlich. Allerdings unterscheiden sich beide Ergebnisse nur sehr geringfügig hinsichtlich des Bestimmtheitsmaßes. Bei anderen Analysen können die Unterschiede hinsichtlich des Bestimmtheitsmaßes durch Variablentransformationen allerdings durchaus erheblich sein .

2.4 Schätz- und Testprobleme

Es sollen hier nur die wichtigsten, in der Praxis häufig angewandten Schätz- und Testverfahren besprochen werden. Ausgangspunkt sind die Regressionsgleichungen

$$Y = \alpha + \beta_1 X_1 + \beta_2 X_2 + \ldots + \beta_m X_m + \epsilon \qquad (2.12)$$

$$\hat{Y} = a + b_1 X_1 + b_2 X_2 + \ldots + b_m X_m. \qquad (2.13)$$

Die a und b_i sind die aus einer Stichprobe vom Umfang n geschätzten Werte der Parameter α und β_i der Grundgesamtheit. $\hat{Y}$ ist die Schätzvariable für Y. Man kann Gleichung (2.13) auch etwas anders schreiben, nämlich

$$Y = a + b_1 X_1 + b_2 X_2 + \ldots + b_m X_m + E. \qquad (2.14)$$

Hier steht E als Zufallsvariable für die zufälligen, unsystematischen Abweichungen der beobachteten Y-Werte von den $\hat{Y}$-Werten; E ist also die Schätzvariable für ϵ:

$$Y - \hat{Y} = E \qquad (2.15)$$

bzw. in der Schreibweise für die einzelnen Werte

$$y_j - \hat{y}_j = e_j \ (j = 1, \ldots, n). \qquad (2.16)$$

Worauf richten sich nun die verschiedenen Schätz- und Testverfahren? Entsprechend dem bivariaten Fall möchte man wissen,

(1) ob der multiple Korrelationskoeffizient $\rho_{0.12\ldots m}$ von 0 verschieden ist oder nicht, ob das Regressionsmodell also einen signifikanten Anteil der Varianz von Y erklärt ($\rightarrow$ Abschn. 2.4.1),

(2) ob die einzelnen partiellen Regressionskoeffizienten β_i von 0 verschieden sind, d.h., ob die einzelnen unabhängigen Variablen X_i einen signifikanten Einfluss auf Y ausüben ($\rightarrow$ Abschn. 2.4.2),

(3) ob einzelne partielle Korrelationskoeffizienten $\rho_{0.12\ldots(i-1)(i+1)\ldots m}$ signifikant von 0 verschieden sind ($\rightarrow$ Abschn. 2.4.3),

(4) zwischen welchen Werten Y mit einer bestimmten Wahrscheinlichkeit liegt, wenn für die Variablen X_1, $\ldots$, X_m bestimmte Werte gegeben sind ($\rightarrow$ Abschn. 2.4.4).

Die letzte Frage beinhaltet ein Schätzproblem (und zwar eine Intervallschätzung für Y), die ersten drei Fragen stellen Testprobleme dar. Zwar lassen sich auch für die Korrelations- und Regressionskoeffizienten Intervallschätzungen vornehmen, doch sind sie so selten, dass wir sie hier nicht behandeln.

Um die in (1) – (4) angesprochenen Tests und Schätzungen durchführen zu können, müssen die Voraussetzungen der Regressionsanalyse erfüllt sein. Im bivariaten Fall

$$Y = \alpha + \beta X + \epsilon$$

ließen sich diese Voraussetzungen in einer einzigen zusammenfassen: Für jeden Wert x der Variablen X muss die bedingte Residualvariable $\epsilon|_X$ den Mittelwert 0 und die von x unabhängige Varianz $\sigma^2_{\epsilon|_X} = \sigma^2_X$ haben. Für zwei beliebige Werte x_1 und x_2 der Variablen X müssen darüber hinaus die beiden Residualvariablen $\epsilon|_{x_1}$ und $\epsilon|_{x_2}$ binormalverteilt mit dem Korrelationskoeffizienten 0 sein (vgl. Band 1: Regressions- und Korrelationsanalyse).

Analog lässt sich als Voraussetzung für die multiple Regressionsanalyse formulieren: Für jedes Wertetupel $(x_{1j}, \ldots, x_{mj})$ der Variablen $X_1, \ldots, X_m$ muss die bedingte Residualvariable $\epsilon|_{x_{1j},\ldots,x_{mj}}$ den Mittelwert 0 und die von $x_{1j}, \ldots, x_{mj}$ unabhängige Varianz σ^2_ϵ haben. Für zwei beliebige Wertetupel müssen die entsprechenden Residualvariablen binormalverteilt mit dem Korrelationskoeffizienten 0 sein[6].

Diese Voraussetzungen lassen sich natürlich nicht vollständig überprüfen. In der Praxis begnügt man sich wie im bivariaten Fall damit zu kontrollieren, ob

– die e_j aus einer Normalverteilung mit dem Mittelwert 0 stammen,
– die Menge der e_j eine „Struktur" aufweist. Dazu kann man etwa Autokorrelationskoeffizienten (vgl. Kap. 9) benutzen.

Sind die Voraussetzungen erfüllt, können die folgenden Tests und Schätzungen durchgeführt werden.

2.4.1 Tests des multiplen Korrelationskoeffizienten (und des gesamten Regressionsmodells)

Gemäß dem gedanklichen Modell der Regressionsanalyse lässt sich die gesamte Varianz von Y in eine erklärte und in eine unerklärte Residualvarianz additiv zerlegen, d.h., die Variation von Y (= Summe der quadrierten Abweichungen von $\bar{Y}$) lässt sich wie folgt aufteilen:

$$\sum_{j=1}^{n}(y_j - \bar{Y})^2 = \underbrace{\sum_{j=1}^{n}(\hat{y}_j - \bar{Y})^2}_{\text{erklärte Variation}} + \underbrace{\sum_{j=1}^{n}(y_j - \hat{y}_j)^2}_{\text{Residualvariation}}.$$

---

[6]Bei mehreren Variablen kann man nicht von einem Wert dieser Variablen sprechen. Man benutzt daher den Ausdruck Wertetupel und bezeichnet damit die Menge der Werte, die jede der m Variablen bei dem gleichen Stichprobenelement annimmt.

Man kann nun mit dem F-Test varianzanalytisch (vgl. auch Kap. 4) prüfen, ob die erklärte Varianz größer ist als die unerklärte. Ist das der Fall, spricht man von einem insgesamt signifikanten Regressionsmodell. Der F-Test setzt die Kenntnis der Freiheitsgrade der beiden Varianzen voraus. Wir wollen hier ohne Beweis anführen, dass für die erklärte Varianz der Freiheitsgrad gleich m (m = Anzahl der unabhängigen Variablen), für die Residualvarianz der Freiheitsgrad gleich $n - m - 1$ (n = Stichprobenumfang) ist.

Es gilt also

$$\hat{F} = \frac{\dfrac{1}{m} \sum_{j=1}^{n} (\hat{y}_1 - \bar{Y})^2}{\dfrac{1}{n-m-1} \sum_{j=1}^{n} (y_j - \hat{y}_j)^2} = \frac{(n-m-1) \sum_{j=1}^{n} (\hat{y}_j - \bar{Y})^2}{m \sum_{j=1}^{n} (y_j - \hat{y}_j)^2} \qquad (2.17)$$

mit m Freiheitsgraden für den Zähler,

$n - m - 1$ Freiheitsgraden für den Nenner.

Wenn insgesamt die erklärte Varianz von Y signifikant größer ist als die unerklärte, bedeutet das auch, dass das multiple Bestimmtheitsmaß und der multiple Korrelationskoeffizient signifikant von 0 verschieden sind. Das sieht man formal daran, dass $\hat{F}$ sich auch durch den Korrelationskoeffizienten ausdrücken lässt. Man braucht in dem letzten Term der Gleichung für $\hat{F}$ nur Zähler und n Nenner durch $\sum_{j=1}^{n} (y_j - \bar{Y})^2$ zu dividieren und erhält

$$\hat{F} = \frac{(n-m-1) R_{Y.X_1 \ldots X_m}^2}{m(1 - R_{Y.X_1 \ldots X_m}^2)} \qquad (2.18)$$

mit m Freiheitsgraden für den Zähler,

$n - m - 1$ Freiheitsgraden für den Nenner.

Bei unserem Beispiel hatten wir u. a. zwei Regressionen berechnet

Fall (a): die Regression von Y nach X_2, X_3 und X_5,

Fall (b): die Regression von Y nach $X_1, X_2, \ldots, X_7$.

Beim Testen, ob der multiple Korrelationskoeffizient 0 ist (Hypothese H_0) oder nicht (Hypothese H_A) ergibt sich:

(a) : Die Regressionsgleichung lautet

$$\hat{Y} = 53{,}6286 + 0{,}8171\,X_2 - 0{,}9247\,X_3 - 0{,}0755\,X_5$$

$$(R_{0.235} = 0{,}8180, \quad R_{0.235}^2 = 66{,}92\%).$$

Die erklärte Variation ist $\sum_{j=1}^{65} (\hat{y}_j - \bar{Y})^2 = 8255{,}33.$

Die Residualvariation ist $\sum_{j=1}^{65} (y_j - \hat{y}_j)^2 = 4081{,}23.$

Damit ist

$$\hat{F} = \frac{61 \cdot 8255{,}33}{3 \cdot 4081{,}23} = 41{,}1294 \quad \text{(wegen n = 65, m = 3)}.$$

Wählt man als Signifikanzniveau 5%, so ist der kritische F-Wert bei (3,61) Freiheitsgraden ca. 2,76 (vgl. Anhang, Tafel 3). $\hat{F} = 41{,}1294$ liegt weit darüber. Das heißt, die Alternativhypothese H_A wird akzeptiert und damit der Korrelationskoeffizient der Grundgesamtheit als von 0 verschieden angenommen – was angesichts des hohen $R_{0.235}$ auch zu erwarten war.

(b): In diesem Fall ergibt sich

$$\hat{Y} = 58{,}5347 - 4{,}4642 \cdot 10^{-6} + 1{,}0459\, X_2 - 0{,}8670\, X_3 - 0{,}0167\, X_4$$
$$(-0{,}0809\, X_5 - 0{,}0044\, X_6 + 46{,}2820\, X_7)$$
$$R_{0.1\ldots7} = 0{,}8347, \quad R^2_{0.1\ldots7} = 69{,}68\%.$$

Die erklärte Variation ist $\displaystyle\sum_{j=1}^{65} (\hat{y}_j - \bar{Y})^2 = 8595{,}53.$

Die Residualvariation ist $\displaystyle\sum_{j=1}^{65} (y_j - \hat{y}_j)^2 = 3741{,}03.$

Damit ist

$$\hat{F} = \frac{57 \cdot 8595{,}53}{7 \cdot 3741{,}03} = 18{,}7093 \quad \text{(wegen } n = 65,\, m = 7).$$

Der kritische F-Wert ist jetzt bei (7,57) Freiheitsgraden und einem 5%- Signifikanzniveau ca. 2,18; er wird also deutlich überschritten, womit auch in diesem Fall der multiple Korrelationskoeffizient in der Grundgesamtheit als von 0 verschieden angenommen werden kann.

Beim Vergleich von der Fälle (a) und (b) fällt auf, dass der F-Wert bei (b) deutlich niedriger ist als bei (a), obwohl die erklärten Variationsanteile und multiplen Korrelationskoeffizienten jeweils annähernd übereinstimmen. Dies liegt an den unterschiedlichen Freiheitsgraden, die aus der unterschiedlichen Anzahl unabhängiger Variablen resultieren. Es ist also durchaus möglich, bei der Einbeziehung zu vieler unabhängiger Variablen einen F-Wert zu erhalten, der unterhalb des kritischen Wertes liegt, obwohl der erklärte Varianzanteil recht hoch ist. Dies ist ein (statistischer) Grund mehr für eine möglichst sparsame Parametrisierung von Regressionsmodellen – und gegen ein „blindes Fischen".

2.4.2 Test der partiellen Regressionskoeffizienten

Es wird geprüft, ob die einzelnen partiellen Regressionskoeffizienten der Grundgesamtheit von 0 verschieden sind oder nicht, also:

oder

zweiseitige Fragestellung: $H_0 : \beta_i = 0$ gegen $H_A : \beta_i \neq 0$

einseitige Fragestellung: $H_0 : \beta_i \leq 0$ gegen $H_A : \beta_i > 0$ bzw.

$$H_0 : \beta_i \geq 0 \quad \text{gegen} \quad H_A : \beta_i < 0 \quad .$$

Es geht also um die Frage, ob die einzelne Variable X_i einen signifikanten Einfluss auf Y ausübt.

Analog zum Test des multiplen Korrelationskoeffizienten kann hier ebenfalls der F-Test benutzt werden, indem man die a u s s c h l i e ß l i c h durch X_i erklärte Varianz zur Residualvarianz in Beziehung setzt. Die ausschließlich durch X_i erklärte Varianz erhält man dadurch, dass man von der durch alle Variablen $X_1, \ldots, X_m$ erklärten Varianz die nur durch die Variablen $X_1, \ldots, X_{i-1}, X_{i+1}, \ldots, X_m$, (also ohne X_i) erklärte Varianz subtrahiert. Als Resultat ergibt sich die F-verteilte Prüfgröße

$$\hat{F} = \frac{(R^2_{0.1\ldots m} - R^2_{0.1\ldots(i-1)(i+1)\ldots m})}{\dfrac{1}{n-m-1}(1 - R^2_{0.1\ldots m})} \tag{2.19}$$

mit $FG = 1$ für den Zähler,

$FG = n - m - 1$ für den Nenner.

Dieser F-Test ist in einigen statistischen Programmpaketen implementiert. Er erlaubt allerdings nur den Test bei einseitiger Fragestellung. Wir wollen deshalb noch den t-Test erwähnen, mit dem ein- und zweiseitig getestet werden kann. Die Prüfgröße t errechnet sich wie im bivariaten Fall (siehe Band 1: Regressions- und Korrelationsanalyse), nur dass statt des einfachen Regressionskoeffizienten der partielle eingesetzt wird. Das heißt: Wenn $\beta_1 = 0$ ist, ist die Prüfgröße

$$\hat{t} = \frac{B_i}{S_{B_i}} \tag{2.20}$$

mit B_i = Zufallsvariable partieller Regressionskoeffizient von X_i der Regression von Y nach $X_1, \ldots, X_m$ für Stichproben vom Umfang n (= Schätzfunktion für β_i),

S_{B_i} = Standardfehler von B_i

t-verteilt mit $(n - 2)$ Freiheitsgraden.

Zur Erinnerung verweisen wir darauf, dass der partielle Regressionskoeffizient b_i ein aus einer bestimmten Stichprobe gewonnener partieller Regressionskoeffizient ist. Zieht man mehrere Stichproben, erhält man verschiedene b_i (i konstant), die als Werte der Zufallsvariablen B_i fungieren. Der Standardfehler S_{B_i} ist die Standardabweichung der Zufallsvariablen B_i. Er wird auch als „standard error" bezeichnet.

Liefert eine bestimmte Stichprobe einen Wert $\hat{t}$, der jenseits des in Abhängigkeit vom gewünschten Signifikanzniveau zu bestimmenden kritischen Wertes von t liegt, kann die Nullhypothese

$$H_0 : \beta_i = 0$$

als widerlegt gelten.

Zur Berechnung von $\hat{t}$ muss S_{B_i} bekannt sein. Es gilt (auf den Beweis verzichten wir):

$$S_{B_i} = \frac{S_{B_{01...(i-1)(i+1)...m}}}{S_{B_{01...m}} \cdot \sqrt{n-2}}$$

mit $S_{B_{01...(i-1)(i+1)...m}}$ = Standardfehler der abhängigen Variablen Y, wenn ihre Regression nach allen m Variablen ohne X_i bestimmt wird, also nach
$$X_1, \ldots, X_{i-1}, X_{i+1}, \ldots, X_m$$
= Standardabweichung der Zufallsvariablen
$$Y|_{X_1 \ldots X_{i-1} X_{i+1} \ldots X_m}$$

$S_{B_{01...m}}$ = Standardfehler der abhängigen Variablen Y, nach Regression mit allen m Variablen $X_1, \ldots, X_m$
= Standardabweichung der Zufallsvariablen
$$Y|_{X_1 \ldots X_m}$$
= geschätzte Standardabweichung des Zufallsfehlers ϵ .

Diese beiden Standardfehler ergeben sich aus:

$$S_{B_{01...(i-1)(i+1)...m}} = \sqrt{S_Y^2 \left(1 - R_{0.1...(i-1)(i+1)...m}^2\right)}$$

bzw. $$S_{B_{01...m}} = \sqrt{S_Y^2 \left(1 - R_{0.1...m}^2\right)}$$

mit S_Y = Standardabweichung von Y.

Der jeweilige Standardfehler von Y ist also nichts anderes als die Wurzel aus der durch die jeweilige Regression nicht erklärten Restvarianz von Y.

Für die beiden Beispiele mit 3 bzw. allen 7 unabhängigen Variablen erhält man die folgenden Resultate.

(a)   3 unabhängige Variable:

$$\hat{Y} = 53{,}6286 + 0{,}8171\,X_2 - 0{,}9247\,X_3 - 0{,}0755\,X_5$$

Die kritischen t-Werte sind bei einem 5%-Signifikanzniveau und einem Freiheitsgrad von $FG = n-2 = 65-2 = 63$ Freiheitsgraden (vgl. Anhang, Tafel 1) bei einseitiger

Fragestellung: $t_{5\%,63} \approx 1{,}670$ und $-1{,}670$, bei zweiseitiger Fragestellung: $t_{5\%,63} \approx$ $1{,}998$ bzw. $-1{,}998$. Alle drei partiellen Regressionskoeffizienten sind gemäß Tab. 2.5 also signifikant größer als 0 (β_2) bzw. kleiner als 0 (β_3, β_5).

Tab. 2.5: Werte von $\hat{t}$ für die partiellen Regressionskoeffizienten b_2, b_3 und b_5

	b_2	b_3	b_5
$\hat{t}$	2,5804	$-2{,}7549$	$-10{,}1898$

(b) 7 unabhängige Variable:

$$\hat{Y} = 58{,}5347 - 4{,}4642 \cdot 10^{-6} + 1{,}0459\,X_2 - 0{,}8670\,X_3$$
$$- 0{,}0167\,X_4 - 0{,}0809\,X_5 - 0{,}0044\,X_6 + 46{,}2820\,X_7$$

Jetzt sind die partiellen Regressionskoeffizienten β_2, β_3, β_5 und β_7 signifikant von 0 verschieden (bei ein- und bei zweiseitiger Fragestellung), nicht jedoch β_1, β_4 und β_6 (vgl. Tab. 2.6).

Tab. 2.6: Werte von $\hat{t}$ für die partiellen Regressionskoeffizienten $b_1, \ldots, b_7$

	b_1	b_2	b_3	b_4	b_5	b_6	b_7
$\hat{t}$	$-0{,}3203$	2,8399	$-2{,}3791$	$-1{,}8183$	$-7{,}2813$	$-0{,}7852$	2,0708

Multiple Korrelation: Signifikanz   *MuG*

− Ein hochsignifikanter multipler Korrelationskoeffizient bedeutet nicht notwendigerweise, dass auch die Effekte der einzelnen Variablen signifikant sind. Als Beispiel hierfür kann der Fall (b) dienen, wo der Koeffizient $R_{0{.}1\ldots7} = 0{,}8347$ hochsignifikant ist.
− Die Signifikanz eines partiellen Regressionskoeffizienten ist wegen möglicher Multikollinearität sehr stark davon abhängig, welche Variablen in die Regressionsgleichung einbezogen werden. Es kann sogar vorkommen, dass ein partieller Regressionskoeffizient bei einer größeren Anzahl von Variablen signifikant von 0 verschieden ist, bei einer kleineren Anzahl aber nicht. So haben wir gerade gesehen, dass β_7 im Fall der Regression nach $X_1, \ldots, X_7$ signifikant von 0 verschieden ist. Andererseits wurde die Variable X_7 bei der rückwärtsgerichteten schrittweisen Auswahl beim 4. Schritt ausgeschlossen, weil ihr dortiger partieller Regressionskoeffizient nicht signifikant von 0 verschieden war (vgl. Abschn. 2.3.2; Fall des Ausschlusssignifikanzniveaus von 5%). D.h., in einer Regression nach X_2, X_3, X_5 und X_7 ist β_7 nicht ungleich 0. Dies zeigt noch einmal, dass die multiple Regressionsanalyse für theoriebezogene Kausalanalysen nur eingeschränkt zu gebrauchen ist.

Multiple Korrelation: Signifikanz   *MuG*

2.4.3 Test der partiellen Korrelationskoeffizienten

Der Test, ob ein partieller Korrelationskoeffizient $\rho_{0i.2...(i-1)(i+1)...m}$ der Grundgesamtheit 0 ist (H_0) oder nicht (H_A), erfolgt mit der gleichen Testgröße wie im bivariaten Fall, allerdings mit einer geringeren Zahl von Freiheitsgraden. Es gilt: Die Testgröße

$$\hat{t} = \frac{R_{0i.1...(i-1)(i+1)...m} \cdot \sqrt{n-2}}{\sqrt{\left(1 - R^2_{0i.1...(i-1)(i+1)...m}\right)}}$$

mit $R_{0i.1...(i-1)(i+1)...m}$ = Zufallsvariable „partieller Korrelationskoeffizient zwischen Y und X_i unter Ausschluss der übrigen $(m-1)$ Variablen bei Stichproben vom Umfang n"

ist t-verteilt mit $(n - 2 - (m - 1))$ Freiheitsgraden.

Tab. 2.7 zeigt die partiellen Korrelationen zwischen den einzelnen unabhängigen Variablen und Y unter Ausschluss der jeweils übrigen Variablen (Fall (b) unseres Beispiels).

Tab. 2.7: Partielle Korrelationen der Variablen $X_1, \ldots, X_7$ mit Y unter Auschluss der jeweils übrigen 6 unabhängigen Variablen

	X_1	X_2	X_3	X_4	X_5	X_6	X_7
Y	−0,0424	0,3521	−0,3006	−0,2341	−0,6942	−0,1034	0,2645

Die kritischen Werte der partiellen Korrelationskoeffizienten lassen sich aus Tafel 4 (Anhang) entnehmen. Bei einem 5%-Signifikanzniveau und $65 - 2 - 6 = 57$ Freiheitsgraden betragen sie bei

- einseitiger Fragestellung etwa 0,217 und −0,217,
- zweiseitiger Fragestellung etwa 0,257 bzw. −0,257.

Das Ergebnis ist ähnlich demjenigen für die partiellen Regressionskoeffizienten: X_2, X_3, X_5 und X_7 üben jeweils allein einen signifikanten Einfluss auf Y aus, X_1, X_4 und X_6 nicht.

2.4.4 Intervallschätzung für Y

Die Gleichung

$$\hat{Y} = a + b_1 X_1 + \ldots + b_m X_m$$

liefert für jedes Wertetupel $(x_{1j}, \ldots, x_{mj})$ einen Schätzwert für Y, und zwar den Wert $\hat{y}_j$:

$$\hat{y}_j = a + b_1 x_{1j} + \ldots + b_m x_{mj}.$$

Diese Gleichung ist eine Punktschätzung. Man kann darüber hinaus aber auch ein Intervall um $\hat{y}_j$ angeben, in dem sich mit einer bestimmten Wahrscheinlichkeit der wahre Wert y_j befinden muss.

Die Regressionsanalyse setzt voraus, dass die zu einem Wertetupel $(x_{1j}, \ldots, x_{mj})$ gehörenden Y-Werte um den Wert $\hat{y}_j$ mit der Fehlervarianz σ_ϵ^2 normalverteilt sind. Als Schätzwert für σ_ϵ dient der aus der Stichprobe ermittelte Standardfehler von Y : $S_{B01\ldots m}$, der gleich der Standardabweichung der Residuen ist. Das bedeutet z.b., dass der zu dem Wertetupel $(x_{1j}, \ldots, x_{mj})$ gehörende wahre Wert von Y mit einer Wahrscheinlichkeit von $68,27\%$ $(\approx \frac{2}{3})$ in dem Intervall

$$(\hat{y}_j - S_{B01\ldots m} \leq y \leq \hat{y}_j + S_{B01\ldots m})$$

liegen muss.

Bestimmen wir dieses Konfidenzintervall für unser Beispiel mit den drei unabhängigen Variablen (Fall (a)).

Die Regressionsgleichung lautete

$$Y = 53{,}6286 + 0{,}8171\,X_2 - 0{,}9247\,X_3 - 0{,}0755\,X_5$$

mit $\quad R_{0.235}^2 = 66{,}92\% = 0{,}6692$.

In Abschn. 2.4.2 hatten wir als Standardfehler von Y bei einer Regression nach X_2, X_3, und X_5 definiert:

$$S_{B0235} = \sqrt{S_Y^2(1 - R_{0.235}^2)}$$
$$= 13{,}8838 \cdot \sqrt{1 - 0{,}6692}$$
$$= 13{,}8838 \cdot \sqrt{0{,}3308} = 7{,}9853.$$

Nehmen wir für die Variablen X_2, X_3 und X_5 z.b. die Werte

$x_2 = -2$ (d.h. die Zahl der Beschäftigten ist in dem Zeitraum 1980–1983 um 2% zurückgegangen),

$x_3 = 10$ (d.h. die Arbeitslosenquote beträgt 10%),

$x_5 = 300$ (d.h. auf 1000 Erwerbsfähige gibt es 300 Beschäftigte),

so ist

$$\hat{y} = 53{,}6286 - 2 \cdot 0{,}8171 - 10 \cdot 0{,}9247 - 300 \cdot 0{,}0755 = 20{,}0974.$$

Damit liegt der wahre Wert von Y mit einer Wahrscheinlichkeit von $68{,}27\%$ zwischen $20{,}0974 - 7{,}9853 = 12{,}1121$ und $20{,}0974 + 7{,}9853 = 28{,}0827$. Mit anderen Worten: Ein Kreis mit den obigen Werten x_2, x_3 und x_5 hätte im Zeitraum 1980–1982 mit $68{,}27\%$ Wahrscheinlichkeit einen Zuwanderungsgewinn zwischen 12 und 28 Deutschen pro 1000 Einwohner.

Gelegentlich wird der Standardfehler von Y auch in die Regressionsgleichung mit hineingeschrieben, etwa in der Form

$$Y = 53{,}6286 + 0{,}8171\,X_2 - 0{,}9247\,X_3 - 0{,}0755\,X_5 \pm 7{,}9853.$$

Im Übrigen lassen sich natürlich beliebige andere Konfidenzintervalle für die Y-Werte bestimmen (vgl. Band 1: Regressions- und Korrelationsanalyse).

2.4.5 Einige abschließende Bemerkungen

Zunächst muss noch geprüft werden, ob die Voraussetzungen zur Anwendung der Regressionsanalyse in unserem Beispiel erfüllt sind. Wir betrachten dazu den Fall (a) mit

$$\hat{Y} = 53{,}6286 + 0{,}8171\,X_2 - 0{,}9247\,X_3 - 0{,}0755\,X_5$$

und führen dazu eine Residualanalyse durch. Tab. 2.8 zeigt die Werte y_i von Y, die Schätzwerte $\hat{y}_j$ sowie die Residuen e_j $(j = 1, \ldots, 65)$. Die Residuen haben den Mittelwert 0 und die Standardabweichung 7,9853 (= Standardfehler von Y).

Tab. 2.8: Werte y_i, $\hat{y}_i$ und e_i der Regression von Y nach X_2, X_3, X_5

Nr.	y_j	$\hat{y}_j$	e_j	Nr.	y_j	$\hat{y}_j$	e_j
1	−11,90	−7,1988	−4,7012	34	22,20	20,3460	1,8540
2	−11,20	−12,4576	1,2576	35	0,20	7,5704	−7,3704
3	−11,60	−4,6634	−6,9366	36	−0,70	−2,8875	2,1875
4	−7,80	4,1205	−11,9205	37	4,20	3,8598	0,3402
5	−18,20	−21,0333	2,8333	38	23,60	6,1723	17,4277
6	−15,50	−12,6969	−2,8031	39	16,60	7,8324	8,7677
7	−14,30	−10,4118	−3,8883	40	−0,60	9,3016	−9,9016
8	−22,10	−22,1786	0,0786	41	10,40	10,8518	−0,4518
9	−5,60	−7,5233	1,9233	42	−3,30	0,8623	−4,1623
10	−10,60	−6,5987	−4,0013	43	27,60	19,2721	8,3279
11	−4,10	−6,0746	1,9746	44	6,60	16,0684	−9,4684
12	17,30	−8,4676	25,7676	45	13,80	20,1205	−6,3205
13	−3,00	−14,5754	11,5754	46	−1,10	−0,1235	−0,9765
14	−23,10	−12,6828	−10,4172	47	27,00	13,4438	13,5563
15	5,10	−1,4781	6,5781	48	8,50	9,1116	−0,6116
16	−28,40	−24,0514	−4,3486	49	6,80	12,8282	−6,0282
17	20,40	4,6355	15,7645	50	13,30	19,1272	−5,8272
18	8,10	7,1188	0,9812	51	13,70	12,5132	1,1868
19	6,50	4,3809	2,1191	52	12,50	15,0051	−2,5051
20	−1,80	1,9645	−3,7645	53	13,00	10,0509	2,9491
21	10,60	12,2114	−1,6114	54	11,20	15,3287	−4,1287
22	10,50	12,8944	−2,3944	55	24,60	17,0980	7,5020
23	13,40	7,9164	5,4836	56	4,90	7,0277	−2,1277
24	0,20	4,4924	−4,2924	57	23,50	12,7887	10,7113
25	7,50	5,5748	1,9252	58	4,40	11,3476	−6,9476
26	25,20	20,4323	4,7677	59	38,40	20,3654	18,0346
27	9,40	6,3570	3,0430	60	12,60	6,4911	6,1089
28	−0,10	6,8917	−6,9917	61	3,70	12,2657	−8,5657
29	−6,20	4,9540	−11,1540	62	20,50	17,7373	2,7627
30	−2,30	−2,6288	0,3288	63	−1,50	4,9028	−6,4028
31	10,70	18,2167	−7,5167	64	3,40	6,2105	−2,8105
32	36,60	25,9353	10,6648	65	3,20	16,3949	−13,1949
33	−0,40	13,8396	−14,2396				

(1) Wir wollen zuerst prüfen, ob die Residuen aus einer normalverteilten Grundgesamtheit mit dem Mittelwert 0 und der Standardabweichung 7,9853 stammen. Die Vorgehensweise ist entsprechend derjenigen zur Prüfung, ob eine Zufallsvariable normalverteilt ist (vgl. Band 1: Schätz- und Teststatistik). Wir teilen dazu die Residuen in 4 Klassen $k = 1, \ldots, 4$ ein, als deren Grenzen wir $-7{,}9853$, 0 und 7,9853 wählen. Tab. 2.9 zeigt für diese Klasseneinteilung die Berechnung des $\hat{\chi}^2$ der Stichprobe. Bei 4 Klassen und 2 geschätzten Parametern (Mittelwert, Standardabweichung) haben wir den Freiheitsgrad 1. Der kritische χ^2-Wert für 1 Freiheitsgrad und ein Signifikanzniveau von 5% beträgt 3,84 (vgl. Tafel 2, Anhang). Es ist $\hat{\chi}^2 = 1{,}2449 < 3{,}84$. Wir können damit die Nullhypothese nicht widerlegen, d. h., wir können nicht ausschließen, dass die e_j aus einer normalverteilten Grundgesamtheit stammen.

(2) Um zu prüfen, ob die Residuen irgendwelche auffälligen „Strukturen" aufweisen, können wir sie einmal kartieren. Abb. 2.2 zeigt ihre Werte in den Raumeinheiten, wobei die Klasseneinteilung vom χ^2-Test übernommen worden ist.

In Abb. 2.2 lassen sich keine „Trends" im Hinblick auf ein Muster in der Verteilung der Residuen erkennen (was nicht heißt, dass nicht einzelne Residuen durchaus erklärt werden könnten).

Tab. 2.9: Test der Residuen auf Normalverteilung

Klassen		beobachtete Häufigkeiten BH_k	theoretische Häufigkeiten TH_k	$\dfrac{(BH_k - TH_k)^2}{TH_k}$
	$< \; -7{,}9853$	8	10,31	0,5176
$-7{,}9853 \; -$	$0{,}0000$	26	22,19	0,6542
$0{,}0000 \; -$	$+7{,}9853$	21	22,19	0,0638
	$\geq \; +7{,}9853$	10	10,31	0,0093
Summe		65	65,00	1,2449

Im bivariaten Fall hatten wir gelegentlich eine systematische Veränderung der Residuen in Abhängigkeit von $\hat{Y}$ bzw. X festgestellt. Eine entsprechende Prüfung können wir jetzt auch vornehmen. Tab. 2.10 zeigt die einfachen Korrelationen der Residualvariablen E mit der Variablen $\hat{Y}$ und den unabhängigen Variablen, wobei auch die nicht in die Regressionsanalyse einbezogenen X_1, X_4, X_6, X_7 berücksichtigt wurden.

Tab. 2.10: Einfache Korrelationskoeffizienten der Residualvariablen E der Regression $\hat{Y} = a + b_2 X_2 + b_3 X_3 + b_5 X_5$ mit $\hat{Y}, X_1, \ldots, X_7$

	$\hat{Y}$	X_1	X_2	X_3	X_4	X_5	X_6	X_7
E	0,0000	$-0{,}0655$	0,0000	0,0000	0,0223	0,0000	$-0{,}0375$	0,0753

Alle Korrelationskoeffizienten sind auf dem 5%-Niveau bei zweiseitiger Fragestellung nicht signifikant.

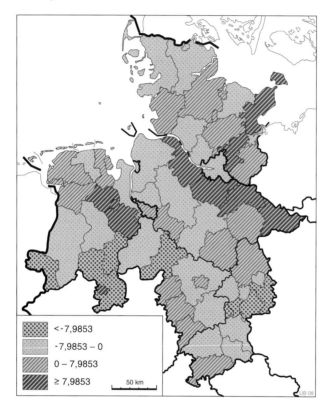

Abb. 2.2: Verteilung der Residuen der Regression $\hat{Y} = a + b_2\,X_2 + b_3\,X_3 + b_5\,X_5$ auf die Kreise

Die vorstehenden Ergebnisse sind keineswegs als Beweis dafür anzusehen, dass die Verteilungsvoraussetzungen für die Regression $\hat{Y} = a + b_2\,X_2 + b_3\,X_3 + b_5\,X_5$ erfüllt sind. Sie können höchstens in dem Sinne interpretiert werden, dass die Verteilungsvoraussetzungen nicht erkennbar verletzt sind.

Es sei im Übrigen noch einmal darauf hingewiesen, dass die Verteilungsvoraussetzungen nur für die Schätz- und Testverfahren benötigt werden. Falls sie nicht erfüllt sind, macht das Regressionsmodell als deskriptives Modell trotzdem Sinn. Dies gilt auch für die schrittweise Auswahl der unabhängigen Variablen nach dem Prinzip der Signifikanz der partiellen Regressionskoeffizienten. Sind die Verteilungsvoraussetzungen nicht erfüllt, kann man dieses Prinzip trotzdem anwenden. Es besagt dann allerdings nur, dass die unabhängigen

Variablen mit einem „sehr kleinen" partiellen Regressionskoeffizienten nicht in die Regressionsgleichung aufgenommen werden sollen.

Grundgesamtheit und Stichprobe   *MuG*

Tests und Schätzungen beinhalten immer Schlüsse von einer Zufallsstichprobe auf die Grundgesamtheit. Insofern ist zu fragen, wie denn die Grundgesamtheit in unserem Beispiel zu definieren ist und ob die Kreise Norddeutschlands eine Zufallsstichprobe aus dieser Grundgesamtheit darstellen. Diese Frage ist für zahlreiche geographische Untersuchungen relevant, bei denen Variablen wie in unserem Beispiel für eine vorgegebene, nicht zufällig ausgewählte Menge von Raumeinheiten betrachtet werden. Zwei Positionen sind denkbar:

(1) Man untersucht in solch einem Fall immer eine Grundgesamtheit (also keine Stichprobe). Tests und Schätzungen sind daher überflüssig.

(2) Das Gesamtgebiet Norddeutschlands lässt sich auf beliebig viele unterschiedliche Weisen in eine jeweils flächendeckende Menge von n Raumeinheiten zerlegen. Jede dieser Zerlegungen stellt eine Stichprobe vom Umfang n dar. Die vorgegebene Zerlegung in Kreise ist eine Zufallsstichprobe, da Kreisgrenzen im Laufe der Geschichte häufig verändert wurden, und zwar auch „zufällig" unter je spezifischen Interessen, Machtkonstellationen usw. Diese Auffassung wird z.B. von GÜSSEFELDT (1988, S. 69ff.) entschieden vertreten. Schließt man sich ihr an, kann man auch Tests und Schätzungen in unserem Beispiel einen Sinn zubilligen. Allerdings ist zu fragen, ob es tatsächlich sinnvoll ist, die Kreise Norddeutschlands als Ergebnis eines Zufallsprozesses anzusehen.

Grundgesamtheit und Stichprobe   *MuG*

2.5 Regressionsanalyse mit Dummy-Variable

Die Regressionsanalyse mit sogenannten Dummy-Variablen wird benutzt, wenn unter den unabhängigen Variablen neben metrischen auch nichtmetrische, kategoriale Variablen sind. Um das Prinzip zu verdeutlichen, gehen wir wieder von der Regression von Y nach X_2, X_3 und X_5 aus:

$$\hat{Y} = a + b_2\,X_2 + b_3\,X_3 + b_5\,X_5. \tag{2.21}$$

Wir hatten dafür folgende Regressionsgleichung geschätzt:

$$\hat{Y} = 53{,}6286 + 0{,}8171\,X_2 - 0{,}9247\,X_3 - 0{,}0755\,X_5 \tag{2.22}$$

mit $R_{0.235} = 0{,}8180$ und $R^2_{0.235} = 66{,}92\%$.

Die Variablen X_2 und X_3 repräsentieren dabei die für Fernwanderungen wichtige Arbeitsmarktentwicklung bzw. -situation, die Variable X_5 misst die Siedlungsstruktur (Stadt-Umland-Wanderungen). Wir nehmen nun an, uns stünde zur Messung der Siedlungsstruktur keine metrisch skalierte Variable, insbesondere nicht X_5, zur Verfügung. Dann könnte man sich zunächst mit der Regression von Y nach X_2 und X_3 bescheiden:

$$\hat{Y} = a + b_2\,X_2 + b_3\,X_3. \tag{2.23}$$

Für die Regressionsgleichung erhält man

$$\hat{Y} = 17{,}3291 + 1{,}2569\,X_2 - 0{,}4323\,X_3 \qquad (2.24)$$

mit $\qquad R_{0.23} = 0{,}3258 \quad$ und $\quad R_{0.23}^2 = 10{,}61\%.$

Dieses Ergebnis ist allerdings enttäuschend, denn X_2 und X_3 erklären insgesamt nur 10,61% der Varianz von Y. Dass dieses Ergebnis gegenüber (2.22) so dürftig ist, hängt, wie wir oben schon gesehen haben, damit zusammen, dass in dem betrachteten Zeitraum die Binnenwanderungssalden viel stärker durch die Stadt-Umland-Wanderungen als durch arbeitsplatzorientierte Wanderungen bestimmt waren. Wir kommen also offensichtlich nicht ohne eine die Siedlungsstruktur beschreibende Variable zur Erklärung von Y aus. In Ermangelung einer metrischen wählen wir deshalb eine kategoriale, indem wir die Kreise Norddeutschlands in Anlehnung an die siedlungsstrukturellen Gebietstypen (vgl. GATZ-WEILER/RUNGE 1984) in drei Kategorien einteilen, und zwar in

- kreisfreie Städte,
- Landkreise im ländlichen Umland von Regionen mit Verdichtungsansätzen oder Regionen mit großen Verdichtungsräumen,
- Landkreise in ländlich geprägten Regionen.

Abb. 2.3 zeigt die Verteilung dieser Kategorien in Norddeutschland. Die kategoriale Variable „Siedlungsstruktur des Kreises" (S) sei wie folgt definiert:

$$s_j = \begin{cases} 1, & \text{falls } j \text{ eine kreisfreie Stadt ist} \\ 2, & \text{falls } j \text{ ein Landkreis im ländlichen Umland einer Region mit} \\ & \text{Verdichtungsansätzen oder mit großen Verdichtungsräumen ist} \\ 3, & \text{falls } j \text{ ein Landkreis in einer ländlich geprägten Region ist.} \end{cases}$$

Man könnte versucht sein, Gleichung (2.23) durch die Hereinnahme von S zu erweitern:

$$\hat{Y} = a + b_2\,X_2 + b_3\,X_3 + b_4\,S. \qquad (2.25)$$

Dann würde man S aber wie eine metrische Variable behandeln, was wenig sinnvoll ist. Stattdessen wird S in drei Hilfsvariablen S_1, S_2 und S_3 aufgespalten, die man auch Dummy-Variablen, Null-Eins-Variablen oder Indikatorvariablen nennt, und zwar in folgender Weise:

$$S_1 = \begin{cases} 1, & \text{falls } S = 1 \\ 0 & \text{sonst} \end{cases}$$

$$S_2 = \begin{cases} 1, & \text{falls } S = 2 \\ 0 & \text{sonst} \end{cases}$$

$$S_3 = \begin{cases} 1, & \text{falls } S = 3 \\ 0 & \text{sonst.} \end{cases}$$

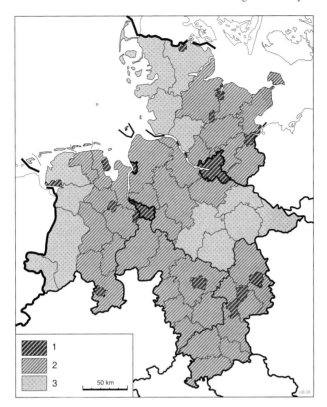

Abb. 2.3: Siedlungsstrukturelle Kreistypen Norddeutschlands nach der Variablen S (siehe Text)

Die drei Variablen besagen zusammengenommen das gleiche wie S. D. h., wenn man die Werte für S_1, S_2 und S_3 kennt, kennt man auch den Wert für S und umgekehrt. Man benötigt aber von den drei Hilfsvariablen nur zwei, da sich der Wert der dritten Variablen aus den Werten der anderen beiden ergibt: Wenn $S_1 = 1$ oder $S_2 = 1$, ist $S_3 = 0$. Wenn $S_1 = 0$ und $S_2 = 0$, ist $S_3 = 1$. Der Fall, dass S_1 und S_2 gleich 1 sind, kann gemäß Definition nicht vorkommen.

Statt der Regressionsgleichung (2.25) wäre die entsprechende Regressionsgleichung

$$\hat{Y} = a + b_2\,X_2 + b_3\,X_3 + c_1\,S_1 + c_2\,S_2 \tag{2.26}$$

denkbar. Dieser Ansatz hat aber den Nachteil, dass die partiellen Regressionskoeffizienten b_2 und b_3 konstant bleiben, unabhängig vom Wert von S_1 und S_2. Es ist aber denkbar, dass eine städtische Bevölkerung auf eine hohe Arbeitslosigkeit anders reagiert als eine ländliche, mit anderen Worten, dass b_3 in kreisfreien Städten einen anderen Wert annimmt als in peripher gelegenen Landkreisen. Um solche Veränderungen berücksichtigen zu können, führt man zusätzliche sogenannte Interaktionsterme bzw. -variablen in die Regressionsgleichung (2.26) ein. Diese erhält man dadurch, dass man jeweils eine der Variablen X_i mit einer der Variablen S_i multiplikativ verbindet. Aus (2.26) wird somit das Regressionsmodell

$$\hat{Y} = a + b_2\,X_2 + b_3\,X_3 + c_1\,S_1 + c_2\,S_2$$
$$+ b_{21}\,X_2\,S_1 + b_{22}\,X_2\,S_2 + b_{31}\,X_3\,S_1 + b_{32}\,X_3\,S_2. \qquad (2.27)$$

Klammert man die Variablen X_2 und X_3 aus, so ergibt sich

$$\hat{Y} = a + c_1\,S_1 + c_2\,S_2$$
$$+ (b_2 + b_{21}\,S_1 + b_{22}\,S_2)\,X_2 \qquad (2.28)$$
$$+ (b_3 + b_{31}\,S_1 + b_{32}\,S_2)\,X_3.$$

Die Gleichungen (2.27) und (2.28) sind bereits sehr komplex. Statt mit drei unabhängigen Variablen wie in (2.21) und (2.25) haben wir es jetzt bereits mit 8 unabhängigen Variablen zu tun. Das zeigt schon, dass Regressionsanalysen mit Dummy-Variablen leicht unübersichtlich werden und nur dann sinnvoll sind, wenn

– nur wenige metrische Variablen X_i vorliegen
– die kategoriale Variable S nur wenige Kategorien aufweist.

Allgemein gilt: In einer Regressionsgleichung

$$\hat{Y} = a + b_1\,X_1 + \ldots + b_m\,X_m$$

sind $m + 1$ Parameter zu schätzen. Fügt man eine kategoriale Variable S mit k Kategorien (= Merkmalsausprägungen) hinzu, so sind bereits $(m+1)+(k-1)+m\,(k-1) = k+mk$ Parameter zu schätzen. Noch umfangreicher wird die Regressionsgleichung, wenn man mehrere kategoriale Variablen hinzufügt.

Die Zunahme der Zahl der zu schätzenden Parameter liegt daran, dass eine Regressionsgleichung mit Dummy-Variablen implizit die Regressionsgleichungen für die einzelnen Kategorien enthält. So gewinnt man z. B. aus (2.27) bzw. (2.28) drei Regressionsgleichungen, nämlich

– für die kreisfreien Städte ($S_1 = 1, S_2 = 0$)

$$\hat{Y} = (a + c_1) + (b_2 + b_{21})\,X_2 + (b_3 + b_{31})\,X_3 \qquad (2.29)$$

– für die Landkreise im ländlichen Umland von Regionen mit Verdichtungsansätzen oder mit großen Verdichtungsräumen ($S_1 = 0, S_2 = 1$)

$$\hat{Y} = (a + c_2) + (b_2 + b_{22})\,X_2 + (b_3 + b_{32})\,X_3 \qquad (2.30)$$

– für die Landkreise in ländlich geprägten Regionen ($S_1 = 0, S_2 = 0$)

$$\hat{Y} = a + b_2 X_2 + b_3 X_3 \tag{2.31}$$

Es ist darauf zu achten, dass a, b_2 und b_3 in (2.31) in der Regel ungleich den entsprechenden Koeffizienten in (2.23) sind, da sich (2.23) auf alle Kreise, (2.31) nur auf einen Teil von ihnen bezieht.

Die Lösung des Modells (2.27) bzw. (2.28) zusammen mit den einfachen Korrelationskoeffizienten der unabhängigen Variablen mit Y zeigt Tabelle 2.11.

Tab. 2.11: Lösung des Regressionsmodells (2.27) bzw. (2.28) für die norddeutschen Kreise

Variable	r	part. R	st. part. R	$\hat{t}$
X_2	0,3112	−0,2196	−0,0520	−0,1626
X_3	−0,1378	0,1222	0,0274	0,1449
S_1	−0,6489	−50,9527	−1,5932	−2,0875
S_2	0,4711	28,2242	1,0184	1,8761
$X_2 S_1$	0,4771	−1,9300	−0,4231	−1,2131
$X_2 S_2$	−0,0651	1,4751	0,3650	1,0401
$X_3 S_1$	−0,6281	1,4660	0,6303	0,8619
$X_3 S_2$	0,3560	−1,4065	−0,7257	−1,4402

$a = 5,5561$

$R_{Y.X_2 X_3 S_1 S_2 (X_2 S_1)(X_2 S_2)(X_3 S_1)(X_3 S_2)} = 0,7832$

$R^2_{Y.X_2 X_3 S_1 S_2 (X_2 S_1)(X_2 S_2)(X_3 S_1)(X_3 S_2)} = 61,35\%$

mit	r	=	einfache Korrelationskoeffizienten
	part. R	=	partielle Regressionskoeffizienten
	st. part. R	=	standardisierte partielle Regressionskoeffizienten
	$\hat{t}$	=	t-Werte für den Test der partiellen Regressionskoeffizienten gegen 0 (gem. Abschn. 2.4.2)

Betrachten wir zunächst den multiplen Korrelationskoeffizienten und das multiple Bestimmtheitsmaß, so wird deutlich, dass durch die Einbeziehung der kategorialen Variablen bzw. der Dummy-Variablen der erklärte Varianzanteil von Y beträchtlich gestiegen ist: von $10,61\%$ im Modell (2.23) auf $61,35\%$ im Modell (2.27) bzw. (2.28). Allerdings liegt er damit noch um 5% niedriger als im Modell (2.21). Dies kann jedoch nicht überraschen, denn Modell (2.27) ist – in unserem Fall – nur ein Ersatz für Modell (2.21), indem eine metrische durch eine kategoriale Größe ersetzt wurde. Bei der Verwendung von metrischen Variablen geht aber im allgemeinen weniger Information verloren als bei der Verwendung von kategorialen.

Tab. 2.11 verdeutlicht den überragenden Einfluss der Siedlungsstruktur auf den Binnenwanderungssaldo. Die Variablen S_1 und S_2 weisen die höchsten absoluten standardisierten partiellen Regressionskoeffizienten auf, die auch als einzige signifikant von 0 verschieden sind (der kritische t-Wert beträgt $1,68$ bzw. $-1,68$ bei 63 FG, bei einseitiger Fragestellung und einem Signifikanzniveau von 5% (vgl. Tafel 1, Anhang)). Auch die Variablen X_2 und X_3 gewinnen erst an Gewicht, wenn sie jeweils mit S_1 und S_2 multiplikativ verknüpft werden (vgl. die Spalte „st. part. R." in Tab. 2.11). Im Übrigen kommt die Rolle der Interaktionsvariablen gut zum Ausdruck, wenn man das Ergebnis von Tab. 2.11 mit Hilfe von Gleichung (2.28) in drei Regressionsgleichungen für die siedlungsstrukturellen Typen entsprechend (2.29) – (2.31) zerlegt. Man erhält dann

– für die kreisfreien Städte ($S_1 = 1$, $S_2 = 0$)

$$\hat{Y} = (5{,}5561 - 50{,}9527) + (-0{,}2196 - 1{,}9300)\, X_2$$
$$+ (0{,}1222 + 1{,}4660)\, X_3$$
$$= -45{,}3966 - 2{,}1496\, X_2 + 1{,}5882\, X_3 \tag{2.32}$$

– für die Landkreise im ländlichen Umland von Regionen mit Verdichtungsansätzen oder mit großen Verdichtungsräumen ($S_1 = 0$, $S_2 = 1$)

$$\hat{Y} = (5{,}5561 + 28{,}2242) + (-0{,}2196 + 1{,}4751)\, X_2$$
$$+ (0{,}1222 - 1{,}4065)\, X_3$$
$$= 33{,}78043 + 1{,}2555\, X_2 - 1{,}2843\, X_3 \tag{2.33}$$

– für die Landkreise in ländlich geprägten Regionen ($S_1 = 0$, $S_2 = 0$)

$$\hat{Y} = 5{,}5561 - 0{,}2196\, X_2 + 0{,}1222\, X_3 \tag{2.34}$$

Die beiden partiellen Regressionskoeffizienten in (2.34) sind nicht signifikant von 0 verschieden, so dass man für die Landkreise in ländlich geprägten Regionen keine befriedigende Regressionsgleichung erhält. Offensichtlich werden die Binnenwanderungssalden in diesen Gebieten von anderen Variablen als den hier berücksichtigten beeinflusst.

Gleichung (2.33) liefert ein zu erwartendes Ergebnis. Die ländlichen Umländer in Regionen mit Verdichtungen weisen eine hohe positive Regressionskonstante auf, und ihr Binnenwanderungssaldo steigt mit der Zunahme von Beschäftigten und der Abnahme der Arbeitslosenquote.

In kreisfreien Städten (2.32) kann eine umgekehrte Tendenz festgestellt werden: Je größer der Arbeitsplatzzuwachs und je geringer die Arbeitslosenquote, desto geringer wird der Binnenwanderungssaldo wegen der zunehmenden Wanderung ins Umland.

Abschließend ist zu betonen, dass die Regressionsanalyse mit Dummy-Variablen nur eine Hilfe von eingeschränkter Bedeutung sein kann, da durch die dichotomen Variablen S_1 und S_2 die Voraussetzungen der Regressionsanalyse leicht verletzt werden. Tests und Schätzungen sind deshalb fragwürdig. Jedoch bietet sie einen willkommenen Ausweg in Fällen, bei denen man sowohl metrische als auch kategoriale Variablen in die Analyse einbeziehen möchte oder muss.

3 Pfadanalyse

3.1 Einführung

Technisch gesehen ist die Pfadanalyse nichts anderes als ein Anwendungsgebiet der multiplen Korrelations- und Regressionsanalyse. Allerdings sind ihre Fragestellung und das ihr zugrundeliegende gedankliche Modell anders. Die Pfadanalyse wird nämlich auch als ein kausalanalytisches Modell bezeichnet, das in stärkerem Maß als die Regressionsanalyse Ursache-Wirkungs-Zusammenhänge zu untersuchen gestattet. Etwas überspitzt könnte man sogar sagen, dass jedes regressionsanalytische Modell ein Spezialfall eines allgemeineren und umfassenderen pfadanalytischen Modells ist. Zur Verdeutlichung beziehen wir uns auf das regressionsanalytische Modell in Abb. 3.1.

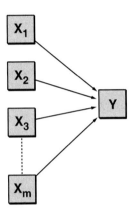

Abb. 3.1:
Modell der multiplen Regressionsanalyse

Es wird angenommen, die Variablen $X_1, \ldots, X_m$ wirkten jeweils isoliert und direkt auf Y ein. Gemäß der Regressionsgleichung

$$Y = \alpha + \beta_1 X_1 + \ldots + \beta_m X_m + \epsilon$$

sind diese Wirkungen linear und additiv, und die Variation von Y kann, bis auf eine restliche Fehlervariation, auf die Variation der $X_1, \ldots, X_m$ zurückgeführt werden. Um die Güte des Regressionsmodells zu beurteilen, wird der erklärte Variations- bzw. Varianzanteil von Y benutzt: Je höher er ist (und je niedriger der Anteil der Fehlervariation ist), desto besser ist das Modell. Dieses Kriterium führt leicht zu einer Überbewertung des erklärten Varianzanteils und zu einer Unterbewertung der Tatsache, dass die Abb. 3.1 auch ein Kausalmodell darstellt – nämlich in dem Sinne, dass den Pfeilen Vermutungen entsprechen über Ursache-Wirkungs-Zusammenhänge zwischen den unabhängigen und der abhängigen Variablen: Die X_i sind jeweils als Ursache für das Y als Wirkung aufzufassen.

Das Ziel, ein möglichst hohes Bestimmtheitsmaß für ein Regressionsmodell zu erreichen, verführt leicht dazu, solche Variablen als unabhängige in das Modell einzubeziehen, die einen hohen Korrelationskoeffizienten (bzw. partiellen Korrelationskoeffizienten) mit Y aufweisen, und zwar unabhängig davon, ob diesen Korrelationskoeffizienten ein – nur theoretisch begründbarer – Ursache-Wirkungs-Zusammenhang entspricht. Es könnte sich ja bei den Korrelationen auch um Schein- oder Unsinnskorrelationen handeln. Anders ausgedrückt: Beim „Schielen" auf ein hohes Bestimmtheitsmaß wird das Regressionsmodell leicht zu einem reinen Schätzmodell für Y.

Statistisch birgt ein solches Vorgehen außerdem die Gefahr, dass Multikollinearitäten zwischen den Variablen auftreten, die die Schätzungen der Regressionskoeffizienten verfälschen und damit deren Signifikanzprüfung verhindern. Es lässt sich dann nicht mehr prüfen, ob einzelne Variablen einen signifikanten Einfluss auf Y ausüben.

Schließlich ist zu beachten, dass Korrelationen zwischen den unabhängigen Variablen zu einer Vervollständigung des Modells in Abb. 3.1 führen müssten. Korrelieren etwa X_1 und X_2 sowie X_3 und X_1 miteinander und gehen wir jeweils von einem Einfluss der erstgenannten auf die zweitgenannte Variable aus, so würde das gedankliche Modell in Abb. 3.2 offensichtlich adäquater sein.

Das Modell in Abb. 3.2 ist bereits viel komplexer als dasjenige in Abb. 3.1, wie man etwa an dem Vergleich des Einflusses von X_3 auf Y sieht. In Abb. 3.1 wirkt X_3 nur direkt auf Y ein. In Abb. 3.2 gibt es dagegen bereits drei verschiedene Wege des Einflusses von X_3 auf Y:

- den direkten (Pfeil zwischen X_3 und Y),
- einen indirekten über X_1, indem X_3 auf X_1 und X_1 auf Y wirkt (Pfeile zwischen X_3 und X_1 sowie zwischen X_1 und Y),
- einen weiteren indirekten über X_1 und X_2 (angedeutet durch die Pfeile von X_3 nach X_1, von X_1 nach X_2 und von X_2 nach Y).

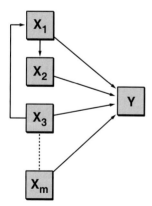

Abb. 3.2:
Pfadanalytisches Modell als Erweiterung des regressionsanalytischen Modells der Abb. 3.1

Solche Wege nennt man P f a d e, und deshalb bezeichnet man das Modell in Abb. 3.2 als pfadanalytisches. Wie aus Abb. 3.2 ersichtlich ist, entsprechen Pfade mit nur einem

Pfeil direkten Wirkungen; längere Pfade, die aus mehreren Pfeilen zusammengesetzt sind, entsprechen indirekten Wirkungen.

Aus dem Vergleich von Abb. 3.1 und 3.2 ist außerdem zu entnehmen: Formal ist das Regressionsmodell ein Spezialfall eines pfadanalytischen Modells, nämlich eines solchen ohne indirekte Wirkungen. Die Frage ist, wann der Einsatz eines Regressionsmodells sinnvoll ist: Einmal, wenn man nur an einer guten Schätzung für Y interessiert ist, aber nicht daran, wie denn die Wirkungen der unabhängigen Variablen auf Y inhaltlich bzw. theoretisch zu spezifizieren sind (Regressionsanalyse als reines Schätzmodell). Zum anderen, wenn vermutet wird, dass die Wechselwirkungen zwischen den unabhängigen Variablen und damit alle indirekten Wirkungen auf Y vernachlässigbar gering sind. In diesem Fall ist aber eine Überprüfung der Vermutung notwendig, was mit Hilfe der Pfadanalyse geschehen kann (wir werden das weiter unten an dem Beispiel aus Kap. 2 demonstrieren).

Die Pfadanalyse ist dagegen immer dann einzusetzen, wenn man nicht mit einer möglichst guten Schätzung für Y zufrieden ist, sondern wenn darüber hinaus eine „kausale Struktur" aufgedeckt werden soll, wenn man also eine Theorie „im Kopf hat" im Sinne einer logisch konsistenten Menge von Ursache-Wirkungs-Zusammenhangshypothesen, die insgesamt die Variation von Y „erklären", und zwar nicht nur hinsichtlich der rein statistischen Varianzzerlegung. Für einen theoretisch, an der Entwicklung und Überprüfung von Theorien interessierten Wissenschaftler ist daher die Pfadanalyse gegenüber der Regressionsanalyse immer vorzuziehen. Auf die Grenzen der Pfadanalyse kommen wir im letzten Abschnitt dieses Kapitels zurück.

3.2 Ein einfaches Beispiel

Wir wollen die Methode der Pfadanalyse zunächst an einem leicht überschaubaren Beispiel demonstrieren.

Als Beobachtungseinheiten dienen wie im Kap. 2 die 65 Kreise Norddeutschlands. Als abhängige Variable betrachten wir die „Anzahl der Ärzte in freier Praxis pro 1000 Einwohner", die wir kurz als „Ärztedichte" (abgekürzt: A) bezeichnen. Sie wird in der raumordnungspolitischen Literatur häufig als Indikator für den Stand der medizinischen Versorgung der Bevölkerung und – allgemein – für die Versorgung mit haushaltsnaher, sozialer Infrastruktur benutzt. Sie beschreibt damit einen Aspekt von Lebensqualität.

Wir wollen A erklären, d.h., wir wollen nach Ursachen (Gründen) suchen, die uns verständlich machen, warum und wie A in den Kreisen Norddeutschlands variiert.

1. Hypothese: Je größer die Zahl der Einwohner (abgekürzt: E) in einem Kreis ist, desto höher ist die Ärztedichte: $E \rightarrow A$.

   Begründung: Ärzte reagieren als Anbieter von Dienstleistungen bei Niederlassungsfreiheit auf die Nachfrage, die als proportional zur Zahl der Einwohner angesehen werden kann: Je mehr Einwohner, desto mehr Ärzte sind zu erwarten. Jedoch braucht sich die Ärztedichte dadurch nicht zu erhöhen. Nun gibt es aber Ärzte unterschiedlicher Fachrichtung bzw. unterschiedlichen Spezialisierungsgrades. Je spezialisierter ein Arzt ist, desto mehr Einwohner braucht er in seinem Einzugsgebiet. Wir können also annehmen, dass mit der Zahl der Einwohner die Zahl der Ärzte überproportional wächst, mit anderen Worten, dass mit der Zahl der Einwohner auch die Ärztedichte zunimmt.

2. Hypothese: Je verstädterter ein Kreis ist, desto höher ist seine Einwohnerzahl.

Begründung: Die Verstädterung ist die Ursache hoher Verdichtung der Bevölkerung, was rein rechnerisch unter der Annahme annähernd konstanter Flächengröße eine größere Einwohnerzahl bedeutet.

Wir wählen als Indikator für den Grad der Verstädterung die Variable „Anteil der Siedlungsfläche an der Gesamtfläche in %" (abgekürzt: S). S beschreibt somit die Siedlungsstruktur eines Kreises, für die wir in Kap. 2 allerdings andere Indikatoren gewählt hatten. Die Siedlungsfläche setzt sich im Wesentlichen aus der bebauten Fläche (vgl. Kap. 2) und der Erholungsfläche zusammen.

Wir können unsere beiden Hypothesen in einem Diagramm, dem sogenannten „Pfaddiagramm", bildlich zusammenfassen (vgl. Abb. 3.3).

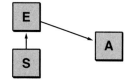

Abb. 3.3:
Pfaddiagramm für die hypothetische Wirkung von Siedlungsstruktur und Zahl der Einwohner auf die Ärztedichte

Es enthält zwei direkte Effekte (von S auf E und von E auf A) und einen indirekten Effekt von S auf A (über E).

Berechnen wir die beiden einfachen Korrelationen der direkten Effekte (die Daten für die Variablen S, E und A sind in Tab. 3.1 aufgeführt), so ergibt sich

$$r_{SE} = 0{,}4218,$$
$$r_{EA} = 0{,}4359.$$

Diese Korrelationen sind zwar auf dem 0,1%-Niveau signifikant, aber nicht sehr hoch, was an der Abgrenzung der Kreise, unserer Indikatorenauswahl (die Variablen messen nicht genau, was sie gemäß den Hypothesen messen sollen) wie auch an dem unberücksichtigten Einfluss anderer Variablen, die die Korrelationen r_{SE} und r_{EA} stören (also an unserer ungenügenden Theorie) liegen kann. Solche Unzulänglichkeiten sollen zunächst unbeachtet bleiben, um die Modellstruktur nicht bereits zu Beginn unnötig zu komplizieren.

Tab. 3.1: Werte der Variablen S, E, Q, B und A in den Kreisen Norddeutschlands

Nr.	S	E	Q	B	A	Nr.	S	E	Q	B	A
1	36,50	257780	57,40	−5,00	1,16	34	8,50	157592	29,90	4,40	0,77
2	51,40	547600	55,60	−5,50	1,22	35	12,50	283247	32,60	−3,40	1,01
3	42,60	137800	32,80	−4,70	0,88	36	8,90	83157	26,90	−5,10	0,80
4	38,50	71888	20,10	1,30	0,97	37	10,50	141990	18,60	−0,10	0,61
5	22,30	50950	24,40	−5,50	0,92	38	7,00	48969	21,50	−2,60	0,82
6	47,90	86601	27,20	−8,40	1,61	39	9,50	133451	33,50	3,90	0,86
7	54,50	1623848	55,70	−6,30	1,63	40	9,30	113063	23,00	−3,90	0,78
8	55,40	526253	60,70	−6,50	1,53	41	10,60	161790	17,20	0,10	0,94
9	51,60	248733	57,60	−5,90	1,38	42	9,40	149645	24,90	−5,00	1,05
10	28,00	217225	33,60	−7,40	1,48	43	10,70	98883	17,20	8,60	0,55
11	41,90	79755	28,20	−6,90	1,24	44	10,80	288064	20,40	2,50	0,77
12	50,60	138345	43,00	3,00	1,15	45	12,00	94270	29,30	4,80	0,67
13	41,70	156558	38,60	−4,30	1,50	46	9,40	90268	22,50	−5,90	0,90
14	27,20	111770	30,00	−6,90	0,85	47	10,00	193597	20,30	4,00	0,95
15	37,30	99174	29,50	−4,80	0,94	48	14,30	117588	27,40	−2,40	0,67
16	22,60	124609	34,10	−4,30	0,91	49	17,70	260515	35,30	2,90	1,04
17	10,90	91740	19,90	5,80	0,72	50	7,10	116845	25,30	3,00	1,03
18	10,30	168538	21,40	2,70	0,67	51	7,90	246887	25,40	4,80	0,80
19	15,80	165667	29,50	0,30	1,03	52	8,60	139662	23,60	4,10	0,75
20	9,60	110875	16,00	3,50	0,57	53	13,60	152679	21,60	−1,00	1,00
21	9,00	193522	24,20	1,40	0,76	54	7,70	182902	18,70	3,70	0,77
22	10,50	182942	27,80	0,60	0,66	55	9,60	213248	25,20	10,90	0,80
23	9,50	130982	18,80	−0,70	0,92	56	19,30	127010	22,30	−0,80	0,68
24	9,20	243218	24,70	3,20	0,65	57	9,40	167243	31,00	8,40	0,80
25	11,90	95766	28,90	0,80	0,67	58	8,40	128433	21,40	−2,30	0,71
26	8,90	126160	22,00	6,00	0,61	59	12,70	193051	31,50	11,90	0,82
27	11,90	263781	63,50	3,40	1,24	60	8,50	95823	22,30	−2,00	1,05
28	10,00	169746	33,00	−4,70	1,04	61	11,00	100022	28,70	5,90	0,70
29	9,20	116202	20,90	−0,10	0,82	62	11,70	111833	30,20	8,20	0,83
30	11,20	157061	27,90	−4,60	1,09	63	8,40	92580	28,60	−3,30	0,76
31	13,80	547206	28,50	3,30	0,67	64	8,40	53393	20,00	1,40	0,71
32	12,10	190034	22,10	13,30	0,60	65	10,10	115745	34,20	−4,60	0,86
33	11,10	98399	23,70	−5,90	0,80						

mit $S =$ Anteil der Siedlungsfläche an der Gesamtfläche in % 1981
$E =$ Einwohnerzahl 1983
$Q =$ Anteil der sozialversicherungspflichtig Beschäftigten mit höherer Fachschule, Fachhochschul- oder Hochschulabschluss und abgeschlossener Berufsausbildung je 1000 sozialversicherungspflichtig Beschäftigte 1983
$B =$ Bevölkerungsentwicklung 1980-1983 in %
$A =$ Ärzte in freier Praxis je 1000 Einwohner 1981

Aus den beiden Korrelationskoeffizienten können wir aber immerhin ein Maß für den (indirekten) Zusammenhang zwischen S und A gewinnen. Gemäß unserem Modell in Abb. 3.3 müsste nämlich gelten:

$$r_{SA} = r_{SE} \cdot r_{EA} = 0{,}1839.$$

Zur Begründung dient folgende Überlegung: Von der geamten Variation von A wir ein Anteil von r^2_{EA} von E erklärt; von r^2_{EA} entfällt ein Anteil von r^2_{SE} auf S. Insgesamt wird also von der gesamten Variation von A ein Anteil von $r^2_{SE} \cdot r^2_{EA}$ durch die indirekte Wirkung von S erklärt, d. h.

$$r^2_{SA} = r^2_{SE} \cdot r^2_{EA}$$

bzw. $\quad r_{SA} = r_{SE} \cdot r_{EA}.$

Wir können festhalten: Wenn S gemäß Abb. 3.3 nur indirekt über E auf A wirkte, müsste $r_{SA} = 0{,}1839$ sein.

Berechnen wir die einfache Korrelation zwischen S und A für die Daten aus Tab. 3.1, so ergibt sich $r_{SA} = 0{,}7368$. Dieser Wert ist um etwa $0{,}55$ höher als der indirekte Korrelationskoeffizient. Wir müssen daraus schließen, dass S noch auf andere Weise (als nur indirekt über E) auf A wirkt. Unser Modell in Abb. 3.3 ist offensichtlich falsch. Wir wählen also besser das Modell in Abb. 3.4 (wobei die Korrelationskoeffizienten zu den jeweiligen Wirkungen in die Abbildung mit eingetragen sind).

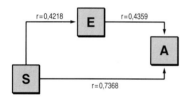

Abb. 3.4:
Erweitertes Pfaddiagramm für die Wirkung von Siedlungsstruktur und Einwohnerzahl auf die Ärztedichte (mit Korrelationskoeffizienten)

Entsprechend diesem Diagramm müssen wir unsere Hypothesen um eine weitere ergänzen:

3. Hypothese: Je verstädterter ein Kreis ist, desto höher ist die Ärztedichte (und zwar unabhängig von dem Effekt über die Einwohnerzahl).

Wir wollen diese Hypothese hier nicht ausführlich begründen und verweisen auf Abschn. 3.3.1, in dem wir ein komplexeres Modell für die Ärztedichte vorstellen. Als Hinweis kann an dieser Stelle ausreichen, dass z.B. die Ärzte in den kreisfreien Städten vielfach nicht nur die eigene Bevölkerung versorgen, sondern auch diejenige der benachbarten Kreise des Umlands.

Das Ergebnis einer Pfadanalyse wird allerdings nicht in der Form der Abb. 3.4 dargestellt, sondern in einer etwas anderen, indem die Korrelationskoeffizienten durch sogenannte Pfadkoeffizienten ersetzt werden. In dem empirisch ermittelten Korrelationskoeffizienten $r_{SA} = 0{,}7368$ kommt ja neben der direkten Wirkung von S auf A auch die indirekte Wirkung von S über E auf A zum Ausdruck. Zur leichteren Lesbarkeit und Interpretation von Abb. 3.4 wäre es wünschenswert, die Pfeile nur mit solchen Koeffizienten zu versehen, die direkten Wirkungen entsprechen, die also direkte Ursache-Wirkungs-Zusammenhänge beschreiben. Diese Koeffizienten nennt man Pfadkoeffizienten. Man kann allgemein davon ausgehen, dass gilt:

$$r = p + i$$

mit $r = $ Korrelationskoeffizient

$p = $ Pfadkoeffizient

$i = $ Koeffizient für die indirekten Effekte.

Die Frage ist, wie man die jeweiligen Pfadkoeffizienten, also die Stärke und Richtung der jeweiligen direkten Wirkungen in dem Pfaddiagramm von Abb. 3.4 bestimmen kann. Wir beantworten diese Frage zunächst für den Pfadkoeffizienten p_{SA}, der die direkte Wirkung der Siedlungsstruktur auf die Ärztedichte angibt.

Wir betrachten dazu den durch E und S insgesamt erklärten Variationsanteil von A, den wir durch eine zweifache Regression von A nach S und E berechnen können. Für die Daten aus Tab. 3.1 liefert die zweifache Regressionsanalyse mit den standardisierten Variablen folgendes Ergebnis:

$$A \quad = 0{,}6726 \cdot S + 0{,}1521 \cdot E \qquad (3.1)$$

mit $B_{A.SE} = r^2_{A.SE} = 0{,}5619 = 56{,}19\%$

und $r_{A.SE} \; = 0{,}7496.$

Dabei ist zu beachten, dass die Regressionskoeffizienten in (3.1) standardisierte partielle Regressionskoeffizienten gemäß Abschn. 2.3.1 sind.

Durch E und S werden also $56{,}19\%$ der Variation von A erklärt. Subtrahieren wir davon den Teil der Variation, den E allein und direkt erklärt, nämlich $r^2_{EA} = 0{,}4359^2 = 0{,}1900 = 19\%$, so erhalten wir den Anteil der Variation von A, der allein durch S erklärt wird. Er beträgt $56{,}19\% - 19\% = 37{,}19\%$. In diesem Anteil steckt aber noch der „verborgene" Interaktionseffekt r^2_{SE}, der ja für die indirekte Wirkung von S auf A verantwortlich ist. Beziehen wir nun die $37{,}19\% = 0{,}3719$ auf $(1 - r^2_{SE})$ – also auf den Anteil der Variation von S, den S nicht gemeinsam mit E hat – so erhalten wir den Anteil der Variation von A, der allein auf die d i r e k t e Wirkung von S zurückzuführen ist.

In unserem Fall ist

$$\frac{0{,}3719}{1 - r^2_{SE}} = \frac{0{,}3719}{1 - 0{,}4218^2} = \frac{0{,}3719}{0{,}8221} = 0{,}4524 = 45{,}24\%.$$

Das heißt, $45{,}24\%$ der Variation von A werden allein direkt durch S erklärt.

Der Pfadkoeffizient p_{AS} als Maß für die Stärke des direkten Zusammenhangs zwischen S und A bzw. der direkten Wirkung von S auf A ist definiert als Wurzel aus diesem erklärten Varianzanteil. Er wird wie der Regressionskoeffizient indiziert. Das erste Subskript bezeichnet die abhängige, das zweite die unabhängige Variable:

$$p_{AS} = \sqrt{0{,}4524} = 0{,}6726.$$

Wie man sieht, ist der Pfadkoeffizient gleich dem standardisierten partiellen Regressionskoeffizienten von S in Gleichung (3.1). Dies verwundert nicht, denn letzterer gibt ja gerade den von den anderen unabhängigen Variablen isolierten und direkten Einfluss der betrachteten unabhängigen auf die abhängige Variable an.

Nun können wir auch leicht den Pfadkoeffizienten p_{AE} bestimmen. Gemäß Gleichung (3.1) ist

$$p_{AE} = 0{,}1521.$$

Der Pfadkoeffizient p_{ES} ist entsprechend gleich dem standardisierten partiellen Regressionskoeffizienten von S in der Regression von E nach S. Im bivariaten Fall ist der standardisierte partielle Regressionskoeffizient gleich dem Korrelationskoeffizienten, d. h.

$$p_{ES} = 0{,}4218.$$

Wir erhalten also, wenn wir diese Pfadkoeffizienten statt der Korrelationskoeffizienten in die Abb. 3.4 eintragen, das folgende Pfaddiagramm (vgl. Abb. 3.5). Dabei sind die Pfeile durch die Stärke der jeweiligen direkten und von dem Einfluss der jeweils anderen unabhängigen Variablen isolierten Wirkungen gekennzeichnet.

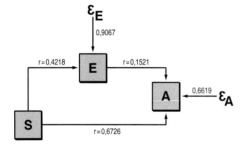

Abb. 3.5: Erweitertes Pfaddiagramm für die Wirkung von Siedlungsstruktur und Einwohnerzahl auf die Ärztedichte (mit Pfadkoeffizienten)

Aus der Definition der Pfadkoeffizienten als Maße für die Stärke und Richtung der direkten Wirkung einer vorstehenden auf eine nachstehende Variable lässt sich leicht sehen, dass mit Hilfe der Pfadkoeffizienten auch die jeweiligen Korrelationskoeffizienten berechnet werden können. Die allgemeine Formel dafür wird als Grundtheorem der Pfadanalyse bezeichnet und im folgenden Abschnitt behandelt. Den zentralen Gedanken können wir aber jetzt schon mit Hilfe von Abb. 3.5 nachvollziehen.

Zu bestimmen sei der Korrelationskoeffizient r_{SA}, in dem ja die direkten und indirekten Wirkungen von S auf A zusammengefasst sind. Wir hatten bereits gesehen, dass gilt: $r_{SA} = 0{,}7368$. Wollen wir r_{SA} aus den Pfadkoeffizienten erschließen, gehen wir wie folgt vor: $p_{AS} = 0{,}6726$ bedeutet: Wenn S um eine Standardabweichung zunimmt (bzw. wenn die standardisierte Variable von S um eine Einheit zunimmt), nimmt A direkt (also ohne den indirekten Einfluss über E) um $0{,}6726$ Standardabweichungen zu. $p_{ES} = 0{,}4218$ und $p_{AE} = 0{,}1521$ bedeuten: Wenn E um eine Standardabweichung größer wird, wird A um $0{,}1521$ Standardabweichungen wachsen. Wenn S um eine Standardabweichung zunimmt, steigt E um $0{,}4218$ Standardabweichungen und A daher um $0{,}4218 \cdot 0{,}1521 = 0{,}0642$ Standardabweichungen. Diese Zunahme ist folglich Resultat der indirekten Wirkung von S auf A.

Insgesamt gilt also: Wenn S um eine Standardabweichung zunimmt, nimmt A um

$$0{,}6726 \text{ (direkter Effekt)} + 0{,}0642 \text{ (direkter Effekt)} = 0{,}7368$$

Standardeinheiten zu. Diese Gesamtzunahme bedeutet aber, dass bei einer einfachen Regression von A nach S der standardisierte Regressionskoeffizient (und damit auch der einfache Korrelationskoeffizient r_{SA}) gleich $0{,}7368$ sein müssen.

Entsprechend lässt sich auch r_{EA} berechnen. Der direkte Effekt von E auf A hat die Stärke $p_{AE} = 0{,}1521$. Zu diesem muss noch der indirekte Effekt von E auf A addiert werden. Dieser resultiert daraus, dass E mit S korreliert, dass also mit jeder Änderung von E auch eine Änderung von S verbunden ist, die wiederum eine direkte Änderung von A bewirkt. D.h., der indirekte Effekt von E auf A ist gleich

$$0{,}4218 (= r_{SE} = p_{ES}) \cdot 0{,}6726 \ (= p_{AS}) = 0{,}2837.$$

Insgesamt ist also die Stärke der Wirkung von E auf A gleich $0{,}1521 + 0{,}2837 = 0{,}4358$, was bis auf $0{,}0001$ dem Korrelationskoeffizienten r_{EA} entspricht. Der Fehler ist ein Rundungsfehler, der aus den verschiedenen Berechnungsmethoden für r_{EA} resultiert. Zu beachten ist, dass die Berechnung von r_{EA} über die Pfadkoeffizienten nur im formal-statistischen Sinn plausibel ist. Inhaltlich hatten wir in unserem Modell ja angenommen, dass E nur direkt (wenigstens nicht über S) auf A wirkt. Dagegen decken sich bei der Berechnung von r_{SA} formal-statistische und inhaltliche Argumentation. Wir kommen auf die mögliche Diskrepanz zwischen formal-statistischer und inhaltlicher Interpretation unten noch zurück.

Aus dem bisher Gesagten dürfte deutlich geworden sein, dass die Pfadanalyse vor allem das Ziel verfolgt, die Stärke direkter Ursache-Wirkungs-Zusammenhänge zu ermitteln. Die Methodik besteht im Prinzip darin, mehrere Regressionsanalysen durchzuführen, in unserem Beispiel

$$A = a_A + b_1\, S + b_2\, E$$

und $\quad E = a_E + b_3\, S,$

$$(3.2)$$

wobei die standardisierten (partiellen) Regressionskoeffizienten als Pfadkoeffizienten anzusehen sind.

Man unterscheidet bei der Pfadanalyse endogene und exogene Variablen. Endogene Variablen sind solche, die innerhalb des Modells erklärt werden, auf die also ein oder mehrere Pfeile gerichtet sind. Exogen heißen Variablen, die nur auf andere wirken, von denen also nur Pfeile bzw. Pfade ausgehen. Demnach sind in unserem Beispiel E und A endogene Variablen, S ist eine exogene Variable (vgl. Abb. 3.5). Manche Autoren – wie z.b. GÜS-SEFELDT (1988) – unterteilen die endogenen Variablen noch in intervenierende und endogene i.e.s. Intervenierende sind solche, die sowohl innerhalb des Modells erklärt werden als auch auf andere wirken, die also sowohl Endpunkt als auch Anfangspunkt von Pfeilen sind. In dem Pfadmodell der Abb. 3.5 ist E eine intervenierende Variable. Dagegen ist A eine endogene Variable i.e.S., da von A keine Wirkungen ausgehen.

In Abb. 3.5 sind außer den Variablen S, E und A auch noch die Residualvariablen eingetragen. S als exogene Variable hat keine Residualvariable, da S exogen und von keiner der beiden anderen Variablen abhängig ist. Dagegen gibt es zu den beiden endogenen Variablen E und A jeweils eine Residualvariable ϵ_E und ϵ_A, denn die Gleichungen (3.2) gelten nur für die Stichprobe. In der Grundgesamtheit lauten sie

$$A = \alpha_A + \beta_1 S + \beta_2 E + \epsilon_A$$

und $$E = \alpha_E + \beta_3 S + \epsilon_E. \tag{3.3}$$

Die Residualvariablen wirken nun ebenfalls auf die jeweiligen Variablen und damit auch auf die Zielvariable A ein. So beruht die Wirkung von E auf A ja nicht allein auf der Variation von E, die auf S zurückzuführen ist, sondern auch auf der nicht durch S erklärten Restvariation. D.h., auf A wirkt nicht nur $\hat{E}$ ($= a_E + b_3 S$), sondern eben auch ϵ_E. Die direkte Wirkung von ϵ_E auf $\hat{E}$ ist trivialerweise gleich der Wurzel aus der durch S nicht erklärten Restvariation von E, in unserem Fall also

$$\sqrt{1 - r_{SE}^2} = \sqrt{1 - 0{,}4218^2} = 0{,}9067.$$

Dieser direkte „Effekt" von ϵ_E auf E ist ebenfalls in das Pfaddiagramm in Abb. 3.5 eingetragen. Er entspricht im Übrigen dem einfachen Korrelationskoeffizienten zwischen E und ϵ_E, da ϵ_E eine exogene Variable ist.

Entsprechend ergibt sich für den direkten Einfluss von ϵ_A auf A (vgl. Abb. 3.5) der Wert:
$$\sqrt{(1 - R_{A.SE}^2)} = \sqrt{(1 - 0{,}7496^2)} = 0{,}6619.$$

Berücksichtigt man die direkten Wirkungen von Residualvariablen auf die jeweils zugehörigen Ausgangsvariablen nicht nur in der bildlichen Darstellung des Pfaddiagramms (Abb. 3.5), sondern auch in dem entsprechenden Gleichungssystem, so müssen die Gleichungen (3.3) zu (3.4) umgewandelt werden. Wir formulieren die Gleichungen (3.4) gleich für die standardisierten Variablen und die Pfadkoeffizienten.

$$Z_A = p_{AS} Z_S + p_{AE} Z_E + p_{A\epsilon} \epsilon_A$$
$$Z_E = p_{ES} Z_S + p_{E\epsilon} \epsilon_E \tag{3.4}$$

und Z_A, Z_E, Z_S = standardisierte Variablen von A, E, E

$p_{A\epsilon}$ = Pfadkoeffizient für die direkte Wirkung von ϵ_A auf A
    (= Korrelationskoeffizient zwischen ϵ_A und A)

$p_{E\epsilon}$ = Pfadkoeffizient für die direkte Wirkung von ϵ_E auf E
    (= Korrelationskoeffizient zwischen ϵ_E und E).

Tragen wir die gefundenen Werte der Pfadkoeffizienten in die Gleichungen (3.4) ein, so erhalten wir

$$Z_A = 0{,}6726\ Z_S + 0{,}1521\ Z_E + 0{,}6619\ \epsilon_A$$
$$Z_E = 0{,}4218\ Z_S + 0{,}9067\ \epsilon_E.$$

(3.5)

Die Gleichungen (3.4) stellen ein sogenanntes „simultanes rekursives Mehrgleichungssystem" dar, welches charakteristisch für die Pfadanalyse – im Unterschied zur Regressionsanalyse – ist. Simultan bedeutet, dass mehrere Regressionsgleichungen gleichzeitig zu lösen sind – in unserem Fall zwei. Bei der Regressionsanalyse gibt es immer nur eine Regressionsgleichung. Rekursiv heißt, dass die Variationsaufklärung von A ausschließlich rückwärtsschreitend erfolgt. Zu unserem Beispiel wird die Variation von zunächst A auf die Variation von S und von E zurückgeführt, anschließend wird die Variation von E durch die Variation von S erklärt.

Bevor wir dieses elementare Beispiel verlassen und uns dem allgemeinen Modell der Pfadanalyse zuwenden, ist noch ein kurzer Hinweis auf die Signifikanz der Pfadkoeffizienten nötig. Wir haben bislang die Pfadkoeffizienten als rein deskriptive Maße für die direkte Wirkung einer Variablen auf eine andere kennen gelernt. Pfadkoeffizienten lassen sich als standardisierte Regressionskoeffizienten natürlich auf Signifikanz gegen 0 prüfen, d. h. darauf, ob die direkten Wirkungen in der Grundgesamtheit ebenfalls vorhanden sind. Ist das nicht der Fall, müssen – bildlich gesprochen – die entsprechenden Pfeile in dem Pfaddiagramm gelöscht werden. Wir kommen unten darauf zurück.

3.3 Das allgemeine pfadanalytische Modell für ein rekursives System

Abbildung 3.6 zeigt einige Beispiele für Systeme von Ursache-Wirkungs-Zusammenhängen. Zunächst ist darauf hinzuweisen, dass bei der Pfadanalyse gemeinhin a l l e Variablen mit X (versehen mit einem Index) bezeichnet werden. Man verwendet also nicht Y als Bezeichnung für eine abhängige Variable. Der Grund liegt darin, dass – im Unterschied zur Regressionsanalyse – die intervenierenden Variablen zugleich abhängig (von den vorhergehenden) als auch unabhängig (im Sinne eines Einflusses auf die nachfolgende(n) Variable(n)) sind. Wenn, wie im Fall (d) der Abb. 3.6, gleich zwei Variable als endogen i.e.S. auftreten, ist eine Bezeichnung durch Y sowieso wenig sinnvoll.

Von rekursiven Ursache-Wirkungs-Systemen hatten wir gesprochen, wenn die Variationsaufklärung ausschließlich rückwärtsschreitend erfolgt, d.h., wenn die Wirkungspfeile alle in die gleiche Richtung weisen (in Abb. 3.6 von links nach rechts). Demnach liegt in (a) kein rekursives System vor (sondern ein Modell mit Rückkopplungen, sogenannten „Feedbacks"). Systeme wie (a) schließen wir aus unserer Betrachtung aus.

Vergleicht man die Fälle (b), (c), und (d) einerseits mit Fall (e) andererseits, so fällt auf, dass in (e) a l l e Variablen paarweise durch einen direkten Wirkungspfeil miteinander verbunden sind. Für (b), (c) und (d) gilt dies nicht. Systeme wie (e) heißen voll-rekursiv. Sie sind leichter zu handhaben und werden uns zunächst beschäftigen.

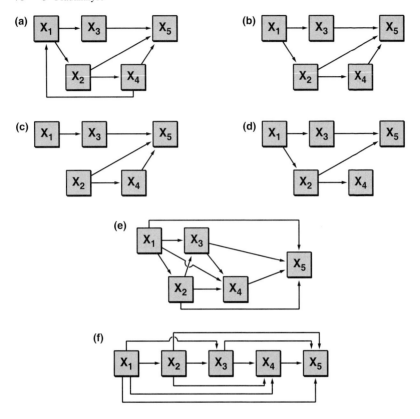

Abb. 3.6: Beispiel für Systeme von Ursache-Wirkungs-Zusammenhängen

Voll-rekursive Systeme zeichnen sich dadurch aus, dass die beteiligten Variablen e i n -
d e u t i g in eine Reihenfolge gebracht werden können: Sie haben nur eine exogene Variable, die ganz links steht, und eine endogene Variable i.e.S., die man rechts an das Ende
der Reihe setzt. Eine beliebige Variable steht umso weiter rechts, je mehr andere Variablen
direkt auf sie einwirken. Der Fall (f) zeigt ein solches voll-rekursive System. Fall (f) ist
zudem eine äquivalente (in gewissem Maße übersichtlichere) Darstellung zu Fall (e), d. h.,
beide Fälle bilden dasselbe System von Ursache-Wirkungs-Zusammenhängen ab. Für die
Fälle (b), (c) und (d) ist eine äquivalente Darstellung in Reihenform nicht möglich.

Unser vorheriges Beispiel aus Abschn. 3.2 stellt im Übrigen ein voll-rekursives System für
drei Variablen dar.

3.3.1 Pfadanalyse für voll-rekursive Systeme

Wir nehmen der Einfachheit halber an, die Variablen X_i $(i = 1, \ldots, m)$ seien bereits standardisiert. Im Fall eines voll-rekursiven Systems gibt es eine exogene Variable X_1 und eine i.e.S. endogene, d.h. abhängige Variable X_m. Für $m = 5$ (siehe Abb. 3.6 (e) und (f)) können wir dann die Variation von X_5 in folgender Weise durch Regressionsgleichungen erklären:

$$
\begin{aligned}
X_5 &= p_{51}\, X_1 + p_{52}\, X_2 + p_{53}\, X_3 + p_{54}\, X_4 + p_{5\epsilon}\, \epsilon_5 \\
X_4 &= p_{41}\, X_1 + p_{42}\, X_2 + p_{43}\, X_3 + p_{4\epsilon}\, \epsilon_4 \\
X_3 &= p_{31}\, X_1 + p_{32}\, X_2 + p_{3\epsilon}\, \epsilon_3 \\
X_2 &= p_{21}X_1 + p_{2\epsilon}\, \epsilon_2
\end{aligned}
\tag{3.6}
$$

mit $p_{ij} =$ Stärke und Richtung der direkten Wirkung der Variablen X_j auf die Variable X_i (= standardisierter partieller Regressionskoeffizient von X_j in der Regressionsgleichung für X_i)
(mit $2 \le i \le 5; 1 \le j \le i - 1$)

$=$ Pfadkoeffizient

$p_{i\epsilon} =$ Stärke und Richtung der direkten Wirkung der Residualvariablen ϵ_i (von X_i) auf X_i (= Korrelationskoeffizient zwischen ϵ_i und X_i).

Wir erinnern noch einmal daran, dass Pfadkoeffizienten standardisierte partielle Regressionskoeffizienten sind und wie diese indiziert werden. Da jede nicht i.e.S. endogene Variable auf mehrere andere Variablen direkt wirkt, müssen die Pfadkoeffizienten doppelt indiziert werden: Der erste Index bezeichnet jeweils die abhängige, der zweite die unabhängige Variable in der entsprechenden Regressionsgleichung.

Hat man m Variablen, ist das Gleichungssystem (3.6) entsprechend zu ändern. Die oberste Regressionsgleichung lautet dann:

$$
X_m = p_{m1}\, X_1 + p_{m2}\, X_2 + \ldots + p_{m\,(m-1)}X_{m-1} + p_{m\epsilon}\, \epsilon_m.
$$

Bei einem voll-rekursiven System mit m Variablen X_i $(i = 1, \ldots, m)$ sind also $(m - 1)$ Regressionsgleichungen mit insgesamt $m(m - 1)/2$ Pfadkoeffizienten p_{ij} und $(m - 1)$ Pfadkoeffizienten $p_{\epsilon i}$ zu bestimmen.

Von zentraler Bedeutung ist das sogenannte Grundtheorem der Pfadanalyse, das die Beziehung zwischen den Pfadkoeffizienten und den einfachen bivariaten Korrelationskoeffizienten ausdrückt:

$$
r_{ij} = \sum_{k=1}^{i-1} p_{ik} r_{kj} \quad \text{(für alle } i, j = 1, \ldots, m \quad \text{mit} \quad i > j\text{).}
\tag{3.7}
$$

Mit dem Grundtheorem lassen sich die Pfadkoeffizienten aus den bivariaten Korrelationskoeffizienten berechnen, und zwar in der gleichen Weise, wie wir das in Abschn. 3.2 bereits vorgeführt haben. Das Grundtheorem ist nämlich nur die allgemeinere Version unseres obigen Vorgehens.

Grundtheorem im Beispiel *FuF*

Das Grundtheorem soll hier nicht allgemein bewiesen, sondern seine Gültigkeit nur an einem Beispiel demonstriert werden. Gesucht sei r_{52}. Gemäß der Definition des Korrelationskoeffizienten und unter der Voraussetzung, dass die Variablen X_i bereits standardisiert sind, ist

$$r_{52} = \frac{1}{n} \sum_{l=1}^{n} x_{5l}\, x_{2l} \tag{3.8}$$

mit n = Stichprobenumfang

x_{5l} = Wert des l-ten Stichprobenelements für die Variable X_5

x_{2l} = Wert des l-ten Stichprobenelements für die Variable X_2

Nach Gleichung (3.6) ergibt sich für x_{5l}:

$$x_{5l} = p_{51}\, x_{1l} + p_{52}\, x_{2l} + p_{53}\, x_{3l} + p_{54}\, x_{4l} + p_{5\epsilon}\, \epsilon_{5l}$$

Setzt man dieses Resultat für x_{5l} in die Gleichung (3.8) ein, so erhält man für den Korrelationskoeffizienten r_{52}:

$$r_{52} = \frac{1}{n} \sum_{l=1}^{n} (p_{51}\, x_{1l} + p_{52}\, x_{2l} + p_{53}\, x_{3l} + p_{54}\, x_{4l} + p_{5\epsilon}\, \epsilon_{5l})\, x_{2l}$$

$$= \frac{1}{n}\, p_{51} \sum_{l=1}^{n} x_{1l}\, x_{2l} + \frac{1}{n}\, p_{52} \sum_{l=1}^{n} x_{2l}\, x_{2l} + \frac{1}{n}\, p_{53} \sum_{l=1}^{n} x_{3l}\, x_{2l}$$

$$+ \frac{1}{n}\, p_{54} \sum_{l=1}^{n} x_{4l}\, x_{2l} + \frac{1}{n} p_{5\epsilon} \sum_{l=1}^{n} \epsilon_{5l}\, x_{2l}$$

$$= p_{51}\, r_{12} + p_{52}\, r_{22} + p_{53}\, r_{32} + p_{54}\, r_{42} + p_{5\epsilon} r_{\epsilon_5 2}$$

$$= p_{51}\, r_{12} + p_{52}\, r_{22} + p_{53}\, r_{32} + p_{54}\, r_{42} = \sum_{k=1}^{5-1} p_{5k} r_{k2}$$

Das vorletzte Gleichheitszeichen gilt, weil $r_{\epsilon_5 2} = 0$ ist wegen der Voraussetzung der Regressionsanalyse, dass eine unabhängige Variable nicht mit der Residualvariablen korreliert.

Grundtheorem im Beispiel *FuF*

Da es bei m Variablen X_i insgesamt $m(m-1)/2$ bivariate Korrelationskoeffizienten r_{ij} (mit $i > j$) gibt, besteht das Grundtheorem der Pfadanalyse aus $m(m-1)/2$ Gleichungen mit den $m(m-1)/2$ unbekannten Pfadkoeffizienten p_{ij} ($i > j$). Ein solches Gleichungssystem lässt sich „in der Regel" nach den p_{ij} auflösen. Will man etwa p_{41}, p_{42}, p_{43} ermitteln, also die direkten Wirkungen auf die Variable X_4, so kann dies mit Hilfe von (3.7) durch die folgenden drei Gleichungen geschehen:

$$r_{41} = p_{41}\, r_{11} + p_{42}\, r_{21} + p_{43}\, r_{31}$$
$$r_{42} = p_{41}\, r_{12} + p_{42}\, r_{22} + p_{43}\, r_{32} \tag{3.9}$$
$$r_{43} = p_{41}\, r_{13} + p_{42}\, r_{23} + p_{43}\, r_{33}.$$

Umgekehrt kann man aus der Kenntnis der Pfadkoeffizienten mit Hilfe der Gleichungen (3.7) natürlich auch die bivariaten Korrelationskoeffizienten ermitteln.

Beispiel: Ein Pfadmodell für die Ärztedichte

Wir hatten in Abschn. 3.2 bereits Hypothesen über die Verteilung der Ärztedichte in Norddeutschland auf Kreisbasis formuliert. Demnach wirkten auf die Ärztedichte direkt jeweils die Siedlungsstruktur und die Einwohnerzahl und indirekt die Siedlungsstruktur über die Einwohnerzahl ein. Wir wollen nun das obige Pfadmodell erweitern, um eine vollständigere Erklärung für die Ärztedichte zu erhalten.

Wir beziehen in unser Modell die 5 unten aufgeführten Variablen ein. Die Begründung für die Auswahl ergibt sich aus den Hypothesen über die direkten Wirkungen. Da es insgesamt $5 \cdot 4/2$ Hypothesen gibt, werden wir sie nur sehr kurz darstellen. Wir bezeichnen die Variablen abweichend von Abschn. 3.2 mit $X_1, \ldots, X_5$.

X_1 = Anteil der Siedlungsfläche an der Gesamtfläche in % 1981 (kurz: Siedlungsstruktur; abgekürzt: S), standardisiert

X_2 = Einwohnerzahl 1983 (abgekürzt: E), standardisiert

X_3 = Anteil der sozialversicherungspflichtig Beschäftigten mit höherem Fachschul-, Fachhochschul- oder Hochschulabschluss und abgeschlossener Berufsausbildung je 1000 sozialversicherungspflichtig Beschäftigte 1983 (kurz: Qualifikationsniveau der Beschäftigten; abgekürzt: Q), standardisiert

X_4 = Bevölkerungsentwicklung 1980–1983 in % (abgekürzt: B), standardisiert

X_5 = Ärzte in freier Praxis je 1000 Einwohner 1981 (kurz: Ärztedichte; abgekürzt: A), standardisiert

Die Werte der Variablen S, E, Q, B und A in den Kreisen Norddeutschlands sind in Tab. 3.1, die Werte der zugehörigen standardisierten Variablen $X_1, \ldots, X_5$ sind in Tab. 3.2 aufgeführt.

Die vier Hypothesen der direkten Wirkungen auf X_5 lauten:

H1 : Mit größer werdender Einwohnerzahl steigt die Ärztedichte: $X_2 \rightarrow X_5$.

H2 : Mit zunehmendem Anteil der Siedlungsfläche an der Gesamtfläche steigt die Ärztedichte. Je spezialisierter ein Arzt ist, desto größer ist der notwendige Einzugsbereich. Die spezialisierten Ärzte bevorzugen deshalb tendenziell Standorte in den größeren Städten, in denen sie aus dem Umland gut zu erreichen sind. Verstärkt wird dieser Effekt durch mögliche Agglomerationsvorteile: $X_1 \rightarrow X_5$.

H3 : Je größer das Qualifikationsniveau der Beschäftigten, desto höher die Ärztedichte. Ärzte reagieren nicht nur auf die Nachfrage nach ihren Dienstleistungen. Sie bevorzugen auch Standorte mit hohem Freizeitwert, Bildungs- und Kulturangebot, an denen außerdem der Anteil von Privatpatienten (höheres Einkommen) groß ist. Diese Standortbedingungen sind umso eher erfüllt, je größer der Anteil hochqualifizierter Beschäftigter ist: $X_3 \rightarrow X_5$.

H4 : Die Bevölkerungsentwicklung hat einen negativen Effekt auf die Ärztedichte, da die Ärzte mit einer beträchtlichen Verzögerung auf Veränderungen der Nachfrage reagieren. Die geringe Ausstattung mit Arztpraxen in Neubaugebieten ist bekannt. Andererseits geben Ärzte nicht ihre Praxis auf, wenn die Einwohnerzahl in ihrem Einzugsgebiet abnimmt: $X_4 \rightarrow X_5$.

Tab. 3.2: Werte der Variablen $X_1, \ldots, X_5$ in den Kreisen Norddeutschlands

Nr.	X_1	X_2	X_3	X_4	X_5	Nr.	X_1	X_2	X_3	X_4	X_5
1	1,30	0,34	2,59	−0,97	0,97	34	−0,66	−0,14	0,07	0,84	−0,54
2	2,34	1,74	2,43	−1,06	1,18	35	−0,38	0,46	0,32	−0,66	0,37
3	1,73	−0,24	0,34	−0,91	−0,13	36	−0,64	−0,50	−0,20	−0,99	−0,42
4	1,44	−0,56	−0,82	0,25	0,22	37	−0,52	−0,22	−0,96	−0,02	−1,15
5	0,30	−0,66	−0,43	−1,06	0,05	38	−0,77	−0,67	−0,70	−0,50	−0,36
6	2,10	−0,49	−0,17	−1,62	2,71	39	−0,59	−0,26	0,40	0,75	−0,18
7	2,56	6,93	2,44	−1,22	2,80	40	−0,61	−0,36	−0,56	−0,76	−0,49
8	2,62	1,63	2,89	−1,26	2,39	41	−0,52	−0,12	−1,09	0,02	0,11
9	2,36	0,30	2,61	−1,14	1,82	42	−0,60	−0,18	−0,39	−0,97	0,56
10	0,70	0,14	0,41	−1,43	2,19	43	−0,51	−0,43	−1,09	1,65	−1,39
11	1,68	−0,52	−0,08	−1,33	1,26	44	−0,50	0,49	−0,80	0,48	−0,56
12	2,29	−0,24	1,27	0,57	0,94	45	−0,42	−0,45	0,02	0,92	−0,94
13	1,66	−0,15	0,87	−0,83	2,29	46	−0,60	−0,47	−0,61	−1,14	−0,03
14	0,65	−0,36	0,08	−1,33	−0,23	47	−0,56	0,03	−0,81	0,77	0,16
15	1,35	−0,43	0,04	−0,93	0,11	48	−0,26	−0,34	−0,16	−0,47	−0,93
16	0,32	−0,30	0,46	−0,83	−0,01	49	−0,02	0,35	0,57	0,55	0,50
17	−0,50	−0,46	−0,84	1,11	−0,72	50	−0,76	−0,34	−0,35	0,57	0,47
18	−0,54	−0,09	−0,71	0,52	−0,94	51	−0,71	0,29	−0,34	0,92	−0,41
19	−0,15	−0,11	0,04	0,05	0,47	52	−0,66	−0,23	−0,50	0,79	−0,61
20	−0,59	−0,37	−1,20	0,67	−1,32	53	−0,31	−0,17	−0,69	−0,20	0,35
21	−0,63	0,03	−0,45	0,27	−0,56	54	−0,72	−0,02	−0,95	0,71	−0,55
22	−0,52	−0,02	−0,12	0,11	−0,96	55	−0,59	0,12	−0,36	2,10	−0,44
23	−0,59	−0,27	−0,94	−0,14	0,02	56	0,09	−0,29	−0,62	−0,16	−0,87
24	−0,62	0,27	−0,40	0,61	−1,02	57	−0,60	−0,10	0,17	1,61	−0,43
25	−0,43	−0,44	−0,02	0,15	−0,94	58	−0,67	−0,28	−0,71	−0,45	−0,79
26	−0,64	−0,30	−0,65	1,15	−1,17	59	−0,37	0,03	0,22	2,29	−0,36
27	−0,43	0,37	3,15	0,65	1,27	60	−0,66	−0,44	−0,62	−0,39	0,55
28	−0,56	−0,09	0,36	−0,91	0,52	61	−0,49	−0,42	−0,04	1,13	−0,80
29	−0,62	−0,34	−0,75	−0,02	−0,33	62	−0,44	−0,36	0,10	1,58	−0,30
30	−0,47	−0,15	−0,11	−0,89	0,69	63	−0,67	−0,46	−0,05	−0,64	−0,56
31	−0,29	1,74	−0,06	0,63	−0,91	64	−0,67	−0,65	−0,83	0,27	−0,78
32	−0,41	0,01	−0,64	2,56	−1,22	65	−0,55	−0,35	0,47	−0,89	−0,19
33	−0,48	−0,43	−0,50	−1,14	−0,43						

Hypothesen für die direkten Wirkungen auf X_4 sind:

H5 : Je größer der Verstädterungsgrad, desto negativer die Bevölkerungsentwicklung, denn mit der Verstädterung sinkt die Geburtenzahl und steigt die Suburbanisierung: $X_1 \rightarrow X_4$.

H6 : Eine ähnliche Wirkung könnte für die Einwohnerzahl vermutet werden. Allerdings hatten wir in Kap. 2 gesehen, dass die suburbanen Kreise mit größeren Einwohnerzahlen in der Nähe von Agglomerationen eine günstigere Wanderungsbilanz als die kleinen Kreise der peripheren ländlichen Regionen aufweisen. Möglicherweise ist hier keine lineare Abhängigkeit zu erwarten: $X_2 \rightarrow X_4$?

H7 : Es wird eine negative Wirkung von X_3 auf X_4 erwartet. Höher qualifiziert Beschäftigte haben weniger Kinder als gering qualifizierte. Gebiete mit hohem Qualifikationsniveau der Beschäftigten sind darüber hinaus abwanderungsgefährdet, da die höher qualifizierten Beschäftigten sich leichter den Umzug ins Umland leisten können: $X_3 \longrightarrow X_4$.

Die weiteren Ursache-Wirkungs-Hypothesen sind:

H8 : Je größer die Einwohnerzahl eines Kreises und

H9 : Je höher der Verstädterungsgrad eines Kreises, desto größer ist der Anteil der höher qualifizierten Beschäftigten. Mit beiden Variablen steigt der Spezialisierungsgrad im sekundären und tertiären Sektor, was ein höheres Qualifikationsniveau der Beschäftigten bewirkt: $X_1 \longrightarrow X_3$, $X_2 \longrightarrow X_3$.

H10: Die Hypothese für die Wirkung von X_1 auf X_2 wurde bereits in Abschn. 3.2 erläutert.

Für das aus den Hypothesen H1 – H10 bestehende voll-rekursive System von Ursache-Wirkungs-Zusammenhängen führen wir nun eine Pfadanalyse durch, indem wir die 4 Regressionsgleichungen der Form (3.6) für die Stichprobe bestimmen. Als Ergebnis erhalten wir für die Schätzwerte der Variablen die folgenden Gleichungen:

$$\hat{X}_5 = 0{,}3731\,X_1 + 0{,}0918\,X_2 + 0{,}2859\,X_3 - 0{,}2857\,X_4$$

$$\hat{X}_4 = 0{,}5133\,X_1 + 0{,}0950\,X_2 - 0{,}0152\,X_3$$

$$\hat{X}_3 = 0{,}5267\,X_1 + 0{,}3013\,X_2 \tag{3.10}$$

$$\hat{X}_2 = 0{,}4218\,X_1.$$

Die erklärten Varianzanteile (= Bestimmtheitsmaße) sind

für X_5: $B_{5.1234} = 66{,}59\%$

für X_4: $B_{4.123} \ = 24{,}03\%$

für X_3: $B_{3.12} \ = 50{,}22\%$

für X_2: $B_{21} \ = 17{,}79\%$.

Abb. 3.7 zeigt das vollständige Ergebnis der Pfadanalyse, wobei auch die direkten Wirkungen der Residualvariablen einbezogen sind. Sie wirkt etwas unübersichtlich. Immerhin aber lassen sich die einzelnen Wirkungsketten gut verfolgen und hinsichtlich ihres quantitativen Gewichts abschätzen. Betrachten wir z. B. die Wirkung der Siedlungsstruktur X_1 auf X_5.

Das Gewicht der direkten Wirkung ist 0,3731: Wenn X_1 um eine Einheit größer wird, wächst X_5 um 0,3731 Einheiten. Betrachten wir die Wirkung von X_1 über X_3 auf X_5, so ist sie $0{,}5267 \cdot 0{,}2859 = 0{,}1506$: Wenn X_1 um eine Einheit wächst, nimmt X_5 über diesen Pfad um 0,1506 Einheiten zu. Für die Stärke der Wirkung von X_1 über X_2 und X_3 auf X_5 ergibt sich dagegen: $0{,}4218 \cdot 0{,}3013 \cdot 0{,}2859 = 0{,}0363$. D.h., wenn X_1 um eine Einheit steigt, steigt X_5 durch diese indirekte Wirkung um 0,0363 Einheiten („Einheiten"

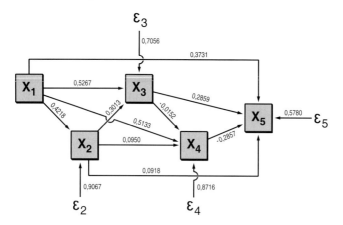

Abb. 3.7: Ergebnis der Pfadanalyse zur Erklärung der Ärztedichte in Norddeutschland (voll-rekursives Modell)

sind wegen der Standardisierung der Variablen jeweils Standardabweichungen.). Würde man auf diese Weise fortfahren und alle Wirkungen von X_1 auf X_5 auf den möglichen Pfaden addieren, müsste das Ergebnis gleich dem Korrelationskoeffizienten r_{15} sein.

Man kann nun auch alle direkten und indirekten Wirkungen bestimmen und untersuchen, welche die bedeutendsten sind. Das ist angesichts der großen Zahl der Möglichkeiten aber recht mühsam.

Wir wollen stattdessen noch einmal zum Ausgangspunkt zurückkehren, nämlich zu der Frage, ob sich unsere Hypothesen H1 – H10 bestätigt haben oder nicht. Falls die Hypothesen richtig sind, müssten die entsprechenden Pfadkoeffizienten in der Grundgesamtheit von 0 verschieden sein. Da die Pfadkoeffizienten standardisierte partielle Regressionskoeffizienten sind, erfolgt ihre Prüfung auf Signifikanz gegen 0 mit der in Abschn. 2.4 beschriebenen Methode zur Signifikanzprüfung von Regressionskoeffizienten. Wählen wir ein Signifikanzniveau von 5% und tragen nur die auf diesem Niveau von 0 verschiedenen Pfadkoeffizienten in das Pfaddiagramm ein, ergibt sich Abb. 3.8, die nur noch ein rekursives System darstellt. Wir haben dabei eine etwas andere Anordnung der Variablen gewählt, um die Übersichtlichkeit zu verbessern. Obwohl in Abb. 3.8 nur drei direkte Wirkungen weniger als in Abb. 3.7 eingetragen sind, ist eine beträchtliche Komplexitätsreduktion erreicht worden. Wir können das Ergebnis zunächst kurz zusammenfassen: Direkt auf X_5 wirken die Variablen X_1, X_3 und X_4 ein. Außerdem wirkt X_1 indirekt über X_3, über X_4 und über $X_2 \to X_3$ auf X_5 ein. Schließlich ist noch eine indirekte Wirkung von X_2 über X_3 auf X_5 festzustellen. Die Gewichte dieser Wirkungen sind in Tab. 3.3 wiedergegeben.

Bei Tab. 3.3 ist zu beachten, dass die Gewichte der indirekten Wirkungen sich aus der multiplikativen Verknüpfung der Pfadkoeffizienten der jeweiligen direkten Wirkungen er-

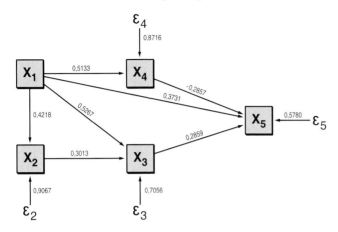

Abb. 3.8: Ergebnis der Pfadanalyse zur Erklärung der Ärztedichte in Norddeutschland (voll-rekursives Modell ohne Berücksichtigung der nicht-signifikanten Wirkungen)

geben. Diejenigen Gewichte, die auf nicht-signifikanten Pfadkoeffizienten beruhen, sind mit 0,000 angegeben. Wirkungen, die nicht der Kausalstruktur des voll-rekursiven Systems entsprechen (z. B. $X_4 \rightarrow X_3 \rightarrow X_5$) wurden durch Auslassung gekennzeichnet. In der letzten Spalte finden sich die bivariaten Korrelationen zwischen X_5 und den „unabhängigen" Variablen $X_1, \ldots, X_4$. Die Differenzen zwischen diesen bivariaten und indirekten Wirkungen sind als „nicht-signifikante und Hintergrundeffekte" in Tab. 3.3 eingetragen. Sie setzen sich zusammen aus den nicht-signifikanten Wirkungen der einzelnen Variablen, deren Gewichte aber verschwindend gering sind, und den Hintergrundeffekten. Hintergrundeffekte treten auf, weil in die einfache Korrelation einer Variablen mit X_5 statistisch auch die durch die vorhergehenden Variablen bedingten Wirkungen eingehen. So ist z.B. $r_{35} = 0{,}6640$, aber $p_{53} = 0{,}2859$. Der direkte, isolierte Einfluss von X_3 auf X_5 hat also

Tab. 3.3: Ergebnis der Pfadanalyse zur Erklärung der Ärztedichte in Norddeutschland

Variable		Wirkungen					
Abh./	direkte		indirekte über		Summe	Effekte*	r
Unabh.		X_3	X_4	$X_2 - X_3$			
X_5/X_1	0,3731	0,1506	0,1466	0,0363	0,7066	0,0312	0,7378
X_5/X_2	0,0000	0,0861	0,000	–	0,0861	0,3498	0,4359
X_5/X_3	0,2859	–	0,000	–	0,2859	0,3781	0,6640
X_5/X_4	−0,2857	–	–	–	−0,2857	−0,2783	−0,5640

* Effekte = Nicht-signifikante Effekte und Hintergrundeffekte

nur das Gewicht 0,2859. (Dieser Wert entspricht gemäß Tab. 3.3 auch in etwa dem gesamten Gewicht aller isolierten, direkten und indirekten Wirkungen von X_3 auf X_5.) Der Korrelationskoeffizient r_{35} ist größer, weil in ihm „automatisch" auch die Wirkungen von X_1 und X_2 auf X_5, soweit sie rein statistisch mit der Variation von X_3 verbunden sind, berücksichtigt sind. Gerade diese Eigenschaft macht den Vorteil der Pfadanalyse gegenüber der Korrelations- (und Regressionsanalyse) aus.

Aus Tab. 3.3 lässt sich eine eindeutige Reihenfolge der Variablen nach ihrem Gewicht ablesen. Danach ist für die Verteilung der Ärztedichte die Siedlungsstruktur von weitaus größter Bedeutung (X_1), gefolgt von dem Qualifikationsniveau der Beschäftigten (X_3) und der Bevölkerungsentwicklung (X_4), die beide etwa gleichrangig sind (vgl. Spalte „Summe"). Die größere Bedeutung von X_1 beruht dabei im Wesentlichen auf den indirekten Wirkungen (vgl. Spalten „direkte Wirkungen" und „Summe"). Sehr unbedeutend ist dagegen der Effekt der Einwohnerzahl – ausgerechnet, möchte man meinen, denn mit diesem Effekt hatten wir unsere Analyse in Abschn. 3.2 begonnen.

Doch bevor wir auf die inhaltlichen Konsequenzen von Tab. 3.3 und Abb. 3.8 eingehen, wollen wir noch einen kurzen Blick auf Abb. 3.8 werfen. Dort sind die Variablen so angeordnet, dass ihre Stellung in der gesamten Kausalstruktur sichtbar wird. X_3 und X_4, stehen gleichsam auf der untersten Hierarchiestufe, und zwar gleichberechtigt, da sie nur direkt auf X_5 einwirken. (Im Modell der Abb. 3.6 hatten wir dagegen noch eine höhere Hierarchiestufe für X_3 angenommen.) Auf der nächsten Stufe ist X_2 angesiedelt, das allerdings nur schwach und indirekt wirkt. X_1 steht auf der höchsten Stufe, da es neben dem direkten Einfluss auch indirekte Wirkungen über alle vorgenannten Variablen ausübt. Folgerichtig hätte X_1 etwas links von X_2 in Abb. 3.8 platziert werden müssen. Wir kommen später auf den Grund für unsere Darstellung von X_1 und X_2 in Abb. 3.8 noch zurück.

Im Übrigen hat unsere Analyse ergeben: X_5 ist die einzige endogene Variable i.e.S., X_1 ist die einzige exogene, X_2, X_3 und X_4 sind intervenierende Variablen.

Tab. 3.3 und Abb. 3.8 zeigen, dass wir unsere Ausgangshypothesen H1 – H10 korrigieren müssen: Schlicht gesagt, unsere „Theorie" war falsch. Wenn es auch eine weit verbreitete Meinung in der Wissenschaftstheorie gibt, nach der Wissenschaft vor allem die Funktion hat, Theorien über Sachverhalte zu widerlegen, um dadurch zu besseren Theorien zu kommen, bedeutet es häufig für einen Wissenschaftler das Schlimmste, wenn „seine" Theorie sich als falsch erweist. Und Überprüfungen von Theorien werden häufig mit dem – allerdings selten eingestandenen – Wunsch vorgenommen, die betreffende Theorie glaubwürdiger zu machen. Wir bilden dabei keine Ausnahme.

Bei einem Vergleich von Abb. 3.7 und 3.8 wird deutlich, dass die direkten Wirkungen $X_2 \rightarrow X_5$, $X_2 \rightarrow X_4$ und $X_3 \rightarrow X_4$ nicht signifikant sind, d.h., unsere Hypothesen H1, H6 und H7 sind falsch. Für H6 hatten wir das bereits oben vermutet. Hinsichtlich H7 wären wohl genauere Untersuchungen über die Faktoren der Bevölkerungsentwicklung notwendig. Schwerer fällt ins Gewicht, dass auch die Hypothese H1 widerlegt wurde. Ein Grund könnte sein, dass Ärzte sich bei ihren Standortentscheidungen weniger nach dem Bedarf (X_1) ausrichten, sondern eher nach der Nachfrage (gut verdienende Privatpatienten)

und nach ihren eigenen Wohnstandortansprüchen. Dafür spricht, dass X_2 nur indirekt über X_3 wirksam wird.
Man hätte also durchaus gleich auf die Idee kommen können, das rekursive Modell der Abb. 3.8 zu prüfen und nicht den Umweg über das voll-rekursive Modell der Abb. 3.7 zu gehen.

3.3.2 Pfadanalyse für nicht voll-rekursive Systeme

Geht man gleich von einer der Abb. 3.8 entsprechenden Kausalstruktur aus, sind lediglich folgende Regressionsgleichungen zu bestimmen:

$$
\begin{aligned}
X_5 &= p_{51}\, X_1 + p_{53}\, X_3 + p_{54}\, X_4 + p_{\epsilon 5}\, \epsilon_5 \\
X_4 &= p_{41}\, X_1 + p_{\epsilon 4}\, \epsilon_4 \\
X_3 &= p_{31}\, X_1 + p_{32}\, X_2 + p_{\epsilon 3}\, \epsilon_3 \\
X_2 &= p_{21}\, X_1 + p_{\epsilon 2}\, \epsilon_2 .
\end{aligned}
\tag{3.11}
$$

Das Ergebnis ist dann:

$$
\begin{aligned}
\hat{X}_5 &= 0{,}3899 \cdot X_1 + 0{,}3254 \cdot X_3 - 0{,}2776 \cdot X_4 \\
\hat{X}_4 &= -0{,}4832 \cdot X_1 \\
\hat{X}_3 &= 0{,}5268 \cdot X_1 + 0{,}3014 \cdot X_2 \\
\hat{X}_2 &= 0{,}4218 \cdot X_1 .
\end{aligned}
\tag{3.12}
$$

Gegenüber der Lösung für das voll-rekursive System der Gleichungen (3.10) haben sich natürlich nur die Gleichungen für $\hat{X}_5$ und $\hat{X}_4$ geändert, denn die Gleichungen für $\hat{X}_3$ und $\hat{X}_2$ bleiben von der veränderten Modellstruktur unberührt. Dabei ist zu beachten, dass sich in den Gleichungen für $\hat{X}_5$ und $\hat{X}_4$ auch die jeweiligen Pfadkoeffizienten geändert haben. Diese Tatsache ist jedem geläufig: Nimmt man nämlich aus einer Regressionsgleichung eine oder mehrere unabhängige Variablen heraus, ändern sich die partiellen Regressionskoeffizienten. Wir können uns diesen Umstand aber auch mit Hilfe des Grundtheorems der Pfadanalyse (3.7) erklären, indem wir uns die Beziehungen zwischen Korrelations- und Pfadkoeffizienten vergegenwärtigen. Wir wählen als Beispiel die Bestimmung der Pfadkoeffizienten p_{43}, p_{42} und p_{41} gemäß Gleichung (3.9):

$$
\begin{aligned}
r_{41} &= p_{41}\, r_{11} + p_{42}\, r_{21} + p_{43}\, r_{31} \\
r_{42} &= p_{41}\, r_{12} + p_{42}\, r_{22} + p_{43}\, r_{32} \\
r_{43} &= p_{41}\, r_{13} + p_{42}\, r_{23} + p_{43}\, r_{33} .
\end{aligned}
$$

Ausgehend von der Kausalstruktur in Abb. 3.8 sind die Pfadkoeffizienten p_{42} und p_{43} gleich 0 zu setzen. Wir erhalten damit als Bestimmungsgleichungen für p_{41}

$$r_{41} = p_{41} \, r_{11}$$
$$r_{42} = p_{41} \, r_{12} \qquad\qquad (3.13)$$
$$r_{43} = p_{41} \, r_{13}.$$

Setzen wir in diese Gleichungen die Werte für die Korrelationskoeffizienten ein, so ergibt sich

$$-0{,}4832 = p_{41} \cdot 1 \qquad\qquad \to p_{41} = -0{,}4832$$
$$-0{,}1295 = p_{41} \cdot 0{,}4218 \qquad\qquad \to p_{41} = -0{,}3070$$
$$-0{,}3011 = p_{41} \cdot 0{,}6539 \qquad\qquad \to p_{41} = -0{,}4605.$$

Welcher Pfadkoeffizient ist nun der richtige? Offensichtlich keiner, denn jeder verletzt zwei der drei Gleichungen in (3.13). Das Problem besteht darin, dass – von bestimmten Ausnahmen abgesehen – ein System mit mehr Gleichungen als Unbekannten nicht eindeutig lösbar ist. Es tritt im Übrigen in der Pfadanalyse immer auf, wenn eine nicht voll-rekursive Kausalstruktur vorliegt. Man spricht dann von einem überidentifizierten rekursiven Kausalmodell .

Folgt man in unserem Beispiel dem Ergebnis der Regressionsanalysen (3.12), liegt es nahe, den Pfadkoeffizienten $p_{41} = -0{,}4832$ zu setzen, denn dieser Wert ergibt sich aus der zweiten Gleichung in (3.12). Damit würde man allerdings die zweite und dritte Gleichung in (3.13) verletzen. Man kann auch anders argumentieren, um aus diesem Dilemma herauszukommen: Wenn die vermutete Kausalstruktur der Abb. 3.8 richtig ist, ist auch $p_{41} = -0{,}4832$ der „wahre" Pfadkoeffzient. Wenn man diesen in die beiden „verletzten" Gleichungen (3.13) einträgt, erhält man für r_{42} und r_{43} je einen Erwartungswert r'_{42} und r'_{43}. Liegen diese nahe an den tatsächlichen Korrelationskoeffizienten r_{42} und r_{43}, lassen sich r_{42} und r_{43} offensichtlich gut durch (3.13) mit $p_{41} = -0{,}4832$ reproduzieren. Die vermutete Kausalstruktur kann als bestätigt gelten. Andernfalls ist sie widerlegt.

In unserem Beispiel ist

$$r_{42} = -0{,}1295; \quad r'_{42} = -0{,}4832 \cdot r_{12} = -0{,}4832 \cdot 0{,}4218 = -0{,}2038$$
$$r_{43} = -0{,}3011; \quad r'_{43} = -0{,}4832 \cdot r_{13} = -0{,}4832 \cdot 0{,}6539 = -0{,}3160.$$

Während r_{43} sehr gut durch r'_{43} angepasst wird, ist die Anpassung von r_{42} schlechter. Man könnte nun zwar noch prüfen, ob r_{42} und r'_{42} signifikant voneinander verschieden sind oder nicht. Signifikanztests sind aber nur wenig zum Nachweis der Gleichheit von zwei Parametern geeignet (sondern zum Widerlegen von Nullhypothesen, also zum Widerlegen von Gleichheit). In unserem Beispiel erscheint ein solcher Test auch deshalb nicht notwendig, weil wir die Struktur unseres überidentifizierten rekursiven Modells aus einem vollrekursiven Modell gewonnen haben. Man kann daraus eine allgemeine Regel für die Anwendung der Pfadanalyse ableiten: Arbeitet man von vornherein mit einem überidentifizierten rekursiven Kausalmodell und gelingt dabei die Reproduktion der einfachen bivariaten Korrelationskoeffizienten nur unzureichend, sollte man das Kausalmodell zu einem voll-rekursiven erweitern, um dem pfadanalytischen Kalkül die Auswahl des besten Modells zu überlassen.

Diesem Vorgehen entspricht die Entscheidung für die Lösung in Tab. 3.3 und Abb. 3.8 und gegen die Lösung in den Gleichungen (3.12).

Im Übrigen finden sich in der Literatur durchaus unterschiedliche Auffassungen darüber, ob man mit überidentifizierten rekursiven oder voll-rekursiven Pfadmodellen arbeiten soll. BLALOCK (1964) sowie OPP/SCHMIDT (1976) bevorzugen erstere, HOLM (1977) plädiert für letztere. Liegt eine sehr wohl formulierte Theorie vor, bietet es sich an, mit einem überidentifizierten rekursiven Pfadmodell zu arbeiten, da man dann von vornherein nicht an den irrelevanten Effekten interessiert ist. In der Geographie fehlen solche Theorien häufig bzw. es bestehen bei der Verwendung räumlich aggregierter, sekundärstatistischer Daten häufig immense Messprobleme für die theoretischen Konstrukte. Dann ist eher eine voll-rekursive Pfadanalyse zu empfehlen. Bei ihr wird nämlich am Anfang die Kausalstruktur sehr viel weniger genau festgelegt, und man braucht zunächst nur die Reihenfolge der Variablen für die Regressionsanalysen zu bestimmen (was im Übrigen häufig schon schwierig genug ist; siehe unten). Aus diesem Grund wird in den meisten Fällen dem voll-rekursiven Pfadmodell der Vorzug zu geben sein.

3.3.3 Voraussetzungen der Pfadanalyse

Für die Pfadanalyse sind einige grundlegende Voraussetzungen zu nennen, die zu achten sind, um ihre Anwendung adäquat durchführen zu können. Diese sind sowohl durch den konzeptionellen Ansatz als auch durch statistische Überlegungen bedingt.

Ursache-Wirkungs-Prinzip als konzeptioneller Ansatz   *MuG*

Die Pfadanalyse versucht, gegebene korrelative Zusammenhänge zwischen mehreren Variablen auf kausale Ursache-Wirkungs-Zusammenhänge zurückzuführen. Das bedeutet, dass davon ausgegangen wird, dass eine Variable X_i einer anderen Variablen X_j kausal vorangeht. Dies setzt wiederum eine zeitliche Reihung voraus: Die Variable X_i muss zeitlich früher „vorhanden" sein als X_j. So ist es z. B. eigentlich Unsinn anzunehmen, die Einwohnerzahl 1983 (= X_2) könne die Ärztedichte 1981 (= X_5) beeinflussen. Wenn man mit amtlich erhobenen Daten arbeitet, lässt sich in aller Regel die notwendige zeitliche Reihenfolge für die Messung der Variablen nicht erreichen. Dieser Nachteil erscheint jedoch schwerwiegender als er ist, denn der Kalkül der Pfadanalyse beruht ausschließlich auf der Variation der beteiligten Variablen. Diese kann man häufig für einen kurzen Zeitraum annähernd konstant ansehen. So dürfte in unserem Beispiel X_2 1983 etwa die gleiche Verteilung in Norddeutschland aufweisen wie 1980.

Ursache-Wirkungs-Prinzip als konzeptioneller Ansatz   *MuG*

Insgesamt ist vor allem festzuhalten: Wie bei der Regressionsanalyse, so ist auch bei der Pfadanalyse auf eine sparsame Parametrisierung und sorgfältige Variablenauswahl zu achten: Weniger ist häufig mehr!

Pfadanalyse: Statistische Voraussetzungen *MuG*

Die statistischen Voraussetzungen der Pfadanalyse sind die gleichen wie bei der Regressionsanalyse:

V1: Die Beziehungen zwischen den beteiligten Variablen müssen additiv und linear sein.

V2: Jede Residualvariable der Regressionsgleichungen muss normalverteilt sein mit einer von der Wertekombination der jeweiligen unabhängigen Variablen unabhängigen, konstanten Varianz. Sie muss außerdem stochastisch unabhängig sein.

V3: Die exogenen und intervenierenden Variablen dürfen keine hohen Multikollinearitäten aufweisen.

Ist die Voraussetzung der Additivität (V1) nicht gegeben, treten sogenannte Interaktionen zwischen den Variablen auf, die man wie bei der Regressionsanalyse dadurch berücksichtigen kann, dass man die beiden Variablen, die eine hohe Wechselwirkung aufweisen, multiplikativ zu einer neuen, zusätzlich in die Analyse einzubeziehenden Variablen verbindet (zu Interaktionseffekten vgl. auch das Kapitel „Varianzanalyse").

Linearität lässt sich durch geeignete Datentransformationen erreichen. Andernfalls kann in dem Modell nur der lineare Anteil der Effekte berücksichtigt werden.

Die Voraussetzungen V2 sind von der Regressionsanalyse bekannt und werden hier nicht mehr besprochen. Sie müssen nur erfüllt sein, wenn Signifikanztests durchgeführt werden.

Die Voraussetzung V3 ist ebenfalls von der Regressionsanalyse bekannt. Sie erhält aber bei der Pfadanalyse zusätzliches Gewicht. Erinnert sei noch einmal an die Definition der Multikollinearität: Multikollinearität ist dann gegeben, wenn eine unabhängige, intervenierende Variable sehr stark von einer oder mehreren anderen unabhängigen Variablen im statistischen Sinn abhängt, also einen sehr hohen multiplen Korrelationskoeffizienten aufweist. Rein statistisch besteht dann nämlich die Gefahr von Schätzfehlern bei den Pfadkoeffizienten, die dazu führen können, dass einzelne Pfadkoeffizienten absolut größer als 1 werden. OPP/SCHMIDT (1976, S. 171) leiten aus einer Auswertung verschiedener amerikanischer Studien die Forderung ab, keine Korrelationskoeffizienten $\geq 0,60$ zuzulassen. Treten höhere Multikollinearitäten auf, müssten unabhängige Variablen aus der Analyse ausgeschlossen oder durch andere ersetzt werden. Man sollte dieser Forderung jedoch nicht „blind" folgen, wenn die zu streichende Variable einen hohen theoretischen Stellenwert hat. Andererseits werden Multikollinearitäten oft durch Messprobleme hervorgerufen. In kausalen Strukturen werden häufig Beziehungen zwischen theoretischen Konstrukten postuliert, für die keine Beobachtungsvariablen existieren, die das und nur das, was sie messen sollen, auch tatsächlich messen. Solche theoretischen Konstrukte sind z.B. „Verstädterungsgrad" oder „Siedlungsstruktur". In der Forschungspraxis ist man dann leicht geneigt, mehrere Variablen in eine Pfadanalyse einzubeziehen, die alle das gleiche theoretische Konstrukt messen sollen. Zwischen diesen Variablen sind dann nicht selten hohe Multikollinearitäten festzustellen. Zu den rein statistischen Problemen besteht in diesem Fall auch die Gefahr des sogenannten „Partialisierungsfehlschlusses". Damit ist gemeint, dass mehrere Variablen, die Ähnliches aussagen, einen jeweils sehr geringen Pfadkoeffizienten haben, weil sich der Einfluss des theoretischen Konstruktes mehr oder weniger gleichmäßig, jedenfalls völlig unkontrolliert auf sie aufteilt. Das kann zu der Schlussfolgerung einer nicht vorhandenen Wirkung dieser Variablen verführen.

Pfadanalyse: Statistische Voraussetzungen *MuG*

Wir gestehen, dass wir für unser Beispiel zunächst daran gedacht hatten, statt der Variablen X_1 (= Anteil der Siedlungsfläche an der Gesamtfläche) die Variable „Bevölkerungsdichte" zu verwenden. Ihr Korrelationskoeffizient mit X_1 ist übrigens 0,9653, d. h. beide Variablen besagen etwa das Gleiche. Allerdings ist der Korrelationskoeffizient mit X_3 0,7124, was uns zum Ersatz durch X_1 bewegte.

Dieses Beispiel zeigt, dass man einen ersten Überblick über „problematische" Variablen leicht durch eine Betrachtung der paarweisen bivariaten Korrelationskoeffizienten erhalten kann. Tab. 3.4 zeigt diese Koeffizienten für unser Beispiel.

Tab. 3.4: Einfache Korrelationskoeffizienten zwischen den Variablen $X_1, \ldots, X_5$

	X_1	X_2	X_3	X_4	X_5
X_1	1,0000				
X_2	0,4218	1,0000			
X_3	0,6539	0,5235	1,0000		
X_4	−0,4832	−0,1295	−0,3011	1,0000	
X_5	0,7368	0,4359	0,6640	−0,5640	1,0000

Nach dem Kriterium von OPP/SCHMIDT (1976) müsste man X_1 oder X_3 ausschließen, da $r_{13} = 0,6539 > 0,6$. Da die theoretischen Gründe für eine Wirkung von X_1 auf X_5 u. E. besser sind und X_1 den höchsten Korrelationskoeffizienten mit der zu erklärenden Variablen X_5 aufweist, möchten wir gerne X_1 beibehalten und neigen eher zum Ausschluss von X_3. Nun kommt es bei dieser Frage nicht nur auf die einfachen, sondern auf die multiplen Korrelationskoeffizienten an. Außerdem ergab unsere Pfadanalyse ein „enttäuschendes" Ergebnis für X_2, so dass man auch an dessen Ausschluss denken könnte. Grundsätzlich denkbar wäre schließlich auch der Verzicht auf X_4.

Um die Entscheidung zu erleichtern, haben wir deshalb die multiplen Korrelationskoeffizienten von X_2, X_3 und X_4 berechnet, wobei jede dieser Variablen jeweils in Abhängigkeit von den beiden anderen und von X_1 betrachtet wurde.

Es ergibt sich

$$R_{2.134} = 0,5396$$
$$R_{3.124} = 0,7087$$
$$R_{4.123} = 0,4902.$$

Dieses Resultat spricht für den Verzicht auf X_3, denn $R_{3.124} = 0,7087 > 0,6$. Etwa die Hälfte der Varianz von X_3 wird durch X_1, X_2 und X_4 erklärt. Führen wir nun eine voll-rekursive Pfadanalyse mit der Reihenfolge

$$X_1 - X_2 - X_4 - X_5$$

durch, so ergeben sich die folgenden Regressionsgleichungen:

$$X_5 = \quad 0,5222\, X_1 + 0,1782\, X_2 - 0,2886\, X_4 + 0,6122\, \epsilon_5$$
$$X_4 = -0,5213\, X_1 + 0,0904\, X_2 + 0,8717\, \epsilon_4 \tag{3.14}$$
$$X_2 = \quad 0,4218\, X_1 + 0,9067\, \epsilon_2.$$

Das Bestimmtheitsmaß für X_5 ist $B_{5.124} = 0{,}6252 = 62{,}52\%$. Es ist damit um 4% kleiner als bei der Pfadanalyse $X_1 - X_2 - X_3 - X_4 - X_5$.

In Abb. 3.9 ist dieses Resultat ohne die nicht-signifikanten Pfadkoeffizienten wiedergegeben. Beim Vergleich mit Abb. 3.8 fällt auf:

Die Wirkungen von X_4 auf X_5 und von X_1 über X_4 haben sich nicht verändert. Der Ausschluss von X_3 hat dazu geführt, dass die früheren indirekten Wirkungen $X_1 - X_3 - X_5$ und $X_2 - X_3 - X_5$ jetzt den direkten Wirkungen $X_1 - X_5$ und $X_2 - X_5$ „zugeschlagen" wurden. Die Erhöhung des Gewichts dieser direkten Wirkungen hat u. a. dazu geführt, dass der direkte Effekt von X_2 auf X_5 nun signifikant ist.

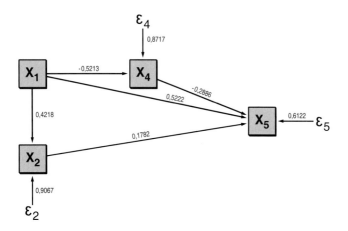

Abb. 3.9: Ergebnis der Pfadanalyse zur Erklärung der Ärztedichte in Norddeutschland ohne X_3 (vollrekursives Modell ohne Berücksichtigung der nicht-signifikanten direkten Wirkungen)

Die inhaltliche Interpretation von Abb. 3.9 führt natürlich zu anderen Ergebnissen als bei Abb. 3.8. Zunächst ist festzuhalten, dass die Ärzte offensichtlich doch stärker auf den Bedarf (X_2) bei ihren Standortentscheidungen reagieren als oben angenommen. Dass sie dabei die Vorteile eines Standortes in Gebieten größerer Verdichtung nicht aus dem Auge verlieren, zeigt der starke Einfluss von X_1.

Insgesamt dürfte das Modell in Abb. 3.9 dem in Abb. 3.8 vorzuziehen sein. Es ist einfacher, leichter durchschaubar, vermeidet das Problem hoher Multikollinearitäten und erklärt nur unwesentlich weniger an der Varianz von X_5.

Wir können uns in unserem Beispiel relativ leicht für den Verzicht auf die Variable X_3 entschließen, weil der „theoretische Wert" von X_3 sowieso nicht sehr hoch war. Der aufmerksame Leser mag das schon beim Lesen der Anfangshypothesen H1 – H10 gemerkt haben. Wir hatten X_3 dort als Indikator für mehrere Faktoren gewählt, die möglicherweise einen Einfluss auf die Standortentscheidungen von Ärzten haben. Dazu zählen insbesondere die Aussicht auf die Erwirtschaftung eines hohen Einkommens und die Attraktivität des Wohnstandortes. X_3 ist also eine Hilfsvariable für Faktoren, die besser direkt zu messen wären. Leider ist man in der Praxis häufig auf solche Hilfsvariablen angewiesen.

Gibt es dagegen theoretisch gewichtige Gründe, auf eine Variable nicht zu verzichten, muss man das Problem von Multikollinearitäten auf andere Weise als durch Ausschluss lösen. Dazu bietet sich die „partielle Pfadanalyse" an. Deren Darstellung würde jedoch den Rahmen dieser Einführung sprengen. Sie ist von GÜSSEFELDT (1988) ausführlich, differenziert und leicht verständlich behandelt worden. Ihr Grundgedanke ist einfach nachzuvollziehen.

Bei der partiellen Pfadanalyse arbeitet man in den Regressionsgleichungen der Form (3.6) zur Ermittlung der Pfadkoeffizienten der intervenierenden Variablen nicht mit den Variablen selbst, sondern mit den entsprechenden Residualvariablen. Statt der Gleichungen (3.6) wären also die folgenden Gleichungen zu bestimmen:

$$X_5 = p_{51}\, X_1 + p_{52}\, \epsilon_2 + p_{53}\, \epsilon_3 + p_{54}\, \epsilon_4 + p_{\epsilon 5}\, \epsilon_5$$
$$X_4 = p_{41}\, X_1 + p_{42}\, \epsilon_2 + p_{43}\, \epsilon_3 + p_{\epsilon 4}\, \epsilon_4$$
$$X_3 = p_{31}\, X_1 + p_{32}\, \epsilon_2 + p_{\epsilon 3}\, \epsilon_3 \tag{3.15}$$
$$X_2 = p_{21}\, X_1 + p_{\epsilon 2}\, \epsilon_2.$$

Bei dieser Schreibweise gibt z. B. p_{43} den direkten Einfluss der Variablen X_3 auf X_4 an, nachdem vorher der Einfluss von X_1 und X_2 auf X_3 eliminiert wurde. Insgesamt werden bei diesem vollrekursiven Modell (3.15) die Multikorrelationen zwischen den unabhängigen Variablen beseitigt.

3.4 Zusätzliche Hinweise zur Anwendbarkeit der Pfadanalyse

3.4.1 Wider eine Überbewertung der Pfadanalyse

Wir hatten die Pfadanalyse als Methode zur Überprüfung von Vermutungen über kausale Beziehungen zwischen Variablen vorgestellt. Genauer müsste man eigentlich formulieren: Die Pfadanalyse kann nur benutzt werden, um Hypothesen über eine Kausalstruktur zu widerlegen, nicht jedoch, um sie zu beweisen. Wir verweisen damit auf die hinlänglich bekannte Tatsache, dass Theorien nicht empirisch verifiziert werden können. Insbesondere kann man kaum zwischen alternativen, konkurrierenden Theorien mit Hilfe einer noch so ausgefeilten empirischen Methodik entscheiden. Kurzum: Über Theorien kann nur theoretisch, nicht empirisch entschieden werden.

Wir wollen das kurz an unserem Beispiel mit den fünf Variablen $X_1, \ldots, X_5$ erläutern. Unsere erste „Theorie" bestand in den Hypothesen H1 – H10. Daraus hatte sich nach einer voll-rekursiven Pfadanalyse mit der Reihenfolge

$$X_1 - X_2 - X_3 - X_4 - X_5$$

die Kausalstruktur der Abb. 3.8 ergeben (das Multikollinearitätsproblem spielt für unseren geplanten Vergleich keine Rolle).

Man könnte nun aber auch für eine Reihenfolge

$$X_3 - X_1 - X_2 - X_4 - X_5$$

plädieren – mit dem Argument, dass die Zahl der hochwertigen Arbeitsplätze (X_3) in einem Gebiet ausschlaggebend ist für die Gesamtzahl der Arbeitsplätze, von der wiederum die Siedlungsstruktur (X_1) und die Bevölkerungszahl (X_2) abhängen. Dieser Logik entspricht u. a. die Erklärung von „arbeitsplatzorientierten" Wanderungen.

Das Ergebnis der voll-rekursiven Pfadanalyse für die zweite Reihenfolge ist in den Gleichungen (3.16) und in Abb. 3.10 wiedergegeben.

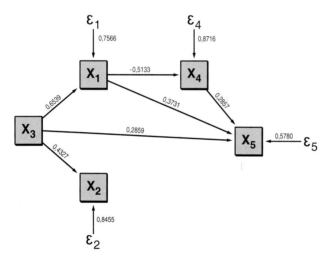

Abb. 3.10: Ergebnis der Pfadanalyse zur Erklärung der Ärztedichte in Norddeutschland (voll-rekursives Modell auf Grund der Reihenfolge $X_3 - X_1 - X_2 - X_4 - X_5$ ohne Berücksichtigung der nicht-signifikanten Wirkungen)

$$
\begin{aligned}
\hat{X}_5 &= 0{,}2859\,X_3 + 0{,}3731\,X_1 + 0{,}0918\,X_2 - 0{,}2857\,X_4 \\
\hat{X}_4 &= -0{,}0152\,X_3 - 0{,}5133\,X_1 + 0{,}0950\,X_2 \\
\hat{X}_2 &= 0{,}4327\,X_3 + 0{,}1389\,X_1 \\
\hat{X}_1 &= 0{,}6539\,X_3.
\end{aligned}
\tag{3.16}
$$

Die Gleichungen für $\hat{X}_5$ und $\hat{X}_4$ sind dieselben wie bei der ursprünglichen Reihenfolge (vgl. Gleichungen (3.10)), auch das Bestimmtheitsmaß für X_5 hat sich nicht geändert. Der

Unterschied zwischen beiden Pfadanalysen wird in den letzten beiden Gleichungen von (3.10) und (3.16) deutlich, vor allem aber beim Vergleich von Abb. 3.8 mit Abb. 3.10, in denen nur die signifikanten Effekte (5%-Niveau) eingetragen sind: In Abb. 3.10 gibt es keine signifikante direkte Wirkung mehr von X_1 auf X_2. X_2 beeinflusst keine andere Variable mehr, sondern ist jetzt, wie X_5, eine rein abhängige, also endogene Variable i.e.S. Wohlgemerkt, beide Modellstrukturen von Abb. 3.9 und Abb. 3.10 befinden sich in Übereinstimmung mit den Daten. Empirisch ist keine widerlegt, obwohl sie vollkommen unterschiedlichen Kausalstrukturen entsprechen.

Das Problem, dass man mit der Pfadanalyse nicht (aber auch nicht mit anderen Verfahren) zwischen verschiedenen Kausalstrukturen (Theorien) unterscheiden kann, tritt besonders häufig bei den ersten beiden Variablen einer Ursache-Wirkungs-Kette auf. Man kann diese nämlich vertauschen, ohne dass sich das rechnerische Ergebnis ändert. Wir hatten z.B. Abb. 3.9 durch eine vollrekursive Pfadanalyse mit der Reihenfolge

$$X_1 - X_2 - X_4 - X_5$$

erhalten. Führt man nun eine Pfadanalyse mit der Reihenfolge

$$X_2 - X_1 - X_4 - X_5$$

durch, ergeben sich die gleichen Pfadkoeffizienten. Das „Bild" (vgl. Abb. 3.11) sieht allerdings geringfügig anders aus, da nun X_2 auf X_1 wirkt.

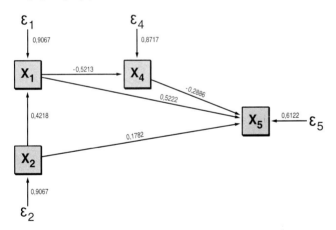

Abb. 3.11: Ergebnis der Pfadanalyse zur Erklärung der Ärztedichte in Norddeutschland ohne X_3 (voll-rekursives Modell auf Grund der Reihenfolge $X_2 - X_5$ ohne Berücksichtigung der nicht-signifikanten direkten Wirkungen)

Die Frage ist allerdings, ob man in unserem Fall überhaupt von einem „kausalen" Zusammenhang zwischen X_1 und X_2 sprechen kann. Offensichtlich ist es jedenfalls beliebig, welche der beiden Variablen die „Ursache" und welche die „Wirkung" ist. Es bietet sich daher an, beide Variablen als exogene einzustufen und etwa ein Diagramm wie in Abb. 3.12 zu zeichnen, bei dem es keine Residualvariable ϵ_1 oder ϵ_2 mehr gibt. In Abb. 3.12 wird die Tatsache, dass beide Variablen als exogen anzusehen sind, dadurch ausgedrückt, dass der Pfeil zwischen ihnen durch einen zweiseitig gerichteten Bogen ersetzt wird.

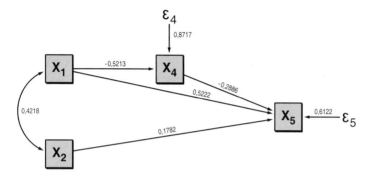

Abb. 3.12: Ergebnis der Pfadanalyse zur Erklärung der Ärztedichte in Norddeutschland ohne X_3 und mit X_1 und X_2 als exogene Variablen (voll-rekursives Modell ohne Berücksichtigung der nicht-signifikanten direkten Wirkungen)

Abschließend sei noch einmal betont, dass auch hier die Pfadanalyse nicht entscheiden kann, welches der drei Modelle in den Abbildungen 3.9, 3.11 und 3.12 das „richtige" ist. Alle drei stimmen mit „den Daten" überein.

3.4.2 Zur Beziehung zwischen Regressions- und Pfadanalyse

Wir hatten bereits festgestellt, dass die Regressionsanalyse als Spezialfall der Pfadanalyse aufgefasst werden kann. Insbesondere gilt: Wenn es nicht ausschließlich um die Varianzaufklärung einer abhängigen Variablen geht, sondern auch wenigstens ansatzweise um deren kausale Erklärung, sollte der Regressionsanalyse eine Pfadanalyse vorgeschaltet werden. Damit kann geprüft werden, ob das jeweilige regressionsanalytische Modell überhaupt adäquat ist. Zur Demonstration greifen wir auf das Beispiel in Kap. 2 zurück. Wir hatten dort den Binnenwanderungssaldo (W; damalige Kurzbezeichnung Y) in Abhängigkeit von der Entwicklung der sozialversicherungspflichtig Beschäftigten (E; damalige Kurzbezeichnung X_2), der Zahl der Sozialversicherungspflichtig Beschäftigten je 1000 Einwohner (B; damalige Kurzbezeichnung X_5) und der Zahl der Arbeitslosen je 100 Arbeitnehmer (A; damalige Kurzbezeichnung X_3) betrachtet. Als Ergebnis ergab sich in standardisierter Form die Gleichung (2.5'), die wir noch einmal mit den neuen Kurzbezeichnungen wiederholen:

$$\hat{W} = 0{,}1937\,E - 0{,}2070\,A - 0{,}7635\,B.$$

Führen wir nun eine voll-rekursive Pfadanalyse mit der Reihenfolge

$$B - E - A - W$$

durch – der Leser kann sich leicht die Plausibilität dieser Reihenfolge überlegen – so erhält man als Resultat die Gleichungen

$$\hat{W} = -0{,}7635\ B + 0{,}1937\ E - 0{,}2070\ A \qquad (3.17)$$

$$\hat{A} = -0{,}1436\ B - 0{,}1546\ E \qquad (3.18)$$

$$\hat{E} = -0{,}1166\ B. \qquad (3.19)$$

Die Gleichungen (3.17) und (2.5') sind natürlich identisch. Die Pfadkoeffizienten in (3.17) sind überdies signifikant von 0 verschieden.

Die Pfadkoeffizienten in (3.18) und (3.19) sind jedoch nicht signifikant von 0 verschieden (nicht einmal auf einem Signifikanzniveau von 20%). Das heißt, wir können zu Recht die direkten Wirkungen zwischen den unabhängigen und die indirekten Wirkungen auf W vernachlässigen. Mit anderen Worten, wir waren in Kap. 2 berechtigt, ein „reines" Regressionsmodell $W = f(B, E, A)$ zu verwenden.

In formaler Hinsicht kann dieses Resultat nicht überraschen, denn B, E und A waren in Kap. 2 durch ein schrittweises Verfahren ausgewählt worden. Dieses Verfahren führt in aller Regel zu geringen Korrelationskoeffizienten zwischen den ausgewählten unabhängigen Variablen.

3.4.3 Abschließende Bemerkungen

Die Beziehung zwischen der Methode der kausalen Inferenz und der Pfadanalyse

Das Arbeiten mit Pfaddiagrammen, die eine Kausalstruktur repräsentieren, wurde durch mehrere Arbeiten von BLALOCK (vgl. vor allem BLALOCK 1964) in die Sozialwissenschaften eingeführt. Man spricht dabei von einer Simon-Blalock-Technik, da BLALOCK in seinen Arbeiten eine Anregung von SIMON (1957) aufgriff. Bei dieser Technik – der sogenannten Methode der kausalen Interferenz – wird ein rekursives System von Ursache-Wirkungs-Zusammenhängen unterstellt. Es werden in die Kausalanalyse also nur die Effekte aufgenommen, von denen man annimmt, sie seien ungleich 0. Die Überprüfung dieser Kausalstruktur erfolgt dann aber durch eine vollrekursive Pfadanalyse, wobei BLALOCK fast ausschließlich partielle Korrelationskoeffizienten statt der standardisierten Regressionskoeffizienten zur Bestimmung der Pfadkoeffizienten verwendet (vgl. HOLM 1977, S. 58/59). Beide Berechnungen liefern nahezu identische Ergebnisse. Problematisch an der Technik ist allerdings, dass solche Koeffizienten, die nicht signifikant von 0 verschieden sind, gleich 0 gesetzt werden. Dies ist notwendig, da man bei einem nicht voll-rekursiven Kausalmodell annimmt, dass die nicht berücksichtigten Wirkungen auch nicht signifikant sind. Das Problem ist, dass man eine Nullhypothese (ein Pfadkoeffizient ist in der Grundgesamtheit gleich 0) nicht annehmen kann, nur weil sie nicht widerlegt ist. Statistische

Tests sind ja gerade so angelegt, dass man mit ihnen die Nullhypothese widerlegen will, um dann die Alternativhypothese zu akzeptieren, also umgangssprachlich formuliert: man möchte mit ihnen die Alternativhypothese (und nicht die Nullhypothese) „beweisen".

Abgesehen von diesem Unterschied, der eher die Anwendung als die Techniken selbst betrifft, sind beide Analyseverfahren nahezu identisch.

Pfadanalyse und Geographie   *MiG*

Bisherige Untersuchungen mit Hilfe der Pfadanalyse sind in der deutschen Geographie an einer Hand abzuzählen – ein deutliches Zeichen für die Theorieabstinenz des Faches. Allerdings ist festzustellen, dass auch in den benachbarten empirischen Wissenschaften die Pfadanalyse nach einer gewissen Blüte in den 1970er Jahren „aus der Mode" gekommen zu sein scheint. Dies betrifft vor allem die Soziologie.
Grundsätzlich ist die Pfadanalyse auf alle Fragen anwendbar, die gewöhnlich mit der Regressionsanalyse behandelt werden. Sie ist mächtiger als letztere, erfordert aber einen größeren gedanklichen Aufwand, bevor man „mit dem Rechnen" beginnt. In der deutschsprachigen Geographie ist die Pfadanalyse bisher recht wenig angewendet worden. Zu nennen sind die Arbeiten von KEMPER (1978), LEITNER/WOHLSCHLÄGL (1980, 1981 (letztere mit einer Erweiterung der Pfadanalyse für nicht-metrisch skalierte Variablen)) und die umfassende Darstellung von GÜSSEFELDT (1988), die dem Leser besonders für eine vertiefende Beschäftigung empfohlen wird.

Pfadanalyse und Geographie   *MiG*

4 Varianzanalyse

Die Varianzanalyse kann als Pendant zur Regressions- und Korrelationsanalyse aufgefasst werden. Sie wird angewendet, wenn die abhängige Variable metrisch skaliert ist und die unabhängigen Variablen jeweils nur in Form von diskreten Kategorien vorliegen. Die unabhängigen Variablen können dabei ein nominales oder ein kategorial-ordinales Skalenniveau aufweisen. Das niedrigere Skalenniveau der unabhängigen Variablen bedingt, dass nicht alle Fragestellungen der Regressionsanalyse auf die Varianzanalyse zu übertragen sind.

Wir erläutern das Prinzip zunächst an der einfachen Varianzanalyse, bei der nur eine unabhängige Variable betrachtet wird. Die multiple Varianzanalyse wird anschließend am Beispiel der doppelten Varianzanalyse (mit zwei unabhängigen Variablen) vorgestellt.

Daraus wird ersichtlich, dass Varianzanalysen mit zunehmender Anzahl der unabhängigen Variablen schnell sehr komplex werden, so dass es wenig sinnvoll ist, den allgemeinen Fall einer mehrfachen Varianzanalyse zu behandeln.

4.1 Einfache Varianzanalyse

4.1.1 Das Grundprinzip und ein Beispiel

Zur Verdeutlichung des Prinzips der Varianzanalyse wiederholen wir zunächst kurz den Grundgedanken der einfachen Regressionsanalyse (vgl. Abb. 4.1(a) und Band 1: Regressions- und Korrelationsanalyse).

Die einfache, bivariate Regressionsanalyse geht von folgender Annahme aus: Zu jedem Wert x der unabhängigen Variablen X gibt es eine normalverteilte Zufallsvariable $Y|x$ mit dem Mittelwert $\mu_{Y|x}$ und einer von x unabhängigen Standardabweichung σ_ϵ. Die Mittelwerte $\mu_{Y|x}$ liegen alle auf einer Geraden, so dass gilt:

$$Y = \alpha + \beta X + \epsilon.$$

Wir sagen, Y ist genau dann von X abhängig, wenn diese Gerade nicht parallel zur x-Achse liegt, d. h. wenn $\beta \neq 0$ ist. In diesem Fall gilt insbesondere, dass für zwei beliebige, verschiedene Werte x_1 und x_2 von X

$$\mu_{Y|x_1} \neq \mu_{Y|x_2}$$

und der erklärte Varianzanteil von Y signifikant größer als die Fehlervarianz σ_ϵ^2 ist.

Wenn X nun eine kategoriale Variable ist, hat sie nur endlich viele diskrete Ausprägungen. Es hat dann keinen Sinn, von einer linearen Abhängigkeit der Variablen Y von X zu sprechen. Man kann jedoch prüfen, ob die Mittelwerte der zu den diskreten Ausprägungen x_i von X gehörenden y-Werte, also die $\mu_{Y|x_i}$, gleich sind oder nicht. Und es lässt sich analog der Regressionsanalyse die Gesamtvariation von Y in eine „erklärte" und eine Fehlervariation aufspalten mit der anschließenden Prüfung, ob erstere signifikant größer als die letztere ist. Sind nicht alle Mittelwerte $\mu_{Y|x_i}$ gleich und ist die „erklärte" Variation größer als die nichterklärte, kann auf eine Abhängigkeit der Variablen Y von X geschlossen werden.

Abbildung 4.1 veranschaulicht die beiden unterschiedlichen Gedankenmodelle der Regressions- und Varianzanalyse.

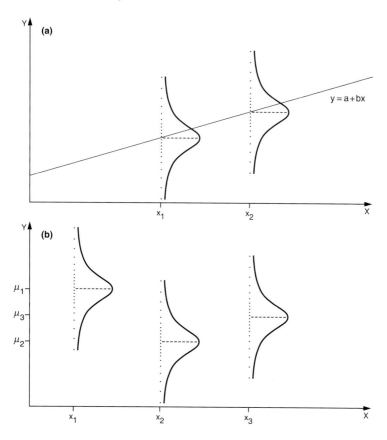

Abb. 4.1: Gedankliches Modell der Regressionsanalyse (a) und der Varianzanalyse (b)

Zur Erläuterung der Methodik der Varianzanalyse wählen wir folgende, von derjenigen in Kap. 2 abweichende Bezeichnung:

Seien x_i ($i = 1, \ldots, q$) die q diskreten Kategorien der Variablen X. Der Mittelwert der zu x_i gehörenden y-Werte sei μ_i, der Mittelwert der gesamten Zufallsvariablen Y sei μ. Der

j-te Beobachtungswert von Y in der i-ten Kategorie sei y_{ij}.

Dann lässt sich y_{ij} darstellen durch

$$y_{ij} = \mu_i + \epsilon_{ij} \qquad (4.1)$$

mit ϵ_{ij} = zufällige Abweichung (Residuum) des Wertes y_{ij} von μ_i.

Bezeichnet man die Differenz zwischen μ_i und μ mit δ_i, also

$$\delta_i = \mu_i - \mu$$

bzw. $\mu_i = \mu + \delta_i \qquad (4.2)$

so ergibt sich

$$y_{ij} = \mu + \delta_i + \epsilon_{ij}. \qquad (4.3)$$

Jeder y-Wert ergibt sich also aus μ durch die Addition von zwei Termen für Abweichungen. Dabei beruht δ_i auf dem Effekt der i-ten Kategorie auf y_{ij} und steht somit für die systematische Abweichung (= Variation), ϵ_{ij} bezeichnet die durch Messfehler oder durch Nichtberücksichtigung anderer Variablen bedingte zufällige Abweichung des y_{ij} von μ_i (vgl. Abb. 4.1).

Die Nullhypothese besagt, dass Y unabhängig von X ist. D.h., die systematischen Abweichungen sind alle gleich 0 bzw. die einzelnen Mittelwerte μ_i sind alle gleich (und damit auch gleich μ):

$$H_0: \quad \mu_1 = \mu_2 = \ldots = \mu_q = \mu \qquad \text{bzw.}$$
$$\delta_1 = \delta_2 = \ldots = \delta_q = 0$$
$$H_A: \quad \text{Mindestens zwei der } \mu_i \text{ sind verschieden.}$$

Um die Nullhypothese zu testen, gehen wir von einer Zufallsstichprobe vom Umfang n aus. Die Anzahl der Stichprobenelemente in jeder Kategorie i sei n_i, so dass

$$n = n_1 + n_2 + \ldots + n_q.$$

Der Test der Nullhypothese erfolgt über eine Zerlegung der gesamten Variation von Y in einen systematischen (erklärten) und in einen zufälligen Teil. Die Stichprobenmittelwerte der i-ten Kategorie sind jeweils

$$\bar{Y}_i = \frac{1}{n_i} \sum_{j=1}^{n_i} y_{ij}$$

und dienen als Schätzwerte für die μ_i.

Der Mittelwert der gesamten Stichprobe ist

$$\bar{Y} = \frac{1}{n} \sum_{i=1}^{q} \sum_{j=1}^{n_i} y_{ij} = \frac{1}{\displaystyle\sum_{i=1}^{q} n_i} \sum_{i=1}^{q} \sum_{j=1}^{n_i} y_{ij}$$

und wird als Schätzwert für μ verwendet.

Wir wollen diese Bezeichnungen und Definitionen an dem in Kap. 2 eingeführten Beispiel aus Norddeutschland veranschaulichen. Sei

Y = Binnenwanderungssaldo je 1000 Einwohner 1980–1982.

Untersucht werden soll, ob der Binnenwanderungssaldo abhängig ist von der „Siedlungsstruktur des Kreises". Diese Siedlungsstruktur war in Abschn. 2.5 durch die kategoriale Variable S gemessen worden, die wir jetzt als Variable X übernehmen wollen. X hat $q = 3$ Ausprägungen:

1 für die kreisfreien Städte,
2 für die Landkreise im ländlichen Umland einer Region mit Verdichtungsansätzen oder mit großen Verdichtungsräumen,
3 für die Landkreise in einer ländlich geprägten Region.

Tabelle 4.1 zeigt die Werte der Variablen X und Y für die Stichprobe „Kreise in Norddeutschland". Für unsere Zwecke wird die Tab. 4.1 umstrukturiert zu Tab. 4.2, in der die Stichprobenelemente nach den drei Kategorien durchnummeriert sind. Aus Tab. 4.2 lassen sich die einzelnen y_{ij} leicht ablesen. Beispielsweise ist

$$y_{1\,7} = -14{,}30, \qquad y_{3\,12} = 4{,}40, \qquad y_{2\,29} = 24{,}60.$$

Außerdem ergibt sich:

$$n_1 = 16, \qquad n_2 = 36, \qquad n_3 = 13$$
$$\bar{Y}_1 = -10{,}31, \qquad \bar{Y}_2 = 11{,}16, \qquad \bar{Y}_3 = 8{,}45$$
$$\bar{Y} = 5{,}33 \qquad .$$

Die unterschiedlichen Stichprobenmittelwerte der drei Kategorien deuten auf eine Abhängigkeit der Variablen Y von X hin. Immerhin ist der Binnenwanderungssaldo in den kreisfreien Städten deutlich negativ, in den Umländern von Regionen mit Verdichtungen etwa ebenso hoch positiv, in den ländlichen Gebieten etwas höher als im Gesamtdurchschnitt und etwas niedriger als in den Kreisen der Kategorie 2.

Zur Überprüfung dieser Vermutung zerlegen wir die gesamte Variation von Y, die wie üblich als Summe der quadratischen Abweichungen der Stichprobenwerte vom gesamten

Tab. 4.1: Werte der Variablen X und Y in den Kreisen Norddeutschlands

Nr.	X	Y	Nr.	X	Y	Nr.	X	Y
1	1	−11,90	23	3	13,40	45	2	13,80
2	1	−11,20	24	3	0,20	46	2	−1,10
3	1	−11,60	25	2	7,50	47	2	27,00
4	1	−7,80	26	2	25,20	48	2	8,50
5	1	−18,20	27	2	9,40	49	2	6,80
6	1	−15,50	28	2	−0,10	50	2	13,30
7	1	−14,30	29	3	−6,20	51	2	13,70
8	1	−22,10	30	2	−2,30	52	2	12,50
9	1	−5,60	31	2	10,70	53	2	13,00
10	1	−10,60	32	2	36,60	54	3	11,20
11	1	−4,10	33	2	−0,40	55	2	24,60
12	1	17,30	34	2	22,20	56	3	4,90
13	1	−3,00	35	2	0,20	57	2	23,50
14	1	−23,10	36	2	−0,70	58	3	4,40
15	1	5,10	37	3	4,20	59	2	38,40
16	1	−28,40	38	3	23,60	60	3	12,60
17	2	20,40	39	3	16,60	61	2	3,70
18	3	8,10	40	2	−0,60	62	2	20,50
19	3	6,50	41	3	10,40	63	2	−1,50
20	2	−1,80	42	2	−3,30	64	2	3,40
21	2	10,60	43	2	27,60	65	2	3,20
22	2	10,50	44	2	6,60			

Mittelwert bestimmt wird:

$$\sum_{i=1}^{q}\sum_{j=1}^{n_i}\left(y_{ij}-\bar{Y}\right)^2 = \sum_{i=1}^{q}\sum_{j=1}^{n_i}\left(\left(y_{ij}-\bar{Y}_i\right)+\left(\bar{Y}_i-\bar{Y}\right)\right)^2$$

$$= \sum_{i=1}^{q}\sum_{j=1}^{n_i}\left(y_{ij}-\bar{Y}_i\right)^2 + \sum_{i=1}^{q}\sum_{j=1}^{n_i}\left(\bar{Y}_i-\bar{Y}\right)^2$$

$$+ 2\sum_{i=1}^{q}\sum_{j=1}^{n_i}\left(y_{ij}-\bar{Y}_i\right)\left(\bar{Y}_i-\bar{Y}\right).$$

Der letzte Summand ist gleich 0, weil

$$2\sum_{i=1}^{q}\sum_{j=1}^{n_i}\left(y_{ij}-\bar{Y}_i\right)\left(\bar{Y}_i-\bar{Y}\right) = 2\sum_{i=1}^{q}\left(\left(\bar{Y}_i-\bar{Y}\right)\sum_{j=1}^{n_i}\left(y_{ij}-\bar{Y}_i\right)\right)$$

und weil der Ausdruck $\sum_{j=1}^{n_i}\left(y_{ij}-\bar{Y}_i\right)$ ja nichts anderes darstellt als die Summe der einfachen Abweichungen der Stichprobenwerte der i-ten Kategorie von ihrem Mittelwert und somit gleich 0 ist.

Tab. 4.2: Werte der Variablen X und Y in den Kreisen Norddeutschlands, sortiert nach den Kategorien von X

Kategorie 1		Kategorie 2				Kategorie 3	
Nr.	Y	Nr.	Y	Nr.	Y	Nr.	Y
1	−11,90	1	20,40	19	6,60	1	8,10
2	−11,20	2	−1,80	20	13,80	2	6,50
3	−11,60	3	10,60	21	−1,10	3	13,40
4	−7,80	4	10,50	22	27,00	4	0,20
5	−18,20	5	7,50	23	8,50	5	−6,20
6	−15,50	6	25,20	24	6,80	6	4,20
7	−14,30	7	9,40	25	13,30	7	23,60
8	−22,10	8	−0,10	26	13,70	8	16,60
9	−5,60	9	−2,30	27	12,50	9	10,40
10	−10,60	10	10,70	28	13,00	10	11,20
11	−4,10	11	36,60	29	24,60	11	4,90
12	17,30	12	−0,40	30	23,50	12	4,40
13	−3,00	13	22,20	31	38,40	13	12,60
14	−23,10	14	0,20	32	3,70		
15	5,10	15	−0,70	33	20,50		
16	−28,40	16	−0,60	34	−1,50		
		17	−3,30	35	3,40		
		18	27,60	36	3,20		

Es gilt also:

$$\sum_{i=1}^{q}\sum_{j=1}^{n_i}\left(y_{ij}-\bar{Y}\right)^2 = \sum_{i=1}^{q}\sum_{j=1}^{n_i}\left(y_{ij}-\bar{Y}_i\right)^2 + \sum_{i=1}^{q}\sum_{j=1}^{n_i}\left(\bar{Y}_i-\bar{Y}\right)^2 .$$

Diese Gleichung lässt sich noch etwas vereinfachen zu

$$\underbrace{\sum_{i=1}^{q}\sum_{j=1}^{n_i}\left(y_{ij}-\bar{Y}\right)^2}_{QS_G} = \underbrace{\sum_{i=1}^{q}\sum_{j=1}^{n_i}\left(y_{ij}-\bar{Y}_i\right)^2}_{QS_F} + \underbrace{\sum_{i=1}^{q} n_i\left(\bar{Y}_i-\bar{Y}\right)^2}_{QS_S} .$$

QS_G ist die gesamte Quadratsumme der Abweichungen der Stichprobenwerte vom Gesamtmittelwert.

QS_S fasst die Unterschiede zwischen den Kategorien bzw. Gruppen zusammen und damit die systematischen, durch den Einfluss von X auf Y bedingten Unterschiede. QS_S wird auch als „Quadratsumme zwischen den Gruppen" bezeichnet.

QS_F ist die Summe der quadratischen Abweichungen innerhalb der Kategorien bzw. Gruppen, also der Teil der gesamten Stichprobenvariation von Y, der nicht auf X zurückgeführt werden kann. Man nennt QS_F die F e h l e r q u a d r a t s u m m e oder die „Quadratsumme innerhalb der Gruppen".

Zur Prüfung der Nullhypothese benutzt man den F-Test zur Prüfung der Gleichheit von Varianzen (vgl. Band 1: Schätz- und Teststatistik), indem man testet, ob die erklärte Varianz signifikant größer als die Fehlervarianz ist. Wir müssen daher zunächst von den obigen Quadratsummen zu den entsprechenden Varianzen übergehen. Diese Varianzen sind Schätzwerte der jeweiligen Varianzen in der Grundgesamtheit. Man erhält sie dadurch, dass man die Quadratsummen jeweils durch die Anzahl der Freiheitsgrade (FG) dividiert und somit die durchschnittlichen quadratischen Abweichungen bestimmt.

QS_G hat $(n - 1)$ Freiheitsgrade, da n Stichprobenelemente vorliegen und 1 Parameter der Grundgesamtheit (nämlich μ) durch $\bar{Y}$ geschätzt wird. Dadurch sind nur noch $(n - 1)$ Stichprobenelemente frei wählbar.

QS_S hat entsprechend $(q - 1)$ Freiheitsgrade, da sich von den q Gruppenmittelwerten einer aus dem Schätzwert $\bar{Y}$ und den übrigen $(q - 1)$ Gruppenmittelwerten ergibt.

QS_F hat $(n - q)$ Freiheitsgrade, da innerhalb jeder Gruppe i sich ein Stichprobenwert aus dem Stichprobenmittelwert $\bar{Y}_i$ und den übrigen $(n_i - 1)$ Stichprobenwerten errechnen lässt. Insgesamt ist also die Anzahl der Freiheitsgrade von QS_F gleich

$$\sum_{i=1}^{q}(n_i - 1) = \left(\sum_{i=1}^{q} n_i\right) - q = n - q.$$

Für die Varianzen ergibt sich somit:

$$V_G = \frac{1}{n-1}\, QS_G$$

$$V_S = \frac{1}{q-1}\, QS_S$$

$$V_F = \frac{1}{n-q}\, QS_F$$

mit $\quad V_G =$ Stichprobenvarianz von $Y =$ geschätzte Varianz von Y

$\quad\quad V_S =$ Schätzung der durch X erklärten Varianz von Y

$\quad\quad V_F =$ Schätzung der durch X nicht erklärten Varianz von $Y =$ Fehlervarianz.

Der aus der Stichprobe ermittelte F-Wert ist dann

$$\hat{F} = \frac{V_S}{V_F} \quad \text{mit } (q - 1, n - q) \text{ Freiheitsgraden.}$$

Wenden wir diese Definitionen auf unser Beispiel in Tab. 4.1 und 4.2 an, so ergibt sich:

$$QS_G = 12336{,}56 \quad \text{mit} \quad 64\ FG; \quad V_G = 192{,}76$$

$$QS_S = 5263{,}60 \quad \text{mit} \quad 2\ FG; \quad V_S = 2631{,}80$$

$$QS_F = 7072{,}96 \quad \text{mit} \quad 62\ FG; \quad V_F = 114{,}08$$

$$\hat{F} = 23{,}07 \quad \text{mit} \quad (2{,}62)\ FG.$$

Wählen wir ein Signifikanzniveau von $\alpha = 5\%$, so ist der kritische F-Wert $F_{(2,62),5\%} \approx$ 3,15 (vgl. Anhang, Tafel 3). Da $\hat{F}$ beträchtlich über diesem kritischen F-Wert liegt, können wir die Nullhypothese als widerlegt ansehen, d. h. die Mittelwerte in den Kategorien sind nicht alle gleich. Es lässt sich ein Einfluss von X auf Y feststellen.

Meistens werden die Ergebnisse einer Varianzanalyse in tabellarischer Form zusammengestellt, wie sie Tab. 4.3 für unser Beispiel zeigt.

Tab. 4.3: Ergebnis der Varianzanalyse für das Beispiel der Tab. 4.1 und Tab. 4.2

Quelle der Variation	FG	Quadratsumme	durchschnittliches Quadrat (= Varianz)	$\hat{F}$-Wert
Zwischen den Gruppen	2	5263,60	2631,80	23,07
Innerhalb der Gruppen	62	7072,96	114,04	
Gesamt	64	12336,56	192,76	

Ähnlich wie bei der Regressionsanalyse kann man auch bei der Varianzanalyse Bestimmtheitsmaß und Korrelationskoeffizienten definieren, nämlich

$$B = \frac{QS_S}{QS_G} = \text{Anteil der erklärten Variationen an der Gesamtvariation von Y,}$$

$$r = +\sqrt{B} \quad \text{(ein negatives r hat keinen Sinn, da X = kategoriale Variable)}.$$

In unserem Beispiel ergibt sich

$$B = 0{,}4267 = 42{,}67\%, \quad r = 0{,}6532.$$

42,67% der gesamten Variation des Binnenwanderungssaldos lassen sich also durch die Zugehörigkeit zu unterschiedlichen siedlungsstrukturellen Kreistypen erklären.

4.1.2 Voraussetzungen der Varianzanalyse

Um die Voraussetzungen der Varianzanalyse zu verdeutlichen, beziehen wir uns noch einmal auf das gedankliche Modell in Abb. 4.1. Die ersten beiden in der nachfolgenden Box aufgeführten Voraussetzungen (V1 und V2) müssen natürlich nur dann erfüllt sein, wenn die Varianzanalyse nicht als rein deskriptive Methode angewandt wird, sondern wenn der F-Test durchgeführt werden soll. Sie lassen sich, wie aus Abb. 4.1 ersichtlich ist, entsprechend der Regressionsanalyse formulieren. Die erste Voraussetzung V1 ist relativ unproblematisch hinsichtlich der Normalverteilungsbedingung. Einmal ist die Varianzanalyse relativ robust gegenüber schwachen Verletzungen dieser Bedingung. Zum anderen sind die Stichprobenumfänge der einzelnen Kategorien häufig so klein, dass eine Prüfung auf Normalverteilung nicht sinnvoll ist. Dies trifft auch für unser Beispiel zu, bei dem mit $n_1 = 16$ und $n_3 = 13$ zu geringe Stichprobenumfänge zur Prüfung auf Normalverteilung sind.

Varianzanalyse: Voraussetzung   *MuG*

V1 Für jede Kategorie i muss die Zufallsvariable Y_i normalverteilt um μ_i mit der von i unabhängigen Standardabweichung σ_ϵ sein.

V2 Die Fehlervariable muss stochastisch unabhängig sein. Das bedeutet: Alle ϵ_{ij} müssen paarweise stochastisch unabhängig voneinander sein – sowohl innerhalb jeder Kategorie als auch zwischen je zwei Kategorien. Außerdem sollten die ϵ_{ij} unstrukturiert sein, also unabhängig von irgendwelchen anderen Variablen sein. Diese Bedingung besagt, dass das varianzanalytische Modell vollständig ist in dem Sinn, dass nicht andere Variablen über X hinaus einen Einfluss auf Y ausüben. Ist sie nicht erfüllt, müssen weitere unabhängige Variablen in die Varianzanalyse einbezogen werden.

V3 Ein weiteres Problem der Varianzanalyse ist, dass das Gesamtergebnis abhängig ist von den Stichprobenumfängen. Je unterschiedlicher diese in den einzelnen Kategorien sind, desto schwieriger ist die Voraussetzung nach gleicher Fehlervarianz in den Stichproben zu erfüllen und desto ungenauer werden die Schätzungen der „Varianz zwischen den Gruppen" und der „Varianz innerhalb der Gruppen". Wenn möglich, sollten die Stichprobenumfänge daher annähernd gleich sein – insbesondere, wenn sie insgesamt relativ gering sind. In unserem Beispiel ist dieses nicht der Fall, da n_2 mehr als doppelt so groß ist wie n_1 bzw. n_3.

Varianzanalyse: Voraussetzung   *MuG*

Deutlich problematischer ist die Forderung nach Gleichheit der Fehlervarianzen bzw. nach Gleichheit der Varianzen der Y_i (Voraussetzung V2). Diese Forderung lautet in unserem Beispiel

$$H_0: \quad \sigma_{Y_1}^2 = \sigma_{Y_2}^2 = \sigma_{Y_3}^2.$$

Berechnet man die Stichprobenvarianzen aus Tab. 4.2, so ergeben sich als Schätzwerte der Varianzen der Y_i:

$$s_{Y_1}^2 = 124{,}02 \qquad (= \text{Schätzwert von } \sigma_{Y_1}^2)$$
$$s_{Y_2}^2 = 129{,}43 \qquad (= \text{Schätzwert von } \sigma_{Y_2}^2)$$
$$s_{Y_3}^2 = 56{,}89 \qquad (= \text{Schätzwert von } \sigma_{Y_3}^2).$$

Zur Prüfung der obigen Nullhypothese gibt es mehrere Möglichkeiten, die in den verschiedenen statistischen Programmpaketen implementiert sind, im SPSS etwa Cochran's C- und der Bartlett-Bose F-Test (vgl. zu diesen Tests z. B. SACHS 2004). Eine einfache Möglichkeit besteht darin, die maximale und minimale Fehlervarianz mit dem gewöhnlichen F-Test auf Gleichheit zu prüfen, in unserem Fall also $\sigma_{Y_2}^2$ und $\sigma_{Y_3}^2$. Sind diese beiden gleich, müssen alle Varianzen gleich sein.

Es ist allerdings festzuhalten, dass bei diesem Test die Nullhypothese leichter widerlegt wird als bei den anderen beiden genannten Tests, da er sich ja auf den gleichsam „ungünstigsten" Vergleich bezieht. Führt man diesen Test in unserem Beispiel durch, so ergibt sich

$$\hat{F} = \frac{s_{Y_2}^2}{s_{Y_3}^2} = 2{,}275$$

bei $(35, 12)$ Freiheitsgraden (wegen $n_2 = 36$, $n_3 = 13$).

Der kritische F-Wert ist bei einem 5%-Signifikanzniveau $F_{(35,12),5\%} \approx 2{,}45$. Da $\hat{F} <$ $F_{(35,12),5\%}$, kann die Nullhypothese $\sigma_{Y_2}^2 = \sigma_{Y_3}^2$ nicht als widerlegt gelten. Sie ist allerdings auch nicht „bewiesen" worden, was durch einen Test ja auch gar nicht geht. Zudem liegt F doch sehr nahe am kritischen Wert.

4.1.3 Die Prüfung einzelner Effekte

Die Varianzanalyse testet die Nullhypothese

$$H_0: \mu_1 = \mu_2 = \ldots = \mu_q \quad (= \mu).$$

Wird die Nullhypothese – wie in unserem Beispiel – widerlegt, so kann daraus auf eine Abhängigkeit der Zufallsvariablen Y von X geschlossen werden. Darüber hinaus ist es aber von Interesse zu wissen, welche der Mittelwerte der einzelnen Kategorien voneinander verschieden sind und somit für die Widerlegung der Nullhypothese sorgen. Die Ablehnung der Nullhypothese besagt ja nur, dass nicht alle Gruppenmittelwerte gleich sind.

Zur Beantwortung bietet es sich an, jeweils zwei Gruppenmittelwerte mit Hilfe des t-Tests daraufhin zu überprüfen, ob sie gleich sind. Im Prinzip geht man auch so vor. Allerdings hat sich beim t-Test gezeigt, dass dabei der Fehler 1. Art – nämlich H_0 abzulehnen, obwohl H_0 richtig ist – relativ häufig auftritt, wenn man viele paarweise Mittelwertvergleiche durchführt. Liegen etwa 5 Kategorien vor, so müssen 10 paarweise Mittelwertvergleiche durchgeführt werden. Man hat nun für diesen Fall folgendes errechnet: Selbst wenn alle 5 Mittelwerte aus der gleichen Grundgesamtheit stammen, so ist die Wahrscheinlichkeit, dass bei den zehn Vergleichen mindestens einmal ein signifikanter Unterschied zwischen zwei Mittelwerten auf dem 5%-Niveau mit dem t-Test ermittelt wird, etwa 29%. Der Grund für diesen Sachverhalt liegt darin, dass die 10 Vergleiche nicht unabhängig voneinander sind.

In den statistischen Programmpaketen werden in der Regel verschiedene Möglichkeiten zum Ersatz des t-Tests angeboten. Sie finden sich z.B. in der bei SILK (1981) angegebenen Literatur. Wir stellen hier ohne Begründung den Test von Scheffé vor, einem in den Statistik-Programmpaketen häufig verwendeten Test (z.B. SPSS). Danach kann für den paarweisen Mittelwertvergleich von μ_{i_1} und μ_{i_2} bei einem Signifikanzniveau α der folgende kritische Schwellenwert verwendet werden:

$$S = \sqrt{(q-1)F_{(\nu_1,\nu_2),\alpha}} \cdot \sqrt{V_F} \cdot \sqrt{\frac{1}{n_{i_1}} + \frac{1}{n_{i_2}}}$$

mit q $=$ Anzahl der Kategorien

$F_{(\nu_1, \nu_2), \alpha}$ $=$ Kritischer Wert der F-Verteilung bei (ν_1, ν_2) Freiheitsgraden und einem Signifikanzniveau α

ν_1 $= FG$ von QS_S

ν_2 $= FG$ von QS_F

V_F $=$ Schätzwert der Fehlervarianz von Y

n_{i_1} $=$ Stichprobenumfang der Kategorie i_1

n_{i_2} $=$ Stichprobenumfang der Kategorie i_2.

μ_{i_1} und μ_{i_2} gelten dann auf dem Signifikanzniveau α als verschieden, wenn

$$\left| \bar{Y}_{i_1} - \bar{Y}_{i_2} \right| > S.$$

Tabelle 4.4 fasst die Ergebnisse des Scheffé-Tests für unser Beispiel bei einem Signifikanzniveau von 5% zusammen.

Damit sind μ_1 und μ_2 sowie μ_1 und μ_3 verschieden, nicht dagegen μ_2 und μ_3. Mit anderen Worten: Das Ergebnis der Varianzanalyse – der Einfluss der Siedlungsstruktur auf den Binnenwanderungssaldo eines Kreises – beruht im Wesentlichen auf den verschiedenen Binnenwanderungssalden zwischen den kreisfreien Städten und

– den Kreisen im Umland von Regionen mit Verdichtungen sowie
– den Kreisen in ländlich geprägten Regionen.

Tab. 4.4: Ergebnisse des Scheffé-Tests für den paarweisen Vergleich der Gruppenmittelwerte für das Beispiel von Tab. 4.1 und Tab. 4.2

Vergleich	$(q-1)$	n_{i_1}	n_{i_2}	F^*	V_F	U^*	S	$\bar{Y}_{i_1} - \bar{Y}_{i_2}$
μ_1/μ_2	2	16	36	3,15	114,08	0,0902	8,05	21,47
μ_1/μ_3	2	16	13	3,15	114,08	0,1394	10,01	18,77
μ_2/μ_3	2	36	13	3,15	114,08	0,1047	8,68	2,70

* $F = F_{(2,62), 5\%} = F$-Wert für FG = (2,62) und $\alpha = 5\%$
$U = 1/n_{i_1} + 1/n_{i_2}$

Dagegen ist die Differenz zwischen dem Binnenwanderungssaldo im Umland von Regionen mit Verdichtungen und in ländlich geprägten Regionen nicht signifikant.

4.1.4 Konfidenzintervalle für die Gruppenmittelwerte

Die Stichprobenmittelwerte $\bar{Y}_i$ der Kategorien bzw. Gruppen i $(i = 1, \ldots, q)$ sind Punktschätzungen für die Gruppenmittelwerte μ_i in der Grundgesamtheit. Darüber hinaus können Intervallschätzungen für die Gruppenmittelwerte durchgeführt werden. Die entsprechenden Konfidenzintervalle werden in gleicher Weise wie bei der Regressionsanalyse bestimmt.

Wird etwa das Konfidenzintervall für μ_i (mit einer Sicherheitswahrscheinlichkeit von $S = (1 - \alpha)$) gesucht, so sind seine Grenzen gegeben durch

$$\bar{Y}_i \pm t_{n-q,\alpha/2} \cdot s_{Y_i} / \sqrt{n_i}$$

mit $\quad t_{n-q,\alpha/2} =$ kritischer t-Wert bei $(n-q)$ Freiheitsgraden und einem Signifikanzniveau von $\alpha/2$ für die einseitige Fragestellung,

$\quad\quad s_{Y_i} =$ Stichprobenstandardabweichung von Y_i,

$\quad\quad n_i =$ Anzahl der Stichprobenwerte in der i-ten Kategorie.

Als 90%-Konfidenzintervall ($\alpha = 0{,}1$) erhält man z.b. für die Gruppenmittelwerte in unserem Beispiel (bei $q = 3$ Gruppen ergibt sich ein Freiheitsgrad von $FG = n - q = 65 - 3 = 62$ und damit (vgl. Anhang, Tafel 1) ein kritischer t-Wert von $t_{62,5\%} \approx 1{,}68$):

$$-10{,}31 - 1{,}68{\cdot}11{,}14/\sqrt{16} \le \mu_1 \le -10{,}31 + 1{,}68{\cdot}11{,}14/\sqrt{16}$$

$$11{,}16 - 1{,}68{\cdot}11{,}38/\sqrt{36} \le \mu_2 \le 11{,}16 + 1{,}68{\cdot}11{,}38/\sqrt{36}$$

$$8{,}45 - 1{,}68{\cdot}\ 7{,}54/\sqrt{13} \le \mu_3 \le 8{,}45 + 1{,}68{\cdot}\ 7{,}54/\sqrt{13}$$

bzw.

$$-14{,}99 \le \mu_1 \le -5{,}63$$

$$7{,}97 \le \mu_2 \le 14{,}35$$

$$4{,}94 \le \mu_3 \le 11{,}96.$$

Einfache Varianzanalyse: Erweiterungen *MuG*

1. Wir haben die Varianzanalyse in Form des gedanklichen Modells sogenannter fester Effekte (fixed effects) vorgestellt. In dieser Form wird sie fast ausschließlich in der Geographie angewandt. Dabei wird davon ausgegangen, dass alle relevanten Kategorien bekannt sind und gleichzeitig berücksichtigt werden sowie die Mittelwerte μ und μ_i ($i = 1, \ldots, q$) feste, nicht vom Zufall abhängige Größen sind.
   In den stärker experimentellen Wissenschaften, z. B. in der Psychologie und Medizin, kennt man aber häufig nicht alle relevanten Kategorien. Die tatsächlich betrachteten stellen dann nur eine Auswahl der möglichen dar. In solchen Fällen ändern sich insbesondere die Verteilungsvoraussetzungen für die Anwendung der Varianzanalyse (vgl. zu dem unterschiedlichen Forschungsdesign im Rahmen der Varianzanalyse ausführlicher und anschaulich SILK (1981)).

2. Wir haben uns beim Vergleich auf direkte Vergleiche der Gruppenmittelwerte, bei denen geprüft wird, ob zwei Gruppenmittelwerte μ_{i_1} und μ_{i_2} gleich sind oder nicht, beschränkt. Es lassen sich natürlich auch andere Vergleiche durchführen. So lässt sich etwa prüfen, ob ein Gruppenmittelwert gleich ist dem Mittelwert zweier anderer Gruppenmittelwerte, z.B. $\mu_3 = \frac{1}{2}(\mu_1 + \mu_2)$. Tests für solche Vergleiche finden sich ebenfalls bei SILK (1981).

Einfache Varianzanalyse: Erweiterungen *MuG*

Mit anderen Worten: der wahre Binnenwanderungssaldo pro 1000 Einwohner 1980–1982 liegt mit einer Wahrscheinlichkeit von 90%

– in den kreisfreien Städten zwischen $-14{,}99$ und $-5{,}63$,
– in den Kreisen in Regionen mit Verdichtungen zwischen $7{,}97$ und $14{,}35$,
– in den Kreisen in ländlichen Regionen zwischen $4{,}94$ und $11{,}96$.
Der recht große Überschneidungsbereich der beiden Konfidenzintervalle von μ_2 und μ_3 weist noch einmal darauf hin, dass diese beiden Mittelwerte nicht signifikant voneinander verschieden sind.

4.2 Doppelte Varianzanalyse

Betrachtet man eine metrische Variable in Abhängigkeit von zwei kategorialen Variablen, spricht man von einer zweifachen oder doppelten Varianzanalyse. Um sie vorzustellen, wählen wir wieder unser norddeutsches Beispiel. Im Kap. 2 hatten wir gesehen, dass der Binnenwanderungssaldo in Abhängigkeit von der Siedlungsstruktur und von der Entwicklung des Arbeitsmarktes (Variable X_2) dargestellt werden kann. Als kategoriale Variable für die Messung der Siedlungsstruktur hatten wir in Abschn. 4.1 die Variable S gewählt. Um eine kategoriale Variable für die Entwicklung des Arbeitsmarktes zu erhalten, dichotomisieren wir X_2. In der vorliegenden Stichprobe der norddeutschen Kreise beträgt der Mittelwert von X_2 $-4{,}697$, der Median ist $-5{,}000$. Als Kategorien legen wir fest

1 für die Kreise mit einer „ungünstigen" Beschäftigtenentwicklung, d.h. $X_2 < -5{,}0$,
2 für die Kreise mit einer relativ günstigen Beschäftigtenentwicklung, d.h. $X_2 \geq -5{,}0$.

Führt man mit diesen Kategorien eine einfache Varianzanalyse von Y durch, so erhält man als Ergebnis Tab. 4.5.

Tab. 4.5: Ergebnis der Varianzanalyse von Y nach der dichotomisierten Variablen X_2

Quelle der Variation	FG	Quadratsumme	durchschnittliches Quadrat (= Varianz)	$\hat{F}$-Wert
Zwischen den Gruppen	1	1548,60	1548,00	9,04
Innerhalb der Gruppen	63	10788,56	171,25	
Gesamt	64	12336,56		

Der kritische F-Wert für $(1, 63)$ Freiheitsgrade und ein 5%-Signifikanzniveau ist ca. $4{,}00$ (vgl. Anhang, Tafel 3). Da $\hat{F} = 9{,}04 > 4{,}00$, können wir auf einen signifikanten Einfluss der dichotomisierten Variablen X_2 auf Y schließen. Das Bestimmtheitsmaß ist allerdings nur

$$B = \frac{1548{,}00}{12336{,}56} = 12{,}55\%,$$

was einem Korrelationskoeffizienten von $r = 0{,}3543$ entspricht. Das heißt, der Einfluss der Beschäftigtenentwicklung ist beträchtlich geringer als der Einfluss der Siedlungsstruktur.

Für die Siedlungsstruktur hatten wir in Abschn. 4.1

$$B = 42{,}67\%, \quad r = 0{,}6532$$

ermittelt.

Diese Ergebnisse stimmen recht gut mit denjenigen überein, die wir bei der Regressionsanalyse mit den metrischen Variablen erhalten hatten (vgl. Kap. 2).

Es war eingangs festgestellt worden, dass bei der zweifachen Varianzanalyse eine metrische Variable Y in Abhängigkeit von zwei kategorialen Variablen X_1 und X_2 betrachtet wird. Die Variable X_1 habe die Kategorien (Gruppen) $i = 1, \ldots, q$, die Variable X_2 die Kategorien (Gruppen) $j = 1, \ldots, r$.

Sei y_{ijk} das k-te Element von Y in der i-ten Kategorie von X_1 und in der j-ten Kategorie von X_2. In unserem Beispiel ist

X_1 = Siedlungsstruktur mit den bereits definierten Kategorien 1, 2, 3
X_2 = Beschäftigtenentwicklung mit den ebenfalls bereits definierten Kategorien 1, 2.

Die Werte y_{ijk} sind in dem folgenden Schema (Tab. 4.6) aufgeführt.

Tab. 4.6: Werte der Variablen Y in den norddeutschen Kreisen, geordnet nach den Kategorien der Siedlungsstruktur X_1 und der Beschäftigtenentwicklung X_2

X_1	$1\ (X_2 < -5)$				$2\ (X_2 \leq -5)$			
1	−11,9	−11,1	−7,8	−15,5	−11,6	−18,2	−5,6	−28,4
	−14,3	−22,1	−10,6	−4,1				
	−17,3	−3,0	−23,1	−5,1				
2	20,4	10,6	7,5	−0,1	−1,8	10,5	25,2	9,4
	−2,3	−0,4	−0,7	−3,3	10,7	36,6	22,2	0,2
	−1,1	6,8	13,3	13,7	−0,6	27,6	6,6	13,8
	13,0	3,4	3,2		27,0	8,5	12,5	24,6
					23,5	38,4	3,7	20,5
					−1,5			
3	8,1	6,5	−6,2	4,2	13,4	0,2	23,6	10,4
	16,6				11,2	4,9	4,4	12,6

Insgesamt gibt es also $q \cdot r = 3 \cdot 2 = 6$ Gruppen, die Anzahl der Stichprobenelemente in der Gruppe (i, j) sei n_{ij}. Dann gilt für unser Beispiel: $n_{11} = 12$, $n_{12} = 4$, $n_{21} = 15$, $n_{22} = 21$, $n_{31} = 5$, $n_{32} = 8$.

Nummerieren wir die Elemente in jeder Gruppe zeilenweise durch, so ist z. B. n_{227} das 7. Element in der Gruppe (2,2), also

$$n_{2\,2\,7} = 22{,}2.$$

Auch die zweifache Varianzanalyse basiert auf dem Prinzip der Zerlegung der Summe der quadratischen Abweichungen der y_{ijk} von ihrem Mittelwert. Diese Zerlegung lässt sich aber nur dann analog zur einfachen Varianzanalyse eindeutig durchführen, wenn alle n_{ij} gleich, also konstant sind:

$$n_{ij} = s.$$

Wir kommen auf diese Voraussetzung später noch einmal zurück. In unserem Beispiel ist sie nicht erfüllt. Wir haben deshalb aus Tab. 4.6 eine neue Datengrundlage gewonnen, indem wir aus jeder Gruppe (i, j) 4 Elemente zufällig ausgewählt haben (die kleinste Gruppe ist $(1,2)$ und hat 4 Elemente.). Tabelle 4.7 dient daher als Datengrundlage für die folgenden Ausführungen.

Tab. 4.7: Werte der Variablen Y in einer Stichprobe der norddeutschen Kreise, geordnet nach den Kategorien der Siedlungsstruktur X_1 und der Beschäftigtenentwicklung X_2

X_1	X_2							
	1				2			
1	$-11{,}9$	$-22{,}1$	$-17{,}3$	$-3{,}0$	$-11{,}6$	$-18{,}2$	$-5{,}6$	$-28{,}4$
2	$-2{,}3$	$-0{,}7$	$-13{,}0$	$3{,}2$	$10{,}5$	$9{,}4$	$27{,}6$	$23{,}5$
3	$8{,}1$	$6{,}5$	$-6{,}2$	$4{,}2$	$23{,}6$	$10{,}4$	$4{,}4$	$12{,}6$

Aus Tab. 4.7 können die verschiedenen Stichprobenmittelwerte berechnet werden. Wir definieren diesbezüglich:

$\bar{Y}$ = Gesamtmittelwert der Stichprobe

$\bar{Y}_{ij}$ = Mittelwert der Stichprobenelemente der i-ten Kategorie von X_1 und der j-ten Kategorie von X_2

    = Mittelwert der Zelle (i, j)

$\bar{Y}_{i*}$ = Mittelwert der Stichprobenelemente der i-ten Kategorie von X_1 (sogenannter Zeilenmittelwert der Zeile i)

$\bar{Y}_{*j}$ = Mittelwert der Stichprobenelemente der j-ten Kategorie von X_2 (sogenannter Zeilenmittelwert der Spalte j).

Diese Stichprobenmittelwerte können als Schätzwerte der entsprechenden Mittelwerte μ, μ_{ij}, μ_{i*} und μ_{*j} der Grundgesamtheit dienen. Sie sind in Tab. 4.8 aufgeführt.

Das Modell der zweifachen Varianzanalyse geht nun – entsprechend dem der einfachen Varianzanalyse (vgl. Gleichungen (4.1) – (4.3)) – davon aus, dass sich jeder Zellmittelwert

μ_{ij} darstellen lässt als

$$\mu_{ij} = \mu + \gamma_i + \delta_j \qquad (4.4)$$

mit
$$\gamma_i = \mu_{i*} - \mu$$
$$\delta_j = \mu_{*j} - \mu \qquad .$$

Das bedeutet, jeder Zellenmittelwert μ_{ij} ergibt sich aus dem Gesamtmittelwert μ durch Addition des Effekts der Variablen X_1 (ausgedrückt durch die Abweichung $\gamma_i = \mu_{i*} - \mu$) und des Effekts der Variablen X_2 (ausgedrückt durch die Abweichung $\delta_j = \mu_{*j} - \mu$). Das Modell (4.4) ist das analoge zur zweifachen Regressionsanalyse für metrische Variablen.

Tab. 4.8: Stichprobenmittelwert der Daten aus Tab. 4.7

$\bar{Y}_{11} =$	$-13{,}58$	$\bar{Y}_{12} =$	$-15{,}95$	$\bar{Y}_{1*} =$	$-14{,}76$
$\bar{Y}_{21} =$	$3{,}30$	$\bar{Y}_{22} =$	$17{,}75$	$\bar{Y}_{2*} =$	$10{,}52$
$\bar{Y}_{31} =$	$3{,}15$	$\bar{Y}_{32} =$	$12{,}75$	$\bar{Y}_{3*} =$	$7{,}95$
$\bar{Y}_{*1} =$	$-2{,}38$	$\bar{Y}_{*2} =$	$4{,}85$	$\bar{Y} =$	$1{,}24$

Gleichung (4.4) lässt sich umschreiben zu

$$\mu_{ij} - \mu = (\mu_{i*} - \mu) + (\mu_{*j} - \mu). \qquad (4.5)$$

Hieraus wird noch einmal der Ansatz der zweifachen Varianzanalyse deutlich, nämlich die Hypothese, dass sich die Abweichungen der Zellenmittelwerte vom Gesamtmittelwert additiv aus den Abweichungen der entsprechenden Zeilen und Spaltenmittelwerte (also den Effekten der beiden Variablen X_1 und X_2) ergeben.

Aus (4.4) bzw. (4.5) erhält man für y_{ijk}, also für den k-ten Wert der Gruppe bzw. Zelle (i,j):

$$y_{ijk} = \mu + \gamma_i + \delta_j + \epsilon_{ijk} \qquad (4.6)$$

mit
$$\epsilon_{ijk} = \text{Zufallsfehler des } k\text{-ten Wertes der Zelle } (i,j).$$

Aus Tab. 4.7 und Tab. 4.8 lassen sich die Schätzwerte für die γ_i und δ_j und die ϵ_{ijk} bestimmen. Sei

$$c_i = \text{Schätzwert für } \gamma_i,$$
$$d_j = \text{Schätzwert für } \delta_j,$$

so ist

$$c_i = \bar{Y}_{i*} - \bar{Y},$$
$$d_j = \bar{Y}_{*j} - \bar{Y},$$

da $\bar{Y}_{i*}$, $\bar{Y}_{*j}$ und $\bar{Y}$ die Schätzwerte für die μ_{i*}, μ_{*j} und μ sind.

Gemäß Tab. 4.7 und Tab. 4.8 gilt:

$$
\begin{aligned}
c_1 &= -16{,}00 \\
c_2 &= 9{,}28 \\
c_3 &= 6{,}71 \\
d_1 &= -3{,}62 \\
d_2 &= 3{,}61.
\end{aligned}
$$

Für die Fehler ϵ_{ijk} gilt

$$\epsilon_{ijk} = y_{ijk} - \mu - \gamma_i - \delta_j.$$

Z.B. ist der Fehler des zweiten Elements in Zelle $(1,2)$

$$
\begin{aligned}
\epsilon_{122} &= y_{122} - \bar{Y} - c_1 - d_2 \\
&= -18{,}20 - 1{,}24 + 16{,}00 - 3{,}61 \\
&= -7{,}05.
\end{aligned}
$$

Die Nullhypothese der zweifachen Varianzanalyse besagt, dass kein Einfluss von X_1 und X_2 auf Y besteht, mit anderen Worten, dass alle Mittelwerte der Zellen (i,j) gleich sind:

$$H_0 \colon \mu_{11} = \mu_{12} = \mu_{21} = \ldots = \mu_{32} \ (= \mu)$$

bzw. $\qquad H_0 \colon \mu_{ij} = \mu$ für alle Zellen (i,j).

H_0 wird wieder geprüft, indem man die gesamte Variation der y_{ijk} in einen erklärten und in einen unerklärten, zufallsbedingten Anteil zerlegt und anschließend mit dem F-Test prüft, ob die erklärte Varianz signifikant größer als die Fehlervarianz ist.

Für die Stichprobe gilt unter der Voraussetzung, dass die Anzahl der Elemente in den Zellen (i,j) konstant $(= s)$ ist:

$$\sum_{i=1}^{q} \sum_{j=1}^{r} \sum_{k=1}^{s} (y_{ijk} - \bar{Y})^2 = \sum_{i=1}^{q} \sum_{j=1}^{r} \sum_{k=1}^{s} (\bar{Y}_{ij} - \bar{Y})^2 + \sum_{i=1}^{q} \sum_{j=1}^{r} \sum_{k=1}^{s} (y_{ijk} - \bar{Y}_{ij})^2$$

Gesamte Quadratsumme = Gesamtsumme der quadratischen Abweichungen der Einzelwerte von dem Gesamtmittelwert	Erklärter, systematischer Teil der gesamten Quadratsumme = Variation zwischen den Gruppen	Summe der quadratischen Abweichungen der Einzelwerte von ihrem Zellenmittelwert = Fehlerquadratsumme = Variation innerhalb der Gruppen
$= QS_G$	$= QS_S$	$= QS_F$

Für die Daten aus Tab. 4.7 ist

$$QS_G = 4910096$$
$$QS_S = 3711729$$
$$QS_F = 1198367.$$

Von diesen Quadratsummen gehen wir nun wieder zu den entsprechenden Varianzen als Schätzwerte der Varianzen in der Grundgesamtheit über, indem wir die Quadratsummen durch die jeweilige Anzahl der Freiheitsgrade dividieren.

QS_G hat $(n - 1) = 24 - 1 = 23$ Freiheitsgrade.

QS_S hat $q \cdot r - 1 = 6 - 1 = 5$ Freiheitsgrade.

QS_F hat $q \cdot r \cdot s - q \cdot r = n - q \cdot r = 18$ Freiheitsgrade.

Tabelle 4.9 fasst die bisherigen Ergebnisse zusammen, und zwar in der gleichen Form wie bei der einfachen Varianzanalyse (vgl. Tab. 4.3). $\hat{F} = 742{,}346/66{,}576 = 11{,}150$ hat $(5, 18)$ Freiheitsgrade. Wählt man ein Signifikanzniveau von $\alpha = 5\%$, so ist der kritische F-Wert $F_{(5,18),5\%} = 2{,}77$. Da $\hat{F} = 11{,}150 > 2{,}77$, können wir die Nullhypothese als widerlegt ansehen. Mit anderen Worten: X_1 und X_2 haben insgesamt einen signifikanten Einfluss auf Y.

Tab. 4.9: Ergebnis der doppelten Varianzanalyse für das Beispiel aus Tab. 4.7

Quelle der Variation	FG	Quadratsumme	durchschnittliches Quadrat (= Varianz)	$\hat{F}$-Wert
Zwischen den Gruppen	5	3711,729	742,346	11,150
Innerhalb der Gruppen	18	1198,367	66,576	
Gesamt	23	4910,096	213,482	

Als Bestimmtheitsmaß erhalten wir

$$B = QS_S/QS_G = 3711{,}729/4910{,}096 = 0{,}7559.$$

75,59% der Gesamtvarianz von Y lassen sich also auf den Einfluss von X_1 und X_2 zurückführen.

Wie bei der multiplen Regressionsanalyse interessiert aber bei der doppelten Varianzanalyse nicht nur, ob insgesamt ein Einfluss von X_1 und X_2 auf Y besteht, sondern auch, ob die Variablen X_1 und X_2 jeweils einzeln einen signifikanten Einfluss auf Y haben. Letzteres wird ja in dem Modell (4.4) – (4.6) vermutet. Die Gleichung (4.6)

$$y_{ijk} = \mu + \gamma_i + \delta_j + \epsilon_{ijk}$$

besagt etwa, dass X_1 und X_2 jeweils einzeln Y beeinflussen und dass sich ihr gesamter Einfluss in die beiden einzelnen Komponenten additiv zerlegen lässt.

Dementsprechend müsste sich die Quadratsumme zwischen den Gruppen QS_S in folgender Weise aufteilen lassen:

$$\begin{aligned} QS_S &= \sum\sum\sum (\bar{Y}_{ij} - \bar{Y})^2 \\ &= \sum\sum\sum (\bar{Y}_{i*} - \bar{Y})^2 + \sum\sum\sum (\bar{Y}_{*j} - \bar{Y})^2. \end{aligned} \tag{4.7}$$

Anmerkung: Wir lassen bei dieser und den folgenden Gleichungen die Laufindices bei den Summenzeichen der Einfachheit halber weg.

$\sum\sum\sum (\bar{Y}_{i*} - \bar{Y})^2$ ist die Summe der quadratischen Abweichungen der Zeilenmittelwerte vom Gesamtmittel und gibt somit den Teil der systematischen Variation an, der auf der Variable X_1 entfällt. Sie wird kurz mit QS_{Ze} bezeichnet.

Entsprechend steht $QS_{Sp} = \sum\sum\sum (\bar{Y}_{*j} - \bar{Y})^2$ für den auf X_2 entfallenden Anteil der systematischen Variation von Y. Beide Quadratsummen sind im Übrigen gleich den Quadratsummen zwischen den Gruppen bei der einfachen Varianzanalyse von Y nach X_1 bzw. nach X_2.

Für die Daten aus Tab. 4.8 erhält man allerdings:

$$\begin{aligned} QS_S &= \sum\sum\sum (\bar{Y}_{ij} - \bar{Y}) = 3\,711{,}729 \\ QS_{Ze} &= \sum\sum\sum (\bar{Y}_{i*} - \bar{Y}) = 3\,098{,}523 \\ QS_{Sp} &= \sum\sum\sum (\bar{Y}_{*j} - \bar{Y}) = 313{,}204. \end{aligned}$$

Wie man sieht, ist $QS_S \neq QS_{Ze} + QS_{Sp}$. Vielmehr gilt:

$$QS_S = QS_{Ze} + QS_{Sp} + 300{,}002.$$

Es gibt also in dem Teil der systematischen Variation von Y noch einen Teil, der nicht auf die addierten einzelnen Einflüsse der Variablen X_1 und X_2 zurückzuführen ist. Dieser Teil heißt Interaktions- oder Wechselwirkungseffekt. Wir wollen ihn mit QS_I bezeichnen. Wie ist QS_I zu interpretieren?

Wir betrachten dazu die folgenden hypothetischen Beispiele (A) und (B) mit zwei unabhängigen Variablen X_1 und X_2. X_1 habe in beiden Beispielen 3 Kategorien ($i = 1, 2, 3$) und X_2 2 Kategorien ($j = 1, 2$). In jeder Zelle (i, j) gebe es 4 Elemente, die in Tab. 4.10 aufgeführt sind. Bis auf die letzte Zelle (3,2) sind die Werte in beiden Beispielen identisch.

Tabelle 4.11 zeigt die Mittelwerte für (A) und (B).

Fall (A) ist ein Beispiel für den rein additiven Effekt der Einzelwirkungen von X_1 und X_2: Die Werte von $\bar{Y}_{ij}$ steigen jeweils um 5 beim Übergang von der 1. zur 2. Spalte in Tab. 4.10 (Effekt von X_2) und um 2 beim Übergang von einer Zeile zur nächsten (Effekt von X_1). Anders ausgedrückt: Die Wirkung von X_2 (bzw. X_1) ist bei jeder Gruppe von X_1 (bzw.

Tab. 4.10: Hypothetische Beispiele (A) und (B) zur doppelten Varianzanalyse

Beispiel (A)

	X_2							
X_1	1				2			
1	10	12	14	16	15	17	19	21
2	12	14	16	18	17	19	21	23
3	14	16	18	20	19	21	23	35

Beispiel (B)

	X_2							
X_1	1				2			
1	10	12	14	16	15	17	19	21
2	12	14	16	18	17	19	21	23
3	14	16	18	20	7	9	11	13

X_2) die gleiche. Dementsprechend ist das Modell (4.4) – (4.6) angemessen, denn für jedes beliebige $\bar{Y}_{ij}$ ist

$$\bar{Y}_{ij} = \bar{Y} + c_i + d_j$$

mit $\quad c_1 = -2, \quad c_2 = 0, \quad c_3 = 2$

$\quad\quad d_1 = -2,5, \quad d_2 = 2,5.$

Im Fall (B) gilt die Gleichung nicht mehr. Z.B. ist

$$\bar{Y}_{11} = 13,0$$

$$c_1 = 0$$

$$d_1 = -0,5$$

$$\bar{Y}_{11} = 13 \neq 15,5 + 0 - 0,5 = \bar{Y} + c_1 + d_1.$$

Der Grund dafür liegt an den Elementen in der Zelle (3,2) in Tab. 4.10 (B), die die „schöne Regelmäßigkeit" in Tab 4.10 (A) stören. Im Fall (B) ist offensichtlich die Wirkung von X_2 (bzw. X_1) über alle Gruppen von X_1 (bzw. X_2) hinweg nicht mehr konstant. Während in den Gruppen 1 und 2 von X_1 sich die Zellenmittelwerte jeweils um 5 erhöhen, wenn man bei X_2 von Kategorie 1 nach 2 geht (Zeilen 1 und 2 in Tab. 4.11 (B)), verringert sich der Zellenmittelwert in der Gruppe 3 von X_1 um 7, nämlich von 17,0 auf 10,0.

Wenn der Effekt einer Variablen in den Gruppen der anderen Variablen unterschiedlich ist, spricht man von einer Interaktions- oder Wechselwirkung. Dies lässt sich gut erkennen, wenn man die Zellenmittelwerte in Form eines Diagramms darstellt (vgl. Abb. 4.2).

Wie man sieht, sind bei ausschließlich additiver Wirkung von X_1 und X_2 die beiden Kurven parallel (unabhängig davon, welchen spezifischen Verlauf sie nehmen). Falls Wechselwirkungen auftreten, sind sie nicht parallel. Normalerweise kann man selbst bei fehlender

Tab. 4.11: Mittelwerte für die Daten aus Tab. 4.10

Beispiel (A)		
$\bar{Y}_{11} = \quad 13{,}0$	$\bar{Y}_{12} = \quad 18{,}0$	$\bar{Y}_{1*} = \quad 15{,}5$
$\bar{Y}_{21} = \quad 15{,}0$	$\bar{Y}_{22} = \quad 20{,}0$	$\bar{Y}_{2*} = \quad 17{,}5$
$\bar{Y}_{31} = \quad 17{,}0$	$\bar{Y}_{32} = \quad 22{,}0$	$\bar{Y}_{3*} = \quad 19{,}5$
$\bar{Y}_{*1} = \quad 15{,}0$	$\bar{Y}_{*2} = \quad 20{,}0$	$\bar{Y} = \quad 17{,}5$

Beispiel (B)		
$\bar{Y}_{11} = \quad 13{,}0$	$\bar{Y}_{12} = \quad 18{,}0$	$\bar{Y}_{1*} = \quad 15{,}5$
$\bar{Y}_{21} = \quad 15{,}0$	$\bar{Y}_{22} = \quad 20{,}0$	$\bar{Y}_{2*} = \quad 17{,}5$
$\bar{Y}_{31} = \quad 17{,}0$	$\bar{Y}_{32} = \quad 10{,}0$	$\bar{Y}_{3*} = \quad 13{,}5$
$\bar{Y}_{*1} = \quad 15{,}0$	$\bar{Y}_{*2} = \quad 13{,}5$	$\bar{Y} = \quad 15{,}5$

Wechselwirkung keine streng parallelen Kurven für die Zellenmittelwerte in den Stichproben erwarten. Die Frage ist dann – bildlich gesprochen: Wie groß muss die Abweichung von der Parallelität in der Stichprobe sein, um auf einen nichtparallelen Verlauf der Kurven in der Grundgesamtheit schließen zu können? Anders ausgedrückt: Ab welcher Größe lässt der Interaktionseffekt in der Stichprobe auf einen Interaktionseffekt in der Grundgesamtheit schließen?

Wir kehren damit zu der allgemeinen Betrachtung und zu dem realistischen Beispiel aus Norddeutschland zurück. Gibt es theoretische Gründe für die Annahme eines Interaktionseffekts, ist das Modell (4.5) – (4.7) nicht adäquat. Das Modell der doppelten Varianzanalyse muss in diesem Fall vielmehr wie folgt lauten:

$$\mu_{ij} = \mu + \gamma_i + \delta_j + \gamma\delta_{ij} \tag{4.8}$$

und
$$y_{ijk} = \mu + \gamma_i + \delta_j + \gamma\delta_{ij} + \epsilon_{ijk} \tag{4.9}$$

mit
$$\gamma_i = \mu - \mu_{i*} = \text{ Effekt der Variablen } X_1 \text{ auf } Y$$

$$\delta_j = \mu - \mu_{*j} = \text{ Effekt der Variablen } X_2 \text{ auf } Y$$

$$\gamma\delta_{ij} = \mu_{ij} - \gamma_i - \delta_j - \mu = \text{ Interaktionseffekt von } X_1 \text{ und } X_2 \text{ auf } Y$$

$$\epsilon_{ijk} = \text{Zufallsfehler.}$$

Den Teil der Variation von Y, der auf den Interaktionseffekt entfällt, hatten wir oben mit QS_I bezeichnet. Er kann aus den bereits bekannten Quadratsummen einfach berechnet werden:

$$QS_I = QS_S - QS_{Ze} - QS_{Sp}$$
$$= \sum\sum\sum (\bar{Y}_{ij} - \bar{Y})^2 - \sum\sum\sum (\bar{Y}_{i*} - \bar{Y})^2 - \sum\sum\sum (\bar{Y}_{*j} - \bar{Y})^2.$$

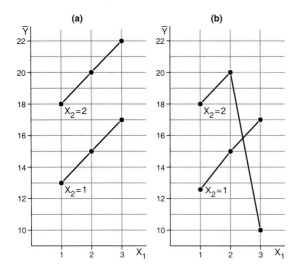

Abb. 4.2: Kurven der Zellenmittelwerte aus Tab. 4.11

Damit ist die Zerlegung der Variation von Y vollständig:

$$QS_G = QS_S + QS_F$$
$$= QS_{Ze} + QS_{Sp} + QS_I + QS_F.$$

Um zu den Varianzen überzugehen, müssen diese Quadratsummen jeweils durch die Anzahl der Freiheitsgrade dividiert werden. Wir hatten bereits festgestellt:

QS_G hat $(n-1)$ Freiheitsgrade,

QS_S hat $(q \cdot r - 1)$ Freiheitsgrade,

QS_F hat $(n - qr)$ Freiheitsgrade.

Zur Bestimmung der FG von QS_{Ze}, QS_{Sp} und Q_I bedenken wir, dass

$$QS_S = QS_{Ze} + QS_{Sp} + Q_I.$$

Diese Gleichung muss auch für die Freiheitsgrade der Quadratsummen gelten. Wie im Fall der einfachen Varianzanalyse hat

$QS_{Ze}(q-1)$ Freiheitsgrade,

$QS_{Sp}(r-1)$ Freiheitsgrade.

Also ist die Anzahl der Freiheitsgrade von QS_I gleich $(q \cdot r - 1) - (q-1) - (r-1)$. Wenden wir diese Gleichungen auf das norddeutsche Beispiel an (Daten aus Tab. 4.7), so erhalten wir folgende Zerlegung der Variation mit den zugehörigen Varianzen (vgl. Tab. 4.12), die eine Erweiterung von Tab. 4.9 darstellt.

Tab. 4.12: Ergebnis der vollständigen Varianzanalyse für das Beispiel der Tab. 4.7

Quelle der Variation	FG	Quadrat-summe	durchschnittliches Quadrat (= Varianz)	$\hat{F}$	Signifikanz-niveau von F
Haupteffekte	3	3411,726	1137,242	17,082	0,000
X_1	2	3098,523	1549,261	23,271	0,000
X_2	1	313,204	313,204	4,704	0,044
Interaktions-effekt $X_1 \times X_2$	2	300,003	150,001	2,253	0,134
Erklärter Teil	5	3711,729	742,346	11,150	0,000
Fehler	18	1198,367	66,576		
Gesamt	23	4910,096	213,482		

Zur Interpretation der Tabelle ist zunächst darauf hinzuweisen, dass die Wirkungen der einzelnen unabhängigen Variablen als Haupteffekte bezeichnet werden, um sie von dem Interaktionseffekt zu unterscheiden.

Wir können die Zerlegung der Variation in der Spalte „Quadratsumme" rein deskriptiv für die Stichprobe betrachten und die entsprechenden Bestimmtheitsmaße berechnen.

Von der gesamten Variation von $4910,096$ ($= 100\%$) entfallen demnach $3711,729$, also $75,59\%$ auf den insgesamt durch X_1 und X_2 erklärten Teil (dieses Ergebnis hatten wir bereits bei der Interpretation von Tab. 4.9 erhalten.). Der Fehleranteil ist somit $24,41\%$.

Der erklärte Anteil setzt sich wie folgt zusammen: Auf die beiden Haupteffekte entfallen insgesamt $69,48\%$ ($= 3411,726/4910,096$), die sich zu $63,11\%$ auf die Siedlungs-struktur (X_1) und $6,37\%$ auf die Beschäftigtenentwicklung aufteilen. Die Wechselwir-kung zwischen Siedlungsstruktur und Beschäftigtenentwicklung schlägt mit $6,11\%$ ($= 300,003/4910,096$) zu Buche. Die Siedlungsstruktur ist also bei weitem der wichtigs-te Faktor. Durch die Berücksichtigung der Beschäftigtenentwicklung wird aber immer-hin $12,47\%$ zusätzlich an Variation erklärt, wovon jeweils etwa die Hälfte auf den Ein-fluss der Beschäftigtenentwicklung allein ($6,37\%$) und auf den mit der Siedlungsstruk-tur kombinierten Einfluss ($6,11\%$) entfallen. Es sei darauf hingewiesen, dass die Wurzeln aus den erklärten Variationsanteilen der Haupteffekte den partiellen Korrelationskoeffizi-enten $r_{Y X_1 . X_2}$ und $r_{Y X_2 . X_1}$ einer zweifachen Regressionsanalyse entsprechen. Analog entspricht die Wurzel aus dem insgesamt erklärten Variationsanteil dem multiplen Korre-lationskoeffizienten.

Zur Beantwortung der Fragen, ob die Einflüsse

(1) von X_1 und X_2 insgesamt,
(2) von X_1 allein,
(3) von X_2 allein,

(4) der Wechselwirkung von X_1 und X_2.

auf Y signifikant sind, müssen wir uns den übrigen Spalten der Tab. 4.12 zuwenden. Zuvor ist allerdings zu entscheiden, ob wir das Modell (4.4) – (4.6) oder das Modell (4.8) – (4.9) als Ausgangshypothese wählen, da die Interpretation in beiden Fällen unterschiedlich ausfallen kann. Bei dem vollständigen Modell (4.8) – (4.9) geht man von der Gleichung

$$\mu_{ij} = \mu + \gamma_i + \delta_j + \gamma\,\delta_{ij}$$

aus, d.h. von der Vermutung, dass alle unter (1) – (4) genannten Einflüsse bestehen.

Dann sind die vier Nullhypothesen

(1') H_0: $\mu_{11} = \mu_{12} = \ldots = \mu_{1r} = \mu_{21} = \ldots = \mu_{2r} = \ldots = \mu_{q1} = \ldots = \mu_{qr}$ $(= \mu)$
(2') H_0: $\mu_{1*} = \mu_{2*} = \ldots = \mu_{q*}$ $(= \mu)$ bzw.
    H_0: $\gamma_i = 0$ (für alle $i = 1, \ldots, q$)
(3') H_0: $\mu_{*1} = \mu_{*2} = \ldots = \mu_{*r}$ $(= \mu)$ bzw.
    H_0: $\delta_j = 0$ (für alle $j = 1, \ldots, r$)
(4') H_0: $\mu_{ij} = \mu + \gamma_i + \delta_j$ (für alle $i = 1, \ldots, q;\; j = 1, \ldots, r$)   bzw.
    H_0: $\gamma\,\delta_{ij} = 0$ (für alle $i = 1, \ldots, q;\; j = 1, \ldots, r$)

zu widerlegen.

Im Falle des Modells (4.4) – (4.6) ist die Vermutung

$$\mu_{ij} = \mu + \gamma_i + \delta_j.$$

Es wird also von vornherein angenommen, dass keine Wirkung der Interaktion $X_1 \times X_2$ auf Y besteht. In diesem Fall sind nur die Nullhypothesen (1') – (3') zu testen.

Für unser Beispiel gehen wir von dem Modell (4.8) – (4.9) aus, d. h., wir vermuten auch eine Wirkung der Interaktion Siedlungsstruktur × Beschäftigtenentwicklung auf den Binnenwanderungssaldo.

Zur Begründung des Modells: Der mögliche Einfluss der Siedlungsstruktur wurde bereits in Kap. 2 begründet, ebenfalls der mögliche Einfluss der Beschäftigtenentwicklung. Hinsichtlich der Wechselwirkung besteht die Vermutung, dass in den ländlichen Umgebungen von Städten und im ländlichen Raum mit zunehmender Beschäftigung auch der Binnenwanderungssaldo wächst (arbeitsplatzorientierte Fernwanderungen). In den kreisfreien Städten könnte die Zunahme von Arbeitsplätzen aber einen Einkommenszuwachs bewirken, der den Wunsch nach einer Wohnung/einem Haus im suburbanen Raum leichter realisierbar macht. In den kreisfreien Städten würde man daher bei Zunahme der Beschäftigung sogar mit einer Abnahme des Binnenwanderungssaldos rechnen.

Insgesamt würde also eine Veränderung von X_2 in den einzelnen Gruppen von X_1 eine unterschiedliche Wirkung haben, was der Interaktionshypothese entspricht. Für diese sehr grob formulierte Vermutung bilden die Stichprobenmittelwerte einige Anhaltspunkte (vgl. Tab. 4.8). So ist in den kreisfreien Städten mit relativ günstiger Beschäftigtenentwicklung der Binnenwanderungssaldo im Durchschnitt mit $-15{,}95$ noch etwas niedriger als in denjenigen mit ungünstiger Beschäftigtenentwicklung ($-13{,}58$). Dagegen wirkt die

Beschäftigtenentwicklung in den übrigen Kategorien genau umgekehrt. Dort sind relativ günstige Beschäftigtenentwicklungen mit deutlich höheren Binnenwanderungssalden verbunden (vgl. Tab. 4.8).

Wir wenden uns nun zur Prüfung der vier Nullhypothesen wieder Tab. 4.12 zu. In der Spalte „Varianzen" sind die Stichprobenvarianzen aufgeführt, die sich jeweils aus der Division der Quadratsummen durch die Freiheitsgrade FG ergeben. Sie sind gleichzeitig die Schätzwerte für die Varianzen in der Grundgesamtheit. Die $\hat{F}$-Werte sind die Quotienten aus der Varianz eines Effekts und der Fehlervarianz. Für die Wirkung von X_1 allein ist z.B. $\hat{F} = 1549{,}261/66{,}576 = 23{,}271$. Mit $\hat{F}$ wird geprüft, ob die entsprechende Varianz in der Grundgesamtheit größer ist als die Fehlervarianz in der Grundgesamtheit. In der letzten Spalte sind die Signifikanzniveaus der $\hat{F}$ (unter Berücksichtigung der jeweiligen Freiheitsgrade) eingetragen, wie sie etwa vom SPSS ausgegeben werden. Diese Signifikanzniveaus geben die Wahrscheinlichkeit an, mit der ein $\hat{F}$-Wert überschritten wird, wenn die Hypothese H_0 gilt. Mit anderen Worten: Wenn die Signifikanzniveaus unter 0,05 (bzw. 0,01) liegen, ist die jeweilige Nullhypothese mit einer Irrtumswahrscheinlichkeit von 5% (bzw. 1%) widerlegt bzw. können die entsprechenden Varianzen auf dem 5%- (bzw. 1%-) Signifikanzniveau als ungleich gelten.

Wie man aus Tab. 4.12 sieht, sind alle $\hat{F}$ bis auf das $\hat{F}$ für den Interaktionseffekt auf dem 5%-Niveau signifikant. Wir können also die Nullhypothesen (1') – (3') als widerlegt bzw. unsere Fragen (1) – (3) als positiv beantwortet ansehen: Siedlungsstruktur und Beschäftigtenentwicklung haben jeweils allein und insgesamt einen signifikanten Einfluss auf den Binnenwanderungssaldo, nicht jedoch in ihrer Wechselwirkung.

Um diesen Sachverhalt noch einmal bildlich auszudrücken, zeigt Abb. 4.3 die beiden Kurven für die Stichprobenmittelwerte. Obwohl sie nicht parallel sind, ist die Abweichung von der Parallelität zu gering, um auf nicht-parallele Kurven in der Grundgesamtheit schließen zu können.

Wir weisen ausdrücklich darauf hin, dass der Interaktionseffekt $X_1 \times X_2$ nicht gesichert ist, obwohl die erklärten Variationsanteile von X_2 und $X_1 \times X_2$ nahezu identisch sind (vgl. die Spalte „Quadratsumme" in Tab. 4.12). Der statistische Grund dafür ist in den unterschiedlichen Freiheitsgraden zu sehen. Außerdem ist zu beachten, dass in unserem Beispiel der Gesamtstichprobenumfang mit $n = 24$ relativ klein ist, was in einem entsprechend niedrigen FG für die Fehlerquadratsumme seinen Ausdruck findet und die Rückweisung der Nullhypothese sowieso schwierig macht.

Wir wollen noch kurz auf die Interpretation der Tab. 4.12 im Fall des Modells (4.5) – (4.7) mit der Gleichung

$$\mu_{ij} = \mu + \gamma_i + \delta_j$$

eingehen.

Man vermutet also einen Einfluss der beiden Variablen X_1 und X_2 jeweils allein und insgesamt auf Y, aber keinen signifikanten Einfluss der Interaktion $X_1 \times X_2$. D.h., man möchte

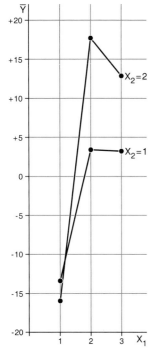

Abb. 4.3:
Kurven der Zellenmittelwerte aus Tab. 4.8

„eigentlich" die Nullhypothesen (1') – (3') widerlegen, aber die Nullhypothese (4') beibehalten.
Man geht bei der Deutung von Tab. 4.12 dann so vor, dass zunächst (4') geprüft wird. In unserem Beispiel wird (4') beibehalten. Nun muss man allerdings die Quadratsumme der Interaktion (QS_I) zur Fehlerquadratsumme hinzurechnen, da sie im Sinne von (4.4) ja nicht zur erklärten Variation gehört. Man erhält somit aus Tab. 4.12 die geänderte Tab. 4.13. Während die Effekte von X_1 und von X_1 und X_2 zusammen signifikant sind, kann der Einfluss von X_2 allein auf Y jetzt nicht mehr als bestätigt gelten. Denn der kritische Wert ist bei $(1, 20)$ Freiheitsgraden und einem Signifikanzniveau von 5%

$$F_{(1,20),5\%} = 4,35 \qquad \text{(vgl. Anhang, Tafel 3)}.$$

$\hat{F} = 4,181$ liegt aber unter diesem kritischen Wert. Ist man also an einer kritischen Überprüfung des Modells 4.4 interessiert (und nicht nur an der rein deskriptiven Absicht einer Zerlegung der Stichprobenvariation), ist das Modell (4.4) zu verwerfen und man kann nur eine einfache Varianzanalyse von Y nach X_1 durchführen.

Doppelte Varianzanalyse: Voraussetzung *MuG*

Diese sind hinsichtlich der ϵ_{ijk} zunächst die gleichen wie bei der einfachen Varianzanalyse, nämlich die Normalverteilung der Fehler innerhalb der einzelnen Zellen, innerhalb der Zeilen und innerhalb der Spalten. Die Varianzen der Fehler innerhalb der Zellen müssen konstant sein, ebenso wie die Varianzen der Fehler innerhalb der Zeilen und innerhalb der Spalten. Außerdem müssen die ϵ_{ijk} paarweise stochastisch unabhängig sein. Diese Voraussetzungen sind natürlich in unserem Beispiel angesichts des geringen Stichprobenumfangs nicht zu überprüfen. Wie die einfache ist auch die doppelte Varianzanalyse darüber hinaus gegenüber geringfügigen Verletzungen der Normalverteilungsbedingung relativ robust.

Von größerer Bedeutung ist die Voraussetzung gleicher Anzahl der Stichprobenelemente in den Zellen, d. h. konstanter n_{ij}. Ist sie nicht erfüllt, begibt man sich gleichsam in ein „Minenfeld", denn die Schätzungen der Varianzen in der Grundgesamtheit durch die entsprechenden Stichprobenvarianzen werden dann leicht verfälscht. Für sehr geringe Unterschiede zwischen den n_{ij} gibt es allerdings Schätzverfahren, die die möglichen Schätzfehler zu korrigieren versuchen (vgl. etwa Kirk 1968 oder die bei Sachs 2004 angegebene Literatur). Wenn eben möglich, sollte jedoch eine Untersuchung so angelegt werden, dass man konstante n_{ij} erhält.

Als alternative Möglichkeit wird gelegentlich empfohlen, eine Varianzanalyse nicht mit den Stichprobenwerten selbst, sondern mit den Zellenmittelwerten durchzuführen. Man hat dann eine doppelte Varianzanalyse mit einer Beobachtung pro Zelle, d.h. $n_{ij} = 1$ (alle $i = 1, \ldots, q$; $j = 1, \ldots, r$).

Allerdings gibt es dann keine Fehlervarianz mehr, da die Stichprobenwerte nicht mehr um ihre Zellenmittelwerte streuen können. Man wählt darum als Fehlervarianz die auf den Interaktionseffekt zurückgehende Varianz. Das ist jedoch nur dann sinnvoll, wenn der Interaktionseffekt nicht signifikant ist, wenn man also mit gutem Grund von dem Modell (4.4) – (4.6) ausgehen kann.

Wir wollen diese Möglichkeit an unserem Beispiel kurz erläutern, bei dem der Interaktionseffekt ja nicht signifikant war. Als Grundlage der doppelten Varianzanalyse wählen wir statt Tab. 4.7 die Tab. 4.8. Das Ergebnis dieser Varianzanalyse zeigt die folgende Tabelle.

Quelle der Variation	FG	Quadratsumme	durchschnittliches Quadrat (= Varianz)	$\hat{F}$-Wert
X_1	2	774,791	387,395	20,679
X_2	1	78,337	78,337	4,181
Fehler (= Variation zwischen den Zeilen)	2	74,953	37,476	
Gesamt	23	928,080	185,616	

Der kritische Wert der F-Verteilung ist bei einem 5%-Signifikanzniveau und
– (2,2) Freiheitsgraden: $F_{(2,2),5\%} = 19,0$
– (1,2) Freiheitsgraden: $F_{(1,2),5\%} = 18,5$ (vgl. Anhang, Tafel 5)

Die Werte $\hat{F}$ liegen jeweils unter dem kritischen F-Wert, so dass weder X_1 noch X_2 einen signifikanten Einfluss auf Y ausüben.

Der Grund für dieses „enttäuschende" Ergebnis liegt darin, dass bei der Varianzanalyse mit den Stichprobenmittelwerten der größte Teil der Information verloren geht, was sich in der geringen Zahl von Freiheitsgraden bemerkbar macht.

Zu dieser Alternative kann also kaum geraten werden. Somit bleibt in den meisten praktischen Fällen die Notwendigkeit bestehen, für konstante n_{ij} Sorge zu tragen.

Doppelte Varianzanalyse: Voraussetzung *MuG*

Tab. 4.13: Ergebnis der Varianzanalyse für das Beispiel der Tab. 4.7 und das Modell 4.4

Quelle der Variation	FG	Quadratsumme	durchschnittliches Quadrat (= Varianz)	$\hat{F}$-Wert
X_1	2	3098,523	1549,261	20,679
X_2	1	313,204	313,204	4,181
Erklärter Teil	3	3411,726	1137,242	11,180
Fehler	20	1498,370	74,918	
Gesamt	23	4910,096	213,482	

Damit ist noch einmal aufgezeigt worden, wie wichtig die theoretische Formulierung eines Problems ist, bevor man eine statistische Analyse durchführt. Es sei festgehalten, dass die statistischen Programmpakete in der Regel nur Tab. 4.12 als Output liefern. Tabelle 4.13 muss man daraus per Hand erstellen.

4.3 Weitere Hinweise

(1) *Mehrfache Varianzanalyse mit drei und mehr unabhängigen kategorialen Variablen*

Der Gedankengang der doppelten Varianzanalyse lässt sich ohne weiteres auf Fälle mit mehr als zwei unabhängigen Variablen übertragen. Dabei ist jedoch zu beachten, dass die Zahl möglicher Interaktionseffekte schnell zunimmt. Bei drei unabhängigen Variablen X_1, X_2 und X_3 gibt es 3 mögliche zweifache Interaktionen, nämlich $X_1 \times X_2$, $X_1 \times X_3$ und $X_2 \times X_3$, und die dreifache Interaktion $X_1 \times X_2 \times X_3$. Bei vier unabhängigen Variablen ist die Anzahl der zweifachen Interaktionen bereits 6, der dreifachen 3 und der vierfachen 1. Mehrfache Varianzanalysen werden also leicht sehr komplex. Man findet daher selten Varianzanalysen mit mehr als drei unabhängigen Variablen.

(2) *Hierarchische Varianzanalyse in der Geographie*

Gemeinhin beziehen sich geographische Analysen auf räumliche Untersuchungseinheiten gleichen Agglomerationsniveaus, etwa auf Gemeinden o d e r Kreise o d e r Regionen o d e r Länder. Man kann die Varianzanalyse aber auch benutzen, um zu prüfen, ob hinsichtlich einer abhängigen Variablen sogenannte Skaleneffekte auftreten, ob die Unterschiede zwischen den Gemeinden etwa größer sind als die zwischen Regionen. Man benötigt dazu einen Datensatz, der z.B. wie folgt aufgebaut ist: q Länder werden j e w e i l s in r Regionen, diese wiederum j e w e i l s in s Kreise, diese schließlich in j e w e i l s t Gemeinden aufgeteilt. Bei einer solchen hierarchischen Struktur kann man mit der sogenannten hierarchischen Varianzanalyse arbeiten. SILK (1981) stellt ein hypothetisches Beispiel einer hierarchischen Varianzanalyse vor. Unseres Wissens fehlen aber noch interessante empirische Untersuchungen mit dieser Fragestellung.

Die sozioökonomische Struktur Torontos   *MiG*

Die Varianzanalyse ist bislang wenig in der Geographie angewandt worden. Eine dieser varianz-analytischen Studien ist diejenige zur sozioökonomischen Struktur von Toronto (vgl. MURDIE 1969). In der stadtgeographischen Literatur findet man gelegentlich Hypothesen über die inner-städtische sozioökonomische Differenzierung derart, dass für manche Variablen (etwa den öko-nomischen Status der Bevölkerung) eine sektorale Anordnung, für andere dagegen (z.b. die Al-tersstruktur und den Familienstand) eine ringförmige Verteilung angenommen wird. MURDIE hat nun für Toronto einige dieser Hypothesen überprüft. Als abhängige Variablen wählte er 6 komple-xe Größen, die mittels einer Hauptkomponentenanalyse (vgl. dazu Kapitel 6) gewonnen wurden, nämlich

– den ökonomischen Status der Bevölkerung,
– Haushalts- und Beschäftigungsmerkmale,
– Familienstand,
– ethnischer Status der Bevölkerung:
  – Anteil der Italiener,
  – Anteil der Juden,
– Bevölkerungsentwicklung.

Beobachtungseinheiten waren die Zählbezirke, die nach zwei Lagevariablen (als unabhängige Variablen) kategorisiert wurden, und zwar nach ihrer Lage in einem Sektor und in einem Ring der Stadt. Dabei wurden 6 gleich große Sektoren und 6 Ringe (Zonen) gleicher Breite unterschieden. Insgesamt wurden die einzelnen Zählbezirke also einem der 36 Zellen zugeordnet, wobei allerdings kritisch anzumerken ist, dass die Anzahl der Zählbezirke in den Zellen nicht konstant war. Die nachfolgende Tabelle zeigt das Ergebnis der 6 zweifachen Varianzanalysen für die 6 abhängigen Variablen, wobei nur die jeweiligen $\hat{F}$-Werte aufgeführt sind.

Abhängige Variable	$\hat{F}$-Werte Effekte der Sektoren	$\hat{F}$-Werte Effekte der Ringe	$\hat{F}$-Werte Interaktionseffekte der Ringe × Sektoren
Ökonomischer Status	27,0[+]	0,9	3,5[+]
Haushalts- und Beschäftigtenstruktur	1,0	58,5[+]	1,9[+]
Familienstand	4,6[+]	49,2[+]	3,8[+]
Ethnischer Status			
- Italiener	23,3[+]	9,2[+]	4,3[+]
- Juden	20,7[+]	2,9	4,6[+]
Bevölkerungsentwicklung	5,3[+]	21,9[+]	1,6

Die mit [+] gekennzeichneten Werte sind auf dem 5%-Niveau signifikant

Die sehr hohen $\hat{F}$-Werte für den sektoralen Effekt beim ökonomischen Status und den beiden ethnischen Variablen sowie für den zonalen Effekt bei der Haushalts- und Beschäftigungsstruktur, dem Familienstand und der Bevölkerungsentwicklung verweisen deutlich auf die Dominanz der traditionellen innerstädtischen Differenzierung. Die übrigen signifikanten Effekte, insbesondere für die Interaktion Sektoren × Ringe, belegen aber auch, dass diese Struktur „im Kleinen" vielfach überformt ist.

Die sozioökonomische Struktur Torontos   *MiG*

(3) *Varianz- und Regressionsanalyse*

Abschließend weisen wir noch einmal auf die große Ähnlichkeit zwischen mehrfacher Varianzanalyse und Regressionsanalyse hin. Allerdings ist bei der Varianzanalyse die Schätzung von Y-Werten für nicht in der Stichprobe vorkommende X-Werte, die ja eine wichtige Anwendung der Regressionsanalyse ist, nicht möglich. Diese Fragestellung ist bei der Varianzanalyse deshalb nicht möglich, weil die unabhängigen Variablen kategorial sind.

5 Methoden der Analyse kategorialer Variablen

5.1 Einführung

Wir geben noch einmal Tab. 1.1 wieder, in der einige typische statistische Fragestellungen aufgeführt sind.

	Unabhängige Variablen			keine
	alle metrisch	gemischt	alle diskret	Abhängigkeit
Abhängige Variable				
metrisch	(a)	(b)	(c)	(g)
kategorial	(d)	(e)	(f)	(h)

In den vorigen Kapiteln haben wir kennen gelernt, wie man die Probleme in der ersten Zeile von Tab. 1.1 analysieren kann, nämlich

(a) durch die gewöhnliche multiple Regressionsanalyse,
(b) durch die multiple Regressionsanalyse mit Dummy-Variablen,
(c) durch die Varianzanalyse,
(g) durch die multiple und partielle Korrelationsanalyse, die allerdings meistens nur in Verbindung mit der Regressionsanalyse angewandt wird. Einen Sonderfall von (g) stellt die noch zu behandelnde Faktorenanalyse dar.

Bei den Verfahren für die Typen (d), (e), (f) und (h) spricht man von einer kategorialen Datenanalyse, wobei sich diese Charakterisierung in den Fällen (d), (e) und (f) auf die abhängige Variable bezieht. Wir hatten bereits in der Einleitung festgestellt, dass kategoriale Variablen nur endlich viele Werte annehmen können, also nominal oder ordinal skaliert sind. Unter den nominal skalierten Variablen unterscheidet man bekanntlich zwischen den

dichotomen mit genau zwei Ausprägungen (z. B. männlich bzw. weiblich bei der Variablen „Geschlecht") und den

polytomen mit mehr als zwei Ausprägungen (z.b. Arbeiter, Angestellter, Beamter, Selbständiger, ohne Beruf bei der Variablen „Stellung im Beruf").

Variable mit einer „kategorialen Ordinalskala" nehmen eine Übergangsstellung zwischen nominal skalierten und ordinal skalierten Variablen ein. Sie zeichnen sich dadurch aus, dass die Kategorien durch Relationen wie „mehr/weniger", „größer/kleiner" oder „höher/niedriger" geordnet werden können. Die Variable „Einkommen" mit den drei Ausprägungen hohes, mittleres und niedriges Einkommen hat etwa eine kategoriale Ordinalskala.

Die kategoriale Datenanalyse beschäftigt sich mit Variablen, die nominal skaliert sind (einschließlich der kategorial-ordinal skalierten). Gegenüber der älteren metrischen Datenanalyse weist sie den Vorteil universellerer Anwendbarkeit auf, denn

(1) Variablen sind häufig nur auf kategorialem Niveau messbar (wie das Geschlecht),
(2) die Werte von ursprünglich metrischen Variablen werden aus Datenschutz oder sonstigen Gründen oftmals nur auf kategorialem Niveau angegeben (z. B. Einkommen),

(3) sie erlaubt eine statistische Analyse auf der Individualebene.

Dieser dritte Grund ist wohl der wichtigste. Untersucht man z.b. das Wahlverhalten auf der Individualebene, sind für die abhängige Variable „Wahlverhalten" nur endlich viele Ausprägungen möglich, etwa „Wahl der CDU", „Wahl der SPD", ... Auf einer höheren Aggregationsebene (z. B. Kreise) kann man das Wahlverhalten zwar durch eine metrische Variable erfassen (z.b. „Anteil der CDU"), begeht aber beim Schließen von der Aggregations- auf die Individualebene möglicherweise gravierende, kaum abschätzbare Fehler (vgl. auch Band 1: ökologische Verfälschung).

Es verwundert nicht, dass die kategoriale Datenanalyse erst spät Eingang in die Geographie gefunden hat, deren Beobachtungseinheiten traditionell räumliche Einheiten „mittlerer Größe", also Aggregate, waren. Dagegen ist die kategoriale Datenanalyse relativ früh in den Disziplinen angewandt worden, die Daten auf der Individualebene erheben und verwenden. Insbesondere ist hier die sozialwissenschaftliche Verkehrsforschung zu erwähnen, die die Handlungen von Verkehrsteilnehmern untersucht. Vor allem bei der Analyse der Verkehrsmittelwahl (vgl. als Beispiel WERMUTH 1980) erweisen sich Methoden der kategorialen Datenanalyse als hilfreich.

Generell hat man es bei der Analyse von Situationen, in denen sich ein Individuum zwischen mehreren, endlich vielen Alternativen entscheiden kann (diskrete Wahlsituationen), immer mit kategorialen Variablen zu tun. Deshalb stimmen die Modelle zur kategorialen Datenanalyse und zur Analyse diskreter Wahlsituationen (discrete choice models) in formaler Hinsicht überein, was auf die potentielle theoretische Fruchtbarkeit der in den folgenden Abschnitten behandelten Methoden hinweist. Wir werden uns in der Darstellung allerdings auf die statistischen Aspekte beschränken.

Zu den Fragestellungen in der zweiten Zeile von Tab. 1.1 gibt es jeweils verschiedene Analysemethoden. Am häufigsten gebraucht werden für die Probleme (d), (e) und (f) das (lineare) Logit-Modell und für die Probleme (f) und (h) das loglineare Modell. Wir werden uns auf diese beiden Modelle konzentrieren, da sie in den allgemeinen statistischen Programmpaketen verfügbar sind.

Im Übrigen sei darauf verwiesen, dass auch die Diskriminanzanalyse für einige Probleme des Typs (d) angewandt werden kann (vgl. Kap. 8), und schließlich darauf, dass wir in Band 1 bereits einen Sonderfall des Problemtyps (h) kennen gelernt haben, nämlich die Analyse zweidimensionaler Kontingenztabellen mit Hilfe der Kontingenzkoeffizienten und des χ^2-Tests.

Die kategoriale Datenanalyse wird in der Geographie seit dem Ende der 1970er Jahre in zunehmendem Maße angewandt. Sie wurde besonders von WRIGLEY (und seinen Schülern) in Bristol gefördert. Von WRIGLEY (1985) stammt auch ein umfassendes Lehrbuch für Geographen, das zu einem Standardwerk avanciert ist. Von den deutschen Geographen hat sich vor allem KEMPER mit der kategorialen Datenanalyse beschäftigt (vgl. KEMPER 1982a). Darüber hinaus enthalten die folgenden Sammelbände zahlreiche Grundsatzbeiträge und Anwendungsbeispiele der kategorialen Datenanalyse: NIJKAMP/LEITNER/WRIGLEY (1984), BAHRENBERG/FISCHER/NIJKAMP (1984), BAHRENBERG/DEITERS (1985),

FISCHER/KEMPER (1986), BAHRENBERG/FISCHER (1986). In ihnen wird auch auf diskrete Entscheidungsmodelle eingegangen.

Die folgende Darstellung lehnt sich eng an WRIGLEY (1985) an. Einen Überblick gibt auch ANDERSON (2007).

5.2 Das lineare Logit-Modell

Wir beschäftigen uns zunächst mit dem Problemtyp (d) und verdeutlichen das Prinzip des Logit-Modells an dem einfachsten Fall, nämlich einer bivariaten Analyse mit einer unabhängigen und einer abhängigen Variablen, wobei die abhängige Variable dichotom sein, also nur zwei Ausprägungen haben soll.

5.2.1 Das lineare Logit-Modell für die bivariate Analyse mit einer dichotomen abhängigen Variablen

Der Grundgedanke des Logit-Modells

Zu Vergleichszwecken wählen wir das Beispiel aus Kap. 2 und 4. Die abhängige Variable sei

$$Y = \text{Binnenwanderungssaldo je 1000 Einwohner 1980--1982 (= BWS)},$$

allerdings in einer dichotomisierten Form. Wir definieren

$$y_j = \begin{cases} 0, & \text{falls der BWS des Kreises } j < 0 \text{ ist} \\ 1, & \text{falls der BWS des Kreises } j \geq 0 \text{ ist}. \end{cases}$$

Im Fall $y_i = 0$ weist der Kreis j also einen Nettowanderungsverlust, im Fall $y_j = 1$ einen Nettowanderungsgewinn auf.

Als unabhängige Variable wählen wir

$$X = \text{Entwicklung der sozialversicherungspflichtig Beschäftigten}$$
$$(\approx \text{Entwicklung der Arbeitsplätze) 1980--1983 in \%}.$$

(In Kap. 2 war diese Variable mit X_2 bezeichnet worden).

Tabelle 5.1 zeigt die Werte der beiden Variablen in den Kreisen Norddeutschlands, wobei wir auch die Variable BWS mit aufgeführt haben.

Man kann natürlich rein formal die Regression von Y nach X berechnen und erhält

$$\hat{Y} = 0{,}8834 + 0{,}0538\,X \tag{5.1}$$

bzw. $\hat{y}_j = 0{,}8834 + 0{,}0538\,x_j$

mit $r = 0{,}3639$ und $r^2 = 0{,}1324.$

Tab. 5.1: Werte der Variablen BWS, Y und X in den norddeutschen Kreisen (siehe Text)

Nr.	BWS	Y	X	Nr.	BWS	Y	X	Nr.	BWS	Y	X
1	−11,90	0	−6,20	23	13,40	1	−4,00	45	13,80	1	−3,30
2	−11,20	0	−7,00	24	0,20	1	−2,60	46	−1,10	0	−6,60
3	−11,60	0	−4,20	25	7,50	1	−8,20	47	27,00	1	−3,80
4	−7,80	0	−9,50	26	25,20	1	−2,70	48	8,50	1	−4,50
5	−18,20	0	1,00	27	9,40	1	−4,60	49	6,80	1	−5,30
6	−15,50	0	−6,90	28	−0,10	0	−5,50	50	13,30	1	−5,40
7	−14,30	0	−5,10	29	−6,20	0	−5,40	51	13,70	1	−5,10
8	−22,10	0	−6,20	30	−2,30	0	−9,80	52	12,50	1	−0,40
9	−5,60	0	−5,00	31	10,70	1	−3,80	53	13,00	1	−7,80
10	−10,60	0	−7,70	32	36,60	1	−0,80	54	11,20	1	−3,60
11	−4,10	0	−7,80	33	−0,40	0	−7,70	55	24,60	1	1,20
12	17,30	1	−8,20	34	22,20	1	−2,40	56	4,90	1	−3,80
13	−3,00	0	−8,90	35	0,20	1	−4,30	57	23,50	1	−2,60
14	−23,10	0	−7,10	36	−0,70	0	−13,90	58	4,40	1	0,00
15	5,10	1	−9,70	37	4,20	1	−6,20	59	38,40	1	0,10
16	−28,40	0	−1,50	38	23,60	1	−4,20	60	12,60	1	−4,80
17	20,40	1	−5,80	39	16,60	1	−6,50	61	3,70	1	4,40
18	8,10	1	−6,50	40	−0,60	0	−4,30	62	20,50	1	0,80
19	6,50	1	−5,10	41	10,40	1	−0,50	63	−1,50	0	−3,50
20	−1,80	0	−1,40	42	−3,30	0	−9,80	64	3,40	1	−5,20
21	10,60	1	−9,50	43	27,60	1	−1,30	65	3,20	1	−5,50
22	10,50	1	−4,80	44	6,60	1	1,00				

Wie kann man diese Regressionsgleichung interpretieren? $\hat{y}_j$ ist der bedingte Mittelwert von Y, wenn $X = x_j$ ist, also

$$\hat{y}_j = \mu_{Y|x_j}.$$

Nun kann Y nur die beiden Werte 0 und 1 annehmen, d. h. $\hat{y}_j$ ist das gewichtete arithmetische Mittel von 0 und 1, wobei die Gewichte den Wahrscheinlichkeiten entsprechen, mit denen an der Stelle $X = x_j$

Y den Wert 0

bzw.   Y den Wert 1

annimmt.

Sei p_{1j} = Wahrscheinlichkeit mit der Y für $X = x_j$ den Wert 1 annimmt,

$p_{0j} = (1 - p_{1j})$ = Wahrscheinlichkeit, mit der Y für $X = x_j$ den Wert 0 annimmt,

so ist

$$\hat{y}_j = (1 - p_{1j}) \cdot 0 + p_{1j} \cdot 1 = p_{1j}. \tag{5.2}$$

Um ganz korrekt zu sein, müssen wir allerdings beachten, dass die sich aus der Stichprobe ergebenden Wahrscheinlichkeiten nur Schätzwerte der Wahrscheinlichkeiten in der Grundgesamtheit sind. Gleichung (5.2) muss also genauer wie folgt geschrieben werden:

$$\hat{y}_j = (1 - \hat{p}_{1j}) \cdot 0 + \hat{p}_{1j} \cdot 1 = \hat{p}_{1j}. \tag{5.3}$$

Mit anderen Worten: Wir können die $\hat{y}_j$ interpretieren als Wahrscheinlichkeit, mit der ein Kreis j einen nicht-negativen Binnenwanderungssaldo aufweist.

Für $x_j = 0$ ist z. B. $\hat{y}_j = 0{,}8834$. Das heißt: Ist in einem Kreis die Zahl der Beschäftigten konstant geblieben, so weist er mit einer Wahrscheinlichkeit von $88{,}34\%$ einen nicht negativen Binnenwanderungssaldo auf.

Die wahrscheinlichkeitstheoretische Interpretation der Gleichung (5.1) weist zugleich auf ein entscheidendes Manko dieser Regressionsanalyse hin. Die Gleichung (5.1) gilt nämlich unbeschränkt, d.h. für beliebige x_j. Das bedeutet:
Wenn x_j

den Wert $2{,}1673$ überschreitet, so wird $\hat{y}_j = p_{1j}$ größer als 1 und wenn

den Wert $-16{,}4201$ unterschreitet, dann wird $\hat{y}_j = p_{1j}$ kleiner als 0.

Das ist jedoch nicht möglich, da Wahrscheinlichkeiten nicht größer als 1 und nicht negativ sein können. Die Regressionsgleichung (5.1) kann also nur in dem Intervall

$$(-16{,}4201 \leq\ x\ \leq 2{,}1673)$$

sinnvoll interpretiert werden, jedoch nicht mehr außerhalb dieses Intervalls.

Es sei angemerkt, dass die obige Betrachtung unabhängig davon ist, welche spezifischen Definitionswerte wir für die Variable Y wählen. Auch bei der Definition

$$Y = \begin{cases} 3, & \text{falls BWS} < 0 \\ 77, & \text{falls BWS} \geq 0. \end{cases}$$

hätte sich eine analoge Betrachtung durchführen lassen, allerdings wäre sie in formaler Hinsicht etwas schwieriger geworden.

Man kann das Problem formal dadurch beheben, dass man den Gültigkeitsbereich von (5.1) auf das angeführte Intervall beschränkt und Y oberhalb dieses Intervalls gleich 1, unterhalb dieses Intervalls gleich 0 setzt. Die resultierende Regressionsfunktion zeigt Abb. 5.1.

Allgemein würde man definieren

$$\hat{p}_{1j} = \begin{cases} 0 & \text{für}\ a - b\,x_j < 0 \\ \hat{y}_j & \text{für}\ 0 \leq a + b\,x_j \leq 1 \\ 1 & \text{für}\ a - b\,x_j > 1. \end{cases} \tag{5.4}$$

Das Modell (5.4) nennt man ein lineares Wahrscheinlichkeitsmodell (linear probability model). Dieses Modell hat leider einige Nachteile, die seine Anwendbarkeit sehr stark einschränken. Erstens sind die Schätzungen in der Nähe der Extremwerte 0 und 1 für y_j bzw.

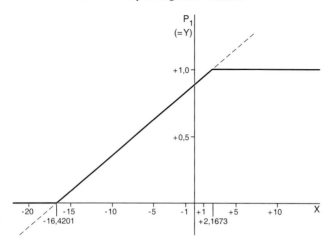

Abb. 5.1: Das zur Gleichung (5.1) gehörende lineare Wahrscheinlichkeitsmodell

p_{1j} sehr ungenau. Zweitens kann es nicht ohne weiteres auf den Fall erweitert werden, dass Y eine polytome Variable mit mehr als zwei Ausprägungen ist. Drittens lehrt die Erfahrung, dass bei einer wahrscheinlichkeitstheoretischen Interpretation selten ein Kurvenverlauf wie in Abb. 5.1 adäquat ist, sondern eher ein S-förmiger wie in Abb. 5.2. Dieser Kurvenverlauf ähnelt z.b. dem für kumulierte „Wahrscheinlichkeiten" bei der Normalverteilung und konnte häufig in Studien über die Diffusion von Innovationen beobachtet werden (vgl. z.B. BAHRENBERG/LOBODA 1973).

Schließlich ist zu beachten, dass wir bereits das Modell (5.1) nicht hätten anwenden dürfen; denn die Regressionsanalyse setzt u.a. voraus, dass die Varianzen der Fehler von Y für jedes x gleich, also konstant sind. Falls Y dichotom ist, ist diese Voraussetzung aber nicht erfüllt. Vielmehr gilt (zum Beweis vgl. WRIGLEY 1985, S. 23/24):

$$\mathrm{var}\,(\epsilon_j) = (\alpha + \beta\,x_j)\,(1 - \alpha - \beta\,x_j)$$

mit ϵ_j = Zufallsfehler der Variablen Y an der Stelle $X = x_j$

α, β = Parameter der Regressionsgeraden in der Grundgesamtheit.

Das bedeutet: Die Fehlervarianzen hängen von x_j ab.

Die Schwächen des linearen Wahrscheinlichkeitsmodells können vermieden werden, wenn man für die Form der Regression von Y nach X nicht

$$y_j = p_{1j} = \alpha + \beta\,x_j, \tag{5.5}$$

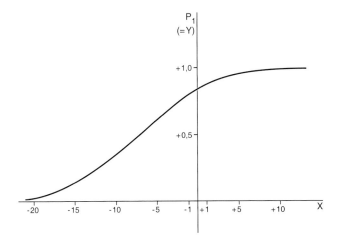

Abb. 5.2: Eine zum linearen Wahrscheinlichkeitsmodell alternative S-förmige Verteilung

sondern folgende Regressionsgleichung wählt:

$$p_{1j} = \frac{e^{\alpha + \beta x_j}}{1 + e^{\alpha + \beta x_j}}. \tag{5.6}$$

Wir wollen zunächst festhalten, dass bei dieser Gleichung p_{1j} nur Werte zwischen 0 und 1 annehmen kann:
Geht x_j nämlich gegen ∞, so geht p_{1j} gegen 1.
Geht x_j gegen $-\infty$, so geht der Zähler gegen 0, der Nenner geht gegen 1, und der Quotient geht insgesamt gegen 0.

Durch die Gleichung (5.6) wird im Übrigen der S-förmige Verlauf der Kurve in Abb. 5.2 beschrieben, wie man leicht durch eine „Kurvendiskussion", wie sie aus der Differential-rechnung bekannt ist, sehen kann. Für eine Regressionsanalyse ist (5.6) allerdings nicht direkt zu gebrauchen, weil p_{1j} nicht linear von x_j abhängig ist. Wir formen die Gleichung deshalb noch etwas um.

Aus (5.6) folgt unmittelbar

$$
\begin{aligned}
p_{0j} = 1 - p_{1j} &= 1 - \frac{e^{\alpha + \beta x_j}}{1 + e^{\alpha + \beta x_j}} \\
&= \frac{1 + e^{\alpha + \beta x_j} - e^{\alpha + \beta x_j}}{1 + e^{\alpha + \beta x_j}} = \frac{1}{1 + e^{\alpha + \beta x_j}}
\end{aligned} \tag{5.7}
$$

und daraus

$$\frac{p_{1j}}{p_{0j}} = \frac{p_{1j}}{1 - p_{1j}} = \frac{\frac{e^{\alpha + \beta x_j}}{1 + e^{\alpha + \beta x_j}}}{\frac{1}{1 + e^{\alpha + \beta x_j}}} = e^{\alpha + \beta x_j}. \qquad (5.8)$$

Gehen wir nun auf beiden Seiten von (5.8) zum natürlichen Logarithmus ln über, so ergibt sich

$$l_j = \ln \frac{p_{1j}}{p_{0j}} = \ln \frac{p_{1j}}{1 - p_{1j}} = \ln e^{\alpha + \beta x_j} = \alpha + \beta\,x_j. \qquad (5.9)$$

Der Ausdruck $ln\frac{p_{1j}}{p_{0j}}$ heißt die „Logit-Transformation" von p_{1j} oder kurz der „Logit" von p_{1j}, den wir in (5.9) als l_j bezeichnet haben.

Wir haben durch die „Logit-Transformation" die abhängige Variable $P_1 = \{p_{1j}\}$ in die abhängige Variable $L = \{l_j\}$ transformiert, wobei L jetzt linear von X abhängig ist. Wir können also auf L das einfache bivariate Regressionsmodell anwenden:

$$L = \alpha + \beta\,x + \epsilon. \qquad (5.10)$$

Die Modelle (5.6) und (5.9) sind äquivalent. Das heißt, wenn wir L aus (5.10) geschätzt haben, können wir P_1 (und damit auch $P_0 = 1 - P_1$) berechnen, indem wir von Gleichung (5.9) zur Gleichung (5.6) zurückgehen. Die Schätzwerte $\hat{p}_{ij}$ ergeben sich also aus den Schätzwerten $\hat{l}_j$ für l_j durch

$$\hat{p}_{1j} = \frac{e^{\hat{l}_j}}{1 + e^{\hat{l}_j}}. \qquad (5.11)$$

Und für $\hat{p}_{0j}$ gilt:

$$\hat{p}_{0j} = 1 - \hat{p}_{1j} = \frac{1}{1 + e^{\hat{l}_j}}. \qquad (5.12)$$

Das Modell (5.6) nennt man im Übrigen ein „logistisches Modell", das äquivalente Modell (5.9) heißt „lineares Logit-Modell". Die Kurven in Abb. 5.1 und 5.2 können als kumulierte Wahrscheinlichkeiten, also als Verteilungsfunktionen interpretiert werden (vgl. Band 1: Regressions- und Korrelationsanalyse). Grundsätzlich stehen dafür verschiedene Verteilungen zur Verfügung. Wählt man statt der logistischen Kurve nach Gleichung (5.6) etwa die Verteilungsfunktion der Standardnormalverteilung (die im Übrigen sehr ähnlich aussieht), so wird man als Regressionsmodell

$$p_{1j} = \frac{1}{\sqrt{2\pi}} \int\limits_{-\infty}^{\alpha + \beta x_j} e^{-z^2/2} dz \qquad (5.13)$$

erhalten, das man durch Umkehrung der Verteilungsfunktion ebenfalls linearisieren kann. Man erhält dann ein sogenanntes „Probit"-Modell. Mit diesem Modell wollen wir uns nicht beschäftigen. Für ein interessantes Anwendungsbeispiel sei auf WERMUTH (1980) verwiesen.

Die bisherigen Ausführungen lassen sich kurz wie folgt zusammenfassen: Wir sind ausgegangen von einer dichotomen abhängigen Variablen Y und einer metrischen unabhängigen Variablen X. Eine „normale" bivariate Regression von Y nach X kann aus verschiedenen Gründen nicht durchgeführt werden. Sie führt uns aber zu der Idee, die Variable Y zu „metrisieren", und zwar dadurch, dass die Schätzwerte y_j der normalen bivariaten Regression als Wahrscheinlichkeiten p_{1j} dafür, dass $y_j = 1$ ist, aufgefasst werden können. Wir ersetzen also zunächst Y durch die entsprechende Variable P_1. Für P_1 kann eine lineare Regression nach X genauso wenig wie für Y berechnet werden. Wir können jedoch für P_1 ein logistisches Modell (5.6) aufstellen, das sich durch die Logittransformation in ein lineares Regressionsmodell für den Logit L von P_1 umwandeln lässt (5.9). Dieses Modell ist unbeschränkt, also für beliebige x gültig. Wenn X gegen $-\infty$ oder $+\infty$ geht, geht auch L gegen $-\infty$ oder $+\infty$, P_1 geht aber nur gegen 0 oder 1.

Schätzung eines linearen Logit-Modells

Wir gehen aus von der Regressionsgleichung in (5.10)

$$L = \ln \frac{P_1}{1 - P_1} = \ln \frac{P_1}{P_0} = \alpha + \beta\,X + \epsilon$$

und wollen uns überlegen, wie die Parameter α und β geschätzt werden können bzw. wie a und b der Schätzgleichung

$$\hat{L} = \ln \frac{\hat{P_1}}{\hat{P_0}} = a + b\,X \tag{5.14}$$

bestimmt werden können.

Zunächst ist festzuhalten, dass wir keine Schätzungen auf der Basis der Einzelwerte vornehmen können. Eine solche Schätzung würde ja der Gleichung

$$l_j = \ln \frac{p_{1j}}{1 - p_{1j}} = \alpha + \beta\,x_j + \epsilon \tag{5.15}$$

entsprechen. p_{1j} kann aber bei den Ausgangsdaten nur die Werte 0 und 1 annehmen, und zwar

0, wenn $y_j = 0$

1, wenn $y_j = 1$ ist.

Das würde bedeuten, wir müssten entweder

$$\ln \frac{0}{1 - 0} = \ln 0$$

oder $\quad \ln \dfrac{1}{1 - 1} = \ln \infty$

berechnen, was unmöglich ist.

Zur Bestimmung von Gleichung (5.14) benutzt man daher statt der Einzelwerte gruppierte Werte, indem man

die n Wertepaare (x_j, y_j) der Stichprobe in k Gruppen von Wertepaaren (x_g, y_g) zusammenfasst

und für diese Gruppenwerte die Regression

$$l_g = \ln \frac{p_{1g}}{1 - p_{1g}} = a + b\,x_g \tag{5.16}$$

bestimmt. Dabei wählt man für x_g jeweils den Gruppenmittelwert, d. h.

$$x_g = \frac{1}{n_g} \sum_{j=1}^{n_g} x_j \tag{5.17}$$

mit $n_g =$ Anzahl der Stichprobenwerte in der Gruppe g,

und für p_{1g} die relative Häufigkeit h_g, mit der Y in der Gruppe g den Wert 1 annimmt. In unserem Fall gilt, da Y nur die Werte 1 und 0 annimmt:

$$p_{1g} = h_g = \frac{1}{n_g} \sum_{j=1}^{n_g} y_j \tag{5.18}$$

mit $n_g =$ Anzahl der Stichprobenwerte in der Gruppe g.

Die l_g sind dann entsprechend Gleichung (5.16) (linke Hälfte) zu bestimmen.

Die Gruppen werden durch Klassengrenzen für die x_j festgelegt. Wir haben für unser Beispiel die Werte der Tab. 5.1 in acht Gruppen eingeteilt. Das Ergebnis zeigt Tab. 5.2.

Tab. 5.2: Gruppierung der Werte aus Tab. 5.1 mit Logit-Transformation

Gruppe		x_g	n_g	$n\|_{y=1}$	$p_{1g} = h_g$	l_g	w_g
	$x_j < -8,75$	$-10,1571$	7	2	0,2857	$-0,9163$	1,4286
$-8,75 \leq x_j < -7,50$		$-7,9000$	6	3	0,5000	0,0000	1,5000
$-7,50 \leq x_j < -6,25$		$-6,7667$	6	2	0,3333	$-0,6931$	1,3333
$-6,25 \leq x_j < -5,00$		$-5,5385$	13	8	0,6154	0,4700	3,0769
$-5,00 \leq x_j < -3,75$		$-4,3154$	13	10	0,7692	1,2040	2,3077
$-3,75 \leq x_j < -1,50$		$-2,9571$	7	6	0,8571	1,7918	0,8571
$-1,50 \leq x_j < 0,00$		$-0,9833$	6	4	0,6667	0,6931	1,3333
$0,00 \leq x_j$		1,2143	7	6	0,8571	1,7918	0,8571

Wir könnten nun mit den 8 Wertepaaren (l_g, x_g) die beiden Parameter der Gleichung (5.16) nach dem im Band 1 dargestellten „Prinzip der kleinsten Quadrate" (OLS = ordinary least squares) bestimmen, d. h. a und b so wählen, dass

$$\sum_{g=1}^{8} \left(l_g - \hat{l}_g \right)^2 = \sum_{g=1}^{8} \left(l_g - (a + b\,x_g) \right)^2 \tag{5.19}$$

ein Minimum wird. Dies würde allerdings zu verfälschten Schätzwerten a und b führen, weil die Varianz der Fehler ($l_g - \hat{l}_g$) dann nicht mehr konstant wäre. Es kann nämlich gezeigt werden, dass diese Fehlervarianz bei großem Stichprobenumfang n gegen

$$\mathrm{var}(l_g - \hat{l}_g) = \frac{1}{n_g \cdot p_{1g}\,(1 - p_{1g})}$$

geht, und zwar auch dann, wenn man die p_{1g} durch die h_g ersetzt.

Für eine korrekte Schätzung von a und b wendet man deshalb nicht das gewöhnliche Prinzip der kleinsten Quadrate an, sondern gewichtet die quadrierten Differenzen in (5.19) durch Gewichte w_g. Als w_g wählt man das Inverse von VAR ($l_g - \hat{l}_g$), wodurch die Konstanz der Fehlervarianzen gesichert wird. Mit anderen Worten: Die beiden Schätzwerte a und b werden so bestimmt, dass der Ausdruck

$$\sum_{g=1}^{8} w_g \left(l_g - \hat{l}_g \right)^2 = \sum_{g=1}^{8} w_g \left(l_g - (a + bx_g) \right)^2 \tag{5.20}$$

mit
$$\begin{aligned} w_g &= n_g \cdot p_{1g}\,(1 - p_{1g}) \\ &= n_g \cdot h_g\,(1 - h_g) \end{aligned}$$

minimal wird. Man spricht dann vom „Prinzip der gewichteten kleinsten Quadrate" (weighted least squares = WLS). Für unser Beispiel sind die Gewichte der einzelnen Gruppen in der letzten Spalte der Tab. 5.2 aufgeführt.

Die Verwendung der Gewichte w_g bewirkt zweierlei:

(1) Bei konstantem h_g werden die Gruppen mit größerem n_g stärker gewichtet, was unmittelbar einleuchtend ist;

(2) Bei konstantem n_g werden die „randlichen" Gruppen, für die h_g nahe an 0 oder nahe 1 liegt, schwächer gewichtet, weil der Logit in den Randbereichen schon bei kleinen Änderungen von h_g bzw. p_{1g} sehr stark reagiert.

Falls in einer Gruppe $h_g = 0$ oder $h_g = 1$ $(1 - h_g = 0)$ ist, würde dieser Gruppe das Gewicht 0 zukommen; sie würde also bei der Minimierung von (5.19) nicht berücksichtigt. Deshalb empfiehlt WRIGLEY (1985, S. 32), einem Vorschlag von BERKSON folgend,

im Fall $h_g = 0$: $w_g = 1/2n_g$ (anstatt $w_g = 0$),
im Fall $h_g = 1$: $w_g = 1 - 1/2n_g$ (anstatt $w_g = 1$)

zu wählen. In unserem Beispiel ist keine solche Korrektur notwendig, wie die Spalte für h_g in Tab. 5.2 zeigt.

Bei der Minimierung des Ausdrucks (5.20) geht man analog vor wie bei der bereits in Band 1 besprochenen Minimierung von (5.19): Man bildet die (partiellen) Ableitungen nach a und b, setzt die resultierenden Ausdrücke gleich 0 und löst die beiden Gleichungen nach a und b auf.

Man erhält dann für k Gruppen

$$b = \frac{\sum_{g=1}^{k} w_g \left(l_g - L^*\right)\left(x_g - X^*\right)}{\sum_{g=1}^{k} w_g \left(x_g - X^*\right)^2} \tag{5.21}$$

$$a = L^* - bX^* \tag{5.22}$$

mit $L^* = \left(\sum_{g=1}^{k} w_g l_g\right) \Big/ \sum_{g=1}^{k} w_g$ (= gewichtetes Mittel der l_g)

$X^* = \left(\sum_{g=1}^{k} w_g x_g\right) \Big/ \sum_{g=1}^{k} w_g$ (= gewichtetes Mittel der x_g).

Der Standardfehler von b nähert sich mit wachsendem n dem Wert

$$\sqrt{\mathrm{var}\,(B)} = \sqrt{1 \Big/ \sum_{g=1}^{k} w_g \left(x_g - X^*\right)^2}. \tag{5.23}$$

Die Gleichungen (5.21) und (5.22) sind nichts anderes als gewichtete Varianten der entsprechenden Gleichungen der gewöhnlichen bivariaten Regressionsanalyse.

Wir können natürlich auch in entsprechender Weise einen Korrelationskoeffizienten r zwischen L und X berechnen:

$$r = \frac{\sum_{g=1}^{k} w_g \left(l_g - L^*\right)\left(x_g - X^*\right)}{\sqrt{\sum_{g=1}^{k} w_g \left(x_g - X^*\right)^2}\sqrt{\sum_{g=1}^{k} w_g \left(l_g - L^*\right)^2}}. \tag{5.24}$$

In unserem Beispiel erhalten wir

$$\hat{L} = \ln \frac{\hat{P}_1}{\left(1 - \hat{P}_1\right)} = 1{,}6675 + 0{,}2329\,X \tag{5.25}$$

mit $r = 0{,}8229$.

Zur Interpretation des Korrelationskoeffizient ist folgendes anzumerken:

1. Er beschreibt den Zusammenhang der „Gruppenmittelwerte", nicht den der Einzelwerte. So zeigen auch die Residuen in Tab.5.3 deutlich, dass für die einzelnen Kreise beträchtliche Unterschiede zwischen dem tatsächlichen Wert und dem Modellwert bestehen können trotz des recht hohen Korrelationskoeffizienten (für die „Gruppenmittelwerte").

2. Er bezieht sich auf den Zusammenhang zwischen L und X, nicht auf denjenigen zwischen P_1 und X. Da man aber an P_1 (und nicht an L) interessiert ist, wird der Korrelationskoeffizient selten berechnet.

Tab. 5.3: Ergebnis der linearen Logit-Analyse für die Daten aus Tab. 5.1

Nr.	X	$\hat{L}$	Y	$\hat{P}(=\hat{Y})$	$Y-\hat{Y}$	Nr.	X	$\hat{L}$	Y	$\hat{P}(=\hat{Y})$	$Y-\hat{Y}$
1	$-6{,}2$	$0{,}2235$	0	$0{,}556$	$-0{,}556$	34	$-2{,}4$	$1{,}1085$	1	$0{,}752$	$0{,}248$
2	$-7{,}0$	$0{,}0372$	0	$0{,}509$	$-0{,}509$	35	$-4{,}3$	$0{,}6660$	1	$0{,}661$	$0{,}339$
3	$-4{,}2$	$0{,}6893$	0	$0{,}666$	$-0{,}666$	36	$-13{,}9$	$-1{,}5698$	0	$0{,}172$	$-0{,}172$
4	$-9{,}5$	$-0{,}5451$	0	$0{,}367$	$-0{,}367$	37	$-6{,}2$	$0{,}2235$	1	$0{,}556$	$0{,}444$
5	$1{,}0$	$1{,}9004$	0	$0{,}870$	$-0{,}870$	38	$-4{,}2$	$0{,}6893$	1	$0{,}666$	$0{,}334$
6	$-6{,}9$	$0{,}0605$	0	$0{,}515$	$-0{,}515$	39	$-6{,}5$	$0{,}1537$	1	$0{,}538$	$0{,}462$
7	$-5{,}1$	$0{,}4797$	0	$0{,}618$	$-0{,}618$	40	$-4{,}3$	$0{,}6660$	0	$0{,}661$	$-0{,}661$
8	$-6{,}2$	$0{,}2235$	0	$0{,}556$	$-0{,}556$	41	$-0{,}5$	$1{,}5511$	1	$0{,}825$	$0{,}175$
9	$-5{,}0$	$0{,}5030$	0	$0{,}623$	$-0{,}623$	42	$-9{,}8$	$-0{,}6149$	0	$0{,}351$	$-0{,}351$
10	$-7{,}7$	$-0{,}1258$	0	$0{,}469$	$-0{,}469$	43	$-1{,}3$	$1{,}3647$	1	$0{,}797$	$0{,}203$
11	$-7{,}8$	$-0{,}1491$	0	$0{,}463$	$-0{,}463$	44	$1{,}0$	$1{,}9004$	1	$0{,}870$	$0{,}130$
12	$-8{,}2$	$-0{,}2423$	1	$0{,}440$	$0{,}560$	45	$-3{,}3$	$0{,}8989$	1	$0{,}711$	$0{,}289$
13	$-8{,}9$	$-0{,}4053$	0	$0{,}400$	$-0{,}400$	46	$-6{,}6$	$0{,}1304$	0	$0{,}533$	$-0{,}533$
14	$-7{,}1$	$0{,}0139$	0	$0{,}503$	$-0{,}503$	47	$-3{,}8$	$0{,}7825$	1	$0{,}686$	$0{,}314$
15	$-9{,}7$	$-0{,}5916$	1	$0{,}356$	$0{,}644$	48	$-4{,}5$	$0{,}6195$	1	$0{,}650$	$0{,}350$
16	$-1{,}5$	$1{,}3182$	0	$0{,}789$	$-0{,}789$	49	$-5{,}3$	$0{,}4331$	1	$0{,}607$	$0{,}393$
17	$-5{,}8$	$0{,}3167$	1	$0{,}579$	$0{,}421$	50	$-5{,}4$	$0{,}4098$	1	$0{,}601$	$0{,}399$
18	$-6{,}5$	$0{,}1537$	1	$0{,}538$	$0{,}462$	51	$-5{,}1$	$0{,}4797$	1	$0{,}618$	$0{,}382$
19	$-5{,}1$	$0{,}4797$	1	$0{,}618$	$0{,}382$	52	$-0{,}4$	$1{,}5743$	1	$0{,}828$	$0{,}172$
20	$-1{,}4$	$1{,}3414$	0	$0{,}793$	$-0{,}793$	53	$-7{,}8$	$-0{,}1491$	1	$0{,}463$	$0{,}537$
21	$-9{,}5$	$-0{,}5451$	1	$0{,}367$	$0{,}633$	54	$-3{,}6$	$0{,}8291$	1	$0{,}696$	$0{,}304$
22	$-4{,}8$	$0{,}5496$	1	$0{,}634$	$0{,}366$	55	$1{,}2$	$1{,}9470$	1	$0{,}875$	$0{,}125$
23	$-4{,}0$	$0{,}7359$	1	$0{,}676$	$0{,}324$	56	$-3{,}8$	$0{,}7825$	1	$0{,}686$	$0{,}314$
24	$-2{,}6$	$1{,}0620$	1	$0{,}743$	$0{,}257$	57	$-2{,}6$	$1{,}0620$	1	$0{,}743$	$0{,}257$
25	$-8{,}2$	$-0{,}2423$	1	$0{,}440$	$0{,}560$	58	$0{,}0$	$1{,}6675$	1	$0{,}841$	$0{,}159$
26	$-2{,}7$	$1{,}0387$	1	$0{,}739$	$0{,}261$	59	$0{,}1$	$1{,}6908$	1	$0{,}844$	$0{,}156$
27	$-4{,}6$	$0{,}5962$	1	$0{,}645$	$0{,}355$	60	$-4{,}8$	$0{,}5496$	1	$0{,}634$	$0{,}366$
28	$-5{,}5$	$0{,}3866$	0	$0{,}595$	$-0{,}595$	61	$4{,}4$	$2{,}6923$	1	$0{,}937$	$0{,}063$
29	$-5{,}4$	$0{,}4098$	0	$0{,}601$	$-0{,}601$	62	$0{,}8$	$1{,}8538$	1	$0{,}865$	$0{,}135$
30	$-9{,}8$	$-0{,}6149$	0	$0{,}351$	$-0{,}351$	63	$-3{,}5$	$0{,}8524$	0	$0{,}701$	$-0{,}701$
31	$-3{,}8$	$0{,}7825$	1	$0{,}686$	$0{,}314$	64	$-5{,}2$	$0{,}4564$	1	$0{,}612$	$0{,}388$
32	$-0{,}8$	$1{,}4812$	1	$0{,}815$	$0{,}185$	65	$-5{,}5$	$0{,}3866$	1	$0{,}595$	$0{,}405$
33	$-7{,}7$	$-0{,}1258$	0	$0{,}469$	$-0{,}469$						

Kritik des Beispiels und Bewertung des linearen Logit-Modells   *MuG*

Erstens ist festzuhalten, dass die durch das lineare Logit-Modell geschätzten Wahrscheinlichkeiten natürlich nie 0 oder 1 betragen können. Trotzdem sind die Residuen in Tab. 5.3 z. T. sehr hoch und zeigen auch eine deutliche Struktur (vgl. 5.2.1.4). Unser Modell weist insgesamt also keine gute Anpassung an die beobachteten Werte auf.

Ein Grund dafür ist, dass die abhängige Variable Y durch Dichotomisierung der metrischen Variablen BWS gebildet wurde. Man sollte aber mit metrischen Variablen, wenn eben möglich, metrische Analysen durchführen, da durch die Dichotomisierung ein Informationsverlust eintritt. So wäre bei einer metrischen Analyse der Schätzwert für y_{l5} (Wilhelmshaven) sicherlich besser gewesen. Unser Beispiel ist also nicht sehr glücklich gewählt; wir haben es vor allem benutzt, um mit aus Kap. 2 bekannten Daten arbeiten zu können.

Zweitens muss betont werden, dass auch bei der metrischen Analyse die Variable X (prozentuale Zunahme der Beschäftigten) kein guter Prädiktor für BWS war. Ein deutlich besserer wäre wohl eine siedlungsstrukturelle Variable gewesen (vgl. Abschn. 5.2.4).

Die entscheidende Schwäche unseres Beispiels ist aber in dem geringen Stichprobenumfang ($n = 65$) zu sehen. Um überhaupt Gruppen nicht zu kleinen Umfangs zu erhalten, konnten wir nur acht Gruppen bilden, die zudem nicht sehr homogen sind (vgl. die Klasseneinteilung in Tab. 5.2). Dadurch basiert das Schätzmodell nur auf 8 Wertepaaren. Dieser Nachteil ist bedingt durch die gewählte Schätzmethode (Prinzip der gewichteten kleinsten Quadrate), die immer eine Gruppierung voraussetzt. Er wird noch gravierender, wenn die abhängige Variable polytom ist und wenn man mehr als eine unabhängige Variable benutzt. Hat man z.B. 3 unabhängige Variablen, die in jeweils 8 Gruppen eingeteilt werden, so erhält man schon 512 Gruppen. Da die Gruppen nicht nur aus einem Element bestehen können (dann wäre ja $h_g = 0$ oder 1 und die Logit-Transformation könnte nicht durchgeführt werden), braucht man für realistische Analysen mit der Methode der gewichteten kleinsten Quadrate schon eine sehr umfangreiche Stichprobe. Diese Schätzmethode wird, wenn die unabhängigen Variablen metrisch sind, auch kaum angewandt, sondern durch eine Maximum-Likelihood-Schätzung ersetzt. Diese kann nämlich auf die Einzelwerte angewandt werden. Im Prinzip werden dabei a und b so bestimmt, dass die Wahrscheinlichkeit, die beobachteten Stichprobenwerte p_{1j} (und nicht andere) zu erhalten, maximal wird (vgl. ausführlicher WRIGLEY 1985, S. 35ff.).

Wir haben die Schätzmethode der gewichteten kleinsten Quadrate deshalb vorgestellt, weil sie erstens eine „natürliche" Erweiterung der bekannten Methode der kleinsten Quadrate ist und weil sie zweitens im Fall der Fragestellung vom Typ (f) am gebräuchlichsten ist. Im Fall (f) sind nämlich alle unabhängigen Variablen kategorial (d. h. bereits „gruppiert").

Kritik des Beispiels und Bewertung des linearen Logit-Modells   *MuG*

Insgesamt bleibt somit festzuhalten, dass der Korrelationskoeffizient, der auf Grund des Verfahrens nach dem „Prinzip der gewichteten kleinsten Quadrate" sich ergibt, wenig Aussagekraft hat zur Beurteilung der Güte des Modells. Für eine solche Beurteilung wird weiter unten noch auf ein anderes Kriterium eingegangen.

Um die Gleichung (5.25) zu veranschaulichen, müssen wir mit Hilfe von Gleichung (5.11) die $\hat{p}_{1j}$ berechnen. Sie stimmen in unserem Fall mit den $\hat{y}_j$ überein. Das Ergebnis zeigt Tab. 5.3, wobei auch gleich die Residuen $y_j - \hat{y}_j$ eingetragen sind.

Zur Interpretation erinnern wir noch einmal daran, dass die $\hat{p}_{1j}$ Schätzwerte für die Wahrscheinlichkeiten sind, dass $y_j = 1$ ist, mit der also die Raumeinheit j einen positiven Binnenwanderungssaldo aufweist. Danach würde ein Kreis mit einem Arbeitsplatzgewinn von $1{,}0\%$ (Fall Nr. 5: Emden) bzw. $0{,}8\%$ (Fall Nr. 62: Verden) mit einer Wahrscheinlichkeit von $87{,}0\%$ bzw. $86{,}5\%$ eine positive Nettobinnenwanderungsbilanz aufweisen (vgl.

Tab. 5.3). Für Kreis Nr. 62 (Verden) passt diese Schätzung recht gut, für Kreis Nr. 5 (Emden) dagegen überhaupt nicht, da für diesen Kreis $y_j = 0$ ist.

Ein Kreis ohne Veränderung der Arbeitsplatzzahl ($x_j = 0$) (z.b. Fall Nr. 58: Peine) müsste dagegen mit einer Wahrscheinlichkeit von $84{,}1\%$ eine positive Binnenwanderungsbilanz haben – eine Schätzung, von der Peine nicht stark abweicht.

Ergänzungen

Test des Regressionskoeffizienten

Wie in der gewöhnlichen Regressionsanalyse kann auch beim linearen Logit-Modell der Regressionskoeffizient mit Hilfe der t-Verteilung gegen 0 geprüft werden.

Die Zufallsvariable

$$t \quad = \frac{B\,(n) - \beta}{\sqrt{\mathrm{var}\,(B\,(n))}}$$

mit β $=$ Regressionskoeffizient in der Grundgesamtheit

$B\,(n) =$ Zufallsvariable „Regressionskoeffizient einer Stichprobe vom Umfang n"

ist t-verteilt mit $k - 2$ bzw. $n - 2$ Freiheitsgraden. Dabei ist $k - 2$ im Fall von k Gruppen und einer Schätzung nach dem Prinzip der gewichteten kleinsten Quadrate, $n - 2$ im Fall der Schätzung auf der Basis von Einzelwerten nach der Maximum-Likelihood-Methode anzuwenden.

Unter der Nullhypothese $H_0 : \beta = 0$ ist die Prüfgröße:

$$\hat{t} = \frac{b}{\sqrt{\mathrm{var}\,(B)}}.$$

In unserem Beispiel ist $b = 0{,}2565$ (Gleichung (5.25)), und der Standardfehler von b ist gemäß Gleichung (5.23) gleich

$$\sqrt{\mathrm{var}\,(B)} = \sqrt{1 / \sum_{g=1}^{8} w_g\,(x_g - X^*)^2} = 0{,}0934.$$

Daraus ergibt sich $\hat{t} = 0{,}2329 / 0{,}0934 = 2{,}4936$. Der kritische t-Wert beträgt $2{,}45$ bei zweiseitiger Fragestellung, 6 Freiheitsgraden ($= 8 - 2$) und einem 5%- Signifikanzniveau . Wir können also die Nullhypothese als widerlegt ansehen und einen signifikanten Einfluss von X auf L bzw. P_1 ($= Y$) annehmen.

Residualanalyse

Wie bei der gewöhnlichen Regressionsanalyse können auch beim linearen Logit-Modell die Residuen auf Strukturierungen oder einen Zusammenhang mit noch nicht in die Analyse einbezogenen unabhängigen Variablen untersucht werden. Die Residuen sind

$$e_j = y_j - \hat{p}_{1j} = y_j - \hat{y}_j. \tag{5.26}$$

Im Fall einer Schätzung nach dem Prinzip der gewichteten kleinsten Quadrate dürften die Residuen strenggenommen nur für die Gruppen berechnet werden:

$$e_g = y_g - \hat{p}_{1g} = y_g - \hat{y}_g. \tag{5.27}$$

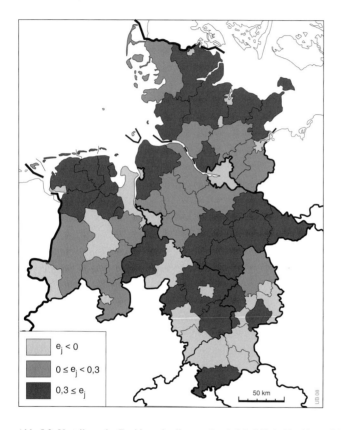

Abb. 5.3: Verteilung der Residuen des linearen Logit-Modells in Norddeutschland

Bei 8 Gruppen ist das jedoch wenig sinnvoll, zumal die eine Gruppe bildenden Raumeinheiten über das gesamte Untersuchungsgebiet verstreut liegen können. Für einen raschen Überblick über die Residuen gehen wir deshalb von (5.26) aus. Die e_j finden sich in der letzten Spalte von Tab. 5.3 und sind klassifiziert in Abb. 5.3 dargestellt. Wie man sofort erkennt, sind die Residuen e_j nicht mehr normalverteilt um den Mittelwert 0 (es sind z.B. kaum relativ schwach negative Residuen (zwischen $-0{,}3$ und 0) vorhanden). Denn die Bedingung der Normalverteilung um 0 gilt bei der Schätzung nach dem Prinzip der gewichteten kleinsten Quadrate nur für die Residuen nach (5.27).

Die e_j in Abb. 5.3 sind in die drei Klassen

$$e_j < 0$$
$$0 \leq e_j < 0{,}3$$
$$0{,}3 \leq e_j$$

eingeteilt worden. In der ersten Klasse befinden sich alle Kreise mit $y_j = 0$, in der zweiten und dritten Klasse die Kreise mit $y_j = 1$. Dabei fasst die dritte Klasse diejenigen Kreise zusammen, in denen die Schätzwerte des Logit-Modells mindestens beträchtlich weit unter den beobachteten Werten liegen.

Aus Abb. 5.3 lässt sich deutlich ablesen, dass die Siedlungsstruktur einen starken Einfluss auf die Residuen hat. So weisen fast alle kreisfreien Städte negative Residuen auf, während die peripheren ländlichen Gebiete im Nordwesten Niedersachsens durch hohe positive Residuen gekennzeichnet sind. Es würde sich daher empfehlen, als zweite unabhängige Variable wie in Kap. 2 die Arbeitsplatzdichte ($= X_5$ in Kap. 2) in die Analyse einzubeziehen. Allerdings ist unser Stichprobenumfang dann zu klein, um die Methode der gewichteten kleinsten Quadrate anzuwenden.

Ein Kriterium zur Beurteilung der Güte des linearen Logit-Modells

Die Residuen können Hinweise darauf geben, wie ein Modell gegebenenfalls zu verbessern ist. Darüber hinaus ist es wünschenswert zu wissen, wie gut die Schätzwerte den beobachteten Werten insgesamt entsprechen. In der gewöhnlichen (metrischen) Regressionsanalyse dient dafür der multiple Korrelationskoeffizient (bzw. das Bestimmtheitsmaß), der im Fall eines linearen Logitmodells aber nicht auf die Ausgangswerte angewendet werden kann. Darauf wurde weiter oben bei der Diskussion des Korrelationskoeffizienten der Gleichung (5.24) schon hingewiesen. Man begnügt sich stattdessen mit einer sogenannten „Erfolgstabelle der Vorhersage" (prediction success table), die auf dem folgenden Grundgedanken aufbaut:

Das Schätzmodell ist umso besser,

– je näher für die Fälle j mit $y_j = 1$ die geschätzten Wahrscheinlichkeiten $\hat{p}_{1j}$ bei 1 und die $\hat{p}_{0j} = (1 - \hat{p}_{1j})$ bei 0 liegen und
– je näher für die Fälle j mit $y_j = 0$ die geschätzten Wahrscheinlichkeiten $\hat{p}_{1j}$ bei 0 und die $\hat{p}_{0j}$ bei 1 liegen.

Ein Maß für das „Näherliegen" erhält man, indem man die jeweiligen Wahrscheinlichkeiten addiert. Das resultierende Gütemaß S_{hq} ist wie folgt definiert:

$$S_{hq} = \sum_{j=1}^{n} D_{hj} \, \hat{p}_{qj} \tag{5.28}$$

mit $\quad \hat{p}_{qj}$ = geschätzte Wahrscheinlichkeit dafür, dass $y_j = q$ ist

$$D_{hj} = \begin{cases} 1, & \text{falls } y_j = h \text{ ist} \\ 0, & \text{sonst.} \end{cases}$$

Im dichotomen Fall, den wir hier betrachten, können q und h jeweils nur die Werte 0 und 1 annehmen. Es gibt dann also nur die vier Maße $S_{11}, S_{00}, S_{01}, S_{10}$.

Die allgemeine Definition (5.28) ist auch für polytome Variable Y anwendbar. Die Variable D_{hj} ist übrigens nur eine Dummy-Variable (Hilfsvariable), die angibt, welche Wahrscheinlichkeiten jeweils addiert werden sollen.

Wir wollen die Verwendung der S_{hq} an unserem Beispiel verdeutlichen. Tabelle 5.4 zeigt die y_j, $\hat{p}_{1j}$ und $\hat{p}_{0j}$ für die norddeutschen Kreise.

Um S_{00} zu berechnen, müssen die $\hat{p}_{0j}$ für die Kreise mit $y_j = 0$ addiert werden. Man erhält: $S_{00} = 10{,}87$. Wir können S_{00} als Anzahl der Fälle interpretieren, in denen insgesamt $y_j = 0$ „richtig" durch das Schätzmodell vorhergesagt wurde. Da die Anzahl der Fälle j mit $y_j = 0$ insgesamt 24 ist (vgl. Tab. 5.4) und $\hat{p}_{0j} = (1 - \hat{p}_{1j})$ ist, ergibt sich $S_{01} = 24 - 10{,}87 = 13{,}13$ als Anzahl der Fälle, in denen $y_j = 0$ „falsch" vorhergesagt wurde.

Für die 41 Fälle mit $y_j = 1$ erhält man entsprechend:

$S_{10} = 13{,}57$ (= Anzahl der Fälle, in denen $y_j = 1$ nicht vorhergesagt wurde)

$S_{11} = 27{,}43$ (= Anzahl der Fälle, in denen $y_j = 1$ richtig vorhergesagt wurde).

Wie ist die Summe $S_{00} + S_{10} = S_{+0}$ zu interpretieren?

S_{+0} kann als Gesamtzahl der Fälle aufgefasst werden, in denen das Modell $y_j = 0$ vorhersagt. Von dieser Gesamtzahl sind $S_{00} = 10{,}87$ Fälle korrekt vorhergesagt. Der Anteil korrekter Vorhersagen von $y_j = 0$ beträgt

$$S_{00}/S_{+0} = 10{,}87/(10{,}87 + 13{,}57) = 0{,}4448 = 44{,}48\%.$$

Die Gesamtzahl der Vorhersagen $y_j = 1$ ist $S_{+1} = S_{01} + S_{11} = 40{,}56$. Von diesen ist der Anteil

$$S_{11}/S_{+1} = 27{,}43/(13{,}13 + 27{,}43) = 0{,}6763 = 67{,}63\%$$

korrekt.

Die beiden Verhältnisse S_{00}/S_{+0} und S_{11}/S_{+1} bezeichnet man jeweils als Anteil erfolgreicher Vorhersagen (der Kategorie 0 bzw. 1 an der Gesamtzahl der Vorhersagen dieser Kategorie).

Tabelle 5.5 zeigt die S_{hq} (h, $q = 0$ bzw. $= 1$) in Form einer Matrix mit den jeweiligen Randsummen. Man kann nun als Maß für die Güte des Modells insgesamt den gesamten Anteil erfolgreicher Vorhersagen wählen, also

$$(S_{00} + S_{11})/S_{++} = (S_{00} + S_{11})/n.$$

Tab. 5.4: Geschätzte Wahrscheinlichkeiten $\hat{p}_{1j}$ und $\hat{p}_{0j}$ für die Daten aus Tab. 5.1 (vgl. Text)

Nr.	y_j	$\hat{p}_{1j}$	$\hat{p}_{0j}$	Nr.	y_j	$\hat{p}_{1j}$	$\hat{p}_{0j}$	Nr.	y_j	$\hat{p}_{1j}$	$\hat{p}_{0j}$
01	0	0,5556	0,4444	23	1	0,6761	0,3239	45	1	0,7107	0,2893
02	0	0,5093	0,4907	24	1	0,7431	0,2569	46	0	0,5325	0,4675
03	0	0,6658	0,3342	25	1	0,4397	0,5603	47	1	0,6862	0,3138
04	0	0,3670	0,6330	26	1	0,7386	0,2614	48	1	0,6501	0,3499
05	0	0,8699	0,1301	27	1	0,6448	0,3552	49	1	0,6066	0,3934
06	0	0,5151	0,4849	28	0	0,5955	0,4045	50	1	0,6010	0,3990
07	0	0,6177	0,3823	29	0	0,6010	0,3990	51	1	0,6177	0,3823
08	0	0,5556	0,4444	30	0	0,3509	0,6491	52	1	0,8284	0,1716
09	0	0,6232	0,3768	31	1	0,6862	0,3138	53	1	0,4628	0,5372
10	0	0,4686	0,5314	32	1	0,8148	0,1852	54	1	0,6962	0,3038
11	0	0,4628	0,5372	33	0	0,4686	0,5314	55	1	0,8751	0,1249
12	1	0,4397	0,5603	34	1	0,7519	0,2481	56	1	0,6862	0,3138
13	0	0,4000	0,6000	35	1	0,6606	0,3394	57	1	0,7431	0,2569
14	0	0,5035	0,4965	36	0	0,1722	0,8278	58	1	0,8412	0,1588
15	0	0,3563	0,6437	37	1	0,5556	0,4444	59	1	0,8443	0,1557
16	0	0,7889	0,2111	38	1	0,6658	0,3342	60	1	0,6340	0,3660
17	1	0,5785	0,4215	39	1	0,5383	0,4617	61	1	0,9366	0,0634
18	1	0,5383	0,4617	40	0	0,6606	0,3394	62	1	0,8646	0,1354
19	1	0,6177	0,3823	41	1	0,8251	0,1749	63	0	0,7011	0,2989
20	0	0,7927	0,2073	42	0	0,3509	0,6491	64	1	0,6122	0,3878
21	1	0,3670	0,6330	43	1	0,7965	0,2035	65	1	0,5955	0,4045
22	1	0,6340	0,3660	44	1	0,8699	0,1301				

Dieses Maß ist jedoch sehr stark abhängig von der Verteilung der Randsummen. Um diesen Einfluss auszuschalten, benutzt man den sogenannten „Vorhersageerfolgsindex" (prediction success index) σ_q ($q = 0$ bzw. $= 1$), der wie folgt definiert ist:

$$\sigma_q = \frac{S_{hq}}{S_{+q}} - \frac{S_{+q}}{S_{++}} \quad \text{für } h = q \text{ und } h, \ q = 0, \text{ bzw. } = 1. \tag{5.29}$$

Es gilt dann

$$\sigma_0 = \frac{S_{00}}{S_{+0}} - \frac{S_{+0}}{S_{++}} \quad \text{und} \quad \sigma_1 = \frac{S_{11}}{S_{+1}} - \frac{S_{+1}}{S_{++}}.$$

Die Interpretation verdeutlichen wir am Beispiel von σ_0. Zunächst ist S_{00}/S_{+1} der Anteil der Vorhersagen $y_j = 0$, die richtig sind. σ_0 gibt also an, um wie viel größer dieser Anteil ist als der gesamte Anteil der Vorhersagen $y_i = 0$. Die σ_q werden nun noch jeweils durch S_{+q}/S_{++} gewichtet, und die gewichteten Werte werden zu einem Gesamtmaß σ aufsummiert:

$$\sigma = \sum_q \sigma_q \left(S_{+q}/S_{++} \right). \tag{5.30}$$

Tab. 5.5: Schema zur Beurteilung der Güte des Logit-Modells

| | | Vorhergesagte Kategorie q von Y | | Beob. Anz. | Anteil |
		$q = 0$	$q = 1$	der Fälle	der Fälle
Beob. Kategorie	$h = 0$	$S_{00} = 10,87$	$S_{01} = 13,13$	24	0,3692
h von Y	$h = 1$	$S_{10} = 13,57$	$S_{11} = 27,43$	41	0,6308
Vorhergesagte Anzahl		$S_{+0} = 24,44$	$S_{+1} = 40,56$	$S_{++} = 65$	1
Vorhergesagter Anteil		S_{+0}/S_{++} $= 0,3760$	S_{+1}/S_{++} $= 0,6240$		1
Ant. erfolgreicher Vorhersagen		S_{00}/S_{+0} $= 0,4448$	S_{11}/S_{+1} $= 0,6763$	$(S_{00} + S_{11})/S_{++} = 0,5892$	
Vorhersageerfolgsindex		$\dfrac{S_{00}}{S_{+0}} - \dfrac{S_{+0}}{S_{++}}$ $= 0,0688$	$\dfrac{S_{11}}{S_{+1}} - \dfrac{S_{+1}}{S_{++}}$ $= 0,0523$		
$\sigma_q \cdot (S_{+q}/S_{++})$		$0,0259$	$0,0326$	$\sigma = 0,0585$	

In unserem Beispiel ergibt sich $\sigma = 0{,}0585$. Die Güte des Modells ist umso besser, je größer σ ist. Das Maximum von σ ist im Übrigen:

$$\sigma_{\max} = 1 - \sum_q (S_{+q}/S_{++})^2.$$

Für das Beispiel ergibt sich $\sigma_{\max} = 0{,}4692$. Dividiert man σ durch diesen Wert, erhält man ein normiertes Maß für die Güte des linearen Logit-Modells, dessen Werte kleiner/gleich 1 sind. Im vorliegenden Fall ergibt sich ein Wert von $0{,}1247$.

Die geringen Werte für σ wie auch für das normierte Gütemaß in unserem Beispiel (vgl. Tab. 5.5) deuten daraufhin, dass unser Modell – wie oben schon dargestellt – schlecht ist. Der Grund liegt an dem hohen Werten für S_{10} und S_{01}. Insbesondere für S_{10} ist das der Fall, was bedeutet: Unser Modell schätzt die p_{1j} für die Kreise mit einem positiven Binnenwanderungssaldo besonders schlecht.

Wir haben die bivariate Form des Logit-Modells trotz des unbefriedigenden Resultats sehr ausführlich an dem Beispiel dargestellt, weil wegen des kleinen Stichprobenumfangs die einzelnen Verfahrensschritte gut nachvollziehbar sind. Zum anderen sind die folgenden Erweiterungen leicht nachvollziehbar, wenn das Grundprinzip der Logit-Analyse verstanden worden ist.

5.2.2 Das lineare Logit-Modell für eine dichotome abhängige und mehrere metrische unabhängige Variablen

Dieser Fall ist eine direkte und einfache Erweiterung der bivariaten Analyse. Wir nehmen wieder an, Y sei eine dichotome Variable mit den Ausprägungen 0 und 1. Die

m unabhängigen Variablen seien X_i, $(i = 1, \ldots, m)$. Dann lautet die dem Modell (5.10) entsprechende Gleichung

$$L = \ln \frac{P_1}{1 - P_1} = \ln \frac{P_1}{P_0} = \alpha + \beta_1 X_1 + \ldots + \beta_m X_m + \epsilon \qquad (5.31)$$

bzw. in der Form für die Schätzwerte

$$\hat{l}_j = \ln \frac{\hat{p}_{1j}}{\hat{p}_{0j}} = a + b_1 X_{1j} + \ldots + b_m X_{mj}. \qquad (5.32)$$

Gleichung (5.32) kann erneut entweder nach dem Prinzip der gewichteten kleinsten Quadrate (was eine Gruppierung nach X_1, ..., X_m voraussetzt) oder mit der Maximum-Likelihood-Methode (auf der Basis der Einzelwerte) bestimmt werden. Bis auf eine Ausnahme sind alle Verfahrensschritte gleich denen der bivariaten Analyse. Die Ausnahme betrifft den Test der partiellen Regressionskoeffizienten β_i gegen 0. Für diesen Test kann zwar die gleiche Formel wie für den Fall mit einer unabhängigen Variablen (siehe oben) benutzt werden. Die Anzahl der Freiheitsgrade ist aber bei m Variablen $n - m - 1$.

In WRIGLEY (1976) findet sich ein ausführliches Beispiel mit zwei unabhängigen Variablen; Beispiele mit mehr als zwei unabhängigen Variablen sind in WRIGLEY (1985, S. 38ff.) aufgeführt.

5.2.3 Das lineare Logit-Modell für eine polytome abhängige Variable

Dieser Fall ist insofern interessanter, als sich einige wesentlichere Änderungen gegenüber der Analyse für eine dichotome Variable ergeben. Diese betreffen weniger die einzelnen Verfahrensschritte, sondern die Anzahl der zu bestimmenden Regressionsgleichungen. Wir erläutern sie am Beispiel einer unabhängigen Variablen.

Wir erinnern noch einmal an den Fall, dass Y dichotom ist. Das Ziel der Logit-Analyse besteht darin zu schätzen, mit welcher Wahrscheinlichkeit ein Beobachtungselement j den Wert 1 und mit welcher Wahrscheinlichkeit es den Wert 0 hat. Die geschätzten Wahrscheinlichkeiten waren $\hat{p}_{1j}$ und $\hat{p}_{0j}$, wobei sich $\hat{p}_{0j}$ aus $\hat{p}_{1j}$ durch

$$\hat{p}_{0j} = 1 - \hat{p}_{1j}$$

ergab. Mit anderen Worten: Wir brauchten jeweils nur eine der beiden Wahrscheinlichkeiten mit Hilfe des Logit-Modells

$$\ln \frac{\hat{p}_{1j}}{(1 - \hat{p}_{1j})} = \ln \frac{\hat{p}_{1j}}{\hat{p}_{0j}} = a + bx_j \qquad (5.33)$$

zu bestimmen.

Ab drei Kategorien für Y wird die Situation komplizierter. Wir nehmen an, Y sei eine kategoriale Variable mit den drei Kategorien 1, 2 und 3 (bei mehr als zwei Kategorien benutzt man gewöhnlich nicht die „0" als Kennzeichnung, sondern beginnt mit der „1").

Wenn p_{1j} bekannt ist, kennen wir damit zwar, wegen $p_{1j} = 1 - (p_{2j} + p_{3j})$, die Summe von p_{2j} und p_{3j}, aber wir kennen nicht die einzelnen Wahrscheinlichkeiten p_{2j} und p_{3j}. Mit anderen Worten: Für die Schätzung der drei Wahrscheinlichkeiten reicht eine Regressionsgleichung vom Typ (5.33) nicht aus, sondern wir benötigen mehrere.

Auf den ersten Blick könnte man annehmen, dass drei Regressionsgleichungen notwendig sind, nämlich:

$$\ln \frac{\hat{p}_{1j}}{\hat{p}_{3j}} = a_{13} + b_{13}\, x_j,$$

$$\ln \frac{\hat{p}_{2j}}{\hat{p}_{3j}} = a_{23} + b_{23}\, x_j, \tag{5.34}$$

$$\ln \frac{\hat{p}_{1j}}{\hat{p}_{2j}} = a_{12} + b_{12}\, x_j,$$

wobei die Parameter entsprechend den beteiligten Wahrscheinlichkeiten indiziert werden. Nun ist aber

$$\ln \frac{\hat{p}_{2j}}{\hat{p}_{3j}} + \ln \frac{\hat{p}_{1j}}{\hat{p}_{2j}} = \ln \left(\frac{\hat{p}_{2j}}{\hat{p}_{3j}} \cdot \frac{\hat{p}_{1j}}{\hat{p}_{2j}} \right) = \ln \frac{\hat{p}_{1j}}{\hat{p}_{3j}}. \tag{5.35}$$

Das bedeutet, wir brauchen nur zwei der drei Gleichungen in (5.34) zu bestimmen, denn es ist

$$\ln \frac{\hat{p}_{1j}}{\hat{p}_{3j}} = a_{13} + b_{13}\, x_j = \ln \frac{\hat{p}_{2j}}{\hat{p}_{3j}} + \ln \frac{\hat{p}_{1j}}{\hat{p}_{2j}}$$

$$= a_{23} + b_{23}\, x_j + a_{12} + b_{12}\, x_j. \tag{5.36}$$

Daraus ergibt sich:

$$a_{13} = a_{23} + a_{12}$$
$$b_{13} = b_{23} + b_{12} \tag{5.37}$$

oder

$$a_{12} = a_{13} - a_{23}$$
$$b_{12} = b_{13} - b_{23}. \tag{5.38}$$

Die Parameter der dritten Gleichung in (5.34) brauchen also nicht eigens bestimmt zu werden, denn sie ergeben sich nach (5.38) aus den Parametern der ersten beiden Gleichungen.

Gewöhnlich schreibt man das Logit-Modell (5.34) jedoch etwas anders, um die Doppelindizierungen zu vermeiden. Da die dritte Gleichung in (5.34) überflüssig ist, führt man nur die ersten beiden Gleichungen auf, und zwar in der folgenden vereinfachten Form:

$$\ln \frac{\hat{p}_{1j}}{\hat{p}_{3j}} = a_1 + b_1\, x_j$$

$$\ln \frac{\hat{p}_{2j}}{\hat{p}_{3j}} = a_2 + b_2\, x_j. \tag{5.39}$$

Als Index der Regressionsparameter wird also der Index der im Zähler stehenden Wahrscheinlichkeit (bzw. die Nummer der Kategorie von Y) gewählt. Diese Bezeichnung ist jedoch nur eindeutig, wenn vorher festgelegt wird, welche Kategorie als Bezugskategorie gewählt wurde. Die Konvention ist, immer die Kategorie mit der höchsten Nummer als Bezugskategorie zu bestimmen.

Aus den Regressionsgleichungen (5.39) bzw. (5.34) erhält man durch Umkehrung die Quotienten der geschätzten Wahrscheinlichkeiten. Die Wahrscheinlichkeiten selbst lassen sich bestimmen, wenn man statt des linearen Logit-Modells das äquivalente logistische Modell betrachtet. Dieses ist in der (5.39) entsprechenden vereinfachten Form (Ein Beweis der Äquivalenz ist in der nachfolgenden Box zu finden.):

$$\hat{p}_{1j} = \frac{e^{a_1 + b_1 x_j}}{1 + e^{a_1 + b_1 x_j} + e^{a_2 + b_2 x_j}}$$

$$\hat{p}_{2j} = \frac{e^{a_2 + b_2 x_j}}{1 + e^{a_1 + b_1 x_j} + e^{a_2 + b_2 x_j}}$$

$$\text{mit} \qquad \hat{p}_{3j} = \frac{1}{1 + e^{a_1 + b_1 x_j} + e^{a_2 + b_2 x_j}}.$$

(5.40)

Erweitert man die Logit-Analyse auf abhängige Variablen Y mit K ($1 \leq k \leq K$) Kategorien, so sind entsprechend $K - 1$ Regressionsgleichungen der Form

$$\ln \frac{\hat{p}_{kj}}{\hat{p}_{Kj}} = a_k + b_k\, x_j \quad (k = 1, \ldots, K - 1)$$

(5.41)

mit $K = $ Bezugskategorie

zu lösen.

Wenn man diese bivariate Analyse auf m unabhängige Variablen X_i, ($i = 1, \ldots, m$) erweitert, ergibt sich

$$\ln \frac{\hat{p}_{kj}}{\hat{p}_{Kj}} = a_k + b_{1k}\, x_{1j} + \ldots + b_{mk}\, x_{mj} = a_k + \sum_{i=1}^{m} b_{ik}\, x_{ij}$$

(5.42)

mit $x_{ij} = $ Wert der Variablen X_i für die Beobachtungseinheit j

$b_{ik} = $ partieller Regressionskoeffizient der Variablen X_i in der

Regressionsgleichung für $\ln \dfrac{\hat{p}_{kj}}{\hat{p}_{Kj}}$.

Dieser Modelltyp wurde bislang öfter in der Verkehrsforschung angewandt, und zwar zur Analyse der Verkehrsmittelwahl (etwa in Abhängigkeit von den Fahrtzeiten und Fahrtkosten der Verkehrsmittel) oder auch zur Wahl von Zielgebieten bei bestimmten Aktivitäten (z.B. von Einkaufszentren) (vgl. die Beispiele von WRIGLEY 1985, S. 76ff.). Dazu ist es jedoch notwendig, das Modell (5.42) noch ein wenig zu modifizieren. Wir verzichten deshalb auf entsprechende Beispiele und gehen gleich zu den am weitaus häufigsten angewandten Fällen über, den Fragestellungen vom Typ (f) und (h), bei denen alle Variablen kategorial sind.

Zuvor sei noch erwähnt, dass Fragestellungen vom Typ (e) mit einer kategorialen abhängigen und gemischten unabhängigen Variablen sehr selten sind. Meistens werden sie auch nicht entsprechend dem in Kap. 2 beschriebenen Verfahren behandelt, sondern in der Weise, dass für jede Kategorie der Dummy-Variablen eine gesonderte Stichprobe gezogen wird. Diese werden dann als Fragen vom Typ (d), wie gerade besprochen, analysiert. Eine andere Möglichkeit besteht darin, die metrischen Variablen in nominal skalierte umzuwandeln und damit zur Fragestellung (f) überzugehen.

Äquivalenz von Logit-Modell und logistischem Modell   *FuF*

Die Umkehrung der beiden Gleichungen in (5.39) mit Hilfe der Exponentialfunktion ergibt

$$e^{\ln \frac{\hat{p}_{1j}}{\hat{p}_{3j}}} = \frac{\hat{p}_{1j}}{\hat{p}_{3j}} = e^{a_1+b_1\,x_j}$$

$$e^{\ln \frac{\hat{p}_{2j}}{\hat{p}_{3j}}} = \frac{\hat{p}_{2j}}{\hat{p}_{3j}} = e^{a_2+b_2\,x_j}$$

Daraus ergibt sich

$$\hat{p}_{1j} = \hat{p}_{3j}\, e^{a_1+b_1\,x_j}$$

$$\hat{p}_{2j} = \hat{p}_{3j}\, e^{a_2+b_2\,x_j}$$

Berücksichtigt man zudem, dass

$$\hat{p}_{3j} = 1 - (\hat{p}_{1j} + \hat{p}_{2j})$$

ist und setzt in diese Gleichung die oben für $\hat{p}_{1j}$ und $\hat{p}_{2j}$ gefundenen Ausdrücke ein, dann ergibt sich für $\hat{p}_{3j}$:

$$\hat{p}_{3j} = 1 - \left(\hat{p}_{3j}\, e^{a_1+b_1\,x_j} + \hat{p}_{3j}\, e^{a_2+b_2\,x_j}\right)$$

$$= 1 - \hat{p}_{3j}\left(e^{a_1+b_1\,x_j} + e^{a_2+b_2\,x_j}\right)$$

Hieraus ergibt sich

$$\hat{p}_{3j} + \hat{p}_{3j}\left(e^{a_1+b_1\,x_j} + e^{a_2+b_2\,x_j}\right) = 1$$

Die Auflösung dieser Gleichung nach $\hat{p}_{3j}$ ergibt dann

$$\hat{p}_{3j} = \frac{1}{1 + e^{a_1+b_1 x_j} + e^{a_2+b_2 x_j}}$$

Setzt man diesen Ausdruck für $\hat{p}_{3j}$ in die beiden Gleichung von (5.39) – dem Logit-Modell – ein und löst diese nach $\hat{p}_{1j}$ bzw. $\hat{p}_{2j}$ erhält man das Gleichungssystem von (5.40), also das logistische Modell.

Äquivalenz von Logit-Modell und logistischem Modell   *FuF*

5.2.4 Das lineare Logit-Modell für eine multiple Regressionsanalyse mit kategorialen Variablen

Schätzung der Regressionsgleichung

Wir betrachten gleich den allgemeinen Fall von einer polytomen abhängigen Variablen und mehreren kategorialen unabhängigen Variablen. Man spricht in diesem Fall kurz von einer kategorialen Regressionsanalyse, die dem Typ (f) in Tab. 1.1 entspricht. Kategoriale Regressionsanalysen lassen sich auch mit dem in Abschn. 5.3 vorgestellten loglinearen Modell durchführen, worauf wir am Schluss von Abschn. 5.3 noch eingehen. Weitaus häufiger wird jedoch das Logit-Modell angewandt.

Formal entspricht die kategoriale Regressionsanalyse der Varianzanalyse – mit dem Unterschied, dass auch die abhängige Variable kategorial ist.

Das Prinzip des linearen Logit-Modells für eine kategoriale Regressionsanalyse ist identisch mit demjenigen für metrisch skalierte unabhängige Variablen, weshalb wir uns auf die obigen Ausführungen in Abschn. 5.2 beziehen können. Insbesondere lässt sich das Schätzverfahren der „gewichteten kleinsten Quadrate" für die kategoriale Regressionsanalyse anwenden. Wir gehen dazu auf Abschn. 5.2.1 zurück. Dort war das lineare Logit-Modell für eine metrische unabhängige Variable dadurch geschätzt worden, dass wir die unabhängige Variable kategorisiert hatten, und zwar in unserem Beispiel in 8 Gruppen (vgl. Tab. 5.2). Es wurde dann eine gewöhnliche Regressionsanalyse mit den Logits der Gruppen (abhängige Variable) und den Gruppenmittelwerten von X (unabhängige Variable) durchgeführt – allerdings nach dem Prinzip der gewichteten kleinsten Quadrate.

Ist X nun eine kategoriale Variable, liegt sie bereits in Form von Gruppen vor; ihre „Gruppenmittelwerte" sind dann einfach die Zahlen, die den Kategorien gegeben wurden.

Beispiel: Wir wollen eine kategoriale Regressionsanalyse des Binnenwanderungssaldos in Abhängigkeit von der Siedlungsstruktur und der Arbeitsplatzentwicklung für die Kreise Norddeutschlands durchführen. Die Variablen seien wie folgt definiert:

$$y_j = \begin{cases} 1, & \text{falls der Kreis } j \text{ einen negativen Binnenwanderungssaldo aufweist} \\ & (\text{BWS} < 0) \\ 2, & \text{falls der Kreis } j \text{ einen schwach positiven Binnenwanderungssaldo aufweist} (0 < BWS < 12{,}0) \\ 3, & \text{falls der Binnenwanderungssaldo von } j \text{ stark positiv ist (BWS} > 12{,}0). \end{cases}$$

Als Indikator für die Siedlungsstruktur wählen wir wie in Kap. 2 die Arbeitsplatzdichte („Anteil der Beschäftigten pro 1000 Einwohner"), die wir zur Variablen X_1 = VERST („Verstädterungsgrad") wie folgt dichotomisieren:

$$x_{1j} = \begin{cases} 0, & \text{falls im Kreis } j \text{ die Arbeitsplatzdichte kleiner als } 376{,}0 \text{ ist (VERST} = \text{niedrig)} \\ 1, & \text{falls im Kreis } j \text{ die Arbeitsplatzdichte größer oder gleich } 376{,}0 \text{ ist} (\text{VERST} = \text{hoch}). \end{cases}$$

Die Variable „Arbeitsplatzentwicklung" (= Entwicklung der sozialversicherungspflichtig Beschäftigten in %, 1980–1983) wurde zu X_2 (ARBENT) dichotomisiert.

$$x_{2j} = \begin{cases} 0, & \text{falls die Arbeitsplatzentwicklung im Kreis } j \text{ unter } -5\% \text{ ist (ARBENT} \\ & = \text{negativ)} \\ 1, & \text{falls die Arbeitsplatzentwicklung im Kreis } j \text{ gleich oder besser als } -5\% \\ & \text{(ARBENT} = \text{positiv).} \end{cases}$$

Es sei darauf hingewiesen, dass ARBENT = positiv nur eine r e l a t i v positive Arbeitsplatzentwicklung bedeutet.

Zur Klarheit verweisen wir darauf, dass normalerweise die Variablen von vornherein kategorial sind. Wir haben zunächst die metrischen Variablen aus Gründen der Vergleichbarkeit mit Kap. 2 gewählt. Ausgangspunkt unserer Logit-Analyse ist aber die Daten-Matrix der drei kategorialen Variablen Y, X_1, X_2, die in Tab. 5.6 wiedergegeben ist.

Tab. 5.6: Datenmatrix für eine lineare Logit-Analyse des Binnenwanderungssaldos (BWS= Y) nach den Variablen „Verstädterungsgrad" (VERST = X_1) und „Arbeitsplatzentwicklung" (AR-BENT = X_2) in den norddeutschen Kreisen

Nr.	Y	X_1	X_2	Nr.	Y	X_1	X_2	Nr.	Y	X_1	X_2
1	1	1	0	23	3	0	0	45	3	0	1
2	1	1	0	24	2	1	0	46	1	1	0
3	1	1	0	25	2	0	0	47	3	0	1
4	1	1	0	26	3	0	0	48	2	0	1
5	1	1	0	27	2	1	0	49	2	0	0
6	1	1	0	28	1	1	0	50	3	0	0
7	1	1	0	29	1	1	0	51	3	0	0
8	1	1	0	30	1	1	0	52	3	0	1
9	1	1	0	31	2	0	0	53	3	0	0
10	1	1	0	32	3	0	0	54	2	0	1
11	1	1	0	33	1	0	0	55	3	0	1
12	3	1	0	34	3	0	0	56	2	1	1
13	1	1	0	35	2	1	0	57	3	0	1
14	1	1	0	36	1	1	0	58	2	1	1
15	2	1	0	37	2	0	0	59	3	0	1
16	1	1	0	38	3	0	0	60	3	1	1
17	3	0	0	39	3	1	0	61	2	1	1
18	2	0	0	40	1	0	0	62	3	0	1
19	2	1	0	41	2	0	0	63	1	1	1
20	1	1	0	42	1	1	0	64	2	0	0
21	2	0	0	43	3	0	1	65	2	0	0
22	2	0	0	44	2	0	1				

Um die in Form von Tabellen dargestellten Ergebnisse einer Logit-Analyse leichter interpretieren zu können, ist es sinnvoll, neben der abstrakten Bezeichnung und Kodierung der Variablen die inhaltliche Bedeutung durch eine Kurzbezeichnung anzugeben. Dies gilt insbesondere bei komplexeren Analysen mit einer größeren Anzahl von polytomen Variablen.

Tabelle 5.7 gibt für unser Beispiel die abstrakten Bezeichnungen und deren Bedeutung wieder.

Tab. 5.7: Synomyme Bezeichnungen der Variablen und ihrer Ausprägungen

$Y = 1$	BWS = negativ
$Y = 2$	BWS = schwach positiv
$Y = 3$	BWS = stark positiv
$X_1 = 0$	VERST = niedrig
$X_1 = 1$	VERST = hoch
$X_2 = 0$	ARBENT = negativ
$X_2 = 1$	ARBENT = positiv

Es ist zu beachten, dass unsere Kodierungen in den Definitionen bzw. in Tab. 5.7 willkürlich sind. Auf den Einfluss unterschiedlicher Kodierungen auf das Ergebnis kommen wir unten noch zurück.

Schließlich ist noch zu betonen, dass unser Beispiel dem einfachsten Fall einer kategorialen Regressionsanalyse vom in Abschn. 5.2.3 vorgestellten Typ entspricht, nämlich mit $k = 3$ und $m = 2$, wobei die beiden unabhängigen Variablen „nur" dichotom sind.

Die Datenmatrix wird für die Logit-Analyse gewöhnlich in Form der Tab. 5.8 zusammengefasst. Die Gruppen werden von den Kombinationen der Kategorien der unabhängigen Variablen gebildet, während die Spalten den Kategorien der abhängigen Variablen entsprechen.

Tab. 5.8: Binnenwanderungssaldo (BWS $= Y$) in den norddeutschen Kreisen nach Verstädterungsgrad (VERST $= X_1$) und Arbeitsplatzentwicklung (ARBENT $= X_2$): Absolute (n_{kg}) und relative (h_{kg}) (in Klammern) Gruppenhäufigkeiten

Grp.	VERST	ARBENT	BWS (Y)			
Nr.	X_1	X_2	$k = 1$ negativ	$k = 2$ schwach positiv	$k = 3$ stark positiv	Summe
1	niedrig 0	negativ 0	1 (0,0833)	7 (0,5833)	4 (0,3333)	12 (1,0)
2	niedrig 0	positiv 1	1 (0,0500)	6 (0,3000)	13 (0,6500)	20 (1,0)
3	hoch 1	negativ 0	16 (0,8000)	2 (0,1000)	2 (0,1000)	20 (1,0)
4	hoch 1	positiv 1	6 (0,4615)	6 (0,4615)	1 (0,0769)	13 (1,0)

Aufgabe der kategorialen Regressionsanalyse ist es,

$$Y = f(X_1, X_2)$$

zu bestimmen, wobei durch die Logit-Analyse die Wahrscheinlichkeit, dass ein Kreis j mit gegebenen Werten für X_1 und X_2 einer bestimmten Kategorie von Y angehört, möglichst gut reproduziert werden soll. Die abhängige Variable ist also nicht Y, sondern die abhängigen Variablen sind in unserem Beispiel P_1, P_2, P_3 mit

$$P_k = \text{Wahrscheinlichkeit für die Zugehörigkeit zur Kategorie } Y = k.$$

Für jede abhängige Variable P_k gibt es 4 Werte, nämlich

$$p_{kg} = \text{Wahrscheinlichkeit für die Zugehörigkeit zur Kategorie } Y = k,$$
wenn das Element j der Gruppe g angehört.

So ist etwa $p_{12} = 0{,}0500$ und $p_{31} = 0{,}3333$.

In unserem Beispiel gibt es nur 4 Gruppen, weil die beiden Variablen X_1 und X_2 dichotom sind (vgl. Tab. 5.8). Hat man dagegen z.b. 4 unabhängige Variablen mit 3, 4, 2 und 5 Kategorien, ergeben sich bereits $120 = 3 \cdot 4 \cdot 2 \cdot 5$ Gruppen (= Anzahl der Ausprägungen der unabhängigen Variablen).

Die Logit-Analyse hat das Ziel, die relativen Häufigkeiten (= Wahrscheinlichkeiten) der Tab. 5.8 möglichst genau zu reproduzieren. Wir hatten in Abschn. 5.2.3 gesehen, dass dazu nur Analysen für P_1 und P_2 notwendig sind, denn P_3 ergibt sich aus P_1 und P_2 durch

$$P_3 = 1 - (P_1 + P_2)$$
mit $\qquad p_{3g} = 1 - (p_{1g} + p_{2g})\,.$

Wir wählen $Y = 3$ als Bezugskategorie und müssen gemäß Gleichung (5.42) die linearen Regressionen für die Logits nach X_1 und X_2 bestimmen:

$$\hat{l}_{13,g} = \frac{\hat{p}_{1g}}{\hat{p}_{3g}} = a_1 + b_{11}\,x_{1g} + b_{21}\,x_{2g} \qquad (5.43)$$

$$\hat{l}_{23,g} = \frac{\hat{p}_{2g}}{\hat{p}_{3g}} = a_2 + b_{12}\,x_{1g} + b_{22}\,x_{2g}. \qquad (5.44)$$

Es ist darauf zu achten, dass die Gleichung (5.42) für einzelne Beobachtungselemente definiert war (weil die unabhängigen Variablen metrisch waren), während (5.43) und (5.44) sich auf Gruppen beziehen (Austausch des Index j durch g).

Man kürzt den Logit durch l ab, wobei die beteiligten Kategorien von Y und die Gruppe als Subskripte fungieren.

Es sind also zwei Regressionsgleichungen aus jeweils vier Elementen

$$(l_{13,g},\ x_{1g},\ x_{2g})\,, g = 1, \ldots, 4$$
und $\qquad (l_{23,g},\ x_{1g},\ x_{2g})\,, g = 1, \ldots, 4$

zu bestimmen.

Dies wäre bei einer metrischen Regressionsanalyse natürlich äußerst problematisch, da die Anzahl der Elemente sehr klein ist. Bci der kategorialen Regressionsanalyse repräsentieren die „Elemente" jedoch nicht einzelne Stichprobenelemente, sondern Gruppen. Die

Tab. 5.9: Bestimmung der Logits $l_{k3,g}$ und der Gewichte w_{kg} für die Daten aus Tab. 5.8

Grp. Nr.	p_{1g}	p_{2g}	p_{3g}	$\dfrac{p_{1g}}{p_{3g}}$	$\dfrac{p_{2g}}{p_{3g}}$	$\ln\dfrac{p_{1g}}{p_{3g}}$ $= l_{13,g}$	$\ln\dfrac{p_{2g}}{p_{3g}}$ $= l_{23,g}$	$w_{1,g}$	$w_{2,g}$
1	0,08	0,58	0,33	0,25	1,75	−1,39	0,56	0,0764	1,7014
2	0,05	0,30	0,65	0,08	0,46	−2,56	−0,77	0,0475	1,2600
3	0,80	0,10	0,10	8,00	1,00	2,08	0,00	2,5600	0,1800
4	0,46	0,46	0,08	6,00	6,00	1,79	1,79	1,4911	1,4911

Meinungen darüber, wie groß die Gruppen sein müssen, um die entsprechenden Regressionsanalysen sinnvoll durchführen zu können, gehen weit auseinander. Man muss fordern, dass die relativen Häufigkeiten h_{kg} in Tab. 5.8 gute Approximationen der Wahrscheinlichkeiten p_{kg} in der Grundgesamtheit sind. Das schließt aber nicht aus, dass einige absolute Häufigkeiten n_{kg} sehr klein sein können. Eine Faustregel besagt, dass die Mehrheit der $n_{kg} \geq 5$ sein sollte (vgl. zu diesem Problem ausführlicher WRIGLEY 1985, S. 124/125). Nach diesem Kriterium liegt unser Beispiel in dem kritischen Grenzbereich.

Generell ist zu sagen, dass die Methode der gewichteten kleinsten Quadrate, die wir anwenden wollen, speziell für sehr große Stichprobenumfänge als Alternative zur Maximum-Likelihood-Schätzung und zu iterativen Schätzverfahren entwickelt wurde und dabei besonders leistungsfähig ist. Letztere eignen sich dagegen eher für kleine Stichprobenumfänge (vgl. KEMPER 1984 und Abschn. 5.3).

Zur Berechnung der Regressionsparameter von (5.43) und (5.44) müssen zunächst die Logits (abhängige Variable) ermittelt werden (vgl. Tab. 5.9). Da die Schätzung der Regressionsparameter nach dem Prinzip der gewichteten kleinsten Quadrate erfolgt, benötigen wir auch für jede Regressionsgleichung die entsprechenden Gewichte w_{kg}. Entsprechend dem bivariaten Fall gilt

$$w_{kg} = n_{kg} \cdot p_{kg} \cdot (1 - p_{kg}) = n_{kg} \cdot h_{kg} \cdot (1 - h_{kg}).$$

Die Gewichte sind ebenfalls in Tab. 5.9 angegeben.

Bevor wir das Ergebnis der beiden Regressionsanalysen präsentieren, wollen wir aber noch kurz inhaltlich auf Tab. 5.8 eingehen und überlegen, welche Vorzeichen bei den Regressionskoeffizienten zu erwarten sind. Tabelle 5.8 entspricht hinsichtlich der Variablen VERST ($= X_1$) unserer Analyse aus Kap. 2. Wir hatten dort festgestellt: Je höher der Verstädterungsgrad ist, desto geringer ist der Binnenwanderungssaldo. Übertragen auf die Häufigkeiten in Tab. 5.8 bedeutet dies: Ein Kreis in der Kategorie $X_1 = 1$ ist mit größerer Wahrscheinlichkeit in der Kategorie BWS = 1 als in der Kategorie BWS = 2 und in der Kategorie BWS = 3 zu erwarten. Anders ausgedrückt: Die absoluten und relativen Häufigkeiten müssen für $X_1 = 0$ von BWS = negativ bis BWS = stark positiv ansteigen, für $X_1 = 1$ müssen sie abfallen. Dieser Trend ist deutlich in Tab. 5.8 zu erkennen.

Für die Variable „Arbeitsplatzentwicklung" ist eine positive Wirkung auf BWS zu erwarten. D. h., für $X_2 = 0$ müssen die absoluten und relativen Häufigkeiten von BWS = negativ bis BWS = stark positiv abnehmen, für $X_2 = 1$ müssen sie zunehmen. Auch diese Tendenz spiegelt sich in Tab. 5.8 wider.

Was folgt nun daraus hinsichtlich der Vorzeichen der Regressionskoeffizienten in den Gleichungen (5.43) und (5.44)? Hier stehen ja nicht die Wahrscheinlichkeiten selbst, sondern die Logits als abhängige Variablen. Die Beziehung zwischen $\dfrac{\hat{p}_{kg}}{\hat{p}_{Kg}}$ und $\ln \dfrac{\hat{p}_{kg}}{\hat{p}_{Kg}}$ ist positiv, d.h., wenn die eine Größe wächst, nimmt auch die andere zu. Hinsichtlich unserer Vermutung bezüglich der Vorzeichen der Regressionskoeffizienten b stellen wir uns daher vor, die abhängige Variable sei $\dfrac{\hat{p}_{kg}}{\hat{p}_{Kg}}$.

Dann ist auf Grund unserer inhaltlichen Beschreibung von Tab. 5.8 anzunehmen, dass

b_{11} positiv
b_{21} negativ
b_{12} positiv
b_{22} negativ

wird. Das ist leicht an einem Beispiel nachvollziehbar: b_{11} gibt an, wie mit der Zunahme von X_1 (Zunahme der Verstädterung von 0 auf 1) der (Logarithmus des) Quotient(en) $\dfrac{\hat{p}_{1g}}{\hat{p}_{3g}}$ sich ändert. Wenn die Verstädterung zunimmt, nimmt die Wahrscheinlichkeit zu, dass ein Kreis einen geringen (bzw. negativen) Wanderungssaldo aufweist, d. h. $\dfrac{\hat{p}_{1g}}{\hat{p}_{3g}}$ muss ebenfalls zunehmen.

Die Vermutungen über die Regressionskoeffizienten werden durch die Analyse bestätigt. Man erhält nämlich für unser Beispiel

$$\hat{l}_{13,g} = \ln \frac{\hat{p}_{1g}}{\hat{p}_{3g}} = -1{,}7172 + 3{,}8070\, X_1 - 0{,}3165\, X_2 \tag{5.45}$$

$$\hat{l}_{23,g} = \ln \frac{\hat{p}_{2g}}{\hat{p}_{3g}} = 0{,}3190 + 1{,}9595\, X_1 - 0{,}7636\, X_2. \tag{5.46}$$

Aus der absoluten Größe der Regressionskoeffizienten lässt sich ersehen, dass der Einfluss von VERST (= X_1) größer ist als der Einfluss von ARBENT (= X_2). Wir können diese beiden Gleichungen nun „umkehren", d.h. gemäß den Gleichungen (5.40) nach $\hat{p}_{1g}$, $\hat{p}_{2g}$ und $\hat{p}_{3g}$ auflösen, und erhalten die in Tab. 5.10 angegebenen Schätzwerte der relativen und absoluten Häufigkeiten für die 3 Kategorien des Binnenwanderungssaldos in den 4 Gruppen.

Vergleicht man diese geschätzten Werte mit den beobachteten aus Tab. 5.8, so fällt auf, dass die Anpassung durch das Logit-Modell in den ersten drei Gruppen recht gut ist, während die Werte der 4. Gruppe durch das Modell sehr schlecht reproduziert werden. Offensichtlich ist also noch ein Interaktionseffekt der beiden unabhängigen Variablen VERST und

Tab. 5.10: Binnenwanderungssaldo (BWS $= Y$) in den norddeutschen Kreisen nach Verstädterungsgrad (VERST $= X_1$) und Arbeitsplatzentwicklung (ARBENT $= X_2$): Schätzwerte der
absoluten ($\hat{n}_{kg}$) und relativen ($\hat{h}_{kg}$) (in Klammern) Gruppenhäufigkeiten

Grp.	VERST	ARBENT	BWS (Y)			
Nr.	X_1	X_2	$k = 1$ negativ	$k = 2$ schwach positiv	$k = 3$ stark positiv	Summe
1	niedrig 0	negativ 0	0,84 (0,07)	6,48 (0,54)	4,68 (0,39)	12 (1,0)
2	niedrig 0	positiv 1	2,00 (0,10)	7,00 (0,35)	11,00 (0,55)	20 (1,0)
3	hoch 1	negativ 0	15,40 (0,77)	2,60 (0,13)	2,00 (0,10)	20 (1,0)
4	hoch 1	positiv 1	10,79 (0,83)	0,91 (0,07)	1,3 (0,10)	13 (1,0)

ARBENT wirksam, den wir bereits bei der Varianzanalyse gefunden hatten: Die Arbeitsplatzentwicklung wirkt sich in Abhängigkeit vom Verstädterungsgrad unterschiedlich auf
den Binnenwanderungssaldo aus.

Signifikanztests

Man kann verschiedene Tests für ein Logit-Modell durchführen. Die beiden wichtigsten
betreffen
– die Regressionskoeffizienten der Gleichungen (5.43) und (5.44)
– das Gesamtmodell

Test der Regressionskoeffizienten

In der Grundgesamtheit lauten die (5.43) und (5.44) entsprechenden Gleichungen

$$L_{13} = \ln \frac{P_1}{P_3} = \alpha_1 + \beta_{11} X_1 + \beta_{21} X_2 + \epsilon_1 \tag{5.47}$$

$$L_{23} = \ln \frac{P_2}{P_3} = \alpha_2 + \beta_{12} X_1 + \beta_{22} X_2 + \epsilon_2. \tag{5.48}$$

Geprüft wird, ob die β von 0 verschieden sind oder nicht:

$$H_0 : \beta_{ij} = 0 \qquad H_A : \beta_{ij} \neq 0 \quad \text{(zweiseitiger Test)}.$$

Beim einseitigen Test sind die Hypothesen entsprechend zu formulieren.
Die Prüfung erfolgt wie in Abschn. 5.2.1 mit dem Quotienten

$$\hat{t} = \frac{b_{ij}}{\sqrt{\text{var}(B_{ij})}}.$$

Da bei jeder Regressionsgleichung 3 Parameter auf Grund von 4 Stichprobenwerten geschätzt werden und zwei unabhängige Variablen gegeben sind, ist die Zahl der Freiheitsgrade analog zur metrischen multiplen Regressionsanalyse jeweils

$$FG = 4 - 3 = 1.$$

Tabelle 5.11 zeigt die entsprechenden Werte für unser Beispiel.

Tab. 5.11: Geschätzte Regressionskoeffizienten, deren Standardfehler und zugehörige $\hat{t}$-Werte für das Logit-Modell des Binnenwanderungssaldos gemäß den Gleichungen (5.45) und (5.46)

Gleichung	b	Standardfehler von b $(= \sqrt{\mathrm{var}B})$	$\hat{t} - Wert$	Überschreitungswahrscheinlichkeit für $\hat{t}$ (zweiseitig)
(5.45)	3,8070	0,4278	8,900	0,0712
	−0,3165	0,1505	−2,104	0,2825
(5.46)	1,9595	1,2300	1,593	0,3569
	−0,7635	1,2028	−0,635	0,6399

Demnach ist bei zweiseitiger Fragestellung und $\alpha = 5\%$ keiner der Regressionskoeffizienten von 0 verschieden. Wir hätten allerdings auch einseitig testen können, da wir unsere Hypothesen über die β's hinsichtlich deren Vorzeichen formuliert hatten. In diesem Fall sind die Überschreitungswahrscheinlichkeiten zu halbieren, und β_{11} erweist sich auf dem 5%-Signifikanzniveau als von 0 verschieden. Das heißt, beim Vergleich der Kreise mit negativem und mit hohem positiven Binnenwanderungssaldo ist ein signifikanter Einfluss des Verstädterungsgrades festzustellen. Im Übrigen verdeutlichen die Überschreitungswahrscheinlichkeiten noch einmal, was wir oben bereits festgestellt hatten:

(1) Der Einfluss von VERST auf BWS ist größer als der von ARBENT.

(2) Das Modell ist insgesamt nicht sehr gut – auf Grund des Interaktionseffekts von VERST und ARBENT, der die Konturen etwas „verwischt".

Test für die Güte der Anpassung des Gesamtmodells

Es wird geprüft, ob die durch das Modell geschätzten Werte insgesamt den beobachteten gut entsprechen oder nicht. Man kann diese Prüfung für die absoluten Häufigkeiten vornehmen, und zwar entweder mit Hilfe des χ^2-Tests oder mit einer Prüfgröße G^2, die ebenfalls bei „genügend großem" Stichprobenumfang annähernd eine χ^2-Verteilung aufweist. Wir stellen diese beiden Tests kurz vor, da sie auch bei der loglinearen Analyse Anwendung finden.

Beim χ^2-Test werden beobachtete und theoretisch zu erwartende Häufigkeiten miteinander verglichen, indem man die bekannte Prüfgröße χ^2 berechnet.

Wenn das Logit-Modell perfekt wäre, müssten die geschätzten absoluten Häufigkeiten $\hat{n}_{kg}$ gleich den beobachteten n_{kg} sein. Erstere sind als theoretisch zu erwartende zu interpretieren, denn sie sind bei Gültigkeit des Modells zu erwarten. D.h., die Prüfgröße ist wie folgt zu definieren:

$$\hat{\chi}^2 = \sum_k \sum_g \frac{\left(n_{kg} - \hat{n}_{kg}\right)^2}{\hat{n}_{kg}}. \tag{5.49}$$

Die Zahl der Freiheitsgrade FG ist dabei gleich der Anzahl der geschätzten Werte minus der Anzahl der geschätzten Parameter. Die Anzahl der geschätzten Werte ist in unserem Beispiel gleich 8 (die $\hat{n}_{kg}$ für $k = 3$ ergeben sich aus den übrigen Schätzwerten und den Zeilensummen). Die Anzahl der geschätzten Parameter ist gleich 6, da für jede Regressionsgleichung drei Parameter zu schätzen sind, nämlich die Regressionskonstante und die beiden Regressionskoeffizienten.

Es ist also

$$FG = 2.$$

Für unser Beispiel ergibt sich

$$\hat{\chi}^2 = 30{,}9985.$$

Dieser Wert ist größer als $5{,}99$ und liegt damit oberhalb des kritischen χ^2-Wertes bei 2 FG und einem 5%-Signifikanzniveau. D.h., wir müssen die Nullhypothese

$$H_0 : n_{kg} = \hat{n}_{kg}$$

als widerlegt betrachten. Mit anderen Worten: Die Anpassung der beobachteten absoluten Häufigkeiten durch das Modell ist nicht gut genug.

Damit bestätigt sich, was wir schon beim „visuellen" Vergleich der Tabellen 5.8 und 5.10 festgestellt hatten und was auch in den nicht-signifikanten t-Werten zum Ausdruck gekommen ist: Eine gute Anpassung wird durch die schlechten Schätzwerte $\hat{n}_{kg}$ für $g = 4$ und $k = 1$, $k = 2$ verhindert. Der Binnenwanderungssaldo lässt sich nicht befriedigend durch ein Logit-Modell erklären, in dem VERST und ARBENT nur additiv wirken.

Einschränkend ist allerdings festzuhalten, dass angesichts der z.T. sehr kleinen $\hat{n}_{kg}$ die Nullhypothese H_0 sehr leicht widerlegt wird. Bei einem größeren Stichprobenumfang wäre sie womöglich nicht widerlegt worden.

Gewöhnlich benutzt man zur Prüfung der Anpassungsgüte des Modells nicht χ^2, sondern die Prüfgröße G^2 mit

$$G^2 = 2 \sum_k \sum_g n_{kg} \ln\left(\frac{n_{kg}}{\hat{n}_{kg}}\right). \tag{5.50}$$

G^2 heißt Likelihood-Verhältnis (likelihood ratio) und weist bei genügend großem Stichprobenumfang ebenfalls eine χ^2-Verteilung (wenn die Nullhypothese richtig ist) mit der gleichen Anzahl von Freiheitsgraden wie beim χ^2-Test auf. Wie man sieht, ist $G^2 = 0$, wenn für alle k und g

$$n_{kg} = \hat{n}_{kg}$$

ist. G^2 wird deshalb der Vorzug gegeben, weil es sich additiv in einzelne Komponenten zerlegen lässt und deshalb gut bei der loglinearen Analyse (s.u.) anwendbar ist.

In unserem Fall ergibt sich

$$G^2 = 21{,}3856.$$

Dieser Wert liegt ebenfalls weit über dem kritischen Wert $\chi^2_{2;5\%} = 5{,}99$. Auch unter Verwendung dieser Prüfgröße ist also die Nullhypothese abzulehnen.

Für G^2 gilt die gleiche Einschränkung wie für χ^2 hinsichtlich kleiner Stichprobenumfänge. Man kann es aber für solche Fälle entsprechend modifizieren (vgl. FIENBERG 1980, S. 172ff.).

Abgesehen von der Anpassungsgüte des Gesamtmodells, das im Falle einer polytomen abhängigen Variablen aus mindestens zwei Regressionsgleichungen besteht, kann man auch die Anpassungsgüte jeder Regressionsgleichung einzeln prüfen. In unserem Fall betrifft dies die Gleichungen (5.45) und (5.46). Die Prüfung erfolgt mit den gleichen Prüfgrößen und mit der gleichen Definition für die Anzahl der Freiheitsgrade. Da durch jede Regressionsgleichung vier Werte und drei Parameter geschätzt werden, ist die Zahl der Freiheitsgrade jeweils gleich 1. Für (5.45) sind die beobachteten und geschätzten Häufigkeiten der Spalten $k = 1$ in den Tabellen 5.8 und 5.9 zu vergleichen, für (5.46) die entsprechenden Werte der Spalte $k = 2$.

Es ergibt sich für Gleichung (5.45):

$$\hat{\chi}^2 = 4{,}8721$$
$$\hat{G}^2 = 6{,}8568.$$

Für Gleichung (5.46):

$$\hat{\chi}^2 = 4{,}7033$$
$$\hat{G}^2 = 27{,}6798$$

Alle Werte sind jeweils größer als der kritische Wert $\chi^2_{1;5\%} = 3{,}84$, so dass auch für die einzelnen Regressionsgleichungen die Nullhypothese abzulehnen ist.

Zur Kodierung der unabhängigen Variablen

Wir hatten festgestellt, dass die Werte der unabhängigen Variablen, also deren Kodierungen, grundsätzlich beliebig zu wählen sind. Das Ergebnis (die Schätzwerte der Wahrscheinlichkeiten bzw. absoluten Häufigkeiten der einzelnen Gruppen) ändert sich dadurch nicht. Es ändern sich aber die Parameter in den Regressionsgleichungen (5.43) und (5.44).

Zur Veranschaulichung führen wir mit den gegebenen Daten eine zweite Logitanalyse durch, indem wir statt der $(0, 1)$-Kodierung eine $(-1, +1)$-Kodierung vornehmen. Die Werte der unabhängigen Variablen sind jetzt also folgende:

VERST niedrig: -1
VERST hoch: $+1$
ARBENT negativ: -1
ARBENT positiv: $+1$.

Als Ergebnis erhält man dann die zu (5.45) und (5.46) äquivalenten Gleichungen:

$$\hat{l}_{13,g} = \ln \frac{\hat{p}_{1g}}{\hat{p}_{3g}} = 0{,}0281 + 1{,}9035\,X_1 - 0{,}1583\,X_2 \tag{5.51}$$

$$\hat{l}_{23,g} = \ln \frac{\hat{p}_{2g}}{\hat{p}_{3g}} = 0{,}9170 + 0{,}9797\,X_1 - 0{,}3817\,X_2. \tag{5.52}$$

Wie man sieht, sind die Regressionskoeffizienten jetzt halbiert (von Rundungsfehlern abgesehen), da X_1 und X_2 sozusagen gestreckt und in doppelt so großen Einheiten gemessen wurden. Durch die neue Kodierung werden aber auch die Standardfehler der Regressionskoeffizienten halbiert, so dass sich die gleichen $\hat{t}$-Werte und Überschreitungswahrscheinlichkeiten ergeben.

Interessanter ist die Änderung der Interpretation der Regressionskonstanten. Die Regressionskonstanten geben grundsätzlich den Wert der abhängigen Variablen, in unserem Fall des Logits, an der Stelle $X_1 = 0$, $X_2 = 0$ an.

Im Fall der $(0, 1)$-Kodierung ist das der Wert des Logits in der Gruppe „VERST niedrig, ARBENT negativ". Im Fall der $(-1, +1)$-Kodierung ist das nicht mehr der Wert des Logits einer bestimmten Gruppe. Vielmehr ist $(0, 0)$ der bivariate Mittelwert von X_1 und X_2. Deshalb ist die Regressionskonstante gleich dem Mittelwert der Logits. Und die Regressionskoeffizienten geben die Abweichungen der Logits von ihrem Mittelwert an, wenn man die X_1 um 1 vergrößert bzw. verkleinert, d.h., wenn man zu einer Gruppe geht. Bei solch einer Kodierung wird also die Interpretation der Regressionsgleichung erheblich vereinfacht. Deshalb wird sie häufig gewählt, insbesondere dann, wenn die unabhängigen Variablen nicht kategorial ordinalskaliert sind.

Die $(-1, +1)$-Kodierung ist ein Beispiel für eine sog. „zentrierte Kodierung" (centred effect coding) um den Wert 0. Eine derartige Kodierung lässt sich prinzipiell immer durchführen, auch wenn die unabhängige Variable mehr als zwei Kategorien hat. So wäre bei drei Kategorien etwa die Kodierung $-1, 0, +1$ zu wählen, bei vier Kategorien die Kodierung $-2, -1, +1, +2$.

Eine Kodierung vom Typ der $(0, 1)$-Kodierung nennt man dagegen eine „Eckenkodierung" (corner effect coding). Dabei ist 0 nicht mehr der Mittelpunkt, sondern der Eckpunkt der unabhängigen Variablen. Die Eckenkodierung bietet sich vor allem für kategorial ordinalskalierte Variablen an, wie sie in der ökonomischen, aber auch in der geographischen Literatur häufig vorkommen.

Welche Kodierung man benutzt, hängt nicht zuletzt vom persönlichen Geschmack ab. Für den Fall dichotomer unabhängiger Variablen dürfte die zentrierte Kodierung selbst dann, wenn die Variablen wie in unserem Beispiel kategorial ordinalskaliert sind, wegen der einfacheren Interpretierbarkeit der Regressionsgleichungen vorzuziehen sein. Außerdem empfiehlt sie sich, wenn Interaktionseffekte berücksichtigt werden sollen (vgl. den folgenden Abschnitt).

Interaktionseffekte, saturierte Modelle und Screening

Wir hatten bei der Interpretation der Testergebnisse bereits festgestellt, dass die Güte der Anpassung unseres Logit-Modells für den Binnenwanderungssaldo deshalb unbefriedigend ist, weil wir eine rein additive Wirkung der Variablen VERST (= X_1) und ARBENT (= X_2) auf die Logits angenommen und keinen Interaktionseffekt berücksichtigt hatten.

Ein Interaktionseffekt $X_1 \otimes X_2$ besagt, dass die Wirkung von X_2 nicht konstant über alle Kategorien von X_1, sondern unterschiedlich in den Kategorien von X_1 ist. So lassen die beobachteten Gruppenhäufigkeiten der Tab. 5.8 folgenden Interaktionseffekt vermuten: In den Kreisen niedrigen Verstädterungsgrades bewirkt eine positive Arbeitsplatzentwicklung eine starke Erhöhung des Binnenwanderungssaldos, in den Kreisen hohen Verstädterungsgrades dagegen nur eine schwache. Es ist deshalb sinnvoll, in die Regressionsgleichungen (5.43) und (5.44) den Interaktionsterm $X_1 \otimes X_2$ einzubeziehen.

Zum Zweck einer einfacheren Indizierung wollen wir die Variablen

VERST (= X_1)   durch V
ARBENT (= X_2)   durch A

abkürzen.

Die beiden zu schätzenden Regressionsgleichungen sehen dann wie folgt aus:

$$\hat{l}_{13,g} = \ln \frac{\hat{p}_{1g}}{\hat{p}_{3g}} = a_1 + b_{V1}\, V + b_{A1}\, A + b_{VA1}\, V \otimes A \tag{5.53}$$

$$\hat{l}_{23,g} = \ln \frac{\hat{p}_{2g}}{\hat{p}_{3g}} = a_2 + b_{V2}\, V + b_{A2}\, A + b_{VA2}\, V \otimes A. \tag{5.54}$$

Die Werte des Interaktionsterms $V \otimes A$ ergeben sich durch Multiplikation der Werte von V und A. Tabelle 5.12 zeigt die Werte von $V \otimes A$ für die zentrierte und die Eckenkodierung von V und A.

Tab. 5.12: Werte der Kategorien von $V \otimes A$ für die zentrierte und für die Eckenkodierung von V und A

Zentrierte Kodierung			Eckenkodierung		
Wert von			Wert von		
V	A	$V \otimes A$	V	A	$V \otimes A$
-1	-1	1	0	0	0
-1	1	-1	0	1	0
1	-1	-1	1	0	0
1	1	1	1	1	1

Daraus wird der Vorteil der zentrierten Kodicrung unmittelbar sichtbar. Denn $V \otimes A$ nimmt den Wert -1 an, wenn die beiden Kategorien von V und A einen unterschiedlichen Wert haben, andernfalls ist $V \otimes A$ gleich 1. Bei der Eckenkodierung ist $V \otimes A$ schwieriger zu interpretieren, da dreimal die 0 auftritt.

Zur Bestimmung der Regressionsgleichungen (5.53) und (5.54) wählen wir deshalb die zentrierte Kodierung und erhalten unter Anwendung der Methode der kleinsten Quadrate:

$$\hat{l}_{13,g} = \ln \frac{\hat{p}_{1g}}{\hat{p}_{3g}}$$

$$= -0{,}020 + 1{,}955\,V - 0{,}365\,A + 0{,}220\,V \otimes A \tag{5.55}$$

$$\hat{l}_{23,g} = \ln \frac{\hat{p}_{2g}}{\hat{p}_{3g}}$$

$$= 0{,}395 + 0{,}500\,V + 0{,}115\,A + 0{,}780\,V \otimes A \tag{5.56}$$

Schon formal wird die Wirkung der Einbeziehung des Interaktionseffektes dadurch deutlich, dass das Vorzeichen des Regressionskoeffizienten von A bei beiden Gleichungen verschieden ist. Inhaltlich lassen sich die beiden Gleichungen wie folgt interpretieren:

Eine Erhöhung des Verstädterungsgrades bewirkt eine Zunahme der Kreise mit negativem oder schwach positivem Binnenwanderungssaldo (gegenüber den Kreisen mit stark positivem Binnenwanderungssaldo).

Eine positive Arbeitsplatzentwicklung verringert zwar den Anteil der Kreise mit negativem BWS, erhöht aber den Anteil der Kreise mit schwach positivem BWS (jeweils verglichen mit dem Anteil der Kreise mit stark positivem BWS). Die erste dieser Wirkungen gilt jedoch nur in den Kreisen mit niedrigem Verstädterungsgrad (in denen $V = -1$ ist), in den Kreisen mit hohem Verstädterungsgrad wird sie fast wieder aufgehoben. Der zweite Effekt wird in den Kreisen mit hohem Verstädterungsgrad ($V = 1$) durch den Interaktionseffekt verstärkt, er wird in den Kreisen mit niedrigem Verstädterungsgrad sogar ins Gegenteil verkehrt.

Diese etwas umständliche Beschreibung hätten wir auch direkt der Tab. 5.8 (mit den beobachteten Häufigkeiten) entnehmen können. Kehrt man nämlich die Gleichungen (5.55) und (5.56) um und berechnet die geschätzten absoluten und relativen Häufigkeiten der Gruppen, erhält man die Tab. 5.8. D.h., wir haben eine perfekte Übereinstimmung zwischen beobachteten und geschätzten Werten. Der Grund dafür ist, dass unser Modell der beiden Regressionsgleichungen „saturiert" ist. Saturiert nennt man solche Modelle, die die beobachteten Werte perfekt schätzen. Man erhält immer dann ein saturiertes Modell, wenn die Anzahl der geschätzten Werte gleich der Anzahl der geschätzten Parameter ist. In einem solchen Fall braucht man die beobachteten Werte nicht mehr zu schätzen, sondern kann sie durch entsprechende Wahl der Parameter genau reproduzieren. In unserem Beispiel „schätzen" die Regressionsgleichungen (5.53) und (5.54) jeweils 4 Werte. Die Anzahl der geschätzten Parameter ist aber jeweils ebenfalls gleich vier (eine Regressionskonstante und drei Regressionskoeffizienten).

Bei einer vollständigen Übereinstimmung zwischen Modellergebnis und Beobachtung gibt es natürlich auch nichts mehr zu testen, was man formal daran sieht, dass die Anzahl der Freiheitsgrade gleich 0 ist.

Die Frage ist, wozu ein saturiertes Modell überhaupt gut ist. Man konstruiert Modelle ja, um eine beobachtete Struktur vereinfacht – sozusagen geglättet – wiederzugeben, um deren wesentliche Eigenschaften herauszuarbeiten. Diesem Ziel entspricht die Forderung nach einer möglichst sparsamen Parametrisierung von Modellen, für die es im Wesentlichen zwei Gründe gibt – einen statistischen und einen inhaltlichen. Der statistische besagt, dass die Zahl der Freiheitsgrade für eventuelle Tests umso größer ist, je geringer die Zahl der zu schätzenden Parameter ist. Da sich die Verteilung der für die Tests benutzten Prüfgrößen in der Regel mit zunehmender Zahl der Freiheitsgrade an die Verteilung der Zufallsvariablen annähert, mit deren Hilfe die relevanten Über- und/oder Unterschreitungswahrscheinlichkeiten berechnet werden, wird man eine möglichst große Zahl der Freiheitsgrade anstreben. Der inhaltliche Grund ist einfach folgender: Je weniger Parameter ein Modell hat, desto leichter ist es zu interpretieren.

Der inhaltliche Grund betrifft unser Beispiel kaum. Denn unser saturiertes Logit-Modell für den Binnenwanderungssaldo lässt sich, wie wir gesehen haben, durchaus noch sinnvoll interpretieren. Der statistische Grund wirkt dafür umso schwerer, denn wir haben wegen $FG = 0$ beim saturierten Modell keine Tests durchführen können.

Trotzdem haben saturierte Modelle einen Sinn. Denn sie können wichtige Anhaltspunkte für das sogenannte Screening bieten. Unter Screening (Sichtung) versteht man Verfahren für die Auswahl der in einem Logit-Modell zu berücksichtigenden Effekte. Bei der metrischen Regressionsanalyse hatten wir verschiedene schrittweise Verfahren kennen gelernt, die zu einer „sinnvollen" Auswahl der unabhängigen Variablen führten. Solche eleganten, einfach zu handhabenden Verfahren gibt es für Logit-Modelle allerdings nicht, und zwar wegen der Berücksichtigung der Interaktionseffekte. Wir hatten dies bereits bei der doppelten Varianzanalyse gesehen.

In der Regel entscheidet man sich für sogenannte hierarchische Modelle, bei denen Interaktionseffekte nur dann berücksichtigt werden, wenn die an der Interaktion beteiligten Variablen selbst einen signifikanten Einfluss haben, wenn also die Haupteffekte signifikant sind. Die Frage, ob auch nicht-hierarchische Modelle konstruiert werden sollen, wird im Übrigen – nicht zuletzt aus formalstatistischen Gründen – kontrovers diskutiert.

Selbst wenn man sich auf hierarchische Modelle beschränkt, erhält man mit zunehmender Anzahl der unabhängigen Variablen rasch eine große Fülle möglicher Varianten.

Bei zwei unabhängigen Variablen A und B gibt es erst fünf hierarchische Modelle:
– ein Modell ohne Einfluss von A oder B,
– ein Modell mit alleinigem Einfluss von A,
– ein Modell mit alleinigem Einfluss von B,
– ein Modell mit additivem Einfluss von A und B,
– ein Modell mit additivem und interaktivem Einfluss von A und B.

Bei vier unabhängigen Variablen kann man dagegen bereits 167 verschiedene hierarchische Modelle konstruieren. Der erste Schritt eines Screening-Prozesses besteht daher in der sinnvollen Auswahl einiger weniger unabhängiger Variablen, deren Einfluss signifikant ist. Dabei geht man im Prinzip wie bei der vorwärts gerichteten schrittweisen Auswahl der metrischen Regressionsanalyse vor. D.h., eine neue Variable wird nur dann aufgenommen, wenn ihr zusätzlicher (über den der bereits aufgenommenen Variablen hinausgehender) Einfluss signifikant ist. Mit den auf diese Weise ausgewählten Variablen wird dann ein saturiertes Modell bestimmt, aus dem im zweiten Schritt alle nicht signifikanten Effekte gestrichen werden.

Dieses Verfahren, vorgeschlagen von HIGGINS/KOCH (1977), wird von WRIGLEY (1985, S. 143ff.) an einem Beispiel ausführlich beschrieben. Problematisch an ihm ist der Streichungsschritt, da bei ihm alle Haupt- und Nebeneffekte gleichzeitig auf Signifikanz überprüft werden. Eine andere Möglichkeit für die Eliminierung besteht in einem rückwärts gerichteten Vorgehen, das gewöhnlich bei der loglinearen Analyse angewandt wird (s.u.).

Zuwanderung in die Niederlande   *MiG*

VAN DIJK/FOLMER (1985) untersuchten die Frage, ob Zuwanderer in den Norden der Niederlande einen Verdrängungseffekt auf dem Arbeitsmarkt gegenüber den dort einheimischen Arbeitslosen ausübten. Der regionalökonomische und -politische Kontext, der von den Autoren ausführlich dargestellt wird, soll uns hier nicht interessieren. Die These war, dass ein solcher Effekt nicht besteht. Überprüft wurde sie dadurch, dass eine Reihe von arbeitsmarktrelevanten Merkmalen der beiden Personengruppen erhoben wurde. Falls die Merkmale verschieden sind, spricht wenig für den Verdrängungseffekt.

Die Personen wurden zunächst in 4 Kategorien nach ihrem Status im April 1978 und April 1979 unterteilt:

1) Beschäftigte Zuwanderer in die Region in dem Untersuchungszeitraum: Kategorie ZUW mit 168 Personen,
2) Personen, die im April 1979 seit wenigstens einem Jahr arbeitslos waren (Langzeitarbeitslose): Kategorie LAL mit 275 Personen,
3) Personen, die im April 1979 seit weniger als einem Jahr arbeitslos waren (Kurzzeitarbeitslose): Kategorie KAL mit 322 Personen,
4) Personen, die im April 1978 arbeitslos, aber im April 1979 beschäftigt waren (Neubeschäftigte): Kategorie NBE mit 134 Personen.

Als unabhängige Variablen wurden betrachtet (vgl. auch unten stehende Tabelle):

– Familienstand der Person: Ledig, Haushaltsvorstand, Ehegatte/Ehegattin, Kind
– Bildungsstand: Sieben Kategorien nach dem höchsten Schulabschluss, wobei nach allgemeiner und beruflicher Bildung differenziert wurde.
– Alter: Sechs Kategorien
– Berufserfahrung: Ja oder nein

Es wurden insgesamt 3 Regressionsanalysen für die Logits

$$\ln = \frac{\hat{p}_{Kg}}{\hat{p}_{kg}}$$

mit $K = \text{ZUW}$
         $k = \text{LAL, KAL, NBE}$

durchgeführt. Im Gegensatz zu unseren bisherigen Ausführungen steht hier die Wahrscheinlichkeit für die Bezugskategorie der Zuwanderer im Zähler, was grundsätzlich keinen Unterschied ausmacht.

Fortsetzung der Box auf der folgenden Seite

Fortsetzung der Box

Die Schätzungen wurden von den Autoren mit dem Maximum Likelihood-Verfahren, also nicht nach der Methode der gewichteten kleinsten Quadrate vorgenommen. Alle drei Regressionsgleichungen weisen jeweils signifikante χ^2-Werte auf.

Da keiner der möglichen Interaktionseffekte signifikant war, enthalten die Regressionsgleichungen nur einfache bzw. Haupteffekte. Die unten stehende Tabelle zeigt als Ergebnis die geschätzten Logits, und zwar genauer deren Abweichung von dem Gesamtmittel. Dieses ist der geschätzte Logit für die Gruppe der Ledigen des niedrigsten Bildungsstandes im Alter von 14–19 Jahren und mit Berufserfahrung.

Das Ergebnis bestätigt die eingangs aufgestellte Hypothese: Die beschäftigten Zuwanderer haben deutlich andere Merkmale als die jeweiligen Gruppen der einheimischen Arbeitslosen. Dabei haben die Variablen Bildungsstand und Berufserfahrung den stärksten Einfluss, während die diskriminierende Wirkung des Familienstandes vernachlässigbar gering ist. Mit anderen Worten: Die beschäftigten Zuwanderer bewegen sich offensichtlich in einem anderen Teilarbeitsmarkt als die einheimischen Arbeitslosen, die sie deshalb auf dem Arbeitsmarkt auch kaum verdrängen können.

Tab.: Ergebnis einer Logit-Analyse des Beschäftigungsstatus. Geschätzte Logits (Abweichung vom Gesamtmittel) für den Vergleich von beschäftigten Zuwanderern mit verschiedenen Arbeitslosenkategorien

	Beschäftigte Zuwanderer im Vergleich zu		
	LAL	KAL	NBE
Gesamtmittelwert	−0,715	−1,357	−0,148
STELLUNG IN DER FAMILIE			
ledig	–	–	–
Haushaltsvorstand	0,490	−0,396	−0,627
Gattin	0,550	−0,428	−0,279
Kind	−0,546	−0,745	−1,293
BILDUNGSSTAND			
Niedrig	–	–	–
Unteres Mittel allg. Bildung	1,269	0,646	0,830
Unteres Mittel berufl. Bildung	0,170	0,062	0,051
Oberes Mittel allg. Bildung	1,703	0,502	1,846
Oberes Mittel berufl. Bildung	1,727	1,457	1,727
Hoch berufl. Bildung	2,646	1,523	2,066
Hoch wiss. Bildung	3,655	1,914	2,152
ALTER			
14 – 19	–	–	–
20 – 24	−0,000	0,392	0,178
25 – 39	−0,508	0,439	0,570
40 – 54	−1,836	−0,244	0,485
55 – 59	−2,591	−1,325	0,704
60 und älter	−3,049	−0,554	6,325
BERUFSERFAHRUNG			
ja	–	–	–
nein	−1,784	−1,373	−1,690

Zuwanderung in die Niederlande   *MiG*

Schöne Beispiele für ein Screening in der deutschen geographischen Literatur finden sich bei KEMPER (1982b, 1984), der allerdings nicht ein Logit-Modell, sondern ein lineares Wahrscheinlichkeitsmodell benutzt.

Wenden wir das oben kurz beschriebene Screening-Verfahren auf unser Beispiel an, so können wir nur die Variable V in die Analyse einbeziehen, da A über V hinaus keinen signifikanten Einfluss hat. Dann reduziert sich die Anzahl der Gruppen in jeder Kategorie k von BWS auf zwei und wir erhalten wieder ein saturiertes Modell mit zwei geschätzten Parametern (Regressionskonstante und Regressionskoeffizient). Als Ausweg aus diesem Dilemma bietet es sich an, für V drei Kategorien zu wählen. Wir können dann allerdings nur zwei Kategorien für BWS bilden, damit die relativen Häufigkeiten in jeder Gruppe $\neq 0$ sind. Wir landen dann bei einem ähnlichen Modell wie in Abschn. 5.2.1.

Abschließend sei noch erwähnt, dass sich die Interaktionseffekte auch als konditionale Effekte auffassen lassen. Ein Interaktionseffekt $A \otimes B$ ist ja symmetrisch in A und B. Fasst man ihn dagegen als konditionalen Effekt auf, bedeutet das, dass man die Wirkungen von B in den einzelnen Kategorien von A getrennt betrachten muss. Es kann dann sein, dass B nur in bestimmten Kategorien von A einen signifikanten Einfluss hat, in anderen jedoch nicht. Fasst man Interaktionseffekte als konditionale Effekte auf, muss man für jede Kategorie von A eine eigene Interaktionsvariable definieren. Man spricht dann von einem „nested" (verschachtelten) Modell. Die bereits zitierte Arbeit von KEMPER (1982b) bietet dafür ebenfalls ein Beispiel.

5.3 Das loglineare Modell – Analyse mehrdimensionaler Kontingenztabellen

5.3.1 Einführung

Loglineare Modelle sind zur Analyse von Problemen des Typs (g) (Tab. 1.1) geeignet, bei denen man mehrere kategoriale Variablen hat, die man auf Zusammenhänge untersucht. Sie sind daher als Erweiterung der Analyse zweidimensionaler Kontingenztabellen aufzufassen, die wir bereits in Band 1 kennengelernt hatten. „Erweiterung" bezieht sich allerdings nicht nur darauf, dass wir jetzt mehr als zwei kategoriale Variablen betrachten. Vielmehr stellen loglineare Modelle auch eine konzeptionelle Erweiterung dar, wie wir in Abschn. 5.3.2 sehen werden.

Bei der metrischen multivariaten Analyse besteht ein enger Zusammenhang zwischen Korrelations- und Regressionsanalyse. Dieser lässt sich auch bei der kategorialen Datenanalyse feststellen, also zwischen dem Logit-Modell („Regressionsanalyse") und dem loglinearen Modell („Korrelationsanalyse"). So stellt Tab. 5.8, die wir als Datengrundlage der kategorialen Regressionsanalyse benutzt haben, nichts anderes als eine dreidimensionale Kontingenztabelle dar. Wir werden diese Tabelle daher auch in diesem Kapitel benutzen. Ähnlich wie die Logit-Analyse verfolgt auch die loglineare Analyse die Absicht, ein Modell zu finden, das die beobachteten Häufigkeiten einer Kontingenztabelle möglichst gut und mit möglichst sparsamer Parametrisierung reproduziert – allerdings ohne eine Variable als abhängige zu betrachten. Daraus ergeben sich wesentliche Unterschiede, die vor allem die

Signifikanztests der verschiedenen Effekte berühren und es erschweren, ein loglineares Modell für regressionsanalytische Zwecke einzusetzen. Wir kommen darauf noch zurück.

5.3.2 Das Prinzip der loglinearen Analyse

Wir wiederholen zunächst kurz, wie wir in Band 1 zweidimensionale Kontingenztabellen analysiert hatten. Wir wählen dabei die Notation, die am häufigsten für die loglineare Analyse angewandt wird.

Gegeben seien zwei Variablen A mit den Kategorien $i = 1, \ldots, I$ und B mit den Kategorien $j = 1, \ldots, J$. Wir ziehen eine Stichprobe von n Elementen und bestimmen für jedes Element, welcher Kategorie i von A und j von B es angehört. Anschließend werden die Häufigkeiten

$$n_{ij} = \text{Anzahl der Elemente in der Kategorie } i \text{ von } A \text{ und } j \text{ von } B$$
$$= \text{Anzahl der Elemente mit } A = i \text{ und } B = j$$

ermittelt und in Form einer Kontingenztabelle dargestellt (vgl. Tab. 5.13). Gewöhnlich interessiert man sich dafür, ob aus dieser Tabelle auf einen Zusammenhang zwischen A und B geschlossen werden kann. Man setzt dabei voraus, zwischen A und B bestehe kein Zusammenhang, die beiden Variablen seien stochastisch unabhängig voneinander (Nullhypothese H_0). Unter dieser Voraussetzung werden die n_{ij} geschätzt. Die Schätzwerte seien $\hat{m}_{ij}$.

Tab. 5.13: Eine zweidimensionale Kontingenztabelle

		B			
		$j = 1$	$j = 2$	$\ldots\ldots$	$j = J$	Summe
	$i = 1$	n_{11}	n_{12}	$\ldots\ldots$	n_{1J}	n_{1+}
	$i = 2$	n_{21}	n_{22}	$\ldots\ldots$	n_{2J}	n_{2+}
A	.	.	.		.	.
	.	.	.		.	.
	$i = I$	n_{I1}	n_{I2}	$\ldots\ldots$	n_{IJ}	n_{I+}
	Summe	n_{+1}	n_{+2}	$\ldots\ldots$	n_{+J}	$n_{++} = n$

Sie werden wie folgt ermittelt: Die Hypothese der Unabhängigkeit von A und B besagt: Die Wahrscheinlichkeit p_{ij}, dass ein beliebiges Element der Kategorie (i, j) angehört, ist gleich dem Produkt der Wahrscheinlichkeiten p_{i+}, mit der es der Kategorie i angehört, und p_{+j}, mit der es der Kategorie j angehört:

$$p_{ij} = p_{i+} \cdot p_{+j}. \tag{5.57}$$

Daraus ergibt sich unter der Voraussetzung, dass die Nullhypothese H_0 richtig ist, der Erwartungswert m_{ij} für n_{ij}:

$$m_{ij} = n \cdot p_{ij} = n \cdot p_{i+} \cdot p_{+j}. \tag{5.58}$$

Es ist zu beachten, dass die n_{ij} eigentlich Zufallsvariablen sind und deshalb als N_{ij} geschrieben werden müssten. Die Großschreibweise hat sich aber in der statistischen Literatur zur loglinearen Analyse nicht durchgesetzt, m_{ij} ist als Mittelwert der Zufallsvariablen n_{ij} zu interpretieren. $\hat{m}_{ij}$ ist der aus der Stichprobe ermittelte Schätzwert für m_{ij}. Er ergibt sich, indem man die Wahrscheinlichkeiten p_{i+} und p_{+i} durch die entsprechenden relativen Häufigkeiten in der Stichprobe schätzt:

$$\hat{p}_{i+} = \frac{n_{i+}}{n}$$
$$\hat{p}_{+j} = \frac{n_{+j}}{n}$$
$$\hat{p}_{ij} = \frac{n_{i+} \cdot n_{+j}}{n^2}$$
mit $\qquad \hat{m}_{ij} = n\hat{p}_{ij} = \frac{n_{i+} \cdot n_{+j}}{n}.$

Anschließend wird die Prüfgröße

$$\sum_{i=1}^{I} \sum_{j=1}^{J} \frac{(n_{ij} - \hat{m}_{ij})^2}{\hat{m}_{ij}}$$

berechnet, die unter der Voraussetzung der Nullhypothese bei genügend großen $\hat{m}_{ij}$ annähernd χ^2-verteilt ist mit $(I-1) \cdot (J-1)$ Freiheitsgraden. Ist der Wert der aus der Stichprobe ermittelten Prüfgröße größer als der kritische χ^2-Wert, wird die Nullhypothese abgelehnt, d. h., es wird ein Zusammenhang zwischen A und B angenommen.

Beim loglinearen Modell werden die m_{ij} nicht auf der Grundlage von Gleichung (5.58) geschätzt, sondern mit Hilfe der natürlichen Logarithmen:

$$\ln m_{ij} = \ln n + \ln p_{i+} + \ln p_{+j}. \tag{5.59}$$

Damit wird auch der Name verständlich. Statt des multiplikativen Modells (5.58) erhalten wir mit (5.59) durch die Logarithmierung ein lineares Modell. Damit lassen sich die einzelnen Effekte additiv zerlegen, und es lässt sich das loglineare Modell in analoger Weise wie das varianzanalytische darstellen. Durch einfache algebraische Umformungen kann man nämlich statt (5.59) die äquivalente Gleichung

$$\ln m_{ij} = \lambda + \lambda_i\,(A) + \lambda_i\,(B) \tag{5.60}$$

mit $\qquad \lambda \quad = \dfrac{1}{IJ}\sum_{i=1}^{I}\sum_{j=1}^{J}\ln m_{ij}$ $\hfill$ (5.61)

$$\lambda_i\,(A) = \frac{1}{J}\sum_{j=1}^{J}\ln m_{ij} - \lambda \tag{5.62}$$

$$\lambda_i\,(B) = \frac{1}{I}\sum_{i=1}^{I}\ln m_{ij} - \lambda \tag{5.63}$$

schreiben.

λ ist der Gesamtmittelwert (grand mean) aller logarithmierten m_{ij}. $\lambda_i(A)$ gibt die Abweichung der Mittelwerte der logarithmierten m_{ij} der Kategorie i von A vom Gesamtmittelwert λ an und repräsentiert damit in der Ausdrucksweise der Varianzanalyse den Haupteffekt der Kategorie i von A.

Entsprechend steht der Parameter $\lambda_j(B)$ für den Haupteffekt der Kategorie j von B.

Formal entspricht also das loglineare Modell (5.60) – (5.63) dem Modell einer zweifachen Varianzanalyse ohne Berücksichtigung des Interaktionseffektes. Allerdings bezieht es sich nicht auf die m_{ij}, sondern auf deren natürliche Logarithmen. Außerdem ist darauf hinzuweisen, dass das Modell (5.60) – (5.63) eine Form hat, die der zentrierten Kodierung bei der Logit-Analyse entspricht, denn die $\lambda_i(A)$ und $\lambda_j(B)$ geben die Abweichungen vom Mittelwert an. Man kann loglineare Modelle auch analog zur Eckenkodierung formulieren. Dann stehen die $\lambda_i(A)$ und $\lambda_j(B)$ für die Abweichungen der $\ln m_{ij}$ von der gewählten Basiskategorie (vgl. dazu ausführlicher WRIGLEY 1985, Kap. 5).

Während bei der Varianzanalyse der Buchstabe μ zur Kennzeichnung der Effekte benutzt wird, hat sich bei der loglinearen Analyse λ als Bezeichnung durchgesetzt, wenn auch diese Wahl durchaus nicht einheitlich ist.

Da $\lambda_i(A)$ und $\lambda_i(B)$ Abweichungen vom Gesamtmittelwert darstellen, muss entsprechend zur Varianzanalyse die Randbedingung gelten:

$$\sum_{i=1}^{I}\lambda_i\,(A) = \sum_{j=1}^{J}\lambda_i\,(B) = 0. \tag{5.64}$$

Aus der Gleichung (5.60) und deren Interpretation wird deutlich, dass wir ein ganz bestimmtes Modell zur Schätzung der m_{ij} benutzt haben: nämlich eins, das zur Schätzung die Haupteffekte der Variablen A und B benutzt. Wir haben bei der Logit- und Varianzanalyse bereits gesehen, dass grundsätzlich verschiedene Schätzmodelle möglich sind (in

Abhängigkeit von unseren Hypothesen). Diese sind

1. $\ln m_{ij} = \lambda$ (5.65)

    Alle m_{ij} sind konstant, es gibt keinen Einfluss der Variablen A und B.

2. $\ln m_{ij} = \lambda + \lambda_i(A)$ (5.66)

    Nur die Variable A hat einen Einfluss. Für dieses Modell muss nur die Randbedingung

    $$\sum_{i=1}^{I} \lambda_i(A) = 0 \text{ erfüllt sein.}$$

3. $\ln m_{ij} = \lambda + \lambda_j(B)$ (5.67)

    Nur die Variable B hat einen Einfluss. Entsprechend muss nur die Randbedingung

    $$\sum_{J=1}^{J} \lambda_J(B) = 0 \text{ erfüllt sein.}$$

4. $\ln m_{ij} = \lambda + \lambda_i(A) + \lambda_j(B)$ (5.68)

    Dieses ist das sogenannte Unabhängigkeitsmodell der Gleichung (5.60), bei dem ein additiver Einfluss von A und von B auf die Häufigkeit angenommen wird. Es muss die Randbedingung (5.64) erfüllt sein.

5. $\ln m_{ij} = \lambda + \lambda_i(A) + \lambda_j(B) + \lambda_{ij}(A \otimes B)$ (5.69)

    Hier haben die Variablen A und B nicht nur eine additive Wirkung, sondern auch eine interaktive. Neben den Haupteffekten wird also auch ein Interaktionseffekt postuliert.

Im Übrigen entspricht (5.69) einem saturierten Modell, bei dem die Schätzwerte exakt gleich den Beobachtungswerten sind. Beim saturierten Modell muss außer der Randbedingung (5.64) auch eine Randbedingung für die Interaktionsparameter erfüllt sein, nämlich

$$\sum_{i=1}^{I} \lambda_{ij}(A \otimes B) = \sum_{j=1}^{J} \lambda_{ij}(A \otimes B) = 0.$$

Die Auflistung dieser Modelle verdeutlicht, dass die ersten vier Modelle lediglich Spezialfälle des saturierten Modells sind, und zwar in dem Sinne, dass sie unterstellen, einer oder mehrere der Effekte des saturierten Modells seien unwirksam, d.h., die entsprechenden Parameter seien 0.

Bei der loglinearen Analyse beschränken wir uns grundsätzlich auf hierarchische Modelle, d.h., es werden nur dann Interaktionseffekte berücksichtigt, wenn auch Haupteffekte der beteiligten Variablen postuliert werden.

Ziel der loglinearen Analyse ist es, unter den Modellen (5.65) – (5.69) ein geeignetes zu bestimmen, bei dem die beobachteten n_{ij} durch die geschätzten m_{ij} möglichst gut angepasst werden, und zwar durch möglichst wenig signifikante Effekte (dieses Ziel ist identisch mit dem der Logit-Analyse).

Die Güte der Anpassung wird durch χ^2 oder die ebenfalls annähernd χ^2-verteilte Prüfgröße G^2 mit

$$G^2 = 2 \sum_{i=1}^{I} \sum_{j=1}^{J} n_{ij} \cdot \ln \frac{n_{ij}}{\hat{m}_{ij}} \qquad (5.70)$$

ermittelt.

Die Zahl der Freiheitsgrade hängt von dem verwendeten Modell ab. Generell ist

FG = Anzahl der geschätzten Werte (= Anzahl der Felder in der Kontingenztabelle) minus der Anzahl der zu schätzenden Parameter in dem Modell.

Es gilt für das Modell

(5.65): $FG = I \cdot J - 1$

(5.66): $FG = I \cdot J - 1 - (I - 1)$

(5.67): $FG = I \cdot J - 1 - (J - 1)$ $\qquad\qquad$ (5.71)

(5.68): $FG = I \cdot J - 1 - (I - 1) - (J - 1)$

(5.69): $FG = I \cdot J - 1 - (I - 1) - (J - 1) - (I - 1)(J - 1) = 0.$

Zur Erläuterung sei darauf hingewiesen, dass in dem Modell (5.68)

$$\ln m_{ij} = \lambda + \lambda_i (A) + \lambda_j (B)$$

die Parameter $\lambda, \lambda_i(A)$ für $i = 1, \dots, I$ und $\lambda_j(B)$ für $j = 1, \dots, J$ zu schätzen sind. Wegen der Restriktionen (5.64) ergibt sich jeweils ein Parameter $\lambda_i(A)$ bzw. $\lambda_j(B)$ aus den restlichen $(I - 1)$ bzw. $(J - 1)$ Parametern. Deshalb ist die Anzahl der zu schätzenden Parameter in (5.68) gleich $1 + (I - 1) + (J - 1)$. Durch entsprechende Überlegungen gewinnt man die Anzahl der zu schätzenden Parameter und der Freiheitsgrade in den anderen Modellen. Dass das Modell (5.69) saturiert ist, erkennt man im Übrigen daran, dass die Zahl der Freiheitsgrade 0 ist.

Tab. 5.14: Absolute Häufigkeiten der Kreise in Norddeutschland nach dem Binnenwanderungssaldo (BWS) und dem Verstädterungsgrad (VERST)

VERST	BWS			Summe
	negativ	schwach positiv	stark positiv	
niedrig	2	13	17	32
hoch	22	8	3	33
Summe	24	21	20	33

Wir wollen die bisherigen Überlegungen an dem Beispiel der Tab. 5.8 veranschaulichen, indem wir nur die Variablen VERST und BWS berücksichtigen und aus der dreidimensionalen die entsprechende zweidimensionale Kontingenztabelle (Tab. 5.14) erstellen.

Tabelle 5.15 zeigt zum Vergleich die Schätzwerte $\hat{m}_{ij}$ sowie die Werte der beiden Prüfgrößen für die Güte der Anpassung einschließlich ihrer Überschreitungswahrscheinlichkeiten. Aus Platzgründen sind die Ergebnisse der Modelle zeilenweise angeordnet.

Tab. 5.15: Ergebnis der fünf möglichen loglinearen Modelle für die Daten aus Tab. 5.14

		Beobachtete Werte					
		n_{11}	n_{12}	n_{13}	n_{21}	n_{22}	n_{23}
		2	13	17	22	8	3
Modell		Geschätzte Werte					
		$\hat{m}_{11}$	$\hat{m}_{12}$	$\hat{m}_{13}$	$\hat{m}_{21}$	$\hat{m}_{22}$	$\hat{m}_{23}$
m_{ij} konstant		10,38	10,38	10,38	10,38	10,38	10,38
nur VERST	(5.66)	10,70	10,70	10,70	11,00	11,00	11,00
nur BWS	(5.67)	12,00	10,50	10,00	12,00	10,50	10,00
VERST und BWS							
additiv	(5.68)	11,80	10,30	9,80	12,20	10,70	10,20
saturiert	(5.69)	2,00	13,00	17,00	22,00	8,00	3,00

Fortsetzung der Tabelle

Modell		FG	X^2	G^2	Überschreitungs-wahrscheinlichkeit
m_{ij} konstant		5	23,85	44,40	$< 0,1\%$
nur VERST	(5.66)	4	28,96	31,90	$< 0,1\%$
nur BWS	(5.67)	3	27,66	31,52	$< 0,1\%$
VERST und BWS					
additiv	(5.68)	2	27,65	31,51	$< 0,1\%$
saturiert	(5.69)	0	0	0	100%

Zur Interpretation sei auf Folgendes verwiesen:

(1) Das Modell $\ln m_{ij} = \lambda$ schätzt alle Häufigkeiten konstant.

(2) Das Modell $\ln m_{ij} = \lambda + \lambda_i(\text{VERST})$ unterscheidet nur zwischen den Zeilen und ergibt die gleiche Wertereihe für jede Spalte der Kontingenztabelle. Damit entsprechen nur die geschätzten Zeilensummen den beobachteten, wie man durch Addition der jeweiligen Häufigkeiten leicht erkennt.

(3) Beim Modell $\ln m_{ij} = \lambda + \lambda_j(\text{BWS})$ ist es umgekehrt. Hier stimmen die Spalten-summen mit den beobachteten überein. Die Zeilen der geschätzten Häufigkeiten sind gleich.

(4) Das Modell $\ln m_{ij} = \lambda + \lambda_i(\text{VERST}) + \lambda_j(\text{BWS})$ ist das „übliche", wenn man testet, ob VERST oder BWS unabhängig voneinander sind. Die geschätzten Spalten- und Zeilensummen stimmen mit den beobachteten überein.

(5) Das saturierte Modell liefert eine zur beobachteten Häufigkeitstabelle identische Kontingenztabelle.

(6) Die hohen χ^2- und G^2-Werte liegen bei den ersten vier Modellen alle jenseits des kritischen Wertes $\chi^2_{FG;0,1\%}$. Das heißt, die χ^2- und G^2-Werte sind bei diesen Modellen hochsignifikant von 0 verschieden. Mit anderen Worten: Die Anpassung der beobachteten durch die von den Modellen geschätzten Werten ist unzureichend. Noch anders ausgedrückt: VERST und BWS hängen offensichtlich stark zusammen. Ein Modell, das eine gute Anpassung an die beobachteten Werte liefern soll, muss also den Interaktionsterm VERST $\otimes$ BWS berücksichtigen. In unserem Beispiel benötigen wir deshalb ein saturiertes Modell, weil es als einziges nicht zu einer signifikanten Abweichung zwischen beobachteten und geschätzten Häufigkeiten führt.

Für das gewählte Modell ist es wichtig, die Schätzwerte der Parameter λ, λ_i(VERST), λ_j(BWS), λ_{ij}(VERST$\otimes$BWS) zu kennen, um die Bedeutung dieser Effekte einschätzen zu können. Tabelle 5.16 zeigt die aus der Stichprobe gewonnenen Schätzwerte. Die Interaktionseffekte VERST $\otimes$ BWS wurden dabei durch $V \otimes B$ abgekürzt.

Tab. 5.16: Schätzwerte des saturierten loglinearen Modells für die Kontingenztabelle Tab. 5.14

$\hat{\lambda}$	$= +2{,}059$				
$\hat{\lambda}_1$ (VERST)	$= -0{,}029$	$\hat{\lambda}_2$ (VERST)	$= +0{,}029$		
$\hat{\lambda}_1$ (BWS)	$= -0{,}168$	$\hat{\lambda}_2$ (BWS)	$= +0{,}262$	$\hat{\lambda}_3$ (BWS)	$= -0{,}094$
$\hat{\lambda}_{11}(V \otimes B)$	$= -1{,}169$	$\hat{\lambda}_{12}(V \otimes B)$	$= +0{,}272$	$\hat{\lambda}_{13}(V \otimes B)$	$= +0{,}897$
$\hat{\lambda}_{21}(V \otimes B)$	$= +1{,}169$	$\hat{\lambda}_{22}(V \otimes B)$	$= -0{,}272$	$\hat{\lambda}_{23}(V \otimes B)$	$= -0{,}897$

Zur Verdeutlichung sei noch einmal betont, dass sich die $\hat{\lambda}$-Werte auf die Schätzung der logarithmierten m_{ij} (gemäß Gleichung (5.69)) beziehen. Gleichung (5.69) lässt sich umschreiben zu

$$\ln m_{ij} - \lambda = \lambda_i\,(A) + \lambda_j\,(B) + \lambda_j\,(A \otimes B)\,. \tag{5.72}$$

Das heißt, die $\hat{\lambda}$-Werte geben den Beitrag der einzelnen Effekte für die Abweichung der ln m_{ij} von ihrem Mittelwert λ an. Wie man aus Tab. 5.16 sieht, sind die Haupteffekte äußerst schwach. Die Abweichungen werden nahezu ausschließlich durch die Interaktionseffekte hervorgerufen, wobei insbesondere der Gegensatz zwischen hohem Verstädterungsgrad mit negativem Binnenwanderungssaldo und geringem Verstädterungsgrad mit stark positivem Binnenwanderungssaldo ins Gewicht fällt (vgl. die Werte $\hat{\lambda}_{11}$, $\hat{\lambda}_{21}$, $\hat{\lambda}_{13}$, $\hat{\lambda}_{23}$), was sich auch direkt aus Tab. 5.14 ablesen lässt.

Im Übrigen sei darauf hingewiesen, dass die $\hat{\lambda}$-Werte die geforderten Randbedingungen erfüllen, wie man durch Addition der entsprechenden Werte leicht sieht. Die Randbedingungen für die $\hat{\lambda}$-Werte lassen sich natürlich auch in äquivalenter Form als Randbedingungen für die $\hat{m}_{ij}$ formulieren. So lässt sich z.B. die Randbedingung (5.62)

$$\hat{\lambda}_i\,(A) = \frac{1}{J}\sum_{j=1}^{J}\ln m_{ij} - \hat{\lambda}$$

schreiben als Randbedingung (5.62')

$$\sum_{j=1}^{J}\hat{m}_{ij} = n_{i+}.$$

Dass diese Äquivalenz erfüllt ist, lässt sich aus Tab. 5.15 ablesen, denn

$$\sum_{j=1}^{J}\hat{m}_{1j} = 2 + 13 + 17 = 32 = n_{1+}$$

$$\sum_{j=1}^{J}\hat{m}_{2j} = 22 + 8 + 3 = 33 = n_{2+}.$$

In dem Modell (5.66)

$$\ln m_{1j} = \lambda + \lambda_i\,(\text{VERST})$$

wird nur eine Wirkung des Verstädterungsgrades angenommen. In diesem Modell muss die Randbedingung (5.62) bzw. (5.62') erfüllt sein. (5.62) können wir nicht direkt überprüfen, da wir für dieses Modell die $\hat{\lambda}$-Werte nicht berechnet haben, aber indirekt über die Prüfung von (5.62'). Aus Tab. 5.15 ergibt sich, dass (5.62') erfüllt ist, denn

$$\sum_{j=1}^{J}\hat{m}_{1j} = 10{,}70 + 10{,}70 + 10{,}70 = 32{,}1 = n_{1+}$$

und $\qquad \displaystyle\sum_{j=1}^{J}\hat{m}_{2j} = 11 + 11 + 11 = 33 = n_{2+}.$

Dabei ist zu beachten, dass $10{,}70$ aus Aufrundung von $10{,}66$ resultiert.

Zur Signifikanzprüfung der λ-Werte

Wir hatten bei der Interpretation der Tab. 5.16 etwas undifferenziert festgestellt, die Haupteffekte seien wegen der geringen λ-Werte vernachlässigbar schwach und nur die Interaktionseffekte fielen ins Gewicht.

Diese Aussage lässt sich insofern präzisieren, als geprüft werden kann, ob die λ-Werte der Grundgesamtheit von 0 verschieden sind (H_A) oder nicht (H_0).

Zur Vereinfachung bezeichnen wir mit λ_z einen beliebigen λ-Wert, d. h., λ_z steht für die interessierenden $\lambda_i(A)$, $\lambda_j(B)$ und $\lambda_{ij}(A \otimes B)$. Man kann nun zeigen, dass unter der Voraussetzung von H_0 die Prüfgröße

$$\frac{\hat{\lambda}_z}{\text{Standardfehler von } \hat{\lambda}_z} = \frac{\hat{\lambda}_z}{\sqrt{\text{var}(\hat{\lambda}_z)}}$$

annähernd standardnormalverteilt ist. Die Werte dieser Prüfgröße werden von den Programmpaketen auf Wunsch berechnet und ausgegeben.

In unserem Beispiel erhält man, dass nur die $\hat{\lambda}_{11}(V \otimes B)$, $\hat{\lambda}_{21}(V \otimes B)$, $\hat{\lambda}_{23}(V \otimes B)$ aus Tab. 5.16 signifikant von 0 verschieden sind. Mit anderen Worten: Wie wir oben bereits vermutet hatten, sind nur die Interaktionseffekte wirksam.

5.3.3 Das loglineare Modell für mehrdimensionale Kontingenztabellen

Analysiert man Kontingenztabellen mit mehr als zwei kategorialen Variablen, treten Probleme auf, die uns in dem zweidimensionalen Beispiel nicht begegnet sind. Das erste betrifft die Auswahl eines geeigneten loglinearen Modells. Im zweidimensionalen Fall ist es in der Regel so, dass die beiden Variablen miteinander zusammenhängen. Dann liefert – wie in unserem Beispiel – nur ein saturiertes Modell eine genügend gute Anpassung, d. h. einen nicht signifikant von 0 verschiedenen χ^2- oder G^2-Wert. Damit erübrigen sich weitere Überlegungen zur Modellauswahl. Im drei- und mehrdimensionalen Fall gibt es jedoch gewöhnlich neben dem saturierten Modell mehrere andere Modelle mit einer guten Anpassung, und es entsteht die Frage, welches dieser Modelle ausgewählt werden soll.

Ein zweites Problem besteht hinsichtlich der Bestimmung der $\hat{m}_{ij}$ (und der Parameter $\hat{\lambda}_z$). Bei zweidimensionalen Kontingenztabellen können die $\hat{m}_{ij}$ einfach berechnet werden, indem man die bei dem jeweiligen Modell relevanten Randsummen gleichmäßig bzw. proportional auf die beteiligten Zellen verteilt, wie an Tab. 5.15 zu sehen ist. Dieses Verfahren ist schon bei dreidimensionalen Kontingenztabellen nicht mehr für alle Modelle anwendbar.

Bevor wir auf diese Fragen eingehen, wird zunächst die allgemeine Struktur mehrdimensionaler Kontingenztabellen und loglinearer Modelle vorgestellt, und zwar am Beispiel von drei Variablen. Die Erweiterung auf vier und mehr Variablen bringt höchstens technische Schwierigkeiten mit sich, ohne grundsätzliche neue Fragen aufzuwerfen.

Tabelle 5.17 zeigt eine dreidimensionale Kontingenztabelle mit den Variablen A, B und C, die 3, 2 und 2 Kategorien haben. Diese Kontingenztabelle entspricht derjenigen, die wir als Beispiel für die Logit-Analyse benutzt haben (vgl. Tab. 5.8). Sie ist nur um $90°$ gedreht.

Allgemein habe

A die Kategorien $i = 1, \ldots, I$,

B die Kategorien $j = 1, \ldots, J$,

C die Kategorien $k = 1, \ldots, K$.

Tab. 5.17: Eine dreidimensionale Kontingenztabelle

		$k = 1$		$k = 2$		
		B		B		
		$j = 1$	$j = 2$	$j = 1$	$j = 2$	Summe
	$i = 1$	n_{111}	n_{121}	n_{112}	n_{122}	n_{1++}
A	$i = 2$	n_{211}	n_{221}	n_{212}	n_{222}	n_{2++}
	$i = 3$	n_{311}	n_{321}	n_{312}	n_{322}	n_{3++}
Summe		n_{+11}	n_{+21}	n_{+12}	n_{+22}	n_{+++}

n_{ijk} gibt die Anzahl der beobachteten Fälle in der Zelle (in dem Feld) (i, j, k) an, also die Anzahl der Fälle in der i-ten Kategorie von A, der j-ten Kategorie von B und der k-ten Kategorie von C.

Das saturierte loglineare Modell einer dreidimensionalen Kontingenztabelle lautet – in entsprechender Erweiterung des zweidimensionalen Falles:

$$\ln m_{ijk} = \lambda + \lambda_i (A) + \lambda_j (B) + \lambda_k (C) + \lambda_{ij} (A \otimes B)$$
$$+ \lambda_{ik} (A \otimes C) + \lambda_{jk} (B \otimes C) + \lambda_{ijk} (A \otimes B \otimes C) \tag{5.73}$$

mit den Randbedingungen

$$\sum_{i=1}^{I} \lambda_{ijk} (A \otimes B \otimes C) = \sum_{j=1}^{J} \lambda_{ijk} (A \otimes B \otimes C)$$
$$= \sum_{k=1}^{K} \lambda_{ijk} (A \otimes B \otimes C) = 0. \tag{5.74}$$

Für das saturierte Modell gilt wieder, dass die Anzahl der zu schätzenden Parameter λ_z gleich ist der Anzahl der zu schätzenden n_{ijk} bzw. der Anzahl der Zellen (Felder) in der Kontingenztabelle. Mit anderen Worten, das saturierte Modell hat keinen Freiheitsgrad, die Schätzwerte $\hat{m}_{ijk}$ sind identisch mit den n_{ijk}. Neben den zweifachen Interaktionen $A \otimes B$, $A \otimes C$ und $B \otimes C$ tritt jetzt auch eine dreifache Interaktion auf, nämlich $A \otimes B \otimes C$. Sie entspricht einem dreifachen Korrelationskoeffizienten und besagt, dass der Zusammenhang zwischen zwei Variablen von dem Wert (bzw. der Kategorie oder Ausprägung) der dritten Variablen abhängig ist. Anders ausgedrückt: Eine dreifache Interaktion liegt z. B. dann vor, wenn die Stärke des Zusammenhangs zwischen A und B in der Kategorie $k = 1$ von C größer oder kleiner ist als in der Kategorie $k = 2$ von C.

Man könnte auf den Gedanken kommen, eine dreidimensionale Kontingenztafel dadurch zu analysieren, dass man sie in drei zweidimensionale Kontingenztafeln aufspaltet, und zwar

– eine für die Variablen A und B,
– eine für die Variablen A und C,
– eine für die Variablen B und C,
und diese drei Kontingenztabellen jeweils einer zweidimensionalen Analyse wie in Abschn. 5.3.2 unterzieht. Die aus Tab. 5.17 gewonnene zweidimensionale Kontingenztafel für die Variablen A und B sähe z.B., wie in Tab. 5.18 dargestellt, aus.

Tab. 5.18: Die aus einer dreidimensionalen Kontingenztabelle gewonnene zweidimensionale Kontingenztabelle für A und B

		B		
		$j = 1$	$j = 2$	Summe
A	$i = 1$	$n_{111} + n_{112} = n_{11+}$	$n_{111} + n_{112} = n_{11+}$	n_{1++}
	$i = 2$	$n_{211} + n_{212} = n_{21+}$	$n_{221} + n_{222} = n_{22+}$	n_{2++}
	$i = 3$	$n_{311} + n_{312} = n_{31+}$	$n_{321} + n_{322} = n_{32+}$	n_{3++}
Summe		n_{+1+}	n_{+2+}	$n_{+++} = n$

Man könnte damit aber keine dreifache Interaktion erfassen. Außerdem würden bei diesem Vorgehen die paarweisen Zusammenhänge $A \otimes B$, $A \otimes C$ und $B \otimes C$ jeweils unabhängig voneinander bestimmt und nicht mehr simultan, wodurch sich die Parameterschätzungen λ_z ändern würden. Deshalb ist die Analyse einer dreidimensionalen Kontingenztabelle den 3 Analysen der zugehörigen zweidimensionalen Kontingenztabellen vorzuziehen. Diese Argumentation ist im Wesentlichen die gleiche wie bei der metrischen Korrelations- und Regressionsanalyse. Dort hatten wir auch gesehen, dass etwa partielle Regressionskoeffizienten von den entsprechenden bivariaten verschieden sind.

Mögliche loglineare Modelle einer dreidimensionalen Kontingenztabelle

Ausgehend von dem saturierten Modell (5.73) – (5.74) wollen wir zunächst überlegen, wie viele loglineare Modelle und welche Typen es gibt, wenn man sich auf hierarchische Modelle beschränkt. Es sei noch einmal betont, dass hierarchische Modelle solche sind, in die eine Interaktion höherer Ordnung nur dann aufgenommen wird, wenn auch alle zugehörigen Interaktionen niederer Ordnung bzw. Haupteffekte vertreten sind. Nach diesem Kriterium sind z. B. die Modelle

$$\ln m_{ijk} = \lambda + \lambda_i (A) + \lambda_{jk} (B \otimes C)$$
$$\ln m_{ijk} = \lambda + \lambda_i (A) + \lambda_j (B) + \lambda_k (C) + \lambda_{ij} (A \otimes B) + \lambda_{ik} (A \otimes C)$$
$$+ \lambda_{ijk} (A \otimes B \otimes C)$$

nicht hierarchisch und bleiben aus der Betrachtung ausgeschlossen.

Man erhält die verschiedenen Modelle, indem man unter Berücksichtigung dieses Kriteriums bestimmte $\lambda_z = 0$ setzt, also annimmt, die entsprechenden Effekte seien nicht

Tab. 5.19: Mögliche hierarchische loglineare Modelle einer dreidimensionalen Kontingenztabelle

Modell-typ Nr.	Modellbeschreibung (angenommene wirksame Effekte)	Anzahl der Modelle
1	Alle Effekte, saturiertes Modell $\ln m_{ijk} = \lambda + \lambda_i(A) + \lambda_j(B) + \lambda_k(C) + \lambda_{ij}(A \otimes B) + \lambda_{ik}(A \otimes C) + \lambda_{jk}(B \otimes C) + \lambda_{ijk}(A \otimes B \otimes C)$	1
2	Alle zweifachen Interaktionseffekte und alle Haupteffekte $\ln m_{ijk} = \lambda + \lambda_i(A) + \lambda_j(B) + \lambda_k(C) + \lambda_{ij}(A \otimes B) + \lambda_{ik}(A \otimes C) + \lambda_{jk}(B \otimes C)$	1
3	Zwei zweifache Interaktionseffekte und alle Haupteffekte Beispiel: $\ln m_{ijk} = \lambda + \lambda_i(A) + \lambda_j(B) + \lambda_k(C) + \lambda_{ij}(A \otimes B) + \lambda_{jk}(B \otimes C)$	3
4	Ein zweifacher Interaktionseffekt und alle Haupteffekte Beispiel: $\ln m_{ijk} = \lambda + \lambda_i(A) + \lambda_j(B) + \lambda_k(C) + \lambda_{ik}(A \otimes C)$	3
5	Ein zweifacher Interaktionseffekt und zwei Haupteffekte Beispiel: $\ln m_{ijk} = \lambda + \lambda_i(A) + \lambda_k(C) + \lambda_{ik}(A \otimes C)$	3
6	Alle Haupteffekte Beispiel: $\ln m_{ijk} = \lambda + \lambda_i(A) + \lambda_j(B) + \lambda_k(C)$	1
7	Zwei Haupteffekte Beispiel: $\ln m_{ijk} = \lambda + \lambda_j(B) + \lambda_k(C)$	3
8	Ein Haupteffekt Beispiel: $\ln m_{ijk} = \lambda + \lambda_j(B)$	3
9	Kein Effekt $\ln m_{ijk} = \lambda$	1

vorhanden (vgl. Tab. 5.19). Zu einigen Typen gibt es mehrere Modelle, die man durch Vertauschung der Variablen erhält. So gehören zum Typ Nr. 4 z. B. die drei Modelle

$$\ln m_{ijk} = \lambda + \lambda_i(A) + \lambda_j(B) + \lambda_k(C) + \lambda_{ij}(A \otimes B) \tag{5.75}$$

$$\ln m_{ijk} = \lambda + \lambda_i(A) + \lambda_j(B) + \lambda_k(C) + \lambda_{ik}(A \otimes C) \tag{5.76}$$

$$\ln m_{ijk} = \lambda + \lambda_i(A) + \lambda_j(B) + \lambda_k(C) + \lambda_{jk}(B \otimes C). \tag{5.77}$$

Tabelle 5.19 enthält alle denkbaren hierarchischen Modelle. Deren Anzahl beträgt schon 19. Bei einer vierdimensionalen Kontingenztabelle gibt es im Übrigen bereits 167 hierarchische Modelle, und es ist leicht zu sehen, dass deren Zahl mit zunehmender Anzahl der Variablen schnell ins Unermessliche steigt. Umso dringender ist ein handhabbares Auswahlverfahren.

Tab. 5.20: Kurzbezeichnungen der möglichen hierarchischen
loglinearen Modelle einer dreidimensionalen
Kontingenztabelle

Modelltyp Nr.	Kurzbezeichnung
1	$(A \otimes B \otimes C)$
2	$(A \otimes B), (A \otimes C), (B \otimes C)$
3	$(A \otimes B), (A \otimes C)$ $(A \otimes B), (B \otimes C)$ $(A \otimes C), (B \otimes C)$
4	$(C), (A \otimes B)$ $(B), (A \otimes C)$ $(A), (B \otimes C)$
5	$(A \otimes B)$ $(A \otimes C)$ $(B \otimes C)$
6	$(A), (B), (C)$
7	$(A), (B)$ $(A), (C)$ $(B), (C)$
8	(A) (A) (B)
9	–

Die Beschränkung auf hierarchische Modelle ermöglicht es, statt der ausführlichen Darstellung der Modelle in Form von Gleichungen der $\ln m_{ijk}$ eine kürzere Bezeichnung zu wählen. Man führt dabei nur die Effekte auf, die zur Charakterisierung des Modells unbedingt notwendig sind. Im Modell (5.75) wird durch die zweifache Interaktion $A \otimes B$ impliziert, dass auch die Haupteffekte A und B wirksam sind. Sie sind also zur Kennzeichnung des Modells nicht notwendig. Das Modell (5.75) kann deshalb einfach durch

$$(C), (A \otimes B)$$

bezeichnet werden. Dementsprechend lauten die Bezeichnungen für die beiden Modelle (5.76) und (5.77)

$$(B), (A \otimes C) \quad \text{und} \quad (A), (B \otimes C).$$

Es ist notwendig, sich mit dieser Bezeichnungsweise vertraut zu machen, da sie für den Aufruf der Modelle in den verschiedenen statistischen Programmpaketen benötigt wird. Tabelle 5.20 zeigt diese Bezeichnungen für alle hierarchischen Modelle der Tab. 5.19.

Zur Schätzung der m_{ijk} und der Parameter λ_z

Zu jedem der aufgeführten 19 Modelle gehören – wie im zweidimensionalen Fall – spezifische Randbedingungen für die jeweiligen λ_z, die wir nicht wiedergeben. Wichtiger ist, dass sich diese Randbedingungen in solche für die entsprechenden Randsummen der Kontingenztabelle umformen lassen, die die Schätzwerte $\hat{m}_{ijk}$ erfüllen müssen. Wir wählen als Beispiel das Modell (5.75) bzw. (C), $(A \otimes B)$ und die Kontingenztabelle Tab. 5.17.

Für den Haupteffekt C müssen sich die Schätzwerte $\hat{m}_{ijk}$ gemäß Tab. 5.17

| für $k = 1$ | zu | $n_{+11} + n_{+21} = n_{++1}$, |
| für $k = 2$ | zu | $n_{+12} + n_{+22} = n_{++2}$ |

addieren. Allgemein muss also für alle k gelten:

$$\sum_{i=1}^{I} \sum_{j=1}^{J} \hat{m}_{ijk} = n_{++k}. \tag{5.78}$$

Der Interaktionseffekt $A \otimes B$ besagt, dass die $\hat{m}_{ijk}$ so zu schätzen sind, dass alle Gleichungen für die inneren und äußeren Randsummen in Tab. 5.18 erfüllt sind. D.h., es muss für alle (i, j) die Gleichung für die inneren Randsummen

$$\sum_{k=1}^{K} \hat{m}_{ijk} = n_{ij+} \tag{5.79}$$

erfüllt sein. Ist dies der Fall, gelten automatisch auch die Gleichungen

$$\sum_{j=1}^{J} \sum_{k=1}^{K} \hat{m}_{ijk} = n_{i++} \quad \text{(alle } i) \tag{5.80}$$

$$\sum_{i=1}^{I} \sum_{k=1}^{K} \hat{m}_{ijk} = n_{+j+} \quad \text{(alle } j) \tag{5.81}$$

für die äußeren Randsummen der Tab. 5.18. Mit anderen Worten, die Randsummenbedingungen für die Haupteffekte A und B sind ebenfalls erfüllt. Die Bedingung 5.79 ist also bereits allein ausreichend.

Für das Modell (C), $(A \otimes B)$ lassen sich die $\hat{m}_{ijk}$ ähnlich wie im zweidimensionalen Fall exakt berechnen, und zwar ist

$$\hat{m_{ijk}} = \frac{n_{ij+} \, n_{++k}}{n}. \tag{5.82}$$

Diese Schätzwerte sind im Übrigen Maximum-Likelihood-Schätzungen, denn die $\hat{m}_{ijk}$ werden praktisch unter der Annahme bestimmt, dass die Wahrscheinlichkeit, die gegebene Stichprobe mit dem Umfang n_{ijk} (und nicht eine andere) zu erhalten, maximal ist. Loglineare Modelle, bei denen sich die Schätzwerte für die Zellenhäufigkeiten exakt berechnen lassen, nennt man geschlossen. Im dreidimensionalen Fall gibt es ein nicht geschlossenes Modell, und zwar das Modell

$$(A \otimes B)\,,\ (A \otimes C)\,,\ (B \otimes C)\,.$$

Bei höherdimensionierten Kontingenztabellen nimmt die Zahl der nicht geschlossenen Modelle rasch zu. Für nicht geschlossene Modelle werden zur Bestimmung der $\hat{m}_{ijk}$ mathematische Näherungsverfahren angewandt. Das bekannteste von ihnen ist das iterative proportionale Anpassungsverfahren (iterative proportional fitting procedure) , das u. a. im SPSS benutzt wird. Die mathematischen Details dieses und anderer iterativer Näherungsverfahren können u. a. bei WRIGLEY (1985, S. 184ff.) nachgelesen werden. Es sei nur darauf hingewiesen, dass (5.82) eine proportionale Anpassung darstellt, die wegen der Geschlossenheit des Modells gleich im ersten Schritt zu exakten Schätzwerten führt. Bei nicht geschlossenen Modellen sind mehrere proportionale Anpassungsschritte erforderlich. Das iterative Verfahren wird dann abgebrochen, wenn sich die $\hat{m}_{ijk}$ bei zwei aufeinanderfolgenden Schritten nur noch um einen sehr kleinen Betrag unterscheiden.

Sind die $\hat{m}_{ijk}$ bekannt, lassen sich aus ihnen die zu dem jeweiligen Modell gehörenden λ_z über Gleichungen berechnen, die entsprechend den Gleichungen (5.62) und (5.63) im zweidimensionalen Fall definiert sind. Die λ_z können anschließend wiederum auf Signifikanz gegen 0 geprüft werden.

Die Auswahl eines loglinearen Modells

Die Auswahl eines loglinearen Modells erfolgt nach den gleichen Prinzipien, die bei der metrischen multiplen Regressionsanalyse besprochen wurden (vgl. Kap. 2). Von besonderer Bedeutung ist, dass solche Variablen und Effekte einbezogen werden, an denen man „interessiert" ist, sei es auf Grund von früheren Untersuchungen oder von theoretischen Überlegungen. Daneben gibt es aber auch automatisch ablaufende Prozeduren, die den vorwärts und/oder rückwärts gerichteten schrittweisen Strategien bei der multiplen Regressionsanalyse entsprechen und zu einem geeigneten Modell führen. Denn zwischen dem loglinearen Modell ohne Effekte, das die Konstanz der m_{ijk} postuliert ($\ln m_{ijk} = \lambda$), und dem saturierten Modell, das die beobachteten Häufigkeiten perfekt anpasst, muss es ein Modell mit einer befriedigenden Anpassung geben, d. h. mit einem nicht signifikant von 0 verschiedenen χ^2- und/oder G^2-Wert. Im Extremfall ist es das saturierte Modell selbst, wie wir bei dem zweidimensionalen Beispiel gesehen hatten.

Während bei der metrischen Regressionsanalyse die Anpassungsgüte durch das multiple Bestimmtheitsmaß bzw. durch den multiplen Korrelationskoeffizienten angegeben wird, benutzt man bei der loglinearen Analyse die Prüfgrößen χ^2 und/oder G^2. Je k l e i n e r sie sind, desto besser stimmen beobachtete und geschätzte Werte überein, desto besser ist das Modell (für saturierte Modelle ist $\chi^2 = G^2 = 0$).

Für die schrittweise Auswahlstrategie wird allerdings nicht χ^2, sondern das Likelihood-Verhältnis G^2 benutzt, da es sich additiv zerlegen lässt. Damit ist Folgendes gemeint: Gegeben seien zwei hierarchische, loglineare Modelle M und N mit den Anpassungsgüten $G^2(M)$ und $G^2(N)$ sowie mit $FG(M)$ und $FG(N)$ Freiheitsgraden. N enthalte die gleichen Effekte wie M und darüber hinaus noch einen oder mehrere andere. $N - M$ bezeichne die Effekte in N, die nicht in M sind. Dann ist $G^2(N - M) = G^2(M) - G^2(N)$ wiederum annähernd χ^2-verteilt mit $(FG(M) - FG(N))$ Freiheitsgraden. Mit anderen Worten, $G^2(N - M)$ ist ein Maß für die Wirksamkeit derjenigen Effekte, die Bestandteil von N, aber nicht von M sind. Es kann als Prüfgröße für den Test, ob die Modelle M und N signifikant voneinander verschieden sind, angesehen werden. $G^2(N - M)$ ist also analog zu dem partiellen Korrelationskoeffizienten zu interpretieren und wird gelegentlich als partieller, manchmal auch als konditionaler G^2-Koeffizient bezeichnet.

Zur Demonstration betrachten wir das Beispiel der norddeutschen Kreise mit den drei Variablen B = Binnenwanderungssaldo, V = Verstädterungsgrad und A = Arbeitsplatzentwicklung aus Tab. 5.8. Wir ordnen die Daten analog zur Tab. 5.17 an und erhalten Tab. 5.21. Wohlgemerkt, Tab. 5.8 und 5.21 sind inhaltlich identisch, nur die Anordnung der Häufigkeitswerte ist verschieden.

Tab. 5.21: Häufigkeiten der Kreise Norddeutschlands nach den Kategorien der Variablen B, V und A

		negativ V		positiv V		
		niedrig	hoch	niedrig	hoch	Summe
	negativ	1	16	1	6	24
B	schwach positiv	7	2	6	6	21
	stark positiv	4	4	13	1	20
	Summe	12	20	20	13	65

Wir berechnen die Anpassungsgüte folgender drei Modelle:

M_1: $(B), (V), (A)$ bzw.

$$\ln m_{ijk} = \lambda + \lambda_i(B) + \lambda_j(V) + \lambda_k(A)$$

M_2: $(B \otimes V), (B \otimes A), (V \otimes A)$ bzw.

$$\ln m_{ijk} = \lambda + \lambda_i(B) + \lambda_j(V) + \lambda_k(A) + \lambda_{ij}(B \otimes V)$$
$$+ \lambda_{ik}(B \otimes A) + \lambda_{jk}(V \otimes A)$$

M_3: $(B \otimes A \otimes V)$ bzw.

$$\ln m_{ijk} = \lambda + \lambda_i(B) + \lambda_j(V) + \lambda_k(A) + \lambda_{ij}(B \otimes V)$$
$$+ \lambda_{ik}(B \otimes A) + \lambda_{jk}(V \otimes A) + \lambda_{ijk}(B \otimes V \otimes A)$$

M_1 unterstellt ausschließlich Haupteffekte, M_2 enthält alle zweifachen Interaktionseffekte (und damit auch die Haupteffekte), M_3 ist das saturierte Modell.

Bestimmt man für die drei Modelle die $\hat{m}_{ijk}$, so ergeben sich folgende Likelihood-Verhältnisse:

$$G^2(M_1) = 43{,}735 \quad \text{mit } FG(M_1) = 7$$
$$G^2(M_2) = 4{,}222 \quad \text{mit } FG(M_2) = 2$$
$$G^2(M_3) = 0 \quad\quad \text{mit } FG(M_3) = 0.$$

Wir können zunächst festhalten, dass M_1 keine befriedigende Anpassung liefert, denn der kritische χ^2-Wert bei 7 Freiheitsgraden und einem Signifikanzniveau von 5% beträgt 14,07 (vgl. Anhang, Tafel 2), und 43,735 liegt weit über diesem kritischen Wert.

Beim saturierten Modell M_3 ergibt sich natürlich eine perfekte Anpassung. Aber auch das Modell M_2 ist befriedigend, denn 4,222 liegt deutlich unter dem kritischen χ^2-Wert $\chi^2_{2;5\%} = 5{,}99$. Die Überschreitungswahrscheinlichkeit für 4,222 beträgt im Übrigen 23,8%, sie ist also beträchtlich größer als 5%.

Dieses Ergebnis überrascht nicht, denn wir hatten sowohl bei der metrischen Regressionsanalyse als auch bei der Logit-Analyse mindestens einen Zusammenhang zwischen V und B sowie zwischen A und B, also in der Terminologie der loglinearen Analyse signifikante Interaktionseffekte $B \otimes V$ und $B \otimes A$, vermutet. Für die Differenzen zwischen den Modellen ergibt sich:

$$G^2(M_2 - M_1) = 39{,}513 \quad \text{mit 5 Freiheitsgraden}$$
$$G^2(M_3 - M_2) = 4{,}222 \quad \text{mit 2 Freiheitsgraden.}$$

Die kritischen χ^2-Werte sind:

$$\chi^2_{5;5\%} = 11{,}07$$
$$\chi^2_{2;5\%} = 5{,}99.$$

Das bedeutet, der Unterschied zwischen M_1 und M_2 ist signifikant, während der Unterschied zwischen M_2 und M_3 nicht signifikant ist.

Wir kommen nun zu der Frage nach der Auswahl eines geeigneten loglinearen Modells. Sie kann auf verschiedene Weisen angegangen werden (vgl. WRIGLEY 1985, S. 190ff.). Wir beschränken uns auf schrittweise Verfahren, die von dem gerade vorgestellten „Additionstheorem" für G^2 Gebrauch machen.

Sei M_r das loglineare Modell, das alle r-fachen Interaktionen (und damit auch alle Interaktionen niederer Ordnung) enthält, r kann höchstens so groß wie die Anzahl der Variablen sein. Bei einer dreidimensionalen Kontingenztabelle gibt es also die Modelle M_3, M_2, M_1 und M_0. M_3 enthält alle möglichen dreifachen Interaktionen (bei drei Variablen nur eine), M_2 besteht aus allen zweifachen, paarweisen Interaktionen. M_1 umfasst alle „einfachen"

Interaktionen, d.h. die Haupteffekte. M_0 ist das Modell ohne jeden Effekt, bei dem die Konstanz der m_{ijk} angenommen wird.

Jedes der Modelle M_r wird nun geschätzt, und die Güte der Anpassung wird durch G^2 bestimmt. Wegen des hierarchischen Aufbaus der Modelle wird die Güte der Anpassung mit zunehmendem r immer besser, die G^2-Werte nehmen ab. In dieser Folge muss es daher eine Stelle r_0 geben derart, dass M_{r_0} eine befriedigende Anpassungsgüte hat (der zugehörige G^2-Wert ist nicht signifikant von 0 verschieden), während M_{r_0-1} keine ausreichende Anpassung liefert (der zugehörige G^2-Wert ist signifikant von 0 verschieden). Das auszuwählende Modell wird demnach irgendwo „zwischen" M_{r_0-1} und M_{r_0} liegen: Es wird mehr Effekte als M_{r_0-1}, aber nicht unbedingt alle Effekte von M_{r_0} enthalten müssen. Zur Bestimmung dieses Modells sind zwei schrittweise Strategien möglich: die vorwärts gerichtete Auswahl (forward selection) und die rückwärts gerichtete Auswahl (backward selection).

Bei der vorwärts gerichteten Auswahl geht man von M_{r_0-1} aus und addiert schrittweise einzelne Effekte nach der Größe ihres partiellen G^2-Wertes, bis ein insgesamt nicht signifikant von 0 abweichender G^2-Wert erreicht wird. Ab dem zweiten Schritt wird außerdem geprüft, ob auf einen bereits aufgenommenen Effekt verzichtet werden kann.

Bei der rückwärts gerichteten Auswahl geht man von M_{r_0} aus und subtrahiert schrittweise einzelne Effekte, und zwar so, dass deren partieller G^2-Wert möglichst gering ist. Das Verfahren wird beendet, bevor ein insgesamt signifikant von 0 verschiedener G^2-Wert erreicht wird. Auch hier wird ab dem zweiten Schritt eine analoge Überprüfung der vorangegangenen Schritte durchgeführt.

Beide Verfahren führen zu einem Modell mit möglichst wenig Effekten. Ihre Ergebnisse sind aber nicht immer identisch. Im Zweifelsfalle muss der Bearbeiter auf Grund von inhaltlichen Erwägungen eine Entscheidung treffen.

Wir erläutern die Verfahren an unserem Beispiel (Tab. 5.21). Das gesuchte r_0 ist in diesem Fall gleich 2, denn M_2 lieferte eine befriedigende Anpassung, M_1 dagegen nicht.

Für die vorwärts gerichtete Auswahl gehen wir von M_1 aus. Fügt man zu M_1 die zweifachen Interaktionseffekte einzeln hinzu, ergeben sich folgende G^2-Werte:

Modell	G^2	FG	Partielles G^2		FG
M_1	43,735	7			
$M_1 + (B \otimes V)$	12,228	5	$(43,735 - 12,228) =$	31,507	2
$M_1 + (B \otimes A)$	35,732	5	$(43,735 - 35,732) =$	8,003	2
$M_1 + (V \otimes A)$	40,233	6	$(43,735 - 40,233) =$	3,502	1

Die kritischen χ^2-Werte sind

$$\chi^2_{2;5\%} = 5{,}99 \quad \text{und} \quad \chi^2_{1;5\%} = 3{,}84.$$

Die Effekte $(B \otimes V)$ und $(B \otimes A)$ sind jeweils signifikant, der Effekt $(V \otimes A)$ ist nicht signifikant. Da das partielle G^2 für $(B \otimes V)$ am größten ist, wird dieser Effekt beim ersten

Schritt einbezogen.

Der G^2-Wert für das Modell $M_1 + (B \otimes V)$ ist 12, 228. Er ist damit größer als der kritische $\chi^2_{5;5\%}$-Wert $= 11{,}07$. Das bedeutet, die Anpassung durch das Modell $M_1 + (B \otimes V)$ ist noch nicht befriedigend. Es ist noch wenigstens ein weiterer Effekt zu berücksichtigen. Für den zweiten Schritt ergeben sich folgende G^2-Werte:

Modell	G^2	FG	Partielles G^2		FG
$M_1 + (B \otimes V)$	12,228	5			
$M_1 + (B \otimes V) + (B \otimes A)$	4,225	3	$(12{,}228 - 4{,}225) =$	8,003	2
$M_1 + (B \otimes V) + (A \otimes V)$	8,726	4	$(12{,}228 - 8{,}726) =$	3,502	1

Demnach ist als weiterer Effekt $(B \otimes A)$ einzubeziehen, der auf dem 5%-Niveau signifikant ist. Das Modell

$$M_1 + (B \otimes V) + (B \otimes A)$$

ist bereits befriedigend, denn $G^2 = 4{,}225$ liegt beträchtlich unter dem kritischen Wert von $\chi^2_{3;5\%} = 7{,}81$. Die Überschreitungswahrscheinlichkeit für $G^2 = 4{,}225$ beträgt 23,8%. Wir können nun noch überprüfen, ob durch die Hereinnahme von $(B \otimes A)$ auf $(B \otimes V)$ verzichtet werden kann. Dies ist nicht der Fall. Andernfalls müsste der G^2-Wert des Modells $M_1 + (B \otimes A)(= 35{,}732)$ unter dem kritischen Wert $\chi^2_{5;5\%}$ liegen.

Bei der rückwärts gerichteten Auswahl gehen wir von M_2 aus und subtrahieren die am wenigsten bedeutsamen Effekte. Wir arbeiten mit einem entsprechenden Schema:

Modell	G^2	FG	Partielles G^2		FG
M_1	4,22	2			
$M_1 - (B \otimes V)$	32,230	4	$(32{,}230 - 4{,}222) =$	28,008	2
$M_1 - (B \otimes A)$	8,726	4	$(8{,}726 - 4{,}222) =$	4,504	2
$M_1 - (V \otimes A)$	4,225	3	$(4{,}225 - 4{,}222) =$	0,003	1

Aus dem Schema ist ersichtlich, dass zunächst der Effekt $(V \otimes A)$ zu streichen ist. Er ist praktisch gleich 0. Ein weiteres Streichen ist aber nicht möglich. Das können wir auch ohne ein zweites Schema erkennen.

Das Modell $M_2 - (V \otimes A)$ ist ja identisch mit dem Modell $M_1 + (B \otimes V) + (B \otimes A)$. Ein weiteres Streichen würde bedeuten, zu den Modellen

$$M_2 - (V \otimes A) - (B \otimes A) = M_1 + (B \otimes V)$$

$$\text{oder} \quad M_2 - (V \otimes A) - (B \otimes V) = M_2 + (B \otimes A)$$

überzugehen. Wir hatten aber bereits bei dem Schema für die vorwärts gerichtete Auswahl gesehen, dass die G^2-Werte dieser Modelle signifikant von 0 verschieden sind.

In unserem Beispiel führen vorwärts- und rückwärts gerichtete Auswahl zu dem gleichen Ergebnis, nämlich

$$M_2 - (V \otimes A) = M_1 + (B \otimes V) + (B \otimes A).$$

Dieses Modell ist

$$\ln m_{ijk} = \lambda + \lambda_i\,(B) + \lambda_j\,(V) + \lambda_k\,(A) + \lambda_{ij}\,(B \otimes V) + \lambda_{ik}\,(B \otimes A).$$
(5.83)

Gemäß unseren obigen Vereinbarungen hat es die Kurzbezeichnung $(B \otimes V), (B \otimes A)$.

Wir können also annehmen, dass ein signifikanter Zusammenhang zwischen dem Binnenwanderungssaldo und dem Verstädterungsgrad sowie zwischen dem Binnenwanderungssaldo und der Arbeitsplatzentwicklung besteht. Da, wie wir bereits gesehen haben, der dreifache Interaktionseffekt nicht signifikant ist, ist der erste Zusammenhang konstant in den beiden Kategorien der Arbeitsplatzentwicklung, der zweite ist unabhängig vom Grad der Verstädterung.

An den partiellen G^2-Werten ist darüber hinaus zu erkennen, dass der Zusammenhang zwischen Binnenwanderungssaldo und Verstädterungsgrad enger ist als zwischen Binnenwanderungssaldo und Arbeitsplatzentwicklung. Ein Zusammenhang zwischen Verstädterungsgrad und Arbeitsplatzentwicklung ist nicht nachzuweisen.

Wir erhalten damit ein ähnliches Ergebnis wie bei der metrischen Korrelations und Regressionsanalyse. Zur Logit-Analyse ergeben sich jedoch einige Unterschiede, auf die wir im nächsten Abschnitt noch kurz eingehen.

Um ein „Gefühl" für die Güte der Anpassung zu bekommen, stellen wir abschließend den nach (5.83) geschätzten Häufigkeiten $\hat{m}_{ijk}$ die beobachteten Häufigkeiten gegenüber (vgl. Tab. 5.22).

Auch der „visuelle Eindruck" zeigt, dass die Anpassung durch das Modell recht gut ist. Im Übrigen sei daraufhingewiesen, dass die geschätzten und beobachteten Zeilensummen jeweils identisch sind. Das liegt daran, dass durch die Berücksichtigung von $(B \otimes V)$ und $(B \otimes A)$ die Bedingungen für die entsprechenden Randsummen erfüllt sein müssen.

Die geringen Unterschiede zwischen den Spaltensummen beruhen nicht etwa auf einem Rundungsfehler, sondern sind modellbedingt. Sie wären verschwunden, wenn wir auch $(V \otimes A)$ in das Modell einbezogen hätten. Dass die Unterschiede sehr gering sind, liegt daran, dass der Effekt $(V \otimes A)$ nur äußerst schwach ist.

Schließlich ist festzuhalten, dass in dem Modell (5.83) auch der Haupteffekt A automatisch berücksichtigt ist. Dies zeigt sich in Tab. 5.22 daran, dass innerhalb jeder Kategorie von V die beiden geschätzten Spaltensummen zusammen gleich sind der Summe der beiden beobachteten Spaltensummen:

$$12{,}1 + 19{,}9 = 12{,}0 + 20{,}0 = 32$$
$$19{,}9 + 13{,}1 = 20{,}0 + 13{,}0 = 32.$$

Tab. 5.22: Geschätzte und beobachtete Häufigkeiten auf Grund des loglinearen Modells $(B \otimes V)$, $(B \otimes A)$

		A				
		negativ V		positiv V		
		niedrig	hoch	niedrig	hoch	Summe
negativ	geschätzt	1,4	15,6	0,6	6,4	24
	beobachtet	1,0	16,0	1,0	6,0	24
B schw. positiv	geschätzt	5,6	3,4	7,4	4,6	21
	beobachtet	7,0	2,0	6,0	6,0	21
stark positiv	geschätzt	5,1	0,9	11,9	2,1	20
	beobachtet	4,0	2,0	13,0	1,0	20
Summe	geschätzt	12,1	19,9	19,9	13,1	65
	beobachtet	12,0	20,0	20,0	13,0	65

Residualanalyse

Man kann nun wie bei der metrischen Regressionsanalyse auch bei der loglinearen Analyse die Residuen e_{ijk} mit

$$e_{ijk} = n_{ijk} - \hat{m}_{ijk} \tag{5.84}$$

berechnen. Diese rohen Residuen sind allerdings wenig aussagekräftig. Sie werden deshalb gewöhnlich standardisiert. Dafür gibt es verschiedene Möglichkeiten. Die einfachste und am häufigsten benutzte ist

$$e_{ijk} = \left(n_{ijk} - \hat{m}_{ijk} \right) / \sqrt{\hat{m}_{ijk}}. \tag{5.85}$$

Tabelle 5.23 zeigt die rohen und die standardisierten Residuen, die sich direkt aus Tab. 5.22 ergeben.

Die Aussagekraft dieser Tabelle ist nicht sehr hoch (das gilt im Übrigen für die meisten entsprechenden Residualtabellen loglinearer Modelle). Immerhin zeigt sich, dass die Anpassung in der Kategorie „negativer Binnenwanderungssaldo" deutlich besser ist als in den beiden anderen Kategorien mit positivem Binnenwanderungssaldo. Um die Anpassungsgüte zu erhöhen, müsste man also nach Variablen suchen, die vor allem in diesen Kategorien für eine zusätzliche Differenzierung sorgen. Dafür könnte etwa die Variable „Arbeitslosigkeit" in Frage kommen. Sie zusätzlich einzubeziehen, ist allerdings in unserem Beispiel wegen der geringen Zahl der Fälle nicht möglich.

Tab. 5.23: Rohe und standardisierte Residuen aus Tab. 5.22

| | | \multicolumn{4}{c}{A} | | | |
| | | \multicolumn{2}{c}{negativ V} | | \multicolumn{2}{c}{positiv V} | |
	Residuen-art	niedrig	hoch	niedrig	hoch
B	negativ	roh	−0,42	0,42	0,42	−0,42
		standard.	−0,36	0,11	0,55	−0,16
	schw. positiv	roh	1,43	−1,43	−1,43	1,43
		standard.	0,61	−0,77	−0,52	0,67
	stark positiv	roh	−1,10	1,10	1,10	−1,10
		standard.	−0,49	1,16	0,32	−0,76

5.3.4 Loglineare und Logit-Modelle

Aus den bisherigen Ausführungen dürfte deutlich geworden sein, dass die loglineare und die Logit-Analyse große Ähnlichkeiten aufweisen. Sie beziehen sich ja auf die gleiche Kontingenztabelle, wobei die Anordnung der Felder für die Analyse völlig unerheblich ist. Wir haben diese Ähnlichkeit im Text bereits dadurch zum Ausdruck gebracht, dass wir – zumindest implizit – das loglineare Modell gelegentlich regressionsanalytisch gelesen haben. Eine solche Interpretation ist naheliegend, wenn man weiß, welche Variable die abhängige ist. In unserem Beispiel war das B (= Binnenwanderungssaldo). Dann lassen sich die Interaktionseffekte, an denen B beteiligt ist, in folgender Weise auffassen:

$B \otimes V$: B hängt von V ab,

$B \otimes A$: B hängt von A ab,

$B \otimes V \otimes A$: B hängt von $V \otimes A$ ab.

Wir können also loglineare Modelle als regressionsanalytische interpretieren und sie als Ersatz für Logit-Modelle wählen. Man kann auch zeigen, dass man jedes loglineare Modell in ein äquivalentes Logit-Modell umwandeln kann (vgl. etwa WRIGLEY 1985, S. 223ff.). Dabei ist jedoch Vorsicht angeraten. Den Grund dafür können wir leicht erkennen, wenn wir die Ergebnisse der Logit- und der loglinearen Analyse für unser Beispiel mit den drei Variablen B, V und A vergleichen. Betrachtet man nur die Schätzwerte der absoluten Häufigkeiten, stimmen beide Ergebnisse relativ gut überein. Dies zeigt Tab. 5.24, die die Tabellen 5.10 (Logit-Analyse) und 5.22 (loglineare Analyse) zusammenfasst. Die Unterschiede zwischen den beiden Modellen sind nicht zuletzt durch die verschiedenen Schätzverfahren bedingt: durch die Schätzung nach dem Prinzip der gewichteten kleinsten Quadrate beim Logit-Modell und durch die Maximum-Likelihood-Schätzung beim loglinearen Modell.

Tab. 5.24: Geschätzte absolute Häufigkeiten der Kreise Norddeutschlands nach den Variablen B, V und A auf Grund des Logit-Modells und des loglinearen Modells und die beobachteten Häufigkeiten

			negativ V		positiv V		
			niedrig	hoch	niedrig	hoch	Summe
	negativ	Logit	0,84	15,40	2,00	10,79	29,03
		loglinear	1,40	15,60	0,60	6,40	24,00
		beobachtet	1,00	16,00	1,00	6,00	24,00
B	schw. positiv	Logit	6,48	2,60	7,00	0,91	16,99
		loglinear	5,60	3,40	7,40	4,60	21,00
		beobachtet	7,00	2,00	6,00	6,00	21,00
	stark positiv	Logit	4,68	2,00	11,00	1,30	18,98
		loglinear	5,10	0,90	11,90	2,10	20,00
		beobachtet	4,00	2,00	13,00	1,00	20,00
	Summe	Logit	12,00	20,00	20,00	13,00	65,00
		loglinear	12,10	19,90	19,90	13,10	
		beobachtet	12,00	20,00	20,00	13,00	

Interessanter ist ein Blick auf die Testergebnisse, die offensichtlich widersprüchlich sind. Beim Logit-Modell war die Anpassungsgüte nicht ausreichend, außerdem war die Wirkung von A auf B nicht signifikant (vgl. Abschn. 5.2.4). Die mangelnde Anpassungsgüte beim Logit-Modell hatte im Wesentlichen ihren Grund in dem geringen Stichprobenumfang und in dem geringen Schätzwert in der Kategorie B = schwach positiv, V = hoch, A = positiv. Das zeigt, dass vor allem bei relativ kleinen Stichproben mit zu erwartenden geringen Schätzwerten für die absoluten Häufigkeiten Maximum-Likelihood-Schätzungen vorzuziehen sind. Die Methode der gewichteten kleinsten Quadrate erweist sich erst bei größeren Stichprobenumfängen als brauchbar. Anders ausgedrückt: Eine einfache Regressionsgleichung für 4 Punktepaare ist immer problematisch. Sie wird erst dann besser, wenn die Punktepaare jeweils eine große Menge von Punktepaaren repräsentieren, wenn sie also als Mittelwerte aufzufassen sind. Der zweite Widerspruch – hinsichtlich der Wirkung von A auf B – scheint dagegen gravierender zu sein. Er lässt sich allerdings in unserem Fall auflösen. Eine Regressionsanalyse in Form des Logit-Modells setzt nämlich ein anderes Stichprobenverfahren voraus als die loglineare Analyse. Beim Logit-Modell wird implizit davon ausgegangen, dass die Randsummen für die Kategorien der Interaktionen der unabhängigen Variablen von vornherein gegeben sind und deshalb durch die Schätzwerte eingehalten werden müssen. Man erkennt dies daran, dass die Spaltensummen der Logitschätzwerte in Tab. 5.24 gleich den Spaltensummen der beobachteten Werte sind. Deshalb wurden für die drei Kategorien von B auch nur zwei Regressionsgleichungen bestimmt.

Das Logit-Modell setzt also ein geschichtetes Stichprobenverfahren voraus.

Formal kann man das daran erkennen, dass die Zahl der Freiheitsgrade für die Logit-Analyse unseres Beispiels 2 ist, während sie für das loglineare Modell $(B \otimes V)$, $(B \otimes A)$ 3 beträgt.

Benutzt man für unser Beispiel also ein loglineares Modell als regressionsanalytisches, sind die Spaltensummen in Tab. 5.24 für die loglinearen Schätzwerte einzuhalten. Das heißt, der Interaktionseffekt $(V \otimes A)$ muss in jedem Fall Bestandteil des Modells sein. Außerdem muss auch der Haupteffekt (B) dem Modell angehören. Denn Wirkungen auf B zu überprüfen bedeutet, Interaktionseffekte von A und/oder V mit B zu untersuchen und in das Modell einzubeziehen. Das ist aber wegen der Beschränkung auf hierarchische Modelle nur möglich, wenn der Haupteffekt (B) Bestandteil des Modells ist.

Das bedeutet: Ein regressionsanalytisch interpretierbares loglineares Modell muss in unserem Beispiel wenigstens die Effekte (B) und $(V \otimes A)$ enthalten, d. h. es muss mindestens ein Modell (B), $(V \otimes A)$ bzw. $M_1 + (V \otimes A)$ sein.

Wir hatten bereits in Abschn. 5.3.3 gesehen, dass diese Modell keine befriedigende Anpassung liefert. Wenn wir es mit der vorwärts gerichteten Auswahl erweitern, würde im ersten Schritt der Interaktionseffekt (BV) einbezogen. Wir erhalten dann das Modell

$$M_1 + (V \otimes A) + (B \otimes V)$$

mit $G^2 = 8{,}726$ bei 4 Freiheitsgraden.

Wenn wir nun noch (BA) einbeziehen, ergibt sich das Modell

$$M_1 + (V \otimes A) + (B \otimes V) + (B \otimes A) = M_2$$

mit $G^2 = 4{,}222$ bei 2 Freiheitsgraden. Für den Interaktionseffekt $(B \otimes A)$ ist also das partielle G^2 gleich 4,504 bei 2 Freiheitsgraden. Dieser Wert liegt unter dem kritischen $\chi^2_{2{,}5\%} = 5{,}99$. Das heißt, der Effekt $(B \otimes A)$ ist nicht signifikant.

Kurzum: Auch bei dem für eine regressionsanalytische Interpretation geeigneten loglinearen Modell ist keine signifikante Wirkung der Arbeitsplatzentwicklung auf den Binnenwanderungssaldo festzustellen.

Zwischen der korrelations- und regressionsanalytischen Interpretation loglinearer Modelle ist also sehr genau zu unterscheiden. Zwar lassen sich für regressionsanalytische Zwecke loglineare Modelle verwenden, die Logit-Modellen äquivalent sind, doch ist deren Spezifikation sehr sorgfältig vorzunehmen. Um sicher zu gehen, wird daher die Logit-Analyse empfohlen, wenn eine Aufteilung in abhängige und unabhängige Variablen intendiert ist. Andernfalls können loglineare Modelle verwendet werden.

6 Hauptkomponentenanalyse und Faktorenanalyse

6.1 Zur Fragestellung

In den vergangenen Kapiteln wurde mehrfach das Problem erwähnt, dass zahlreiche wissenschaftliche Theorien mit komplexen Begriffen operieren, die nicht direkt messbar bzw. beobachtbar sind. Solche Begriffe, die etwa in der Geographie häufig benutzt werden, sind z. B. Siedlungsstruktur (einer Region, eines Kreises), ökonomischer Wohlstand, Sozialstruktur, Lebensqualität (der Bevölkerung eines Gebietes), Kontinentalität eines Klimas (eines Standortes), Umweltqualität (einer Region). Sie regen zu verschiedenen Fragen an. Einerseits besteht der Wunsch, solche komplexen Größen messbar zu machen, indem man untersucht, auf welche direkt beobachtbaren Variablen sie zurückgeführt werden können. Häufig ist man weiterhin daran interessiert, möglichst wenige Variablen (im besten Fall nur eine einzige) zu finden, die eine solche komplexe Größe gut repräsentieren. Die Frage lautet dann z. B.: Wie kann man den „Verstädterungsgrad" eines Kreises messen – durch die Bevölkerungsdichte, die Arbeitsplatzdichte, die Ausstattung mit Infrastruktureinrichtungen, den Anteil der Siedlungsfläche an der Gesamtfläche, ...? Bei dieser und ähnlichen Fragen geht es schließlich auch darum, die Vielfalt von Variablen zur Messung eines Sachverhalts auf einige wenige Variablen zu reduzieren, mit denen man dann weitere Analysen durchführt.

Andererseits gibt es Fälle, in denen man nicht genau weiß, was eine Variable eigentlich misst. Wir hatten in Kap. 2 z.B. die Arbeitsplatzdichte zunächst als Maß für den ökonomischen Entwicklungsstand eines Kreises gewählt, später dann aber gesehen, dass sie eher den Verstädterungsgrad beschreibt. Offensichtlich ist die Arbeitsplatzdichte von beiden komplexen Merkmalen abhängig, und es wäre nützlich zu wissen, wie die Funktion

$$\text{Arbeitsplatzdichte} = f(\text{Verstädterungsgrad, ökonomischer Entwicklungsstand})$$

genau aussieht und ob der Verstädterungsgrad tatsächlich einen stärkeren Einfluss auf die Arbeitsplatzdichte hat als der ökonomische Entwicklungsstand. Bei beiden Fragestellungen geht es demnach um die Beziehungen zwischen einer Menge von Variablen (als direkt beobachtbaren Größen) und einer Menge von nicht direkt beobachtbaren komplexen Größen. Letztere nennt man Hauptkomponenten oder Faktoren. Hauptkomponentenanalyse und Faktorenanalyse stellen zwei Verfahren zur Untersuchung solcher Beziehungen dar. Sie können mit unterschiedlichen Zielsetzungen angewendet werden.

(1) Es sollen aus einer Menge von Variablen Gruppen gebildet werden, deren Variablen miteinander hoch korrelieren, die also in ähnlicher Weise variieren und damit den gleichen Sachverhalt, wenn auch in unterschiedlicher Weise, beschreiben.

(2) Die Menge der insgesamt untersuchten Variablen soll reduziert werden. Wenn wir 10 Variablen als Indikatoren des Verstädterungsgrades haben und wenn die 10 Variablen alle in ähnlicher Weise in dem Untersuchungsgebiet variieren (also miteinander hoch korrelieren), ist es offensichtlich ausreichend, nur mit einer von ihnen als Messgröße für den Verstädterungsgrad zu arbeiten.

(3) Wir hatten gesehen, dass Multikollinearitäten bei der Regressions- und Pfadanalyse zu großen Problemen bei der Interpretation der Ergebnisse und zu Schätzfehlern führen. Wünschenswert sind daher für viele empirische Untersuchungen Variablen, die nicht oder nur sehr gering miteinander korrelieren, die also weitgehend stochastisch unabhängig voneinander sind. Auch dieses Ziel kann mit der Hauptkomponenten- und Faktorenanalyse erreicht werden.

6.2 Einführung in die Hauptkomponenten- und Faktorenanalyse

Wir wählen ein Beispiel aus der Klimatologie und betrachten die Temperaturverhältnisse in Deutschland. Tabelle 6.1 zeigt die Werte einiger ausgewählter Temperaturvariablen für 69 Stationen in Deutschland. Die Lage der Stationen ist Abb. 6.1 zu entnehmen.

Tab. 6.1: Werte ausgewählter Temperaturvariablen für 69 Stationen in Deutschland

Nr.	TJan	TJul	TJahr	TSJan	TSJul	ZEis	Zfro	ZSom
1	0,60	16,50	7,90	4,50	9,60	18,10	77,70	10,50
2	0,30	16,40	7,90	3,90	9,00	19,90	78,40	15,80
3	1,80	15,60	8,40	3,20	4,60	13,20	47,60	2,00
4	0,00	16,30	7,60	3,70	7,70	22,80	77,50	5,00
5	−0,70	16,40	7,40	4,20	8,10	27,60	86,70	9,50
6	−0,80	17,00	7,80	4,80	10,30	28,30	97,20	23,50
7	−0,30	17,20	8,10	4,60	9,80	23,10	83,50	22,40
8	0,10	16,80	8,10	4,80	9,40	22,00	82,20	15,00
9	0,20	17,40	8,40	5,10	10,90	21,10	89,80	25,80
10	0,30	17,10	8,50	3,80	7,20	20,30	67,10	13,30
11	0,80	16,20	8,20	4,40	8,70	17,70	71,40	14,90
12	1,00	16,50	8,50	4,00	7,80	16,10	66,60	13,10
13	0,80	16,60	8,30	5,10	10,50	17,90	88,00	21,20
14	1,00	17,40	8,90	4,30	8,50	17,90	71,90	17,10
15	0,20	17,20	8,40	5,00	10,30	20,00	84,80	23,80
16	0,70	17,20	8,70	5,40	10,50	19,60	73,30	21,90
17	−0,10	17,90	8,60	5,10	10,50	22,50	90,50	34,10
18	0,10	18,40	9,10	5,10	10,70	21,30	77,50	37,90
19	−0,60	18,00	8,40	5,10	10,30	23,20	87,70	30,50
20	−1,00	18,30	8,40	5,10	10,30	27,80	96,00	33,00
21	−1,10	17,90	8,30	4,90	9,20	28,70	88,10	24,40
22	−0,60	17,90	8,50	5,10	10,20	26,20	90,60	31,20
23	0,30	18,60	9,30	5,20	10,00	19,10	73,50	35,80
24	−0,30	18,60	8,90	5,00	10,20	22,30	80,70	35,70
25	−0,30	18,40	8,90	5,10	10,20	22,90	81,80	31,50
26	0,00	18,40	9,10	5,20	10,20	20,60	77,30	33,90
27	−0,70	17,20	8,10	4,70	9,70	28,30	90,60	21,60
28	−2,00	14,30	5,80	4,70	8,10	44,00	127,20	6,70
29	1,30	17,30	9,10	5,30	10,80	14,40	74,70	30,30
30	1,60	17,10	9,10	5,10	9,90	12,00	69,70	25,40
31	1,00	16,70	8,60	5,60	10,10	14,00	79,90	24,50
32	−0,20	16,90	8,40	4,50	10,30	23,60	78,50	29,00

Fortsetzung der Tabelle 6.1

Nr.	TJan	TJul	TJahr	TSJan	TSJul	ZEis	Zfro	ZSom
33	−1,10	17,00	8,00	6,20	11,30	28,80	102,00	27,30
34	−0,40	17,50	8,40	7,00	12,20	19,80	98,20	43,50
35	−0,70	16,70	7,80	5,70	10,30	27,00	99,10	26,90
36	−4,10	13,80	4,60	5,20	9,90	61,40	164,90	7,50
37	−1,60	16,60	7,40	5,70	10,80	25,20	99,00	22,20
38	−0,70	16,90	8,00	5,30	11,40	23,40	97,10	30,30
39	−0,70	16,90	8,00	5,00	10,60	25,10	95,50	22,80
40	2,40	18,40	10,20	4,40	8,60	9,20	44,30	29,60
41	1,90	16,90	9,20	5,30	9,10	11,50	58,20	26,90
42	1,50	18,60	9,80	5,80	12,10	12,70	71,80	39,20
43	−0,60	16,10	7,40	5,50	11,70	23,00	112,60	25,60
44	0,40	17,80	8,90	5,30	11,20	16,70	85,00	31,80
45	0,90	19,10	9,90	5,10	10,10	15,10	71,60	37,30
46	0,90	18,50	9,60	4,90	10,10	13,70	65,30	37,30
47	0,70	18,70	9,60	4,70	10,40	16,50	65,90	38,70
48	−0,10	18,10	8,90	5,60	11,20	18,70	89,40	37,60
49	−0,90	17,40	8,20	6,00	12,10	19,40	95,00	36,40
50	−1,10	17,50	8,20	6,20	11,80	21,70	104,80	38,40
51	−1,50	17,20	7,80	5,90	12,10	27,20	114,60	35,20
52	−0,80	18,30	8,70	5,50	10,50	23,20	97,20	34,20
53	−2,40	17,60	7,70	6,00	11,90	29,80	107,30	34,20
54	−1,20	17,60	8,10	5,70	10,90	24,20	98,30	28,70
55	−1,80	16,90	7,50	6,10	11,30	27,00	117,30	29,70
56	0,60	18,60	9,70	5,30	10,40	18,10	77,50	44,90
57	−0,70	17,60	8,40	5,50	10,40	26,20	91,30	31,90
58	1,00	19,10	9,90	5,00	10,10	17,10	75,00	40,70
59	0,80	18,00	9,30	5,90	10,70	15,90	83,10	39,80
60	−1,40	15,40	6,80	5,90	10,90	35,80	122,80	19,70
61	1,10	19,30	10,20	5,40	10,60	16,00	73,10	44,40
62	−2,30	14,30	5,70	5,60	8,70	49,20	140,70	6,00
63	−2,70	15,70	6,30	7,50	12,10	35,20	146,90	17,50
64	−0,70	18,00	8,70	5,10	9,90	22,60	85,50	24,70
65	−2,00	14,70	6,10	5,80	8,40	45,60	132,70	5,80
66	−1,40	17,80	7,90	5,30	10,30	30,90	100,80	30,60
67	−2,30	17,00	7,40	5,80	10,00	38,80	119,10	20,50
68	−2,20	17,30	7,60	7,30	13,70	27,70	130,60	44,40
69	−1,80	17,90	8,30	5,70	10,20	24,80	100,50	32,50

Die Temperaturvariablen sind:

TJan = durchschnittliche Temperatur im Januar
TJul = durchschnittliche Temperatur im Juli
TJahr = Jahresdurchschnittstemperatur
TSJan = durchschnittliche tägliche Temperaturschwankung im Januar
TSJul = durchschnittliche tägliche Temperaturschwankung im Juli
ZEis = durchschnittliche Zahl der Eistage pro Jahr
ZFro = durchschnittliche Zahl der Frosttage pro Jahr
ZSom = durchschnittliche Zahl der Sommertage pro Jahr.

Da die Korrelationsmatrix für die Ausgangsvariablen und für deren standardisierte Variablen dieselbe ist, wollen wir für das gesamte Kapitel annehmen, unsere Ausgangsvariablen seien standardisiert, weil sich dadurch die später folgenden Formeln entscheidend vereinfachen. Ebenfalls der Einfachheit halber bezeichnen wir unsere standardisierten Ausgangsvariablen mit X_i, d.h.

X_1 = TJan standardisiert
X_2 = TJul standardisiert
X_3 = TJahr standardisiert
X_4 = TSJan standardisiert
X_5 = TSJul standardisiert
X_6 = ZEis standardisiert
X_7 = ZFro standardisiert
X_8 = ZSom standardisiert.

Die Werte der Variablen $X_1, \ldots, X_8$ zeigt Tab. 6.2.

Tab. 6.2: Werte der standardisierten Variablen aus Tab. 6.1

Nr.	X_1	X_2	X_3	X_4	X_5	X_6	X_7	X_8
1	0,73	−0,66	−0,38	−0,97	−0,41	−0,60	−0,58	−1,52
2	0,49	−0,75	−0,38	−1,76	−0,85	−0,40	−0,55	−1,02
3	1,70	−1,46	0,11	−2,69	−4,07	−1,14	−1,94	−2,31
4	0,25	−0,84	−0,67	−2,03	−1,80	−0,08	−0,59	−2,03
5	−0,31	−0,75	−0,86	−1,36	−1,51	0,46	−0,17	−1,61
6	−0,39	−0,22	−0,47	−0,57	0,10	0,54	0,30	−0,30
7	0,01	−0,05	−0,18	−0,83	−0,27	−0,04	−0,32	−0,41
8	0,33	−0,40	−0,18	−0,57	−0,56	−0,17	−0,37	−1,10
9	0,41	0,13	0,11	−0,17	0,53	−0,27	−0,03	−0,09
10	0,49	−0,14	0,20	−1,89	−2,17	−0,35	−1,06	−1,26
11	0,90	−0,93	−0,09	−1,10	−1,07	−0,64	−0,86	−1,11
12	1,06	−0,66	0,20	−1,63	−1,73	−0,82	−1,08	−1,28
13	0,90	−0,58	0,01	−0,17	0,24	−0,62	−0,11	−0,52
14	1,06	0,13	0,59	−1,23	−1,22	−0,62	−0,84	−0,90
15	0,41	−0,05	0,11	−0,30	0,10	−0,39	−0,26	−0,27
16	0,82	−0,05	0,40	0,23	0,24	−0,43	−0,78	−0,45
17	0,17	0,57	0,30	−0,17	0,24	−0,11	0,00	0,69
18	0,33	1,01	0,79	−0,17	0,39	−0,24	−0,59	1,04
19	−0,23	0,66	0,11	−0,17	0,10	−0,03	−0,13	0,35
20	−0,55	0,92	0,11	−0,17	0,10	0,48	0,25	0,59
21	−0,63	0,57	0,01	−0,44	−0,71	0,58	−0,11	−0,22
22	−0,23	0,57	0,20	−0,17	0,02	0,30	0,01	0,42
23	0,49	1,19	0,98	−0,04	−0,12	−0,49	−0,77	0,85
24	0,01	1,19	0,59	−0,30	0,02	−0,13	−0,44	0,84
25	0,01	1,01	0,59	−0,17	0,02	−0,07	−0,39	0,45
26	0,25	1,01	0,79	−0,04	0,02	−0,32	−0,60	0,67
27	−0,31	−0,05	−0,18	−0,70	−0,34	0,54	0,01	−0,48
28	−1,36	−2,60	−2,41	−0,70	−1,51	2,28	1,66	−1,87

Fortsetzung der Tabelle 6.2

Nr.	X_1	X_2	X_3	X_4	X_5	X_6	X_7	X_8
29	1,30	0,04	0,79	0,09	0,46	−1,01	−0,71	0,33
30	1,54	−0,14	0,79	−0,17	−0,20	−1,28	−0,94	−0,13
31	1,06	−0,49	0,30	0,49	−0,05	−1,06	−0,48	−0,21
32	0,09	−0,31	0,11	−0,97	0,10	0,01	−0,54	0,21
33	−0,63	−0,22	−0,28	1,29	0,83	0,59	0,52	0,05
34	−0,07	0,22	0,11	2,35	1,48	−0,41	0,35	1,57
35	−0,31	−0,49	−0,47	0,62	0,10	0,39	0,39	0,02
36	−3,05	−3,04	−3,57	−0,04	−0,20	4,22	3,37	−1,80
37	−1,04	−0,58	−0,86	0,62	0,46	0,19	0,39	−0,42
38	−0,31	−0,31	−0,28	0,09	0,90	−0,01	0,30	0,33
39	−0,31	−0,31	−0,28	−0,30	0,32	0,18	0,23	−0,37
40	2,18	1,01	1,85	−1,10	−1,14	−1,59	−2,09	0,27
41	1,78	−0,31	0,88	0,09	−0,78	−1,33	−1,46	0,02
42	1,46	1,19	1,46	0,76	1,41	−1,20	−0,84	1,16
43	−0,23	−1,02	−0,86	0,36	1,12	−0,05	1,00	−0,11
44	0,57	0,48	0,59	0,09	0,75	−0,76	−0,25	0,47
45	0,98	1,63	1,56	−0,17	−0,05	−0,93	−0,85	0,99
46	0,98	1,10	1,27	−0,44	−0,05	−1,09	−1,14	0,99
47	0,82	1,27	1,27	−0,70	0,17	−0,78	−1,11	1,12
48	0,17	0,75	0,59	0,49	0,75	−0,53	−0,05	1,02
49	−0,47	0,13	−0,09	1,02	1,41	−0,45	0,21	0,90
50	−0,63	0,22	−0,09	1,29	1,19	−0,20	0,65	1,09
51	−0,96	−0,05	−0,47	0,89	1,41	0,41	1,09	0,79
52	−0,39	0,92	0,40	0,36	0,24	−0,03	0,30	0,70
53	−1,68	0,31	−0,57	1,02	1,26	0,70	0,76	0,70
54	−0,71	0,31	−0,18	0,62	0,53	0,08	0,35	0,18
55	−1,20	−0,31	−0,76	1,15	0,83	0,39	1,21	0,28
56	0,73	1,19	1,37	0,09	0,17	−0,60	−0,59	1,70
57	−0,31	0,31	0,11	0,36	0,17	0,30	0,04	0,48
58	1,06	1,63	1,56	−0,30	−0,05	−0,71	−0,70	1,31
59	0,90	0,66	0,98	0,89	0,39	−0,84	−0,33	1,22
60	−0,87	−1,63	−1,44	0,89	0,53	1,37	1,46	−0,66
61	1,14	1,80	1,85	0,23	0,32	−0,83	−0,79	1,65
62	−1,60	−2,60	−2,50	0,49	−1,07	2,86	2,27	−1,94
63	−1,92	−1,37	−1,92	3,01	1,41	1,30	2,55	−0,86
64	−0,31	0,66	0,40	−0,17	−0,20	−0,10	−0,22	−0,19
65	−1,36	−2,25	−2,12	0,76	−1,29	2,46	1,91	−1,96
66	−0,87	0,48	−0,38	0,09	0,10	0,82	0,47	0,36
67	−1,60	−0,22	−0,86	0,76	−0,12	1,70	1,30	−0,58
68	−1,52	0,04	−0,67	2,75	2,58	0,47	1,82	1,65
69	−1,20	0,57	0,01	0,62	0,02	0,15	0,45	0,54

Aus der Korrelationsmatrix (Tab. 6.3) wird deutlich, dass einige Variablen sehr hoch miteinander korrelieren, z. B. die Variablen TJan, TJahr, ZEis und ZFro, aber auch die beiden Variablen TSJan und TSJul. Wir haben es also zumindest mit 2 Gruppen von Variablen zu tun. Die erste steht für die allgemeinen Temperaturverhältnisse, wobei insbesondere die Wintertemperaturen ein starkes Gewicht haben. Die zweite Gruppe umfasst Variablen, die

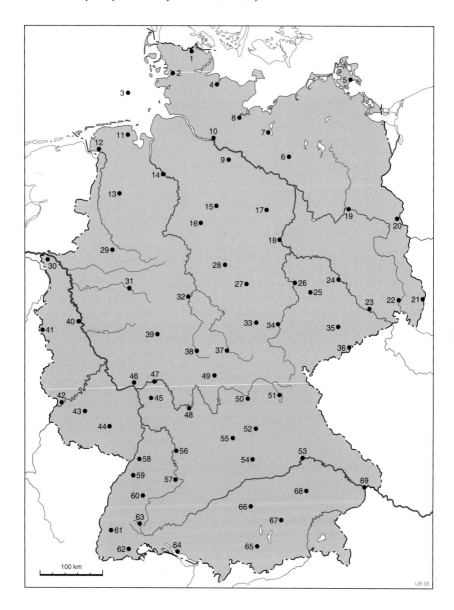

Abb. 6.1: Klimastationen Deutschlands

Tab. 6.3: Korrelationsmatrix der Temperaturvariablen von Tab. 6.1

	X_1	X_2	X_3	X_4	X_5	X_6	X_7	X_8
X_1	1,0000	0,4448	0,8061	−0,4864	−0,3080	−0,8852	−0,9196	0,1664
X_2	0,4448	1,0000	0,8775	0,0421	0,3179	−0,6411	−0,5675	0,8183
X_3	0,8061	0,8775	1,0000	−0,1934	0,0561	−0,8815	−0,8442	0,6413
X_4	−0,4864	0,0421	−0,1934	1,0000	0,8162	0,2587	0,6010	0,4778
X_5	−0,3080	0,3179	0,0561	0,8162	1,0000	0,0137	0,3794	0,6986
X_6	−0,8852	−0,6411	−0,8815	0,2587	0,0137	1,0000	0,8822	−0,4199
X_7	−0,9196	−0,5675	−0,8442	0,6010	0,3794	0,8822	1,0000	−0,1849
X_8	0,1664	0,8183	0,6413	0,4778	0,6986	−0,4199	−0,1849	1,0000

Aussagen zu Temperaturschwankungen machen und damit eher die Kontinentalität des Klimas beschreiben. Wir können also vorläufig zwei Faktoren identifizieren, nämlich „Temperatur allgemein" und „Kontinentalität". Der erste Faktor ist weitgehend bedingt durch die Lage der Station im Gradnetz (Strahlungshaushalt), die Höhenlage und die Lage zu den vorherrschenden Luftströmungen, der zweite resultiert aus der Lage zum Meer. Ein dritter Faktor würde sich aus der Kombination der beiden Variablen TJul und ZSom bilden lassen. Und es ist nicht ausgeschlossen, weitere Faktoren zu finden, denn die Korrelationskoeffizienten innerhalb der Gruppen sind ja nicht Eins. Hauptkomponenten- und Faktorenanalyse stellen Verfahren dar, die eben beschriebene holprige und skizzenhafte Interpretation der Korrelationsmatrix formal und intersubjektiv nachvollziehbar zu gestalten. Beide Verfahren gehen dabei von unterschiedlichen gedanklichen Modellen aus. Beide dienen aber dazu, Gruppen von Variablen, die in ähnlicher Weise über die Beobachtungseinheiten variieren, zu finden. Ausgangspunkt ist dafür jeweils die Korrelationsmatrix.

Die H a u p t k o m p o n e n t e n a n a l y s e versucht Faktoren zu finden, mit deren Hilfe sich die g e s a m t e Variation der ursprünglichen Datenmatrix reproduzieren lässt, und zwar in der Weise, dass jede Variable sich als Linearkombination dieser Faktoren im Sinne der Regressionsanalyse darstellen lässt. Diese Faktoren werden im Fall der Hauptkomponentenanalyse Hauptkomponenten genannt, abgekürzt K_l, wobei l von 1 bis q laufen möge. Das Modell der Hauptkomponentenanalyse sieht also in unserem Fall wie folgt aus:

$$X_1 = \alpha_1 + \beta_{11}\,K_1 + \beta_{12}\,K_2 + \ldots + \beta_{1q}\,K_q$$

$$\vdots$$

$$X_i = \alpha_i + \beta_{i1}\,K_1 + \beta_{i2}\,K_2 + \ldots + \beta_{iq}\,K_q$$

$$\vdots$$

$$X_8 = \alpha_8 + \beta_{81}\,K_1 + \beta_{82}\,K_2 + \ldots + \beta_{8q}\,K_q.$$

Allgemein ergibt sich bei m Variablen folgende Darstellung:

$$X_i = \alpha_i + \sum_{l=1}^{q} \beta_{il}\, K_l \qquad (i = 1,\ldots,m) \tag{6.1}$$

mit α_i = Regressionskonstante von X_i

β_{il} = partieller Regressionskoeffizient von K_l in der Gleichung für X_i.

Im Unterschied zur Hauptkomponentenanalyse macht man bei der F a k t o r e n a n a l y - s e die Annahme, dass die gesamte Variation der Variablen nicht vollständig, sondern nur zu einem Teil durch komplexe Größen (Faktoren) reproduziert werden kann. Man geht dann davon aus, dass sich die Werte einer Variablen nicht ausschließlich aus den Faktoren ergeben, die die gemeinsame Variation dieser Variablen mit den anderen repräsentieren, sondern dass jede Variable darüber hinaus noch einen eigenständigen Sachverhalt beschreibt. Offensichtlich messen z.B. X_1 und X_7 etwas Unterschiedliches (ablesbar an ihrer unterschiedlichen Definition), obwohl der Korrelationskoeffizient zwischen ihnen mit $-0,9196$ sehr hoch ist.

Entsprechend muss das Modell der Faktorenanalyse formuliert werden, wobei wir die Faktoren mit F_l bezeichnen und q wiederum die Anzahl der Faktoren ist:

$$X_1 = \alpha_1 + \beta_{11}\, F_1 + \beta_{12}\, F_2 + \ldots + \beta_{1q}\, F_q + \gamma_1\, U_1$$

$$\vdots$$

$$X_i = \alpha_i + \beta_{i1}\, F_1 + \beta_{i2}\, F_2 + \ldots + \beta_{iq}\, F_q + \gamma_i\, U_i$$

$$\vdots$$

$$X_8 = \alpha_8 + \beta_{81}\, F_1 + \beta_{82}\, F_2 + \ldots + \beta_{8q}\, F_q + \gamma_8\, U_8.$$

Allgemein gilt für die m Variablen X_i

$$X_i = \alpha_i + \sum_{l=1}^{q} \beta_{il}\, F_l + \gamma_i\, U_i \qquad (i = 1,\ldots,m) \tag{6.2}$$

mit α_i = Regressionskonstante von X_i

β_{il} = partieller Regressionskoeffizient von F_l in der Gleichung für X_i

U_i = „Einzelrestfaktor" von X_i, der für die spezifische, nicht auf die Faktoren $F_1, \ldots, F_q$ rückführbare Variation von X_i und einen eventuellen Fehler steht

γ_i = partieller Regressionskoeffizient von U_i.

Die Hauptkomponentenanalyse gemäß Modell (6.1) ist also ein rein algebraisches Verfahren, das „varianzorientiert" ist, da die gesamte Varianz jeder Variablen durch die Hauptkomponenten „erklärt" wird. Die Faktorenanalyse ist dagegen ein „kovarianzorientiertes"

Verfahren, da die Faktoren nur denjenigen Anteil der Varianz von X_i erklären, den diese mit den anderen Variablen gemeinsam hat. Das Problem, das bei der Bestimmung von Gleichung (6.2) auftritt, besteht darin, wie man den Anteil der Varianz von X_i, den sie mit den anderen Variablen teilt, schätzen kann (Problem der sogenannten Kommunalitätenschätzung; siehe unten).

Es dürfte klar sein, dass das faktorenanalytische Modell (6.2) der Fragestellung, die wir im Abschn. 6.1 einleitend skizziert haben, adäquater ist als das Modell der Hauptkomponentenanalyse. Trotzdem wird aus pragmatischen Gründen häufig eine Hauptkomponentenanalyse durchgeführt, wenn eigentlich eine Faktorenanalyse angemessen wäre. Wir kommen darauf noch zurück. Der Grund für diese falsche Vorgehensweise liegt darin, dass die Hauptkomponentenanalyse für den Anfänger technisch leichter zu durchschauen ist und die Ergebnisse bei beiden Analysen häufig sehr ähnlich sind.

6.3 Die Hauptkomponentenanalyse

Die Hauptkomponentenanalyse (principal component analysis) basiert auf der Korrelationsmatrix der in die Analyse einbezogenen Variablen. Um die Methode der Hauptkomponentenanalyse leichter verständlich zu machen, beginnen wir zunächst mit einer geometrischen Interpretation von Korrelationskoeffizienten und widmen uns anschließend der Bestimmung der Hauptkomponenten.

6.3.1 Die geometrische Bedeutung von Korrelationskoeffizienten

Ausgangspunkt ist eine Datenmatrix, wie sie für viele geographische Untersuchungen typisch ist. Wir haben n Raumeinheiten $R_1, \ldots, R_n$ und m Variablen $X_1, \ldots, X_m$, deren Werte in den Raumeinheiten wir wie folgt anordnen können. Dabei ist x_{11} der Wert der Variablen X_1 für die Raumeinheit R_1, x_{32} der Wert der Variablen X_3 für die Raumeinheit R_2 usw. Allgemein ist x_{ij} der Wert der i-ten Variablen X_i für die j-te Raumeinheit R_j.

	R_1	R_2	R_3	$\ldots$	R_j	$\ldots$	R_n
X_1	x_{11}	x_{12}	x_{13}	$\ldots$	x_{1j}	$\ldots$	x_{1n}
X_2	x_{21}	x_{22}	x_{23}	$\ldots$	x_{2j}	$\ldots$	x_{2n}
$\vdots$	$\vdots$	$\vdots$	$\vdots$		$\vdots$		$\vdots$
X_i	x_{i1}	x_{i2}	x_{i3}	$\ldots$	x_{ij}	$\ldots$	x_{in}
$\vdots$	$\vdots$	$\vdots$	$\vdots$		$\vdots$		$\vdots$
X_m	x_{m1}	x_{m2}	x_{m3}	$\ldots$	x_{mj}	$\ldots$	x_{mn}

Die geometrische Deutung des Korrelationskoeffizienten wollen wir für den Fall überlegen, dass wir nur zwei Raumeinheiten haben. In diesem Fall lassen sich die Vektoren wie in Abb. 6.2 in der Ebene, also in einem zweidimensionalen Raum darstellen.

Matrix und deren geometrische Interpretion   **FuF**

Eine Matrix bezeichnet man mit

$$(x_{ij})_{\substack{i=1,\dots,m \\ j=1,\dots,n}} = {}_mX_n.$$

m steht für die Anzahl der Zeilen, n für die Anzahl der Spalten der Matrix ${}_mX_n$. Wir bezeichnen allgemein Matrizen mit großen Buchstaben ohne Indizes, wenn klar ist, wieviel Spalten und Zeilen die Matrix hat.

Jede Variable wird durch eine Zeile, also durch die Werte, die die Variable in den Raumeinheiten annimmt, repräsentiert: $X_1 = (x_{i1}\ x_{i2}\ x_{i3}\ \dots\ x_{in})$.

Jede Raumeinheit wird durch eine Spalte der Matrix repräsentiert, in der die Werte stehen, die den Variablen in dieser Raumeinheit zukommen. Die j-te Raumeinheit kann dann dargestellt werden als

$$R_j = \begin{bmatrix} x_{1j} \\ x_{2j} \\ \vdots \\ x_{mj} \end{bmatrix}$$

Merken Sie sich bitte: Wenn wir Zeilen bzw. Spalten einer Matrix bezeichnen, wählen wir große Buchstaben, an die wir die jeweilige Nummer der Zeile bzw. Spalte unten bzw. oben als Index anhängen.

X_1 ist also die erste Zeile der Matrix ${}_mX_n$.

$$X_1 = (x_{11}\ x_{12}\ x_{13}\ \dots\ x_{1n}).$$

R_1 ist die erste Spalte der Matrix ${}_mX_n$.

$$R_1 = \begin{bmatrix} x_{11} \\ x_{21} \\ x_{31} \\ \vdots \\ x_{m1} \end{bmatrix}$$

Tabelle 6.1 stellt eine solche Datenmatrix dar mit dem Unterschied, dass in Tab. 6.1 aus Platzgründen die Raumeinheiten durch die Zeilen, die Variablen durch die Spalten repräsentiert werden. Wenn Sie Tab. 6.1 um 90° drehen, stimmt sie mit unserer Notation überein.

Geometrische Interpretation von Zeilen und Spalten

Eine Matrix mit zwei Zeilen und zwei Spalten ($m = n = 2$) lässt sich leicht geometrisch veranschaulichen. Sei

$$_2X_2 = \begin{pmatrix} 1 & 4 \\ 3 & 5 \end{pmatrix}.$$

Fasst man die Zeilen (Variablen) als Koordinatenachsen auf, so lassen sich die beiden Spalten (Raumeinheiten) als Punkte in diesem Koordinatensystem darstellen (Abb. B1(a)):

Spalte 1 (= R_1) hat bei X_1 den Wert 1, bei X_2 den Wert 3,

Spalte 2 (= R_2) hat bei X_1 den Wert 4, bei X_2 den Wert 5.

Fortsetzung der Box auf der folgenden Seite

Fortsetzung der Box

Genauso lassen sich die Zeilen (Variablen) als Punkte in einem Koordinatensystem auffassen, das von den Spalten (Raumeinheiten) als Koordinatenachsen aufgespannt wird. Man erhält dann das Bild der Abb. B1(b).
Beide Abbildungen veranschaulichen die gleiche Matrix: In ihnen sind jeweils alle Werte der Matrix dargestellt.

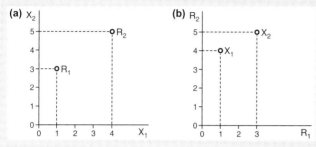

Abb. B1: Geometrische Darstellung:
(a) der Raumeinheiten im 2-dimensionalen, von den Variablen aufgespannten Vektorraum;
(b) der Variablen (als Punkte) im 2-dimensionalen, von den Raumeinheiten aufgespannten Vektorraum

Punkte in einem Koordinatensystem entsprechen Vektoren, die sich vom Nullpunkt des Koordinatensystems bis zu dem jeweiligen Punkt erstrecken. In Abb. B2 sind die Punkte der Abb. B1(b) durch die entsprechenden Vektoren ersetzt worden.

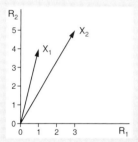

Abb. B2: Geometrische Darstellung der Variablen (als Vektoren) im 2-dimensionalen, von den Raumeinheiten aufgespannten Vektorraum

Man kann also Zeilen und Spalten einer Matrix als Vektoren auffassen, was jedoch bei einer Matrix mit mehr als drei Zeilen und Spalten nicht mehr anschaulich ist. Solche Vektoren kann man genau wie im zweidimensionalen Fall addieren oder subtrahieren.
Im Allgemeinen stellt man nur die Variablen als Vektoren dar, was anzeigen soll, dass es sich bei ihnen um Veränderliche handelt. Die Raumeinheiten entsprechen dagegen mehr „Konstanten" und werden als Punkte dargestellt.
Haben wir eine $m \times n$-Matrix $_mX_n$, so lässt sich jede der Variablen (Zeilen) X_i als Vektor in einem Koordinatensystem mit n Koordinatenachsen, die den n Spalten entsprechen, auffassen. Solch ein Vektor X_i hat dann die Koordinaten $x_{i1}, x_{i2}, \ldots, x_{in}$, wobei x_{i1} die Koordinate für die erste Achse (Spalte), x_{in} die Koordinate der n-ten Achse (Spalte) ist.

Matrix und deren geometrische Interpration   *FuF*

Wir nehmen weiter an, die beiden Variablen X_1 und X_2 seien standardisiert. Das bedeutet, wir haben als Datenmatrix

	R_1	R_2
X_1	x_{11}	x_{12}
X_2	x_{21}	x_{22}

mit
$$s^2(X_1) = 1 = 1/2\left(x_{11}^2 + x_{12}^2\right) \qquad (= \text{Varianz von } X_1)$$
$$s^2(X_2) = 1 = 1/2\left(x_{21}^2 + x_{22}^2\right) \qquad (= \text{Varianz von } X_2)$$

bzw.
$$s^2(X_1) = 1 = \sqrt{1/2\left(x_{11}^2 + x_{12}^2\right)} \qquad (= \text{Standardabweichung von } X_1)$$
$$s^2(X_2) = 1 = \sqrt{1/2(x_{21}^2 + x_{22}^2)} \qquad (= \text{Standardabweichung von } X_2)$$
$$r_{X_1 X_2} = 1/2\left(x_{11}\, x_{21} + x_{12}\, x_{22}\right) \qquad (= \text{Korrelationskoeffizient zwischen } X_1 \text{ und } X_2).$$

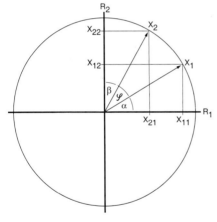

Abb. 6.2:
Zur geometrischen Interpretation des Korrelationskoeffizienten zwischen zwei Variablen

Die Abb. 6.2 ist so dimensioniert worden, dass diese Gleichungen erfüllt sind. Das heißt insbesondere, dass die beiden Vektoren X_1 und X_2 die gleiche Länge haben müssen. Denn, wegen $s^2(X_1) = 1 = s^2(X_2)$, muss auch gelten:

$$\text{Länge von } X_1 = \sqrt{x_{11}^2 + x_{12}^2} = \sqrt{x_{21}^2 + x_{22}^2} = \text{Länge von } X_2.$$

Es gilt dann: Der Korrelationskoeffizient zwischen X_1 und X_2 ist gleich dem Cosinus des Winkels zwischen beiden Variablenvektoren:

$$r_{X_1 X_2} = \cos \varphi.$$

Vektoren: Korrelation und Winkel   *FuF*

Zum Beweis der Gleichung $r_{X_1 X_2} = \cos\varphi$ wird von $\cos\varphi$ ausgegangen und die bekannten trigonometrischen Formel angewendet. Zudem bezeichnen wir die Länge der Vektoren X_1 und X_2 mit $|X_1|$ und $|X_2|$. Es ergibt sich dann:

$$
\begin{aligned}
\cos\varphi &= \cos\left(90° - (\alpha + \beta)\right) \\
&= \sin(\alpha + \beta) \\
&= \sin\alpha \cdot \cos\beta + \cos\alpha \cdot \sin\beta \\
&= \frac{x_{12}}{|X_1|} \cdot \frac{x_{22}}{|X_2|} + \frac{x_{11}}{|X_1|} \cdot \frac{x_{21}}{|X_2|} \\
&= \frac{x_{12}\, x_{22} + x_{11}\, x_{21}}{|X_1|\,|X_2|} \\
&= \frac{x_{12}\, x_{22} + x_{11}\, x_{21}}{\sqrt{x_{11}^2 + x_{12}^2}\,\sqrt{x_{21}^2 + x_{22}^2}} \\
&= \frac{x_{12}\, x_{22} + x_{11}\, x_{21}}{\sqrt{2}\,\sqrt{\frac{1}{2}\left(x_{11}^2 + x_{12}^2\right)}\,\sqrt{2}\,\sqrt{\frac{1}{2}\left(x_{21}^2 + x_{22}^2\right)}} \\
&= \frac{x_{12}\, x_{22} + x_{11}}{2 \cdot s^2(X_1) \cdot s^2(X_2)} \\
&= \frac{x_{12}\, x_{22} + x_{11}\, x_{21}}{2} \\
&= r_{X_1 X_2}.
\end{aligned}
$$

Vektoren: Korrelation und Winkel   *FuF*

Was wir in der Formelbox am Beispiel des zweidimensionalen Falls (= 2 Raumeinheiten) gezeigt haben, lässt sich auch auf den mehrdimensionalen Fall, der nicht mehr anschaulich darstellbar ist, übertragen: Der Korrelationskoeffizient zwischen zwei Variablen ist gleich dem Cosinus des Winkels zwischen ihnen.

Ist der Winkel zwischen zwei Variablen gleich $0°$, sind sie identisch. In diesem Fall ist $\cos 0° = 1$, es besteht ein perfekter Zusammenhang zwischen beiden Variablen. Ist der Winkel zwischen zwei Variablen gleich $90°$, stehen sie senkrecht aufeinander bzw. sind orthogonal zueinander. Dann ist der $\cos 90° = 0$, d. h., die beiden Variablen korrelieren überhaupt nicht miteinander. Man nennt deshalb auch nicht miteinander korrelierende Variablen orthogonal. Bitte merken Sie sich diese Beziehung, da wir sie später noch gebrauchen.

Ist der Winkel zwischen zwei Variablen $180°$, besagt die eine Variable genau das Gegenteil von der anderen. Die Korrelation ist in diesem Fall -1, denn es gilt: $\cos 180° = -1$. Winkel größer als $180°$ sind für die Korrelationsbestimmung nicht relevant. Denn: Ist ein Winkel α zwischen zwei Variablen größer als $180°$, wählt man als Korrelationsmaß den Cosinus des Ergänzungswinkels (zu $360°$), also $360° - \alpha$.

Wir können also festhalten: Zwei Variablen korrelieren um so höher miteinander, je kleiner der Winkel zwischen ihnen ist, je näher sie also beieinander liegen.

6.3.2 Die Extraktion der Hauptkomponenten

Wir wollen nun die Hauptkomponenten einer Menge von Variablen bestimmen (extrahieren ist der eingebürgerte Ausdruck) – und zwar auf der Basis der Korrelationsmatrix der Variablen. Die Variablen seien standardisiert.

Das Prinzip der Hauptkomponentenextraktion lässt sich gut verdeutlichen, wenn wir von der Interpretation der Korrelationskoeffizienten als Cosinus des Winkels zwischen den Variablen ausgehen.

Gegeben seien die Variablen in Abb. 6.3, die wegen der Standardisierung jeweils die gleiche Länge haben. Wir nehmen wieder an, die Variablen lägen alle in einer Ebene. Aus den Winkeln zwischen den benachbarten Variablen ergibt sich die Matrix der Winkel und daraus die Korrelationsmatrix (Tab. 6.4).

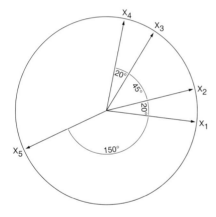

Abb. 6.3:
Hypothetische Variablen in einem zweidimensionalen Raum

Die Hauptkomponenten werden nun nacheinander extrahiert, so dass sie die gesamte Varianz aller Variablen erklären. Dabei wird die erste Hauptkomponente so gewählt, dass auf sie ein möglichst großer Anteil der Varianz entfällt. Diese Bedingung ist dann erfüllt, wenn wir die Hauptkomponente so in Abb. 6.3 platzieren, dass sie möglichst nahe an allen Variablen liegt. In diesem Fall ist nämlich die Summe ihrer Korrelationen zu den 5 Variablen maximal. Wir suchen also als erste Hauptkomponente einen Vektor, der zentral inmitten der 5 Variablen liegt, also ein „durchschnittlicher" Vektor ist. „Durchschnittlich" bezieht sich dabei aber nicht auf die Winkel selbst, sondern auf die Korrelationskoeffizienten, also auf die Cosinuswerte der Winkel. Trotzdem kann man nach dem Augenschein schon angeben, dass die erste Hauptkomponente etwa zwischen X_2 und X_3 liegen muss.

Dass die Summe der Korrelationskoeffizienten ein geeignetes Maß für die zentrale Lage einer Variablen bzw. eines Vektors ist, erkennt man leicht, wenn man die Summe der Korrelationskoeffizienten für jede Variable aus Abb. 6.3 bestimmt.

Tab. 6.4: Matrix der Winkel und der Korrelationen zwischen den Variablen
der Abb. 6.3

(a) Winkel

	X_1	X_2	X_3	X_4	X_5
X_1	0°	20°	65°	85°	150°
X_2	20°	0°	45°	65°	170°
X_3	65°	45°	0°	20°	145°
X_4	85°	65°	20°	0°	125°
X_5	150°	170°	145°	125°	0°

(b) Korrelationen

	X_1	X_2	X_3	X_4	X_5
X_1	1,0000	0,9397	0,4226	0,0872	−0,8660
X_2	0,9397	1,0000	0,7071	0,4226	−0,9848
X_3	0,4226	0,7071	1,0000	0,9397	0,8192
X_4	0,0872	0,4226	0,9397	1,0000	−0,5736
X_5	−0,8660	−0,9848	0,8192	−0,5736	1,0000

Aus Tab. 6.4(b) ergibt sich

	X_1	X_2	X_3	X_4	X_5	Gesamt
Summe der Korrelationen	1,5835	2,0846	2,2502	1,8759	−2,2436	5,5506

X_3 liegt also am zentralsten innerhalb der 5 Vektoren, gefolgt von X_2, X_4, X_1 und X_5.

Wir hatten uns vorgenommen, die erste Hauptkomponente so zu wählen, dass die Summe ihrer Korrelationskoeffizienten zu den fünf Variablen maximal ist. Wären alle Variablen identisch, stünde in der Korrelationsmatrix (Tab. 6.4(b)) an jeder Stelle eine 1 und die Gesamtsumme a l l e r Korrelationskoeffizienten wäre 25 (allgemein: bei m Variablen wäre sie m^2). Dann müsste die Hauptkomponente identisch mit den Variablen sein und die Summe ihrer Korrelationskoeffizienten wäre $\sqrt{25} = 5$. In unserem hypothetischen Beispiel ist die Gesamtsumme aller Korrelationskoeffizienten aber nur 5,5506, damit kann auch für die erste Hauptkomponente die Summe der Korrelationskoeffizienten zu den 5 Variablen nur $\sqrt{5,5506} = 2,3560$ sein. Wir wählen den Vektor mit dieser Summe von Korrelationen als erste Hauptkomponente.

Wir müssen nun die Summe von 2,3560 nach den Gewichten der Variablen „aufteilen", mit anderen Worten, die Korrelationen zwischen den einzelnen Variablen und der Hauptkomponente bestimmen. Diese Gewichte ergeben sich durch Division der Summe der Korrelationskoeffizienten der jeweiligen Variablen durch 2,3560. Aus ihnen lassen sich dann die Winkel zwischen den Variablen und der Hauptkomponente bestimmen, indem man die Cosinusfunktion umkehrt. Das Ergebnis zeigt Tab. 6.5.

Tab. 6.5: Ergebnis der Bestimmung der Hauptkomponente K_1 für die Variablen $X_1, \ldots, X_5$ aus Tab. 6.4

	X_1	X_2	X_3	X_4	X_5
Gewichte der Variablen an K_1	$\dfrac{1,5835}{2,3560}$	$\dfrac{2,0846}{2,3560}$	$\dfrac{2,2502}{2,3560}$	$\dfrac{1,8759}{2,3560}$	$\dfrac{-2,2436}{2,3560}$
Korrelationen zwischen den Variablen und K_1	0,6721	0,8848	0,9551	0,7962	−0,9523
Winkel zwischen den Variablen und K_1	$\approx 48°$	$\approx 28°$	$\approx 17°$	$\approx 37°$	$\approx 162°$

Die Lage der Hauptkomponente K_1 ergibt sich aus diesen Winkeln (vgl. Abb. 6.4). Es sei betont, dass die Hauptkomponente ein rein abstraktes Konstrukt ist. Wir können ihr z. B. keinen sinnvollen Namen geben. Sie ist vielmehr ausschließlich durch ihre Korrelationen zu den Variablen definiert.

Abbildung 6.4 und Tab. 6.5 sind insofern äquivalent, als sie die gleiche Struktur abbilden. Tabelle 6.6 zeigt noch einmal das bisherige Ergebnis, allerdings in der in der Literatur üblichen Form.

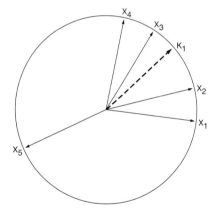

Abb. 6.4:
Hypothetische Variablen $X_1, \ldots, X_5$ und zugehörige erste Hauptkomponente K_1

Die Korrelationskoeffizienten zwischen einer Hauptkomponente und den Variablen werden als (H a u p t -) K o m p o n e n t e n l a d u n g e n (component loadings) bezeichnet. Wir haben dabei allerdings eine kleine Korrektur der Korrelationskoeffizienten vorgenommen. In Tab. 6.5 hatten wir die Winkel aus den Korrelationskoeffizienten berechnet und dabei die Gradzahlen auf ganze Werte aufgerundet. Wir wollen diese aufgerundeten Winkel wegen der einfacheren Handhabung bei der Darstellung der zweiten Hauptkomponente benutzen und haben deshalb in Tab. 6.6 die den aufgerundeten Winkeln entsprechenden Korrelationskoeffizienten eingetragen!

Tab. 6.6: Ergebnis der Bestimmung der Hauptkomponente K_1 für die Variablen $X_1, \ldots, X_5$ aus Tab. 6.4 (übliche Darstellung)

	Winkel	Ladung von K_1	Quadrierte Ladung von K_1
X_1	48°	0,6691	0,4477
X_2	28°	0,8829	0,7795
X_3	17°	0,9563	0,9145
X_4	37°	0,7986	0,6378
X_5	162°	−0,9511	0,9046
$\sum$			3,6841

Die quadrierten Ladungen der Hauptkomponente geben an, welcher Anteil der Varianz der jeweiligen Variablen auf die Hauptkomponente entfällt. So „erklärt" K_1

44,77% der Varianz von X_1,
77,95% der Varianz von X_2,
91,45% der Varianz von X_3,
63,78% der Varianz von X_4,
90,46% der Varianz von X_5.

Die Summe der quadrierten Ladungen einer Hauptkomponente nennt man ihren E i g e n - w e r t λ (Lambda) [7]. Es ist also in unserem Beispiel

$$\lambda_1 = \text{Eigenwert von } K_1 = 3,6841.$$

Der Eigenwert hat folgende Bedeutung: Da jede Variable standardisiert ist, ist ihre Varianz gleich 1. Bei 5 Variablen ist die Gesamtvarianz aller Variablen also gleich 5. Von dieser gesamten Varianz entfällt ein Anteil von 3,6841/5 auf die Hauptkomponente K_1. Mit anderen Worten: K_1 „erklärt" 3,6841/5 = 0,7368 = 73,68% der gesamten Varianz aller 5 Variablen. Auf eine zweite, noch zu extrahierende Hauptkomponente können also höchstens 26,32% der gesamten Varianz aller 5 Variablen entfallen.

Die Methode, nach der wir die erste Hauptkomponente bestimmt haben, nennt man Z e n - t r o i d - V e r f a h r e n. Dieses Verfahren liefert allerdings nicht immer optimale Ergebnisse hinsichtlich des Kriteriums, dass die erste Hauptkomponente einen maximalen Anteil an der Gesamtvarianz erklärt, also einen maximalen Eigenwert hat. Das Kriterium „Maximierung der Summe der quadrierten Korrelationskoeffizienten" ist ja nicht gleichbedeutend mit dem Kriterium "Maximierung der Summe der Korrelationskoeffizienten", welches zur Konstruktion von K_1 benutzt wurde. Insbesondere wenn eine Korrelationsmatrix etwa gleich viele negative und positive Werte enthält, liefern beide Kriterien unterschiedliche Ergebnisse. Um das erste Kriterium besser zu erfüllen, benutzt man heute in den

---

[7]Eigenwerte stammen eigentlich aus der Matrixalgebra. Sie stellen Lösungen des sogenannten Eigenwertproblems dar, um das es sich formal bei der Extraktion von Hauptkomponenten handelt. Wir haben die obige anschaulichere Definition gewählt und werden sie auch bei der Besprechung der Faktorenanalyse beibehalten, obwohl sie dort aus formaler, matrixalgebraischer Sicht falsch ist.

Programmpaketen i. A. eine Methode zur Bestimmung der ersten Hauptkomponente, die auf dem sogenannten Eigenvektor der Korrelationsmatrix beruht. Wir halten das Zentroid-Verfahren für leichter nachvollziehbar und haben es deshalb vorgestellt. Im Übrigen kommt es zunächst nur darauf an, überhaupt eine Hauptkomponente formal zu bestimmen. Die inhaltliche Interpretation erfordert sowieso noch weitere Schritte (siehe unten). Die Frage ist nun, wie die zweite Hauptkomponente zu wählen ist, wenn wir die erste bereits kennen. Auf die zweite Komponente soll ein möglichst großer Anteil der Varianz aller Variablen entfallen, der durch die erste Komponente nicht erklärt wird.

Wir können dazu das gleiche Verfahren benutzen wie bei der ersten Extraktion, es aber nicht auf die ursprünglichen Variablen (Vektoren) anwenden, sondern auf deren Residualvariablen, die sich nach der Regression mit K_1 ergeben. Wir betrachten also jeweils statt X_i die Variable ϵ_i mit

$$X_i = \alpha_i + \beta_{i1} K_1 + \epsilon_i.$$

Für die Extraktion benutzen wir entsprechend nicht mehr die Korrelationskoeffizienten r_{ij}, sondern die Korrelationskoeffizienten zwischen den Residualvariablen:

$$r_{\epsilon_i \epsilon_j}.$$

Die $r_{\epsilon_i \epsilon_j}$ ergeben sich, indem man von den r_{ij} den Anteil abzieht, der durch den Zusammenhang von X_i und K_1 sowie von K_1 und X_j bedingt ist. Dieser Anteil ist $r_{K_1 i} \cdot r_{K_1 j}$ (den gleichen Gedankengang hatten wir schon bei der Pfadanalyse angewandt). Es gilt also:

$$r_{\epsilon_i \epsilon_j} = r_{ij} - r_{K_1 i} \, r_{K_1 j}.$$

Diese Residualkorrelationen bilden die Residualkorrelationsmatrix. Auf sie wenden wir nun das gleiche Verfahren an wie bei der Bestimmung der ersten Hauptkomponente und erhalten dadurch die zweite Hauptkomponente K_2. Wir wollen das Verfahren nicht erneut Schritt für Schritt darstellen, sondern auf zwei wesentliche Eigenschaften hinweisen.

(1) Die Residualvariablen haben nicht mehr alle die gleiche Länge, da ihre Varianzen nicht mehr gleich sind. In der Diagonalen der Residualkorrelationsmatrix stehen also nicht mehr „1-en". Zum Beispiel ist $r_{11} = 1$, aber $r_{\epsilon_1 \epsilon_1} = r_{11} - r_{K_1 1} \, r_{K_1 1} = 1 - 0{,}4477 = 0{,}5523$, und statt $r_{33} = 1$ steht nun $r_{\epsilon_3 \epsilon_3} = r_{33} - r_{K_1 3} \, r_{K_1 3} = 0{,}0855$. Das bedeutet praktisch, dass die neuen Vektoren nur mit dem Gewicht in die „Mittelbildung" für die zweite Hauptkomponente eingehen, das ihrer nicht durch K_1 erklärten Varianz entspricht. Anders ausgedrückt: Je geringer der durch die erste Hauptkomponente erklärte Varianzanteil einer Ausgangsvariablen ist, desto größer ist das Gewicht dieser Variablen bei der Extraktion der zweiten Hauptkomponente.

(2) Die zweite Hauptkomponente gibt die mittlere Lage der Residualvariablen an, die sich nach der Regression der Ausgangsvariablen mit der ersten Hauptkomponente ergeben. Gemäß dem regressionsanalytischen Modell sind Residualvariable und unabhängige Variable (= erste Hauptkomponente) nicht miteinander korreliert, also orthogonal. Was für jede Residualvariable gilt, muss auch für den Durchschnitt aller Residualvariablen

gelten. Das heißt, die zweite Hauptkomponente muss orthogonal (senkrecht) zur ersten Hauptkomponente sein (vgl. Abb. 6.5).

Aus dieser Abbildung ergeben sich die Winkel zwischen den Variablen und der zweiten Hauptkomponente und die entsprechenden Ladungen für K_2 (vgl. Tab. 6.7).

Beim Vergleich von Tab. 6.7 mit Tab. 6.6 fällt auf, dass auf die zweite Hauptkomponente K_2 ein geringerer Varianzanteil als auf K_1 entfällt. Dies ergibt sich direkt aus dem Prinzip der Hauptkomponentenextraktion. So sind fast alle Ladungen von K_2 absolut deutlich geringer als diejenigen von K_1 (mit Ausnahme der Ladung auf X_1), und der Anteil der durch K_2 erklärten Gesamtvarianz beträgt nur $1,3159/5 = 0,2632 = 26,32\%$ – im Unterschied zu $73,68\%$ für die erste Hauptkomponente.

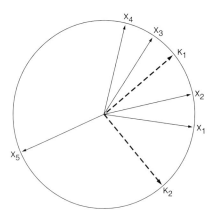

Abb. 6.5:
Hypothetische Variablen X_1, ..., X_5 mit den zugehörigen Hauptkomponenten K_1 und K_2

Tab. 6.7: Ergebnis der Bestimmung der zweiten Hauptkomponente K_2 für die Variablen X_1, ..., X_5 aus Tab. 6.4

	Winkel	Ladung von K_2	Quadrierte Ladung von K_2
X_1	42°	0,7431	0,5523
X_2	62°	0,4695	0,2204
X_3	107°	−0,2924	0,0855
X_4	127°	−0,6018	0,3622
X_5	108°	−0,3090	0,0955
$\sum$			1,3519

Gewöhnlich werden Tab. 6.7 und Tab. 6.6 unter Verzicht auf die Angabe der Winkel zu einer Tabelle zusammengefasst (vgl. Tab. 6.8).

Die Eigenwerte der Hauptkomponenten ergeben sich jeweils als Summe der quadrierten Ladungen. Setzt man sie ins Verhältnis zur Zahl der (standardisierten) Variablen, erhält

Tab. 6.8: Ergebnis der Hauptkomponentenanalyse für die Variablen $X_1, \ldots, X_5$ aus Tab. 6.4

Variable	Ladungen von K_2		Quadrierte Ladungen von K_2		Kommunalität
	K_1	K_2	K_1	K_2	h_i^2
X_1	0,6691	0,7431	0,4477	0,5523	1,0000
X_2	0,8829	0,4695	0,7796	0,2204	1,0000
X_3	0,9563	−0,2924	0,9145	0,0855	1,0000
X_4	0,7986	−0,6018	0,6378	0,3622	1,0000
X_5	−0,9551	−0,3090	0,9045	0,0955	1,0000
Eigenwert			3,6842	1,3159	
Erklärte			0,7368	0,2632	5,0000/5
Varianzanteile			= 73,68%	= 26,32%	= 100,00%

man den Anteil der Gesamtvarianz, der durch die Hauptkomponenten jeweils erklärt wird. Gegenüber den vorherigen Tabellen ist in Tab. 6.8 die weitere Spalte „Kommunalität" hinzugefügt. Die K o m m u n a l i t ä t gibt für jede Variable X_i an, welcher Anteil ihrer Varianz insgesamt durch die beiden Hauptkomponenten erklärt wird. Die Kommunalität wird mit h_i^2 bezeichnet:

h_i^2 = Kommunalität von X_i

  = Anteil der durch die Hauptkomponenten erklärten Varianz von X_i.

Da die beiden Hauptkomponenten orthogonal zueinander sind, also nicht miteinander korrelieren, ergibt sich die Kommunalität einer Variablen durch Addition des durch jede Hauptkomponente einzeln erklärten Varianzanteils, also durch Addition der quadrierten Ladungen. Wir sehen, dass in unserem Beispiel jede Variable vollständig durch die beiden Hauptkomponenten erklärt wird.

Während die Eigenwerte eine Eigenschaft der Hauptkomponenten beschreiben und durch Addition der quadrierten Ladungen über alle Variablen hinweg bestimmt werden, betreffen die Kommunalitäten eine Eigenschaft der Variablen und ergeben sich durch Addition der quadrierten Ladungen über alle Hauptkomponenten hinweg.

Addiert man die Kommunalitäten und dividiert die Summe durch die Gesamtvarianz (also die Anzahl der standardisierten Variablen), so erhält man den durch die Hauptkomponenten insgesamt erklärten Varianzanteil. In unserem Fall beträgt er natürlich 100%.

Fassen wir die bisherigen Ergebnisse im Hinblick auf die eingangs erwähnten Ziele der Hauptkomponenten- und Faktorenanalyse zusammen: Eine Gruppierung der Ausgangsvariablen haben wir bislang nicht gewonnen. Sie würde ja bedeuten, dass ein Teil der Variablen eng mit K_1, aber nur gering mit K_2 zusammenhängt, während für den anderen Teil das Umgekehrte zutreffen müsste.

Wir haben aber unsere fünf Variablen auf zwei neue, die Hauptkomponenten, reduziert, die die gesamte Varianz jeder Variablen statistisch erklären. Die Hauptkomponenten sind überdies orthogonal zueinander (d.h. unabhängig voneinander), so dass sich mit ihnen gut arbeiten lässt, etwa im Rahmen einer Regressionsanalyse.

Die vollständige Reduktion der fünf Variablen auf die beiden Hauptkomponenten, mit anderen Worten die vollständige Erklärung der Varianz von fünf Variablen durch die Varianz von nur zwei Variablen (Hauptkomponenten) besagt – bildlich gesprochen –, dass sich jede der Variablen vollständig als Linearkombination der beiden Hauptkomponenten darstellen lässt. Dies ist gemäß Abb. 6.5 der Fall, denn die beiden Vektoren K_1 und K_2 spannen die gesamte (zweidimensionale) Ebene auf; d. h., man kann immer ein Rechteck aus Vielfachen von K_1 und K_2 so konstruieren, dass ein Variablenvektor gleich der Diagonalen dieses Rechtecks ist. Wir demonstrieren dies an zwei Beispielen, und zwar für X_1 und X_5. Abbildung 6.6 zeigt den dafür notwendigen Ausschnitt aus Abb. 6.5. Wir haben in beiden Abbildungen die Hauptkomponenten genauso lang wie die Variablen gezeichnet, d.h., die Hauptkomponenten sind ebenfalls standardisiert. Außerdem wollen wir der Einfachheit halber annehmen, dass alle Vektoren normiert sind, ihre Länge also jeweils 1 ist. Diese Annahme ist für die folgende Argumentation unerheblich, sie vereinfacht sie nur.

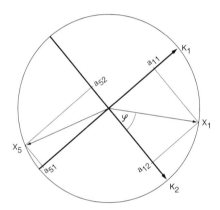

Abb. 6.6:
Darstellung von Variablen als Linearkombination
der Hauptkomponenten

In Abb. 6.6 sind schließlich noch die Koordinaten a_{il} der Vektoren der Ausgangsvariablen auf den Vektoren der Hauptkomponenten eingetragen. Es gilt

$a_{il} =$ Koordinaten des i-ten Vektors auf der l-ten Komponente.

Die Vektorendiagramme in Abb. 6.6 besagen:

$$X_1 = a_{11}\, K_1 + a_{12}\, K_2$$
$$X_5 = a_{51}\, K_1 + a_{52}\, K_2.$$

Für ein beliebiges X_i aus Abb. 6.5 würde offensichtlich gelten:

$$X_i = a_{i1}\, K_1 + a_{i2}\, K_2. \tag{6.3}$$

Wie sind nun die a_{il} zu interpretieren? Es gilt z. B.

$$r_{X_1 K_2} = \cos \varphi = \frac{a_{12}}{\text{Länge von } X_1} = \frac{a_{12}}{1} = a_{12}$$

$$r_{X_1 K_1} = \cos (90^\circ - \varphi) = \frac{a_{11}}{\text{Länge von } X_1} = \frac{a_{11}}{1} = a_{11}.$$

Das bedeutet: Die a_{il} in (6.3) sind nichts anderes als die Korrelationskoeffizienten zwischen den Variablen X_i und den Hauptkomponenten K_l, sie sind also die Hauptkomponentenladungen.

Diese Tatsache kann man auch aus Gleichung (6.3) direkt ablesen. Die Gleichung ist ja eine Regressionsgleichung für X_i, wobei die Fehlervariable 0 ist. Da die beiden Hauptkomponenten orthogonal (= unkorreliert) sind, sind die partiellen Regressionskoeffizienten gleich den einfachen Regressionskoeffizienten. Diese sind wiederum gleich den einfachen Korrelationskoeffizienten, weil alle Variablen in (6.3) standardisiert sind. Wir können also festhalten: Die ursprünglichen Variablen lassen sich als Linearkombination der (bzw. in Form einer Regressionsgleichung mit den) Hauptkomponenten als unabhängige Variablen darstellen, wobei die partiellen Regressionskoeffizienten gleich den jeweiligen Hauptkomponentenladungen (= Korrelationen zwischen den Variablen und Hauptkomponenten) sind.

Der Grund dafür, dass in dem hypothetischen Beispiel eine vollständige Reduktion der fünf Variablen auf nur zwei Hauptkomponenten möglich war, liegt natürlich an dem absichtsvoll-glücklichen Umstand, dass alle Variablen in einer Ebene liegen. In den meisten praktischen Fällen ist eine derartige Reduktion nicht möglich. Die m Variablen liegen dann vielmehr in einem m-dimensionalen Raum, so dass m Hauptkomponenten notwendig sind (und extrahiert werden müssen), um die gesamte Varianz der Variablen vollständig aufzudecken. Das bedeutet: Im allgemeinen Fall von m Variablen müssen wir q Hauptkomponenten (mit $q = m$) bestimmen, die paarweise orthogonal zueinander sind, wobei die dritte, vierte und die folgenden Hauptkomponenten nach dem gleichen Prinzip wie die beiden Hauptkomponenten des hypothetischen Beispiels ermittelt werden. Es ist dann für jede Variable X_i:

$$X_i = a_{i1} K_1 + \ldots + a_{il} K_l + \ldots + a_{iq} K_q. \tag{6.4}$$

(Die Regressionskonstante ist gleich 0, weil alle Variablen standardisiert sind).

Die a_{il} bilden insgesamt eine Matrix A

$$A = (a_{il})_{\substack{i=1,\ldots,m \\ l=1,\ldots,q}}$$

mit a_{il} = Ladung der Variablen X_i auf der Hauptkomponente K_l.

A heißt die Matrix der Hauptkomponentenladungen. Sie hat m Zeilen und q Spalten:

$$A = {}_m A_q.$$

Nach der Datenmatrix ${}_m X_n$ und der Korrelationsmatrix ${}_m R_m$ ist ${}_m A_q$ die dritte wichtige Matrix im Rahmen der Hauptkomponentenanalyse.

Wir wollen die bisherigen Überlegungen auf einen „realistischen" Fall anwenden und wählen dazu das Beispiel der thermischen Verhältnisse in Mitteleuropa mit den Variablen $X_1, \ldots, X_8$, deren Definition noch einmal wiederholt wird:

X_1 = mittlere Temperatur im Januar, standardisiert
X_2 = mittlere Temperatur im Juli, standardisiert
X_3 = Jahresmitteltemperatur, standardisiert
X_4 = mittlere Tagesschwankung der Temperatur im Januar, standardisiert
X_5 = mittlere Tagesschwankung der Temperatur im Juli, standardisiert
X_6 = mittlere Zahl der Eistage pro Jahr, standardisiert
X_7 = mittlere Zahl der Frosttage pro Jahr, standardisiert
X_8 = mittlere Zahl der Sommertage pro Jahr, standardisiert.

Das Ergebnis der Hauptkomponentenanalyse findet sich in Tab. 6.9, die aus Platzgründen etwas anders angeordnet ist als Tab. 6.8. Wir können folgendes festhalten:

Tab. 6.9: Ergebnis der Hauptkomponentenanalyse für die Variablen $X_1, \ldots, X_8$ aus Tab. 6.1 bzw. Tab. 6.2

(a) Hauptkomponentenladungen und Kommunalitäten

Var.	K_1	K_2	K_3	K_4	K_5	K_6	K_7	K_8	h_i
X_1	0,8878	−0,3053	−0,2887	0,0433	0,1578	0,0847	0,0234	−0,0272	1,00
X_2	0,7895	0,4718	0,3658	0,0260	−0,1032	0,0839	0,0311	−0,0305	1,00
X_3	0,9761	0,1686	0,0688	0,0822	0,0277	0,0528	0,0048	0,0603	1,00
X_4	−0,3461	0,8553	−0,2796	0,2553	−0,0671	0,0143	−0,0254	−0,0058	1,00
X_5	−0,0750	0,9424	−0,1779	−0,2616	0,0061	0,0729	−0,0277	0,0055	1,00
X_6	−0,9383	0,0029	0,2865	0,0695	0,1378	0,0963	−0,0659	−0,0010	1,00
X_7	−0,9299	0,3374	0,0203	0,0129	0,0592	0,0249	0,1294	0,0092	1,00
X_8	0,5064	0,8238	0,1539	0,0131	0,1498	−0,1363	−0,0048	−0,0090	1,00

(b) Eigenwerte und erklärte Varianzanteile

Haupt-komp.	Eigen-wert	Erkl. Var. (%)	Erkl. Var. kum. (%)
K_1	4,4913	56,14	56,14
K_2	2,7563	34,45	90,60
K_3	0,4379	5,47	96,07
K_4	0,1481	1,85	97,92
K_5	0,0858	1,07	98,99
K_6	0,0510	0,64	99,63
K_7	0,0241	0,30	99,93
K_8	0,0055	0,07	100,00

– Wie vermutet, werden tatsächlich acht Hauptkomponenten benötigt, um die Varianz jeder einzelnen Variablen und aller Variablen insgesamt zu reproduzieren.
– Die Eigenwerte der Hauptkomponenten nehmen bei jedem Schritt ab, entsprechend sinkt der erklärte Varianzanteil.

– Auf die ersten beiden Hauptkomponenten entfallen ca. 90% der gesamten Varianz, auf die letzten sechs nur 10%.

– Diese Tatsache findet in den Hauptkomponentenladungen ihren Ausdruck. Während bei den ersten beiden Hauptkomponenten absolut sehr hohe Ladungen auftreten, sind die Ladungen bei den folgenden Hauptkomponenten absolut sehr gering.

– Wir erhalten jetzt – im Unterschied zu unserem hypothetischen Beispiel – eine Gruppierung der Variablen, und zwar an Hand der Ladungen. Die erste Gruppe umfasst die Variablen X_1, X_2, X_3, X_6 und X_7, die alle sehr hohe absolute Korrelationen mit K_1 aufweisen. Die zweite Gruppe von Variablen (X_4, X_5, X_8) zeichnet sich dagegen durch den engen Zusammenhang mit der Hauptkomponente K_2 aus.

– Damit ist ein Anhaltspunkt für die inhaltliche Interpretation der ersten beiden Hauptkomponenten gegeben, die erlaubt, diese Komponenten begrifflich zu erfassen. Die erste Hauptkomponente beschreibt die thermischen Verhältnisse allgemein. Wir können sie deshalb kurz „Temperatur" nennen. Die zweite Hauptkomponente steht für die Temperaturschwankungen, die offensichtlich im engen Zusammenhang mit der Zahl der Sommertage stehen. Wir nennen sie daher einfach „Temperaturschwankungen" oder – um einen in der Klimatologie gebräuchlichen Terminus zu verwenden – „Kontinentalität".

Die Frage nach der Anzahl der zu extrahierenden Hauptkomponenten

Wir haben uns bei der Interpretation auf die ersten beiden Hauptkomponenten beschränkt, da die anderen offensichtlich wenig aussagefähig sind. Es ist daher die Frage, ob wir nicht von vornherein nur diese beiden Hauptkomponenten hätten extrahieren sollen. Allgemein stellt sich die Frage, wie viele Hauptkomponenten bei m Variablen bestimmt werden sollen. Die gängige Antwort ist, nur solche Hauptkomponenten zu extrahieren, deren Eigenwert größer als 1 ist (sog. Kaiserkriterium). Da die Varianz der Ausgangsvariablen jeweils gleich 1 ist, bedeutet ein Eigenwert von mehr als 1, dass die entsprechende Hauptkomponente auf sich einen größeren Varianzanteil vereinen kann als jede Variable, dass sie also eine größere „Bedeutung" hat als jede einzelne Variable. Bei sehr großem m kann dieses Kriterium aber dazu führen, dass Hauptkomponenten mit einem sehr geringen Anteil an insgesamt erklärter Varianz extrahiert werden. Ist z. B. $m = 30$ (dieser Fall kommt nicht selten „in der Praxis" vor), bedeutet ein Eigenwert von 1, dass die Hauptkomponente nur $1/30 = 3{,}33\%$ der gesamten Varianz aller Variablen erklärt. In solchen Fällen bietet es sich an, den erklärten Varianzanteil als Kriterium zu wählen, indem man als Schwellenwert etwa 5% oder 10% setzt. In unserem Beispiel liefern beide Kriterien im Übrigen das gleiche Ergebnis (vgl. Tab. 6.9).

Die Bestimmung der Anzahl der Hauptkomponenten ist offensichtlich „Geschmacksache", und die vielleicht beste Methode ist, nur solche Hauptkomponenten zu extrahieren, die man auch inhaltlich interpretieren kann. Häufig kann man das aber erst nach einem weiteren Verfahrensschritt, der sogenannten „Rotation" (s.u.) entscheiden. Jedenfalls spricht in unserem Beispiel das inhaltliche Kriterium ebenfalls für zwei Hauptkomponenten.

Begnügen wir uns mit den ersten beiden Hauptkomponenten, wird das Ergebnis am besten in Form von Tab. 6.10 dargestellt. Im Unterschied zu Tab. 6.9 sind jetzt die Kommunalitäten der Variablen kleiner als 1. Am erklärten Varianzanteil der Variablen fehlt nämlich der Beitrag der übrigen sechs Hauptkomponenten. Immerhin ist der durch die beiden Hauptkomponenten erklärte Varianzanteil jeder Variablen größer als $0,84 = 84\%$. Den nicht auf die beiden Hauptkomponenten zurückzuführenden Varianzanteil einer Variablen können wir als deren Fehlervarianz auffassen, wenn wir die Variable als Linearkombination der beiden Hauptkomponenten ausdrücken. So besitzt z.B. die Regressionsgleichung

$$X_1 = 0,8878\, K_1 - 0,3053\, K_2$$

ein Bestimmtheitsmaß von $88,14\%$ und eine Fehlervarianz von $11,86\%$. Von den $88,14\%$ erklärter Varianz von X_1 entfällt – wegen der Orthogonalität von K_1 und K_2 sowie der Identität von Ladungen und Korrelationskoeffizienten – ein Anteil von $a_{11}^2 = 0,8878^2 = 78,82\%$ auf die „Temperatur" ($= K_1$) und ein Anteil von $a_{12}^2 = 0,3053^2 = 9,32\%$ auf die „Kontinentalität" ($= K_2$).

Tab. 6.10: Ergebnis der Hauptkomponentenanalyse für die Variablen $X_1, \ldots, X_8$ aus Tab. 6.1 bzw. 6.2 (Zwei Hauptkomponenten-Lösung)

Variable	Ladungen von K_2		Kommunalität
	K_1	K_2	h_i^2
X_1	0,8878	−0,3053	0,8814
X_2	0,7895	0,4718	0,8460
X_3	0,9761	0,1686	0,9813
X_4	−0,3461	0,8553	0,8513
X_5	−0,0750	0,9424	0,8937
X_6	−0,9383	0,0029	0,8805
X_7	−0,9299	0,3374	0,9785
X_8	0,5064	0,8238	0,9350
Eigenwert	4,4913	2,7563	
Erkl. Varianzanteil (%)	56,14	34,45	
Erkl. Varianzanteil kum. (%)	56,14	90,60	

Das Gleichungssystem (6.4) lässt sich mit seinen m Gleichungen auch nach den Hauptkomponenten $K_1, \ldots, K_q$ auflösen, d. h. die Hauptkomponenten lassen sich (mit Hilfe der Ladungen) als Funktion der zu Grunde liegenden Variablen $X_1, \ldots, X_m$ darstellen. Für unser Beispiel ergibt sich

$$\begin{aligned} K_1 &= f_1(X_1, \ldots, X_8) \\ K_2 &= f_2(X_1, \ldots, X_8). \end{aligned} \tag{6.5}$$

Eine genaue Bestimmung der f_i ist bei der gewählten Darstellungsform schwierig, so dass darauf verzichtet wird (s. a. 6.3.3).

Von diesem Gleichungssystem (6.5) haben wir oben bei der inhaltlichen Interpretation von K_1 und K_2 implizit schon Gebrauch gemacht, indem wir die Ladungen (= Korrelationen zwischen Hauptkomponenten und Variablen) als Maße für die Stärke der Beteiligung der Variablen an der Hauptkomponente interpretiert haben.

Schließlich ist noch ausdrücklich darauf hinzuweisen, dass die Definition einer Hauptkomponente als Linearkombination der Variablen von der Auswahl der Variablen abhängig ist. Das heißt, unsere Definition der „Kontinentalität" sähe anders aus, wenn wir andere Variablen in die Analyse einbezogen hätten.

In diesem Zusammenhang ist vor einer Überinterpretation von Hauptkomponentenanalysen zu warnen. Häufig wird nämlich angenommen, dass die inhaltliche Bedeutung (die inhaltliche Relevanz) einer Hauptkomponente um so größer sei, je höher ihr Eigenwert ist (je höher der auf sie entfallende Anteil an Varianz ist). Demnach wäre die Hauptkomponente „Temperatur" relevanter als die Hauptkomponente „Kontinentalität" also für die Ausgestaltung des Klimas ausschlaggebender. Eine solche Gewichtung ist aber nur in Relation zu den Ausgangsvariablen sinnvoll. Man brauchte in dem Beispiel nur die Zahl der Variablen, die Temperaturschwankungen abbilden, zu erhöhen, um die umgekehrte Gewichtung zu erreichen. Wie bei allen statistischen Verfahren gilt auch für die Hauptkomponentenanalyse: Das Ergebnis (die Hauptkomponenten) hängt vor allem von dem Input (den Ausgangsvariablen) ab und weniger von der Qualität einer bestimmten Technik. Daraus kann allerdings nicht geschlossen werden, der Analysetechnik käme keine Bedeutung zu.

6.3.3 Die Hauptkomponentenwerte

Hauptkomponenten sind wie die Ausgangsvariablen ebenfalls variable Größen, also Variablen. Sie sind durch ihre Ladungen, also ihre Korrelationen mit den Ausgangsvariablen, bestimmt. Für ihre Interpretation ist es darüber hinaus häufig hilfreich zu wissen, welche Werte sie in den Beobachtungseinheiten (in unserem Fall: Raumeinheiten) annehmen. Mit Hilfe von Gleichung (6.5) lässt sich z.B. der Wert der "Kontinentalität" an den einzelnen Klimastationen leicht ermitteln.

Sei k_{2j} = Wert der Hauptkomponente K_2 in der Raumeinheit j.

Man bestimmt diesen Wert, indem man in Gleichung (6.5) für die Variablen X_i jeweils die Werte aus der Raumeinheit j , also die x_{ij} einsetzt. Das heißt:

$$k_{2j} = f_2(x_{1j}, \dots, x_{8j}).$$

An der Klimastation Nr. 3 (= Helgoland) ergibt sich der Wert der Kontinentalität durch Einsetzen der Werte x_{i3} aus Tab. 6.2. Man erhält somit

Wert der Kontinentalität in Helgoland $= k_{23} = -3{,}5854.$

Dieser Wert wird verständlich, wenn man bedenkt, dass die Hauptkomponenten standardisiert (Mittelwert = 0, Standardabweichung = 1) sind. In Helgoland liegt die Kontinentalität also 3,5 Standardabweichungen unter dem Mittelwert aller 69 Stationen – was mit unserem klimatologisch-topographischen „Wissen", dass Helgoland das weitaus ozeanischste Klima in Deutschland hat, gut übereinstimmt.

Allgemein lassen sich die Hauptkomponentenwerte (component scores) k_{lj} bei Vorliegen von m Variablen X_i ($i = 1, \ldots, m$), n Raumeinheiten R_j ($j = 1, \ldots, n$) und q Hauptkomponenten K_l ($l = 1, \ldots, q$) wie folgt berechnen:

$$k_{lj} = f(x_{1j}, \ldots, x_{mj}). \tag{6.6}$$

Hauptkomponentenanalyse: Voraussetzungen   *MuG*

Die Hauptkomponentenanalyse wird benutzt, um eine gegebene Menge von Variablen in Gruppen zusammenzufassen. Jede Gruppe wird dabei durch eine Hauptkomponente repräsentiert. Die Hauptkomponenten sind unkorreliert, orthogonal. Ihre Anzahl ist geringer als die Zahl der Variablen, wenn man nicht alle Hauptkomponenten, sondern nur diejenigen mit einem genügend hohen erklärten Varianzanteil extrahiert. Die Gruppierung gelingt allerdings nicht immer sehr deutlich.

Die Extraktion der Hauptkomponenten erfolgt mit Hilfe der Korrelationen zwischen den Variablen, und zwar nach der Größe der Eigenwerte der Hauptkomponenten. Ein dafür in vielen Fällen geeignetes Verfahren ist die vorgestellte Zentroid-Methode, die allerdings in den meisten statistischen Programmpaketen durch ein effektiveres Verfahren, das die jeweilige Maximierung der Eigenwerte garantiert, ersetzt ist.

Die inhaltliche Interpretation der Hauptkomponenten geschieht mittels der Hauptkomponentenladungen. Als solche werden die einfachen Korrelationskoeffizienten zwischen den Variablen und den Hauptkomponenten bezeichnet. Die Orthogonalität der Hauptkomponenten bewirkt, dass sich bei der Darstellung der Variablen als Linearkombination der Hauptkomponenten deren Wirkungen gewichtsmäßig exakt addieren. Die durch die Hauptkomponenten erklärten Varianzanteile der Variablen werden als Kommunalitäten bezeichnet. Sie sind gleich 1 (100%), wenn alle Hauptkomponenten bestimmt werden.

Die Werte der Hauptkomponenten für die einzelnen Beobachtungseinheiten lassen sich durch die Hauptkomponentenladungen und die Variablenwerte exakt bestimmten. Wie die Variablen sind auch die Hauptkomponenten standardisiert.

Wie man sieht, ist die Hauptkomponentenanalyse eine rein algebraische Technik. Schätz- und Testprobleme treten nicht auf. Entsprechend gering sind die an sie zu stellenden Voraussetzungen: Die Ausgangsvariablen müssen metrisch skaliert sein, die Beziehungen zwischen den Ausgangsvariablen sollten linear sein. Ist die zweite Bedingung nicht erfüllt, können die Variablen transformiert werden (vgl. GIESE 1978). Andernfalls werden durch die Hauptkomponenten nur die linearen „Anteile" der Zusammenhänge zwischen den Variablen erfasst.

Die Hauptkomponentenanalyse war lange Zeit neben der Regressions- und Clusteranalyse das am weitesten verbreitete multivariate statistische Verfahren in der Geographie, was wohl der starken Stellung induktiven Denkens im Fach entsprach. Allerdings wurde sie zumeist falsch angewendet, nämlich als Ersatz für die Faktorenanalyse. Wir kommen darauf im folgenden Abschnitt über die Faktorenanalyse zurück.

Hauptkomponentenanalyse: Voraussetzungen   *MuG*

Man benötigt für die Hauptkomponentenwerte also die Werte der Matrizen der Hauptkomponentenladungen und der Ausgangsdaten. Die Hauptkomponentenwerte lassen sich ebenfalls in einer Matrix, und zwar mit q Zeilen und n Spalten, anordnen:

$$(k_{lj})_{\substack{l=1,\ldots,q \\ j=1,\ldots,n}}.$$

In den meisten Statistiklehrbüchern wird Gleichung (6.6) (aber auch andere Gleichungen im Rahmen der Hauptkomponentenanalyse sowie anderer statistischer Verfahren) in einer

„Matrixschreibweise" vorgestellt, die den Vorteil größerer Eleganz und Kürze aufweist, aber den mit dieser Schreibweise nicht vertrauten Leser (dazu gehören nach unseren Erfahrungen leider die meisten Geographiestudierenden) vor erhebliche Verständnisprobleme stellt. Wir haben deshalb die Matrixschreibweise nicht benutzt.

Tabelle 6.11 zeigt für unser Beispiel die nach Gleichung (6.6) berechneten Werte der beiden Hauptkomponenten „Temperatur" und „Kontinentalität" für die 69 Klimastationen Deutschlands. Wie man sieht, sind die Hauptkomponenten tatsächlich standardisiert. Wir verzichten hier auf eine kartographische Darstellung, die unten mit einer ähnlichen Matrix erfolgt.

Tab. 6.11: Werte der Hauptkomponenten „Temperatur" (K_1) und "Kontinentalität" (K_2) für die 69 Stationen in Deutschland

Nr.	K_1	K_2	Nr.	K_1	K_2	Nr.	K_1	K_2
1	0,1018	−1,1847	24	0,5758	0,3481	47	1,2308	0,2431
2	0,1147	−1,4175	25	0,4661	0,2479	48	0,4789	0,8520
3	0,7583	−3,5854	26	0,6665	0,3159	49	−0,0372	1,1631
4	−0,1482	−2,1367	27	−0,2170	−0,4614	50	−0,1945	1,3138
5	−0,4924	−1,5883	28	−2,2020	−1,5303	51	−0,6150	1,1975
6	−0,3863	−0,2199	29	0,8159	0,1093	52	0,1617	0,6657
7	0,0514	−0,5308	30	0,9150	−0,4194	53	−0,7277	1,2553
8	−0,0028	−0,8585	31	0,4475	−0,1687	54	−0,2533	0,5949
9	0,1839	0,0824	32	0,1928	−0,3268	55	−0,8616	0,9051
10	0,4516	−1,8992	33	−0,5637	0,7769	56	1,0787	0,7273
11	0,2861	−1,4079	34	0,0321	1,7978	57	−0,0314	0,4118
12	0,5425	−1,8289	35	−0,4606	0,2015	58	1,2985	0,4493
13	0,1820	−0,3364	36	−3,6880	−0,6014	59	0,8134	0,8052
14	0,6775	−1,2300	37	−0,7162	0,2357	60	−1,5137	0,1717
15	0,2217	−0,2224	38	−0,2218	0,4370	61	1,4439	0,8704
16	0,4180	−0,1515	39	−0,2850	−0,1043	62	−2,6247	−0,9337
17	0,3089	0,3325	40	1,9095	−0,8656	63	−2,1921	1,3328
18	0,7106	0,5036	41	1,0772	−0,6097	64	0,2027	−0,0331
19	0,1773	0,2144	42	1,2899	1,0916	65	−2,2912	−0,9194
20	0,0018	0,4116	43	−0,6655	0,3835	66	−0,4072	0,3844
21	−0,1009	−0,2865	44	0,5692	0,4522	67	−1,2883	0,2653
22	0,0945	0,2162	45	1,3149	0,3853	68	−0,9799	2,5841
23	0,8802	0,3131	46	1,2708	0,1598	69	−0,2462	0,6491
						$\bar{x}$	0,0000	0,0000
						s	1,0000	1,0000

6.4 Die Faktorenanalyse

Wir hatten in Abschn. 6.2 bereits auf den Unterschied zwischen Hauptkomponenten- und Faktorenanalyse hingewiesen: Die Hauptkomponentenanalyse hat zum Ziel, die gesamte

Varianz einer Menge von m Variablen durch neue, gemeinsame Variablen, die Hauptkomponenten, zu reproduzieren – eventuell abzüglich einer Fehlervarianz. Die Hauptkomponenten repräsentieren dabei im Idealfall Gruppen von Variablen, die Ähnliches aussagen. Sie können jeweils als gemeinsame „Ursache" für eine Gruppe von Variablen angesehen werden, z. B. die „Kontinentalität" als Ursache der mittleren Tagesschwankungen der Temperatur im Januar und im Juli sowie – eingeschränkt – der mittleren Zahl der Sommertage. Wir hatten bereits festgehalten, dass die Annahme der Hauptkomponentenanalyse wenig befriedigend ist. Insbesondere ist es sinnvoller anzunehmen, dass die Werte einer Variablen nicht ausschließlich durch gemeinsame „Ursachen" bedingt sind, sondern auch variablenspezifisch verstanden werden müssen. Diese Voraussetzung liegt der Faktorenanalyse zugrunde. Mit der Faktorenanalyse soll also nicht die gesamte Varianz der Variablen erfasst werden, sondern nur der Teil, der den Variablen gemeinsam ist. Denn nur dieser kann überhaupt auf gemeinsame „Ursachen", die man nun Faktoren (statt Hauptkomponenten) nennt, zurückgeführt werden.

Anders ausgedrückt: Die Hauptkomponentenanalyse geht davon aus, dass die gesamte Varianz aller Variablen auch die gemeinsame ist (also gleich m bei m Variablen) und damit auch auf gemeinsame Ursachen zurückgeführt werden kann. Bei der Faktorenanalyse nimmt man dagegen an, dass die gemeinsame Varianz aller Variablen nur ein Teil der gesamten Varianz, also kleiner als m ist. Die Frage ist dann, wie man die gemeinsame Varianz sinnvoll bestimmen kann. Sie ist Gegenstand der sogenannten „Kommunalitätenschätzung".

6.4.1 Die Kommunalitätenschätzung

Wir gehen aus von den am Anfang von Kap. 6 aufgeführten Gleichungen der Hauptkomponenten- und Faktorenanalyse. Bei der Hauptkomponentenanalyse ist die Gleichung (6.1) das Grundmodell, also:

$$X_i = \alpha_i + \beta_{i1}\,K_1 + \beta_{i2}\,K_2 + \ldots + \beta_{iq}\,K_q \quad (i = 1, \ldots, m).$$

Wir hatten gesehen, dass die Hauptkomponenten ebenfalls standardisiert sind (d.h. $\alpha_i = 0$) und dass die β_{il} mit den Hauptkomponentenladungen identisch sind:

$$\beta_{il} = a_{il}$$

mit a_{il} = Ladung der i-ten Variable auf der l-ten Hauptkomponente.

Als Lösung des Gleichungssystems (6.1) ergab sich das System (6.4), nämlich

$$X_i = a_{i1}\,K_1 + \ldots + a_{il}\,K_l + a_{iq}\,K_q \quad (i = 1, \ldots, m).$$

Der durch die Hauptkomponenten erklärte Varianzanteil von X_i war die Kommunalität h_i^2 mit

$$h_i^2 = a_{i1}^2 + \ldots + a_{il}^2 + \ldots + a_{iq}^2 \quad (i = 1, \ldots, m). \tag{6.7}$$

Wenn wir die Hauptkomponentenanalyse vollständig durchführen, ist $h_i^2 = 1$ $(1 \leq i \leq m)$, andernfalls sind die h_i^2 kleiner als 1.

Gleichung (6.7) besagt bei der vollständigen Hauptkomponentenanalyse dasselbe wie

$$r_{ii} = r_{ii}^2 = 1 = h_i^2 = \sum_{l=1}^{q} a_{il}^2 = \sum_{l=1}^{q} a_{il}\, a_{il} = \sum_{l=1}^{q} r_{il} r_{il} \qquad (6.8)$$

wobei $r_{il} =$ Korrelationskoeffizient zwischen der Variablen X_i und der Hauptkomponente K_l.

Das letzte Gleichheitszeichen in (6.8) gilt, weil die Hauptkomponentenladungen nichts anderes als Korrelationskoeffizienten sind. Die ersten drei Gleichheitszeichen sind formal sowieso korrekt. Inhaltlich betrachtet gelten sie, weil der erklärte Varianzanteil h_i^2 von X_i gleich der gesamten Varianz von X_i sein muss. (Jede Variable wird vollständig durch die Hauptkomponenten erklärt.) Außerdem ist für jede standardisierte Variable die Varianz gleich ihrer Korrelation mit sich selbst. Wegen der Orthogonalität der Hauptkomponenten kann man (6.8) auch leicht auf beliebige Korrelationskoeffizienten zwischen den Variablen erweitern, d. h. es gilt allgemein:

$$r_{ij} = \sum_{l=1}^{q} a_{il}\, a_{jl} \quad (i,\, j = 1, \ldots, m). \qquad (6.9)$$

Der Korrelationskoeffizient zwischen zwei Variablen lässt sich also additiv zerlegen in die Teile, mit denen sie über die Hauptkomponenten verbunden sind. Wir verzichten auf den formalen Beweis dieser Gleichung, die auch als F u n d a m e n t a l t h e o r e m   d e r   F a k t o r e n a n a l y s e bezeichnet wird, und wollen ihn nur exemplarisch für 2 Hauptkomponenten und zwei Variablen verdeutlichen.

Abbildung 6.7 zeigt zwei orthogonale Hauptkomponenten und zwei Variablen mit den entsprechenden Hauptkomponentenladungen. Da Hauptkomponenten und Variablen standardisiert sind, haben die Vektoren dieselbe Länge. Es gilt $r_{12} = \cos \varphi$. Gemäß der Definition der trigonometrischen Funktionen ist

$$\cos \varphi = \cos\left(90^\circ - (\alpha + \beta)\right) = \sin(\alpha + \beta)$$
$$= \cos\alpha\,\sin\beta + \sin\alpha\,\cos\beta = a_{11} \cdot a_{21} + a_{12} \cdot a_{22}$$
$$= \sum_{l=1}^{2} a_{1l}\, a_{2l}.$$

Wir wollen uns nun noch einmal den Effekt einer unvollständigen Extraktion der Hauptkomponenten vergegenwärtigen. Bei dem „Temperatur"-Beispiel hatten wir nur die ersten beiden Hauptkomponenten als bedeutsam und interpretierbar erkannt. Wir betrachten dazu die erste Variable X_1 aus Tab. 6.10. Berücksichtigen wir nur die ersten beiden Hauptkomponenten zu ihrer Beschreibung, so gilt gemäß Tab. 6.10:

$$X_1 = a_{11}K_1 + a_{12}K_2 = 0{,}8878\, K_1 - 0{,}3053\, K_2.$$

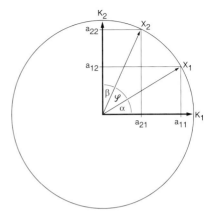

Abb. 6.7:
Zwei Variablen und zwei orthogonale Hauptkomponenten

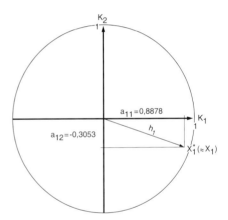

Abb. 6.8:
Die Lage von X_1 als Vektor im zweidimensionalen, von K_1 und K_2 aufgespannten Raum

K_1 und K_2 sind orthogonal und standardisiert. Dann lässt sich X_1 wie in Abb. 6.8 darstellen.

Obwohl X_1 ursprünglich (als Ausgangsvariable) standardisiert war und deshalb die gleiche Länge haben müsste wie K_1 und K_2, ist sie jetzt kürzer. Dies liegt daran, dass K_1 und K_2 die Variablen nicht vollständig abbilden (das wäre erst durch Einbeziehung auch der restlichen Hauptkomponenten möglich), sondern nur zum Teil. Man müsste daher – will man ganz genau sein – eigentlich von einer „neuen" Variablen X_1^* sprechen, die die Ausgangsvariable X_1 nur hinreichend gut repräsentiert. Im Folgenden soll diese neue Schreibweise aber nicht durchgehend weiter beibehalten werden. Die Länge der „verkürzten" Variablen

X_1^* lässt sich nach dem Satz des Pythagoras bestimmen als:

$$\text{Länge von } X_1^* = \sqrt{a_{11}^2 + a_{12}^2} = \sqrt{h_1^2} = h_1.$$

Erweitern wir diesen Gedankengang auf den (nicht mehr anschaulichen) Fall von mehreren Hauptkomponenten, gilt allgemein

$$\text{Länge von } X_1^* = \sqrt{\sum_{l=1}^{q} a_{il}^2} = \sqrt{h_i^2} = h_i \qquad (6.10)$$

für die Beziehung zwischen der Länge eines Variablenvektors und der Kommunalität der Variablen, und zwar ist die Länge einer Variablen gleich der positiven Wurzel aus ihrer Kommunalität. Die Kommunalität resultiert bei der Hauptkomponentenanalyse aus dem Abbruchkriterium für die Extraktion, sie ist also ein E r g e b n i s des Verfahrens. Es sei darauf hingewiesen, dass auch bei dem „verkürzten" Vektor X_1^* (also dem Vektor für X_1, der nicht durch alle Hauptkomponenten, sondern nur durch K_1 und K_2 gebildet wird) die Ladung a_{11} (in Abb. 6.8 die Länge der senkrechten Projektion von X_1 auf K_1) geometrisch dem Korrelationskoeffizienten (bis auf den Proportionalitätsfaktor $\frac{1}{h_1}$) entspricht. Dies kann leicht mit dem Cosinussatz aus der Trigonometrie bewiesen werden, aus dem sich $\cos \varphi = \dfrac{a_{11}}{h_1}$ $(= r_{X_1^* K_1})$ ergibt.

Die Faktorenanalyse geht dagegen von dem Modell der Gleichung (6.2) aus, also:

$$X_i = \alpha_i + \beta_{i1}\, F_1 + \ldots \beta_{il}\, F_l + \ldots + \beta_{iq}\, F_q + \gamma_i\, U_i \quad (i = 1, \ldots, m).$$

Die Faktoren sollen ebenfalls standardisiert (d. h. $\alpha_i = 0$) und orthogonal sein, und wir wollen die β_{il}, wieder als Faktorenladungen a_{il} schreiben. Die a_{il} sind also wie bei der Hauptkomponentenanalyse als Korrelationskoeffizienten zwischen den Variablen und den Faktoren zu interpretieren. Bringt man den Term des Einzelrestfaktors auf die linke Seite, so ist

$$\begin{aligned} X_i^* &= X_i - \gamma_i\, U_i \\ &= a_{i1}\, F_1 + \ldots + a_{il}\, F_l + \ldots + a_{iq}\, F_q \quad (i = 1, \ldots, m). \end{aligned} \qquad (6.11)$$

Mit anderen Worten: Bei der Faktorenanalyse wird nicht jede Variable X_i vollständig durch die Faktoren erfasst, sondern von vornherein nur der Teil ohne den variablenspezifischen Einzelrestfaktor U_i. Bildlich mit Abb. 6.8 gesprochen, zielt die Faktorenanalyse nur auf den verkürzten Vektor. Sie soll nicht die gesamte Varianz der Variablen aufdecken, sondern nur den Teil, der „tatsächlich" auf gemeinsame Ursachen (= Faktoren) zurückzuführen ist. Um genau zu sein, müsste man in Abb. 6.8 den verkürzten Vektor mit X_1^* statt mit X_1 bezeichnen.

Diese Ungenauigkeit leistet man sich auch bei der Gleichung (6.11), die nämlich häufig einfach als

$$X_i = a_{i1}\, F_1 + \ldots + a_{il}\, F_l + \ldots + a_{iq}\, F_q \quad (i = 1, \ldots, m). \qquad (6.12)$$

geschrieben wird. Man setzt dabei das Wissen des Lesers voraus, dass, sobald F_l statt K_l geschrieben wird, nicht X_i, sondern nur $X_1^* = X_i - \gamma_i\, U_i$ durch die Faktoren dargestellt werden soll. Das Problem der Faktorenanalyse besteht nun darin, vor der eigentlichen Bestimmung der Faktoren festzulegen bzw. zu schätzen, welcher Anteil der Varianz der Ausgangsvariablen durch das Gleichungssystem (6.4) erklärt werden soll. Für dieses Problem der sog. „Kommunalitätenschätzung" gibt es verschiedene Lösungen, die nicht ohne Einfluss auf die Ergebnisse sind und die in der Literatur zur Faktorenanalyse ausführlich behandelt werden (vgl. insbesondere die beiden Standardwerke von HARMAN 1970 und ÜBERLA 1977). Im Unterschied zur Hauptkomponentenanalyse, die ja gleichsam automatisch abläuft, gibt es bei der Faktorenanalyse nicht nur an dieser, sondern auch an anderen Stellen Wahlmöglichkeiten, die zu unterschiedlichen Ergebnissen führen.

Hinsichtlich der Kommunalitätenschätzung wird am häufigsten das folgende, inhaltlich plausible Kriterium angewandt: Man wähle als Kommunalität einer Variablen ihr multiples Bestimmtheitsmaß mit den anderen Ausgangsvariablen. Dieses Kriterium ist insofern sinnvoll, als das multiple Bestimmtheitsmaß den Anteil der Varianz der Variablen angibt, den sie mit den anderen gemeinsam hat (und nur dieser Anteil kann auf gemeinsame Ursachen zurückgeführt werden). Wir werden dieses Kriterium in den folgenden Analysen benutzen. In geometrischer Hinsicht gilt im Übrigen, dass die Variablenvektoren nicht mehr gleich lang (nämlich gleich 1 sind), sondern dass die Länge jedes Variablenvektors seinem multiplen Korrelationskoeffizienten entspricht. Daraus können Probleme bei der Extraktion der Faktoren resultieren. Aus dieser Sicht ergibt sich auch eine spezifische Deutung der Hauptkomponentenanalyse. Die Hauptkomponentenanalyse ist nichts anderes als eine bestimmte Faktorenanalyse, bei die Kommunalität jeder Variablen gleich 1 geschätzt bzw. gesetzt wird.

Da mit der Anzahl der Variablen deren multiple Bestimmtheitsmaße steigen (und „gegen 1 gehen"), werden die Ergebnisse einer Faktorenanalyse mit multiplen Bestimmtheitsmaßen als Kommunalitätenschätzungen und einer Hauptkomponentenanalyse (mit Kommunalitäten gleich 1) mit zunehmender Variablenzahl immer ähnlicher. So schlägt HOLM (1976, S. 71/72) vor, ab 15 Variablen als Kommunalitäten 1 zu wählen, also eine Hauptkomponentenanalyse durchzuführen. Dieser Vorschlag beruht auch auf praktischen Erwägungen, da die Hauptkomponentenanalyse technisch leichter zu handhaben ist als die Faktorenanalyse (siehe unten).

6.4.2 Die Extraktion der Faktoren

Ziel der Faktorenanalyse ist es, die a_{il} der Gleichung (6.12), also die Matrix der Faktorladungen, zu bestimmen, und zwar so, dass die Korrelationsmatrix mit Kommunalitäten in der Hauptdiagonalen durch die Faktorladungen reproduziert wird, d. h., dass wie bei der Hauptkomponentenanalyse die Gleichung (6.9) gilt, also:

$$r_{ij} = \sum_{l=1}^{q} a_{il}\, a_{jl} \quad (\text{für } i, j = 1, \ldots, m).$$

Zunächst stellt sich die Frage, wieviel Faktoren zu bestimmen sind. Diese Frage ist etwas schwieriger zu beantworten als bei der Hauptkomponentenanalyse, da die Antwort auf sie von den geschätzten Kommunalitäten abhängt: Je größer diese sind, desto mehr Faktoren muss man extrahieren. Es ist also durchaus möglich, keine „befriedigende" Lösung der Gleichungen (6.12) bzw. (6.9) zu erhalten, wenn man nämlich sehr hohe Kommunalitäten schätzt und eine zu geringe Zahl von Faktoren annimmt. Als Faustregel gilt folgendes Kriterium: Es werden nur solche Faktoren extrahiert, deren Eigenwert größer als 1 ist. Die Anzahl dieser Faktoren kann man mit Hilfe der Hauptkomponentenanalyse bestimmen. Anschließend wird versucht, mit dieser Anzahl von Faktoren die Gleichungen (6.12) und (6.9) zu bestimmen. Das Ergebnis wird schließlich daraufhin überprüft, ob es „gut genug" ist. Da die Faktoren nicht die gesamte Varianz m aller Variablen erklären sollen, gilt bei der Faktorenanalyse – im Unterschied zur Hauptkomponentenanalyse – immer $q < m$. Ist die Anzahl der Faktoren festgelegt, müssen die Faktoren selbst extrahiert werden, d.h. es müssen die a_{il} so bestimmt werden, dass die Gleichungen (6.12) und (6.9) erfüllt sind. Wir behandeln zunächst die drei gängigsten Extraktionsverfahren und gehen anschließend kurz auf die Überprüfung der Ergebnisse ein.

1. Die Hauptkomponentenmethode (principal component method)

Die Kommunalitäten h_i^2 werden als 1 „geschätzt", und man wendet auf die Korrelationsmatrix die in Abschn. 6.3.2 besprochenen Verfahren an, also entweder die Methode der Maximierung der Eigenwerte oder das Zentroidverfahren. Die Extraktion wird beendet, sobald ein Eigenwert kleiner als 1 wird oder der entsprechende Faktor ein anderes Kriterium nicht erfüllt. Die so gewonnenen Faktoren sind also die Hauptkomponenten aus Abschn. 6.3. Wir haben hier nicht zufällig von Hauptkomponentenmethode statt wie oben von Hauptkomponentenanalyse gesprochen. Die Hauptkomponentenanalyse bezeichnet das gedankliche Modell der Gleichung (6.1). Als Hauptkomponentenmethode werden dagegen die beiden genannten Verfahren zur Gewinnung der Faktoren aus der Korrelationsmatrix bezeichnet oder allgemein Extraktionsverfahren, bei denen die geschätzten Kommunalitäten gleich 1 sind (was sich, wie gesagt, frühestens anbietet, wenn $m \geq 15$ ist). Im Übrigen werden diese Begriffe in der Literatur nicht einheitlich benutzt, insbesondere nicht in den Arbeiten mit geographischen Anwendungen.

2. Die Hauptachsenmethode (principal axis method)

Diese Methode ist im Prinzip die gleiche wie die Hauptkomponentenmethode; nur wird sie nicht auf die Korrelationsmatrix C, sondern auf eine etwas veränderte „Korrelationsmatrix" C^* angewandt. C^* ergibt sich aus C, indem man in der Diagonalen von C die 1-Werte ($= r_{ii}$) jeweils durch die h_i^2 (= geschätzte Kommunalität von X_i) ersetzt. Hier wird also mit dem faktorenanalytischen Modell „Ernst gemacht". Die Kommunalitäten h_i^2 wählt man auf Grund folgender Überlegung. Gemäß (6.9) müsste gelten :

$$r_{ii} = \sum_{l=1}^{q} a_{il}\, a_{il} = \sum_{l=1}^{q} a_{il}^2 = h_i^2. \tag{6.13}$$

Diese Gleichung ist aber nur erfüllt, wenn $1 = r_{ii} = h_i^2$, also im Fall der Hauptkomponentenanalyse. In diesem Fall steht in der Diagonalen jeweils die erklärte Varianz der Variablen ($= 1$). Sind die Kommunalitäten kleiner als 1, ist der rechte Teil der Gleichung ($= h_i^2$) erfüllt, der linke $r_{ii} =$ jedoch nicht. Letzteres ist auch nicht nötig, wenn die Diagonalelemente r_{ii} in C durch h_i^2 ersetzt werden.

Bei der Anwendung der Methode der Maximierung der Eigenwerte oder des Zentroidverfahrens auf C^* kann es allerdings vorkommen, dass keine Lösung gefunden wird. Wir veranschaulichen dies an einem Beispiel (vgl. Abb. 6.9).

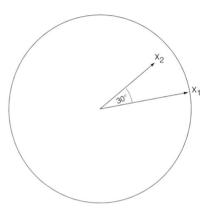

Abb. 6.9:
Zwei Variablen, für die keine Lösung nach dem Zentroid-Verfahren und der Methode der maximalen Eigenwerte existiert

Der Winkel zwischen X_1 und X_2 sei $30°$, also

$$\cos\varphi = r_{X_1 X_2} = 0{,}8660.$$

Die Kommunalitäten seien $h_1^2 = 0{,}9990$ und $h_2^2 = 0{,}6000$; die Längen der Vektoren in Abb. 6.9 sind dementsprechend: $h_1 =$ Länge von $X_1 = 0{,}9995$ und $h_2 =$ Länge von $X_2 = 0{,}7746$. Da $r_{X_1 X_1}$ positiv ist, führen Zentroid-Verfahren und Methode der maximalen Eigenwerte zu dem gleichen Ergebnis. Wir wenden deshalb das in Abschn. 6.3.2 besprochene Zentroid-Verfahren auf die geänderte Korrelationsmatrix C^* an.

	X_1	X_2
X_1	0,9990	0,8660
X_2	0,8660	0,6000
Summe	1,8650	1,4660

Die Summe der Korrelationskoeffizienten des ersten Faktors F_1 zu X_1 und X_2 ist demnach $\sqrt{3{,}3310} = 1{,}8251$. Die Korrelationskoeffizienten zwischen X_1 und F_1 sowie zwischen

X_2 und F_2 müssten also

$$r_{X_1 F_1} = \frac{1,8650}{1,8251} = 1,0219 > 1$$

$$r_{X_2 F_1} = \frac{1,4660}{1,8251} = 0,8032$$

sein. Ein Korrelationskoeffizient größer als 1 ist aber nicht möglich.

Im Allgemeinen ist die Gefahr des Scheiterns der Hauptachsenmethode um so größer, je unterschiedlicher die Kommunalitäten der Variablen sind. Falls das Hauptachsenverfahren anwendbar ist, wird es mit der gleichen Schrittfolge wie bei der Hauptkomponentenanalyse angewandt. Das heißt, aus C^* wird der erste Faktor so bestimmt, dass er den größten Eigenwert hat. Dann wird eine neue Residualmatrix von C^* bestimmt, indem von den Elementen aus C^* die durch den ersten Faktor reproduzierten „Korrelationskoeffizienten" subtrahiert werden. Für diese Residualmatrix wird nun wieder der Faktor mit dem höchsten Eigenwert gesucht. Das Verfahren wird abgebrochen, wenn die gemäß dem gewählten Kriterium (Eigenwert > 1 o.ä.) gegebene Anzahl von Faktoren erreicht ist. In den statistischen Programmpaketen wird allerdings in der Regel ein iteratives, algorithmisch eleganteres Verfahren gewählt, das zum gleichen Ergebnis führt.

Geometrisch lässt sich der Unterschied zwischen Hauptkomponentenmethode und Hauptachsenmethode so verdeutlichen: Bei der Hauptkomponentenmethode gehen alle Variablen mit gleichem Gewicht in die Faktorbildung ein, bei der Hauptachsenmethode mit unterschiedlichem. Das führt dazu, dass die Faktoren durch die Hauptachsenmethode näher an die Variablen mit größerer geschätzter Kommunalität gerückt werden.

Abbildung 6.10 zeigt zwei Variablen, für die ein gemeinsamer Faktor bestimmt werden soll. Der Korrelationskoeffizient ist $\cos 60° = 0,5$. In (a) wird für beide Variablen die gleiche Kommunalität von $0,4$ angenommen. Die resultierende Hauptkomponente K_1 liegt dann in der Richtung der Winkelhalbierenden. Im Fall (b) seien die Kommunalitäten für X_1 $0,8$, für X_2 $0,4$. Der Faktor F_1 ist jetzt deutlich nach X_1 verschoben, wie der Vergleich mit (a) zeigt.

(a)   **(b)**

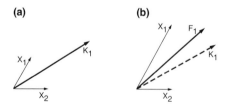

Abb. 6.10:
Zwei Variablen mit gleicher (a) und unterschiedlicher Kommunalität (b) und zugehörigem Faktor

Die Verschiebung der Faktoren in Richtung der Variablen mit größerer Kommunalität findet man natürlich bei allen Extraktionsverfahren, die nicht von „1-en" in der Diagonale der Korrelationsmatrix ausgehen, auch bei der folgenden.

3. Die Maximum-Likelihood-Methode

Diese Methode wurde von LAWLEY entwickelt und wird ausführlich in HARMAN (1970) dargestellt. Sie basiert auf folgendem Grundgedanken: Die „Korrelationsmatrix" C^* stellt nur eine Stichprobe der Korrelationsmatrix aus der Grundgesamtheit dar.

Die a_{ij} werden gemäß dem Maximum-Likelihood-Prinzip so bestimmt, dass die Wahrscheinlichkeit, gerade die vorliegende Stichprobe C^* zu erhalten, maximal ist. Dabei wird angenommen, dass die Faktoren (mit einer gegebenen Anzahl) orthogonal und die m Variablen m-dimensional normalverteilt sind. Von den verschiedenen Lösungen dieser Extremwertaufgabe wird diejenige mit dem größten Anteil an erklärter Varianz ausgewählt.

Das Verfahren ist iterativ. Es beginnt mit einer möglichst guten Anfangsschätzung der Faktorladungen, die dann iterativ so lange verbessert wird, bis sich die aus der Faktorladungsmatrix geschätzte Korrelationsmatrix und C^* nur noch geringfügig unterscheiden. Auf die Formeln für die einzelnen Schritte verzichten wir, da sie nicht leicht nachzuvollziehen sind.

Die Maximum-Likelihood-Methode ist sehr rechenaufwendig, da die Iterationen oft sehr langsam konvergieren. Sie wurde erst mit dem Aufkommen größerer Computer häufiger angewandt.

Faktorenanalyse: Voraussetzungen   *MuG*

Zunächst gelten für die Faktorenanalyse die gleichen Voraussetzungen wie für die Hauptkomponentenanalyse: Die Ausgangsvariablen müssen metrisch skaliert und die Beziehungen zwischen ihnen müssen linear sein. Die zweite Bedingung kann durch geeignete Transformationen erfüllt werden (vgl. den Hinweis in Abschn. 6.3.4). Entscheidend ist schließlich, dass der Produktmoment-Korrelationskoeffizient die „wahren" Beziehungen zwischen der Variablen möglichst gut abbildet.

In der Literatur ist strittig, ob die Faktorenanalyse auch auf nicht metrischskalierte Variablen angewandt werden sollte. Da die Faktorenanalyse lediglich auf einer Auswertung der Korrelationsmatrix basiert, könnte man statt des Produktmoment-Korrelationskoeffizienten auch andere, etwa Rangkorrelationskoeffizienten oder Kontingenzkoeffizienten, benutzen, was die Anforderungen an das Skalenniveau der Variablen erheblich reduzieren würde. Das ist jedoch nur dann möglich, wenn diese Koeffizienten sich rein formal als äquivalent zum Produktmoment-Korrelationskoeffizienten erweisen. Der Vierfelder Phi-Koeffizient (vgl. Band 1) genügt z. B. dieser Bedingung. Er hat allerdings den Nachteil, dass er nur bei gleichen Randverteilungen den maximal möglichen Wert 1 erreichen kann.

Im Übrigen steht für dichotome Variablen als Ersatz eine „Faktorenanalyse für qualitative Daten" die sogenannte „Skalogramm-Analyse" zur Verfügung, auf deren Darstellung wir hier verzichten. DEITERS (1978, S. 74ff.) diskutiert die Probleme einer Faktorenanalyse mit Phi-Koeffizienten beim Vergleich mit einer Skalogramm-Analyse an einem hypothetischen Beispiel.

Wir haben bereits an den entsprechenden Stellen darauf verwiesen, dass einige Extraktionsverfahren (etwa die Maximum-Likelihood-Methode) und Tests die Multinormalverteilung der Variablen voraussetzen. Diese Voraussetzungen sind bei kaum einer geographischen Anwendung erfüllt. Deshalb verwundert es nicht, dass die Faktorenanalyse in der Geographie vorwiegend eher induktiv und weniger zum Testen von Hypothesen eingesetzt wurde und dass dabei vor allem von der Hauptkomponentenmethode für die Faktorenextraktion Gebrauch gemacht wurde.

Faktorenanalyse: Voraussetzungen   *MuG*

4. Tests zur Bestimmung der Anzahl der Faktoren

Für die verschiedenen Extraktionsverfahren sind jeweils spezifische Tests entwickelt worden, die prüfen, ob mit der vorgegebenen Anzahl von Faktoren eine befriedigende Reproduktion der Korrelationsmatrix C bzw. C^* erreicht werden kann. Sie prüfen also, ob die Anzahl der Faktoren adäquat ist. Die Tests setzen z.T. die Multinormalität der Ausgangsvariablen voraus. Wir wollen sie hier nicht darstellen (vgl. dazu die Lehrbücher von HARMAN 1970 und ÜBERLA 1977), sondern für ein experimentell-pragmatisches Vorgehen plädieren: Falls Zweifel über die Zahl der Faktoren bestehen, sollten mit verschiedenen Faktorenanzahlen mehrere Faktorenanalysen durchgeführt werden. Diejenige Lösung, deren Ergebnisse am besten interpretierbar sind, sollte dann ausgewählt werden. Die Interpretierbarkeit hängt allerdings entscheidend von der sogenannten Rotation der Faktoren ab. Um deren Notwendigkeit zu verdeutlichen und um die bislang besprochene Faktorenextraktion zu veranschaulichen, dient das folgende Beispiel.

Ein Beispiel

Wir betrachten wieder die 69 Klimastationen in Deutschland, wählen jedoch eine etwas andere Variablenmenge als in Abschn. 6.3, indem wir die beiden Variablen „Zahl der Eistage" und "Zahl der Frosttage" durch drei Variablen zur Beschreibung der Niederschlagsverhältnisse ersetzen. Die Werte der drei neuen Variablen finden sich in Tab. 6.12.

Tab. 6.12: Werte der Niederschlagsvariablen in Deutschland

Nr.	NJan	VJul	NJahr	X_7	X_8	X_9
1	60,00	85,00	804,00	0,3008	0,0696	0,4057
2	59,00	79,00	806,00	0,2483	−0,2402	0,4167
3	53,00	68,00	718,00	−0,0670	−0,8081	−0,0665
4	58,00	74,00	717,00	0,1957	−0,4983	−0,0720
5	50,00	79,00	633,00	−0,2247	−0,2402	−0,5333
6	57,00	85,00	668,00	0,1432	0,0696	−0,3411
7	54,00	73,00	623,00	−0,0145	−0,5500	−0,5882
8	48,00	76,00	632,00	−0,3298	−0,3951	−0,5388
9	49,00	78,00	626,00	−0,2772	−0,2918	−0,5717
10	59,00	85,00	740,00	0,2483	0,0696	0,0543
11	60,00	82,00	786,00	0,3008	−0,0853	0,3069
12	59,00	77,00	736,00	0,2483	−0,3435	0,0323
13	58,00	78,00	711,00	0,1957	−0,2918	−0,1050
14	50,00	78,00	643,00	−0,2247	−0,2918	−0,4784
15	61,00	81,00	703,00	0,3534	−0,1369	−0,1489
16	47,00	78,00	620,00	−0,3823	−0,2918	−0,6047
17	46,00	74,00	576,00	−0,4349	−0,4983	−0,8463
18	37,00	68,00	508,00	−0,9078	−0,8081	−1,2197
19	49,00	80,00	587,00	−0,2772	−0,1886	−0,7859
20	40,00	72,00	536,00	−0,7502	−0,6016	−1,0659
21	48,00	53,00	706,00	−0,3298	−1,5826	−0,1324
22	47,00	99,00	738,00	−0,3823	0,7924	0,0433

Fortsetzung der Tabelle 6.12

Nr.	NJan	VJul	NJahr	X_7	X_8	X_9
23	43,00	94,00	667,00	−0,5925	0,5343	−0,3466
24	39,00	73,00	538,00	−0,8027	−0,5500	−1,0549
25	40,00	85,00	621,00	−0,7502	0,0696	−0,5992
26	34,00	72,00	516,00	−1,0655	−0,6016	−1,1757
27	49,00	70,00	582,00	−0,2772	−0,7049	−0,8133
28	138,00	138,00	1349,00	4,3998	2,8060	3,3984
29	66,00	84,00	777,00	0,6161	0,0180	0,2574
30	64,00	71,00	764,00	0,5110	−0,6532	0,1861
31	83,00	102,00	950,00	1,5095	0,9473	1,2074
32	44,00	74,00	595,00	−0,5400	−0,4983	−0,7419
33	31,00	70,00	510,00	−1,2231	−0,7049	−1,2087
34	38,00	77,00	570,00	−0,8553	−0,3435	−0,8792
35	61,00	93,00	767,00	0,3534	0,4826	0,2025
36	89,00	132,00	1093,00	1,8248	2,4962	1,9927
37	49,00	71,00	641,00	−0,2772	−0,6532	−0,4894
38	43,00	77,00	640,00	−0,5925	−0,3435	−0,4948
39	52,00	68,00	637,00	−0,1196	−0,8081	−0,5113
40	52,00	81,00	696,00	−0,1196	−0,1369	−0,1873
41	68,00	61,00	840,00	0,7212	−1,1695	0,6034
42	51,00	74,00	714,00	−0,1721	−0,4983	−0,0885
43	85,00	70,00	887,00	1,6146	−0,7049	0,8615
44	52,00	69,00	695,00	−0,1196	−0,7565	−0,1928
45	42,00	71,00	636,00	−0,6451	−0,6532	−0,5168
46	45,00	61,00	616,00	−0,4874	−1,1695	−0,6266
47	44,00	63,00	604,00	−0,5400	−1,0663	−0,6925
48	48,00	61,00	617,00	−0,3298	−1,1695	−0,6211
49	60,00	74,00	711,00	0,3008	−0,4983	−0,1050
50	46,00	76,00	622,00	−0,4349	−0,3951	−0,5937
51	46,00	71,00	595,00	−0,4349	−0,6532	−0,7419
52	39,00	78,00	585,00	−0,8027	−0,2918	−0,7969
53	39,00	83,00	591,00	−0,8027	−0,0337	−0,7639
54	41,00	78,00	659,00	−0,6976	−0,2918	−0,3905
55	48,00	82,00	672,00	−0,3298	−0,0853	−0,3191
56	46,00	69,00	675,00	−0,4349	−0,7565	−0,3027
57	36,00	88,00	685,00	−0,9604	0,2245	−0,2477
58	50,00	77,00	756,00	−0,2247	−0,3435	0,1421
59	75,00	115,00	1097,00	1,0891	1,6185	2,0146
60	144,00	125,00	1519,00	4,7151	2,1348	4,3319
61	46,00	103,00	884,00	−0,4349	0,9989	0,8450
62	65,00	107,00	1027,00	0,5636	1,2054	1,6302
63	61,00	81,00	807,00	0,3534	−0,1369	0,4222
64	41,00	106,00	812,00	−0,6976	1,1538	0,4496
65	57,00	152,00	1072,00	0,1432	3,5288	1,8773
66	43,00	109,00	767,00	−0,5925	1,3087	0,2025
67	50,00	134,00	935,00	−0,2247	2,5995	1,1251
68	44,00	92,00	698,00	−0,5400	0,4310	−0,1764
69	69,00	108,00	870,00	0,7738	1,2571	0,7681

Die 9 Variablen für die Faktorenanalyse sind dann folgende:

X_1 = TJan, standardisiert

X_2 = TJul, standardisiert

X_3 = TJahr, standardisiert

X_4 = TSJan, standardisiert

X_5 = TSJul, standardisiert

X_6 = ZSom, standardisiert

X_7 = NJan, standardisiert   (mittlere Niederschlagsmenge im Januar)

X_8 = NJul, standardisiert   (mittlere Niederschlagsmenge im Juli)

X_9 = NJahr, standardisiert   (mittlere Jahresniederschlagsmenge).

Wir führen nun eine Faktorenanalyse des „Klimas in Deutschland" mit diesen 9 Variablen durch, und zwar mit der Hauptkomponentenmethode wie auch mit der Maximum-Likelihood-Methode. Für letztere wurden die Kommunalitäten durch die jeweiligen multiplen Bestimmtheitsmaße der Variablen geschätzt. Die untere linke Hälfte der Korrelationsmatrix C^* für die Maximum-Likelihood-Methode ist in Tab. 6.13 wiedergegeben. Ersetzt man die in der Diagonale stehenden multiplen Bestimmtheitsmaße jeweils durch 1, erhält man die übliche Korrelationsmatrix, die der Hauptkomponentenmethode zugrunde liegt.

Tab. 6.13: Korrelationsmatrix C^* der Variablen X_1, ..., X_9 für die Faktorenanalyse (Maximum-Likelihood-Methode)

	X_1	X_2	X_3	X_4	X_5	X_6	X_7	X_8	X_9
X_1	0,9682								
X_2	0,4448	0,9741							
X_3	0,8061	0,8775	0,9904						
X_4	−0,4864	0,0421	−0,1934	0,8244					
X_5	−0,3080	0,3179	0,0561	0,8162	0,8665				
X_6	0,1664	0,8183	0,6413	0,4778	0,6986	0,9218			
X_7	−0,1415	−0,6100	−0,4634	−0,0317	−0,1756	−0,4222	0,8768		
X_8	−0,4581	−0,4590	−0,5239	0,1901	−0,1154	−0,3109	0,5162	0,7798	
X_9	−0,2309	−0,5850	−0,4808	0,0844	−0,1923	−0,4004	0,8762	0,7722	0,9256

Im Übrigen konnte die Hauptachsenmethode auf C^* nicht angewandt werden, da sich Kommunalitäten > 1 ergeben hätten.

Für das Kriterium „Eigenwert eines Faktors größer als 1" ergeben sich bei den beiden Methoden die in Tab. 6.14 dargestellten Ergebnisse. Dabei ist zu beachten, dass das Resultat nach der Hauptkomponentenmethode natürlich identisch mit dem einer Hauptkomponentenanalyse ist. Wir haben deshalb zur leichteren Unterscheidbarkeit die mit der Hauptkomponentenmethode extrahierten Faktoren mit K_1 bezeichnet. Die Variablen sind zur Verdeutlichung durch ihre Kurzbezeichnungen angegeben. Die Spalte der geschätzten Kommunalitäten entspricht den Diagonalelementen von C^*.

Tab. 6.14: Ergebnis der Faktorenanalysen der Variablen $X_1, \ldots, X_9$ für drei Faktoren:
(a) Hauptkomponentenmethode – (b) Maximum-Likelihood-Methode

(a) Hauptkomponentenmethode

Variable	Ladungen K_1	K_2	K_3	Kommu-nalität
X_1 (TJan)	0,5292	−0,6412	0,4363	0,8816
X_2 (TJul)	0,9079	0,0682	0,2469	0,8899
X_3 (TJahr)	0,8642	−0,2676	0,4126	0,9886
X_4 (TSJan)	0,0195	0,9392	0,0661	0,8868
X_5 (TSJul)	0,3317	0,8815	0,0578	0,8904
X_6 (ZSom)	0,7581	0,5158	0,3239	0,9456
X_7 (NJan)	−0,7569	−0,0368	0,5076	0,8319
X_8 (NJul)	−0,7281	0,2357	0,3298	0,6945
X_9 (NJahr)	−0,8080	0,0610	0,5609	0,9711
Eigenwert	4,2921	2,7432	1,2152	
Erkl. Varianzanteil (%)	47,69	27,48	13,50	
Erkl. Varianzanteil (kum. %)	47,69	75,17	88,67	
Anteil an der Spur (%)	47,69	27,48	13,50	
Anteil an der Spur (kum. %)	47,69	75,17	88,67	

(b) Maximum-Likelihood-Methode

Variable	Ladungen K_1	K_2	K_3	Kommunalität berechnet	geschätzt
X_1 (TJan)	−0,2380	0,7845	−0,4577	0,8811	0,9682
X_2 (TJul)	−0,5912	0,6784	0,3128	0,9073	0,9742
X_3 (TJahr)	−0,4887	0,8718	−0,0112	0,9990	0,9904
X_4 (TSJan)	0,0858	−0,1635	0,8258	0,7175	0,8244
X_5 (TSJul)	−0,1921	−0,0320	0,0320	0,7850	0,8665
X_6 (ZSom)	−0,4052	0,5178	0,7306	0,9659	0,9218
X_7 (NJan)	0,8766	−0,0406	−0,0823	0,7770	0,8768
X_8 (NJul)	0,7737	−0,1657	0,1344	0,6437	0,7798
X_9 (NJahr)	0,9999	0,0090	0,0090	0,9999	0,9257
Eigenwert	3,2203	2,1608	2,2949		
Erkl. Varianzanteil (%)	35,78	24,01	25,50		
Erkl. Varianzanteil (kum. %)	35,78	59,79	85,29		
Anteil an der Spur (%)	39,62	26,67	28,24		
Anteil an der Spur (kum. %)	39,62	66,29	94,53		

Vergleicht man die Lösungen (a) und (b), lässt sich folgendes feststellen:

(1) Beide erklären mit 88,7% bzw. 85,3% einen hohen und etwa gleich großen Anteil an der gesamten Varianz ($= m = 9$).

(2) Die Kommunalitäten weisen bei (b) eine größere Variation als bei (a) auf, da die Maximum-Likelihood-Methode besser auf die geschätzten Kommunalitäten reagiert. Variablen mit einer geringen geschätzten Kommunalität werden bei (b) also schlech-

ter durch die Faktoren reproduziert als bei (a) und umgekehrt. Darin bestätigt sich die Vermutung, dass Faktoren auf der Basis von geschätzten Kommunalitäten insgesamt stärker in Richtung der Variablen mit hohen geschätzten Kommunalitäten liegen.

(3) Die Gesamtbeurteilung der beiden Lösungen scheint wegen des insgesamt etwas höheren erklärten Varianzanteils für (a) zu sprechen. Dabei ist jedoch zu beachten, dass mit (b) ja nicht die gesamte Varianz, sondern nur die gemeinsame Varianz der Variablen reproduziert werden soll. Diese ist im Fall (b) aber nicht 9 (= m), sondern „nur" 8,1277. Diese Summe ergibt sich auch durch Addition der Diagonalelemente von C^* und heißt die S p u r von C^*. Bezieht man die Eigenwerte der Faktoren auf diese Spur, erhält man die durch die Faktoren erklärten Anteile an der gemeinsamen Varianz der Variablen. Anhand dieser Indikation schneidet die Lösung (b) mit einem erklärten Anteil von 94,4% besser ab.

(4) Die Unterschiede zwischen den Eigenwerten sind bei (b) kleiner als bei (a). Dies ist allerdings ein Spezifikum der Maximum-Likelihood-Methode und kann nicht als typisch gelten für die im engeren Sinn faktorenanalytischen Extraktionsmethoden.

(5) Die inhaltliche Interpretation ist bei beiden Lösungen auf Grund der Faktorladungen allerdings unterschiedlich. Zwar wird bei beiden Lösungen ein Faktor „Kontinentalität" (= $K_2 \approx F_3$) extrahiert. Doch ein weitergehender Vergleich ist schwierig. Bei der Maximum-Likelihood-Lösung fällt eine Interpretation noch relativ leicht: F_1 könnte etwa als Faktor „Temperatur", F_2 als Faktor „Niederschlag" bezeichnet werden. Bei der Hauptkomponentenlösung fasst der erste Faktor K_1 dagegen sowohl Temperatur- als auch Niederschlagsvariablen zusammen, und der dritte Faktor K_3 ist überhaupt nicht mehr sinnvoll zu interpretieren, da betragsmäßig hohe Korrelationen fehlen. Es ist dies eine Folge des Hauptkomponentenverfahrens, bei dem das einzige Kriterium der Extraktion die Maximierung der Eigenwerte ist. Man erhält dadurch als ersten Faktor gewöhnlich einen „Sammelfaktor" mit einer großen Zahl relativ hoch ladender Variablen. Das gleiche Problem taucht im Übrigen auch bei der Hauptachsenmethode auf.

Wir können also festhalten: Die schrittweise Bestimmung der Faktoren nach dem Kriterium „Maximierung der Eigenwerte" (aber auch nach dem Zentroid-Verfahren) führt in der Regel zu kaum interpretierbaren Faktoren.

Diese Aussage mag widersprüchlich zu dem Ergebnis der Hauptkomponentenanalyse für die 8 Temperaturvariablen in Abschn. 6.3 erscheinen. Dort hatten wir ja zwei recht gut interpretierbare Hauptkomponenten erhalten – allerdings offensichtlich nur, weil wir die Variablen geschickt ausgewählt hatten: Die „Gruppe der Temperaturvariablen" und die „Gruppe der Temperaturschwankungsvariablen" sind nämlich etwa orthogonal zueinander (wie man auch an Tab. 6.14 erkennen kann). Im Fall einer solchen günstigen Datenstruktur liefert das Kriterium „Maximierung der Eigenwerte" relativ gute, d. h. leicht interpretierbare Ergebnisse.

Allgemein gilt: Unabhängig davon, welches Extraktionsverfahren angewandt wird, können wir nicht mit einem Ergebnis rechnen, das die Aufteilung der Variablen in Variablengruppen (mit hohen absoluten Korrelationen innerhalb der Gruppen und geringen absoluten

Korrelationen zwischen den Gruppen) liefert. Diese Gruppen entsprechen den gemeinsamen Ursachen. Dazu ist eine sogenannte Faktorenrotation notwendig.

6.4.3 Die Rotation der Faktoren

Die Faktorenextraktion liefert uns eine Matrix von Faktorladungen, die eine Lösung der Gleichung (6.12), also von

$$X_i = a_{i1}\,F_1 + \ldots + a_{il}\,F_l + \ldots + a_{iq}\,F_q \quad (i = 1, \ldots, m)$$

darstellt. Die Faktoren sind orthogonal, d.h., auch die Gleichung (6.9), also

$$r_{ij} = \sum_{l=1}^{2} a_{il}\,a_{jl} \quad (i, j = 1, \ldots, m)$$

ist erfüllt.

Es gibt allerdings grundsätzlich unendlich viele verschiedene Lösungen für die Gleichungen (6.12) und (6.9). Das erkennt man leicht aus Abb. 6.11. Sie zeigt jeweils fünf Variablen mit 2 Faktoren.

Die Länge der die Variablen repräsentierenden Vektoren entspricht den Kommunalitäten. In den Fällen (b), (c) und (d) sind die Faktoren orthogonal. Die Gleichungen (6.12) und (6.9) sind erfüllt, wenn auch die a_{il} in den drei Fällen unterschiedlich sind. Die Fälle (b), (c) und (d) sind durch eine Drehung (Rotation) des die Faktoren repräsentierenden Achsensystems entstanden. Man könnte nun jeden beliebigen Drehwinkel wählen und erhielte immer eine Menge von 2 orthogonalen Faktoren, für die die Gleichungen (6.12) und (6.9) gelten und die Kommunalitäten erhalten bleiben. Da die Faktoren dabei orthogonal bleiben, spricht man von einer „orthogonalen Rotation".

Man kann aber auch die Faktoren unterschiedlich stark drehen, so dass man nicht mehr orthogonale, sondern schiefwinklige Faktoren erhält ((e) und (f)). Auch dafür gibt es unendlich viele verschiedene Möglichkeiten. Bei jeder Art lassen sich die Variablen wieder als lineare Kombination der Faktoren darstellen, d.h., Gleichung (6.12) ist erfüllt. Allerdings gilt Gleichung (6.9) in den Fällen (e) und (f) nicht mehr, da die Faktoren nicht orthogonal sind. Daraus ist schon ersichtlich, dass die schiefwinklige Rotation formal etwas schwieriger ist als die orthogonale. Da außerdem die schiefwinklige in der Regel im Anschluss an eine orthogonale Rotation durchgeführt wird, besprechen wir zunächst die orthogonale Rotation.

Orthogonale Rotation

Die Frage ist, wie bzw. nach welchem Kriterium die Faktoren orthogonal rotiert werden sollen. Bildlich gesprochen heißt die Frage, welche der Lösungen (b), (c), (d) in Abb. 6.11 oder der nicht dargestellten Lösungen die beste ist.

Das sinnvollste Kriterium für die orthogonale Rotation ist das Kriterium der sogenannten E i n f a c h s t r u k t u r. Es ist kein mathematisches, sondern ein inhaltliches und besagt:

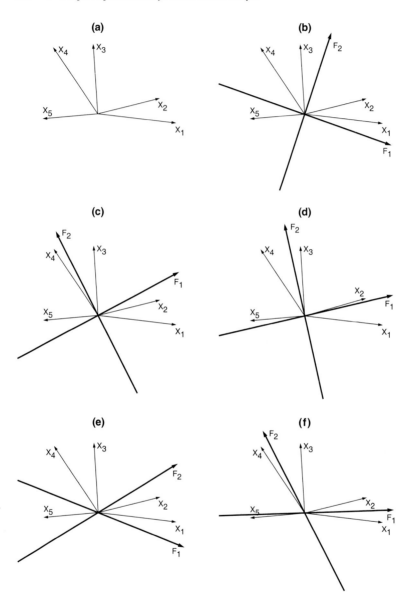

Abb. 6.11: Fünf Variablen in einem zweidimensionalen Faktorenraum

Die Faktoren sind so zu rotieren, dass sie möglichst gut zu interpretieren sind bzw. dass sie möglichst gut jeweils eine Gruppe hoch korrelierender Variablen repräsentieren. Nach diesem Kriterium wäre in Abb. 6.11 die Alternative (d) den Alternativen (b) und (c) vorzuziehen. Denn in Abb. 6.11(d) repräsentiert F_1 die Variablen X_1, X_2 und X_5 gut (schlecht dagegen die Variablen X_3 und X_4), während F_2 die Variablen X_3 und X_4 gut repräsentiert. Es sei angemerkt, dass die „Güte der Repräsentanz" nur an den Faktorladungen, also an den Korrelationskoeffizienten bzw. Winkeln zwischen Variablen und Faktoren abzulesen ist.

Der Idealfall einer Einfachstruktur liegt vor, wenn in den Ladungen eines Faktors nur „1-en" und „0-en" auftauchen. Er ist natürlich nicht zu erreichen, weil dann auch die Korrelationen zwischen den Variablen in einer Gruppe 1 sein müssten. Aus dem Idealfall lässt sich jedoch eine Operationalisierung des Kriteriums der Einfachstruktur gewinnen: Ein Faktor ist umso einfacher zu interpretieren, je näher seine Ladungen auf einer Gruppe von Variablen bei 1 liegen, während die Ladungen auf den anderen Variablen bei 0 liegen – mit anderen Worten, je stärker seine Ladungen streuen, d. h., je größer die Varianz seiner Ladungen ist. Der Faktor F_l wäre also so zu bestimmen, dass die Varianz seiner Faktorladungen maximal ist. Das führt zu dem sogenannten Varimax-Kriterium für die orthogonale Rotation: Die extrahierten Faktoren sind orthogonal so zu rotieren, dass

$$\sum_{l=1}^{q} s_l^2$$

mit $s_l^2 =$ Varianz der Ladungen des Faktors F_l

ein Maximum wird.

Es ist darauf hinzuweisen, dass das Varimax-Kriterium nicht dadurch erfüllt werden kann, dass man es einfach e i n z e l n auf jeden Faktor anwendet. Das bedeutet, es lässt sich nur mit einem relativ rechenaufwendigen Iterationsverfahren anwenden, welches zu einer Näherungslösung führt.

Das Varimax-Kriterium wird in der Praxis heute fast ausschließlich bei orthogonalen Rotationen angewandt.

Wir wollen nun die drei Faktoren, die wir in Tab. 6.14 für die beiden Extraktionsverfahren erhalten hatten, jeweils nach dem Varimax-Kriterium rotieren. Tabelle 6.15 zeigt das Ergebnis.

Beim Vergleich mit Tab. 6.14 können wir folgendes feststellen:

(1) Die Kommunalitäten der Variablen können sich durch die Rotation nicht ändern. Deshalb sind sie in Tab. 6.15 weg gelassen. Auch die insgesamt erklärten Varianzanteile haben sich durch die Drehung nicht geändert. Sie betragen weiterhin $88{,}7\%$ (a) bzw. $85{,}3\%$ (b).

(2) Die Eigenwerte und die erklärten Varianzanteile haben sich innerhalb jeder Lösung angeglichen. Durch die Rotation wird die algorithmisch bedingte, „künstliche" Gewichtung der Faktoren wieder aufgehoben.

Tab. 6.15: Ergebnis der Faktorenanalysen der Variablen $X_1, \ldots, X_9$ für drei Faktoren nach Varimax-Rotation. Hauptkomponentenmethode (a) – Maximum-Likelihood-Methode (b)

	(a) Hauptkomponentenmethode			(b) Maximum-Likelihood-Meth.		
	Ladungen			Ladungen		
Variable	I	II	III	I	II	III
X_1 (TJan)	0,8331	−0,0982	−0,4218	0,8088	−0,1242	−0,4605
X_2 (TJul)	0,7650	−0,4468	0,3242	0,7775	−0,4379	0,3335
X_3 (TJahr)	0,9409	−0,3211	0,0153	0,9453	−0,3246	−0,0011
X_4 (TSJan)	−0,2011	0,0999	0,9146	−0,1659	0,1107	0,8224
X_5 (TSJul)	0,0210	−0,1264	0,9349	0,0139	−0,1360	0,8753
X_6 (ZSom)	0,5923	−0,2563	0,7274	0,5913	−0,2558	0,7422
X_7 (NJan)	−0,1574	0,8861	−0,1485	0,1485	0,8477	−0,1373
X_8 (NJul)	−0,3341	0,7576	0,0942	−0,3006	0,7389	0,0885
X_9 (NJahr)	−0,1827	0,9665	−0,0597	−0,1711	0,9831	−0,0643
„Eigenwert"	2,7260	2,6972	2,5573	2,6888	2,6398	2,3473
Erkl. Varianzanteil (%)	30,29	29,97	28,41	29,88	29,33	26,08
Erkl. Varianzanteil (kum. %)	30,29	60,26	88,67	29,88	59,21	85,29

Ergänzend sei angemerkt, dass man nach der Rotation eigentlich nicht mehr von Eigenwerten im Sinne der linearen Algebra sprechen kann, sondern nur noch von der „Summe der quadrierten Ladungen". Wir haben trotzdem den Begriff der Kürze wegen beibehalten und ihn in Anführungsstriche gesetzt.

(3) Beide Lösungen sind jetzt sehr ähnlich. Unterschiede zwischen ihnen können wenigstens nicht mehr inhaltlich interpretiert werden. Die Ähnlichkeit verschiedener Lösungen nach der Rotation trotz verschiedener Extraktionsmethoden hat dazu geführt, dass in der Forschungspraxis der Hauptkomponentenmethode meistens der Vorzug gegeben wird. Denn sie liefert im Gegensatz zu anderen Verfahren immer ein Ergebnis und ist algorithmisch leichter zu durchschauen. Dies ist – wohlgemerkt – kein Plädoyer für die Hauptkomponentenanalyse, sondern nur eins für die Anwendung der Hauptkomponentenmethode als Extraktionsverfahren innerhalb einer Faktorenanalyse.

(4) Wir haben das Ziel der Einfachstruktur weitgehend erreicht und drei relativ deutlich unterscheidbare Gruppen von Variablen erhalten. Einer Konvention entsprechend werden die extrahierten Faktoren gewöhnlich mit römischen Zahlen durchnummeriert. Es ist also

Faktor I   = K_1 (bzw. F_1),
Faktor II   = K_2 (bzw. F_2),
Faktor III = K_3 (bzw. F_3).

Die Variablengruppen sind

Faktor I   = Temperatur (X_1, X_2, X_3),
Faktor II   = Niederschlag (X_7, X_8, X_9),
Faktor III = „Kontinentalität" (X_4, X_5, X_6).

Diese Faktoren können außerdem jeweils durch e i n e Variable sehr gut approximiert werden, nämlich

Faktor I   = Temperatur, durch die Jahresmitteltemperatur,
Faktor II = Niederschlag, durch die mittlere Jahresniederschlagsmenge,
Faktor III = Kontinentalität, durch die mittleren Tagesschwankungen im Juli.

Grob gesprochen: Wenn wir das vorher gewusst hätten, hätten wir nur diese drei Variablen zu untersuchen brauchen! Mit anderen Worten: Diese drei Variablen geben uns im Wesentlichen die gleichen Informationen über das Klima in Deutschland wie alle neun Variablen. Das gilt natürlich nur für die 69 Stationen insgesamt, nicht für eine einzelne Station.

Wenn sich die inhaltliche Bestimmung der Faktoren auch auf die besonders hohen (positiven oder negativen) Ladungen konzentrieren muss, dürfen die mittleren Ladungen jedoch nicht übersehen werden, da sie häufig wichtige Ergänzungen für die Interpretation der Faktoren liefern. Für den Niederschlag (Faktor II) wären etwa die relativ geringen negativen Korrelationen mit TJul, TJahr und ZSom zu erwähnen. Sie deuten darauf hin, dass die Niederschlagsmenge nicht nur von der Lage zu den regenbringenden Winden abhängt, sondern auch von der Höhe einer Station. Diese korreliert aber negativ mit den drei genannten Variablen. Dass diese Korrelationen relativ gering sind, liegt nicht zuletzt an der großen Bedeutung der Exposition (Luv- und Leelage) einer Station.

Schiefwinklige Rotation

Orthogonale Faktoren haben einige Vorzüge. Sie sind leicht in Klassifikations- und Regionalisierungsverfahren zu verwenden (vgl. Kap. 7). Regressionsanalysen mit orthogonalen Faktoren lassen sich gut interpretieren, da keine Multikollinearitätsprobleme auftreten können. Schließlich hat unser Beispiel gezeigt, dass sie durchaus zu inhaltlich plausiblen Ergebnissen führen können. Allerdings haftet ihnen etwas „Künstliches" an. Wer sagt uns denn, dass die einer Datenstruktur zugrundeliegenden „Ursachen" stochastisch unabhängig, also unkorreliert sind? Wie kann man begründen, dass die Faktoren „Temperatur" und „Niederschlag" keinen Zusammenhang aufweisen? Sind nicht die erwähnten geringen Korrelationen zwischen dem Faktor „Niederschlag" und den Temperaturvariablen eher ein Ausdruck dafür, dass wir unsere gesamte Datenstruktur in ein rechtwinkliges Schema gepresst haben?

Betrachten wir noch einmal die Abb. 6.11. Die Variablen X_1, X_2 und X_5 hängen sehr eng zusammen, denn X_5 ist etwa die negative Resultante aus X_1 und X_2 und wird mit diesen beiden Variablen negativ korrelieren. X_3 und X_4 weisen ebenfalls eine deutliche positive Korrelation auf. Schon auf den ersten Blick repräsentiert die schiefwinklige Lösung (f) die Variablengruppen besser als die orthogonale Lösung (d).

Kurzum, es dürfte kaum ein praktisches Beispiel geben, in dem eine schiefwinklige Rotation nicht einer orthogonalen vorzuziehen ist. Allerdings ist das Ergebnis einer schiefwinkligen Rotation etwas schwieriger zu interpretieren, da man die Faktorladungen nicht mehr im üblichen Sinn deuten kann.

Im orthogonalen Fall wurden die Faktorladungen so bestimmt, dass sie g l e i c h z e i t i g
die Gleichung (6.12)

$$X_i = a_{i1} F_1 + \ldots + a_{il} F_l + \ldots + a_{iq} F_q \quad (i = 1, \ldots, m)$$

und die Gleichung (6.9)

$$r_{ij} = \sum_{l=1}^{q} a_{il} \, a_{il} \quad (i, j = 1, \ldots, m)$$

erfüllen. Diese Gleichzeitigkeit konnte erreicht werden, weil die a_{il} als partielle Regressionskoeffizienten in (6.12) wegen der Orthogonalität der Faktoren gleich den Korrelationskoeffizienten zwischen den Variablen und den Faktoren waren. Wenn aber in einer Regressionsgleichung die unabhängigen Variablen korreliert sind, ist die Identität von Korrela-
tions- und partiellen Regressionskoeffizienten nicht mehr gegeben, und überdies ist Gleichung (6.9) nicht mehr erfüllt. Bei der schiefwinkligen Rotation erhalten wir deshalb statt
der einen Matrix der Faktorladungen zwei Matrizen:

– eine Matrix der partiellen Regressionskoeffizienten, die sogenannte „pattern matrix"
  (auch Faktorenmustermatrix bzw. Matrix der Musterladungen),

– eine Matrix der Korrelationskoeffizienten zwischen den Variablen und den Faktoren, die
  sogenannte „structure matrix" (auch Faktorenstrukturmatrix bzw. Matrix der Strukturladungen).

Der Matrix der Strukturladungen kommt bei der Interpretation der Faktoren die größere
Bedeutung zu. Bei einer orthogonalen Rotation sind beide Matrizen identisch.

Zur geometrischen Veranschaulichung von Struktur- und Musterladungen dient Abb. 6.12.
Die Faktoren mögen die Länge 1 haben, die Länge der Variablen X^*, die die Ausgangsva-
riable X im 2-dimensionalen von F_1 und F_2 aufgespannten Raum repräsentiert, ist dann h
(= Wurzel aus ihrer Kommunalität).

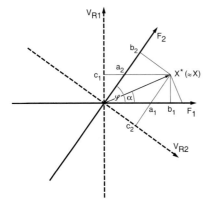

Abb. 6.12:
Struktur- und Musterladungen von schiefwinkligen
Faktoren

Es gilt nun

$$X^* = a_1 \, F_1 + a_2 \, F_2,$$

d.h., die a-Werte entsprechen den Faktormusterladungen. Insbesondere ist a_1 (bzw. a_2) gleich der Länge der zu F_2 (bzw. F_1) parallelen Projektion von X. Für die senkrechten Projektionen von X^* auf die Faktoren ($= b$-Werte in Abb. 6.12) gilt:

$$r_{X^* F_1} = \cos \alpha = \frac{b_1}{h}$$
$$r_{X^* F_2} = \cos (\varphi - \alpha) = \frac{b_2}{h}.$$

Für die Ausgangsvariable X ergibt sich, da diese die Länge 1 hat

$$r_{X F_1} = \cos \alpha = b_1$$
$$r_{X F_2} = \cos (\varphi - \alpha) = b_2.$$

Mit anderen Worten, die b-Werte sind die Faktorenstrukturladungen.

Wir haben in Abb. 6.12 auch die sogenannten Referenzvektoren zu den Faktoren F_1 und F_2 eingetragen. Der zu F_1 gehörende Referenzvektor V_{R1} steht senkrecht auf F_1, entsprechendes gilt für F_2 und V_{R2}. Mit Hilfe der Referenz-Vektoren lässt sich X ebenfalls ausdrücken:

$$X = b_1 \, F_1 + c_1 V_{R1}$$
$$X = b_2 \, F_2 + c_2 V_{R2}.$$

Kennt man die Referenzvektoren, lassen sich die schiefwinkligen Faktoren leicht bestimmen. In der Praxis erfolgt die Rotation zu einer schiefwinkligen Einfachstruktur mit Hilfe dieser Referenz-Vektoren, denn auf V_{R1} und F_1 sowie auf V_{R2} und F_2 lassen sich die Kriterien der orthogonalen Einfachstruktur anwenden.

Die Verfahren zur Bestimmung eines einfachstrukturierten, schiefwinkligen Systems von Faktoren soll hier nicht näher dargestellt werden (vgl. dazu die oben genannten Lehrbücher).

Schiefwinklige Rotation: Voraussetzungen   *MuG*

Bei der Anwendung eines schiefwinkligen Rotationsverfahrens sollten die folgenden Punkte beachtet werden:

(1) Die Verfahren sind iterativ, führen also nur zu Näherungslösungen. Dabei wird von einer gegebenen orthogonalen Struktur ausgegangen.

(2) Bei schiefwinkligen Rotationen hat sich kein eindeutig überlegenes Verfahren durchgesetzt wie bei den orthogonalen Rotationen das Varimax-Verfahren.

(3) In der Matrix der Faktorenmusterladungen können – im Gegensatz zur orthogonalen Rotation – Werte auftreten, die absolut größer als 1 sind, und zwar um so eher, je höher die Faktoren negativ miteinander korrelieren. Die folgende Abbildung zeigt ein Beispiel. Dort gilt $X = a_1 F_1 + a_2 F_2$ mit $a_1 > 1$.

(4) Ein Problem bei schiefwinkligen Rotationen stellt der „zulässige Grad der Schiefwinkligkeit" dar, mit anderen Worten, es gibt mehr oder weniger schiefwinklige Systeme von Faktoren, je nachdem, welche Korrelationen zwischen den Faktoren man zulässt.

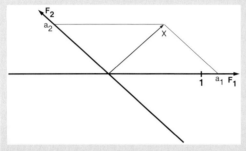

Abb.: Zwei schiefwinklige Faktoren und eine Variable mit einer Faktorenmusterladung größer 1

Schiefwinklige Rotation: Voraussetzungen   *MuG*

Wir haben für die folgenden Beispiele die sogenannte „direkte Oblimin-Methode" für die schiefwinklige Rotation benutzt. „Direkt" bedeutet, dass die schiefwinkligen Faktoren nicht indirekt über die Referenz-Vektoren ermittelt werden, sondern dadurch, dass eine Funktion der Elemente der Musterladungsmatrix minimiert wird, so dass eine Einfachstruktur erreicht wird. Diese Methode ist ausführlich bei HARMAN (1970, S. 334) beschrieben. Der Grund für die Wahl dieser Methode liegt darin, dass sie in dem hier verwendeten Programmpaket SPSS implementiert ist. Ein Parameter δ bestimmt dabei vorweg den Grad der Schiefwinkligkeit. Für kleiner werdende negative δ wird die schiefwinklige Rotation immer orthogonaler, für positive δ werden die Faktoren mit zunehmender Größe immer schiefwinkliger. Eine Schwierigkeit besteht darin, dass das Verfahren bei absolut großen δ's nicht immer konvergiert und eine Einfachstruktur nicht erreicht wird. Es ist daher zu empfehlen, mit einer Lösung für $\delta = 0$ (mittlerer Grad an Schiefwinkligkeit) zu beginnen und dann weitere Versuche mit von 0 abweichendem δ durchzuführen.

Wir präsentieren zwei Beispiele für die schiefwinklige Rotation, einmal für $\delta = 0$ (a), zum anderen für $\delta = -0{,}75$ (b), und zwar für die Lösung, die nach der Maximum-Likelihood-Methode extrahiert wurde (vgl. Tab. 6.16).

Tab. 6.16: Ergebnis der Faktorenanalyse der Variablen $X_1, \ldots, X_9$. Drei Faktoren extrahiert nach der Maximum-Likelihood-Methode und schiefwinklig rotiert nach dem Oblimin-Kriterium

Variable	(a) $\delta = 0$			(b) $\delta = -0,75$		
	Faktor I	Faktor II	Faktor III	Faktor I	Faktor II	Faktor III
	Musterladungen					
X_1 (TJan)	0,0457	0,8635	−0,4029	0,0011	0,8393	−0,4256
X_2 (TJul)	−0,2559	0,7169	0,3632	−0,3017	0,7139	0,3490
X_3 (TJahr)	−0,2086	0,9426	0,0525	−0,1646	0,9256	0,0299
X_4 (TSJan)	0,1362	−0,1738	0,8238	0,1251	−0,1751	0,8231
X_5 (TSJul)	−0,0863	−0,0488	0,8693	−0,1008	−0,0412	0,8701
X_6 (ZSom)	−0,0747	0,5532	0,7756	−0,1240	0,5454	0,7606
X_7 (NJan)	0,8797	0,0282	−0,0738	0,8588	−0,0195	−0,0940
X_8 (NJul)	0,7473	−0,1208	0,1338	0,7340	−0,1575	0,1199
X_9 (NJahr)	1,0428	0,0950	0,0155	1,0120	0,0372	−0,0104
	Strukturladungen					
X_1 (TJan)	−0,2922	0,8438	−0,4129	−0,2633	0,8369	−0,4218
X_2 (TJul)	−0,6430	0,8339	0,3997	−0,6045	0,8273	0,3854
X_3 (TJahr)	−0,5526	0,9926	0,0657	−0,5109	0,9868	0,0522
X_4 (TSJan)	0,0909	−0,2398	0,8037	0,0997	−0,2176	0,8086
X_5 (TSJul)	−0,1964	−0,0120	0,8826	−0,1810	0,0002	0,8810
X_6 (ZSom)	−0,4489	0,5849	0,7850	−0,4095	0,5949	0,7767
X_7 (NJan)	0,8779	−0,3784	−0,2081	0,8763	−0,3382	−0,1882
X_8 (NJul)	0,7828	−0,4670	0,0202	0,7792	−0,4289	0,0387
X_9 (NJahr)	0,9964	−0,3874	−0,1440	0,9993	0,3379	−0,1212
	Korrelation zwischen den Faktoren					
Faktor I	1,0000			1,0000		
Faktor II	−0,4626	1,0000		−0,3706	1,0000	
Faktor III	−0,1526	−0,0036	1,0000	−0,1097	0,0046	1,0000

Wie man sieht, bestehen zwischen (a) und (b) hinsichtlich der Musterladungen (Regressionskoeffizienten) und der Strukturladungen (Korrelationskoeffizienten) nur sehr geringe, kaum interpretierbare Unterschiede, obwohl der Grad der Schiefwinkligkeit in beiden Fällen durchaus verschieden ist. So korrelieren bei (a) die Faktoren I und II mit −0,4626, bei (b) nur mit −0,3706. Wir betrachten im Folgenden daher nur den Fall (b).

Die inhaltliche Interpretation hat sich gegenüber der orthogonalen Lösung nicht geändert, sieht man von der irrelevanten Reihung der Faktoren ab. Bei der schiefwinkligen Lösung ist (berücksichtigt man nur Korrelationskoeffizienten der Strukturmatrix, die absolut größer als 0,4 sind)

Faktor I = Niederschlag (X_7, X_8, X_9 mit hohen positiven Korrelationen und X_2, X_3, X_6 mit mittleren negativen Korrelationen),

Faktor II = Temperatur (X_1, X_2, X_3 mit hohen positiven Korrelationen und X_6, X_8 mit mittleren Korrelationen),

Faktor III = Kontinentalität (X_4, X_5, X_6 mit hohen positiven Korrelationen und X_1 mit mittlerer Korrelation).

Die „Einfachstruktur" der orthogonalen Rotation ist also wieder etwas komplexer geworden, was nicht zuletzt in der Korrelation von $-0,3706$ zwischen den Faktoren „Temperatur" und „Niederschlag" zum Ausdruck kommt.

Wir haben nun bereits 4 verschiedene Lösungen für das gleiche Problem gefunden, nämlich die „Struktur" der neun Klimavariablen durch die Bestimmung gemeinsamer Faktoren zu erhellen. Zwei Lösungen sind orthogonal, zwei sind schiefwinklig. Zum Glück unterscheiden sich die Lösungen nicht sehr wesentlich voneinander. Wenn Sie nun nach unserer Wahl fragen, lautet die Antwort: Lösung (b) der Tab. 6.16. Sie kommt unserer Vorstellung einer – im Wesentlichen über die Höhenlage vermittelten – Korrelation zwischen den Faktoren „Temperatur" und „Niederschlag" eher entgegen als die orthogonalen Lösungen. Im Vergleich zur Lösung (a) der Tab. 6.16 hat sie den Vorteil, bei annähernd gleichen Matrizen für die Muster- und Strukturladungen etwas weniger schiefwinklig zu sein.

Überprüfung der Einfachstruktur

Eine Einfachstruktur von Faktoren kann natürlich nur gefunden werden, wenn sie bereits in der gegebenen Datenstruktur vorhanden ist, d.h., wenn die in die Analyse einbezogenen Variablen auf Grund ihrer Korrelationen in Gruppen zusammengefasst sind. Eine Einfachstruktur kann also nie erzeugt werden, sondern eine vorhandene Einfachstruktur kann nur durch eine Rotation sichtbar gemacht werden. Ob eine Einfachstruktur vorhanden ist, kann aber erst nach einer Rotation überprüft werden.

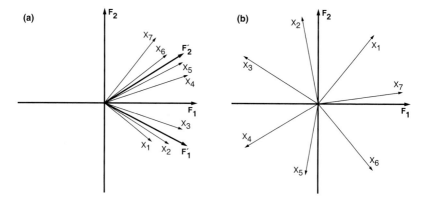

Abb. 6.13: Sieben Variablen in einem Zweifaktorenraum

Abbildung 6.13 zeigt jeweils sieben hypothetische Variablen, für die jeweils zwei orthogonale Faktoren F_1 und F_2 extrahiert wurden. Im Fall (a) ist eine schiefwinklige Rotation zu einer „einfacheren Struktur" möglich (Faktoren F_1' und F_2'), im Fall (b) kann man beliebig – schiefwinklig oder orthogonal – rotieren, ohne je eine Einfachstruktur zu erreichen – nicht, weil die Algorithmen ungenügend wären, sondern weil die Variablen offensichtlich nicht gruppiert sind. Es gibt grundsätzlich zwei „Philosophien" zur Beantwortung der Frage, wie man die Existenz einer Einfachstruktur überprüft, nämlich

(a) durch Anwendung eines statistischen Tests,

(b) durch eine inhaltliche Prüfung, ob die Faktoren „gut" interpretierbar sind.

Zur statistischen Prüfung wird meistens der sogenannte Bargmann-Test benutzt, der von ÜBERLA (1977, S. 175ff.) ausführlich dargestellt wird. Er beruht im Wesentlichen auf der Annahme, dass bei einer Einfachstruktur die Zahl der sehr kleinen Ladungen, der sogenannten „Nullladungen", genügend groß im Verhältnis zur Anzahl der Variablen und zur Anzahl der Faktoren sein sollte. Die Anzahl der „Nullladungen" eines Faktors F_l wird dabei definiert als die Anzahl der Variablen X_i, für die gilt

$$\left| \frac{a_{il}}{h_i} \right| < 0{,}10$$

mit h_i = Wurzel aus der Kommunalität der Variablen X_1

  a_{il} = Ladung der Variablen X_i auf den Faktor F_l im Fall einer orthogonalen Rotation bzw. Musterladung der Variablen X_i auf den Faktor F_l im Fall einer schiefwinkligen Rotation.

Wenn die h_i alle gleich 1 sind, reduziert sich das Kriterium zu $|a_{il}| < 0{,}10$. Der Wert von $0{,}10$ ist natürlich willkürlich, man könnte ebenso $0{,}18$ wählen. Er hat sich aber in der Praxis durchgesetzt.

Zu einer gegebenen Anzahl von Variablen und Faktoren ergibt sich nun in Abhängigkeit vom Signifikanzniveau eine kritische Grenze für die Anzahl der das obige Kriterium erfüllenden Ladungen eines Faktors F_l, damit dieser signifikant einfach strukturiert ist. Die Nullhypothese lautet:

H_0: Es liegt keine Einfachstruktur vor. D.h. im Fall von zwei Faktoren (vgl. Abb. 6.13(b)): Die Variablen verteilen sich gleichmäßig auf den gesamten Kreis im Faktorenraum.

Der Bargmann-Test ist sehr konservativ; es ist sehr schwierig, die Nullhypothese zu widerlegen. In unserem Beispiel sind die kritischen Grenzen für $m = 9$ und $q = 3$:

  6 für ein Signifikanzniveau von 1%,

  5 für ein Signifikanzniveau von 5%

(vgl. die Tabellen der kritischen Werte des Bargmann-Tests in ÜBERLA 1977, S. 373/374).

Danach müssten bei unseren Lösungen wenigstens

  7 Ladungen eines Faktors (Signifikanzniveau 1%) bzw.

  6 Ladungen eines Faktors (Signifikanzniveau 5%)

das Kriterium für eine Nullladung erfüllen, damit eine Einfachstruktur angenommen werden könnte. Wie man leicht sieht, ist für keinen der Faktoren in den 4 Lösungen der Tabellen 6.15 und 6.16 eine Einfachstruktur nachweisbar.

Man kann eine Einfachstruktur natürlich „erzwingen", indem man schrittweise mehr Faktoren extrahiert und rotiert. Im Extremfall erhält man genau so viele Faktoren wie Variablen, die bei einer schiefwinkligen Rotation dann mit den Variablen identisch sind. Dann hat man zwar eine Einfachstruktur im statistischen Sinn, aber nichts an Übersichtlichkeit gewonnen.

Der Test auf Einfachstruktur gilt immer nur für eine bestimmte Anzahl von Faktoren. Das heißt, er ist nur dann sinnvoll anwendbar, wenn eine Theorie vorliegt, aus der sich die Anzahl der Faktoren ableiten lässt (für ein sehr instruktives und gründlich ausgearbeitetes Beispiel vgl. die Arbeit von DEITERS (1978) zur empirischen Überprüfbarkeit der Theorie der Zentralen Orte).

In der Geographie arbeitet man häufig mit Datenstrukturen, die so „komplex" sind („Alles hängt mit allem zusammen"), dass eine statistisch signifikante Einfachstruktur nur selten erreichbar ist, wie schon KEMPER (1975) feststellte. In der Regel dürfte daher der Bargmann-Test auf Einfachstruktur eher in den experimentellen Wissenschaften brauchbar sein (z.B. in der Psychologie), während wir uns in der Geographie in den meisten Fällen mit der Philosophie (b) begnügen müssen und können: Einfach strukturiert ist ein Faktorenmuster, wenn es inhaltlich gut interpretierbar ist.

6.4.4 Die Matrix der Faktorenwerte

Die Faktorenwerte sind die Werte der Faktoren für die einzelnen Beobachtungseinheiten (Raumeinheiten). Sie sind häufig hilfreich bei der Interpretation der Faktoren und werden benötigt, wenn mit den Faktoren (statt mit den Variablen) neue Analysen durchgeführt werden sollen. Bei der Hauptkomponentenanalyse konnten die Hauptkomponentenwerte e x a k t bestimmt werden: Man extrahierte alle Hauptkomponenten und bestimmte für diese nach der Gleichung (6.6) die Hauptkomponentenwerte. War man nicht an allen, sondern nur an $q < m$ Hauptkomponenten interessiert, schnitt man im Prinzip die Matrix der Hauptkomponentenwerte nach der q-ten Hauptkomponente einfach ab. Ein solches exaktes Verfahren ist bei der Faktorenanalyse nicht möglich, weil

– die Faktoren nicht die gesamte Varianz der Variablen reproduzieren,
– sie nach der Rotation nicht mehr orthogonal sind (falls schiefwinklig rotiert wurde).

Der erste Grund ist der wichtigere. Er führt dazu, dass die in der linearen Algebra üblichen Matrizenumformungen zur Bestimmung der Faktorenwerte nicht durchgeführt werden können.

Allerdings lassen sich die Faktorenwerte regressionsanalytisch (nach dem Prinzip der kleinsten Quadrate) mit Hilfe der Korrelationsmatrix (der Variablen), der standardisierten Werte der Variablen in den Raumeinheiten (also der Matrix x_{ij}) und der Matrix der Strukturladungen schätzen. Auf die Darstellung der entsprechenden Gleichungen verzichten wir und verweisen auf ÜBERLA (1977, S. 241ff.).

Faktorenanalyse: Anwendung in der Geographie *MiG*

Die relativ geringen Anforderungen an die Ausgangsvariablen machen die Faktorenanalyse zu einem universell anwendbaren Verfahren, wenn es darum geht, die durch zahlreiche Variablen beschriebene komplexe Struktur auf einige wenige, grundlegende Dimensionen zurückzuführen. Sie bietet sich daher als geeignete Methode zur Reduktion der hohen Komplexität der beobachteten Welt an.

Besonders häufig wurde die Geographie bislang in der Stadtgeographie angewandt. Im Rahmen der sogenannten Faktorialökologie (vgl. BERRY/KASARDA 1977), die aus der Chicagoer Schule der „Sozialökologie der Stadt" und der sogenannten „Social Area Analysis" entwickelt wurde, interessierte man sich u. a. für die wesentlichen Dimensionen, mit deren Hilfe die sozio-demo-ökonomische innerstädtische Struktur von Städten (im Wesentlichen von Großstädten) beschrieben werden konnte. Als solche erwiesen sich in zahlreichen Einzelstudien der sozio-ökonomische Status der Bevölkerung, der Familienstand und – gegebenenfalls – der ethnische Status. Der sozio-ökonomische Status fasst dabei die Variablen zusammen, die die soziale Schichtung der Bevölkerung indizieren. Dazu gehören etwa Variablen zum Einkommen, zum Bildungsstand oder zu Ausstattung und Preis der Wohnungen. Der zweite Faktor „Familienstand" wird häufig auch als Urbanität bezeichnet, da er vor allem Variablen der Altersstruktur und Familiengröße zusammenfasst – Urbanität deshalb, weil sich Städte, insbesondere Innenstädte, durch eine relative Überalterung und geringe Familiengrößen gegenüber dem Umland bzw. dem ländlichen Raum auszeichnen. Der Faktor „ethnischer Status" spricht dagegen die Tendenz zur ethnischen Differenzierung der Bevölkerung in dem Sinne an, dass sich innerhalb von Städten häufig Quartiere ausbilden, die von einer bestimmten ethnischen Gruppe dominiert werden.

Die Faktorenanalyse ist aber auch mit Erfolg zur Charakterisierung von Städten unterschiedlicher Struktur verwendet worden, insbesondere zur Bestimmung der Zentralität von Städten, die ja selbst einen komplexen Sachverhalt umschreibt (vgl. etwa die bereits erwähnte Arbeit von DEITERS (1978), in der im Übrigen die in der Geographie bislang recht selten angewandte schiefwinklige Faktorenanalyse benutzt wurde).

Weitere Anwendungen betreffen etwa die Herausarbeitung von Klimafaktoren – als Ursachen für die Ausprägungen von Klimavariablen (vgl. KEMPER/SCHMIEDECKEN 1977) – oder Versuche zur Definition des ökonomischen Entwicklungsstandes von Regionen oder Ländern. Zu letzteren sei auf einige kontroverse Arbeiten hingewiesen (BRATZEL/MÜLLER 1979, GIESE 1985, 1986, HENNINGS 1986), aus denen deutlich wird, wie stark das Ergebnis einer Faktorenanalyse von den Ausgangshypothesen und der Variablenauswahl abhängt.

Sehr häufig wurden Faktorenanalysen in der Geographie benutzt, um mit den resultierenden Faktoren „weiterzuarbeiten", sei es im Rahmen einer Regressionsanalyse (vgl. das Beispiel in Abschn. 6.4.5) oder um mit den Faktorenwerten die räumlichen Bezugseinheiten zu klassifizieren. Bei diesen Anwendungen stand weniger das theoretische Interesse an den Faktoren selbst im Mittelpunkt, sondern vielmehr die Orthogonalität der Faktoren. Diese bedeutet, dass Regressionsanalysen leichter interpretierbar sind und Standardtechniken der Clusteranalyse für die Klassifikation der Raumeinheiten einsetzbar werden. Die Klassifikation von Raumeinheiten, die Regionalisierung, ist ja ein archetypisches Anliegen der Geographie. So interessierte man sich in den faktorialökologischen Studien vorwiegend dafür, ob die zur Beschreibung der innerstädtischen Struktur ermittelten Faktoren etwa eine ringförmige oder sektorale Ausprägung aufweisen (vgl. das Beispiel in Kap. 4 „Varianzanalyse") und ob sich mit Hilfe dieser Faktoren mehr oder weniger homogene Stadtviertel finden ließen. Etwas überspitzt könnte man formulieren: Im Unterschied zu anderen Sozialwissenschaften interessierten sich die Geographen weniger für die Faktoren (definiert durch die Ladungen mit den Ausgangsvariablen), sondern für die Faktorenwerte, und zwar vor allem für deren clusteranalytische Auswertung. Einige elementare Methoden der Clusteranalyse werden im folgenden Kapitel vorgestellt.

Faktorenanalyse: Anwendung in der Geographie *MiG*

6.4.5 Ein Beispiel

Wir wollen in diesem Abschnitt ein Beispiel für eine Faktorenanalyse sozusagen „in einem Rutsch" vorstellen, ohne uns dabei mit grundsätzlichen methodischen Erwägungen aufzuhalten. Es wird sich dabei nicht um das Klimabeispiel handeln, das eher unter didaktischen Gesichtspunkten ausgewählt worden war. Eine vollständigere faktorenanalytische Untersuchung des Klimas in Deutschland ist von KEMPER/SCHMIEDECKEN (1977) vorgelegt worden – und zwar auf der Basis von 40 Variablen und 185 Klimastationen. In dieser Arbeit wird auf methodische wie inhaltliche Probleme eingegangen. Sie sei Interessenten empfohlen.

Wir wollen uns stattdessen noch einmal der sozio-demo-ökonomischen Situation in den norddeutschen Kreisen zuwenden. Wir hatten bei der Analyse des Binnenwanderungssaldos in den Kapiteln 2 und 4 bereits theoretische Konstrukte wie „Verstädterungsgrad" bzw. „Siedlungsstruktur" und „ökonomischer Entwicklungsstand" benutzt und einige Schwierigkeiten gehabt, diese adäquat abzubilden. Es soll nun versucht werden, diese Begriffe mit Hilfe einer Faktorenanalyse etwas besser zu erfassen. Mit den gewonnenen Faktoren soll dann noch einmal eine Regressionsanalyse für den Binnenwanderungssaldo durchgeführt werden. Dazu wurden die Werte der in Tab. 6.17 aufgeführten 26 Variablen aus der Arbeit von GATZWEILER/RUNGE (1984) übernommen.

Tab. 6.17: Ausgewählte Variablen für eine Faktorenanalyse der sozio-demo-ökonomischen Struktur der norddeutschen Kreise

Nr.	Bezeichnung	Definition
01	SIEDFL	Anteil der Siedlungsfläche an der Gesamtfläche in % (1981) [Siedlungsfläche = Gebäude- und Freifläche + Betriebsfläche (ohne Abbauland) + Verkehrsfläche + Erholungsfläche + Fläche anderer Nutzung (ohne Unland)]
02	BEVDICH	Einwohner je km^2 am 31.12.1982
03	BEVENT	Bevölkerungsentwicklung in % vom 1.1.1975 bis 1.1.1983
04	KINDQU	Anteil der Einwohner im Alter von unter 15 Jahren an der Gesamtbevölkerung in % am 1.1.1983 (Kinderquote)
05	ERWQU	Anteil der Einwohner im Alter von 15 bis unter 65 Jahren an der Gesamtbevölkerung in % am 1.1.1983 (Erwerbsfähigenquote)
06	SOE	Sozialhilfeempfänger je 1000 Einwohner am 31.12.1982
07	BESENT	Entwicklung der Zahl der sozialversicherungspflichtig Beschäftigten in % vom 30.6.1980
08	BESSEK	Anteil der sozialversicherungspflichtig Beschäftigten im sekundären Sektor an allen sozialversicherungspflichtig Beschäftigten in % am 30.6.1983
09	BESTER	Anteil der sozialversicherungspflichtig Beschäftigten im tertiären Sektor an allen sozialversicherungspflichtig Beschäftigten in % am 30.6.1983
10	GQUABES	Sozialversicherungspflichtig Beschäftigte ohne abgeschlossene Berufsausbildung je 1000 sozialversicherungspflichtig Beschäftigter am 30.6.1983
11	HQUABES	Sozialversicherungspflichtig Beschäftigte mit höherem Fachschul-, Fachhochschul- oder Hochschulabschluss und abgeschlossener Berufsausbildung je 1000 sozialversicherungspflichtig Beschäftigter am 30.6.1983

Fortsetzung der Tabelle 6.17

Nr.	Bezeichnung	Definition
12	LUG	Monatliche Lohn- und Gehaltssumme in DM je Beschäftigtem im produzierenden Gewerbe 1983
13	ARBPL	Sozialversicherungspflichtig Beschäftigte (= Arbeitsplätze) je 1000 Erwerbsfähige (= Einwohner im Alter von 15 bis unter 65 Jahren) am 30.6.1983 (= Arbeitsplatzdichte)
14	AUSPL	Angebotene betriebliche Ausbildungsplätze je 100 Schulabgänger ohne Hochschulreife am 30.9.1983
15	ARBLOS	Arbeitslose je 1000 Arbeitnehmer. Die zunächst für Arbeitsamtsbezirke erhobenen Daten wurden auf Kreise umgerechnet
16	BIP	Bruttoinlandsprodukt in DM je Einwohner 1980
17	STEKR	Gemeindliche Steuerkraft in DM je Einwohner 1979 [Die gemeindliche Steuerkraft ergibt sich aus der Addition der Realsteuerkraft insgesamt (siehe unter 19) und des Gemeideanteils an der Einkommensteuer abzüglich der Gewerbesteuerumlage.]
18	GEWSTE	Gewerbesteuer in DM je Einwohner 1982
19	RESTKR	Realsteuerkraft in DM je Einwohner 1982 [Die Realsteuerkraft misst nicht das effektive Steueraufkommen, sondern sie ist das Produkt der Grundbeträge der Grundsteuer A, der Grundsteuer B und der Gewerbesteuer nach Ertrag und Kapital mit fiktiven bundeseinheitlichen Hebesätzen geteilt durch 100. Dadurch wird der Effekt der gemeindlich unterschiedlichen Hebesätze auf das Steueraufkommen ausgeschaltet.]
20	BODPR	Durchschnittlicher Bodenpreis in DM je m^2 1982/1983 [Er ist die Kaufsumme der in den Jahren 1982 und 1983 umgesetzten Flächen an baureifem Land in DM, dividiert durch die in den gleichen Jahren umgesetzte Fläche an baureifem Land.]
21	QUARQU	Anteil der Schüler in der 7. Klasse an Real-, Gesamtschulen und Gymnasien an den Schülern in der 7. Klasse insgesamt in % am 30.6.1981 (= Quartanerquote)
22	ARZDICH	Einwohner je Arzt in freier Praxis am 31.12.1981 [Je höher der Wert ist, desto schlechter ist die ärztliche Versorgung.]
23	FARZDICH	Einwohner je Facharzt am 21.12.1981 [siehe Anmerkung zu ARZDICH]
24	BEBFL	Verhältnis von bebauter Fläche zur Freifläche 1981 [Bebaute Fläche = Gebäude- und Freifläche + Betriebsfläche + Verkehrsfläche Freifläche = Erholungsfläche + landwirtschaftliche Fläche + Waldfläche + Wasserfläche + Flächen anderer Nutzung]
25	FREIFL	Freifläche in m^2 je Einwohner 1981
26	NATFL	Naturnahe Fläche in m^2 je Einwohner 1981 [Naturnahe Fläche = Waldfläche + Wasserfläche + Moore + Heiden + Unland]

Wir verzichten auf die Wiedergabe der Datenmatrix und der Korrelationsmatrix. Die Faktoren wurden nach der Hauptachsenmethode extrahiert. Die multiplen Bestimmtheitsmaße wurden dabei als Kommunalitätenschätzungen gewählt. Das Kriterium für die Anzahl der Faktoren war „Eigenwert größer als 1". Bei 26 Variablen bedeutet dies, es werden nur solche Faktoren extrahiert, die wenigstens $1/26 \approx 4\%$ der gesamten Varianz erklären. Daraus resultierten fünf Faktoren, die 77,15% der gesamten Varianz erklären (vgl. Tab. 6.18).

Die Faktoren sind – wie erwartet – kaum zu interpretieren: Auf den ersten Faktor laden sehr viele Variablen hoch, die letzten Faktoren weisen kaum hohe Ladungen auf. Deshalb wurde anschließend eine Varimax-Rotation durchgeführt (vgl. Tab. 6.19). Um sich nicht in der Datenfülle zu verlieren, ist es empfehlenswert, die absolut hohen ($|a_{il}| \geq 0{,}7$) und mittleren Ladungen ($0{,}4 \leq |a_{il}| < 0{,}7$) zu kennzeichnen (vgl. Abb. 6.14(a)).

Tab. 6.18: Ergebnis der Faktorenanalyse der sozio-demo-ökonomischen Struktur der norddeutschen Kreise – Hauptachsenmethode, 5 Faktoren mit Eigenwert größer 1, Matrix der Faktorladungen und Kommunalitäten (berechnet und geschätzt)

Variable	I	II	III	IV	V	h_i^2 berechn.	h_i^2 gesch.
01 SIEDFL	0,8983	−0,1217	0,0746	0,2828	−0,0282	0,9080	0,9830
02 BEVDICH	0,9079	−0,1438	0,0960	0,2343	−0,0067	0,9091	0,9827
03 BEVENT	−0,5424	0,0229	0,7435	−0,1773	0,0323	0,8800	0,8771
04 KINDQU	−0,4840	0,4016	0,5131	0,4302	−0,1417	0,8639	0,9427
05 ERWQU	−0,7424	0,3325	0,1986	0,4685	−0,0807	0,9271	0,9589
06 SOE	0,7292	−0,1429	−0,1424	0,1868	−0,0034	0,6074	0,7316
07 BESENT	−0,2845	0,4080	0,4595	−0,0371	0,1786	0,4918	0,7147
08 BESSEK	−0,2383	0,7816	−0,3529	−0,1660	−0,3190	0,9216	0,9949
09 BESTER	0,3539	−0,7510	0,3327	0,1704	0,2801	0,9074	0,9946
10 GQUABES	−0,6280	0,3421	0,0594	0,1269	0,2471	0,5921	0,6939
11 HQUABES	0,7796	−0,0565	0,1324	−0,1169	0,0241	0,6427	0,8143
12 LUG	0,4855	0,3908	0,0982	−0,3290	0,0116	0,5064	0,7648
13 ARBPL	0,8025	0,4014	−0,2138	0,2405	0,0398	0,9102	0,9727
14 AUSPL	0,5364	−0,2505	−0,0397	−0,0952	0,9320	0,3621	0,6158
15 ARBLOS	−0,3554	−0,1617	−0,2393	0,7294	0,1007	0,7518	0,7950
16 BIP	0,8172	0,4305	−0,0955	0,1798	0,1423	0,9148	0,9632
17 STEKR	0,8110	0,4819	0,1050	−0,1443	0,1613	0,9478	0,9812
18 GEWSTE	0,7621	0,5523	−0,0062	0,1229	0,2212	0,9498	0,9800
19 RESTKR	0,6581	0,6380	0,0352	0,0602	0,2772	0,9219	0,9798
20 BODPR	0,7316	−0,1531	0,4069	−0,1049	−0,0138	0,7354	0,8733
21 QUARQU	0,6785	0,0056	0,2762	−0,2620	0,1188	0,6195	0,7564
22 ARZDICH	−0,7984	0,2130	0,2203	0,1038	−0,0195	0,7426	0,8664
23 FARZDICH	−0,7604	0,0948	0,0669	−0,0374	0,0817	0,5997	0,8218
24 BEBFL	0,8828	−0,1429	0,1037	0,2755	−0,0456	0,8886	0,9835
25 FREIFL	−0,7805	−0,0688	−0,1669	−0,0105	0,5828	0,9815	0,9615
26 NATFL	−0,4933	−0,0591	−0,3370	−0,1796	0,4276	0,5746	0,9039
Eigenwert	11,9837	3,4286	1,9406	1,6725	1,0331		
Erkl. Var.-Ant. (%)	46,09	13,19	7,46	6,43	3,97		
Erkl. Var.-Ant. (kum. %)	46,09	59,28	66,74	73,17	77,15		

Mit Hilfe von Abb. 6.14(a) und Tab. 6.19 lassen sich die einzelnen Faktoren wie folgt kennzeichnen:

Faktor I : Wirtschaftskraft
    Die höchsten Ladungen weisen die „Steuervariablen", das BIP und die Arbeits-

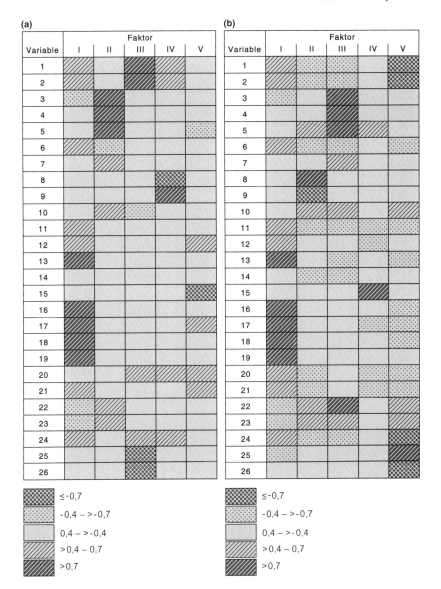

Abb. 6.14: Ergebnisse der Faktorenanalysen: (a) Matrix der Faktorenladungen nach Varimax-Rotation (Tab. 6.19); (b) Korrelationskoeffizienten (Strukturladungen) zwischen den Variablen und denFaktoren nach Oblimin-Rotation (Tab. 6.21)

Tab. 6.19: Ergebnis der Faktorenanalyse der sozio-demo-ökonomischen Struktur der norddeutschen Kreise – Matrix der Faktorladungen nach Varimax-Rotation

Variable	I	II	III	IV	V
01 SIEDFL	0,5627	−0,3617	0,5288	0,4247	0,0241
02 BEVDICH	0,5504	−0,3653	0,5118	0,4529	0,0750
03 BEVENT	−0,4120	0,7932	−0,0656	0,1463	0,2356
04 KINDQU	−0,0459	0,8381	0,1615	−0,1606	−0,3279
05 ERWQU	−0,2009	0,7004	−0,0955	−0,3009	−0,5446
06 SOE	0,4390	−0,4712	0,3365	0,2817	−0,0105
07 BESENT	0,0955	0,6634	−0,1398	−0,0695	0,1348
08 BESSEK	0,1658	0,1208	−0,0507	−0,9355	0,0421
09 BESTER	−0,0862	−0,1785	0,1262	0,9230	−0,0153
10 GQUABES	−0,0719	0,5224	−0,4372	−0,2493	−0,2465
11 HQUABES	0,4392	−0,2962	0,3477	0,3207	0,3719
12 LUG	0,4599	−0,0314	0,1404	−0,1276	0,5079
13 ARBPL	0,8471	−0,3115	0,3027	−0,0621	−0,0060
14 AUSPL	0,1855	−0,3948	0,1880	0,3060	0,2071
15 ARBLOS	−0,0825	0,0402	−0,1234	0,0771	−0,8498
16 BIP	0,8920	−0,2164	0,2518	0,0135	0,0934
17 STEKR	0,8306	−0,0911	0,2154	0,0170	0,4504
18 GEWSTE	0,9408	−0,0732	0,1753	−0,0171	0,1685
19 RESTKR	0,9288	0,0374	0,0788	−0,0722	0,2156
20 BODPR	0,3225	−0,1101	0,4554	0,4818	0,4241
21 QUARQU	0,4029	−0,1295	0,2361	0,3318	0,5239
22 ARZDICH	−0,3800	0,6371	−0,2509	−0,2687	−0,2391
23 FARZDICH	−0,4137	0,4394	−0,3966	−0,2287	−0,1609
24 BEBFL	0,5296	−0,3446	0,5444	0,4381	0,0331
25 FREIFL	−0,3051	0,2534	−0,8640	0,0055	−0,2789
26 NATFL	−0,2099	−0,0443	−0,7146	−0,0980	−0,0958

platzdichte auf. Siedlungsstrukturelle Variablen korrelieren mittelhoch mit dem
Faktor, ebenso wie Variablen zur Messung der Infrastrukturversorgung.

Faktor II : (Natürliche) Bevölkerungsentwicklung
Sehr hohe Korrelationen sind mit den Variablen BEVENT, BEVNAT und KIN-
DQU zu beobachten; mittelhohe mit SOE, BESENT, GQUABES und den Variablen zur ärztlichen Versorgung. Dabei ist darauf hinzuweisen, dass diese beiden Variablen die ärztliche Versorgung sozusagen invers beschreiben: Je höher
der Wert, desto weniger Ärzte entfallen auf 1000 Einwohner.

Faktor III: Flächennutzung
Die höchsten Korrelationen treten bei den Variablen FREIFL und NATFL (jeweils negativ) auf, mittlere bei SIEDFL, BEVDICH, GQUABES, BODPR und
BEBFL, wobei die Vorzeichen die erwartete Richtung der Zusammenhänge bestätigen.

Faktor IV: Arbeitsplatzstruktur
Der Faktor wird vor allem bestimmt durch die Variablen BESSEK (negativ)

und BESTER (positiv), in geringerem Ausmaß sind die Variablen SIEDFL, BEVDICH, BODPR und BEBFL beteiligt.

Faktor V : Arbeitsmarkt

Dieser Faktor ist schon fast ein Einzelrestfaktor, da er nur eine hohe Ladung, und zwar negativ mit der Arbeitslosenquote, aufweist. Mittlere positive Korrelationen sind mit LUG, STEKR, BODPR, QUARQU, eine mittlere negative Korrelation ist mit der KINDQU zu verzeichnen. Bei diesem Faktor ist allerdings eine gewisse Vorsicht geboten, da die Arbeitslosenquote nach Arbeitsamtsbezirken erhoben und anschließend proportional auf die Kreise umgerechnet wurde.

Einen Faktor „Siedlungsstruktur" bzw. „Verstädterungsgrad" kann man aus den Faktorladungen nicht ablesen. Das liegt nicht etwa daran, dass zu wenige Variablen zur Charakterisierung der Siedlungsstruktur in die Analyse einbezogen wurden. Vielmehr zeigt sich, dass die die Siedlungsstruktur beschreibenden Variablen (insbesondere Nr. 1, 2, 20, 21, 22, 23, 24, 25 und 26) auf die Faktoren I, II, III und IV verteilt sind, und zwar jeweils nur mit einem mittleren (bis geringen) Gewicht. Anders und etwas zugespitzt ausgedrückt: Die sozio-demo-ökonomische Struktur eines Gebietes lässt sich kaum über die Siedlungsstruktur allein erfassen, bzw. der „Stadt-Land-Gegensatz" verliert zunehmend an Bedeutung für diese Struktur (soweit sie mit unseren Variablen erfasst wird).

Eine altindustrialisierte Stadt unterscheidet sich eben grundlegend von einer Dienstleistungsmetropole. Man könnte aber auch anders formulieren: Es ist kein Zufall, dass der Faktor, der am ehesten der Siedlungsstruktur entspricht, nämlich Faktor III, mit den anderen Faktoren, die wirtschaftliche Sachverhalte und die (natürliche) Bevölkerungsentwicklung beschreiben, nicht korreliert. Demnach würde die „Siedlungsstruktur" gewissermaßen ein Eigenleben führen und wenig mit wirtschaftlichen und demographischen Gegebenheiten zusammenhängen.

Das bedeutet natürlich nicht, dass die Siedlungsstruktur nicht für einzelne Sachverhalte sehr wohl von Relevanz sein kann. Außerdem ist daraufhinzuweisen, dass sich die Siedlungsstruktur kaum zur Erfassung linearer Zusammenhänge eignet (vgl. Kap. 2 und 4), auf denen ja die Faktoren ausschließlich beruhen.

Die Faktoren wurden in einem zweiten Anlauf einer schiefwinkligen Rotation mit dem direkten Oblimin-Verfahren (mit $\delta = 0$) unterzogen. Das Ergebnis ist in den Tabellen 6.20 – 6.22 wiedergegeben und in der vereinfachten Form in Abb. 6.14(b), bei der die für die Interpretation der Faktoren maßgebliche Strukturmatrix verwendet wurde.

Sieht man einmal von der Reihenfolge der Faktoren ab, hat sich an der Interpretation der Faktoren im Prinzip nichts geändert. Jedoch tritt jetzt die „Siedlungsstruktur" deutlicher hervor. Kurz zusammengefasst ist

Faktor I = Wirtschaftskraft (abgekürzt: WK)
Faktor II = Arbeitsplatzstruktur (abgekürzt: AS)
            (= Faktor IV bei der orthogonalen Rotation)

Tab. 6.20: Ergebnis der Faktoranalyse der sozio-demo-ökonomischen Struktur der norddeutschen Kreise – direkte Oblimin-Rotation: Matrix der Musterladungen (Faktorenmuster)

Variable	a) Matrix der Musterladungen (Faktorenmuster)				
	I	II	III	IV	V
01 SIEDFL	0,4528	−0,3670	−0,1708	0,1330	−0,4018
02 BEVDICH	0,4408	−0,3975	−0,1709	0,0792	−0,3776
03 BEVENT	−0,3700	−0,2197	0,8196	−0,2969	−0,0202
04 KINDQU	0,0122	0,1107	0,8582	0,3387	−0,2831
05 ERWQU	−0,0852	0,2333	0,6304	0,5059	−0,0361
06 SOE	0,3559	−0,2275	−0,3527	0,1230	−0,2236
07 BESENT	0,2100	−0,0022	0,6864	−0,1365	0,1289
08 BESSEK	0,1546	0,9994	−0,0434	−0,0843	−0,0953
09 BESTER	−0,0984	−0,9704	0,0014	0,0741	0,0241
10 GQUABES	0,1244	0,1512	0,4362	0,1922	0,4207
11 HQUABES	0,3381	−0,2682	−0,1472	−0,2661	−0,2320
12 LUG	0,4160	0,1712	0,0261	−0,4490	−0,0829
13 ARBPL	0,8248	0,1165	−0,2088	0,1563	−0,1727
14 AUSPL	0,1053	−0,2667	−0,3072	−0,1506	−0,0977
15 ARBLOS	0,0366	−0,1397	0,0085	0,8574	0,1273
16 BIP	0,8978	0,0207	−0,0911	0,0623	−0,0977
17 STEKR	0,8199	0,0170	0,0414	−0,3169	−0,0615
18 GEWSTE	0,9843	0,0315	0,0532	−0,0152	−0,0029
19 RESTKR	1,0059	0,0695	0,1479	−0,0767	0,0928
20 BODPR	0,1976	−0,4393	0,0822	−0,3167	−0,3617
21 QUARQU	0,3373	−0,3046	0,0185	−0,4359	−0,1120
22 ARZDICH	−0,2729	0,1988	0,5401	0,1522	0,1244
23 FARZDICH	−0,2919	0,1557	0,3205	0,0557	0,3094
24 BEBFL	0,4123	−0,3795	−0,1518	0,1210	−0,4254
25 FREIFL	−0,0151	−0,1607	0,1244	0,1689	0,9401
26 NATFL	−0,0123	0,0065	0,1769	−0,0011	0,7823

Faktor III = (Natürliche) Bevölkerungsentwicklung (abgekürzt: NBEV)
                      (= Faktor II bei der orthogonalen Rotation)
Faktor IV = Arbeitsmarkt (abgekürzt: AM)
                      (= Faktor V bei der orthogonalen Rotation)
Faktor V   = = Siedlungsstruktur/Flächennutzung (abgekürzt: SIFL)
                      (= Faktor III bei der orthogonalen Rotation).

Der Faktor V wurde gegenüber der orthogonalen Lösung umbenannt, um zu verdeutlichen, dass bei der schiefwinkligen Rotation die „siedlungsstrukturelle" Komponente (Variablen SIEDFL, BEVDICH) deutlicher hervortritt. Das zeigt sich auch an den (absolut) höheren Korrelationen der ökonomischen Variablen mit Faktor V (im Vergleich zu den Korrelationen dieser Variablen mit dem entsprechenden Faktor III bei der orthogonalen Rotation).

Wir müssen also unsere obige Interpretation der orthogonalen Rotation (Tab. 6.19) im Licht der Tabellen 6.20 – 6.22 dahingehend korrigieren, dass die „Siedlungsstruktur" durchaus

Tab. 6.21: Ergebnis der Faktoranalyse der sozio-demo-ökonomischen Struktur der norddeutschen Kreise – direkte Oblimin-Rotation: Matrix der Strukturladungen (Faktorenstruktur)

Variable	b) Matrix der Strukturladungen (Faktorenstruktur)				
	I	II	III	IV	V
01 SIEDFL	0,6973	−0,5886	−0,5048	−0,1395	−0,7682
02 BEVDICH	0,6915	−0,6172	−0,5093	−0,1896	−0,7599
03 BEVENT	−0,4732	0,0236	0,8162	−0,1560	0,2551
04 KINDQU	−0,1806	0,3240	0,8406	0,3738	0,0627
05 ERWQU	−0,3956	0,4961	0,7621	0,6140	0,3687
06 SOE	0,5496	−0,4345	−0,5686	−0,0842	−0,5489
07 BESENT	−0,0020	0,2137	0,6568	−0,0996	0,2034
08 BESSEK	0,1245	0,9242	0,1876	−0,0068	0,1437
09 BESTER	−0,0224	−0,9411	−0,2596	−0,0332	−0,2470
10 GQUABES	−0,2628	0,4435	0,5874	0,3083	0,5760
11 HQUABES	0,5902	−0,4685	−0,4100	−0,4566	−0,5846
12 LUG	0,5506	0,0407	−0,0973	−0,5506	−0,3106
13 ARBPL	0,9889	−0,0758	−0,4254	−0,1033	−0,5591
14 AUSPL	0,3036	−0,4278	−0,4589	−0,2660	−0,3587
15 ARBLOS	−0,2415	0,0250	0,0730	0,8547	0,2408
16 BIP	0,9471	−0,1289	−0,3421	−0,2026	−0,5319
17 STEKR	0,9218	−0,1272	−0,2175	−0,5428	−0,5062
18 GEWSTE	0,9723	−0,0640	−0,1996	−0,2699	−0,4566
19 RESTKR	0,9248	0,0248	−0,0775	−0,3031	−0,3441
20 BODPR	0,4843	−0,6054	−0,2376	−0,4991	−0,6503
21 QUARQU	0,5370	−0,4368	−0,2371	−0,5911	−0,4646
22 ARZDICH	−0,5387	0,4593	0,7231	0,3303	0,5097
23 FARZDICH	−0,5585	0,4007	0,5386	0,2501	0,6068
24 BEBFL	0,6678	−0,6006	−0,4868	−0,1456	−0,7736
25 FREIFL	−0,5306	0,2265	0,3621	0,2556	0,9624
26 NATFL	−0,3447	0,2223	0,0505	0,1477	0,7400

ein eigenständiges Gewicht hat – und zwar nicht nur in Form reiner Flächennutzungsmerkmale. Außerdem steht sie mit den anderen, vor allem wirtschaftlich definierten Faktoren im Zusammenhang, wie die Korrelationen des Faktors V in Tab. 6.22 (insbesondere mit Faktor I) verdeutlichen.

Als Geograph und „Raumwissenschaftler" wird man daher das Ergebnis der schiefwinkligen Rotation dem der orthogonalen Rotation vorziehen.

Es sei angemerkt, dass sich in keiner der beiden Faktorenanalysen eine Einfachstruktur im Sinne des Bargmann-Tests nachweisen lässt.

Wir wollen abschließend noch kurz auf die Faktorenwerte eingehen, die wir für die schiefwinkligen Faktoren berechnet haben (vgl. Tab. 6.23 und Abb. 6.15-6.19).

Tab. 6.22: Ergebnis der Faktoranalyse der sozio-demo-ökonomischen Struktur der
norddeutschen Kreise – direkte Oblimin-Rotation: Korrelationsmatrix
der Faktoren

Faktor	b) Korrelationsmatrix der Faktoren				
	I	II	III	IV	V
I	1,0000				
II	−0,1104	1,0000			
III	−0,2644	0,3071	1,0000		
IV	−0,2678	0,1427	0,0944	1,0000	
V	−0,4841	0,3438	0,2841	0,2062	1,0000

Tab. 6.23: Werte der schiefwinkligen Faktoren I bis V in den Kreisen Norddeutschlands

Kreis	I	II	III	IV	V
01 BS	0,7739	−1,0660	−1,2447	−0,7703	−0,4923
02 HB	2,1182	−1,5761	−1,1263	−0,0055	−1,4735
03 BRH	0,2843	−1,4736	−0,7833	0,6203	−1,0470
04 DEL	−0,1304	−0,4483	−0,1205	−0,3682	−1,5900
05 EMD	1,8089	1,8196	0,0467	0,6887	−1,1542
06 FL	0,9114	−1,3061	−1,5046	0,9045	−1,6804
07 HH	3,3299	−2,0879	−0,6966	−2,3717	−1,1242
08 H	2,6882	−1,8912	−1,2748	−0,7356	−1,9822
09 KIEL	0,8301	−2,0381	−1,5211	−0,4341	−2,2440
10 LÜB	0,4485	−0,3503	−1,5630	−0,2826	−1,1737
11 NEUM	0,4368	−0,3288	−1,1636	0,8877	1,1924
12 OL	0,9163	−2,0306	−0,3828	0,1092	−1,6908
13 OS	1,2344	−1,0171	−1,0215	0,2149	1,6578
14 SALZ	0,8375	1,9060	−0,9231	0,1134	−0,5416
15 WHV	0,1106	−1,3311	−1,3313	0,2338	−0,8753
16 WOB	3,8109	2,6885	0,9767	−1,2055	−0,2909
17 WST	−0,7300	0,0208	0,7213	1,2362	0,2426
18 AUR	−1,1004	−0,4525	0,8784	1,8639	−0,5120
19 CEL	0,2701	0,0203	0,2494	−0,0627	0,3823
20 CLP	−0,1781	1,2078	1,7591	2,1587	0,6884
21 CUX	−0,8294	−0,3837	0,2581	0,6941	1,0458
22 DIEP	−0,0483	0,1748	0,5692	−0,3013	1,3057
23 DITH	−0,2794	0,1570	−0,1793	0,6813	0,9793
24 EMSL	−0,0050	0,8931	1,9749	2,0703	0,0576
25 FRIE	−0,6790	0,6705	0,1087	0,6410	0,4197
26 GIFH	−0,6664	0,3191	1,2380	−0,4874	0,9976
27 GÖTT	−0,3767	−0,7227	−0,3887	−1,2728	−0,3172
28 GOSL	−0,6035	0,2520	−1,3373	−0,6550	−0,7195
29 BENT	−0,1982	1,2238	0,7582	0,8588	0,3058
30 HAME	0,6718	0,2243	−0,6390	−0,4702	0,8795
31 HANN	−0,6701	0,1432	0,4245	−0,9743	−0,8098

Fortsetzung der Tabelle 6.23

Kreis	I	II	III	IV	V
32 HARB	−0,9392	−0,5228	1,6224	−1,7004	0,0038
33 HELM	−0,5876	0,7387	−0,8863	−0,2136	0,2538
34 LAUE	−0,5996	0,2276	0,4217	−0,9110	0,2132
35 HILD	−0,2132	0,7358	−0,6519	−0,6844	−0,3785
36 HOLZ	−0,4585	1,4689	−1,0443	−0,1078	0,6062
37 LEER	−1,1110	0,0285	0,7379	2,5731	−0,4240
38 LÜCH	−0,5540	−0,1099	−1,1035	0,8490	3,4695
39 LÜNE	−0,4908	−0,2399	−0,0528	−0,6739	−0,0080
40 NIEN	−0,0384	0,5231	−0,1205	0,2718	1,3369
41 NF	−0,5254	−1,3219	−0,0224	0,4061	1,9368
42 NOH	−0,3389	0,6797	−1,1628	0,2600	0,6665
43 OLDB	−0,7576	0,3729	1,2695	0,1357	0,1176
44 OSNA	−0,5441	1,2753	0,7698	0,2207	−0,4344
45 OHZ	−1,0744	−0,1027	0,6993	−0,1987	−0,3806
46 HARZ	−0,4530	1,4672	−1,3384	0,0481	−0,4125
47 OH	−0,8361	−0,8167	−0,0155	−0,5885	0,4095
48 PEIN	−0,2855	1,2389	−0,2500	0,1038	0,3902
49 PINN	−0,1895	0,0795	0,1438	−1,6145	−1,0084
50 PLÖN	−1,1455	−0,6947	−0,0806	0,0016	0,0175
51 RD	−0,6307	−0,1772	0,5587	−0,3453	0,4466
52 ROW	−0,2822	−0,2469	0,8818	0,0869	2,1317
53 SHG	−0,7405	0,3094	−0,8360	−0,1127	−0,0326
54 SL	−0,9001	−0,5245	0,5600	0,5012	0,7680
55 BSEG	−0,1929	−0,1621	1,8131	−1,6052	0,7342
56 SOLT	−0,0178	−0,0879	0,1810	0,6538	1,9075
57 STD	−0,0025	−0,0834	1,3429	−0,5150	0,7355
58 ITZE	0,3194	0,5746	0,2959	−0,3710	0,6793
59 STOR	−0,0410	0,3261	1,2768	−2,5901	−1,0305
60 UELZ	−0,4340	−0,2547	−1,0675	0,1708	1,4153
61 VEC	−0,0371	0,9881	2,0365	1,4156	−0,8921
62 VER	−0,0801	0,2400	1,2542	−0,8847	0,3411
63 BRA	0,5430	0,9226	−0,0692	0,4994	1,1792
64 WITT	−1,1022	−0,5954	0,7073	1,9478	0,5912
65 WOLF	−0,6215	0,5274	−0,6329	−0,6082	−0,0852

Zur Interpretation der Abbildungen

Generell gilt: Hohe Werte eines Faktors besagen, dass die mit ihm hoch positiv (bzw. negativ) korrelierenden Variablen in den entsprechenden Raumeinheiten ebenfalls hohe (bzw. niedrige) Werte annehmen müssen. Das Umgekehrte gilt für die hohen negativen Werte eines Faktors.

Da die Faktoren standardisiert sind, bot sich eine Klasseneinteilung mit den Grenzen −1; −0,5; 0; 0,5 und 1 an. Positive Werte eines Faktors weisen auf überdurchschnittliche Ausprägungen in den betroffenen Kreisen hin, negative Werte auf unterdurchschnittliche. Werte jenseits von −1 und +1 bedeuten, dass die entsprechenden Kreise einen Faktorenwert haben, der mehr als eine Standardabweichung unter bzw. über dem Durchschnitt liegt.

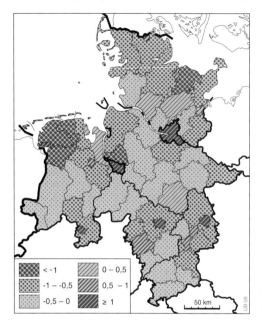

< -1	0 – 0,5
-1 – -0,5	0,5 – 1
-0,5 – 0	≥ 1

50 km

Abb. 6.15:
Werte des Faktors „Wirtschaftskraft" in
den norddeutschen Kreisen

Der Faktor I beschreibt die Wirtschaftskraft. Je höher die Werte liegen, desto größer ist die
Wirtschaftskraft. Entscheidend ist das Vorhandensein leistungsfähiger Unternehmen, durch
die das BIP und die Steuereinnahmen der Gemeinden gesteigert werden (vgl. in Abb. 6.15
etwa die Städte Wolfsburg und Emden sowie die Wirtschaftszentren Hamburg, Hannover,
Bremen, Osnabrück und (abgeschwächt) Kiel).

Der Faktor II („Arbeitsplatzstruktur") (Abb. 6.16) trennt vor allem die Gebiete mit vorwiegend industriellen Arbeitsplätzen von den eher dienstleistungsorientierten. Je größer die
Faktorenwerte sind, desto stärker ist das Übergewicht der Industrie. Geringe Faktorenwerte finden sich deshalb in den Kreisen mit einer relativ "ausgewogenen" Wirtschaftsstruktur
und hohem Dienstleistungsanteil (Agglomerationszentren), aber auch in einseitig strukturierten ländlichen Gebieten mit starker Fremdenverkehrswirtschaft (z. B. Wittmund, Nordfriesland).

Der Faktor III (Abb. 6.17) beschreibt die natürliche Bevölkerungsentwicklung und die Al-
tersstruktur der Bevölkerung. Hohe Werte des Faktors sind mit hohen Werten der entsprechenden Variablen verbunden. Dieser Faktor spiegelt die Bereitschaft der Bevölkerung,
Kinder zu bekommen, wider (vgl. die hohen Werte im katholisch geprägten westlichen
Niedersachsen). Daneben weist er dort relative Maxima auf, wo zahlreiche Frauen im ge-
bärfähigen Alter leben, also im Umkreis der Städte.

Der Faktor IV („Arbeitsmarktfaktor") (Abb. 6.18) ist „negativ" zu interpretieren: Je höher die Faktorenwerte, desto schlechter ist die Arbeitsmarktsituation (desto höher ist die

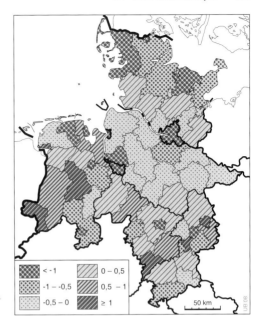

Abb. 6.16:
Werte des Faktors „Arbeitsplatzstruktur"
in den norddeutschen Kreisen

< -1		0 – 0,5	
-1 – -0,5		0,5 – 1	
-0,5 – 0		≥ 1	

50 km

Arbeitslosenquote). Bei diesem Faktor ist einmal das bekannte SO-NW-Gefälle in Niedersachsen zu erkennen. Zum anderen fallen periphere Kreise in Niedersachsen (Lüchow-
Dannenberg) und in Schleswig-Holstein durch hohe positive Werte negativ auf. Schließlich
ist darauf hinzuweisen, dass im Unterschied zu den Faktoren I und III beim Faktor „Arbeitsmarkt" kein deutlicher Gegensatz zwischen den Kernstädten und ihrem Umland (ihren
benachbarten Kreisen) besteht. Denn Kernstädte und ihre Umländer bilden auf Grund der
gewachsenen Pendlerwege in der Regel einen homogenen Arbeitsmarkt.

Faktor V ist, wie aus den Korrelationskoeffizienten in Tab. 6.21 zu entnehmen ist, ebenfalls
negativ definiert: Je größer die Faktorenwerte sind, desto geringer sind die Bevölkerungsdichte und der Verstädterungsgrad, und desto kleiner ist der Anteil der bebauten Fläche
und der Siedlungsfläche. Abbildung 6.19 verdeutlicht, dass fast alle kreisfreien Städte in
der untersten Stufe (höchster Verstädterung) zu finden sind. Außerdem lässt sich in Abb.
6.19 ein Zentrum-Peripherie-Gradient feststellen: Von den Agglomerationskernen nimmt
der Verstädterungsgrad mit zunehmender Entfernung nach außen ab.

Diese Hinweise mögen genügen. Sie sollten nur zeigen, dass die „abstrakte" Definition der
Faktoren durch die Tabellen 6.20 – 6.22 durchaus Leben gewinnt, wenn man die Fakto-
renwerte betrachtet. Voraussetzung dafür sind gewisse regionalgeographische Kenntnisse.
Im Übrigen werden die Abb. 6.15 – 6.19 dem Kenner Norddeutschlands vielleicht einige
Aha-Erlebnisse, aber auch manch ungläubiges Staunen bescheren.

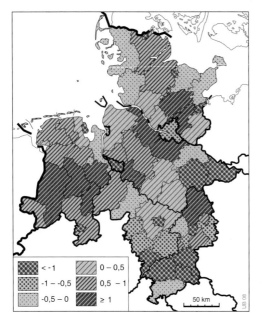

Abb. 6.17:
Werte des Faktors „(Natürliche) Bevölkerungsentwicklung" in den norddeutschen Kreisen

Eine Regressionsanalyse mit Faktoren als unabhängigen Variablen

Wir hatten in Kap. 2 eine Regressionsanalyse zur statistischen Erklärung des Binnenwanderungssaldos durchgeführt und dabei verschiedene Variablen zur Beschreibung der Siedlungsstruktur und der ökonomischen Situation eines Kreises herangezogen. Wir können diese Analyse nun noch einmal mit den Faktoren als unabhängigen Variablen wiederholen. Da zwei Mengen von je 5 Faktoren (orthogonale und schiefwinklige) vorliegen, kann an diesem Beispiel quasi experimentell auch der Einfluss von Multikollinearitäten auf das Ergebnis der Regressionsanalyse demonstriert werden. Als Kurzbezeichnungen wählen wir für die unabhängigen Variablen die Abkürzungen, die die Faktoren bei der orthogonalen und schiefwinkligen Rotation erhielten (vgl. Tab. 6.24). Diese Bezeichnungen stehen zwar nicht für identische, zumindest aber sehr ähnliche Variablen.

Für die Regressionsanalysen mussten zunächst die Faktorenwerte der orthogonalen Faktoren bestimmt werden, auf deren Wiedergabe wir verzichten. Die Faktorenwerte der schiefwinkligen Faktoren finden sich in Tab. 6.23.

Die beiden resultierenden Gleichungen für BWS lauten in standardisierter Form für den orthogonalen Fall (o):

$$BWS = -0,643\,WK + 0,227\,AS + 0,428\,NBEV + 0,277\,AM - 0,288\,SIFL,$$

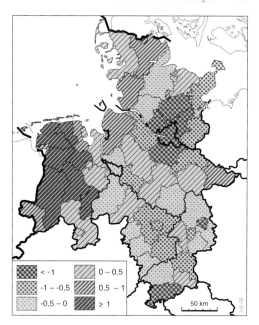

für den schiefwinkligen Fall (s):

$$\text{BWS} = -0,604\,\text{WK} - 0,292\,\text{AS} + 0,405\,\text{NBEV} - 0,388\,\text{AM} + 0,207\,\text{SIFL}.$$

Das multiple Bestimmtheitsmaß ist in beiden Fällen identisch, nämlich $B = 77,65\%$. Die Identität verwundert nicht, denn die Faktoren von (o) und (s) sind durch eine Rotation auseinander hervorgegangen. Sie repräsentieren also die Menge der Ausgangsvariablen insgesamt in gleicher Weise. Alle Regressionskoeffizienten sind im Übrigen mindestens auf dem 1%-Niveau signifikant von Null verschieden.

Dass bei einigen Faktoren die Regressionskoeffizienten zwischen (o) und (s) ihr Vorzeichen wechseln, braucht nicht zu irritieren. Die entsprechenden Faktoren sind nämlich in einem Fall positiv, im anderen negativ definiert, was aus den Ladungen bzw. Strukturladungen in Tab. 6.19 bzw. Tab. 6.21 ersichtlich ist. Wir brauchen uns also nur um die absolute Größe der Koeffizienten zu kümmern.

Der Fall (o) ist der Idealfall eines regressionsanalytischen Modells: Die standardisierten partiellen Regressionskoeffizienten sind wegen der Orthogonalität der Faktoren (der unabhängigen Variablen) mit den einfachen bivariaten Korrelationskoeffizienten identisch. Der Gesamtanteil der erklärten Varianz von BWS lässt sich also additiv zerlegen in die durch die Faktoren jeweils einzeln erklärten Varianzanteile. Die Regressionskoeffizienten lassen sich somit als Gewichte des direkten Einflusses auf den Binnenwanderungssaldo interpretieren. Im schiefwinkligen Fall (s) sind dagegen die Regressionskoeffizienten im Vergleich

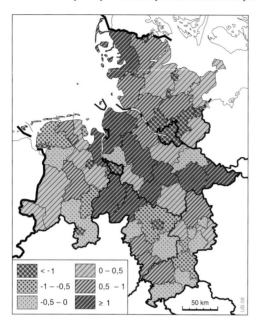

< -1	0 – 0,5
-1 – -0,5	0,5 – 1
-0,5 – 0	≥ 1

50 km

UB 08

Abb. 6.19:
Werte des Faktors „Siedlungsstruktur/ Flächennutzung" in den norddeutschen Kreisen

zu (o) „verzerrt", was sich in dem geringeren Gewicht von WK und SIFL und dem stärkeren Gewicht von AM ausdrückt.

Zur Verdeutlichung zeigt Tab. 6.25 die Regressions- und Korrelationskoeffizienten der Faktoren mit BWS. Wie man sieht, ergeben sich bei (s) teilweise erhebliche Unterschiede zwischen den Regressions- und den Korrelationskoeffizienten. Die vernachlässigbar geringen Unterschiede bei (o) sind dadurch bedingt, dass sowohl bei der Varimax-Rotation als auch bei der regressionsanalytischen Schätzung der Faktorenwerte durch die Iterationsverfahren kleine Ungenauigkeiten auftreten, die dazu führen, dass die Korrelationskoeffizienten zwischen den Faktoren nicht exakt 0 sind. Diese mangelnde Exaktheit bringt es auch mit sich, dass im Fall (o) die Summe der quadrierten Regressions- und Korrelationskoeffizienten geringfügig vom exakten Wert 77,65% abweicht.

Zur inhaltlichen Interpretation der beiden Regressionsgleichungen sei auf Folgendes verwiesen: WK, AS und SIFL spiegeln den Suburbanisierungseffekt wider, der offensichtlich in den Agglomerationszentren mit großer Wirtschaftskraft am deutlichsten wirksam wird (großes Gewicht von WK, geringes Gewicht von AS und SIFL). Der Faktor AM steht im Wesentlichen für die Arbeitslosenquote, deren Effekt wir schon in Kap. 2 untersucht hatten. Die Wirkung des Faktors NBEV auf BWS ist wenigstens zum Teil tautologisch, und zwar über die Variable „Bevölkerungszunahme". Andererseits ist der Zusammenhang zwischen NBEV und BWS aber ein rein statistischer (und kein ursächlicher), denn man würde eher eine Wirkung BWS → NBEV vermuten: Es sind vor allem junge Familien, die

Tab. 6.24: Faktoren als Variable für eine Regressionsanalyse des Binnenwanderungssaldos (BWS)

Faktor	Bezeichnung	Nummer der Faktoren bei der	
		orthogonalen Rotation	schiefwinkligen Rotation
WK	Wirtschaftskraft	I	I
AS	Arbeitsplatzstruktur	IV	II
NBEV	(Natürliche) Bevölkerungsentwicklung	II	III
AM	Arbeitsmarkt	V	IV
SIFL	Siedlungsstruktur, Flächennutzung	III	V

wandern, was in den Zielgebieten eine Erhöhung der natürlichen Bevölkerungszunahme und der Kinderquote bewirkt. Trotzdem ist aber auch eine ursächliche Wirkung NBEV → BWS nicht ausgeschlossen, und zwar über die Variable Beschäftigtenzuwachs (BESENT = Arbeitsplatzzuwachs), deren Korrelationskoeffizient mit NBEV im Fall (o) 0,6634, im Fall (s) 0,6568 ist.

Tab. 6.25: Regressions- und Korrelationskoeffizienten der Faktoren mit BWS

Faktor	(o) orthogonaler Fall		(s) schiefwinkliger Fall	
	Regressions-koeffizient	Korrelations-koeffizient	Regressions-koeffizient	Korrelations-koeffizient
WK	−0,643	−0,610	−0,604	−0,657
AS	0,227	0,225	−0,292	−0,087
NBEV	0,428	0,427	0,405	0,491
AM	0,277	0,265	−0,388	−0,179
SIFL	−0,288	−0,267	0,207	0,420

Diese recht umständlichen Überlegungen sind notwendig, weil die Faktoren komplexe Größen sind. Deshalb haben natürlich auch Regressionsanalysen mit „einfachen", direkt erhobenen Variablen ihren Sinn. Im Übrigen lässt sich beim Vergleich mit den Ergebnissen in Kap. 2 feststellen, dass unsere dortige Auswahl der Variablen nicht ganz ungeschickt war – was sich einmal an den etwa gleich hohen Bestimmtheitsmaßen ablesen lässt, aber auch daran, dass die Variablen in Kap. 2 hohe Korrelationen mit jeweils einem der fünf Faktoren aufweisen.

Wir verweisen in diesem Zusammenhang noch einmal auf die Variable Arbeitsplatzdichte, deren Interpretation in Kap. 2 nicht unstrittig war. Diese Variable hat in unseren Faktorenanalysen die Bezeichnung „ARBPL" (= X_{13}). Wie man aus der Matrix der Faktorladungen (Fall (o)) und der Matrix der Musterladungen (Fall (s)) erkennt, steht diese Variable in engem Zusammenhang mit dem Faktor Wirtschaftskraft, in den aber auch siedlungsstrukturelle Variablen einfließen. Insgesamt würde aus der Varimax-Rotation (orthogonaler Fall) folgen:

$$\text{ARBPL} = +0{,}8471\,\text{WK} - 0{,}3115\,\text{NBEV} + 0{,}3027\,\text{SIFL}$$
$$- 0{,}0621\,\text{AS} - 0{,}0060\,\text{AM}.$$

Wir hatten also mit unserer Vermutung in Kap. 2 recht, dass ARBPL ein guter Indikator für den Verstädterungsgrad ist, müssten aber ergänzend hinzufügen, dass ARBPL vor allem die unterschiedliche wirtschaftliche Leistungsfähigkeit der Städte repräsentiert.

7 Clusteranalyse

7.1 Einführung

Mit der Faktorenanalyse wird versucht, Gruppen von zusammenhängenden Variablen für eine gegebene Variablenmenge zu identifizieren, wobei die Zusammenhänge innerhalb einer Gruppe als Resultat einer gemeinsamen Ursache (eines Faktors) aufgefasst werden. Die Korrelationen zwischen den Variablen ergeben sich aus deren Werten für die in die Analyse einbezogenen Beobachtungseinheiten (in der Geographie meistens Raumeinheiten).

Nun ist man häufig nicht nur an den Variablen interessiert, sondern auch an den Beobachtungseinheiten (Raumeinheiten). Etwas genauer: Wir versuchen, Ordnung in unsere Beobachtungswelt zu bringen, indem wir die Objekte unserer Beobachtungen auf Grund bestimmter Eigenschaften klassifizieren. Jede Begriffsbildung setzt eine solche Klassifikation voraus, auch wenn wir uns dessen nicht immer bewusst sind. So bezeichnen wir mit dem Begriff „Stuhl" z. B. feste Gegenstände, die zum Sitzen (nicht zum Liegen) geeignet sind.

In der Geographie werden vorzugsweise Raumeinheiten klassifiziert. Wir sprechen von Stadttypen, Küstentypen, Klimatypen, strukturschwachen Regionen, unterentwickelten Ländern usw., die jeweils das Resultat einer Klassifikation sind. Dabei werden jeweils Raumeinheiten mit einer ähnlichen Ausprägung in Bezug auf eine oder mehrere Variablen zu Gruppen oder Typen zusammengefasst. Charakteristikum solcher Klassifikationen ist, dass jede Raumeinheit genau einem Typ zugeordnet wird. Es gibt also keine Überschneidungen zwischen den Typen. Darin besteht ein wesentlicher Unterschied zur Gruppierung von Variablen mittels der Faktorenanalyse, bei der trotz Rotation zur Einfachstruktur keine eindeutige Zuordnung der Variablen zu den Gruppen (Faktoren) möglich ist.

Eine Klassifikation von Raumeinheiten kann methodisch auf verschiedene Weisen erfolgen. Häufig wird dabei von Schwellenwerten Gebrauch gemacht: Raumeinheiten, die bezüglich bestimmter Variablen einen Schwellenwert unter oder überschreiten, werden zu einem Typ zusammengefasst. GATZWEILER/RUNGE (1984) definieren ihre „siedlungsstrukturellen Gebietstypen" auf der Basis von Kreisen etwa wie folgt (vgl. S. 6):

(1) Regionen mit großen Verdichtungsräumen: Bevölkerungsdichte über 300 E/km^2 und/ oder Vorhandensein eines Oberzentrums mit über 300 000 Einwohnern.
(2) Regionen mit Verdichtungsansätzen: Bevölkerungsdichte durchschnittlich über 150 E/km^2 und in der Regel ein Oberzentrum mit über 100 000 Einwohnern.
(3) Ländlich geprägte Regionen: Bevölkerungsdichte ca. 100 E/km^2 oder weniger und kein Oberzentrum mit über 100 000 Einwohnern.

Abbildung 7.1 veranschaulicht diese Methode anhand von zwei Variablen X_1 und X_2. Für Variable X_1 wurde der Schwellenwert S_1 gewählt, die Variable X_2 hat die beiden Schwellenwerte S_2 und S_3. Die Raumeinheiten sind jeweils als Punkte in das Koordinatensystem eingetragen worden. Die Koordinaten entsprechen den Werten der Variablen, wobei

$$x_{ij} = \text{Wert der Variablen } X_i \text{ in der Raumeinheit } j \ (i = 1, 2; \ j = 1, \dots, n)$$

ist. (In Kap. 6 hatten wir Raumeinheiten mit R_j bezeichnet; wir wählen jetzt der Einfachheit halber die Nummern (Indices) als Namen.)

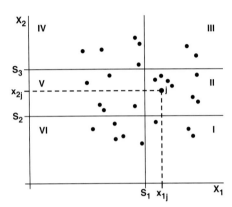

Abb. 7.1:
Raumtypisierung mit Hilfe der Schwellenwertmethode am Beispiel von zwei Variablen

Die drei Schwellenwerte führen zu insgesamt 6 Typen I – VI. Der Typ II besteht z. B. aus allen Raumeinheiten j mit

$$x_{1j} > S_1 \quad \text{und} \quad S_2 \leq x_{2j} < S_3.$$

Die Schwellenwertmethode setzt voraus, dass theoretisch plausible oder aus der „Erfahrung" gewonnene sinnvolle Schwellenwerte vorliegen. Kriterien für sinnvolle oder plausible Schwellenwerte schwanken jedoch von Bearbeiter zu Bearbeiter.

Die Clusteranalyse geht demgegenüber induktiv vor, indem sie Klumpen (= Cluster) von ähnlichen Raumeinheiten aufspürt, wobei die Ähnlichkeit durch die Lage der Raumeinheiten in dem von den Variablen gebildeten Koordinatensystem bestimmt wird. Abb. 7.2 zeigt zwei hypothetische Beispiele von n Raumeinheiten in einem von 2 Variablen aufgespannten Koordinatensystem.

Im Fall (a) bilden die Raumeinheiten aufgrund ihrer Lage deutliche Cluster. Die 5 Gruppen von Raumeinheiten I – V lassen sich bereits visuell leicht identifizieren. In der Praxis häufiger sind allerdings weniger einfach strukturierte Konstellationen wie im Fall (b). Hier ist schon die Anzahl der zu bildenden Gruppen fraglich, aber ebenso die Zuordnung der Raumeinheiten zu den möglichen Typen. Wir benötigen also ein formales Verfahren, um „Cluster" (= Raumtypen) zu bilden. Dies ist umso notwendiger, als wir uns bei der Klassifikation nicht auf 2 Variablen beschränken wollen, wodurch eine visuelle Methode ausgeschlossen wird. Wesentliche Elemente eines solchen clusteranalytischen Verfahrens sind:

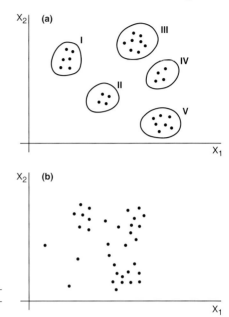

Abb. 7.2:
Zwei hypothetische Verteilungen von n Raumeinheiten in einem zweidimensionalen Variablenraum

(1) die Auswahl eines Ähnlichkeitsmaßes für die Raumeinheiten (vgl. Abschn. 7.2),
(2) eine Methode zur Bildung der Cluster (= Gruppierungsstrategie) aufgrund eines Ähn-
     lichkeits- oder Unähnlichkeitsmaßes (vgl. Abschn. 7.3),
(3) die Festlegung der Anzahl der Cluster (Raumtypen) (vgl. Abschn. 7.4).

Bei der Gruppierungsstrategie sind generell zwei „Wege" denkbar:

(2.1) schrittweise (hierarchische) Verfahren: die Gruppen werden schrittweise aus dem
     Ergebnis des vorangehenden Schrittes gebildet. Das Verfahren arbeit sozusagen mit
     einem „Gedächtnis". Dabei lassen sich zwei „Richtungen" identifizieren:

  – divisiv: Ausgehend von der Gruppe, in der alle Raumeinheiten zusammengefasst
    sind (also eine Gruppe mit allen n Raumeinheiten), erfolgt eine schrittweise Auf-
    teilung zu kleineren, in sich homogeneren Gruppen. Am Ende ist jedes Elemente
    für sich allein in einer Gruppe erfasst.
  – agglomerativ: Ausgehend von der Menge der Raumeinheiten (also n Gruppen
    mit je einer Raumeinheiten) werden die Raumeinheiten schrittweise zu Gruppen
    zusammengefasst in der Weise, dass in einem Schritt jeweils die beiden Gruppen
    fusioniert werden, die bzgl. des verwendeten Ähnlichkeitsmaßes am ähnlichsten
    sind. Am Ende sind alle Elemente in einer Gruppe erfasst.

(2.2) nicht-hierarchische Verfahren: für eine vorgegebene Anzahl von Gruppen wird nach
     dem festgelegten Ähnlichkeits- bzw. Unähnlichkeitsmaß eine eigenständige (opti-

male) Gruppierung durchgeführt unabhängig von den Ergebnissen der Gruppierungen mit einer anderen Anzahl von Gruppen. Nichthierarchische Gruppierungsverfahren sind oft um ein Vielfaches rechenaufwändiger als hierarchische Verfahren und werden daher nur selten angewendet.

Wir beschränken uns im Folgenden bei der Gruppierungsstrategie auf schrittweise (und zwar hierarchisch-agglomerative) Methoden, die zwar einige Nachteile haben, aber wohl – wegen der einfacheren Handhabung – am häufigsten angewendet werden und zudem in dem weit verbreiteten Programmpaket SPSS verfügbar sind. Die Schwäche der schrittweisen Methoden kann u. a. dadurch ausgeglichen werden, dass man im Anschluss an die eigentliche Clusteranalyse noch eine Korrektur vornimmt (vgl. Abschn. 7.5) oder noch eine Diskriminanzanalyse durchführt (vgl. Kap. 8).

In den folgenden Abschnitten werden nur die elementaren Prinzipien der einzelnen Schritte der Clusteranalyse dargestellt. Ausführlichere und differenziertere Darstellungen findet man bei BOCK (1974), EVERITT u.a. (2001) FAHRMEIR u.a. (1996), FISCHER (1982), SCHENDERA (2008), STEINHAUSEN/LANGER (1977).

7.2 Ähnlichkeitsmaße für die Raumeinheiten

Wir gehen von einer Datenmatrix

$$(x_{ij})_{\substack{i=1,\ldots,m \\ j=1,\ldots,n}}$$

mit m Variablen $X_1, \ldots, X_m$ und n Raumeinheiten $j = 1, \ldots, n$ aus. Um die Ähnlichkeit der Raumeinheiten zu messen, stellen wir sie wie in Kap. 6 als Punkte in dem von den Variablen aufgespannten Variablenraum dar. Ein sinnvolles Ähnlichkeitskriterium ist dann: Je näher die Punkte beieinander liegen, desto ähnlicher sind die entsprechenden Raumeinheiten hinsichtlich der m Variablen.

Als Maß für die „Nähe" der Punkte werden gewöhnlich sogenannte Distanzmaße verwendet. Sie geben eine „Entfernung" zwischen den Punkten (Raumeinheiten) an und stellen eigentlich Unähnlichkeitsmaße dar. Denn je größer ihr Wert ist, desto weiter sind die Punkte voneinander entfernt und damit desto unähnlicher die entsprechenden Raumeinheiten. Anhaltspunkte für sinnvolle Maße lassen sich gut am Beispiel von nur zwei Variablen (vgl. Abb. 7.3) gewinnen.

Das anschaulichste Maß für die Ähnlichkeit ist offensichtlich die euklidische Distanz. Sie ist für zwei Raumeinheiten j und k bei m Variablen in Erweiterung des zweidimensionalen Falles (Satz des Pythagoras) wie folgt definiert:

$$d_{jk}^{(1)} = \sqrt{\sum_{i=1}^{m}(x_{ij} - x_{ik})^2} = ED. \tag{7.1}$$

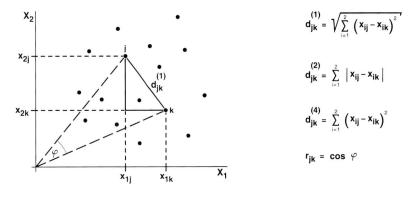

Abb. 7.3: Ausgewählte Ähnlichkeits- bzw. Distanzmaße für Raumeinheiten in einem zweidimensionalen Variablenraum

Die euklidische Distanz entspricht der „Luftlinienentfernung" zwischen den Punkten. Eine Alternative dazu ist die sogenannte „Manhattan"- oder „City-Block"-Distanz. Sie entspricht der Länge des Weges zwischen j und k, wenn man sich entlang der Koordinatenachsen bewegt. Der Name verweist auf die Weglänge in amerikanischen Städten (Manhattan) mit einem rechtwinkligen Straßensystem. Sie beträgt

$$d_{jk}^{(2)} = \sum_{i=1}^{m} |x_{ij} - x_{ik}| = MD. \tag{7.2}$$

Die euklidische Distanz und die Manhattan-Distanz können als Spezialfälle einer Klasse von Distanzen verstanden werden, die sich aus den sogenannten Minkowski-Metriken ergeben. Diese haben die Form

$$d_{jk}^{(3)} = \sqrt[r]{\sum_{i=1}^{m} |x_{ij} - x_{ik}|^r} = \left(\sum_{i=1}^{m} |x_{ij} - x_{ik}|^r \right)^{1/r} \quad (r \text{ ganzzahlig}). \tag{7.3}$$

Wie man sieht, ist

$$d_{jk}^{(3)} = ED \quad \text{für} \quad r = 2,$$
$$d_{jk}^{(3)} = MD \quad \text{für} \quad r = 1.$$

Die Potenzierung von $|x_{ij} - x_{ik}|$ und die sich nach Summierung der potenzierten Terme anschließende Wurzelbildung bewirken, dass für $r > 1$ die größeren Distanzen stärker gewichtet werden. Deshalb wird häufig die Manhattan-Distanz empfohlen. Sie reagiert allerdings bereits empfindlich, wenn nur hinsichtlich einer einzelnen Variablen große Unterschiede zwischen den Raumeinheiten auftreten. Die euklidische Distanz entspricht demgegenüber am ehesten der „normalen Anschauung" der meisten Anwender.

Bei einigen der in Abschn. 7.3 besprochenen Verfahren wird im Übrigen das Quadrat der euklidischen Distanz

$$d_{jk}^{(4)} = \left(d_{jk}^{(1)}\right)^2 = \sum_{i=1}^{m}(x_{ij} - x_{ik})^2 = EDQ \tag{7.4}$$

als Distanzmaß benutzt. Hierbei ist gegenüber $d_{jk}^{(3)}$ mit $r > 1$ eine stärkere Gewichtung der größeren Distanzen festzustellen.

Die bislang erwähnten Maße beruhen auf den Distanzen zwischen den jeweiligen Koordinaten der Punkte. Man nennt sie deshalb auch kurz Distanzmaße. Es gibt allerdings auch direkte Ähnlichkeitsmaße. Fasst man die Raumeinheiten als Endpunkte eines Vektors mit dem Ursprung im Koordinatennullpunkt auf, so bietet sich der Korrelationskoeffizient zwischen den Raumeinheiten, also der Cosinus des Winkels zwischen den beiden Vektoren, als Ähnlichkeitsmaß an (vgl. Abb. 7.3):

$$r_{jk} = COR. \tag{7.5}$$

Der Korrelationskoeffizient nimmt Werte zwischen -1 und $+1$ an. Je größer er ist, desto ähnlicher sind die Raumeinheiten. Am unähnlichsten sind zwei Raumeinheiten, wenn ihre Vektoren genau die entgegengesetzte Richtung haben, d.h. wenn gilt: $r_{jk} = -1$.

Der Korrelationskoeffizient wird bei der Typisierung von Raumeinheiten relativ selten angewandt. Er hat die Wirkung, die Raumeinheiten sozusagen nur in standardisierter Form zu messen. Dadurch werden Effekte, die ausschließlich auf die Größe der Raumeinheiten zurückzuführen sind, ausgeschaltet – was gelegentlich durchaus wünschenswert sein kann.

Die bisherigen Ähnlichkeitsmaße setzten implizit voraus, dass die Variablen X_i orthogonal zueinander, also unkorreliert sind. Diese Voraussetzung ist jedoch selten erfüllt.

Im Fall von schiefwinkligen Variablen kann man ein verallgemeinertes Distanzmaß wie folgt definieren:

$$d_{jk}^{(5)} = \sqrt{\sum_{h=1}^{m}\sum_{i=1}^{m}(x_{hj} - x_{hk})(x_{ij} - x_{ik})\cos\alpha_{hi}} \tag{7.6}$$

mit $\cos\alpha_{hi} =$ Korrelationskoeffizient zwischen den Variablen X_h und X_i (vgl. FISCHER 1982, S. 82).

Allerdings ist dieses Distanzmaß in den meisten Programmpaketen nicht implementiert. Es bietet sich als Ausweg jedoch an, die schiefwinkligen Variablen durch eine Hauptkomponentenanalyse (n i c h t durch eine Faktorenanalyse; siehe Abschn. 7.7) zu orthogonalisieren und die Clusteranalyse mit den unkorrelierten Hauptkomponenten durchzuführen.

Grundsätzlich sollten die Variablen vor einer Clusteranalyse nicht nur orthogonal, sondern auch standardisiert sein, um mögliche Skaleneffekte auszuschalten.

Angenommen, die Klimastationen Deutschlands sollen nach der Jahresmitteltemperatur (in °C) und der Jahresniederschlagsmenge (in mm) klassifiziert werden. Die Jahresniederschlagsmenge weist eine erheblich größere Streuung als die Jahresmitteltemperatur auf.

Sie erhält dadurch bei der Typisierung mit Hilfe von Distanzmaßen automatisch ein größeres Gewicht. Ist das nicht beabsichtigt, ist eine Standardisierung der Variablen angebracht.

Im Übrigen können die Variablen durchaus gewichtet werden – wenn dafür theoretische oder praktische Gründe sprechen –, indem man die Ähnlichkeitsmaße mit entsprechenden Gewichten versieht (vgl. FISCHER 1982, S. 83).

In der Regel wird man mit orthogonalen und standardisierten Variablen arbeiten. Das Ergebnis der Clusteranalyse hängt dann von der Wahl des Ähnlichkeitsmaßes ab. Sind die Raumeinheiten im Variablenraum in voneinander deutlich separierten Clustern angeordnet, wie in Abb. 7.2(a), ist das Ergebnis relativ unabhängig von dem benutzten Ähnlichkeitsmaß. Im Fall einer Anordnung wie in Abb. 7.2(b) können sich allerdings unterschiedliche Raumtypen in Abhängigkeit von dem verwandten Ähnlichkeitsmaß ergeben. Dann empfehlen sich verschiedene Versuche, aus denen der am besten interpretierbare ausgewählt werden kann.

7.3 Methoden der Clusterbildung – Die Messung der Ähnlichkeit

Wie schon gesagt, beschränken wir uns auf schrittweise Methoden, die nach dem folgenden Prinzip vorgehen (vgl. Abb. 7.4):

Ausgangspunkt sind die n Raumeinheiten $j = 1, \ldots, n$. Zunächst werden die beiden Raumeinheiten, die gemäß dem gewählten Ähnlichkeitsmaß am ähnlichsten sind, in einem Cluster bzw. in einer Gruppe zusammengefasst. Man erhält somit nach dem 1. Schritt quasi $(n - 1)$ Cluster, nämlich einen Cluster, der aus den beiden zusammengelegten Raumeinheiten besteht, und $(n - 2)$ Cluster, die den noch nicht zusammengefassten, ursprünglichen Raumeinheiten entsprechen. Auf die $(n - 1)$ Cluster wird wieder das Ähnlichkeitsmaß angewandt, und die beiden ähnlichsten Cluster werden im 2. Schritt zusammengefasst. Dadurch ergeben sich $(n - 2)$ Cluster. Dieses Verfahren wird so lange fortgeführt, bis nach dem $(n - 1)$-ten Schritt alle Raumeinheiten in einem Typ vereinigt sind (vgl. Abb. 7.4). Nach jedem Schritt erhält man somit eine neue Lösung für das Klassifikationsproblem.

Die verschiedenen Methoden der Clusterbildung unterscheiden sich nun darin, wie die Ähnlichkeit zwischen zwei Clustern definiert wird, wenn wenigstens ein Cluster aus mehr als einer Raumeinheit besteht. Dies ist bereits ab dem zweiten Schritt der Fall.

Wir stellen hierzu die wichtigsten Methoden vor und nehmen an, dass die Ähnlichkeit zwischen zwei Clustern Cr und Cs mit n_r bzw. n_s Raumeinheiten ($1 \leq n_r, n_s < n$) bestimmt werden soll. Wir setzen dabei voraus, dass eines der Distanzmaße $d_{jk}^{(1)} - d_{jk}^{(5)}$ verwendet wird und nennen dieses d_{jk}. Das Ähnlichkeitsmaß der beiden Cluster bezeichnen wir mit $d_{Cr,Cs}$. In jedem Schritt werden die beiden Cluster zu einem neuen vereinigt, deren Ähnlichkeit am größten ist. Benutzt man den Korrelationskoeffizienten als Ähnlichkeitsmaß, muss in den folgenden Ausdrücken Minimum durch Maximum ersetzt werden und umgekehrt.

(1) Das Single Linkage-Verfahren (SL)
     Dabei werden die Raumeinheiten jedes Clusters paarweise miteinander verglichen,

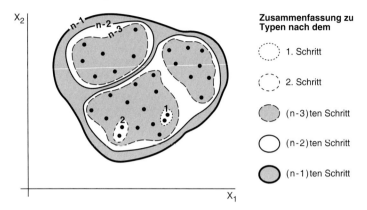

Abb. 7.4: Das Prinzip der schrittweisen Clusterbildung

indem für jedes Paar das Distanzmaß bestimmt wird. Das Distanzmaß des ähnlichsten Paares wird als Distanz der beiden Cluster gewählt. Die „nächsten Nachbarn" aus beiden Clustern bestimmen also die Distanz zwischen Cr und Cs:

$$d_{Cr,Cs} = \min\{d_{jk}|\ j \in Cr,\ k \in Cs\}.$$

(2) Das Complete Linkage-Verfahren (CL)

Die Vorgehensweise ist ähnlich wie beim Single Linkage-Verfahren, mit dem Unterschied, dass die Distanz zwischen zwei Clustern durch die am weitesten entfernten Nachbarn aus beiden Clustern definiert wird:

$$d_{Cr,Cs} = \max\{d_{jk}|\ j \in Cr, k\ \in Cs\}.$$

(3) Das Average Linkage-Verfahren (AL)

Als Ähnlichkeitsmaß zwischen Cr und Cs dient die durchschnittliche Distanz aller Paare von Raumeinheiten aus Cr und Cs:

$$d_{Cr,Cs} = \frac{1}{n_r} \cdot \frac{1}{n_s} \sum_{j \in C_r} \sum_{k \in C_s} d_{jk}.$$

(4) Das Zentroid-Verfahren (Z)

Für die beiden Cluster Cr und Cs wird zunächst jeweils das multivariate arithmetische Mittelzentrum (Zentroid) Zr bzw. Zs bestimmt. Die Koordinaten von Zr bzw. Zs sind jeweils die Mittelwerte der Koordinaten der Raumeinheiten in Cr bzw. Cs. Die Distanz zwischen den beiden Zentroiden wird als Distanz zwischen Cr und Cr verwendet, d. h.

$$d_{Cr,Cs} = d_{Zr,Zs}.$$

Von diesen vier Verfahren werden das Average Linkage- und das Zentroid-Verfahren am häufigsten benutzt. Beide weisen den Vorteil auf, dass alle Raumeinheiten eines Clusters in die Bestimmung der Ähnlichkeit mit anderen Clustern eingehen. Das Single Linkage-Verfahren hat insbesondere den Nachteil, dass es leicht zu sogenannten „Verkettungen" führt, also zur Bildung einiger weniger sehr umfangreicher Gruppen (gemessen an der Zahl der Mitglieder), während andere Cluster nur wenige Raumeinheiten enthalten. Das Complete Linkage-Verfahren tendiert hingegen zur Bildung sehr kompakter, in sich homogener Typen, da es die Ähnlichkeit der unähnlichsten Paare maximiert.

Bei allen vier Verfahren wird implizit erreicht, dass die gebildeten Cluster möglichst homogen sind, während die Unähnlichkeiten zwischen verschiedenen Clustern möglichst groß sind. Homogenität und Unähnlichkeit sind dabei natürlich relativ zu dem gewählten Distanzmaß und zu dem gewählten Verfahren zu sehen. Bei dem folgenden Verfahren wird dagegen die Forderung nach interner Homogenität der Cluster und maximaler Heterogenität zwischen den Clustern explizit zum Kriterium der schrittweisen Gruppierung gemacht.

(5) Das Ward-Verfahren

Diese Methode hat zum Ziel, die Raumeinheiten schrittweise so zu vereinigen, dass bei jedem Schritt die Heterogenität i n n e r h a l b der Cluster insgesamt minimal wird. Je nach dem verwendeten Heterogenitätskriterium gibt es wieder verschiedene Verfahren, von denen das von WARD entwickelte das bekannteste ist. Bei diesem Verfahren wird die gesamte Heterogenität innerhalb der Cluster wie folgt ermittelt: Für jeden Cluster wird zunächst die Varianz der zu ihm gehörenden Raumeinheiten um den Mittelpunkt (Zentroid) des Clusters als durchschnittliche quadratische Entfernung bestimmt. Diese „Clustervarianz" wird für alle Cluster berechnet und addiert. Die Summe ist die Gesamtvarianz innerhalb der Cluster.

Bei jedem Schritt wird für jede mögliche Zusammenfassung von zwei Clustern ermittelt, wie groß danach die neue Gesamtvarianz innerhalb aller Cluster wäre. Diejenigen beiden Cluster werden zu einem neuen zusammengelegt, für die die neue Gesamtvarianz innerhalb der Cluster minimal ist.

Wir verzichten hier auf die Formeln, die das Verfahren exakt beschreiben (vgl. FISCHER 1982, S. 119ff.) und verweisen nur auf einige Spezifika des Ward-Verfahrens. Das Ward-Verfahren setzt quadrierte euklidische Distanzen als Ähnlichkeitsmaße für die Raumeinheiten voraus, da sich die Varianz innerhalb eines Clusters auf die Abstandsquadrate der zugehörigen Raumeinheiten untereinander zurückführen lässt. Das Verfahren hat eine gewisse Ähnlichkeit mit dem Zentroid-Verfahren, da sich die innere Varianz von zwei zusammengelegten Clustern Cr und Cs als gewichtetes Abstandsquadrat zwischen den entsprechenden Zentroiden darstellen lässt (vgl. FISCHER 1982, S. 120). Das Gewicht ist dabei durch $n_r n_s / (n_r + n_s)$ gegeben. Diese Gewichtung bewirkt, dass zu Beginn des Clusterbildungsprozesses vor allem kleine Cluster gebildet werden und dass später häufig kleine mit großen Clustern zusammengefügt werden. Dadurch ergibt sich insgesamt eine Tendenz zu etwa gleich großen Clustern.

Der Nachteil aller Verfahren (1) – (5) liegt in ihrem schrittweisen Vorgehen. Cluster, die bei einem bestimmten Schritt gebildet werden, können bei späteren Schritten nicht mehr aufgelöst oder umgeordnet werden. Sind einmal zwei Raumeinheiten in einem Cluster vereint, können sie bei späteren Schritten nicht mehr verschiedenen Clustern zugeordnet werden. Deshalb kann das Ergebnis einer solchen schrittweisen Clusteranalyse eigentlich nur als „Anfangslösung" des Klassifikationsproblems aufgefasst werden, die anschließend gegebenenfalls noch zu verbessern ist. Dafür eignen sich als eine Möglichkeit Methoden, wie sie etwa bei der Lösung von sogenannten Standort-Zuordnungsproblemen (location-allocation models) (vgl. z. B. BAHRENBERG 1978) angewandt werden (vgl. Abschn. 7.5).

Eine zweite Möglichkeit zur Überprüfung und gegebenenfalls Verbesserung des Resultats einer schrittweisen Clusteranalyse besteht darin, Objekte zwischen Gruppen paarweise auszutauschen, solange ein solcher Austausch die Homogenität innerhalb der Cluster erhöht (sog. Hill-Climbing-Verfahren, die ausführlicher in STEINHAUSEN/LANGER 1977 und FAHRMEIR u.a. 1996 behandelt werden).

Als dritte Möglichkeit sei schließlich auf die in Kap. 8 beschriebene Diskriminanzanalyse hingewiesen.

7.4 Die Anzahl der zu bildenden Cluster (Raumtypen)

Die schrittweise Clusteranalyse liefert nach jedem Schritt eine Zusammenfassung der Raumeinheiten in Cluster, und zwar – bei insgesamt n Raumeinheiten:

nach dem 1. Schritt: in $(n-1)$ Cluster,
nach dem 2. Schritt: in $(n-2)$ Cluster,
nach dem 3. Schritt: in $(n-3)$ Cluster,

$\vdots$

nach dem l-ten Schritt: in $(n-l)$ Cluster,

$\vdots$

nach dem $(n-2)$-ten Schritt: in $(n-(n-2)) = 2$ Cluster,
nach dem $(n-1)$-ten Schritt: in einem Cluster.

Mit jedem Schritt wächst der Grad der Generalisierung bzw. der Informationsverlust. Vor dem 1. Schritt sind noch alle Raumeinheiten getrennt, es hat noch keine Generalisierung stattgefunden. Nach dem $(n-1)$-ten Schritt ist die Generalisierung vollständig, alle Raumeinheiten sind in einem Cluster vereint, sie sind nicht mehr unterscheidbar. Die ursprünglichen Informationen über ihre Verschiedenheit sind vollständig verschwunden. Bei der Frage nach der Anzahl der Cluster muss also offensichtlich ein Kompromiss gefunden werden zwischen einem genügend großen Grad an Generalisierung, damit überhaupt ein Mindestmaß an Übersicht erreicht wird, und einem nicht zu hohen Grad an Generalisierung, um den Informationsverlust zu begrenzen.

Dieses Problem stellt sich bei jeder Klassifikation. Es empfiehlt sich daher, mit verschiedenen Lösungen für die Anzahl der Cluster zu experimentieren. Darüber hinaus liefern aber die schrittweisen Verfahren bereits einige Anhaltspunkte über die Anzahl der zu bildenden Gruppen. Dies wird an einem Beispiel demonstriert. Wir haben für die 65 Kreise Norddeutschlands (vgl. Abb. 2.1) eine Clusteranalyse durchgeführt. Als Variablen wurden die fünf sozio-demo-ökonomischen Faktoren verwendet, die sich aus der Varimax-Rotation in Abschn. 6.4.5 ergaben. Es handelt sich um die Faktoren WK, NBEV, SIFL, AS und AM. Sie sind jeweils standardisiert und orthogonal zueinander. Die Ähnlichkeit zwischen den Raumeinheiten wurde durch die euklidische Distanz in dem 5-Faktorenraum beschrieben. Als Methode der schrittweisen Clusterbildung wurde das Average Linkage-Verfahren benutzt. Das Ergebnis zeigt Tab. 7.1, aus der sich der Prozess der Clusterbildung ablesen lässt.

Tab. 7.1: Clusteranalyse der 65 Kreise Norddeutschlands mit den 5 varimax-rotierten Faktoren aus Abschn. 6.4.5. Ähnlichkeitsmaß: euklidische Distanz, Average Linkage-Verfahren

Schritt Nr.	Kombination Cl 1	Cl 2	Euklid. Distanz	Nächste Kombination	Schritt Nr.	Kombination Cl 1	Cl 2	Euklid. Distanz	Nächste Kombination
1	35	65	0,5255	8	33	26	55	1,4069	53
2	21	54	0,5609	37	34	41	52	1,4143	51
3	33	53	0,5922	8	35	4	31	1,4202	46
4	34	39	0,6706	11	36	28	36	1,4344	40
5	19	58	0,7240	18	37	17	21	1,4426	52
6	31	49	0,7432	35	38	9	12	1,5020	43
7	23	40	0,7692	23	39	25	44	1,5219	50
8	33	35	0,7705	22	40	28	46	1,5278	50
9	20	24	0,7846	44	41	27	43	1,5440	46
10	26	62	0,8048	12	42	1	10	1,6108	49
11	34	51	0,8332	25	43	3	9	1,6685	49
12	26	57	0,8597	33	44	20	61	1,6696	56
13	2	8	0,8673	54	45	19	60	1,7337	51
14	3	15	0,8709	32	46	4	27	1,7861	53
15	18	37	0,8890	52	47	32	59	1,8679	55
16	47	50	0,9493	28	48	5	14	1,8983	61
17	6	13	0,9631	27	49	1	3	1,9065	54
18	19	22	0,9931	31	50	25	28	1,9168	57
19	25	48	1,0150	30	51	19	41	2,0254	58
20	36	42	1,0251	36	52	17	18	2,1067	56
21	52	56	1,0404	34	53	4	26	2,1757	55
22	28	33	1,0437	36	54	1	2	2,2585	60
23	23	63	1,0469	29	55	4	32	2,4241	57
24	43	45	1,0505	41	56	17	20	2,6005	59
25	27	34	1,0858	28	57	4	25	2,6169	58
26	17	64	1,1197	37	58	4	19	2,8093	59
27	6	11	1,1494	32	59	4	17	3,1420	60
28	27	47	1,1545	41	60	1	4	3,2035	61
29	23	30	1,2121	31	61	1	5	3,5707	62
30	25	29	1,2392	39	62	1	7	4,7537	63
31	19	23	1,2912	45	63	1	38	4,8034	64
32	3	6	1,3325	43	64	1	16	5,6340	–

Die Tabelle zeigt, welche beiden Cluster bei jedem Schritt zusammengelegt werden, und führt das Maß der Ähnlichkeit der beiden Cluster (also die euklidische Distanz) vor der Zusammenlegung auf. Nach der Zusammenlegung wird der neue Cluster rechnerintern mit der niedrigeren der beiden Clusternummern versehen, so dass der gesamte Prozess gut verfolgt werden kann. Dazu dient auch die letzte Spalte, die angibt, bei welchem Schritt ein gerade gebildeter Cluster das nächste Mal mit einem anderen Cluster zusammengefasst wird.

Tab. 7.2: Zuordnung der Kreise zu den Clustern aus Tab. 7.1. Lösungen für 2 bis 10 Cluster

Kreis	Anzahl der Cluster									Kreis	Anzahl der Cluster								
Nr.	10	9	8	7	6	5	4	3	2	Nr.	10	9	8	7	6	5	4	3	2
1	1	1	1	1	1	1	1	1	1	34	2	2	2	2	2	1	1	1	1
2	1	1	1	1	1	1	1	1	1	35	9	8	2	2	2	1	1	1	1
3	1	1	1	1	1	1	1	1	1	36	9	8	2	2	2	1	1	1	1
4	2	2	2	2	2	1	1	1	1	37	6	6	6	6	2	1	1	1	1
5	3	3	3	3	3	1	1	1	1	38	10	9	8	7	6	5	4	3	1
6	1	1	1	1	1	1	1	1	1	39	2	2	2	2	2	1	1	1	1
7	4	4	4	4	4	3	2	1	1	40	7	7	7	2	2	1	1	1	1
8	1	1	1	1	1	1	1	1	1	41	7	7	7	2	2	1	1	1	1
9	1	1	1	1	1	1	1	1	1	42	9	8	2	2	2	1	1	1	1
10	1	1	1	1	1	1	1	1	1	43	2	2	2	2	2	1	1	1	1
11	1	1	1	1	1	1	1	1	1	44	9	8	2	2	2	1	1	1	1
12	1	1	1	1	1	1	1	1	1	45	2	2	2	2	2	1	1	1	1
13	1	1	1	1	1	1	1	1	1	46	9	8	2	2	2	1	1	1	1
14	3	3	3	3	3	2	1	1	1	47	2	2	2	2	2	1	1	1	1
15	1	1	1	1	1	1	1	1	1	48	9	8	2	2	2	1	1	1	1
16	5	5	5	5	5	4	3	2	2	49	2	2	2	2	2	1	1	1	1
17	6	6	6	6	2	1	1	1	1	50	2	2	2	2	2	1	1	1	1
18	6	6	6	6	2	1	1	1	1	51	2	2	2	2	2	1	1	1	1
19	7	7	7	2	2	1	1	1	1	52	7	7	7	2	2	1	1	1	1
20	8	6	6	6	2	1	1	1	1	53	9	8	2	2	2	1	1	1	1
21	6	6	6	6	2	1	1	1	1	54	6	6	6	6	2	1	1	1	1
22	7	7	7	2	2	1	1	1	1	55	2	2	2	2	2	1	1	1	1
23	7	7	7	2	2	1	1	1	1	56	7	7	7	2	2	1	1	1	1
24	8	6	6	6	2	1	1	1	1	57	2	2	2	2	2	1	1	1	1
25	9	8	2	2	2	1	1	1	1	58	7	7	7	2	2	1	1	1	1
26	2	2	2	2	2	1	1	1	1	59	2	2	2	2	2	1	1	1	1
27	2	2	2	2	2	1	1	1	1	60	7	7	7	2	2	1	1	1	1
28	9	8	2	2	2	1	1	1	1	61	8	6	6	6	2	1	1	1	1
29	9	8	2	2	2	1	1	1	1	62	2	2	2	2	2	1	1	1	1
30	7	7	7	2	2	1	1	1	1	63	7	7	7	2	2	1	1	1	1
31	2	2	2	2	2	1	1	1	1	64	6	6	6	6	2	1	1	1	1
32	2	2	2	2	2	1	1	1	1	65	9	8	2	2	2	1	1	1	1
33	9	8	2	2	2	1	1	1	1										

Zur Interpretation von Tab. 7.1) diene das folgende Beispiel: Beim ersten Schritt werden die Raumeinheiten Nr. 35 und 65 vereinigt, deren euklidische Distanz 0,5255 beträgt. Dieser Cluster wird fortan unter der Nr. 35 geführt. Er wird beim 8. Schritt (vgl. letzte Spalte in Tab. 7.1) mit dem Cluster Nr. 33 verbunden. Dieser Cluster entstand beim 3. Schritt durch die Vereinigung der beiden Raumeinheiten Nr. 33 und 53. Die im achten Schritt zusammengefügten Cluster 33 und 35 sind im Übrigen 0,7705 Einheiten voneinander entfernt und werden bis zum 22. Schritt als Nr. 33 bezeichnet.

Tabelle 7.1 ist sozusagen das Rohergebnis der Clusteranalyse. Aus ihr lässt sich leicht die eingängigere Ergebnisdarstellung der Tab. 7.2 gewinnen. Diese Tabelle zeigt, welche Raumeinheiten zu welchem Cluster gehören, und zwar nach dem 55. Schritt (10 Cluster), dem 56. Schritt (9 Cluster), dem 57. Schritt (8 Cluster), ..., und nach dem 63. Schritt (2 Cluster). In Tab. 7.2 sind die Cluster einfach von 1 bis l (l = Anzahl der Cluster) durchnummeriert worden. Die zu einer Raumeinheit gehörende Nr. gibt an, welchem Cluster (Raumtyp) die Raumeinheit zugeordnet ist. So gehört die Raumeinheit Nr. 7 (Hamburg) bei der Klassifikation in 10 Raumtypen dem Cluster 4 an und bei der Klassifikation in 4 Raumtypen dem Cluster 2. Tabelle 7.2 lässt sich natürlich auf Fälle mit mehr als 10 Raumtypen erweitern. Wir haben auf deren Darstellung allerdings verzichtet, da mehr als 10 Raumtypen kaum noch übersichtlich sind. Tabelle 7.2 wird im Übrigen häufig in der leichter lesbaren Form eines sogenannten Linkage Tree's bzw. Dendrogramms (eines Stammbaums) dargestellt (vgl. Abb. 7.5).

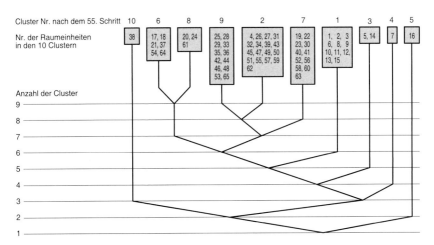

Abb. 7.5: Linkage Tree der Clusteranalyse der norddeutschen Kreise mit 5 sozio-demo-ökonomischen Faktoren für die letzten 9 Schritte (vgl. Tab. 7.2)

Wie man sieht, ist das Ergebnis nicht sehr „glücklich", da bei vielen Klassenbildungen die Raumtypen nur aus einer Raumeinheit bestehen. So besteht bei der Lösung mit 2 Clustern: einer aus der Raumeinheit Nr. 16 (Wolfsburg), der andere aus den restlichen Raumeinheiten;

mit 5 Clustern: einer aus der Raumeinheit Nr. 16 (Wolfsburg),
einer aus der Raumeinheit Nr. 7 (Hamburg),
einer aus der Raumeinheit Nr. 38 (Lüchow-Dannenberg),
einer aus den beiden Raumeinheiten Nr. 5 (Emden) und Nr. 14 (Salzgitter),
einer aus den restlichen Raumeinheiten, zu denen so unterschiedliche Kreise wie z. B. die Stadt Bremen und der Landkreis Aurich gehören.

Offensichtlich haben die Kreise Nr. 16, 7, 38 und 5 sowie 14 gewissermaßen einen singulären Charakter hinsichtlich der 5 Faktoren. Um die große Restgruppe aufzugliedern, bietet es sich an, mehr als fünf Cluster zu bilden. Ein formales Kriterium kann aus Tab. 7.1 gewonnen werden. Die euklidische Distanz in Tab. 7.1 gibt ja für jeden Schritt an, wie groß die Unähnlichkeit der bei diesem Schritt vereinigten Cluster ist. Daher erscheint es sinnvoll, auf solche Stellen in der Reihe der euklidischen Distanzen zu achten, an denen diese einen Sprung machen, an denen sie also um einen deutlich größeren Betrag als vorher ansteigen. Solche Sprünge sind etwa, wenn wir nur die Schritte ab dem 55. betrachten,

beim 56. Schritt: Zunahme der euklidischen Distanz um 0,1764,
beim 58. Schritt: Zunahme um 0,1924,
beim 59. Schritt: Zunahme um 0,3327,
beim 61. Schritt: Zunahme um 0,3672,
beim 62. Schritt: Zunahme um 1,1830

festzustellen. Wir haben dabei nur solche Sprünge berücksichtigt, die größer als jeder vorherige sind.

Ein häufig angewandtes Kriterium ist nun, die Clusterbildung direkt v o r einem Schritt mit einer sprunghaften Zunahme der Unähnlichkeit zu stoppen.

Den obigen Sprüngen entsprechen also folgende Anzahlen der Raumtypen (Cluster):

vor dem 56./ nach dem 55. Schritt: 10 Klassen,
vor dem 58./ nach dem 57. Schritt: 8 Klassen,
vor dem 59./ nach dem 58. Schritt: 7 Klassen,
vor dem 61./ nach dem 60. Schritt: 5 Klassen,
vor dem 62./ nach dem 61. Schritt: 4 Klassen.

Die letzten beiden Lösungen mit 4 bzw. 5 Klassen hatten wir bereits verworfen. Wir entscheiden uns auf Grund des Dendogramms für 8 Klassen bzw. Raumtypen. Bei 10 Raumtypen hätten zwei nur einen sehr geringen Umfang, einer bestünde nur aus 3, der andere aus 6 Raumeinheiten. Bei der Lösung mit 7 Raumtypen wäre ein Cluster extrem groß (vgl. Abb. 7.5). Würde man im Übrigen eine möglichst gleich große Klassenstärke als alleiniges Kriterium anwenden, böte sich eine Raumtypisierung in 9 Cluster an. Diese erfüllt jedoch nicht das Kriterium eines sprunghaften Anstiegs der euklidischen Distanz. Abbildung 7.6 zeigt die Raumtypisierung für die acht Klassen, die sich aus dem Linkage Tree ergeben. Die Nummern der Raumtypen stimmen mit denjenigen aus Tab. 7.2 überein.

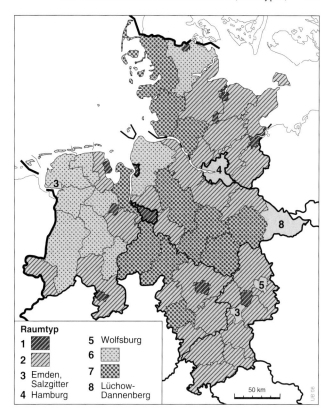

Abb. 7.6:
Die acht Raumtypen in Norddeutschland auf Grund der Clusteranalyse mit 5 soziodemo-ökonomischen Faktoren

Raumtyp

1	▨	**5**	Wolfsburg
2	▨	**6**	▦
3	Emden, Salzgitter	**7**	▦
4	Hamburg	**8**	Lüchow-Dannenberg

50 km

Zur leichteren Interpretierbarkeit der Cluster sind in Tab. 7.3 als zusätzliche Information die Mittelwerte der Faktoren in den einzelnen Raumtypen aufgeführt. Dabei ist zu beachten, dass die Mittelwerte in den nur von einer Raumeinheit besetzten Raumtypen jeweils gleich den entsprechenden Faktorenwerten sind. Das in Abb. 7.6 und Tab. 7.3 wiedergegebene Ergebnis der Raumtypisierung lässt sich kurz wie folgt zusammenfassen:

(1) Die singulären Kreise zeichnen sich durch extreme (positive oder negative) Abweichungen eines oder mehrerer ihrer Faktorenwerte vom Durchschnittswert (= 0, weil die Faktoren standardisiert sind) aus.
Dies gilt etwa für

- Hamburg (höchstrangiges Wirtschaftszentrum) bezüglich der Faktoren WK, AS, AM (Raumtyp 4);
- Wolfsburg (VW-Werk) bezüglich der Faktoren WK, AS und eingeschränkt NBEV sowie AM (Raumtyp 5);

Tab. 7.3: Die Mittelwerte der varimax-rotierten Faktoren I – V in den Raumtypen Norddeutschlands (vgl. Abb. 7.6)

Raumtyp	Anzahl der	Faktoren				
= Cluster Nr.	Raum- einheiten	I WK	II NBEV	III SIFL	IV AS	V AM
1	11	0,72	−0,94	1,03	0,98	−0,28
2	29	−0,62	0,10	0,20	−0,35	0,59
3	2	1,28	−0,44	0,84	−2,18	−0,49
4	1	3,15	−0,13	−0,32	1,97	2,00
5	1	4,10	1,23	−0,46	−2,64	1,01
6	9	−0,35	1,05	0,29	0,17	−1,55
7	11	0,31	−0,06	−1,50	0,20	−0,12
8	1	0,12	−1,40	−4,00	0,61	−0,80
Gesamt	65	0,00	0,00	0,00	0,00	0,00

- Emden, Salzgitter („reine" Industriestädte) bezüglich der Faktoren WK und AS
  (Raumtyp 3);
- Lüchow-Dannenberg (extrem dünn besiedelter, peripherer Landkreis) bezüglich der
  Faktoren SIFL und (eingeschränkt) NBEV (Raumtyp 8). Verstärkend für die Sin-
  gularität Lüchow-Dannenbergs kommt hinzu, dass der Faktor NBEV einen hohen
  negativen Wert aufweist, während NBEV in den ansonsten ähnlich strukturierten
  Landkreisen des Raumtyps 6 durch hohe positive Faktorenwerte ausgezeichnet ist.

(2) Den Raumtyp 1 bilden die kreisfreien Städte (abgesehen von Delmenhorst und den
    auf Grund ihrer Wirtschaftsstruktur unter (1) aufgeführten Ausnahmen). Sie zeich-
    nen sich durch eine überdurchschnittliche Wirtschaftskraft, Verstädterung und Ar-
    beitsplatzstruktur (relativ viele Arbeitsplätze im tertiären Sektor) aus. Ihre (natürliche)
    Bevölkerungsentwicklung ist dagegen unterdurchschnittlich.

(3) Der Raumtyp 2 ist in gewisser Weise invers zu Raumtyp 1. Er umfasst vor allem die
    suburbanen Landkreise um die größeren Agglomerationen und den SO Niedersach-
    sens. Die Wirtschaftskraft ist dort relativ gering (weil die Arbeitsplätze der Beschäf-
    tigten in den Agglomerationskernen liegen), der Arbeitsmarkt ist überdurchschnittlich
    positiv (weil die Arbeitslosenquote relativ gering ist), und die (natürliche) Bevölke-
    rungsentwicklung ist im Gegensatz zu derjenigen in den Kernstädten schwach positiv.

(4) Der Raumtyp 6 fasst die peripher gelegenen ländlichen Kreise unterdurchschnittlicher
    Wirtschaftskraft, der schlechtesten Arbeitsmarktbilanz und weit überdurchschnittli-
    cher (natürlicher) Bevölkerungsentwicklung zusammen, die sich vor allem im nord-
    westlichen Niedersachsen konzentrieren.

(5) Die Landkreise des Raumtyps 7 entsprechen in nahezu jeder Hinsicht am ehesten dem
    durchschnittlichen Kreis in Norddeutschland, sieht man einmal von der beträchtlich
    unter dem Durchschnitt liegenden Verdichtung ab.

7.5 Korrektur der schrittweisen Clusteranalyse

Wir hatten am Ende von Abschn. 7.3 festgestellt, dass die schrittweise Clusteranalyse zu Verzerrungen führen kann, die durch die Schritt für Schritt erfolgende Bildung der Cluster bedingt sind. Man wird daher bestrebt sein, das Ergebnis einer schrittweisen Clusteranalyse nachträglich zu verbessern. Das Vorgehen dabei ist im Prinzip folgendes (vgl. FISCHER 1982, S. 162ff.): Als Ergebnis einer schrittweisen Clusteranalyse mögen sich l Cluster ergeben haben. Für jeden Cluster bestimmt man sein Zentroid. Anschließend werden alle Raumeinheiten – unabhängig davon, welchem Cluster sie bislang angehörten – jeweils einem Zentroid zugeordnet. Die Zuordnung erfolgt durch Optimierung einer Zielfunktion, die insgesamt eine möglichst große Nähe zwischen den Raumeinheiten und den Zentroiden garantiert. Dadurch erhält man l neue Cluster, für die wiederum jeweils das Zentroid bestimmt wird. Diesen l neuen Zentroiden werden wieder die Raumeinheiten einzeln zugeordnet – unter Beachtung des Kriteriums, die Zielfunktion zu optimieren. Dieses Verfahren wird so lange fortgeführt, bis es konvergiert, d. h. bis sich die Zentroide und die Zuordnungen nicht mehr ändern.

Je nach der gewählten Zielfunktion stehen für die Lösung dieses Problems verschiedene Methoden zur Verfügung. Leider sind diese Methoden in den gängigen statistischen Programmpaketen nicht immer implementiert, da sie eher zu den Optimierungsverfahren als zu den statistischen Methoden zu rechnen sind. Einen guten Überblick über solche Verfahren gibt das Buch zur Clusteranalyse von STEINHAUSEN/LANGER (1977).

Immerhin stellt das SPSS mit der Prozedur „Clusterzentrenanalyse" einen einfachen Algorithmus zur Verfügung, der in den meisten Fällen ausreichende Ergebnisse liefert. Als Zielfunktion wird dabei die Summe der euklidischen Distanzen zwischen den Clusterzentroiden und den ihnen zugeordneten Raumeinheiten benutzt. Sie wird dadurch minimiert, dass schrittweise die Raumeinheiten dem – im Variablenraum – nächstgelegenen Zentroid zugeordnet wird. Die Zahl der Iterationsschritte kann individuell festgelegt werden (bis 999 Schritte). Das Verfahren wird beendet, wenn keine Raumeinheit mehr umgruppiert wird.

Wir haben diese Methode auf die 8 Cluster aus Abb. 7.6 bzw. Tab. 7.3 angewandt. Das Zentroid eines Clusters ist dazu durch die Mittelwerte der Faktoren in dem Cluster gegeben. Z. B. hat das Zentroid des Clusters Nr. 1 die Koordinaten (vgl. Tab. 7.3):

0,72	bei WK,
−0,94	bei NBEV,
1,03	bei SIFL,
0,98	bei AS,
−0,28	bei AM.

Anschließend wurden die Raumeinheiten jeweils dem nächsten der acht Zentroide zugeordnet. Daraufhin wurden neue Zentroide berechnet und die Raumeinheiten wurden diesen Zentroiden analog zugeordnet, womit die endgültige Lösung erreicht wurde. Allerdings hat sich das Ergebnis hinsichtlich der singulären Raumeinheiten nicht wesentlich geändert, denn es resultieren folgende acht Cluster:

1   : Wolfsburg
2, 3, 4 : Raumtypen, auf die wir nicht näher eingehen
5   : Emden
6   : Lüchow-Dannenberg, Nordfriesland
7   : Hamburg, Hannover
8   : Landkreis Hannover, Harburg, Pinneberg, Stormarn.

Immerhin fällt bei dieser Klassifikation der Cluster 8 auf, der die suburbanen Landkreise der beiden Wirtschafts- und Verwaltungszentren Hamburg und Hannover umfasst.

Auch nach der Verbesserung bestehen einige Raumtypen nur aus einer bzw. zwei Raumeinheit(en). Eine solche Situation widerspricht eigentlich dem Grundgedanken einer Typisierung bzw. Klassifikation. Mit anderen Worten: „Ausreißer" lassen sich kaum durch eine Typisierung erfassen.

Zur Abhilfe bieten sich zwei Strategien an:

(a) Man kann auf die Ausreißer von vornherein verzichten. Allerdings weiß man a priori nicht, welche die Ausreißer sind. Gehört etwa Hannover zu ihnen, das bei dem ursprünglichen Ergebnis ja einem Cluster „plausibel" zugeordnet war? Ein zweites Problem ist gravierender: Schließt man einige Raumeinheiten aus, so können sich bei der Clusteranalyse mit dem Rest neue „Ausreißer" ergeben.

(b) Man kann die „Ausreißer" sozusagen in Cluster hinein „zwingen". Das soll an unserem Beispiel erläutert werden. Nach der schrittweisen Clusteranalyse hatten sich vier „echte" Cluster (mit jeweils mehr als 2 Raumeinheiten) ergeben, die sinnvoll zu interpretieren waren (vgl. Tab. 7.3 und Abb. 7.6). Wir wählen die Zentroide dieser 4 Cluster Nr. 1, 2, 6, 7 als Repräsentanten der Raumtypen aus, sozusagen als deren – wenn auch hypothetische – Vertreter, und wenden das Iterationsverfahren auf diese 4 Zentroide an: Alle Raumeinheiten werden dem nächstgelegenen Zentroid zugeordnet; für die daraus resultierenden 4 Cluster werden wieder deren Zentroide bestimmt, denen die Raumeinheiten zugeordnet werden. Man erhält somit die in Tab. 7.4 und Abb. 7.7 dargestellte Lösung.

Tab. 7.4: Die Mittelwerte der varimax-rotierten Faktoren I – V in den vier Raumtypen Norddeutschlands

Raumtyp	Anzahl der	Faktoren				
= Cluster Nr.	Raum- einheiten	I WK	II NBEV	III SIFL	IV AS	V AM
1	12	0,92	−0,87	0,92	1,07	−0,09
2	27	−0,38	0,00	0,39	−0,67	0,51
3	7	−0,26	1,25	0,59	0,01	−0,84
4	19	0,05	0,08	−1,35	0,28	0,01
Gesamt	65	0,00	0,00	0,00	0,00	0,00

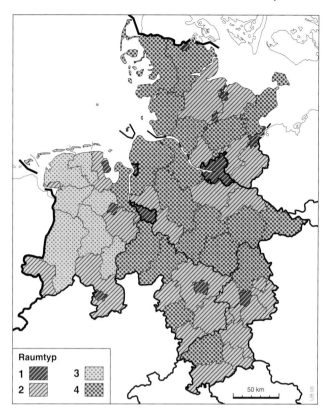

Abb. 7.7:
Die vier Raumtypen in Norddeutschland auf Grund der Cluster-analyse mit 5 sozio-demo-ökonomischen Faktoren; verbesserte Lösung (vgl. Text)

Dieses Ergebnis entspricht weitgehend dem der schrittweisen Clusteranalyse für 8 Typen – mit der Einschränkung, dass die singulären Raumeinheiten jetzt eingegliedert sind. Dadurch haben die Zentroide andere Koordinaten, und zwischen den Clustern hat gelegentlich ein Austausch von Raumeinheiten stattgefunden. Mit anderen Worten: Durch das Hinein-zwingen der Ausreißer in den nächstgelegenen, ähnlichsten Cluster hat sich dessen Zentro-id verschoben. Dadurch sind einige Raumeinheiten, die vorher nur randlich in dem Cluster waren, einem anderen, ihnen nun insgesamt ähnlicheren Cluster zugeordnet worden. Um die Interpretation des Ergebnisses zu erleichtern, ist es hilfreich, zu jedem Cluster die ihn am besten und schlechtesten repräsentierende Raumeinheit anzuführen. Damit sind diejenigen Kreise eines Clusters gemeint, die die kleinste bzw. größte euklidische Distanz zu dem jeweiligen Zentroid aufweisen. Man müsste u.a. erwarten können, dass die „Ausrei-ßer" unter den schlechtesten Repräsentanten auftauchen.

(1) Der Raumtyp 1 ist nahezu identisch mit dem Raumtyp 1 aus Tab. 7.3. Er ist lediglich durch die Stadt Hamburg ergänzt worden. Bester Repräsentant ist Osnabrück, schlech-

tester ist Hamburg.

(2) Raumtyp 2 entspricht in etwa dem Raumtyp 2 aus Tab. 7.3. Er wurde u.a. durch einige kreisfreie Städte ergänzt (z. B. durch Emden, Salzgitter und Wolfsburg). Bester Repräsentant ist der Landkreis Hildesheim, schlechtester die Stadt Wolfsburg.

(3) Raumtyp 3 deckt sich weitgehend mit Raumtyp 6 aus Tab. 7.3. Bester Repräsentant ist der Landkreis Ammerland, schlechtester ist der Landkreis Vechta.

(4) Raumtyp 4 ist, wie Tab. 7.4 zeigt, wieder der „durchschnittliche", dünnbesiedelte norddeutsche Landkreis und entspricht dem Raumtyp 7 aus Tab. 7.3. Bester Repräsentant ist der Landkreis Diepholz, schlechtester der Landkreis Lüchow-Dannenberg.

Wegen der Ähnlichkeit dieses Ergebnisses mit demjenigen aus Tab. 7.3 und Abb. 7.6 verzichten wir auf eine weitere inhaltliche Beschreibung der vier Raumtypen. Der Leser kann sie mit Hilfe von Tab. 7.4 und Abb. 7.7 selbst vornehmen.

Die bislang vorgestellten Raumtypisierungen sind natürlich nicht die einzigen, die auf der Basis der fünf Faktoren möglich und sinnvoll sind. Für die Typisierungen spricht, dass sie dem Landeskenner Norddeutschlands wohl einigermaßen plausibel erscheinen werden (was nicht bedeutet, dass jede einzelne Zuordnung eines Kreises zu einem Raumtyp unstrittig wäre) und dass sie auf den wohl am häufigsten benutzten Kriterien basieren: der euklidischen Distanz als Ähnlichkeitsmaß für die Raumeinheiten und dem Average Linkage-Verfahren bei der schrittweisen Clusterbildung. Im folgenden Kapitel wollen wir einige weitere Beispiele vorstellen, die den Einfluss des Ähnlichkeitsmaßes und des Clusterbildungsverfahrens auf das Ergebnis der Clusteranalyse demonstrieren.

7.6 Einige Beispiele

7.6.1 Der Einfluss verschiedener Ähnlichkeitsmaße

Wir hatten bereits im Abschn. 7.2 festgestellt, dass die Auswahl des Ähnlichkeitsmaßes das Ergebnis der schrittweisen Clusteranalyse beeinflussen kann. Der Einfluss der Ähnlichkeitsmaße ist jedoch abhängig von dem Verfahren, das bei der schrittweisen Clusterbildung angewendet wird. Um diesen Einfluss zu demonstrieren, führen wir vier verschiedene schrittweise Clusteranalysen der 65 Kreise Norddeutschlands auf der Basis der fünf varimax-rotierten sozio-demo-ökonomischen Faktoren mit den Ähnlichkeitsmaßen euklidische Distanz (ED), quadrierte euklidische Distanz (EDQ), Manhattan-Distanz (MD) und Korrelationskoeffizient (COR) durch, und zwar jeweils mit dem Average Linkage-Verfahren für die Clusterbildung. Die Ergebnisse können aus Platzgründen nicht ausführlich dargestellt werden. Wir beschränken uns deshalb auf zwei Aspekte.

(1) Es ist zu erwarten, dass die Wahl des Ähnlichkeitsmaßes einen Einfluss auf die Anzahl der zu bildenden Cluster hat, also auf die Schritte, an denen Sprungstellen auftreten. Tab. 7.5 zeigt die Schritte, bei denen jeweils eine Heterogenitätszunahme bei der Clusterbildung festzustellen ist, die deutlich größer als alle vorhergehenden Zunahmen ist (– Sprungstelle). Wir beschränken uns dabei auf die relevanten letzten zehn Schritte. Der einzige Schritt, der bei allen Ähnlichkeitsmaßen einen Sprung aufweist, ist der

Tab. 7.5: Schritte mit starker Zunahme der Unähnlichkeit der vereinigten Cluster für verschiedene Ähnlichkeitsmaße (vgl. Text)

Ähnlich-keitsmaß	Schritt Nr.	Anzahl der zu bildenden Cluster	Ähnlich-keitsmaß	Schritt Nr.	Anzahl der zu bildenden Cluster
ED	56	10	MD	56	10
	58	8		58	8
	59	7		59	7
	61	5		62	4
	62	4		64	2
EDQ	55	11	COR	56	10
	59	7		57	9
	61	5		59	7
	62	4		60	6
	64	2		61	5

59. Man kann nun daraus nicht schließen, dass eine Klassifikation in 7 Raumtypen angeraten sei. Denn die 7 Cluster können bei den verschiedenen Ähnlichkeitsmaßen sehr unterschiedlich ausfallen, und wir hatten oben mit gutem Grund festgestellt, dass 7 Cluster bei dem Ähnlichkeitsmaß euklidische Distanz wenig sinnvoll sind.

(2) Selbst bei gleicher Anzahl von Clustern muss mit unterschiedlichen Ergebnissen in Abhängigkeit von der Wahl des Ähnlichkeitsmaßes gerechnet werden. Wir zeigen dies am Beispiel von 8 Clustern, indem wir die Anzahl der Raumeinheiten in den Clustern vergleichen (vgl. Tab. 7.6).

Es sei zunächst daraufhingewiesen, dass Cluster mit gleichen Nummern bei den vier Analysen inhaltlich natürlich nicht mehr identisch sind. Andernfalls müssten zumindest die Häufigkeiten ebenfalls identisch sein.

Das identische Ergebnis für ED und EDQ ist auf Grund der Definition der beiden Ähnlichkeitsmaße zu erwarten. Bei MD ist eine starke Tendenz zu einer ungleichmäßigen Häufigkeitsverteilung festzustellen. Einigen wenigen Clustern mit vielen Raumeinheiten stehen die Cluster mit singulären Raumeinheiten gegenüber. Diese Tendenz lässt sich aus der Definition von MD leicht ableiten.

Das Ähnlichkeitsmaß COR wirkt umgekehrt. Bei seiner Verwendung werden kaum Cluster mit singulären Raumeinheiten gebildet, vielmehr besteht eine Tendenz zu einer Gleichverteilung der Clusterhäufigkeiten. Das liegt daran, dass Raumeinheiten, die in dem Variablenraum zwar sehr weit voneinander entfernt sind, aber in gleicher Richtung von dem Koordinatennullpunkt liegen, von COR als sehr ähnlich eingestuft werden.

ED und EDQ nehmen eine mittlere Stellung zwischen MD und COR ein.

Daraus lässt sich als Strategie ableiten: Sind unter den Raumeinheiten mehrere singuläre zu erwarten und will man echte Typen erhalten, die aus mehreren Raumeinheiten bestehen, sollte COR gewählt werden. Geht es dagegen mehr um die Herausarbeitung der Unterschiede zwischen den Clustern unter gleichrangiger Berücksichtigung aller Variablen (bzw. Faktoren) und ist man bereit, Cluster mit geringen Häufigkeiten in Kauf zu nehmen, dann bietet sich MD an. ED und EDQ sind dagegen im „Normalfall" vorzuziehen.

Tab. 7.6: Anzahl der Raumeinheiten in acht Clustern für verschiedene Ähnlichkeitsmaße

Cluster Nr.	ED	EDQ	MD	COR
1	11	11	11	13
2	29	29	46	13
3	2	2	1	3
4	1	1	1	8
5	1	1	1	12
6	9	9	3	2
7	11	11	1	10
8	1	1	1	5

7.6.2 Der Einfluss verschiedener Clusterbildungsverfahren

Die Wahl eines spezifischen Clusterbildungsverfahrens hat ebenso wie die Wahl des Ähnlichkeitsmaßes Einfluss auf das Ergebnis der Clusteranalyse. Wir demonstrieren dies an demselben Beispiel, indem wir die Cluster schrittweise nach dem

- Average Linkage-Verfahren (AL)
- Single Linkage-Verfahren (SL)
- Complete Linkage-Verfahren (CL)
- Zentroid-Verfahren (Z)
- Ward-Verfahren (W)

bilden. Für den Vergleich ist das Ähnlichkeitsmaß konstant zu halten. Da das Ward-Verfahren die quadrierte euklidische Distanz voraussetzt, wählen wir diese als Ähnlichkeitsmaß. Wir stellen den Vergleich wiederum hinsichtlich der Schritte mit Sprungstellen (vgl. Tab. 7.7) und der Clusterhäufigkeiten (für die Lösung mit 8 Clustern) (vgl. Tab. 7.8) an.

Wie zu erwarten ist, treten Sprünge mit starker Heterogenitätszunahme bei den einzelnen Verfahren an durchaus verschiedenen Stellen auf. Die am häufigsten vorkommenden Anzahlen für die zu bildenden Cluster sind 11, 5, 4 und 2 (je viermal) (vgl. Tab. 7.7). Eine Sonderrolle spielt im Übrigen das Ward-Verfahren, bei dem mit jedem Schritt die Z u - n a h m e der Heterogenität größer wird. Wir kommen darauf noch zurück.

Die Häufigkeiten der Cluster (vgl. Tab. 7.8) weisen auf eine sehr starke Verkettungstendenz (Bildung einzelner sehr großer Cluster) bei den Verfahren SL (das hatten wir oben schon festgestellt) und Z hin, während das Ward-Verfahren – wie ebenfalls schon betont – zur ausgeglichensten Häufigkeitsverteilung führt.

Tab. 7.7: Schritte mit starker Zunahme der Unähnlichkeit der vereinigten Cluster für verschiedene Clusterbildungsverfahren (vgl. Text)

Verfahren	Schritt Nr.	Anzahl der zu bildenden Cluster	Verfahren	Schritt Nr.	Anzahl der zu bildenden Cluster
AL	55	11	Z	55	11
	59	7		58	8
	61	5		59	7
	62	4		61	5
	64	2		62	4
				64	2
SL	56	10			
	57	9	W	55	11
	61	5		56	10
	62	4		57	9
	64	2		58	8
				59	7
CL	55	11		60	6
	57	9		62	4
	58	8		63	3
	63	3		64	2

Die Verfahren AL und CL nehmen eine mittlere Position ein, wobei das Complete Linkage-Verfahren eine gleichmäßigere Verteilung erzeugt als das Average Linkage-Verfahren.

Unser Beispiel ist nicht repräsentativ für die in der Praxis auftretenden Datenstrukturen. Aber auch aus anderen Versuchen ergibt sich: Möchte man die Unterschiede in der Größe der Cluster minimieren, ist die Reihenfolge der Clusterbildungsverfahren etwa W – CL – AL – Z – SL.

Tab. 7.8: Anzahl der Raumeinheiten in acht Clustern für verschiedene Clusterbildungsverfahren

Cluster Nr.	Verfahren				
	AL	SL	CL	Z	W
1	11	56	12	10	9
2	29	1	20	44	3
3	2	1	2	2	11
4	1	1	1	1	14
5	1	1	9	1	1
6	9	3	15	5	9
7	11	1	5	1	12
8	1	1	1	1	6

7.6.3 Vorschläge für eine Typisierung der norddeutschen Kreise

Wir wollen abschließend drei Typisierungen der norddeutschen Kreise auf der Basis der bekannten fünf varimax-rotierten Faktoren vorstellen, bei denen jeweils das Ziel verfolgt wurde, die Anzahl der Singularitäten (Typen mit nur einer Raumeinheit) möglichst gering zu halten. Als Clusterbildungsverfahren wählen wir deshalb das Ward- (W), das Complete Linkage- (CL) und das Average Linkage-Verfahren (AL).

Aus Gründen der leichteren Vergleichbarkeit soll die Anzahl der Cluster in allen drei Fällen gleich sein. Um die Clusterzahl zu bestimmen, betrachten wir noch einmal die Zunahme der Unähnlichkeit bei dem Ward-Verfahren. Tabelle 7.9 zeigt die Werte des Unähnlichkeitsmaßes für die letzten Schritte des Ward-Verfahrens sowie deren Zunahme.

Tab. 7.9: Anstieg des Unähnlichkeitsmaßes für die letzten
         Schritte des Ward-Verfahrens

Schritt Nr.	Unähnlich- keitsmaß	Anstieg des Unähnlichkeitsmaßes gegenüber dem vorigen Schritt
55	88,088	9,119
56	97,762	9,674
57	107,592	9,830
58	118,327	10,735
59	133,348	15,021
60	158,448	25,100
61	196,426	37,978
62	237,498	41,072
63	282,799	45,301
64	335,629	52,830

Angesichts der monotonen Zunahme des Unähnlichkeitsmaßes bietet es sich an, diejenige Stelle zu suchen, bei der der A n s t i e g besonders stark ist. Dies ist bei Schritt 61 der Fall, weil hier die Zunahme des Anstiegs 12,878 (nämlich von 25,100 auf 37,978) Einheiten beträgt. Demnach wäre eine Bildung von 5 Clustern anzustreben (nach dem 60., vor dem 61. Schritt). Dies trifft sich insofern gut mit dem Ziel möglichst wenige kleine Cluster zu haben, da nach dem 60. Schritt jeder Cluster mehr als eine Raumeinheit enthält.

Die erste Clusteranalyse basiert also auf dem Ward-Verfahren (mit der quadrierten euklidischen Distanz als Ähnlichkeitsmaß für die Raumeinheiten) und führt zu 5 Raumtypen. Für die beiden anderen Clusteranalysen mit dem Complete Linkage- und Average Linkage-Verfahren wurden die 5 Raumtypen mit dem Ähnlichkeitsmaß COR (für die Raumeinheiten) ermittelt, da dieses für die gleichmäßigste Verteilung der Clusterhäufigkeiten sorgt.

Die Ergebnisse der drei schrittweisen Clusteranalysen wurden anschließend mit der in Abschn. 7.5 beschriebenen Methode korrigiert. Die Ergebnisse finden sich in Tab. 7.10 und Abb. 7.8.

Tab. 7.10: Häufigkeiten und Zentroide der 5 Raumtypen Norddeutschlands vor und nach der Korrektur (vgl. Text)

	(a) Häufigkeiten der Raumtypen					
Raumtyp	vor Korrektur			nach Korrektur		
Nr.	AL	CL	W	AL	CL	W
1	12	16	12	12	12	12
2	18	12	17	21	20	22
3	13	14	15	6	7	6
4	8	11	9	8	10	9
5	14	12	12	18	16	16

		(b) Koordinaten der Clusterzentroide					
Raumtyp	Faktor	vor Korrektur			nach Korrektur		
Nr.	Nr.	AL	CL	W	AL	CL	W
1	I	0,92	0,44	0,92	0,92	0,92	0,92
	II	−0,87	−0,53	0,87	−0,87	−0,87	−0,87
	III	0,92	0,63	0,92	0,92	0,92	0,92
	IV	1,07	1,01	1,07	1,07	1,07	1,07
	V	−0,09	−0,07	0,09	−0,09	−0,09	−0,09
2	I	−0,63	−0,50	−0,63	−0,73	−0,72	−0,72
	II	0,66	0,80	0,66	0,21	0,29	0,25
	III	0,26	0,08	0,22	0,38	0,32	0,33
	IV	0,09	0,12	0,18	−0,14	−0,03	−0,14
	V	0,89	1,22	0,94	0,82	0,89	0,82
3	I	−0,02	−0,01	−0,05	−0,83	0,61	0,83
	II	−0,73	−0,78	−0,54	−0,50	−0,58	−0,50
	III	0,16	0,22	0,21	0,21	0,16	0,21
	IV	−1,36	−1,27	−1,34	−2,00	−1,86	−2,00
	V	0,15	0,15	0,07	0,04	0,07	0,04
4	I	−0,23	−0,40	−0,35	−0,23	−0,31	−0,27
	II	1,18	1,08	1,05	1,18	1,00	1,04
	III	0,52	0,57	0,29	0,52	0,50	0,45
	IV	−0,13	−0,22	0,17	−0,13	−0,30	−0,18
	V	−1,71	−1,22	−1,55	−1,71	−1,44	−1,58
5	I	0,16	0,30	−0,30	0,06	0,14	0,14
	II	−0,10	−0,18	−0,18	−0,02	−0,09	−0,09
	III	−1,58	−1,71	−1,71	−1,36	−1,47	−1,47
	IV	0,31	0,23	0,23	0,18	0,24	0,24
	V	−0,24	−0,18	−0,18	−0,15	−0,18	−0,18

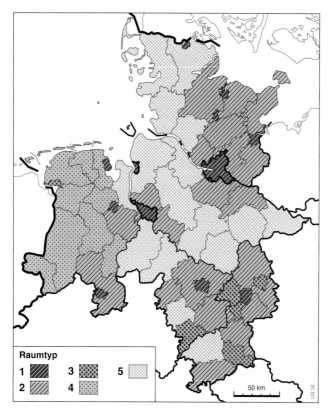

Raumtyp

1 ▨ 3 ▨ 5 ▨
2 ▨ 4 ▨

50 km

UB 08

Abb. 7.8:
Die sozio-demo-ökonomischen Raumtypen in Norddeutschland nach dem Ward-Verfahren mit anschließender Korrektur

Schon die Lösungen vor der Korrektur sind sehr ähnlich, wie man an den Koordinaten der Zentroide und den Häufigkeiten der Raumtypen erkennen kann. Alle drei Verfahren führen – bei AL und CL durch die Verwendung von COR – zu sehr gleichmäßigen Häufigkeitsverteilungen. Diese Gleichmäßigkeit wird durch die Korrekturen wieder abgeschwächt, denn diese verwenden ja für die Zuordnung der Raumeinheiten zu den Clusterzentroiden die einfache euklidische Distanz.

Hervorzuheben ist vor allem, dass durch die Korrekturen die Unterschiede zwischen den Raumtypisierungen deutlich geringer werden, insbesondere bei den Raumtypen 1 und 2 (vgl. Tab. 7.10). Der Raumtyp 1 ist sogar bei allen Verfahren nach der Korrektur identisch, was an den Koordinaten der Zentroide abzulesen ist (gleiche Häufigkeiten müssen nicht unbedingt für gleiche Typen sprechen!).

Die hohe Übereinstimmung der drei Ergebnisse kann zu dem etwas vorschnellen Urteil verleiten, die Wahl des Ähnlichkeitsmaßes und des Clusterbildungsverfahrens spielten für das

Ergebnis der Clusteranalyse keine Rolle. Dazu ist zu sagen, dass wir drei Strategien benutzt haben, von denen wir vorher wussten, dass sie jeweils zu annähernden Gleichverteilungen der Clusterhäufigkeiten führen. Strebt man dieses Ziel an, ist es gleichgültig, welche der Strategien man benutzt. Ist man weniger an gleichmäßig verteilten Häufigkeiten der Cluster interessiert und nimmt auch sehr kleine Raumtypen in Kauf, wäre die Manhattan-Distanz, etwa in Kombination mit dem Average Linkage- oder dem Zentroid-Verfahren zu empfehlen.

Abschließend sei das Ergebnis der Clusteranalyse noch einmal kartographisch vorgestellt, wobei wir uns auf die Lösung nach dem Ward-Verfahren beschränken (vgl. Abb. 7.8). Die Beschreibung der Raumtypen erfolgt mit Hilfe von Tab. 7.10 (b) nach Korrektur.

Raumtyp 1 („Verdichtungskerne") umfasst 3/4 der kreisfreien Städte und ist durch eine hohe Wirtschaftskraft (Faktor I), geringe (natürliche) Bevölkerungszunahme (Faktor II), verdichtete Siedlungsstruktur (Faktor III) und eine relativ ausgeglichene Arbeitsplatzstruktur (mit einem hohen Anteil von Beschäftigten im tertiären Sektor) (Faktor IV) gekennzeichnet.

Raumtyp 2 („verstädterte, suburbane Landkreise") ergab sich in ähnlicher Form bereits in Abb. 7.7. Er zeichnet sich durch einen günstigen Arbeitsmarkt und geringe eigene Wirtschaftskraft aus, was typisch für suburbane Gebiete (s.o.) ist.

Es werden zwei Arten von ländlich geprägten Regionen unterschieden. Raumtyp 5 entspricht am ehesten dem norddeutschen Durchschnittskreis, der sich vor allem durch eine geringe Verdichtung (Faktor III) auszeichnet. Raumtyp 4 ist auf das westliche Niedersachsen konzentriert. Seine Kreise sind bestimmt durch die extrem negative Arbeitsmarktsituation (hohe Arbeitslosenquote) (Faktor V) bei gleichzeitig weit überdurchschnittlicher (natürlicher) Bevölkerungsentwicklung (Faktor II). Beide Raumtypen waren auch bei der Klassifikation in 4 Raumtypen (Abb. 7.7) zu erkennen.

Der Raumtyp 3 ist dagegen als eigener Typ neu. Er fasst Städte und Landkreise mit einem ungewöhnlich hohen Besatz an industriellen Arbeitsplätzen (und entsprechend wenig Arbeitsplätzen im tertiären Sektor) (Faktor IV) sowie damit einhergehender großer Wirtschaftskraft (Faktor I) zusammen. Cluster 3 lässt sich somit als Raumtyp mit „einseitig industriell geprägter Wirtschaftsstruktur" beschreiben, was durch die Zugehörigkeit der Kreise Emden, Wolfsburg, Peine, Salzgitter, Osterode, Hameln-Pyrmont dokumentiert wird.

Durch die Bildung dieses Raumtyps werden die anderen 4 Raumtypen homogener und leichter „lesbar", was für den Vorzug der 5-Cluster-Lösung (Abb. 7.8) gegenüber der 4-Cluster-Lösung (Abb. 7.7) spricht.

7.7 Anmerkungen zur Variablenauswahl

Das Ergebnis einer Clusteranalyse (Raumtypisierung) hängt vor allem von der Variablenauswahl ab. Eine Typisierung der norddeutschen Kreise auf der Basis unserer fünf soziodemo-ökonomischen Faktoren führt zu einem anderen Resultat als auf der Basis von z.B.

Klimavariablen. Sogenannte „Allzweck-Regionalisierungen", bei denen man mit allen Variablen, die überhaupt zur Verfügung stehen, eine Typisierung vornimmt, führen meist zu wenig sinnvollen Raumtypen. Mit anderen Worten, die Auswahl der Variablen muss sorgfältig auf den Zweck abgestimmt sein.

Unabhängig von dieser trivialen Feststellung ist man häufig bestrebt, relativ komplexe Raumtypen zu bilden, die auf einer Vielzahl der die interessierenden Sachverhalte beschreibenden Variablen beruhen. Eine Klimaklassifikation mit nur 3 Klimavariablen hat offensichtlich eine zu schmale Basis.

Es hat sich deshalb eingebürgert, vor die Clusteranalyse eine Faktorenanalyse vorzuschalten, die sozusagen die Ausgangsvariablen filtert, und anschließend mit den Faktoren eine Clusteranalyse durchzuführen. Dieses Vorgehen bietet drei Vorteile:

(1) Die Faktoren können orthogonal rotiert werden, so dass die Ähnlichkeitsmaße ohne Probleme verwendet werden können.

(2) Arbeitet man mit einer großen Menge von Variablen, werden einige Eigenschaften der Raumeinheiten bei der Clusterbildung automatisch stärker gewichtet, und zwar solche, die durch mehrere Variablen in ähnlicher Weise beschrieben werden. Das erkennt man bekanntlich an den (absolut) hohen Korrelationen zwischen diesen Variablen. Erfolgt diese Gewichtung mit Absicht und wohlbegründet, ist dagegen nichts einzuwenden. Andernfalls ist sie abzulehnen. Durch die Vorschaltung einer Faktorenanalyse wird diese Gewichtung vermieden. Denn die Faktoren repräsentieren Gruppen von Variablen, die zwar unterschiedlich groß sein können, die Faktoren selbst gehen aber mit gleichem Gewicht (weil sie standardisiert sind) in die Clusterbildung ein.

(3) Durch die Faktorenanalyse wird die Menge der Variablen für die Clusteranalyse erheblich reduziert, wodurch die Raumtypisierung leichter interpretierbar wird. In unserem clusteranalytischen Beispiel haben wir nur mit 5 Variablen (nämlich den orthogonalen Faktoren) an Stelle der ursprünglich 26 Variablen gearbeitet.

Diesen Vorteilen steht jedoch ein Nachteil gegenüber. Eine Clusteranalyse mit Faktoren basiert auf anderen Informationen als eine mit der größeren Menge der ursprünglichen Variablen, denn die Faktoren repräsentieren ja nicht mehr alle Variablen, sondern jede Variable nur nach der Maßgabe ihrer Kommunalität. Mit anderen Worten, durch die Benutzung von Faktoren bei der Clusteranalyse werden die Ausgangsvariablen praktisch gewichtet (entsprechend der Höhe ihrer Kommunalitäten), wodurch der unter (2) genannte Vorteil wieder aufgehoben wird. Wir müssen daher grundsätzlich zwischen zwei Strategien unterscheiden:

(1) Die Variablen für die Clusteranalyse stehen auf Grund theoretischer oder praktischer Erwägungen von vornherein fest. Dann ist eine Faktorenanalyse überflüssig und sinnlos. Um die Ähnlichkeitsmaße anwenden zu können, müssen die Variablen für die Clusteranalyse aber orthogonal sein. Man sollte daher eine H a u p t k o m p o n e n - t e n a n a l y s e durchführen, um die Variablen orthogonal zu rotieren. Um eine unterschiedliche Gewichtung zu vermeiden, müssen alle Hauptkomponenten extrahiert werden und können gegebenenfalls – zur Erleichterung der inhaltlichen Interpreta-

tion – varimax-rotiert werden. Die anschließende Clusteranalyse muss mit allen Hauptkomponenten durchgeführt werden – in der Regel also mit genauso vielen Hauptkomponenten wie Variablen. Die Hauptkomponentenanalyse wird also in diesem Fall nur benutzt, um rechtwinklige Variablen zu erhalten, und zwar ohne jeden Informationsverlust.

(2) Man weiß anfangs noch nicht genau, welche Variablen in eine Clusteranalyse (Raumtypisierung) einbezogen werden, sondern sucht zunächst nach solchen, die die interessierenden Sachverhalte gut erfassen. Dann kann eine Faktorenanalyse und mit den orthogonalen Faktoren die Clusteranalyse durchgeführt werden. Dabei muss man sich aber bewusst sein, dass die Raumtypisierung auf den Faktoren und nicht auf den Variablen beruht. Mit anderen Worten, in unserem Beispiel können wir nicht behaupten, die Klassifikation der norddeutschen Kreise in 5 Raumtypen (Abb. 7.8) basiere auf den durch die ursprünglich 26 Variablen gemessenen Merkmalen dieser Kreise. Sie basiert nur und ausschließlich auf den durch die 5 Faktoren erfassten Eigenschaften.

7.8 Raumtypen und Regionalisierungen

Bei der Raumtypisierung werden räumliche Einheiten auf Grund ihrer Eigenschaften in Raumtypen großer innerer Homogenität zusammengefasst, so dass gleichzeitig die Unterschiede zwischen den Raumtypen möglichst groß sind. Dabei werden nur sogenannte einstellige Eigenschaften erfasst. Das sind solche Eigenschaften, die jeweils auf eine Beobachtungseinheit zutreffen.

In der Geographie interessieren jedoch häufig auch mehrstellige Merkmale. Zweistellige sind etwa solche, die Eigenschaften von Paaren von Raumeinheiten betreffen. Ein Beispiel ist der Umfang des Verkehrs zwischen zwei Raumeinheiten. Typisierungen auf der Basis von mehrstelligen Eigenschaften führen zu sogenannten funktionalen Regionen, unter denen Nodalregionen einen wichtigen Sonderfall darstellen (z. B. Zentrale Orte und ihre Hinterländer). Für funktionale Regionen sind clusteranalytische Verfahren weniger geeignet. Sie lassen sich in einfachen Fällen (bei nur einem zweistelligen Merkmal) aber mit Verfahren bearbeiten, die den in Abschn. 7.5 vorgestellten Korrekturverfahren ähnlich sind.

In der Raumordnungspolitik sind Regionalisierungen von großer Bedeutung, die Raumtypisierungen und funktionale bzw. nodale Regionalisierungen miteinander verbinden, wobei häufig von der eingangs erwähnten Schwellenwertmethode Gebrauch gemacht wird. BARTELS (1975) liefert ein Beispiel für eine solche Regionalisierung, die auch von methodischem Interesse ist. Derartige komplexe Regionalisierungen setzen meist eine „gewisse Kenntnis" der „wesentlichen Raumtypen" eines Gebietes voraus, die man leicht mit Hilfe einer Clusteranalyse erwerben kann. Anders ausgedrückt: Die Clusteranalyse steht häufig nicht am Ende, sondern am Anfang einer komplexen Regionalisierung.

Interessenten an dem erweiterten Umfeld des Regionalisierungsproblems seien auf die Aufsatzsammlung in SEDLACEK (1978) verwiesen.

7.9 Clusteranalyse von Variablen

Faktorenanalyse und Clusteranalyse verfolgen – formal betrachtet – ein ähnliches Ziel, nämlich homogene Gruppen von Beobachtungseinheiten zu bilden. Die Beobachtungseinheiten sind im Fall der Faktorenanalyse Variablen, im Fall der Clusteranalyse in der Geographie Raumeinheiten.

Es mag vielleicht überraschen, Variablen als Beobachtungseinheiten anzusehen. Intuitiv stellen sie für manchen keine „Einheit" dar, sondern sind vielmehr dadurch ausgezeichnet, dass sie variieren. Das ist aber eine naive Ansicht. Auch Raumeinheiten sind nicht für jeden die gleiche „Einheit". Insbesondere bei einer multivariaten Analyse werden sie zu komplexen Gegenständen der Beobachtung – wie eben auch Variablen. Auf die formale Gleichheit von Variablen und Raumeinheiten als Beobachtungsgegenstände hatten wir im Übrigen schon am Anfang des Kapitels zur Faktorenanalyse hingewiesen, als wir die Möglichkeit zur Darstellung beider als Vektoren aufzeigten. Wir haben von dieser Möglichkeit auch bereits Gebrauch gemacht, als wir die Korrelation zwischen zwei Raumeinheiten als Ähnlichkeitsmaß benutzten.

Kurzum: In Umkehrung der gängigen Vorgehensweise lassen sich Raumeinheiten einer Faktorenanalyse, Variablen einer Clusteranalyse unterziehen. Der Unterschied zwischen beiden Verfahren besteht darin, dass die Clusteranalyse disjunkte Typen oder Gruppen liefert, die keine gemeinsame Schnittmenge haben. Mit anderen Worten: Bei der Clusteranalyse gehören die Beobachtungseinheiten einem Cluster entweder vollständig oder gar nicht an. Wir haben also eine eindeutige Zuordnung der Beobachtungseinheiten (seien es Variablen oder Raumeinheiten) zu den Clustern.

Diese Eindeutigkeit fehlt bei der Faktorenanalyse. Man kann hier niemals sagen, welche Variablen (Beobachtungseinheiten) einem Faktor angehören oder nicht. Das wäre nur im Falle einer vollkommenen Einfachstruktur möglich, wenn die Faktorladungen ausschließlich 0 oder 1 wären. Dieser Fall tritt jedoch in der Praxis nicht auf. Bei der Faktorenanalyse können wir daher bestenfalls die Aussage machen, dass eine bestimmte Variable einem Faktor (einer Gruppe bzw. einem „Cluster" von Variablen) mehr oder weniger eindeutig angehört. In diesem Sinn ist also die Faktorenanalyse ein Typisierungsverfahren, das zu unscharfen, nicht disjunkten Typen (Gruppen) führt.

Nun ist man meistens bei Variablen an Faktoren (nicht disjunkten Gruppen), bei Raumeinheiten an Clustern (disjunkten Gruppen) interessiert. Es gibt aber auch Ausnahmen. Im Fall der Anwendung einer Faktorenanalyse auf Raumeinheiten spricht man von einer Q-Technik (im Unterschied zur R-Technik im Normalfall der Anwendung auf Variablen) (vgl. für ein geographisches Beispiel HARD/HARD 1973). Will man Variablen clusteranalytisch gruppieren, muss man also zunächst die Q-Technik anwenden und anschließend mit den so gewonnenen Faktoren die Clusteranalyse der Variablen vornehmen. Dabei werden allerdings – wie wir im vorigen Abschnitt gesehen haben – die Raumeinheiten unterschiedlich gewichtet.

Deshalb bietet es sich eher an, direkt eine Clusteranalyse der Variablen, also ohne den Umweg der Faktorisierung der Raumeinheiten, vorzunehmen. Man geht dazu von einer

Ähnlichkeitsmatrix der Variablen aus, und zwar von der Korrelationsmatrix. Mit anderen Worten, als Ähnlichkeitsmaß wird COR (zwischen den Variablen) benutzt.

Die Verwendung dieser Matrix ist mit Problemen verbunden, die übrigens in gleicher Weise bei einer Clusteranalyse der Variablen im Anschluss an eine Faktorisierung der Raumeinheiten auftreten, denn ein Korrelationskoeffizient von -1 zwischen zwei Variablen bedeutet im Rahmen der Clusteranalyse maximale Unähnlichkeit. Diese beiden Variablen würden also sicher zwei verschiedenen Clustern zugeordnet, obwohl sie „sehr ähnlich" sind. Denn wenn man die eine Variable negativ (zu sich selbst) definiert, würde der Korrelationskoeffizient zwischen beiden Variablen $+1$ werden.

Als Ausweg aus diesem Dilemma bietet sich an, die negativen Koeffizienten in der Korrelationsmatrix durch ihre absoluten Werte zu ersetzen. Im zweidimensionalen Fall (d. h. die Variablen lassen sich in einem zweidimensionalen Raum anordnen) würde dies bedeuten, die Variablen in einen Quadranten zu zwingen. Wie man sich leicht überlegen kann, führt dies jedoch zu einer unkontrollierten, nicht mehr interpretierbaren Umdefinition der Variablen.

Eine zweite Möglichkeit ist, die Variablen mit besonders vielen hohen negativen Korrelationen negativ (oder invers) zu definieren, also z. B.

die Variable X durch die Variable $-X$

zu ersetzen. Dadurch werden zwar negative Korrelationen nicht vollkommen vermieden, doch wenn die Variablen einigermaßen gut in „natürliche" Gruppen aufgeteilt sind, treten nur sehr wenige und zudem sehr geringe negative Korrelationen in der Korrelationsmatrix auf. Anschließend kann mit dieser Korrelationsmatrix als Ähnlichkeitsmatrix eine Clusteranalyse durchgeführt werden, wobei das Ward- und das Zentroid-Verfahren wegen der Verwendung von COR nicht benutzt werden können.

Wir wollen diese Vorgehensweise an einem Beispiel demonstrieren und wählen die 26 sozio-demo-ökonomischen Variablen, die der Faktorenanalyse in Abschn. 6.4.5 (Tab. 6.17) zu Grunde liegen. Dazu wurden die Variablen X_3, X_4, X_5, X_7, X_8, X_{10}, X_{15}, X_{22}, X_{23}, X_{25} und X_{26} jeweils negativ definiert. Als Verfahren für die Clusterbildung haben wir das Average Linkage- und das Complete Linkage-Verfahren benutzt. Die Ergebnisse finden sich in Tab. 7.11.

Es sei noch einmal darauf hingewiesen, dass das Ähnlichkeitsmaß bei jedem Schritt dem Korrelationskoeffizienten zwischen den bei diesem Schritt zu vereinigenden Variablenclustern entspricht. Je geringer er ist, desto größer ist die Unähnlichkeit zwischen den Clustern. Dass beim Average Linkage-Verfahren kein, beim Complete Linkage-Verfahren nur bei den letzten beiden Schritten ein negatives Ähnlichkeitsmaß (ein negativer Korrelationskoeffizient) auftritt, belegt den Erfolg unserer Variablentransformationen. Tatsächlich weist die Korrelationsmatrix nach den Transformationen nur wenige und gering negative Koeffizienten auf (wir verzichten aus Platzgründen auf die Wiedergabe der Korrelationsmatrix).

Tab. 7.11: Schrittweise Gruppierung der Variablen $X_1 - X_{26}$

Schritt	Average Linkage-Verfahren			Complete Linkage-Verfahren		
	Kombinierte Cluster		Korrelation	Kombinierte Cluster		Korrelation
Nr.	Cluster 1	Cluster 2		Cluster 1	Cluster 2	
1	8	9	0,9853	8	9	0,9853
2	2	24	0,9791	2	24	0,9791
3	1	2	0,9714	1	2	0,9653
4	18	19	0,9635	18	19	0,9635
5	13	16	0,9415	13	16	0,9415
6	17	18	0,9212	17	18	0,9190
7	4	5	0,8489	4	5	0,8489
8	13	17	0,8337	25	26	0,8082
9	25	26	0,8082	22	23	0,8075
10	22	23	0,8075	13	17	0,7607
11	1	6	0,7265	1	6	0,7104
12	11	21	0,6681	11	21	0,6681
13	1	20	0,6645	14	20	0,6195
14	10	22	0,6210	1	22	0,6162
15	1	11	0,6028	3	7	0,5313
16	1	10	0,5703	1	10	0,4921
17	12	13	0,5392	12	15	0,4824
18	3	4	0,5382	3	4	0,4449
19	3	7	0,4978	1	14	0,4234
20	1	25	0,4936	11	13	0,4142
21	1	12	0,4780	11	25	0,2629
22	1	14	0,3738	1	8	0,2262
23	1	3	0,3231	11	12	0,1255
24	1	15	0,2439	1	3	−0,0853
25	1	8	0,1675	1	11	−0,2137

Nach dem üblichen Kriterium (sprunghafte Zunahme der Unähnlichkeit) müssten wir die Clusterbildung

– beim Average Linkage-Verfahren vor dem 22. Schritt (entspricht 5 Clustern)
– beim Complete Linkage-Verfahren vor dem 21. Schritt (entspricht 6 Clustern)

beenden. Diese Anzahlen stimmen gut mit der Anzahl extrahierter Faktoren bei der Faktorenanalyse (vgl. Kap. 6) überein.

Tabelle 7.12 zeigt die Zuordnung der Variablen zu den Clustern, wobei wir bei beiden Verfahren die 5- und die 6-Cluster-Lösung aufgeführt haben. Leider kann eine Korrektur der Lösungen mit Hilfe der Zentroide nicht erfolgen, da wir nur die Ähnlichkeitsmatrix eingegeben haben und die Koordinaten der Variablen (in den Raumeinheiten) unbekannt sind. Doch auch ohne diese Korrektur lassen sich die Cluster gut interpretieren. Sie weisen eine beachtliche Ähnlichkeit zu den Faktoren I – V auf.

Tab. 7.12: Zuordnung der Variablen zu den Clustern beim Average Linkage- und beim Complete Linkage-Verfahren: Lösungen für 6 und 5 Cluster

Variable	Nr.	Anzahl der Cluster			
		Average Linkage		Complete Linkage	
		6	5	6	5
SIEDFL	1	1	1	1	1
BEVDICH	2	1	1	1	1
BEVENT	3	2	2	2	2
KINDQU	4	2	2	2	2
ERWQU	5	2	2	2	2
SOE	6	1	1	1	1
BESENT	7	2	2	2	2
BESSEK	8	3	3	3	3
BESTER	9	3	3	3	3
GQUABES	10	1	1	1	1
HQUABES	11	1	1	4	4
LUG	12	4	1	5	5
ARBPL	13	4	1	4	4
AUSPL	14	5	4	1	1
ARBLOS	15	6	5	5	5
BIP	16	4	1	4	4
STEKR	17	4	1	4	4
GEWSTE	18	4	1	4	4
RESTKR	19	4	1	4	4
BODPR	20	1	1	1	1
QUARQU	21	1	1	4	4
ARZDICH	22	1	1	1	1
FARZDICH	23	1	1	1	1
BEBFL	24	1	1	1	1
FREIFL	25	1	1	6	4
NATFL	26	1	1	6	4

Bei dem Average Linkage-Verfahren ergeben sich folgende Cluster (die Nummern der Faktoren sind diejenigen der varimax-rotierten (vgl. Tab. 6.19 und Abb. 6.14.)):

Cluster 1 = Siedlungsstruktur, Flächennutzung, Wirtschaftskraft
           (entspricht den Faktoren I (WK), III (SIFL))
Cluster 2 = (Natürliche) Bevölkerungsentwicklung
           (entspricht dem Faktor II (NBEV))
Cluster 3 = Arbeitsplatzstruktur
           (entspricht dem Faktor IV (AS))
Cluster 4 = X_{14} (Ausbildungsplätze je 100 Schulabgänger ohne Hochschulreife)
           (ohne Entsprechung bei der Faktorenanalyse)
Cluster 5 = X_{15} (Arbeitslosenquote)
           (entspricht dem Faktor V (AM)).

Im Unterschied zur Faktorenanalyse tritt bei der Clusteranalyse ein Cluster mit einer „singulären" Variablen (Cluster 4) auf. Außerdem sind im Cluster 1 die Faktoren I und III zusammengefasst. Sie werden allerdings getrennt, wenn man beim Average Linkage-Verfahren 6 Cluster bildet.

Das Complete Linkage-Verfahren zeichnet sich durch eine schwächere Verkettungstendenz aus. Es dürfte daher dem Average Linkage-Verfahren vorzuziehen sein, insbesondere wenn keine Möglichkeit zu einer nachträglichen Korrektur des Ergebnisses besteht. Seine Cluster weisen eine noch größere Übereinstimmung mit den Faktoren auf (vgl. Tab. 7.12). Die sechs Cluster sind:

Cluster 1: Siedlungsstruktur, Flächennutzung (bebaute Fläche)
            (entspricht Faktor III (SIFL))
Cluster 2: (Natürliche) Bevölkerungsentwicklung
            (entspricht Faktor II (NBEV))
Cluster 3: Arbeitsplatzstruktur
            (entspricht Faktor IV (AS))
Cluster 4: Wirtschaftskraft
            (entspricht Faktor I (WK))
Cluster 5: Arbeitsmarktsituation
            (entspricht Faktor V (AM))
Cluster 6: Flächennutzung (Frei-Nutzfläche)
            (ohne Entsprechung bei der Faktorenanalyse).

Bei der Lösung mit 5 Clustern würden die Cluster 4 und 6 zusammengelegt. Die Entsprechung mit den Faktoren wäre dann „perfekt".

Die Clusteranalyse liefert uns keine Anhaltspunkte darüber, ob die Typen (Gruppen, Cluster) orthogonal sind oder nicht, und sie bietet uns auch weniger Informationen darüber, wie die Gruppen „intern aussehen". Das heißt, die Faktorenanalyse beantwortet die Frage nach der Gruppierung von Variablen differenzierter als die Clusteranalyse. Der Vorteil der Clusteranalyse von Variablen liegt dagegen darin, dass sie sozusagen voraussetzungslos ist. Sie kann insbesondere auf Variablen beliebigen Skalenniveaus angewandt werden. Die einzige Voraussetzung ist lediglich ein sinnvolles Ähnlichkeitsmaß für die Variablen. Diese Eigenschaft sollte sie vor allem als Ersatz für die Faktorenanalyse in der diskreten Datenanalyse attraktiv machen.

8 Diskriminanzanalyse

8.1 Einführung

Die Diskriminanzanalyse ist eine Methode zur Überprüfung von Gruppen-/Klassenunterschieden. Sie ermöglicht es, zwei oder mehr vorgegebene Gruppen (Klassen) von Objekten (Raumeinheiten) simultan hinsichtlich mehrerer Variablen unter folgenden Aspekten zu untersuchen (vgl. BACKHAUS u.a. 1996, S. 91):

(1) Ist die vorliegende Gruppierung die bestmögliche oder ist sie verbesserungswürdig?

(2) In welche Gruppe ist ein Objekt (Raumeinheit), dessen Gruppenzugehörigkeit nicht bekannt ist, auf Grund seiner Merkmalsausprägungen einzuordnen?

(3) Wie lassen sich die Gruppenunterschiede erklären?

Die Anwendung der Diskriminanzanalyse setzt voraus, dass Daten für Objekte (Raumeinheiten) mit bekannter Gruppenzugehörigkeit vorliegen. Die Diskriminanzanalyse unterscheidet sich somit hinsichtlich ihrer Problemstellung von taxonomischen (gruppierenden) Verfahren wie der Clusteranalyse, die von ungruppierten Objekten ausgehen. Durch eine Clusteranalyse werden Gruppen e r z e u g t, durch eine Diskriminanzanalyse vorgegebene Gruppen u n t e r s u c h t (BACKHAUS u.a. 1996, S. 91). Bei der Clusteranalyse stellen die Gruppen (Cluster) das Ergebnis des Verfahrens dar. Bei der Diskriminanzanalyse dagegen geht man von einer Gruppierung aus und prüft beispielsweise, ob die vorgegebene Gruppierung die bestmögliche (optimale) Trennung (Diskrimination) in Gruppen (Klassen) hinsichtlich bestimmter Variablen darstellt.

Ungeachtet dieser Unterscheidung steht die Diskriminanzanalyse in enger Beziehung zur Clusteranalyse. Oftmals wird sie einer Clusteranalyse nachgeschaltet, um die clusteranalytisch ermittelte Gruppierung auf eine Verbesserungsmöglichkeit hin zu überprüfen.

Neben der Überprüfung einer vorgegebenen Gruppierung besteht ein weiteres Anwendungsgebiet der Diskriminanzanalyse darin, Objekte (Raumeinheiten) mit unbekannter Gruppenzugehörigkeit vorhandenen Gruppen (Regionen) zuzuordnen, also eine K l a s - s i f i z i e r u n g neuer Objekte vorzunehmen. Der Arbeit von KING (1969, S. 206) ist dazu ein einprägsames Beispiel zu entnehmen. Das US Department of Agriculture hat im östlichen Teil von Süd-Dakota zwei unterschiedliche landwirtschaftliche Produktionsgebiete ausgewiesen: Region A ist auf Weizenanbau, Region B auf Anbau von Futtergetreide und Viehhaltung spezialisiert. Zwei Kern-Regionen wurden ausgewiesen und ihnen die entsprechenden Counties zugeordnet (vgl. Abb. 8.1). Zwischen den beiden Kern-Regionen liegen zehn Counties, die nicht klassifiziert wurden. Die Frage, welcher der beiden Kern-Regionen die zehn Counties jeweils zuzuordnen sind, kann mit Hilfe einer Diskriminanzanalyse beantwortet werden. Zur Kennzeichnung der Counties wurden vier Merkmale (Variablen) ausgewählt und mit ihnen eine Diskriminanzanalyse durchgeführt. Buffalo und Brule wurden der Region A, die restlichen acht der Region B zugeordnet. Faulk County – zunächst als der Region A zugehörig gekennzeichnet – wurde als falsch klassifiziert erkannt und in Region B umgruppiert.

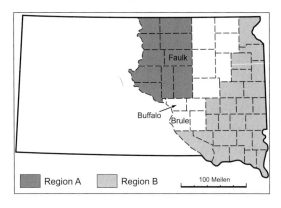

Abb. 8.1:
Landwirtschaftliche Produktionsge-
biete im östlichen Teil von Süd–
Dakota: Zuordnung nicht klassifi-
zierter Counties zu Region A oder
Region B. Quelle: KING 1969,
S. 206

Im Rahmen der Regionalwissenschaften wurde die Diskriminanzanalyse vornehmlich zur
Lösung von Klassifikationsproblemen (Typisierung von Raumeinheiten, Abgrenzung von
Regionen) eingesetzt. Es wurde übersehen, dass die Diskriminanzanalyse mehr zu leisten
vermag und als eigenständiges Verfahren der multivariaten Statistik angesehen werden
kann. Dieses herausgearbeitet zu haben, ist ein Verdienst von ERB (1990). Er hat die Anwendungsmöglichkeiten der Diskriminanzanalyse in den Regionalwissenschaften untersucht und herausgestellt, dass die Diskriminanzanalyse im Unterschied zur Clusteranalyse,
die nur das Ziel der Klassifizierung (Gruppierung) vorgegebener Objekte verfolgt, auch zur
Analyse und Erklärung von Gruppenunterschieden herangezogen werden kann.

Mit Hilfe der Diskriminanzanalyse kann nicht nur untersucht werden, ob und in welchem
Maße sich einzelne Raumtypen oder Regionen voneinander unterscheiden, sondern auch,
inwieweit bestimmte Variablen eine Klassifizierung bzw. Regionalisierung „erklären". Die
Diskriminanzanalyse kann somit durchaus zur Hypothesenprüfung, weniger allerdings zur
Hypothesenfindung eingesetzt werden. Sie gilt als ein konfirmatorisches (Strukturen prü-
fendes), weniger jedoch als ein exploratives (Strukturen entdeckendes) Verfahren.

Zusammenfassend lassen sich in den Regionalwissenschaften mit Hilfe der Diskriminanzanalyse folgende Aufgabenstellungen lösen (vgl. JOHNSTON 1978, S. 237ff., ERB 1990,
S. 9/10):

(1) Trennung von Raumeinheiten nach verschiedenen Merkmalen zum Zweck der Raum-
    typisierung oder Regionalisierung;
(2) Überprüfung und gegebenenfalls Verbesserung einer vorgegebenen, möglicherweise
    mit Hilfe einer Clusteranalyse ermittelten Raumgliederung;
(3) Zuordnung nicht klassifizierter Raumeinheiten zu vorgegebenen Raumtypen oder Re-
    gionen;
(4) Analyse der Unterschiede zwischen Raumtypen oder Regionen; Test aufgestellter Hy-
    pothesen.

8.2 Das Verfahren

8.2.1 Der Zwei-Gruppen-Zwei-Variablen-Fall

Im Folgenden sollen zunächst die Grundzüge des Verfahrens erläutert werden. Dabei wird von der einfachsten Konstellation einer Diskriminanzanalyse, dem Zwei-Gruppen-Zwei-Variablen-Fall, ausgegangen. Die Darstellung des Verfahrens lehnt sich an jene von BACK-HAUS u.a. (1996) und ERB (1990) an. Ergänzend sei auf Arbeiten von COOLEY/LOHNES (1971), JOHNSTON (1978), KLECKA (1984) und DEICHSEL/TRAMPISCH (1985) verwiesen, weiterführend und vertiefend auf Arbeiten von FUKUNAGA (1972), LACHENBRUCH (1975), GOLDSTEIN/DILLON (1978), KRISHNAIAH/KANAL (1982) und FAHRMEIR u.a. (1996).

Die Diskriminanzanalyse geht auf FISHER (1936) zurück; weiterentwickelt wurde sie von WELCH (1939), der das Wahrscheinlichkeitskonzept in die Diskriminanzanalyse einführte, und von SMITH (1947), der die Ableitung einer quadratischen Diskriminanzfunktion vornahm. BRYAN (1951) erweiterte sie schließlich zur mehrdimensionalen Diskriminanzanalyse.

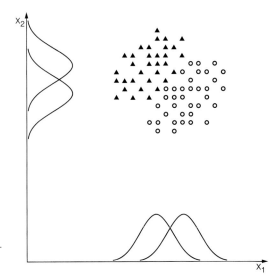

Abb. 8.2:
Trennung durch die Ausgangsvariablen X_1 und X_2. Quelle: ERB 1990, S. 12

In den gängigen Programmpaketen (SPSS, SAS, BMDP) sind die lineare Diskriminanzanalyse und mit Einschränkungen die quadratische Diskriminanzanalyse installiert. Die folgenden Ausführungen haben das Ziel ein Grundverständnis des Verfahrens zu liefern und beschränken sich auf die Darstellung der linearen Diskriminanzanalyse für metrisch skalierte Variablen.

In Abb. 8.2 ist für zwei Gruppen von Objekten (▲ und ○) ein Streuungsdiagramm bezüglich der beiden Variablen X_1 und X_2 angefertigt worden. Gesucht wird eine Achse (Variable) Y, auf der die beiden Gruppen möglichst gut getrennt sind. Y muss offensichtlich eine andere Variable sein als X_1 und X_2. Denn die Projektion der Gruppenelemente auf die beiden Merkmalsachsen verdeutlicht, dass keine der beiden Variablen allein die Gruppen zu trennen vermag. Dafür überschneiden sich die zugehörigen Häufigkeitsverteilungen zu stark.

Werden dagegen beide Variablen gleichzeitig betrachtet, lässt sich eine vollständige Trennung der beiden Gruppen erreichen, wie die Projektion der Gruppenelemente auf die neue Achse Y in Abb. 8.3 zeigt. Im vorliegenden Fall trennt die Trenngerade die beiden Gruppen perfekt. Das ist in der Praxis nur selten der Fall. Häufiger tritt der Fall auf, dass sich die Häufigkeitsverteilungen überschneiden und die Zuordnung der Objekte zu den Gruppen nicht immer so einfach und eindeutig ist (vgl. Abb. 8.6).

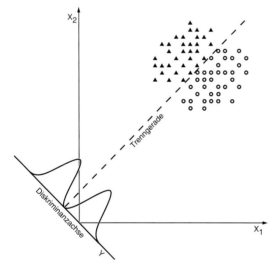

Abb. 8.3:
Trennung durch eine Diskriminanzachse. Quelle: ERB 1990, S. 13

Das Ziel des T r e n n v e r f a h r e n s besteht – geometrisch ausgedrückt – darin, eine neue Achse Y (die sog. Diskriminanzachse) so zu bestimmen, dass eine optimale Trennung der beiden Gruppen erreicht wird (vgl. Abb. 8.3). Analytisch formuliert gilt es, eine Funktion Y (die sog. D i s k r i m i n a n z f u n k t i o n) zu finden, die die beiden Gruppen bestmöglich trennt.

Die Diskriminanzfunktion Y lässt sich als eine Linearkombination der beiden Merkmals-variablen X_1 und X_2 darstellen:

$$Y = v_1\,X_1 + v_2\,X_2. \tag{8.1}$$

v_1 und v_2 werden als D i s k r i m i n a n z k o e f f i z i e n t e n der Variablen X_1 und X_2 bezeichnet. Werden die Merkmalsausprägungen x_{1j} und x_{2j} eines Elements j (Raumeinheit j) in die Diskriminanzfunktion eingesetzt, ergibt sich der zugehörige Diskriminanzwert y_j :

$$y_j = v_1\, x_{1j} + v_2\, x_{2j}.$$

Ein konstantes Glied v_0 braucht in der Gleichung der Diskriminanzfunktion zunächst nicht berücksichtigt zu werden, da allein die Steigung der Diskriminanzfunktion für die Qualität der Trennung verantwortlich ist. Zur Vereinfachung kann deshalb angenommen werden, dass die Diskriminanzfunktion in Abb. 8.3 durch den Koordinatennullpunkt verläuft.

Die Diskriminanzkoeffizienten sind so zu bestimmen, dass die Häufigkeitsverteilungen der Diskriminanzwerte beider Gruppen einen möglichst kleinen Überschneidungsbereich aufweisen. In Abb. 8.4 sind drei verschiedene Diskriminanzachsen Y, Y^* und Y^{**} mit den entsprechenden Häufigkeitsverteilungen der Diskriminanzwerte y_j (Projektionen der Werte auf die jeweilige Achse) dargestellt. Den Häufigkeitsverteilungen in Abb. 8.4 ist zu entnehmen, dass Y die beiden Gruppen offensichtlich besser trennt als Y^* und Y^{**}. Im Vergleich zu Y sind bei Y^* und Y^{**} wesentlich stärkere Überschneidungen zwischen den beiden Gruppen festzustellen. Theoretisch lassen sich unendlich viele Diskriminanzachsen bilden. Es liegt nahe, zur Trennung der beiden Gruppen jene Diskriminanzachse (-funktion) zu bestimmen, bei der die projizierten Häufigkeitsverteilungen der beiden Gruppen die geringste Überschneidung aufweisen. Anders formuliert: Es ist ein Kriterium zu suchen, das den Überschneidungsbereich der Diskriminanzwerte beider Gruppen auf der Trenngeraden zu minimieren gestattet.

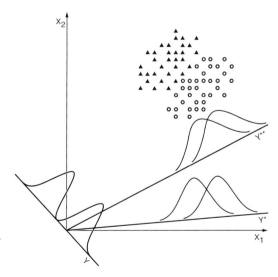

Abb. 8.4:
Trennung durch verschiedene Diskriminanzachsen. Quelle: ERB 1990, S. 14

Ein Kriterium zur Messung der Unterschiedlichkeit zweier Gruppen A und B ist der Abstand der Gruppenmittelpunkte (Zentroide) auf der Diskriminanzachse. Je größer der Abstand

$$d = |\bar{y}_A - \bar{y}_B| \qquad (8.2)$$

bzw. das Abstandsquadrat

$$d^2 = (\bar{y}_A - \bar{y}_B)^2 \qquad (8.3)$$

ist, desto besser erscheinen A und B voneinander getrennt (vgl. Abb. 8.5(a)).

(a) gleiche Streuung, verschiedener Mittelwert   (b) gleicher Mittelwert, verschiedene Streuung

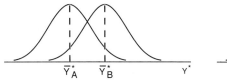

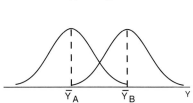

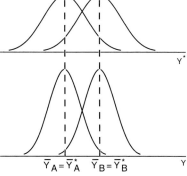

Abb. 8.5: Mittelwerte und Streuungen der Diskriminanzwerte. Quelle: ERB 1990, S. 17

Die Gruppenmittelpunkte errechnen sich, indem man die Mittelwerte der Variablen X_1 und X_2 je Gruppe (A bzw. B) in die Diskriminanzfunktion einsetzt:

$$\bar{y}_A = v_1 \bar{x}_{1A} + v_2 \bar{x}_{2A}$$
$$\bar{y}_B = v_1 \bar{x}_{1B} + v_2 \bar{x}_{2B}$$

mit $\bar{x}_{ig}$ = Mittelwert der Variablen X_i für die Gruppe g ($i = 1, 2$ und $g = A, B$).

Aus Abb. 8.5(b) geht hervor, dass auch die Streuung der Elemente innerhalb einer Gruppe einen Einfluss auf die Trennkraft der Diskriminanzfunktion ausübt. Je kleiner die Streuung der Diskriminanzwerte innerhalb der Gruppen ist, desto kleiner ist der Überschneidungsbereich. Die Variation innerhalb der Gruppen lässt sich als Summe der quadrierten

Abweichungen von den jeweiligen Mittelpunkten definieren:

$$s^2 = \sum_{j=1}^{n_A} (y_{Aj} - \bar{y}_A)^2 + \sum_{j=1}^{n_B} (y_{Bj} - \bar{y}_B)^2 \tag{8.4}$$

mit y_{Aj}, y_{Bj} = Diskriminanzwert des j-ten Objektes in Gruppe A bzw. B

       n_A, n_B = Umfang von Gruppe A bzw. B.

Aus (8.3) und (8.4) leitet sich das D i s k r i m i n a n z k r i t e r i u m ab. Zur Bestimmung der Diskriminanzkoeffizienten v_1 und v_2 wird Γ maximiert:

$$\Gamma = \frac{d^2}{s^2} \to \max. \tag{8.5}$$

Nach (8.5) sind die Diskriminanzkoeffizienten so zu bestimmen, dass der quadrierte Abstand d_2 zwischen den beiden Gruppenmittelpunkten (= Unterschiede zwischen den Gruppen) möglichst groß und die Summe s_2 der quadrierten Abstände zwischen den Gruppenelementen und ihren jeweiligen Gruppenmittelpunkten (= Unterschiede innerhalb der Gruppen) möglichst klein wird.

Die Lösung dieses Maximierungsproblems erhält man durch partielle Differentiation des Diskriminanzkriteriums Γ nach v_1 und v_2. Für v_1 und v_2 ergeben sich daraus (ohne Herleitung) folgende Bestimmungsgleichungen:

$$v_1\, s_{11} + v_2\, s_{12} = d_1 \tag{8.6}$$

$$v_1\, s_{12} + v_2\, s_{22} = d_2. \tag{8.7}$$

Dabei sind:

$$d_1 = \bar{x}_{1A} - \bar{x}_{1B} \quad \text{(Mittelwertabweichungen)}$$

$$d_2 = \bar{x}_{2A} - \bar{x}_{2B}$$

und $s_{11} = s_{11}^A + s_{11}^B$ (Quadratsumme der Abweichungen von den Gruppenmittelwerten)

$$s_{22} = s_{22}^A + s_{22}^B$$

$$s_{12} = s_{12}^A + s_{12}^B$$ (Kreuzproduktsumme der Abweichungen von den Gruppenmittelwerten)

und
$$s_{11}^{A} = \sum_{j=1}^{n_A} \left(x_{1A_j} - \bar{x}_{1A} \right)^2$$

$$s_{11}^{B} = \sum_{j=1}^{n_B} \left(x_{1B_j} - \bar{x}_{1B} \right)^2$$

s_{22}^{A}, s_{22}^{B} entsprechend

$$s_{12}^{A} = \sum_{j=1}^{n_A} \left(x_{1A_j} - \bar{x}_{1A} \right) \cdot \left(x_{2A_j} - \bar{x}_{2A} \right)$$

s_{12}^{B} entsprechend

x_{iA_j} = Wert der Variablen X_i für das j-te Objekt in der Gruppe A

x_{iB_j} = entsprechend.

Wir wollen die bisherigen Ausführungen an einem einfachen Beispiel erläutern (vgl. ERB 1990, S. 19ff.). Vorgegeben seien 16 Gemeinden, von denen 8 dem suburbanen (A) und 8 dem urbanen (B) Raum angehören. Man stelle sich vor, dass die Aufteilung der 16 Gemeinden in die beiden Gruppen auf Grund von Variablen wie Bevölkerungsdichte, Bebauungsdichte, Beschäftigtendichte etc. erfolgt ist. Als Klassifikationsverfahren möge eine Clusteranalyse eingesetzt worden sein.

Tab. 8.1: Ausgangsdaten für das Zwei-Gruppen-Zwei Variablen-Beispiel

Suburbaner Raum (A)			Urbaner Raum (B)		
Gemeinde j	x_{1A_j}	x_{2A_j}	Gemeinde j	x_{1B_j}	x_{2B_j}
1	30	80	9	40	60
2	35	100	10	55	65
3	45	85	11	55	75
4	65	75	12	70	70
5	65	105	13	75	95
6	70	120	14	90	80
7	85	110	15	95	93
8	45	105	16	100	110
$\bar{x}_{1A} = 55$	$\bar{x}_{2A} = 97,5$		$\bar{x}_{1B} = 72,5$	$\bar{x}_{2B} = 81$	

X_1: Veränderungen der Bodenpreise 1961 – 1970 in %
X_2: Durchschnittliche Gehaltszunahme je Erwerbstätigen 1961 – 1970 in %
Quelle: ERB 1990, S. 20

Untersucht werden soll, ob sich suburbane und urbane Gemeinden anhand von Variablen der wirtschaftlichen Entwicklung voneinander unterscheiden lassen, das heißt, ob die Gruppierung auch auf die wirtschaftliche Entwicklungsdynamik und nicht nur auf die vorhandene Siedlungsstruktur zutrifft. Letztlich steht dahinter die Frage, ob eine Unterscheidung zwischen urbanen und suburbanen Gemeinden auch durch Indikatoren der wirtschaftlichen Entwicklung möglich und zulässig ist. Zur Kennzeichnung der Entwicklung werden zwei Merkmale herangezogen:

X_1: Veränderung des Bodenpreises 1961–1970 in %

X_2: Veränderung der durchschnittlichen Lohn- und Gehaltssumme der Erwerbstätigen 1961–1970 in %.

Die Ausgangsdaten für das Zwei-Gruppen-Zwei-Variablen-Beispiel sind in Tab. 8.1 zusammengestellt worden; die zur Berechnung der Diskriminanzfunktion benötigten Werte sind der Tab. 8.2 zu entnehmen. Nach Tab. 8.2 ergeben sich folgende Parameterwerte:

Tab. 8.2: Wertetabelle der Diskriminanzanalyse (Zwei-Gruppen-Zwei-Variablen-Beispiel)

			Suburbaner Raum (A)		
j	x_{1Aj}	x_{2Aj}	$(x_{1Aj} - \bar{x}_{1A})^2$	$(x_{2Aj} - \bar{x}_{2A})^2$	$(x_{1Aj} - \bar{x}_{1A})$ $\cdot(x_{2Aj} - \bar{x}_{2A})$
1	30	80	625,00	306,25	437,50
2	35	100	400,00	6,25	−50,00
3	45	85	100,00	156,25	125,00
4	65	75	100,00	506,25	−225,00
5	65	105	100,00	56,25	75,00
6	70	120	225,00	506,25	337,50
7	85	110	900,00	156,25	375,00
8	45	105	100,00	56,25	−75,00
	$\bar{x}_{1A} = 55$	$\bar{x}_{2A} = 97,5$	$s_{11}^A = 2550,00$	$s_{22}^A = 1750,00$	$s_{12}^A = 1000,00$

			Urbaner Raum (A)		
j	x_{1Bj}	x_{2Bj}	$(x_{1Bj} - \bar{x}_{1B})^2$	$(x_{2Bj} - \bar{x}_{2B})^2$	$(x_{1Bj} - \bar{x}_{1B})$ $\cdot(x_{2Bj} - \bar{x}_{2B})$
9	40	60	1056,25	441,00	682,50
10	55	65	306,25	256,00	280,00
11	55	75	306,25	36,00	105,00
12	70	70	6,25	121,00	27,50
13	75	95	6,25	196,00	35,00
14	90	80	306,25	1,00	−17,50
15	95	93	506,25	144,00	270,00
16	100	110	756,25	841,00	797,50
	$\bar{x}_{1B} = 72,5$	$\bar{x}_{2B} = 81$	$s_{11}^B = 3250,00$	$s_{22}^B = 2036,00$	$s_{12}^B = 2180,00$

1. Mittelwertabweichungen:

$$d_1 = \bar{x}_{1A} - \bar{x}_{1B} = 55,0 - 72,5 = -17,5$$
$$d_2 = \bar{x}_{2A} - \bar{x}_{2B} = 97,5 - 81,0 = +16,5.$$

2. Summe der quadratischen Abweichungen und der Kreuzprodukte:

$$s_{11} = s_{11}^A + s_{11}^B = 2550{,}0 + 3250{,}0 = 5800{,}0$$

$$s_{22} = s_{22}^A + s_{22}^B = 1750{,}0 + 2036{,}0 = 3786{,}0$$

$$s_{12} = s_{12}^A + s_{12}^B = 1000{,}0 + 2180{,}0 = 3180{,}0.$$

Setzt man die berechneten Werte in die beiden Bestimmungsgleichungen (8.6) und (8.7) ein, so erhält man die beiden Gleichungen für v_1 und v_2:

$$5800{,}0\, v_1 + 3180{,}0\, v_2 = -17{,}5$$

$$3180{,}0\, v_1 + 3786{,}0\, v_2 = +16{,}5.$$

Hieraus lassen sich die beiden Diskriminanzkoeffizienten berechnen. Sie lauten:

$$v_1 = -0{,}010022; \quad v_2 = 0{,}012776.$$

Die Diskriminanzfunktion nimmt damit folgende Form an (vgl. Abb. 8.6):

$$Y = -0{,}010022\, X_1 + 0{,}012776\, X_2.$$

Mit Hilfe der ermittelten Diskriminanzfunktion lassen sich jetzt folgende Aufgaben lösen:

1. Überprüfung der vorgegebenen Klassifikation der Gemeinden: Wie „gut" ist die vorgegebene Trennung der Gemeinden in die Gruppen A und B hinsichtlich der Variablen X_1 und X_2?
2. Zuordnung bislang nicht klassifizierter Gemeinden zu den beiden Gruppen: Wie können weitere Gemeinden den beiden Gruppen zugeordnet werden?
3. Untersuchung, in welchem Maße die einzelnen Variablen zur Unterscheidung der beiden Gruppen beitragen: Welche der beiden Variablen beeinflusst die Trennung stärker $-X_1$ oder X_2?

ad 1: Überprüfung der vorgegebenen Klassifikation der Gemeinden:

Um eine Gemeinde klassifizieren zu können, ist zuerst ihr Diskriminanzwert zu berechnen. Dies geschieht durch Einsetzen der jeweiligen Merkmalsausprägungen in die Diskriminanzfunktion. So ergibt sich z. B. für die Gemeinde $j = 1$ ein Diskriminanzwert von

$$y_1 = -0{,}010022 \cdot 30 + 0{,}012776 \cdot 80 = 0{,}7214.$$

In Tab. 8.3 sind die Diskriminanzwerte der 16 Gemeinden zusammengestellt. Zusätzlich wird eine Klassifikationsvorschrift benötigt, die angibt, ob eine Gemeinde hinsichtlich X_1 und X_2 eher dem urbanen oder dem suburbanen Raum zuzuordnen ist. Die Gemeinden gehören natürlich a priori dem urbanen oder suburbanen Raum an und sollen nicht neu zugeordnet werden. Durch die rein rechnerische Zuordnung wird lediglich die Validität

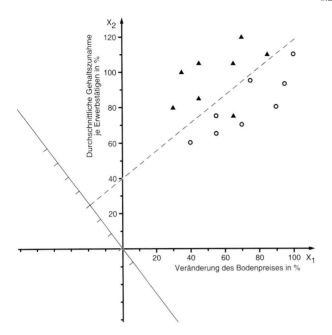

Abb. 8.6: Das Zwei-Gruppen-Zwei-Variablen-Beispiel. Quelle: ERB 1990, S. 20, ergänzt

der Unterscheidung von urbanen und suburbanen Gemeinden hinsichtlich der wirtschaftlichen Entwicklungsvariablen X_1 und X_2 geprüft. Zu diesem Zweck wird ein sog. k r i t i - s c h e r   D i s k r i m i n a n z w e r t y_T bestimmt. Eine Möglichkeit besteht darin, hierfür das arithmetische Mittel der Diskriminanzmittelwerte der beiden Gruppen zu verwenden:

$$y_T = \frac{\bar{y}_A + \bar{y}_B}{2} = \frac{0{,}6945 + 0{,}3083}{2} = 0{,}5014 \quad \text{(vgl. Tab 8.3)}.$$

Enthalten die Gruppen unterschiedlich viele Elemente, ist das gewichtete arithmetische Mittel zu bilden:

$$y_T = \frac{n_A \cdot \bar{y}_A + n_B \cdot \bar{y}_B}{n_A + n_B}$$

$n_A, n_B =$ Umfang von Gruppe A bzw. B.

Eine andere Möglichkeit geht von Wahrscheinlichkeiten aus und wird in 8.2.2 näher beschrieben.

Durch einen Vergleich der einzelnen Diskriminanzwerte mit dem kritischen Diskriminanzwert y_T kann entschieden werden, ob die Gemeinde j der Gruppe A oder Gruppe B zuzuordnen ist. Es gilt:

$y_j > y_T$: Gemeinde j wird hinsichtlich X_1 und X_2 der Gruppe A (suburbaner Raum) zugeordnet;

$y_j < y_T$: Gemeinde j wird hinsichtlich X_1 und X_2 der Gruppe B (urbaner Raum) zugeordnet;

$y_j = y_T$: in diesem Fall ist keine Klassifizierung möglich.

Wie man den Werten in Tab. 8.3 entnehmen kann, ist die Gemeinde 4 nach dieser Zuordnungsvorschrift „falsch" klassifiziert: Auf Grund ihrer Entwicklungsdynamik ist sie dem urbanen Raum zuzuordnen, nicht dem suburbanen.

Tab. 8.3: Diskriminanzwerte für das Zwei-Gruppen-Zwei-Variablen-Beispiel

Suburbaner Raum (A)		Urbaner Raum (B)	
Gemeinde j	y_{Aj}	Gemeinde j	y_{Bj}
1	0,7214	9	0,3657
2	0,9268	10	0,2792
3	0,6350	11	0,4070
4	0,3068*)	12	0,1928
5	0,6901	13	0,4621
6	0,8316	14	0,1201
7	0,5535	15	0,2361
8	0,8905	16	0,4032
$\bar{y}_A =$	0,6945	$\bar{y}_B =$	0,3083

*) „falsche" Zuordnung; $y_{A4} = 0,3068 < 0,5014 = y_T$

Tab. 8.4: Klassifikationsmatrix (Zwei-Gruppen-Zwei-Variablen-Beispiel)

		Gruppenzugehörigkeit nach erfolgter Diskriminanzanalyse		
		Suburbaner Raum	Urbaner Raum	
		A	B	$\sum$
Vorgegebene Gruppenzugehörigkeit	Suburbaner Raum A	7 (87,5%)	1 (12,5%)	8
	Urbaner Raum B	0	8 (100,0%)	8
	$\sum$	7	9	16

Eine quantitative Aussage über die tatsächliche „G ü t e" (Trennkraft) der ermittelten Diskriminanzfunktion lässt sich anhand einer sog. Klassifikationsmatrix treffen (vgl. Tab. 8.4). Auf der Hauptdiagonalen erscheinen die „korrekt klassifizierten" Gemeinden (7 in der

Gruppe A, 8 in der Gruppe B), in den anderen Feldern sind die „fehlklassifizierten" Gemeinden eingetragen. Im vorliegenden Beispiel waren 15 der 16 Gemeinden richtig zugeordnet. Das entspricht einer „Trefferquote" von $93{,}75\%$.

Die tatsächliche „Güte" der erzielten Trennung lässt sich erst dann sinnvoll abschätzen, wenn man berücksichtigt, dass bei einer zufälligen Zuordnung der Gemeinden zu den beiden Gruppen eine Trefferquote von 50% zu erwarten wäre (vgl. BACKHAUS u. a. 1996, S. 116ff.). Daraus folgt, dass eine Diskriminanzfunktion nur dann von Nutzen sein kann, wenn sie eine höhere Trefferquote erzielt, als nach dem Zufallsprinzip zu erwarten wäre.

ad 2: Zuordnung bislang nicht klassifizierter Gemeinden:

Mit Hilfe der ermittelten Diskriminanzfunktion lassen sich weitere, bislang nicht klassifizierte Gemeinden einer der beiden Gruppen zuordnen. Hat z. B. eine Gemeinde z die Merkmalsausprägungen

$$x_{1z} = 68 \text{ und } x_{2z} = 55,$$

ergibt sich für sie ein Diskriminanzwert von

$$y_z = -0{,}010022 \cdot 68 + 0{,}012776 \cdot 55 = 0{,}0212.$$

Da $y_z = 0{,}0212 < y_T = 0{,}5014$ ist, ist die Gemeinde z hinsichtlich X_1 und X_2 dem urbanen Raum zuzuordnen.

ad 3: Beitrag der einzelnen Variablen zur Unterscheidung der Gruppen:

Der Einfluss der Variablen X_1 und X_2 auf die Zuordnung der Elemente zu den Gruppen lässt sich aus dem Betrag der Diskriminanzkoeffizienten v ermitteln. Bei der Interpretation der Koeffizienten ist allerdings zu beachten, dass ihr Betrag von der Maßeinheit der Ausgangsvariablen beeinflusst wird. Um diesen Einfluss auszuschalten, werden die Diskriminanzkoeffizienten mit den Standardabweichungen der entsprechenden Variablen gewichtet. Im vorliegenden Fall betragen die Standardabweichungen:

$$s_{X_1} = 21{,}64 \quad \text{und} \quad s_{X_2} = 18{,}03.$$

Die standardisierten Diskriminanzkoeffizienten nehmen damit folgende Werte an:

$$c_1 = s_{X_l} \cdot v_1 = 21{,}64 \cdot (-0{,}010022) = -0{,}216876$$
$$c_2 = s_{X_2} \cdot v_2 = 18{,}03 \cdot (+0{,}012776) = +0{,}230351.$$

Da sich die Beträge der beiden Koeffizienten c_1 und c_2 kaum voneinander unterscheiden, kann man schließen, dass die beiden Variablen X_1 und X_2 in gleich starkem Maß Einfluss auf die Trennung der beiden Gruppen nehmen.

8.2.2 Der Mehr-Gruppen-Mehr-Variablen-Fall

Bestimmung der Diskriminanzfunktion

In der Praxis kommen Zwei-Gruppen-Zwei-Variablen-Fälle selten vor, häufiger sind Mehr-Gruppen-Mehr-Variablen-Fälle. Die zunächst für den einfachsten Fall vorgenommene Herleitung der Diskriminanzfunktion soll deshalb verallgemeinert und auf den Mehr-Gruppen-Mehr-Variablen-Fall erweitert werden (vgl. BACKHAUS u.a. 1996, S. 94ff. sowie ERB 1990, S. 27ff.).

Vorab sollte nochmals deutlich herausgestellt werden, dass bei allen Verfahren der multivariaten Statistik streng danach zu unterscheiden ist, ob eine Grundgesamtheit oder eine Stichprobe vorliegt. Sofern eine Stichprobe gegeben ist, lassen sich wie bei anderen Verfahren entsprechende Signifikanztests der Ergebnisse (Schätzungen) durchführen. Andernfalls sind solche Tests nicht notwendig. Im Folgenden wird jeweils davon ausgegangen, dass Stichproben vorliegen. Auf Tests wird, sofern notwendig, an entsprechender Stelle verwiesen.

Gegeben seien:

G Gruppen ($g = 1,2, \ldots, G$)
I Variablen ($i = 1,2, \ldots, I$)
n_g sei der Umfang von Gruppe g
N sei der Gesamtumfang: $N = n_1 + n_2 + \ldots + n_G$.

Die Diskriminanzfunktion Y lässt sich als Linearkombination der I Variablen X_i in folgender Form darstellen:

$$Y = v_1 X_1 + v_2 X_2 + \ldots + v_I X_I \tag{8.8}$$

mit Y = Diskriminanzvariable

X_i = i-te Merkmalsvariable ($i = 1, 2, \ldots, I$)

v_i = Diskriminanzkoeffizient der Merkmalsvariablen X_i.

Liegen nur zwei Gruppen ($g = 1, 2$) vor, so ist zur Trennung lediglich eine einzige Diskriminanzfunktion Y notwendig (vgl. Abb. 8.3). Im Fall von drei und mehr Gruppen genügt eine einzelne Diskriminanzfunktion in der Regel nicht mehr, um die Gruppen zufriedenstellend zu trennen. Nach Ermittlung einer ersten Diskriminanzachse verbleibt in der Regel noch „diskriminatorisches Potential" (große Überlappungsbereiche), so dass weitere Achsen zu bestimmen sind. Bei G Gruppen lassen sich maximal $G - 1$ Diskriminanzfunktionen bilden. Dabei sollte die Anzahl der Diskriminanzfunktionen nicht größer als die Anzahl der Merkmalsvariablen I sein. Das heißt, die maximale Anzahl von Diskriminanzfunktionen ist durch $K = \min(G - 1, I)$ festgelegt.

Erfahrungsgemäß liefern nicht alle Funktionen einen signifikanten Beitrag zur Trennung der Gruppen, so dass es genügt, nur einige zu extrahieren. Nicht alle potentiellen Diskriminanzfunktionen verringern die Überlappungsbereiche zwischen den Gruppen entscheidend. Empirische Erfahrungen zeigen, dass man auch bei einer großen Anzahl von Gruppen und Merkmalsvariablen häufig mit zwei Diskriminanzfunktionen auskommt (COO-LEY/LOHNES 1971, S. 244; BACKHAUS u.a. 1996, S. 113/114).

Das Diskriminanzkriterium zur Bestimmung der Diskriminanzkoeffizienten v_i ($1 \leq i \leq I$) lässt sich in verallgemeinerter Form wie folgt darstellen [vgl. (8.5)]:

$$\Gamma = \frac{\text{Streuung zwischen den Gruppen}}{\text{Streuung in den Gruppen}}$$

$$= \frac{\displaystyle\sum_{g=1}^{G} n_g \cdot (\bar{y}_g - \bar{y})^2}{\displaystyle\sum_{g=1}^{G} \sum_{j=1}^{n_g} (y_{gj} - \bar{y}_g)^2} \tag{8.9}$$

mit $\bar{y}_g$ = Mittlerer Diskriminanzwert in Gruppe g

       $\bar{y}$ = Gesamtmittel der Diskriminanzwerte aller N Elemente

       n_g = Fallzahl in Gruppe g

       y_{gj} = Diskriminanzwert von Element j in Gruppe g.

Im Zwei-Gruppen-Fall (g = 1, 2) nimmt das Kriterium folgende Form an:

$$\Gamma = \frac{n_1 (\bar{y}_1 - \bar{y})^2 + n_2 (\bar{y}_2 - \bar{y})^2}{\displaystyle\sum_{j=1}^{n_1} (y_{1j} - \bar{y}_1)^2 + \sum_{j=1}^{n_2} (y_{2j} - \bar{y}_2)^2}. \tag{8.10}$$

Im Unterschied zu (8.5) wird in (8.9) und (8.10) anstelle des Distanzquadrats zwischen den Gruppenmittelpunkten die gewichtete Summe der quadratischen Abweichungen der Gruppenmittelpunkte $\bar{y}_g$ vom Gesamtmittel $\bar{y}$ gebildet. Zudem wird die unterschiedliche Gruppenstärke durch Multiplikation der Summanden im Zähler mit dem jeweiligen Gruppenumfang berücksichtigt. Für den Zwei-Gruppen-Zwei-Variablen-Fall liefern (8.5) und (8.10) im Übrigen dieselbe Lösung.

Die Herleitung der Diskriminanzfunktionen im Mehr-Gruppen-Mehr-Variablen-Fall soll hier nicht explizit vorgenommen werden (Interessenten seien z.B. auf das Buch von COO-LEY/LOHNES (1971) verwiesen). Die Bestimmung dieser Funktionen mittels des Diskriminanzkriteriums (8.9) führt (ähnlich wie bei der Faktorenanalyse) zu einem Eigenwertproblem. Die daraus resultierenden Eigenvektoren enthalten die gesuchten Diskriminanzkoeffizienten.

Es lässt sich zeigen, dass der zum größten Eigenwert γ_1 zugehörige Eigenvektor die Koeffizienten derjenigen Diskriminanzfunktion enthält, die den größten diskriminatorischen Beitrag liefert (vgl. COOLEY/LOHNES 1971 bzw. FAHRMEIR u.a. 1996). Der Eigenvektor des nächstgrößeren Eigenwertes γ_2 ist der Vektor der Diskriminanzkoeffizienten für die nächste Diskriminanzfunktion usw.

Jedem Eigenwert γ_k entspricht eine Diskriminanzfunktion. Für die Folge der extrahierten Eigenwerte gilt:

$$\gamma_1 > \gamma_2 > \gamma_3 > \ldots > \gamma_K.$$

Jede weitere auf diese Weise ermittelte Diskriminanzfunktion ist orthogonal zu allen vorher ermittelten Funktionen und erklärt einen Teil der jeweils verbleibenden Reststreuung in den Gruppen.

Die diskriminatorische Bedeutung der nacheinander ermittelten Diskriminanzfunktionen nimmt mit der Größe der Eigenwerte ab. Als Maß zur Beurteilung der Bedeutung der einzelnen Diskriminanzfunktionen für das Trennverfahren wird der Eigenwertanteil jedes Eigenwertes EA_k (erklärter Varianzanteil) herangezogen:

$$EA_k = \frac{\gamma_k}{\gamma_1 + \gamma_2 + \gamma_3 + \ldots + \gamma_K} \quad \text{mit} \quad k = 1, 2, \ldots, K.$$

Das Maß EA_k gibt die durch die k-te Diskriminanzfunktion erklärte Streuung als Anteil der Gesamtstreuung an, die durch die Menge der K möglichen Diskriminanzfunktionen erklärt wird. Die Eigenwertanteile summieren sich zu 100%; die Eigenwerte selbst können größer als eins sein.

Normierung der Diskriminanzfunktion

Gehen wir zunächst nochmals auf das einführende Zwei-Gruppen-Zwei-Variablen-Beispiel ein. Die ermittelte Diskriminanzfunktion Y lautete:

$$Y = -0{,}010022\, X_1 + 0{,}012776\, X_2. \tag{8.11}$$

Sie kann in dem von den beiden Merkmalsvariablen X_1 und X_2 aufgespannten Koordinatensystem durch eine Gerade (die Diskriminanzachse) dargestellt werden, die durch den Nullpunkt verläuft und allgemein die Form

$$X_2 = \frac{v_2}{v_1} \cdot X_1 \tag{8.12}$$

besitzt. Im vorliegenden Fall nimmt sie die Form

$$X_2 = \frac{0{,}012776}{-0{,}010022} \cdot X_1$$

$$X_2 = -1{,}2748 \cdot X_1$$

an (vgl. Abb. 8.6).

Bei zwei Merkmalsvariablen ist die Lage (Steigung) der Diskriminanzachse durch den Quotienten der Diskriminanzkoeffizienten v_2/v_1 bestimmt. Werden die Koeffizienten mit einem konstanten Faktor multipliziert, hat dieses, wie man der Gleichung (8.12) entnehmen kann, keinen Einfluss auf die Lage der Diskriminanzachse, lediglich die Skalierung der Y-Werte wird verändert [vgl. (8.11)]. Für gegebene Merkmalswerte ist die optimale Lage der Diskriminanzachse durch das Diskriminanzkriterium also eindeutig festgelegt; nicht eindeutig festgelegt ist hingegen die Skalierung auf der Diskriminanzachse.

Um das Ergebnis der Diskriminanzanalyse besser interpretieren zu können, nimmt man eine Normierung der Skala vor, d.h., auf der Diskriminanzachse werden der Nullpunkt und die Skaleneinheit gesondert festgelegt. Dabei gilt folgende Konvention: Die Diskriminanzkoeffizienten werden so normiert, dass die gepoolte (gesamte) Innergruppen-Varianz der Diskriminanzwerte [vgl. den Nenner in (8.9)]

$$s^2 = \frac{\sum\limits_{g=1}^{G} \sum\limits_{j=1}^{n_g} (y_{gj} - \bar{y}_g)^2}{N - G} \tag{8.13}$$

mit $\quad y_{gj} = $ Diskriminanzwert von Element j in Gruppe g

gleich eins wird. Für eine Stichprobe gibt der Nenner in (8.13) die Anzahl der Freiheitsgrade an. Sie ergibt sich aus der Anzahl aller Elemente vermindert um die Zahl der Gruppen.

Man erhält die normierten Diskriminanzkoeffizienten b_i aus den nichtnormierten Diskriminanzkoeffizienten v_i einer Diskriminanzfunktion durch die Transformation

$$b_i = \frac{1}{s} \cdot v_i. \tag{8.14}$$

Hierbei ist s die gepoolte Innergruppen-Standardabweichung der Diskriminanzwerte, die man mit den nicht-normierten Diskriminanzkoeffizienten v_i erhalten würde. Im vorliegenden Fall berechnet sich der Normierungsfaktor $1/s$ wie folgt (vgl. Tab. 8.5):

$$s^2 = \frac{1}{N-G} \left(\sum_{g=1}^{G} \sum_{j=1}^{n_g} (y_{gj} - \bar{y}_g)^2 \right)$$

$$= \frac{1}{N-G} \left(\sum_{j=1}^{n_1} (y_{1j} - \bar{y}_1)^2 + \sum_{j=1}^{n_2} (y_{2j} - \bar{y}_2)^2 \right)$$

$$= \frac{0{,}1801 + 0{,}0634}{16 - 2} = 0{,}0174$$

$$\frac{1}{s} = \frac{1}{\sqrt{s^2}} = \frac{1}{\sqrt{0{,}0174}} = 7{,}5810.$$

Nach Multiplikation mit v_1 und v_2 erhält man die n o r m i e r t e n   D i s k r i m i n a n z - k o e f f i z i e n t e n :

$$b_1 = \frac{1}{s} \cdot v_1 = 7{,}5810 \cdot (-0{,}010022) = -0{,}0760$$

$$b_2 = \frac{1}{s} \cdot v_2 = 7{,}5810 \cdot 0{,}012776 \quad = +0{,}0969.$$

Abschließend kann man noch ein konstantes Glied b_0 der Diskriminanzfunktion einführen. b_0 gibt die Entfernung des Nullpunktes der Skala vom Nullpunkt des Koordinatensystems

Tab. 8.5: Berechnung des Normierungsfaktors

	Suburbaner Raum (A)				Urbaner Raum (B)		
	Diskriminanzwerte nach Tab. 8.3				Diskriminanzwerte nach Tab. 8.3		
j	y_{1j}	$y_{1j} - \bar{y}_1$	$(y_{1j} - \bar{y}_1)^2$	j	y_{2j}	$y_{2j} - \bar{y}_2$	$(y_{2j} - \bar{y}_2)^2$
1	0,5776	0,0196	0,0004	9	0,2947	0,0433	0,0019
2	0,7418	0,1838	0,0338	10	0,2269	−0,0245	0,0006
3	0,5098	−0,0482	0,0023	11	0,3288	0,0774	0,0060
4	0,2496	−0,3084	0,0951	12	0,1591	−0,0923	0,0085
5	0,5553	−0,0027	0,0000	13	0,3742	0,1228	0,0151
6	0,6685	0,1105	0,0122	14	0,1027	−0,1487	0,0221
7	0,4479	−0,1101	0,0121	15	0,1956	−0,0558	0,0031
8	0,7136	0,1556	0,0242	16	0,3292	0,0778	0,0061

$$\bar{y}_1 = 0{,}5580 \qquad \sum_{j=1}^{n_1} = 0{,}1801 \qquad \bar{y}_2 = 0{,}2514 \qquad \sum_{j=1}^{n_2} = 0{,}0634$$

an. Das konstante Glied b_0 wird so bestimmt, dass der Gesamtmittelwert der Diskriminanzwerte null wird:

$$\bar{y} = \frac{1}{N} \sum_{g=1}^{G} \sum_{j=1}^{n_g} y_{gj} = \frac{1}{N} \sum_{j=1}^{N} y_j = 0.$$

Das konstante Glied b_0 nimmt im vorliegenden Fall folgenden Wert an:

$$b_0 = -\bar{y} = -\sum_{i=1}^{I} b_i \, \bar{x}_i = -(b_1 \, \bar{x}_1 + b_2 \, \bar{x}_2)$$
$$= -(-0{,}0760 \cdot 63{,}75 + 0{,}0969 \cdot 89{,}25)$$
$$= -3{,}8033.$$

Die normierte Diskriminanzfunktion lautet somit:

$$Y = -3{,}8033 - 0{,}0760 \, X_1 + 0{,}0969 \, X_2.$$

Allgemein hat die normierte Diskriminanzfunktion folgende Form:

$$Y = b_0 + b_1 \, X_1 + b_2 \, X_2 + \ldots + b_I \, X_I. \tag{8.15}$$

Die Diskriminanzwerte y_j die man nach (8.15) erhält, sind „standardisierte" Diskriminanzwerte mit Mittelwert null und Innergruppen-Varianz eins. Die Diskriminanzwerte werden dadurch quasi in Standardabweichungseinheiten der Gruppen gemessen.

Trennkraft der Diskriminanzfunktionen

Das Diskriminanzkriterium setzt sich aus zwei Komponenten zusammen – der Streuung zwischen den Gruppen ($= S_b$) und der Streuung in den Gruppen ($= S_w$):

$$\Gamma = \frac{\text{Streuung zwischen den Gruppen}}{\text{Streuung in den Gruppen}} = \frac{S_b}{S_w}.$$

Die Streuung zwischen den Gruppen ($= S_b$) wird auch als durch die Diskriminanzfunktion „erklärte" Streuung, die Streuung in den Gruppen ($= S_w$) als „nichterklärte" Streuung bezeichnet. Beide zusammen addieren sich zur Gesamtstreuung der Diskriminanzwerte. Das Diskriminanzkriterium lässt sich somit auch als Verhältnis von „erklärter" zu „nichterklärter" Streuung interpretieren:

$$\Gamma = \frac{\text{Erklärte Streuung}}{\text{Nichterklärte Streuung}}.$$

Die Diskriminanzfunktion wurde durch Maximierung der Unterschiedlichkeit der Gruppen (Maximierung von Γ) ermittelt. Das Maximum des Diskriminanzkriteriums

$$\gamma_1 = \max\{\Gamma\}$$

bildet somit gleichermaßen ein Maß für die Unterschiedlichkeit der Gruppen wie auch für die Güte (Trennkraft) der ersten Diskriminanzfunktion. Es hat jedoch den Nachteil, dass es nicht normiert ist.

Im Unterschied dazu sind die folgenden Maße auf Werte zwischen 0 und 1 beschränkt:

$$\frac{\text{Erklärte Streuung}}{\text{Gesamtstreuung}} = \frac{\gamma_k}{1 + \gamma_k} \qquad (8.16)$$

$$\frac{\text{Nichterklärte Streuung}}{\text{Gesamtstreuung}} = \frac{1}{1 + \gamma_k}. \qquad (8.17)$$

Relation der Streuungstypen   *FuF*

Die Relation zwischen erklärter ($= S_b$) und nichterklärter Streuung ($= S_w$) sowie Gesamtstreuung ($= S_w + S_b$) mit dem Ergebnis der beiden Gleichung (8.16) und (8.17) ergibt sich als

$$\frac{\text{Erklärte Streuung}}{\text{Gesamtstreuung}} = \frac{S_b}{S_w + S_b} = \frac{\dfrac{S_b}{S_w}}{\dfrac{S_w}{S_w} + \dfrac{S_b}{S_w}} = \frac{\gamma_k}{1 + \gamma_k}$$

$$\frac{\text{Nichterklärte Streuung}}{\text{Gesamtstreuung}} = \frac{S_w}{S_w + S_b} = \frac{\dfrac{S_w}{S_w}}{\dfrac{S_w}{S_w} + \dfrac{S_b}{S_w}} = \frac{1}{1 + \gamma_k}.$$

Relation der Streuungstypen   *FuF*

Als Gütemaß für die Trennkraft einer Diskriminanzfunktion Y_k wird gewöhnlich die (positive) Wurzel von (8.16) verwendet:

$$C_k = \sqrt{\frac{\gamma_k}{1 + \gamma_k}} \qquad (8.18)$$

mit γ_k = Eigenwert der jeweiligen Diskriminanzfunktion Y_k.   (8.19)

C wird als k a n o n i s c h e r K o r r e l a t i o n s k o e f f i z i e n t bezeichnet. Im Zwei-Gruppen-Fall entspricht nämlich (8.16) dem Bestimmtheitsmaß $B = r^2$ der Regressionsanalyse. Im einführenden Beispiel erhält man als kanonischen Korrelationskoeffizienten

$$C_1 = \sqrt{\frac{1{,}5448}{1 + 1{,}5448}} = 0{,}7791.$$

Das zweite Maß [vgl. (8.17)]

$$L_k = \frac{1}{1 + \gamma_k}$$

wird als W i l k s ' L a m b d a bezeichnet. Es ist ein inverses Gütemaß. Je kleiner L, desto besser sind die Gruppen durch eine Diskriminanzfunktion getrennt (desto unterschiedlicher sind die Gruppen). Im vorliegenden Beispiel besitzt L_1 den Wert

$$L_1 = \frac{1}{1 + \gamma_1} = \frac{1}{1 + 1{,}5448} = 0{,}3930.$$

Die Bedeutung von Wilks' Lambda liegt darin, dass es sich im Fall einer Stichprobe in eine probabilistische Variable transformieren lässt, die annähernd χ^2-verteilt ist, so dass Wahrscheinlichkeitsaussagen über die Unterschiedlichkeit von Gruppen möglich sind.

Trennkraft der Merkmalsvariablen

Ging es im vorhergehenden Abschnitt um die Beurteilung der Trennkraft einer Diskriminanzfunktion, so wird jetzt untersucht, welchen Beitrag die einzelnen Variablen zur Trennung der Gruppen leisten. Die T r e n n k r a f t d e r e i n z e l n e n V a r i a b l e n zu erfassen, ist von Bedeutung,

1. um aufzuzeigen, hinsichtlich welcher Variablen die Unterschiedlichkeit der Gruppen größer ist, und
2. um unwichtige Variablen, die zur Trennung der Gruppen wenig beisteuern (quasi überflüssig sind), aus der Diskriminanzfunktion zu entfernen.

Zur Beurteilung der diskriminatorischen Bedeutung einer Variablen X_i wird der zugehörige s t a n d a r d i s i e r t e D i s k r i m i n a n z k o e f f i z i e n t b_i^* verwendet:

$$b_i^* = s_i \cdot b_i$$

mit b_i = normierter Diskriminanzkoeffizient der Merkmalsvariablen X_i

s_i = Standardabweichung der Merkmalsvariablen X_i.

Die Multiplikation der Diskriminanzkoeffizienten mit der Standardabweichung der zuge-hörigen Merkmalsvariablen ist notwendig, da die Größe der Diskriminanzkoeffizienten un-ter anderem von der Streuung der zugehörigen Variablen beeinflusst wird und damit auf Skalierungseffekte reagiert. Zur Berechnung der standardisierten Diskriminanzkoeffizien-ten ist von den n o r m i e r t e n Diskriminanzkoeffizienten auszugehen!

Mit Hilfe der standardisierten Koeffizienten lässt sich feststellen, welche Variablen die größten Beiträge zur Festlegung der Diskriminanzfunktion leisten: je größer der Absolut-betrag des Diskriminanzkoeffizienten ist, desto größer ist der diskriminatorische Effekt der entsprechenden Variablen. Der r e l a t i v e Beitrag einer Variablen X_k ergibt sich durch

$$\frac{|b_k^*|}{\sum\limits_{i=1}^{I} |b_i^*|} .$$

Einschränkend ist zu bemerken, dass standardisierte Diskriminanzkoeffizienten die Bedeu-tung von Variablen verfälscht wiedergeben, wenn Korrelationen zwischen den Variablen vorliegen (vgl. ERB 1990, S. 45).

Um die Ähnlichkeit zwischen einer einzelnen Variablen und einer Diskriminanzfunkti-on zu erfassen, kann die Produktmoment-Korrelation zwischen den Variablen- und den Diskriminanzwerten berechnet werden. Diese Korrelationskoeffizienten werden S t r u k -t u r k o e f f i z i e n t e n genannt. Je näher der Betrag eines Strukturkoeffizienten an 1 liegt, desto stärker repräsentiert die Diskriminanzfunktion die zugehörige Variable. Da im Mehr-Gruppen-Fall mehrere Diskriminanzfunktionen möglich sind, können die Struktur-koeffizienten auch dazu dienen, die Funktionen inhaltlich zu interpretieren und nach den Variablen mit den höchsten Werten zu benennen, wie es bei den Faktoren der Faktorenana-lyse üblich ist (ERB 1990, S. 47). Die Strukturkoeffizienten werden deshalb auch analog den Faktorladungen als D i s k r i m i n a n z l a d u n g e n bezeichnet.

Um die diskriminatorische Bedeutung einer Variablen bezüglich aller Diskriminanzfunk-tionen beurteilen zu können, werden die mit den Eigenwertanteilen gewichteten absoluten Werte der Diskriminanzkoeffizienten einer Merkmalsvariablen addiert:

$$\bar{b}_i^* = \sum_{k=1}^{K} |b_{ik}^*| \cdot EA_k$$

mit b_{ik}^* = Standardisierter Diskriminanzkoeffizient der Merkmalsvariablen X_i bezüglich der Diskriminanzfunktion Y_k.

       EA_k = Eigenwertanteil der Diskriminanzfunktion Y_k.

Man erhält auf diese Weise sog. m i t t l e r e D i s k r i m i n a n z k o e f f i z i e n t e n (vgl. BACKHAUS u.a. 1996, S. 123).

Klassifizierung von Objekten

Für die Zuordnung von Objekten mit unbekannter Gruppenzugehörigkeit zu vorgegebenen Gruppen lassen sich mehrere Konzepte unterscheiden. Auf zwei Konzepte soll im Folgenden kurz eingegangen werden:

– das Distanzkonzept und
– das Wahrscheinlichkeitskonzept.

Das Distanzkonzept

Nach dem Distanzkonzept wird ein Element j derjenigen Gruppe g zugeordnet, zu deren Gruppenmittelpunkt (Zentroid) es den geringsten Abstand aufweist.

Werden K Diskriminanzfunktionen extrahiert, spannen diese einen K-dimensionalen orthogonalen Diskriminanzraum auf. In diesem lassen sich die quadrierten Distanzen zwischen dem Element j und dem Zentroid der Gruppe g verallgemeinert in folgender Form berechnen:

$$d_{jg}^2 = \sum_{k=1}^{K} (y_{kj} - \bar{y}_{kg})^2 \quad (g = 1, 2, \ldots, G)$$

mit y_{kj} = Diskriminanzwert von Element j bzgl. der Diskriminanzfunktion Y_k

$\bar{y}_{kg}$ = Mittlerer Diskriminanzwert in Gruppe g bzgl. der Diskriminanzfunktion Y_k.

Bei den Distanzen d_{jg}^2 handelt es sich um quadrierte e u k l i d i s c h e Distanzen. Beabsichtigt man, die entsprechenden Distanzen in dem von den Variablen X_i aufgespannten I-dimensionalen Merkmalsraum zu berechnen, kann nicht mehr mit der euklidischen Distanz operiert werden, da die Variablen in der Regel nicht orthogonal zueinander sind. Bei der Berechnung der Distanzen zwischen dem Element j und dem Zentroid der Gruppe g müssen daher die Korrelationen zwischen den Variablen berücksichtigt werden. Zudem ist zu beachten, dass die Variablen unterschiedlichen Maßeinheiten (Standardabweichungen) aufweisen. Ein verallgemeinertes Distanzmaß, das den Forderungen gerecht wird, ist die M a h a l a n o b i s - D i s t a n z (vgl. BACKHAUS u.a. 1996, S. 128; ERB 1990, S. 52). Die Klassifizierung der Elemente nach euklidischen Distanzen im Diskriminanzraum entspricht der Klassifizierung nach Mahalanobis-Distanzen im Merkmalsraum. Liegen die Diskriminanzfunktionen vor, so ist es erheblich einfacher, die Distanzen im Diskriminanzraum zu berechnen.

In der Praxis empfiehlt es sich, die Klassifizierung der Elemente nur mit Hilfe der wichtigsten Diskriminanzfunktionen vorzunehmen. Die Berechnungen vereinfachen sich erheblich, und der Informationsverlust ist relativ gering. Es ist keineswegs zwingend, alle mathematisch möglichen Diskriminanzfunktionen zu berücksichtigen.

Das Wahrscheinlichkeitskonzept

Das Wahrscheinlichkeitskonzept baut auf dem Distanzkonzept auf. Es geht davon aus, dass die Daten aus einer multivariat normalverteilten Grundgesamtheit stammen, so dass auch die Diskriminanzwerte und die Distanzen der Elemente j vom Zentroid der Gruppe g normalverteilt sind. Nach dem Wahrscheinlichkeitskonzept soll ein Element mit dem Diskriminanzwert y_j derjenigen Gruppe g zugeordnet werden, für die die Wahrscheinlichkeit

$$p\,(g|y_j)$$

maximal ist. $p(g|y_j)$ ist die Wahrscheinlichkeit, dass ein vorliegendes Element mit dem Diskriminanzwert y_j der Gruppe g und keiner der anderen Gruppen angehört. Die Klassifizierungswahrscheinlichkeiten werden dabei nach dem sogenannten B a y e s - T h e o - r e m bestimmt (siehe BACKHAUS u.a. 1996, S. 129ff.).

Im SPSS wird die Neuordnung auf der Basis von $p(g|y_j)$ vorgenommen. Gleichzeitig werden im SPSS aber auch die Wahrscheinlichkeiten $p(y_j|g)$ angegeben. Die Wahrscheinlichkeit $p(y_j|g)$ ist ein Maß dafür, wie zentral ein Element y_j in der Gruppe g liegt. Die Wahrscheinlichkeit $p(y_j|g)$ ist umso größer, je näher y_j am Gruppenschwerpunkt liegt, und umso kleiner, je weiter y_j vom Schwerpunkt entfernt liegt.

Diskriminanzanalyse: Voraussetzungen   *MuG*

Bei der Anwendung der Diskriminanzanalyse sind vor allem folgende Voraussetzungen zu beachten:

1. Eine Grundbedingung für die Anwendung besteht darin, dass m e t r i s c h s k a l i e r t e Merkmale vorliegen, da Mittelwerte und Streuungsmaße berechnet werden. Es ist jedoch möglich, dichotome (zweiwertige) Merkmale wie metrisch skalierte Variable zu behandeln bzw. nominal skalierte Merkmale in dichotom kodierte Dummy-Variablen zu überführen. FEILMEIER u.a. (1981, S. 26) behaupten, mit Hilfe der Diskriminanzanalyse auch bei dichotomen Merkmalen gute Ergebnisse zu erzielen.

2. Die Voraussetzung der m u l t i v a r i a t e n N o r m a l v e r t e i l u n g ist dann von Bedeutung, wenn Signifikanztests durchgeführt werden und Wahrscheinlichkeiten für die Gruppenzugehörigkeit berechnet werden. LACHENBRUCH (1975) hat gezeigt, dass die lineare Diskriminanzanalyse gegenüber einer Verletzung der Normalverteilungsbedingung relativ robust reagiert und sie auch dann noch zufriedenstellende Ergebnisse liefert.

Diskriminanzanalyse: Voraussetzungen   *MuG*

8.3 Anwendungsbeispiele

Im Folgenden werden stellvertretend für die herausgestellten Anwendungsbereiche der Diskriminanzanalyse (vgl. Abschn. 8.1) drei Beispiele vorgestellt, die für regionalwissenschaftliche Fragestellungen kennzeichnend sind. Weitere Anwendungen sind z.b. den Arbeiten von GIESE (1988), ERB (1990) sowie BOOTS/HECHT (1990) zu entnehmen.

8.3.1 Überprüfung einer vorgegebenen Klassifikation – Sozio-ökonomische Raumtypen Norddeutschlands

In Kapitel 6 wurde eine Faktorenanalyse durchgeführt, um die sozio-ökonomische Struktur der 65 Stadt- und Landkreise in Norddeutschland zu erfassen. Es wurden 5 Faktoren extrahiert und die Werte der Faktoren für die Stadt- und Landkreise berechnet. Unter Zugrundelegung der Faktorenwerte (vgl. Abschn. 6.4.5) wurde anschließend in Abschn. 7.6.3

mit Hilfe einer Clusteranalyse eine Klassifikation (Typisierung) der 65 Stadt- und Landkreise in Norddeutschland vorgenommen. Es wurden nach verschiedenen Verfahren mehrere Clusteranalysen durchgeführt. Das in Abb. 7.8 und Tab. 7.10 dargestellte, mit Hilfe einer Clusteranalyse nach dem Ward-Algorithmus erzielte Ergebnis soll mit Hilfe einer Diskriminanzanalyse auf eine Verbesserungsmöglichkeit hin überprüft werden.

Vorgegeben sind 5 Gruppen (= Klassen) von Stadt- und Landkreisen, die auf Grund von 5 Variablen (= Faktoren) klassifiziert wurden. Mit diesen 5 Variablen wird nun bezüglich der vorgegebenen 5 Gruppen eine lineare Diskriminanzanalyse durchgeführt. Maximal können vier Diskriminanzfunktionen gebildet werden:

Diskriminanz-funktion	Eigen-wert	Eigenwertanteil, % einfach	Eigenwertanteil, % kumuliert	Kanonische Korrelation	Residuelles[*] Wilks' Lambda
1	3,1462	49,06	49,06	0,8711	0,0301
2	1,7226	26,86	75,93	0,7954	0,1247
3	1,2136	18,93	94,85	0,7404	0,3396
4	0,3301	5,15	100,00	0,4982	0,7518

[*] gibt als inverses Gütemaß an, ob die aktuellen und alle restlichen noch nicht extrahierten Diskriminanzfunktionen noch signifikant zur Trennung beitragen.

Tab. 8.6: Klassifikationsmatrix (Beispiel Stadt- und Landkreise Norddeutschlands)

		Gruppenzugehörigkeit nach erfolgter Diskriminanzanalyse					
		Gruppe					
		I	II	III	IV	V	$\sum$
Vorgegebene Gruppenzu-gehörigkeit	Gruppe I	12 100,0%	0	0	0	0	12
	Gruppe II	0	20 95,2%	1 4,8%	0	0	21
	Gruppe III	0	0	6 100,0%	0	0	6
	Gruppe IV	0	0	0	8 88,9%	1 11,1%	9
	Gruppe V	0	0	0	0	17 100,0%	17
	$\sum$	12	20	7	8	18	65

Die Abfolge der Eigenwerte bzw. Eigenwertanteile zeigt, dass die vierte Diskriminanzfunktion mit einem Eigenwertanteil von nur $5,15\%$ und einem kanonischen Korrelationskoeffizienten von $0{,}4982$ nur noch wenig zur Trennung der Gruppen beiträgt. Der hohe Wert von $L_4 = 0{,}7518$ für Wilks' Lambda weist ebenfalls darauf hin, dass nach der Berechnung der drei ersten Funktionen kaum noch diskriminatorisches Potential verbleibt.

Besteht man auf einem Eigenwertanteil von mindestens 5% je Diskriminanzfunktion und führt mit den vier extrahierten Funktionen eine Klassifizierung der 65 norddeutschen Stadt- und Landkreise durch, so werden 63 der 65 Kreise wieder ihrer ursprünglichen Gruppe (Cluster) zugeordnet, nur 2 Kreise sind „fehlklassifiziert" und werden einer anderen Gruppe zugeordnet (vgl. Tab. 8.6). Die Fehlerrate beträgt somit nur $3,08\%$. Korrekt klassifiziert sind $96,92\%$ der Kreise, d. h. die Stabilität der Gruppen ist insgesamt sehr groß.

Tab. 8.7: Individuelle Zuordnung der Stadt- und Landkreise Norddeutschlands zu Raumtypen mit Klassifizierungswahrscheinlichkeiten

Nr.	Stadt- und Landkreise	Vorgegebene Gruppen- einteilung	Neue Gruppenzuordnung			
			1. Priorität	Wahrschein- lichkeit	2. Priorität	Wahrschein- lichkeit
01	Braunschweig	I	I	0,7293	II	0,2520
02	Bremen	I	I	0,9985	II	0,0014
03	Bremerhaven	I	I	0,9961	II	0,0037
⋮	⋮	⋮	⋮	⋮	⋮	⋮
13	Delmenhorst	II	II	0,5859	I	0,4239
14	Göttingen	II	II	0,9020	I	0,0970
15	Goslar	II	II	0,8095	I	0,1507
13	Osnabrück-L.	II	III	0,7850	I	0,1578
⋮	⋮	⋮	⋮	⋮	⋮	⋮
34	Emden	III	III	0,9608	IV	0,0384
35	Salzgitter	III	III	0,9987	II	0,0012
36	Wolfsburg	III	III	0,9993	IV	0,0006
⋮	⋮	⋮	⋮	⋮	⋮	⋮
40	Ammerland	IV	IV	0,9561	V	0,0381
41	Aurich	IV	IV	0,9989	I	0,0008
42	Cloppenburg	IV	IV	0,9998	V	0,0001
43	Friesland	IV	V	0,4542	III	0,2237
⋮	⋮	⋮	⋮	⋮	⋮	⋮
49	Celle	V	V	0,7729	II	0,2046
50	Cuxhaven	V	V	0,9577	IV	0,0321
51	Diepholz	V	V	0,9802	II	0,0177
⋮	⋮	⋮	⋮	⋮	⋮	⋮
65	Wesermarsch	V	V	0,9362	III	0,0543

Wie man der Tab. 8.6 entnehmen kann, sind die Gruppen I, III und V stabil. Lediglich aus Gruppe II wechselt ein Kreis in Gruppe III, und aus Gruppe IV wechselt ein Kreis in Gruppe V. Aus Tab. 8.7 ist zu ersehen, dass es sich dabei um die Landkreise Osnabrück (von II nach III) und Friesland (von IV nach V) handelt. Während die Umgruppierung des Landkreises Osnabrück von Gruppe II nach Gruppe III nach der berechneten Zuordnungswahrscheinlichkeit recht eindeutig ist $[p(\text{III}|y_{16}) = 0{,}7850]$, trifft das für die Umgruppierung des Landkreises Friesland von Gruppe IV nach Gruppe V nicht zu, da die Zuordnungswahrscheinlichkeit $p(\text{V}|y_{43})$ nur $0{,}4542$ beträgt. Allerdings ist die Zuordnungswahrscheinlichkeit zu Gruppe V am höchsten. Diese geringe „maximale" Zuordnungswahrscheinlichkeit kann auch so interpretiert werden, dass der Landkreis Friesland nicht sehr gut in eine der fünf Gruppen hineinpasst.

8.3.2 Klassifizierung neuer Objekte – Der kommunalrechtliche Status der Stadt Gießen

Im Rahmen der kommunalen Verwaltungs- und Gebietsreform in der BRD ist es Mitte der 1960er bis Ende der 1970er Jahre für zahlreiche kreisfreie Städte zu einer Neufestlegung ihres kommunalrechtlichen Status gekommen. In allen Bundesländern wurden kleinere, ehemals kreisfreie Städte in die sie umgebenden Landkreise eingegliedert. In Hessen wurde die kommunale Gebietsreform in den 1970er Jahren durchgeführt. Sie begann 1970 und fand 1979 mit der Auflösung der Stadt Lahn (Stadtverbund Gießen-Wetzlar) ihren Abschluss. Im Zuge der Gebietsreform verloren die ehemals kreisfreien Städte Gießen, Marburg, Hanau und Fulda den Status der Kreisfreiheit. Kreisfrei blieben die Städte Frankfurt, Wiesbaden, Kassel, Darmstadt und Offenbach.

Ein Kriterium, das bei der Festlegung des kommunalrechtlichen Status der Städte in Hessen eine wesentliche Rolle spielte, war die Einwohnerzahl: Nur noch Städten mit einer Einwohnerzahl von mindestens 100 000 Einwohnern sollte der Status der Kreisfreiheit erhalten bleiben. Im Unterschied zu anderen „rückgekreisten" Städten verzeichnete die Stadt Gießen keine wesentlichen Eingemeindungen. Während Marburg, Hanau und Fulda ihre Einwohnerzahlen seit 1970 durch Eingemeindungen im Durchschnitt um 47% steigern konnten, blieb Gießens Einwohnerzahl mit einer „eingemeindungsbedingten" Steigerung von nur $6{,}5\%$ seit 1970 nahezu konstant (1970: 75 500; 1979: 76 500). Hätte die Stadt Gießen in ähnlichem Umfang wie die gleichfalls rückgekreisten Städte Marburg, Hanau und Fulda Eingemeindungen vornehmen können, hätte sie eine Einwohnerzahl von über 110 000 Einwohner erreicht und läge damit oberhalb des gesetzten kritischen Schwellenwertes von 100 000 Einwohnern. Angesichts dieser Situation stellt sich die Frage, ob es berechtigt war, Gießen den Status der Kreisfreiheit abzuerkennen und den kreisangehörigen Städten zuzuordnen.

Um diese Frage zu beantworten, soll eine Diskriminanzanalyse durchgeführt werden. Zu diesem Zweck werden zwei Gruppen von Städten einander gegenübergestellt:

1. Kreisfreie Städte   (= Gruppe A)
2. Rückgekreiste Städte   (= Gruppe B).

Da Frankfurt innerhalb Hessens und innerhalb der Bundesrepublik Deutschland eine Sonderrolle als höchstrangiges Zentrum spielt, wurde Frankfurt aus der Analyse ausgeschlossen, um eine Vergleichbarkeit zu wahren. Die Gruppe der kreisfreien Städte umfasst somit Wiesbaden, Offenbach, Darmstadt und Kassel.

Die zweite Gruppe wird um die traditionell kreisangehörigen Städte Wetzlar, Rüsselsheim und Bad Homburg ergänzt, da diese ihrer Bedeutung und Größe nach mit den „rückgekreisten" Städten Marburg, Hanau und Fulda vergleichbar sind und ihnen im Zuge der Gebietsreform ein entsprechender Sonderstatus zuerkannt wurde. Die Gruppe der kreisangehörigen Städte besteht somit aus Marburg, Hanau, Fulda, Wetzlar, Rüsselsheim und Bad Homburg. Gießen mit seiner umstrittenen Zuordnung bleibt zunächst unberücksichtigt.

Zur Beurteilung des kommunalrechtlichen Status der Städte werden neben dem Einwohnerkriterium (Größenkriterium) weitere verwaltungswissenschaftliche und raumordnerische Kriterien herangezogen, die bei der Festlegung des kommunalrechtlichen Status eine Rolle spielen (vgl. hierzu GIESE u.a. 1982). Als solche gelten

– Deckungsgleichheit,
– Effektivität der Verwaltung,
– Zentralität,
– ausgewogene Kreisstruktur.

Operationalisiert wird das Einwohnerkriterium durch die Variablen 1, 2 und 3 aus Tab. 8.8.

Unter Deckungsgleichheit wird die Übereinstimmung des Planungs-, Siedlungs- und Wirtschaftsraumes einer Stadt mit deren Verwaltungraum verstanden. Hierdurch soll eine einheitliche Planung, Finanzierung und Durchführung von Verwaltungsaufgaben ermöglicht werden. Zur Operationalisierung des Kriteriums wird der Grad der Übereinstimmung des administrativen Stadtgebietes mit dem engeren Verflechtungsbereich der Stadt (Versorgungsnahbereich) herangezogen (vgl. Variablen 4, 5, 6, 7 in Tab. 8.8).

Der kommunalrechtliche Status bestimmt in gewissem Umfang neben den Kompetenzen der Verwaltung der Stadt auch deren Verwaltungsaufbau und Verwaltungsstruktur. Von der Verwaltung einer Stadt wird verlangt, dass sie bei der Erfüllung ihrer Verwaltungsaufgaben effizient arbeitet. Aus verschiedenen Gründen (u. a. Datenschutz) ist die Operationalisierung dieses Kriteriums nur für Teilaspekte möglich (vgl. Variablen 8, 9, 11, 14, 15, 16, 17, 18, 20, 21, 22, 25, 26, 27, 28 der Tab. 8.8).

Das zentralörtliche Gliederungsprinzip bildet eine der wesentlichen planerischen Grundlagen für die kommunale Gebietsreform. Neben der Berücksichtigung des Versorgungsnahbereiches Zentraler Orte wird auch die Zentralität selbst für die Festlegung des kommunalrechtlichen Status von Städten herangezogen. Die Operationalisierung dieses Kriteriums erfolgt über die Variablen 1, 10, 11, 12, 13, 14, 19, 20, 21, 22, 23, 24 (vgl. Tab. 8.8).

Bei der Festlegung des kommunalrechtlichen Status einer Stadt ist darauf zu achten, dass der umliegende Kreis nicht an Verwaltungskraft sowie wirtschaftlicher und finanzieller Leistungsfähigkeit verliert und existenzfähig bleibt. Es sollen „ausgewogene Kreisstrukturen" geschaffen werden. Die Ausgeglichenheit der Kreisstruktur wird an der Bevölkerungsverteilung in den Kreisen gemessen: Keine Gemeinde soll auf Grund ihrer Größe eine

„dominante" Stellung im Kreis einnehmen. Eine Situation wird als kopflastig bezeichnet, wenn der Anteil der Einwohner einer kreisangehörigen Stadt an der Kreisbevölkerung ein Drittel übersteigt (vgl. Tab. 8.8 – Variable 29).
Die interdependenten Beziehungen zwischen den verwendeten Variablen und den fünf Kriterien sind in Abb. 8.7 dargestellt.

Tab. 8.8: Liste der Variablen für die Diskriminanzanalyse

Nr.	Definition
01	Wohnbevölkerung am 20.6.1980
02	Bevölkerungswachstum von 1965–1980 in %
03	Wohnbevölkerung pro qkm bebaute Fläche 1980
04	Anteil der Stadtbevölkerung an der Bevölkerung des Grundversorgungsbereichs 1979 in Relation zu 1970
05	Anteil der Stadtbevölkerung an der Bevölkerung des Mittelbereichs 1979 in Relation zu 1970
06	„Eingemeindungsbedingter" Bevölkerungszuwachs 1970–1979 in %
07	„Eingemeindungsbedingter" Flächenzuwachs 1970–1979 in %
08	Arbeitsstätten, insgesamt pro 1000 Einwohner 1970
09	Beschäftigte: insgesamt pro 1000 Einwohner 1970
10	Beschäftigte: Handel pro 1000 Einwohner 1970
11	Beschäftigte: Verkehr, Nachrichtenübermittlung pro 1000 Einwohner 1970
12	Beschäftigte: Kreditinstitute pro 1000 Einwohner 1970
13	Beschäftigte: Dienstleistungen pro 1000 Einwohner 1970
14	Beschäftigte: Organisationen ohne Erwerbscharakter pro 1000 Einwohner 1970
15	Beschäftigte: Gebietskörperschaften pro 1000 Einwohner 1970
16	Personal der Hessischen Verwaltung 1976 pro 1000 Einwohner
17	Verwaltungshaushalt: Einnahmen je Einwohner in Relation zu Ausgaben je Einwohner 1976
18	Gemeindliche Steuerkraft 1976
19	Hochschulen und Fachhochschulen: prozentualer Anteil der Studierenden der jeweiligen Stadt an der Summe der Studierenden aller untersuchten Städte
20	Theater: Besucher pro 1000 Einwohner 1977
21	Museen: Ausstellungsfläche pro 1000 Einwohner 1976
22	Akutkrankenhäuser: prozentualer Anteil der planmäßigen Betten an der Krankenhausbettenzahl der untersuchten Städte insgesamt 1978
23	Fachärzte pro 1000 Einwohner 1976
24	Zahnärzte pro 1000 Einwohner 1976
25	Hallenbäder: prozentualer Anteil der Wasserfläche an der gesamten Wasserfläche in Bädern der untersuchten Städte insgesamt 1976
26	Verkehrsbetriebe: beförderte Personen pro 1000 Einwohner 1977
27	Indikator für die Ausstattung mit Bundesbehörden
28	Indikator für die Ausstattung mit Landesbehörden
29	„Kopflastigkeitsindikator"

Quelle: GIESE u.a. 1982, S. 74

Die 29 in Tab. 8.8 aufgelisteten Merkmalsvariablen bilden die Datengrundlage für eine Diskriminanzanalyse zur Trennung der kreisfreien Städte von den kreisangehörigen Städten. Bei zwei voneinander zu trennenden Gruppen wird nur eine einzige Diskriminanzfunktion

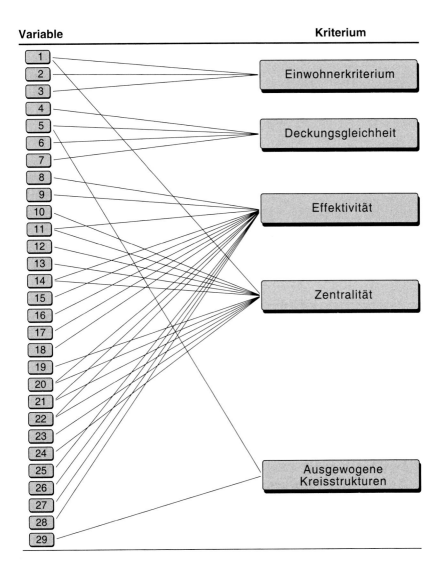

Abb. 8.7: Interdependentes Beziehungsgefüge zwischen Variablen und Kriterien. Quelle: GIESE u.a. 1982, S. 75

extrahiert. Allerdings empfiehlt es sich, nicht alle 29 Variablen gleichzeitig in die Diskriminanzfunktion einzubeziehen. Erfahrungsgemäß genügen bereits wenige Variablen, um eine gute Trennung der Gruppen zu erreichen. Alle zusätzlichen Variablen leisten keinen signifikanten Beitrag zur Unterscheidung der Gruppen. Aus diesem Grund wird häufig eine iterative Vorgehensweise angewandt, wie sie beispielsweise im Programmpaket SPSS als Option zur Verfügung steht. Bei der iterativen Diskriminanzanalyse wird in jedem Schritt genau eine Originalvariable zusätzlich in das Verfahren einbezogen. Als Auswahlkriterium dient dabei die Minimierung von Wilks' Lambda. Das heißt: Es wird jeweils diejenige Originalvariable in die Diskriminanzfunktion mit einbezogen, die am besten zur Trennung der bestehenden Gruppen beiträgt. Mit jedem Schritt steigt also die Zahl der Variablen in der Diskriminanzfunktion um eins. Das iterative Verfahren kommt zum Abbruch, wenn ein für die Aufnahme einer Variablen gefordertes Signifikanzkriterium (z. B. bezüglich Wilks' Lambda oder der kanonischen Korrelation) von keiner der noch nicht einbezogenen Variablen erreicht wird. Das Ergebnis der Diskriminanzanalyse entspricht dann der Lösung der letzten Iteration.

Entsprechend der beschriebenen Vorgehensweise wurde in einer ersten Version eine iterative Diskriminanzanalyse für die 29 Merkmalsvariablen durchgeführt. Das Verfahren kommt nach 6 Schritten zum Abbruch. Zur Definition der Diskriminanzfunktion und damit zur Trennung der beiden Städtegruppen werden also lediglich 6 Variablen herangezogen (Tab. 8.9).

Tab. 8.9: Standardisierte Diskriminanzkoeffizienten einer schrittweisen Diskriminanzanalyse

Variable Nr.	Diskrimanzkoeffizient (standardisiert)
01	30,0564
12	−27,2345
26	20,7960
02	−19,9406
08	17,1525
10	−5,2690
Eigenwert	9646,7939
Varianzanteil (%)	100,0000
Kanon. Korr.	0,9999
Wilks' Lambda	0,0001

Es handelt sich um diejenigen Variablen, die die beiden Gruppen formal am besten trennen, d. h. um Variablen, bei denen die Gruppenmittelwerte besonders weit auseinanderliegen. Eine solche Variable ist beispielsweise die Variable 1 (Wohnbevölkerung), deren Gruppenmittelwerte sich besonders deutlich voneinander unterscheiden (durchschnittliche Wohnbevölkerung: Gruppe kreisfreie Städte: 179 678; Gruppe kreisangehörige Städte: 63 980).

Kritisch zu vermerken ist, dass bei einer solchen iterativen Vorgehensweise inhaltliche Erwägungen, die zur Auswahl der Variablen geführt haben, unberücksichtigt bleiben. Die Kriterien „Deckungsgleichheit" und „ausgewogene Kreisstruktur" finden dann zum Beispiel keine Berücksichtigung mehr. Die Zuordnung von Gießen zu einer der beiden Gruppen wird vornehmlich über das „Einwohnerkriterium" determiniert. Gießen wird insgesamt der Gruppe der kreisangehörigen Städte zugeordnet. Hiermit soll keineswegs eine Abwertung der Diskriminanzanalyse oder der iterativen Vorgehensweise vorgenommen werden. Vielmehr zeigt sich, dass im vorliegenden Beispiel die iterative Diskriminanzanalyse quasi unkontrolliert auf einen „Berg" von Variablen angewendet wird. Die Auswahl der Variablen wird trotz einer groben inhaltlichen Vorauswahl ausschließlich dem Verfahren überlassen. Indem man so vorgeht, unterstellt man, die Diskriminanzanalyse könne dem Anwender inhaltliche Entscheidungen abnehmen. Dazu jedoch ist kein statistisches Verfahren in der Lage.

Nach der ermittelten Diskriminanzfunktion ergibt sich für Gießen ein Diskriminanzwert von

$$y_{Gi} = -38{,}51.$$

Damit hebt sich Gießen von den übrigen kreisangehörigen Städten ab, die Diskriminanzwerte zwischen $-70{,}71$ und $-72{,}45$ besitzen. Die Abweichung von den Diskriminanzwerten der kreisfreien Städte ist jedoch noch wesentlich stärker. Diese weisen Diskriminanzwerte zwischen $105{,}84$ und $108{,}91$ auf. Gießen ist bei einer solchen Vorgehensweise eindeutig der Gruppe der kreisangehörigen Städte zuzuordnen.

Angesichts der oben angesprochenen Problematik ist es zweckmäßiger, eine Diskriminanzanalyse durchzuführen, die stärker auf inhaltliche Erwägungen zugeschnitten ist und möglichst viele verschiedene der genannten Kriterien berücksichtigt. Dazu bieten sich zwei Wege an:

1. Man schaltet vor die Diskriminanzanalyse eine Faktorenanalyse, um den Datensatz zu reduzieren und die vielen Variablen auf wenige entscheidende Merkmalsdimensionen zu komprimieren. Die Diskriminanzanalyse wäre dann mit Hilfe der Faktorenwerte der extrahierten Faktoren durchzuführen.
2. Man verwendet aus der Vielzahl von Variablen aus Tab. 8.8 lediglich eine kleine Zahl sog. Stellvertretervariablen – stellvertretend für die Kriterienkomplexe – und führt mit ihnen eine Diskriminanzanalyse durch. Diese Vorgehensweise orientiert sich an inhaltlichen Kriterien und wird im Folgenden demonstriert.

Stellvertretend für die verschiedenen Kriterien seien etwa folgende Variablen ausgewählt:

Variable 1	– Einwohnerkriterium,
Variable 4, 6	– Deckungsgleichheit,
Variable 15, 17	– Effektivität,
Variable 20, 22	– Zentralität,
Variable 29	– ausgewogene Kreisstrukturen.

Unter Zugrundelegung dieser acht Variablen werden bei iterativer Vorgehensweise zur Konstruktion der Diskriminanzfunktion die Variablen 1, 4, 17 und 20 herangezogen (Tab. 8.10).

Tab. 8.10: Standardisierte Diskriminanzkoeffizienten einer schrittweisen Diskriminanzanalyse bei eingeschränkter Variablenzahl

Variable Nr.	Diskrimanzkoeffizient (standardisiert)
17	1,5282
04	1,1849
01	−0,9935
20	−0,6046
Eigenwert	22,7858
Varianzanteil (%)	100,0000
Kanon. Korr.	0,9788
Wilks' Lambda	0,0420

Die Diskriminanzfunktion lautet:

$$Y = -0{,}99\,X_1 + 1{,}18\,X_4 + 1{,}53\,X_{17} - 0{,}60\,X_{20}.$$

Für Gießen ergibt sich ein Diskriminanzwert von

$$y_{Gi} = -2{,}0726.$$

Damit ist Gießen eindeutig der Gruppe der kreisfreien Städte zuzuordnen (vgl. Tab. 8.11).

Tab. 8.11: Diskriminanzwerte

Nr.	Stadt	Diskriminanzwert
01	Wiesbaden	−5,9313
04	Kassel	−5,5874
03	Darmstadt	−4,9287
02	Offenbach	−4,4688
	Gießen	−2,0723
09	Bad Homburg	1,3751
08	Fulda	2,9800
07	Hanau	3,7930
06	Marburg	3,9824
10	Rüsselsheim	4,3133
11	Wetzlar	4,4724

8.3.3 Analyse von Gruppenunterschieden – Regionale Wohlfahrtsunterschiede in Hessen

Im folgenden Beispiel soll untersucht werden, ob die zwischen den 26 Stadt und Landkreisen in Hessen (vgl. Abb. 8.8) bestehenden Wohlfahrtsunterschiede auf Indikatoren zurückgeführt werden können, die in der Literatur häufig zur Charakterisierung des „Entwicklungsstandes" einer Region herangezogen werden.

Tab. 8.12: Distanzgruppierung der hessischen Stadt- und Landkreise nach den beiden Wohlfahrtsindikatoren

Gruppe Nr.	Stadt- und Landkreise	Durchschn. Lohn- und Gehaltssumme DM/Kopf (1986)	Öffentliche Sozialhilfe DM/Einw. (1986)
1	Frankfurt, St.	44985	486,8
2	Offenbach, St.	39850	616,5
2	Wiesbaden, St.	38850	441,9
2	Kassel, St.	36248	579,7
3	Main-Taunus	42475	140,4
3	Darmstadt, St.	39226	207,5
3	Offenbach	36825	165,6
3	Hochtaunus	36815	156,2
4	Main-Kinzig	34596	188,6
4	Kassel, L.	34576	195,6
4	Groß-Gerau	34023	175,1
4	Lahn-Dill	33409	136,5
4	Rheingau-Taunus	33289	207,6
4	Gießen	33227	225,0
4	Hersfeld-Rotenburg	32693	183,8
4	Wetterau	32543	196,0
4	Marburg-Biedenkopf	32235	213,2
4	Darmstadt-Dieburg	32029	186,8
4	Bergstraße	31781	169,7
5	Limburg-Weilburg	31225	161,0
5	Odenwald	31176	106,5
5	Fulda	31120	173,4
5	Waldeck-Frankenberg	30805	189,0
5	Schwalm-Eder	30220	162,0
5	Werra-Meißner	29897	160,2
5	Vogelsberg	29811	141,3

Stellt man die Stadt- und Landkreise etwa nach der durchschnittlichen Lohn- und Gehaltssumme, die im Jahre 1986 je Arbeitnehmer gezahlt wurde, oder nach dem Aufwand öffentlicher Sozialhilfe, der im Jahre 1986 von den Kreisen je Einwohner geleistet wurde, dar, dann werden in Hessen auffällige regionale Wohlfahrtsunterschiede sichtbar. Führt man mit Hilfe dieser beiden Wohlfahrtsindikatoren eine Clusteranalyse nach dem Ward-

Verfahren durch (vgl. Kap. 7), so bietet sich eine plausible Lösung mit fünf Gruppen von Stadt- und Landkreisen an (vgl. Tab. 8.12).

Als Indikatoren für den Entwicklungsstand wurden Variablen gewählt, die die Wirtschaftskraft, die Beschäftigtensituation, das Ausbildungs- und Qualifikationsniveau der Arbeitskräfte und die Verkehrsinfrastruktur in den Stadt- und Landkreisen betreffen:

- BWS/Kopf
  (Bruttowertschöpfung zu Faktorkosten in DM je Einwohner 1986),
- Beschäftigtenquote
  (Anteil der Beschäftigten (in %) an der Zahl der Erwerbspersonen 1987),
- Berufseinpendler- /-auspendlerüberhang
  (Anteil der Beschäftigten (in %) an der Zahl der Erwerbstätigen 1987),
- Abiturientenquote
  (%-Anteil der Wohnbevölkerung mit Hochschul- bzw. Fachhochschulreife an der Wohnbevölkerung im Alter zwischen 15 und 65 Jahren 1987),
- Akademikerquote
  (%-Anteil der Wohnbevölkerung mit Hochschul- bzw. Fachhochschulabschluss an der Wohnbevölkerung im Alter zwischen 15 und 65 Jahren 1987),
- Straßendichte
  (Straßen des überörtlichen Verkehrs in km pro 100 km^2 Fläche 1986),
- Autobahndichte
  (Bundesautobahnen in km pro 100 km^2 Fläche 1986).

Tab. 8.13: Gütemaße der Diskriminanzfunktion

Funktion	Eigenwert	Eigenwertanteil (%)		Kanon.	Wilks'	Chi-	FG	Signifikanz
		einfach	kumuliert	Korr.	Lambda	Quadrat		
1*	18,7578	79,29	79,29	0,9744	0,0762	48,92	18	0,0001
2*	3,2372	13,68	92,98	0,8741	0,3223	21,48	10	0,0180
3*	1,3340	5,64	98,62	0,7560	0,7534	5,38	4	0,2504

* Signifikant bei einem Signifikanzniveau von 5% (auf eine exakte Darstellung des Signifikanztests wird aus Gründen der Vereinfachung verzichtet)

Da 5 Gruppen von Kreisen existieren, können maximal 4 Diskriminanzfunktionen extrahiert werden. Wie der Tab. 8.13 zu entnehmen ist, tragen zwei Funktionen signifikant zur Trennung der Gruppen bei, wenn man alle 7 Variablen in die Diskriminanzanalyse einbezieht. Die Bedeutung der ersten Funktion ist dabei mit einem Eigenwertanteil (Varianzanteil) von 79,29% um ein Vielfaches höher als die der zweiten Funktion, auf die nur noch ein Eigenwertanteil von knapp 14% entfällt. Sowohl die kanonischen Korrelationskoeffizienten (0,9744 und 0,8741) als auch Wilks' Lambda zeigen, dass die ersten beiden Diskriminanzfunktionen eine gute Trennfähigkeit besitzen. Das trifft auf die dritte Funktion nicht mehr zu. Die kanonische Korrelation ist nur noch 0,7560. Die Bedeutung dieser Funktion für die Trennung ist, wie der niedrige Eigenwertanteil von 5,64% anzeigt, gering.

Abb. 8.8: Stadt- und Landkreise Hessens 1986

Um nur die für die Trennung der Gruppen wichtigen Variablen zu verwenden, wurde wie im vorhergehenden Abschnitt eine iterative Diskriminanzanalyse (Diskriminanzanalyse mit schrittweiser Variablenauswahl) durchgeführt, wobei die Minimierung von Wilks' Lambda als Auswahlkriterium diente.

Aus Tab. 8.14 ist die Reihenfolge, in der die Variablen in die beiden Diskriminanzfunktionen aufgenommen wurden, sowie der jeweilige Wert für das multivariate Wilks' Lambda zu ersehen. Insgesamt wurden in die Analyse fünf der sieben Variablen aufgenommen. Die beiden Variablen „Auspendler-/Einpendlerüberhang" und „Abiturientenquote" bleiben unberücksichtigt, da sie das für die Aufnahme geforderte Signifikanzniveau nicht erreichen.

Tab. 8.14: Schrittweise Diskriminanzanalyse, Variablenauswahl

Schritt	Variable	Wilks' Lambda
1	Bruttowertschöpfung	0,1570
2	Akademikerquote	0,0489
3	Straßendichte	0,0161
4	Beschäftigtenquote	0,0078
5	Autobahndichte	0,0052

Die diskriminatorische Bedeutung der Variablen lässt sich den berechneten mittleren Diskriminanzkoeffizienten in Tab. 8.15 entnehmen. Am stärksten tragen die beiden Variablen „Bruttowertschöpfung" und „Beschäftigtenquote" zur Trennung der Gruppen bei. Geringere Bedeutung ist den drei anderen Variablen „Straßendichte", „Autobahndichte" und „Akademikerquote" beizumessen. Dies bedeutet, dass die Wohlfahrtsunterschiede zwischen den fünf Gruppen vornehmlich auf die Wirtschaftskraft und den Arbeitsmarkt in in den Kreisen zurückzuführen sind und weniger durch Unterschiede in der Verkehrsinfrastrukturausstattung oder im Qualifikationsniveau der Arbeitskräfte zu erklären sind.

Tab. 8.15: Schrittweise Diskriminanzanalyse: Koeffizienten der Diskriminanzfunktionen

Variable	Diskriminanzkoeffizienten		mittlere
	standardisierte		
	Funktion 1	Funktion 2	
Bruttowertschöpfung	2,3934	−0,5658	2,0040
Akademikerquote	−1,6952	0,0517	1,3719
Straßendichte	0,6556	−0,4593	0,5904
Beschäftigtenquote	−0,3517	0,5693	0,3606
Autobahndichte	−0,0714	1,0947	0,2065
Eigenwert	18,2155	3,0791	
Eigenwertanteil (%)	80,51	13,61	
Kanon. Korr.	0,9736	0,8688	

Es ist möglich, zusätzlich danach zu fragen, ob die vorgegebene Gruppierung der Stadt- und Landkreise in Hessen nach den beiden Wohlfahrtsindikatoren (vgl. Tab. 8.12) aufrechterhalten bleibt, wenn zur Kennzeichnung der Kreise die obengenannten Wirtschaftsindikatoren verwendet werden.

Nach Tab. 8.16 sind auf Grund der Wirtschaftsindikatoren vier Umgruppierungen vorzunehmen:

Wiesbaden-Stadt	von Gruppe 2 nach Gruppe 3,
Offenbach-Land	von Gruppe 3 nach Gruppe 4,
Lahn-Dill	von Gruppe 4 nach Gruppe 5,
Hersfeld-Rotenburg	von Gruppe 4 nach Gruppe 5.

Tab. 8.16: Individuelle Zuordnung der Stadt- und Landkreise Hessens nach Wirtschaftsindikatoren zu den fünf Wohlfahrtsgruppen mit Klassifizierungswahrscheinlichkeiten

Nr.	Stadt- und Landkreise	Vorgegebene Gruppeneinteilung	Neue Gruppenzuordnung			
			1. Priorität	Wahrscheinlichkeit	2. Priorität	Wahrscheinlichkeit
01	Frankfurt, St.	1	1	1,0000		0,0000
02	Offenbach, St.	2	2	1,0000		0,0000
03	Wiesbaden, St.	2	3	0,6602	2	0,3397
04	Kassel, St.	2	2	1,0000		0,0000
05	Main-Taunus	3	3	0,9977	2	0,0023
06	Darmstadt, St.	3	3	1,0000		0,0000
07	Offenbach	3	4	0,6380	3	0,3599
08	Hochtaunus	3	3	0,9999	4	0,0001
09	Mainz-Kinzig	4	4	0,7619	5	0,2381
10	Kassel, L.	4	4	0,5111	5	0,4889
11	Groß-Gerau	4	4	0,9326	5	0,0551
12	Lahn-Dill	4	5	0,8198	4	0,1802
13	Rheingau-Taunus	4	4	0,9852	5	0,0091
14	Gießen	4	4	0,9795	5	0,0105
15	Hersfeld-Rotenburg	4	5	0,6180	4	0,3820
16	Wetterau	4	4	0,9593	5	0,0405
17	Marburg-Biedenkopf	4	4	0,8408	5	0,1591
18	Darmstadt-Dieburg	4	4	0,9911	3	0,0046
19	Bergstraße	4	4	0,9362	5	0,0638
20	Limburg-Weilburg	5	5	0,8104	4	0,1896
21	Odenwald	5	5	0,8018	4	0,1982
22	Fulda	5	5	0,9057	4	0,0943
23	Waldeck-Frankenberg	5	5	0,9364	4	0,0636
24	Schwalm-Eder	5	5	0,9146	4	0,0854
25	Werra-Meißner	5	5	0,9404	4	0,0596
26	Vogelsberg	5	5	0,9218	4	0,0782

Daneben ist auch die Zuordnung von Kassel-Land mit einer Zuordnungswahrscheinlichkeit von $0,5111$ zu Gruppe 4 und $0,4889$ zu Gruppe 5 nicht eindeutig. Interessant an allen

Umgruppierungen ist, dass die bezeichneten Kreise von einer Wohlfahrtsklasse jeweils in die nächst tiefere (schlechtere) Klasse abrutschen, also auf Grund ökonomischer Indikatoren in eine Gruppe mit niedrigerem Niveau wechseln. Dieser Wechsel lässt vermuten, dass sie ein höheres Wohlstandsniveau aufweisen als ihnen gemäß ihrer wirtschaftlichen Situation beigemessen werden kann.

Diskriminanzanalyse in der Geographie   *MiG*

In der Geographie haben sich zuerst CASETTI (1964a, b) und KING (1967, 1969, 1970) mit den Anwendungsmöglichkeiten der Diskriminanzanalyse beschäftigt. Die ersten Diskriminanzanalysen im deutschsprachigen Bereich wurden von KILCHENMANN (1968) und STEINER (1969, 1975) in der Wirtschaftsgeographie sowie von HERRMANN (1974), HERRMANN/SCHRIMPF (1976) und RUMP u.a. (1976) in der Hydrogeographie eingesetzt. Während HERRMANN und seine Mitarbeiter die Diskriminanzfunktion zur Aufstellung eines Abflussvorhersagemodells und Wassergütemodells nutzen, also eher den erklärenden Aspekt der Diskriminanzanalyse in den Vordergrund rücken, wird sie von STEINER und KILCHENMANN in klassischer Form bei der Gruppenbildung unterschiedlich strukturierter Raumeinheiten eingesetzt. Letztere führen zunächst eine Hauptkomponentenanalyse zur Datenreduktion und anschließend mit den extrahierten Hauptkomponenten eine Clusteranalyse durch. Das Ergebnis der Clusteranalyse wird zuletzt mit Hilfe einer Diskriminanzanalyse überprüft und, soweit notwendig, verbessert.

Diskriminanzanalyse in der Geographie   *MiG*

9 Autokorrelation und Kreuzkorrelation

9.1 Stochastische Abhängigkeit und das Phänomen der Erhaltensneigung in Prozessen

Um eine Einführung in die Thematik der Auto- und Kreuzkorrelation zu geben, betrachten wir zunächst die fünf Zeitreihen der Abb. 9.1. In den beiden ersten Zeitreihen (Abb. 9.1(a) und 9.1(b) ist ein deutlicher linearer bzw. wellenförmiger Trend zu erkennen. Eine solche Regelhaftigkeit ist in den beiden folgenden Zeitreihen (Abb. 9.1(c) und 9.1(d) scheinbar nicht zu finden. Betrachtet man sie jedoch genauer, so stellt man folgendes fest. Bei der Zeitreihe in Abb. 9.1(c) ist der Kurvenverlauf relativ glatt, und zeitlich benachbarte Werte unterscheiden sich häufig nur um geringe (fast gleichbleibende und gleich gerichtete) Werte: benachbarte Werte sind also ziemlich ähnlich. Auch in der Zeitreihe der Abb. 9.1(d) ist eine deutliche Regelhaftigkeit festzustellen. Der Kurvenverlauf ist regelmäßig zackenförmig ausgebildet. Auf hohe Werte folgt ein relativ niedriger und auf niedrige ein relativ hoher Wert. Benachbarte Werte weisen also gegensinnig ähnliche Werte auf. In den beiden ersten Zeitreihen der Abb. 9.1(a) und 9.1(b) tritt eine deterministische Abhängigkeit zeitlich benachbarter Werte auf, d.h., der Wert des folgenden Zeitpunktes unterscheidet sich (bis auf Zufallsabweichungen) von dem Wert des vorhergehenden Zeitpunktes um einen (durch eine Trendfunktion) fest vorgegebenen Betrag. Eine solche Abhängigkeit besteht für die Zeitreihen der folgenden Abbildungen 9.1(c) und 9.1(d) nicht. Bei diesen Reihen existiert jedoch eine hohe Wahrscheinlichkeit, dass der nachfolgende Wert ähnlich (etwas kleiner oder etwas höher) oder gegensinnig ähnlich ist. Hier liegt keine deterministische, sondern eine stochastische Abhängigkeit vor. Die Zeitreihe in Abb. 9.1(e) weist dagegen überhaupt keine Regelhaftigkeit auf. Hier folgt auf einen hohen Wert einmal ein ähnlicher, hoher Wert, ein anderes Mal ein Wert ganz anderer Größenordnung. Der Wert für einen nachfolgenden Zeitpunkt wird also offensichtlich nicht regelhaft von den Werten des vorhergehenden Zeitpunktes beeinflusst, sondern ist davon unabhängig. Man nennt diese Eigenschaft stochastische Unabhängigkeit.

Im Band 1 (vgl. Band 1: Regressions- und Korrelationsanalyse) wurde schon darauf hingewiesen, dass das Vorhandensein stochastischer Abhängigkeiten in Variablen Fehlschätzungen der Korrelation zwischen ihnen hervorruft und Schätz- und Testverfahren in solchen Fällen verzerrte Resultate liefern. An einem Beispiel aus der Hydrogeographie zeigt STREIT (1981) diese Problematik sehr deutlich auf. Solche Fehlschätzungen führen dann zwangsläufig zu Fehlinterpretationen, wie ja schon in Band 1 demonstriert wurde. Von diesem Blickwinkel aus gesehen sind stochastische Abhängigkeiten also bedeutende Störfaktoren bzw. Hindernisse bei der Anwendung statistischer Methoden. Andererseits sind stochastische Abhängigkeiten eine typische statistische Eigenschaft von Variablen und möglicherweise von großem Interesse. Interpretiert man nämlich die vorliegenden zeitlich geordneten Daten als Ergebnisse eines Prozesses – wir bezeichnen sie deshalb auch als Prozessrealisationen –, dann kann eine stochastische Abhängigkeit in den Daten möglicherweise eine charakteristische Eigenschaft des Prozesses aufzeigen.

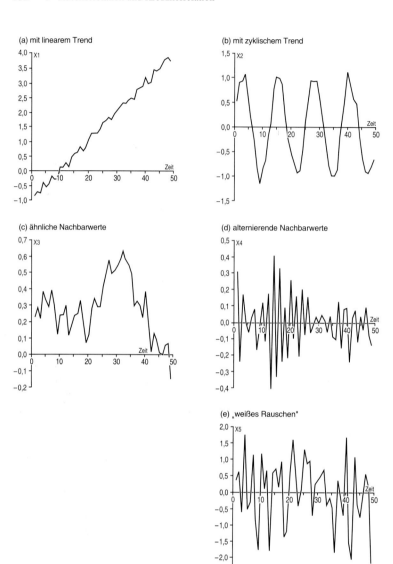

Abb. 9.1: Zeitreihen mit verschiedenen Eigenschaften

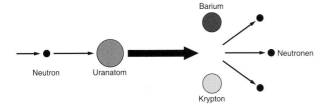

Abb. 9.2: Spaltung eines Uranatoms durch ein Neutron

Um ein wenig mehr Einblick in die uns in diesem Kapitel interessierende Struktur eines Prozesses zu erhalten, betrachten wir das Modell der Kernspaltung (vgl. NIPPER 1983): Eine genügend große Masse Uran (z. B. Uran mit dem Atomgewicht 235) wird mit einem Neutron beschossen. Dieses Neutron trifft auf einen Urankern und spaltet ihn in einen Krypton- und einen Bariumkern. Bei dieser Spaltung werden neben atomarer Strahlung noch drei Neutronen frei, die ihrerseits nun auf benachbarte Urankerne treffen und diese spalten (Abb. 9.2). Der Vorgang wiederholt sich in einer Art Kettenreaktion, bis die gesamte Masse an Uran gespalten ist (Abb. 9.3), ohne dass von außen weitere Kräfte (z. B. Neutronen) einzuwirken brauchen.

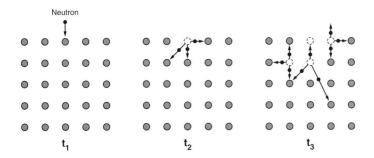

Abb. 9.3: Kettenreaktion bei der Kernspaltung

Allgemein lässt sich also für den Ablauf eines Prozesses folgendes festhalten: Gegenwärtige und vergangene zeitliche Zustände eines Objektes bzw. die Zustände seiner räumlichen Nachbarn können den zukünftigen Zustand des Objektes beeinflussen, indem ein Transfer von Masse, Energie oder Information zwischen zeitlich bzw. räumlich benachbarten Objekten stattfindet. Der Zustand eines jeden Objektes (z. B. eines Urankernes) ist also davon abhängig, wie sein Zustand und der seiner Nachbarn gerade ist bzw. war. Allerdings kann der Zustand eines Objektes für die nächste Zeiteinheit nicht mit Bestimmtheit (deterministische Abhängigkeit) vorausgesagt werden, sondern nur mit einer gewissen, möglicherweise hohen Wahrscheinlichkeit. Mit anderen Worten, es lassen sich stochastische Abhängigkeiten in Zeit und Raum feststellen. Bezogen auf die Wiederholbarkeit des Prozesses bedeutet das: Unter gleichen Ausgangsbedingungen wird eine Wiederholung des Prozesses zu den einzelnen Zeitpunkten nicht notwendigerweise dasselbe Ergebnis produzieren, obwohl genau der gleiche Prozess vonstatten geht.

Wie wird nun ein solcher Prozess gesteuert? Generell lassen sich zwei unterschiedliche Steuerungskomponenten ausmachen:

1. exogene Steuerung

Gewisse Faktoren außerhalb des eigentlichen Prozesses wirken auf den Ablauf der Prozessvariablen ein. Die Wirkung kann einmalig sein, wie in dem Beispiel der Kernspaltung durch das erste von außen auf die Uranmasse geschossene Neutron, sie kann aber auch während des gesamten Prozesses vorhanden sein. In diesem Sinn kann die Entwicklung des Verstädterungsgrades etwa als eine exogene Steuerungsvariable für die Entwicklung der Natalitätsrate angesehen werden. Oder: In diesem Band wurde der Binnenwanderungssaldo der Kreise Norddeutschlands durch eine Reihe exogener Variablen zu erklären versucht. Statistisch lässt sich der Zusammenhang zwischen einer Prozessvariablen und den exogenen Steuerungsvariablen (zumindest im ersten Schritt) mit Hilfe der besprochenen Regressions- und Korrelationsanalyse untersuchen.

2. endogene Steuerung

Die Entwicklung des Prozesses steuert sich aus sich heraus (endogene Dynamik). Im Falle der Kernspaltung werden etwa immer wieder Neutronen freigesetzt, die den Prozess weiter vorantreiben in dem Sinn, dass die vorangegangene Prozessrealisation (gespaltene Kerne und freigesetzte Neutronen) das Ergebnis des nachfolgenden Zustandes (Spaltung benachbarter Kerne) induziert. Es findet demnach ein prozessimmanenter Transfer von Masse, Energie oder Information von einem Zeitpunkt auf den folgenden Zeitpunkt bzw. auf benachbarte Raumeinheiten (z. B. Kerne) statt. Dieser Transfer bewirkt, dass zeitlich bzw. räumlich benachbarte Objekte ähnliche bzw. stark entgegengesetzt ähnliche (alternierende) Werte der Prozessvariablen (= Prozessrealisationen) besitzen. Die Tendenzen der Vergangenheit bzw. benachbarter Lokalitäten setzen sich also fort. Dieses Phänomen bei Prozessen bezeichnet man auch als Erhaltensneigung. Statistisch wirkt sich die („inhaltliche" Komponente) Erhaltensneigung als stochastische Abhängigkeit aus.

In den einführenden Kapiteln von Band 1 (vgl. Band 1: geographische Fragestellungen) wurde dargestellt, dass die Geographie Sachverhalte untersucht, die zeitlich und räumlich variieren. Man unterstellt dabei häufig – implizit oder explizit –, dass diese Sachverhalte eine Erhaltensneigung in zeitlicher und räumlicher Hinsicht zeigen. Z.B. werden bei Regionalisierungen – sie sind eine wesentliche Aufgabe in der Geographie – genau die benachbarten Raumeinheiten zu Regionen zusammengefasst, die ähnliche Variablenausprägungen aufweisen, d.h., Regionalisierungen setzen voraus, dass eine räumliche Erhaltensneigung existiert. Außerdem geht man davon aus, dass solche Regionalisierungen über einen „längeren Zeitraum gelten", mithin eine zeitliche Erhaltensneigung vorhanden ist. Bei den Dimensionen „Raum" und „Zeit" kommen solche Erhaltensneigungen häufig vor. Sind die Objekte hingegen etwa Menschen, sind solche stochastischen

Abhängigkeiten seltener zu erwarten. Die Entfernung zwischen Wohnung und Kaufhaus eines befragten Kunden wird sicherlich nicht von derjenigen eines anderen befragten Kunden beeinflusst.

Insgesamt zeigt sich also, dass das bei geographischen Fragestellungen auftretende Phänomen der stochastischen Abhängigkeit einerseits unerwünscht ist wegen der Schwierigkeit einer traditionellen statistischen Analyse, andererseits dieses Phänomen aber häufig eine wesentliche Prozesseigenschaft ist. Die Analyse eines Prozesses oder einer Struktur bedeutet aber, deren Charakteristika zu erforschen und damit sowohl eine Untersuchung der exogenen Steuerung als auch eine der Erhaltensneigung durchzuführen.

Im Folgenden wird eine Einführung in statistische Methoden gegeben, die versuchen, stochastische Abhängigkeiten (statistische Sicht) bzw. den Einfluss der endogenen Komponente (inhaltliche Sicht) zu erfassen. Im Abschn. 9.2 werden wir als Maß für stochastische Abhängigkeiten in einer Zeitreihe (zeitliche Erhaltensneigung) die zeitliche Autokorrelationsfunktion kennen lernen, im Abschn. 9.4 die analog dazu gebildete räumliche Autokorrelationsfunktion zur Messung stochastischer Abhängigkeiten im Raum (räumliche Erhaltensneigung). Im Abschn. 9.3 wird kurz auf zeitliche Kreuzkorrelationen zur Messung „zeitversetzter" Wirkungen exogener Variablen eingegangen. Nicht behandelt werden die komplexeren Fälle der raum-zeitlichen Autokorrelationen sowie Verfahren der modellmäßigen Erfassung der endogenen Komponente von Prozessen (etwa durch Autoregressivmodelle). Hierzu sei auf die einschlägige Literatur hingewiesen (zeitliche Ebene: z.B. BOX u.a. (2008), KASHYAP/RAO (1976), PANKRATZ (1983); räumliche Ebene: z.B. CLIFF/ORD (1981), GRIFFITH (2003), NIPPER/STREIT (1977); raum-zeitliche Ebene: z.B. BENNETT (1979), FINKE (1983), MARTIN/OEPPEN (1975), NIPPER (1983)). In dieser Literatur wird auch ausführlicher auf die theoretisch-methodische Konzeption von Prozessen, die in Zeit und/oder Raum variieren, eingegangen. In diesem Kapitel wird die theoretisch-methodische Konzeption nur insoweit behandelt, wie sie unbedingt zum Verständnis der hier vorgestellten statistischen Parameter notwendig ist.

Es sei noch angemerkt, dass im Folgenden immer davon ausgegangen wird, dass die Variablen auf den Mittelwert 0 normiert sind. Das hat den Vorteil, dass die Formeln einfacher und übersichtlicher werden. Auf die Ergebnisse hat diese Normierung keinen Einfluss.

9.2 Zeitliche Autokorrelation

9.2.1 Vorüberlegungen

Zeitliche Erhaltensneigung eines zeitvarianten Prozesses ist oben als das Ergebnis eines endogenen zeitlichen Transfers zwischen benachbarten Zeitzuständen definiert worden, d.h., zeitliche Erhaltensneigung liegt dann vor, wenn die Werte benachbarter Zeitpunkte sich beeinflussen. Da nun die Zeit eine eindimensional gerichtete Größe ist, bei der es ein „vorher" und „nachher" gibt, ist die Frage nach der stochastischen Abhängigkeit in einem Prozess identisch mit der Frage, ob die Prozessrealisationen vorhergehender Zeitpunkte Einfluss auf die Ausgestaltung der Realisation nachfolgender Zeitpunkte ausüben. Ist das der Fall, dann müssen frühere und nachfolgende Prozesszustände ähnlich bzw. entgegengesetzt ähnlich sein.

Für den zeitvarianten Prozess $X(\tau)$ (τ = Zeit) seien an den aufeinanderfolgenden diskreten Zeitpunkten $t_1 < t_2 < \ldots < t_n$ die Werte $x(t_1)$, $x(t_2)$, $\ldots$, $x(t_n)$ gemessen worden. Diese Werte $x(t_i)$ stellen also die Prozessrealisationen zu den Zeitpunkten t_i dar und können als Werte der Variablen $X(t_1)$, $X(t_2)$, $\ldots$, $X(t_n)$ aufgefasst werden. Solche Wertereihen $x(t_1)$, $x(t_2)$, $\ldots$, $x(t_n)$ heißen auch Zeitreihen der Länge n. Die Abstände zwischen aufeinanderfolgenden Zeitpunkten t_i und t_{i+1} seien gleich groß; diesen Abstand bezeichnet man auch als Zeitschritt. Die monatlichen Arbeitslosenquoten bilden etwa eine solche äquidistante Zeitreihe mit einem Zeitschritt von einem Monat. Die in Abb. 9.1 dargestellten Zeitreihen sind äquidistante Reihen der Länge 50.

Eine ganz wichtige Eigenschaft zeitvarianter Prozesse, die bei der Analyse von Zeitreihen eine große Rolle spielt, ist deren Stationarität bzw. Instationarität. Wir benötigen in diesem Kapitel nur die Eigenschaft der schwachen Stationarität, wobei wir diese im Folgenden wegen der Kürze auch einfach als Stationarität bezeichnen werden. Auf eine exakte statistische Definition von Stationarität wird verzichtet. Stattdessen wird eine mehr erläuternde Darstellung gegeben. Einen zeitvarianten Prozess $X(\tau)$ nennt man schwach stationär, wenn die folgenden beiden Bedingungen erfüllt sind:

1. Die Mittelwerte der Variablen $X(t_i)$ sind für alle Zeitpunkte t_i gleich groß.
2. Die Kovarianz zwischen den beiden Variablen $X(t_i)$ und $X(t_{i+k})$ ist nicht abhängig von den beiden Zeitpunkten t_i und t_{i+k}, sondern nur vom zeitlichen Abstand k.

Stationäre Prozesse sind also vor allem dadurch gekennzeichnet, dass die Mittelwerte für alle Zeitpunkte und die Kovarianzen zwischen Zeitpunkten gleichen Abstandes immer gleich groß sind. Aus der Kovarianzeigenschaft folgt auch sofort, dass die Varianzen zu allen Zeitpunkten t_i (Abstand $k = 0$) identisch sind, d. h. eine zeitliche Homogenität der Varianzen existiert. Für die den stationären Prozess repräsentierende Zeitreihe bedeutet das, dass die einzelnen Werte um einen konstanten Wert „zufällig" schwanken und diese Schwankungen über den ganzen Zeitraum hinweg innerhalb einer zeitlich unabhängigen Bandbreite bleiben. So sind die Zeitreihen der Abb. 9.1(a) und 9.1(b) sicher nicht stationär. Im ersten Fall ist ein trendhafter Anstieg im Werteniveau vorhanden, im zweiten Fall verändert sich das Werteniveau periodisch. Die Zeitreihen der Abb. 9.1(c) bis 9.1(e) hingegen schwanken „zufällig" um den Wert 0 und können als stationäre Zeitreihen angesprochen werden. In der Praxis ist ein exakter Test auf Stationarität in aller Regel nicht durchführbar, da pro Zeiteinheit allein schon auf Grund der Definition der Zeitreihe immer nur ein Wert vorhanden ist. Eine graphische Darstellung der Zeitreihe kann hier meistens eine erste Klärung bringen. Es sei allerdings betont, dass sich dadurch nicht unbedingt immer eine eindeutige Klärung ergeben muss. So könnte man etwa vermuten, dass bei der Zeitreihe der Abb. 9.1(d) in dem Zeitbereich 10 bis 25 eine größere Varianz vorhanden ist als im Zeitbereich 30 bis 50, obwohl das in diesem Fall auf Grund der Vorschrift zur Erzeugung dieser Zeitreihe nicht der Fall ist.

9.2.2 Bestimmung der zeitlichen Autokorrelationsfunktion

Die Messung der zeitlichen Erhaltensneigung in einem zeitvarianten Prozess geht von folgenden Überlegungen aus:
Es ist durchaus möglich, dass der Wert $x(t_i)$ des Zeitpunktes (t_i) nicht nur durch den Wert $x(t_{i-1})$ des unmittelbar vorangehenden Zeitpunktes t_{i-1}, sondern auch noch durch frühere Prozessrealisationen $x(t_{i-2})$, $x(t_{i-3})$, ..., $x(t_{i-m})$ beeinflusst wird, die Erhaltensneigung sich also über mehrere Zeitschritte erstreckt. Die Erhaltensneigung wird dabei bzgl. der einzelnen Zeitschrittweiten (= ZSW) $1, 2, \ldots, m$ sicher nicht identisch sein und im Allgemeinen mit wachsender Zeitschrittweite in ihrer Höhe abnehmen (über sehr lange Zeiträume ist kein nennenswerter Einfluss anzunehmen). Die maximale Zeitschrittweite m, bei der noch ein Einfluss vorhanden ist, bezeichnet man auch als Länge des zeitlichen Gedächtnisses.

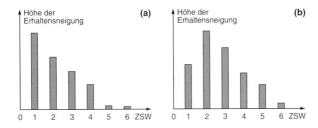

Abb. 9.4: Beispiele unterschiedlicher Ausprägung der Erhaltensneigung in zeitvarianten Prozessen

Die beiden Graphiken der Abb. 9.4 verdeutlichen die Tendenz zu einem „nachlassenden zeitlichen Gedächtnis". Die in Abb. 9.4(a) gezeigte Erhaltensneigung eines Prozesses lässt sich folgendermaßen beschreiben: Für die Zeitschrittweite 1 ist eine hohe Erhaltensneigung festzustellen. In den folgenden Zeitschrittweiten 2 bis 4 verringert sich der Wert der Erhaltensneigung und sinkt (in den Zeitschrittweiten 5 und 6) auf sehr geringe Werte ab. Es besteht also nicht nur eine Ähnlichkeit der Werte zum Zeitpunkt t_i mit den Werten zum unmittelbar vorhergehenden Zeitpunkt t_{i-1} (hoher Wert für die Zeitschrittweite 1), sondern sogar mit denjenigen der letzten vier vorhergehenden Zeitpunkte t_{i-4}, t_{i-3}, t_{i-2}, t_{i-1}. Die Ähnlichkeit mit dem unmittelbar vorhergehenden Zeitpunkt (Zeitschrittweite $k = 1$) ist dabei am größten. Sie wird kleiner, je weiter die vorangehenden Zeitpunkte zurückliegen, d.h. mit wachsender Zeitschrittweite. Deutlich anders ist dagegen die Erhaltensneigung des Prozesses in Abb. 9.4(b) ausgebildet. Die Länge des zeitlichen Gedächtnisses ist größer und beträgt hier eher 5. Das Diagramm weist für die Zeitschrittweite 1 nur einen mittleren Wert auf. Für die Zeitschrittweite 2 ergibt sich ein hoher Wert. Von diesem Maximum fallen dann die Werte in den folgenden Zeitschrittweiten 3 bis 5 auf einen sehr geringen in der Zeitschrittweite 6 ab. Es zeigt sich, dass die Ähnlichkeit zu dem unmittelbar vorangehenden Zeitpunkt nicht die am stärksten ausgebildete ist, sondern erst diejenige mit dem Vorvorgänger t_{i-2} (Zeitschrittweite $k = 2$). Inhaltlich wäre dieses Phänomen etwa dadurch zu erklären, dass es länger als einen Zeitschritt dauert, bis die Ursache ihre stärkste Wirkung entfaltet.

Ausgehend von diesen Überlegungen sollte ein Maß zur Bestimmung der zeitlichen Erhaltensneigung so definiert werden, dass es auf folgende Fragen Antwort gibt:

a) Über welchen Zeitraum m reicht die Erhaltensneigung zurück? Wie lang ist das zeitliche Gedächtnis des Prozesses?

b) Wie hoch ist die Erhaltensneigung in den einzelnen Zeitschrittweiten $k = 1, 2, \ldots$?

c) Von welcher Art ist die Erhaltensneigung in den einzelnen Zeitschrittweiten k? Ist sie gleichsinnig oder gegensinnig gerichtet?

Zeitliche Erhaltensneigung für die Zeitschrittweite k bedeutet ja, dass die Variable $X(t_{i+k})$ von der Variablen $X(t_i)$ abhängt. Solche Abhängigkeiten lassen sich über die Kovarianz messen. Wie bereits ausgeführt, ist bei stationären Prozessen die Kovarianz zwischen den Variablen $X(t_i)$ und $X(t_{i+k})$ zu den beiden Zeitpunkten t_i und t_{i+k} nicht abhängig von diesen, sondern nur abhängig von der Zeitschrittweite k. Diese Kovarianz misst somit die stochastische Abhängigkeit, die in der Zeitreihe für die Zeitschrittweite k vorhanden ist. Mittels der (normierten) Kovarianz

$$\rho(k) = \frac{\text{cov}(k)}{\text{var}(X)} \tag{9.1}$$

mit $\text{cov}(k) = $ Kovarianz in der Zeitschrittweite k

erhält man so eine Reihe von zeitlichen Autokorrelationskoeffizienten $\rho(1)$, $\rho(2)$, $\ldots$, die sogenannte Autokorrelationsfunktion. Diese Autokorrelationskoeffizienten entsprechen vom Aufbau her einem Korrelationskoeffizienten. Die Kovarianz $cov(k)$ im Zeitschritt k kann auf Grund der Stationaritätseigenschaften folgendermaßen geschätzt werden:

$$\text{cov}(k) = \text{cov}(X[k], X(k)).$$

Die beiden „Variablen" $X[k]$ und $X(k)$ entstehen durch das Verschieben der Zeitreihe gegen sich selbst um k Zeitpunkte. $X[k]$ ist sozusagen die ursprüngliche Unabhängige mit den Werten $x(t_1), x(t_2), \ldots, x(t_{n-k})$ und $X(k)$ die Abhängige mit den Werten $x(t_{1+k}), x(t_{2+k}), \ldots, x(t_n)$. Die Datenreihen $X[k]$ und $X(k)$ haben eine Länge von $n-k$. In Abb. 9.5 sind die Vorgehensweisen bei der Bestimmung zeitlicher Autokorrelation und „normaler" Korrelation graphisch gegenübergestellt.

$\rho(k)$ lässt sich dann schätzen als

$$r(k) = \frac{\text{cov}\big(X[k], X(k)\big)}{\text{var}(X)}. \tag{9.2}$$

Für zeitvariante stationäre Prozesse müssen die beiden Variablen $X[k]$ und $X(k)$ auf Grund der Stationaritätseigenschaft identische Mittelwerte haben $\left(\bar{x} = \dfrac{1}{n} \sum_{i=1}^{n} x(t_i) \right)$.

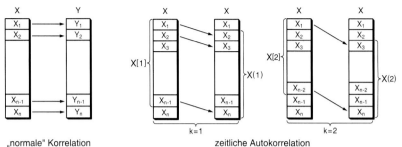

Abb. 9.5: Graphische Veranschaulichung zur Bestimmung von „normaler" Korrelation und zeitlicher Autokorrelation

$r(k)$ lässt sich demnach bestimmen als

$$r'(k) = \frac{\sum\limits_{i=1}^{n-k} \big(x\left(t_i\right) - \bar{x}\big)\big(x\left(t_{i+k}\right) - \bar{x}\big)}{\sum\limits_{i=1}^{n} \big(x\left(t_i\right) - \bar{x}\big)^2}. \tag{9.3}$$

Nun wird im konkreten Fall die Berechnung der Mittelwerte bzw. Varianzen für die beiden „Variablen" $X[k]$ und $X(k)$ in der Regel nicht identische Ergebnisse bringen, so dass $r'(k)$ nicht unbedingt exakt zwischen -1 und $+1$ liegt und diese „Extrem"-Werte auch annehmen kann. Man bestimmt daher $r(k)$ günstiger durch

$$r^*(k) = \frac{\sum\limits_{i=1}^{n-k} \big(x(t_i) - \overline{x[k]}\big)\big(x(t_{i+k}) - \overline{x(k)}\big)}{\sqrt{\sum\limits_{i=1}^{n-k} \big(x(t_i) - \overline{x[k]}\big)^2 \cdot \sum\limits_{i=1}^{n-k} \big(x(t_{i+k}) - \overline{x(k)}\big)^2}} \tag{9.4}$$

$$= \frac{\mathrm{cov}\big(X[k], X(k)\big)}{\sqrt{\mathrm{var}\big(X[k]\big) \cdot \mathrm{var}\big(X(k)\big)}}$$

mit $\quad \overline{x[k]} = \dfrac{1}{n-k} \sum\limits_{i=1}^{n-k} x(t_i)$

$\overline{x(k)} = \dfrac{1}{n-k} \sum\limits_{i=1}^{n-k} x(t_{i+k}).$

Diese Schätzgleichung für $r(k)$ ist formal nichts anderes als diejenige des „normalen" PEARSONschen Korrelationskoeffizienten, angewendet auf die Variablen $X[k]$ und $X(k)$.

Für jede Zeitschrittweite k werden die Werte $x(t_i)$ mit den Werten $x(t_{i+k})$, die ja in k Zeitschritten folgen, hinsichtlich ihrer Ähnlichkeit miteinander verglichen. Es sei hier nochmals auf Abb. 9.5 hingewiesen, in der diese Vorgehensweise sowie die Unterschiede zwischen zeitlichen Autokorrelationen und „normalen" Korrelationen graphisch verdeutlicht werden. Für die Zeitschrittweite $k = 0$ misst der zeitliche Autokorrelationskoeffizient nichts anderes als die Korrelation der Variablen mit sich selbst und besitzt demzufolge stets den Wert $+1$.

Nach PANKRATZ (1983) ist für stationäre Zeitreihen

$$g\left(k\right) = \left| \frac{r'(k)}{\sigma_{r'(k)}} \right| \tag{9.5}$$

unter der Nullhypothese H_0: $\rho(k) = 0$ ($k = 1, 2, 3, \ldots$) approximativ standardnormalverteilt, so dass sich ein Signifikanztest in der gewohnten Weise durchführen lässt (s. Band 1: Schätz- und Teststatistik). Der Test wird sukzessive für die einzelnen Zeitschrittweiten $k = 1, 2, 3, \ldots$ durchgeführt. Die maximale Zeitschrittweite ergibt sich demzufolge als diejenige, bis zu der fortlaufend ein signifikanter zeitlicher Autokorrelationskoeffizient vorhanden ist. Der Standardfehler $\sigma_{r'(k)}$ des Autokorrelationskoeffizienten $r'(k)$ lässt sich schätzen durch

$$s_{r'(k)} = \frac{\sqrt{1 + 2 \cdot \sum_{j=1}^{k-1} r'(j)^2}}{\sqrt{n}}. \tag{9.6}$$

Der Test geht durch diese Schätzung in einen t-Test über. Für $k = 1$ wird die Summe in (9.6) übrigens gleich Null gesetzt. Es sei betont, dass dieser Signifikanztest nur approximativ ist, da die Schätzgleichung (9.6) für den Standardfehler zwar recht einfach, aber dafür relativ grob ist. Exaktere, allerdings kompliziertere Test-Verfahren (z. B. über partielle Autokorrelationen) sind u. a. bei BOX u.a. (2008) zu finden. Das hier vorgestellte Testverfahren erweist sich in aller Regel (bei nicht zu kleinem n) als ausreichend. Häufig wird sowohl in der Literatur zur Zeitreihenanalyse als auch in den einschlägigen Statistik-Programm-Paketen an Stelle der Prüfgröße $g(k)$ nur der Standardfehler und (vor allem in graphischen Darstellungen der Autokorrelationsfunktion) das Intervall $\left[-2s_{r'(k)}, +2s_{r'(k)}\right]$ angegeben. Da der kritische Wert der standardnormalverteilten Prüfgröße $g(k)$ auf dem 5%-Niveau bei zweiseitiger Fragestellung 1,96 ist, ist dieses Intervall praktisch identisch mit dem 95%-Konfidenzintervall des wahren Wertes $\rho(k)$ bzw. mit den kritischen Werten für den Signifikanztest auf dem 5%-Niveau bei zweiseitiger Fragestellung. Liegt der geschätzte Wert $r'(k)$ außerhalb des Intervalls, wird die Alternativhypothese H_A: $\rho(k) \neq 0$ angenommen, liegt er innerhalb des Intervalls, wird die Nullhypothese H_0: $\rho(k) = 0$ beibehalten.

Beispielhaft werden im Folgenden für die Zeitreihe in Abb. 9.1(d) die Tests bis zur Zeitschrittweite $k = 3$ durchgeführt. Die Autokorrelationskoeffizienten $r'(k)$ sind in Tab. 9.1 aufgelistet.

Tab. 9.1: Die zeitlichen Autokorrelationskoeffizienten $r(k)$ bzw. $r^*(k)$ der Zeitreihen der Abb. 9.1 bis zur Zeitschrittweite k = 10

k	Abb. 9.1a		Abb. 9.1b		Abb. 9.1c		Abb. 9.1d		Abb. 9.1e	
	$r'(k)$	$r^*(k)$	$r'(k)$	$r^*(k)$	$r'(k)$	$r^*(k)$	$r'(k)$	$r^*(k)$	$r'(k)$	$r^*(k)$
1	$0{,}933^+$	0,994	$0{,}856^+$	0,861	$0{,}809^+$	0,843	$-0{,}770^+$	$-0{,}810$	$-0{,}138$	$-0{,}139$
2	$0{,}878^+$	0,994	$0{,}533^+$	0,551	$0{,}649^+$	0,724	$0{,}513^+$	0,556	$-0{,}241$	$-0{,}256$
3	$0{,}818^+$	0,995	0,102	0,112	$0{,}607^+$	0,690	$-0{,}387$	$-0{,}425$	0,135	0,144
4	$0{,}760^+$	0,994	$-0{,}347$	$-0{,}381$	0,530	0,621	0,347	0,383	$-0{,}010$	$-0{,}010$
5	0,699	0,995	$-0{,}684^+$	$-0{,}776$	0,442	0,540	$-0{,}314$	$-0{,}348$	0,149	0,166
6	0,641	0,994	$-0{,}845^+$	$-0{,}970$	0,308	0,394	0,329	0,364	0,069	0,079
7	0,586	0,993	$-0{,}794^+$	$-0{,}912$	0,175	0,238	$-0{,}306$	$-0{,}341$	$-0{,}010$	$-0{,}009$
8	0,523	0,993	$-0{,}551$	$-0{,}645$	0,050	0,077	0,255	0,290	$-0{,}006$	$-0{,}006$
9	0,466	0,992	$-0{,}188$	$-0{,}225$	$-0{,}105$	$-0{,}146$	$-0{,}229$	$-0{,}260$	$-0{,}164$	$-0{,}211$
10	0,418	0,996	0,214	0,274	$-0{,}158$	$-0{,}226$	0,136	0,160	0,248	0,338

Die mit $^+$ gekennzeichneten Werte sind auf dem 5%-Niveau signifikant

Die Standardfehler $s_{r'(k)}$ berechnen sich als

$$s_{r'(1)} = \frac{\sqrt{1 + 2 \cdot 0}}{\sqrt{50}} = 0{,}1414,$$

$$s_{r'(2)} = \frac{\sqrt{1 + 2 \cdot -0{,}770^2}}{\sqrt{50}} = 0{,}2091,$$

$$s_{r'(3)} = \frac{\sqrt{1 + 2 \cdot (-0{,}770^2 + 0{,}513^2)}}{\sqrt{50}} = 0{,}2329.$$

Daraus ergeben sich die Prüfgrößen $g(k)$

$$g(1) = \left| \frac{-0{,}770}{0{,}1414} \right| = 5{,}4455,$$

$$g(2) = \left| \frac{0{,}513}{0{,}2091} \right| = 2{,}4534,$$

$$g(3) = \left| \frac{-0{,}387}{0{,}2329} \right| = 1{,}6617.$$

Auf dem 5%-Niveau übertrifft die Prüfgröße (bei zweiseitiger Fragestellung) den kritischen Wert von 1,96 beträchtlich für die Zeitschrittweiten $k = 1$ und $k = 2$, während für die Zeitschrittweite $k = 3$ die Prüfgröße bereits kleiner ist als der kritische Wert. Mithin ist für die beiden ersten Zeitschrittweiten ein signifikanter Autokorrelationskoeffizient vorhanden.

In Tab. 9.1 sind die nach (9.3) und (9.4) geschätzten Autokorrelationskoeffizienten $r'(k)$ bzw. $r^*(k)$ für die Zeitreihen in Abb 9.1 bis zur Zeitschrittweite $k = 10$ aufgeführt. Zudem

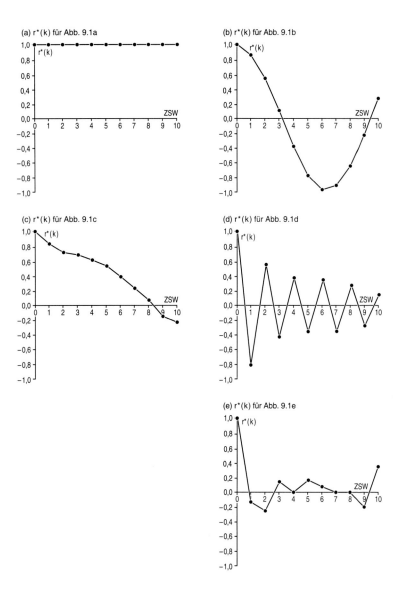

Abb. 9.6: Die zeitlichen Autokorrelationsfunktionen der Zeitreihen der Abb. 9.1 bis zur Zeitschrittweite 10

ist (durch „$^+$") kenntlich gemacht, ob die Koeffizienten auf dem 5%-Niveau signifikant sind. Die $r^*(k)$ sind zudem in Abb. 9.6 graphisch dargestellt.

Die Autokorrelationsfunktion für den „glatten" (stationären) Prozess in Abb. 9.1(c) weist zunächst hohe positive Koeffizienten auf (bis zur Zeitschrittweite $k = 3$ auf dem 5%-Niveau signifikant); diese fallen mit zunehmender Zeitschrittweite (vgl. Tab. 9.1 und Abb. 9.6(c)). Für die „zackenförmige" Zeitreihe in Abb. 9.1(d) ergibt sich ein deutlich negativer Autokorrelationskoeffizient in der Zeitschrittweite $k = 1$, ein deutlich positiver für $k = 2$ usw. Die Autokorrelationsfunktion besitzt einen alternierenden Verlauf, wobei die Absolutwerte mit zunehmender Zeitschrittweite sukzessive abnehmen. Auf dem 5%-Niveau sind die beiden ersten Autokorrelationskoeffizienten signifikant. Demgegenüber weist die Autokorrelationsfunktion des „weißen Rauschens" in Abb. 9.1(e) von Anfang an sehr geringe Werte auf. Die durchgeführten Signifikanztests bestätigen, dass in dieser Zeitreihe keine stochastische Abhängigkeit vorhanden ist (vgl. Tab. 9.1, Abb. 9.6(e)).

Zeitliche Autokorrelation: Anwendungsmöglichkeiten und -probleme   *MuG*

Im Folgenden wird nur auf die wichtigsten Anwendungsmöglichkeiten und -probleme kurz hingewiesen. Eingehender werden diese in Standardlehrbüchern zur Zeitreihenanalyse, wie z.B. BOX u.a. (1994), KASHYAP/RAO (1976) oder PANKRATZ (1983), behandelt.

Ist eine Zeitreihe stationär, dann liegen für die Zeitschrittweite k die Autokorrelationskoeffizienten (auch nach den Gleichungen (9.2) und (9.3)) in dem Wertebereich zwischen +1 und −1 und lassen sich folgendermaßen interpretieren:

– Negative Koeffizienten zeigen an, dass in der Zeitreihe bzgl. der Zeitschrittweite k eine alternierende stochastische Abhängigkeit existiert. Die Wahrscheinlichkeit, in einer „Entfernung" von k Zeitschritten gegensinnig ähnliche Werte zu finden, ist hoch.
– Koeffizienten um 0 weisen darauf hin, dass in der Zeitreihe keine stochastische Abhängigkeit bzgl. der Zeitschrittweite k vorzufinden ist.
– Positive Koeffizienten zeigen an, dass in der Zeitreihe bzgl. der Zeitschrittweite k eine gleichsinnige stochastische Abhängigkeit vorhanden ist. Die Wahrscheinlichkeit, in einer „Entfernung" von k Zeitschritten Werte ähnlicher Größenordnung zu finden, ist hoch.

Die Autokorrelationskoeffizienten $r^*(k)$ nach Gleichung (9.4) können als reine Ähnlichkeitsmaße zwischen den beiden Datenreihen $X[k]$ und $X(k)$ aufgefasst werden. Als solche können sie auch auf instationäre Zeitreihen angewandt werden, $r^*(k)$ sagt dann etwas über die Ähnlichkeit der beiden Datenreihen und damit über die generelle Abhängigkeit innerhalb der Zeitreihe aus, nicht aber einzig und allein über die stochastische Abhängigkeit innerhalb des zeitvarianten Prozesses $X(\tau)$.

Die Autokorrelationsfunktionen stationärer Prozesse können zur Identifikation von Zeitreihenmodellen des ARIMA-Typs (*A*utoregressive *I*ntegrated *M*oving *A*verage) genutzt werden. Ein AR-Modell der Ordnung q hat z.B. folgende Form

$$x(t_i) = a_1\, x(t_{i-1}) + \ldots + a_q\, x(t_{i-q}) + \epsilon$$

und besagt, dass die Prozessrealisation zu einem Zeitpunkt t_i sich (bis auf Zufallsfehler) aus den Prozessrealisationen der q vorhergehenden Zeitpunkte $t_{i-1}, \ldots, t_{i-q}$ schätzen lässt. Modellidentifikation bedeutet hierbei zunächst die Festlegung der Ordnung q, d.h. der maximalen Zeitschrittweite für die Modellierung. Diese Einsatzmöglichkeit soll hier nicht weiter erläutert werden; die einschlägige Literatur zur Zeitreihenanalyse (z.B. BOX u.a. 1994) geht ausführlich darauf ein.

Fortsetzung der Box auf der folgenden Seite

Fortsetzung der Box

Es sei jedoch darauf hingewiesen, dass das Quadrat des Autokorrelationskoeffizienten $r(k)^2$ nicht analog dem Bestimmtheitsmaß in der Korrelations- und Regressionsanalyse interpretiert werden kann. Der Grund liegt darin, dass solche Zeitreihenmodelle infolge der stochastischen Abhängigkeit nicht mit Hilfe der Gaußschen Methode der kleinsten Quadrate geschätzt werden können und damit nicht notwendigerweise eine Minimierung der Abstandsquadratsumme erfolgt.

Die zeitliche Autokorrelationsfunktion kann natürlich für jede äquidistante Zeitreihe berechnet werden. Ob sie inhaltlich auch als Erhaltensneigung des zugrundeliegenden zeitvarianten Prozesses interpretiert werden kann, hängt wesentlich davon ab, ob eine Vermutung oder Theorie über einen zeitvarianten Prozess mit der entsprechenden Diskretisierung der Zeitreihe vorhanden ist. Die Autokorrelationen der ersten Zeitschrittweiten einer Zeitreihe von stündlich gemessenen Wasserständen an einem Flusspegel (Zeitschritt = eine Stunde) sind sehr wohl als Erhaltensneigung des zeitvarianten Prozesses „Wasserstand am Flusspegel" zu interpretieren. Liegt jedoch eine Zeitreihe von Pegelmessungen vor, die jeweils nur am 1. eines Monats vorgenommen wurde (Zeitschritt = 1 Monat), so werden die formal berechneten Autokorrelationskoeffizienten inhaltlich kaum als Erhaltensneigung zu interpretieren sein, da der einen Monat zurückliegende Wasserstand sicher keinen Einfluss mehr auf den derzeitigen ausübt.

Die zeitliche Autokorrelationsfunktion kann natürlich für jede äquidistante Zeitreihe berechnet werden. Ob sie inhaltlich auch als Erhaltensneigung des zugrundeliegenden zeitvarianten Prozesses interpretiert werden kann, hängt wesentlich davon ab, ob eine Vermutung oder Theorie über einen zeitvarianten Prozess mit der entsprechenden Diskretisierung der Zeitreihe vorhanden ist. Die Autokorrelationen der ersten Zeitschrittweiten einer Zeitreihe von stündlich gemessenen Wasserständen an einem Flusspegel (Zeitschritt = eine Stunde) sind sehr wohl als Erhaltensneigung des zeitvarianten Prozesses „Wasserstand am Flusspegel" zu interpretieren. Liegt jedoch eine Zeitreihe von Pegelmessungen vor, die jeweils nur am 1. eines Monats vorgenommen wurde (Zeitschritt = 1 Monat), so werden die formal berechneten Autokorrelationskoeffizienten inhaltlich kaum als Erhaltensneigung zu interpretieren sein, da der einen Monat zurückliegende Wasserstand sicher keinen Einfluss mehr auf den derzeitigen ausübt.

Die zeitlichen Autokorrelationskoeffizienten können formal bis zu einer Zeitschrittweite von $k = n - 2$ berechnet werden. Allerdings leuchtet sofort ein, dass für $k = n - 2$ die Berechnung sehr unsicher ist, da $X[k]$ und $X(k)$ dann nur noch aus jeweils zwei Werten bestehen. In der Praxis berechnet man – um einen genügend großen Werteumfang zu gewährleisten – Autokorrelationskoeffizienten nur für Zeitschrittweiten $k \leq \dfrac{n}{4}$.

Zeitliche Erhaltensneigung ist definiert als die stochastische Abhängigkeit zeitlich benachbarter Prozessrealisationen, die sich als Ähnlichkeitstendenz in den Werten darstellt. Weist eine Zeitreihe darüber hinaus einen Trend auf, so wird dadurch eine zusätzliche Ähnlichkeitstendenz hervorgerufen. Bei einem positiven linearen Trend sind etwa die nachfolgenden Werte immer um den gleichen Betrag größer, bei einem negativen linearen Trend immer um einen konstanten Betrag kleiner, auf jeden Fall ähnlich. Bei wellenförmigen Trends sind benachbarte Werte ebenfalls ähnlich. Formal wirkt sich z.B. ein positiver linearer Trend so aus, dass die zeitlichen Autokorrelationskoeffizienten in Richtung $+1$ fehlgeschätzt werden. Das Trendproblem kann als Spezialfall eines instationären Prozesses angesehen werden. Dieses Problem lässt sich dadurch lösen, dass man zunächst den Trend extrahiert. Ist eine stochastische Abhängigkeit in der Zeitreihe vorhanden, so müsste sie in den Trendresiduen zum Vorschein kommen.

Die zeitlichen Autokorrelationskoeffizienten $r(k)$ sind nur auf Zeitreihen mit metrischem Skalenniveau anwendbar.

Zeitliche Autokorrelation: Anwendungsmöglichkeiten und -probleme   *MuG*

Für die beiden Zeitreihen mit deterministischen Trends (Abb. 9.1(a) und 9.1(b) ergibt sich folgendes Bild: Die Autokorrelationsfunktion für die mit einem linearen Trend behaftete Zeitreihe zeigt für alle Zeitschrittweiten hohe Werte (vgl. Abb. 9.6(a)). Durch den linearen Trend werden also extrem hohe stochastische Abhängigkeiten vorgetäuscht. Für die mit einem periodischen Trend versehene Zeitreihe zeichnet die Funktion die vorgegebene Periodizität nach. Für die Zeitschrittweiten 6 bzw. 7 Jahre ergeben sich hohe negative Koeffizienten, d. h. die Periodenlänge der Zeitreihe liegt zwischen 12 und 13 Jahren (vgl. Abb. 9.6(b)). Auch für diese beiden Zeitreihen wurden Signifikanztests (formal) durchgeführt. Es sei aber darauf hingewiesen, dass beide Zeitreihen trendbehaftet, also nicht stationär sind und somit eine wesentliche Voraussetzung zur Durchführung des Tests nicht erfüllen.

9.2.3 Beispiel

Tab. 9.2: Natalität ($= Y$) und Verstädterung ($= X$) in der Sowjetunion im Zeitraum 1950 – 1976

Jahr	Y	X	Jahr	Y	X	Jahr	Y	X
1950	26,7	40,2	1959	25,0	48,8	1968	17,3	55,5
1951	27,0	41,6	1960	24,9	49,9	1969	17,0	56,3
1952	26,5	42,7	1961	23,8	50,5	1970	17,4	57,0
1953	25,1	43,8	1962	22,4	51,2	1971	17,8	57,9
1954	26,6	44,4	1963	21,2	51,9	1972	17,8	58,8
1955	25,7	44,6	1964	19,6	52,6	1973	17,6	59,6
1956	25,2	45,4	1965	18,4	53,3	1974	18,0	60,4
1957	25,4	46,7	1966	18,2	54,0	1975	18,1	61,3
1958	25,3	47,9	1967	17,4	54,7	1976	18,4	61,9

Quelle: Statistische Jahrbücher der UdSSR, Moskau 1963 ff.

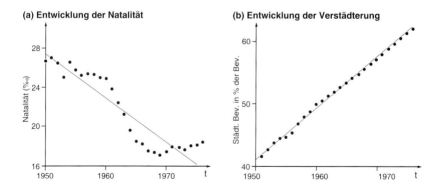

(a) Entwicklung der Natalität   **(b) Entwicklung der Verstädterung**

Abb. 9.7: Entwicklung von Natalität und Verstädterung in der Sowjetunion 1950 – 1976

Tab. 9.3: Die zeitlichen Autokorrelationskoeffizienten (bis ZSW
= 10) des Verstädterungsgrades (= X), der Natalitätsrate (= Y) und der zugehörigen, um den linearen Trend
bereinigten Variablen (X^* bzw. Y^*) in der Sowjetunion

k	Y	X	Y^*	X^*
1	0,9822	0,9992	0,8709	0,7157
2	0,9574	0,9978	0,6930	0,2710
3	0,9207	0,9965	0,4474	−0,0295
4	0,8657	0,9961	0,1115	−0,0310
5	0,8039	0,9962	−0,1998	0,0929
6	0,7362	0,9962	−0,4689	0,0351
7	0,6610	0,9959	−0,6880	−0,2415
8	0,5952	0,9951	−0,7881	−0,4561
9	0,5297	0,9946	−0,8236	−0,5371
10	0,4614	0,9941	−0,7976	−0,6374

In Tab. 9.2 sind für die Jahre 1950 − 1976 der Verstädterungsgrad (= städtische Bevölkerung in % der Gesamtbevölkerung) und die Natalitätsrate (= Zahl der Lebendgeborenen in
% der Gesamtbevölkerung) in der ehemaligen Sowjetunion aufgeführt.

Um den Einfluss der Verstädterung (= X) auf die Entwicklung der Natalität (= Y) in der
Sowjetunion zu analysieren, ließe sich als erstes der PEARSONschen Korrelationskoeffizienten r zwischen den beiden Zeitreihen bestimmen. Der Wert von $r = -0,9207$ scheint
die Vermutung zu bestätigen, dass die wachsende Verstädterung sehr stark am Absinken
der Natalität beteiligt ist. Es sind jedoch sofort Zweifel anzumelden, ob dieser Wert nicht
eine Überschätzung des tatsächlichen Zusammenhangs darstellt, da in beiden Prozessen ein
ausgeprägter linearer Trend vorhanden ist, wie Abb. 9.7 und die Korrelationskoeffizienten
klar belegen: Trend für den Verstädterungsgrad: $r = -0,9270$; Trend für die Natalitätsrate: $r = -0,9985$. Die Autokorrelationsfunktionen der Originalvariablen zeigen dann
auch (vor allem für den Verstädterungsgrad) das erwartete Bild des „Hängenbleibens" der
Autokorrelationskoeffizienten auf hohem Niveau (Tab. 9.3, Abb. 9.8(a) und Abb. 9.8(b)).

Extrahiert man jeweils den linearen Trend, so ergeben sich die in Abb. 9.9 dargestellten
Zeitreihen der Trendresiduen (= X^* bzw. = Y^*). Während in den Residuen der Natalitätsrate noch ein deutlicher wellenförmiger Trend zu erkennen ist, ist das für die Trendresiduen
des Verstädterungsgrades nicht so eindeutig zu sagen. Die Autokorrelationsfunktionen sind
deutliche Belege dafür (vgl. Abb. 9.8(c) und 9.8(d)). Bei der Natalitätsrate ergibt sich ein
sehr stetiger wellenförmiger Verlauf. In einer Zeitschrittweite von 4 bis 5 werden Koeffizienten um 0 erreicht. Bei einer Zeitschrittweite um 9 ist die Autokorrelationsfunktion
stark negativ. Die Autokorrelationsfunktion der Trendresiduen des Verstädterungsgrades
zeigt für die Zeitschrittweite $k = 1$ einen hohen Wert von $r^*(1) = 0,7156$, die folgenden
Koeffizienten dagegen sind schon sehr gering, so dass angenommen werden kann, dass
neben der trendhaften Steuerung auch noch eine endogene Komponente wirksam ist, die
ein zeitliches Gedächtnis der Länge 1 hat, d. h., die vom Trend abweichenden jährlichen

Verstädterungsgrade werden von den Abweichungen des Vorjahres in der Weise beeinflusst, dass auf ein überhöhtes Anwachsen mit großer Wahrscheinlichkeit wieder ein hohes Anwachsen, auf einen geringeren Anstieg ein ebenfalls geringer Anstieg zu erwarten ist.

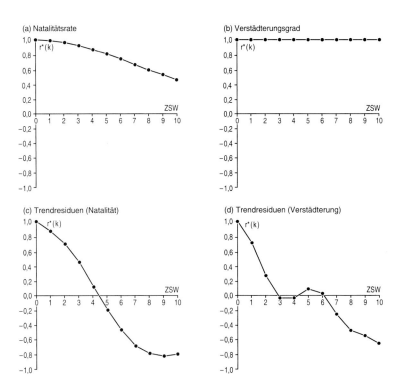

Abb. 9.8: Die zeitlichen Autokorrelationskoeffizienten des Verstädterungsgrades, der Natalitätsrate und der zugehörigen, um den linearen Trend bereinigten Variablen in der Sowjetunion bis zur Zeitschrittweite 10

Führt man mit den um den linearen Trend bereinigten Natalitätsraten (Y^*) und Verstädterungsgraden (X^*) eine Regressionsanalyse durch, so ergibt sich ein Korrelationskoeffizient von $r = 0{,}2465$. Dieser Wert ist nicht nur recht niedrig (Varianzaufklärung: $B = 6{,}07\%$), er hat auch das „falsche" Vorzeichen. Ein positives Vorzeichen von r würde ja besagen, dass mit wachsender Verstädterung auch die Natalität steigt. Auf den ersten Blick scheint also kein Zusammenhang zwischen Verstädterung und Natalität zu bestehen. Ob dieses so ist, wollen wir im folgenden Abschnitt über die zeitliche Kreuzkorrelation weiterverfolgen.

(a) Natalitätsrate

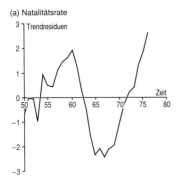

(b) Verstädterungsgrad

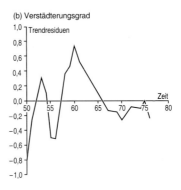

Abb. 9.9: Zeitreihen der um den linearen Trend bereinigten Variablen „Natalitätsrate" und „Verstädterungsgrad" in der Sowjetunion

9.3 Zeitliche Kreuzkorrelation

9.3.1 Vorüberlegungen

Durch die Vorgehensweise bei der Berechnung der Korrelationskoeffizienten zwischen Verstädterung und Natalität werden natürlich die Prozessrealisationen der beiden Variablen zu jeweils gleichen Zeitpunkten miteinander verglichen; es wird also davon ausgegangen, dass eine Änderung der exogenen Variablen Verstädterung unmittelbar (noch im gleichen Jahr) auf die Entwicklung der Natalität wirkt. Nun wird die Verstädterung der Sowjetunion vor allem durch die Abwanderung junger Leute vom Land in die Städte hervorgerufen. Diese ändern ihr generatives Verhalten aber nicht unmittelbar, sondern erst nach einigen Jahren, indem sie etwa auf das 3. oder 4. Kind verzichten. Diese Überlegung führt zu der Annahme, dass z. B. eine verstärkte Verstädterung in einem bestimmten Jahr erst einige Zeit später zu einem Absinken der Natalität führt. Allgemein heißt das: Es ist zu erwarten, dass eine gewisse Reaktionszeit benötigt wird, bis die Entwicklung der exogenen Variablen auf die Entwicklung der Prozessvariablen durchschlägt. Solche verzögerten Wirkungen einer exogenen (unabhängigen) Variablen auf eine Prozessvariable (abhängige Variable) können mit dem Konzept der sogenannten Kreuzkorrelation untersucht werden.

9.3.2 Bestimmung der zeitlichen Kreuzkorrelationsfunktion

Analog zu den Überlegungen bei der zeitlichen Autokorrelation vergleichen wir bei der zeitlichen Kreuzkorrelation die Werte $x(t_i)$ der exogenen Variablen mit den Werten der in k Zeitschritten folgenden Werte $y(t_{i+k})$. Als Maß dient die zeitliche Kreuzkorrelationsfunktion $r^*(k)$. Die einzelnen zeitlichen Kreuzkorrelationskoeffizienten $r^*(k)$ lassen sich in Anlehnung an die Bestimmung der Autokorrelationskoeffizienten (vgl. Gleichung (9.4) und Abb. 9.10) schätzen als

$$r^*(k) = \frac{\displaystyle\sum_{i=1}^{n-k}\big(x(t_i) - \overline{x[k]}\big)\big(y(t_{i+k}) - \overline{y(k)}\big)}{\sqrt{\displaystyle\sum_{i=1}^{n-k}\big(x(t_i) - \overline{x[k]}\big)^2 \cdot \sum_{i=1}^{n-k}\big(y(t_{i+k}) - \overline{y(k)}\big)^2}} \tag{9.7}$$

$$= \frac{\mathrm{cov}\big(X[k], Y(k)\big)}{\sqrt{\mathrm{var}\big(x[k] \cdot \mathrm{var}(Y(k))\big)}}$$

mit $\quad \overline{x[k]} = \dfrac{1}{n-k}\displaystyle\sum_{i=1}^{n-k} x(t_i)$

$\quad\quad \overline{y(k)} = \dfrac{1}{n-k}\displaystyle\sum_{i=1}^{n-k} y(t_{i+k}).$

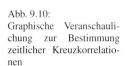

Abb. 9.10:
Graphische Veranschauli-
chung zur Bestimmung
zeitlicher Kreuzkorrelationen

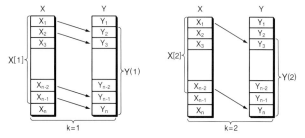

Im Gegensatz zur Autokorrelation lässt sich die Kreuzkorrelation auch für „negative" Zeit-schrittweiten $k < 0$ sinnvoll definieren. Misst nämlich $r^*(k)$ für positive k den Einfluss der Variablen X auf Y bzgl. der Zeitschrittweite k, so misst $r^*(k)$ für negative k den Einfluss von Y auf X bzgl. der gleichen Zeitschrittweite k. Da der Einfluss von X auf Y nicht notwendigerweise gleich demjenigen von Y auf X sein muss, sind auch die Kreuzkorrelationskoeffizienten $r^*(k)$ und $r^*(-k)$ ($k > 0$) nicht notwendigerweise identisch. Insgesamt erhalten wir somit eine bzgl. $k = 0$ nicht symmetrische Kreuzkorrelationsfunktion ..., $r^*(-2)$, $r^*(-1)$, $r^*(0)$, $r^*(1)$, $r^*(2)$, ... Abb. 9.11 zeigt die Kreuzkorrelationsfunktion für die beiden Variablen „Verstädterungsgrad" und „Natalitätsrate" in der Sowjetunion vor und nach Extraktion des linearen Trends. Eine genauere Interpretation wird im Folgenden noch durchgeführt.

Zeitliche Kreuzkorrelation: Anwendungsmöglichkeiten und -probleme   *MuG*

Im Wesentlichen gilt für Kreuzkorrelationen das gleiche wie für die zeitliche Autokorrelation. Die zeitlichen Kreuzkorrelationskoeffizienten $r^*(k)$ liegen im Wertebereich zwischen $+1$ und -1 und lassen sich folgendermaßen interpretieren:

- Negative Koeffizienten $r^*(k)$ besagen, dass die Prozessvariable durch die exogene Variable bzgl. der Zeitschrittweite k gegensinnig beeinflusst wird. Ein hoher Wert der exogenen Variablen bewirkt k Zeitschritte später wahrscheinlich einen niedrigen Wert der Prozessvariablen und umgekehrt.
- Koeffizienten $r^*(k)$ um 0 zeigen auf, dass die exogene Variable bzgl. der Zeitschrittweite k keine Wirkung auf die Prozessvariable hat.
- Positive Koeffizienten $r^*(k)$ sagen aus, dass die Prozessvariable durch die exogene Variable bzgl. der Zeitschrittweite k gleichsinnig beeinflusst wird. Ein hoher Wert der exogenen Variablen bewirkt k Zeitschritte später wahrscheinlich einen ebenfalls hohen Wert der Prozessvariablen, ein niedriger Wert k Zeitschritte später einen ebenfalls niedrigen.

Der Kreuzkorrelationskoeffizient $r^*(0)$ der Zeitschrittweite $k = 0$ ist mit dem einfachen PEARSONschen Korrelationskoeffizienten r identisch.

Wie bei der zeitlichen Autokorrelation ist die inhaltliche Interpretation der Kreuzkorrelationsfunktion natürlich nur dann sinnvoll, wenn eine Vermutung oder Theorie über einen zeitvarianten Prozess mit der entsprechenden zeitlichen Diskretisierung vorhanden ist.

Wie bei den Autokorrelationskoeffizienten verringert sich der Umfang der Datenreihen $X[k]$ und $Y(k)$ um jeweils einen Wert, wenn die Zeitschrittweite um 1 steigt, so dass man auch hier in der Regel nur die Kreuzkorrelationen bis zur Zeitschrittweite $k \leq \dfrac{n}{4}$ berechnet.

Trends in den beiden Variablen X und Y führen wie bei der Autokorrelationsfunktion zu einer Fehlschätzung der Kreuzkorrelationskoeffizienten. Das Problem lässt sich auch hier durch Trendextraktion lösen.

Bei der Analyse von zeitvarianten Prozessen sind in der Geographie insbesondere drei Arten von exogener Steuerung denkbar, die durch zeitliche Kreuzkorrelationen analysiert werden können:

(1) Die Entwicklung des Prozesses Y wird durch einen zweiten Prozess X gesteuert, der sich in derselben Raumeinheit vollzieht. Ein Beispiel dafür ist der Einfluss der Verstädterung in der Sowjetunion auf die Entwicklung der Natalität im gleichen Land.

(2) Die Entwicklung des Prozesses Y wird durch einen zweiten Prozess X gesteuert, der sich allerdings in einer anderen Raumeinheit vollzieht. So wird etwa der Pendleranteil in einer Stadtrandgemeinde durch die Entwicklung des Arbeitsplatzangebotes in der Stadt mitbeeinflusst.

(3) Zeitliche Kreuzkorrelationskoeffizienten können auch als Hilfsmittel benutzt werden, um den Einfluss der Entwicklung eines Prozesses in einer Raumeinheit auf die Entwicklung desselben Prozesses in einer anderen zu analysieren. Ein Beispiel hierfür ist etwa eine Untersuchung darüber, wie stark die wirtschaftliche Entwicklung einer Gemeinde von der wirtschaftlichen Entwicklung in einem benachbarten Zentrum beeinflusst wird. Eine solche Steuerungsgröße könnte auch als eine endogene Komponente, nämlich als eine Art räumliche Erhaltensneigung aufgefasst werden. In der hier angesprochenen Form wird hingegen die zeitliche Entwicklung in der betreffenden Raumeinheit als geschlossenes System betrachtet, so dass die Einwirkung aus anderen Raumeinheiten dann einen exogenen Faktor darstellt. In einer Untersuchung zur raum-zeitlichen Ausbreitung der Gastarbeiter in der BRD setzten GIESE/NIPPER (1979) zeitliche Kreuzkorrelationen in dieser Weise ein.

Die zeitlichen Kreuzkorrelationskoeffizienten $r(k)$ sind nur auf Zeitreihen mit metrischem Skalenniveau anwendbar.

Zeitliche Kreuzkorrelation: Anwendungsmöglichkeiten und -probleme   *MuG*

9.3.3 Beispiel

Die einleitend angestellten Überlegungen zur Abhängigkeit der zeitlichen Entwicklung der Natalität in der Sowjetunion von derjenigen der Verstädterung hatten zu der Vermutung geführt, dass der mögliche Einfluss nicht unmittelbar sofort wirksam wird, sondern erst mit einer gewissen zeitlichen Verzögerung, d.h., eine Analyse durch die zeitliche Kreuzkorrelationsfunktion scheint angemessener als eine einfache Korrelationsanalyse.

Tab. 9.4: Die zeitlichen Kreuzkorrelationskoeffizienten zwischen Verstädterungsgrad $(= X)$ und Natalitätsrate $(= Y)$ bzw. zwischen den zugehörigen, um den linearen Trend bereinigten Variablen $(X^*$ bzw. $Y^*)$ für die Zeitschrittweiten $-10 \leq k \leq +10$ in der Sowjetunion

Zeitschrittweiten $k < 0$			Zeitschrittweiten $k \geq 0$		
k	Y/X	Y^*/X^*	k	Y/X	Y^*/X^*
-10	$-0,9203$	$-0,2346$	0	$-0,9207$	$0,2464$
-9	$-0,9316$	$-0,0611$	1	$-0,9188$	$0,0898$
-8	$-0,9411$	$0,0659$	2	$-0,9158$	$-0,1344$
-7	$-0,9453$	$0,2306$	3	$-0,9122$	$-0,3216$
-6	$-0,9424$	$0,4176$	4	$-0,9181$	$-0,6247$
-5	$-0,9396$	$0,4742$	5	$-0,9083$	$-0,6865$
-4	$-0,9378$	$0,5538$	6	$-0,8943$	$-0,6520$
-3	$-0,9362$	$0,6263$	7	$-0,8761$	$-0,5819$
-2	$-0,9324$	$0,5662$	8	$-0,8489$	$-0,4576$
-1	$-0,9284$	$0,4016$	9	$-0,8129$	$-0,3058$
			10	$-0,7668$	$-0,1396$

Die Kreuzkorrelationsfunktion auf Basis der Originalvariablen bleibt natürlich auf einem hohen absoluten Niveau (um $-0,9$) hängen (vgl. Tab. 9.4, Abb. 9.11(a)), ein deutliches Zeichen für die in beiden Zeitreihen starken linearen Trends. Die Kreuzkorrelationsfunktionen der Trendresiduen (vgl. Tab. 9.4, Abb. 9.11(b)) zeigt demgegenüber deutlich, dass (für positive Zeitschrittweiten) zunächst recht geringe Koeffizienten vorhanden sind und erst bei $k = 4$ ein relativ bedeutender negativer Wert auftritt. Von der Zeitschrittweite $k = 6$ an tendieren die Koeffizienten wieder gegen Null. Es zeigt sich also, dass für die Zeitschrittweiten von 4 bis 6 Jahren starke gegensinnige Ähnlichkeiten vorhanden sind, die die obige Hypothese unterstützen, d.h.: ein über den allgemeinen Trend (= linearer Trend) hinausgehendes Anwachsen der Verstädterung wirkt sich in $4 - 6$ Jahren auf die Natalität in der Form aus, dass diese über den Trend hinaus überdurchschnittlich absinkt. Die Interpretation des Kurvenverlaufes für negative k gibt in diesem Beispiel keinen Sinn, da es keine sinnvolle Theorie für eine zeitlich verzögerte „Abhängigkeit" der Verstädterung von der Natalität gibt.

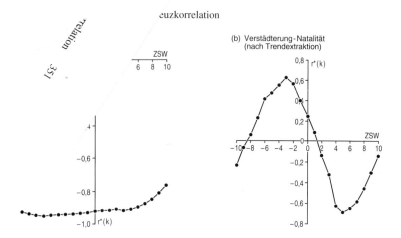

euzkorrelation

Abb. 9.11: Die Kreuzkorrelationsfunktionen zwischen Verstädterungsgrad und Natalitätsrate bzw. zwischen den zugehörigen, um den linearen Trend bereinigten Variablen bis zur Zeitschrittweite 10 in der Sowjetunion

9.4 Räumliche Autokorrelation

9.4.1 Das Phänomen der räumlichen Autokorrelation

Eine quantitative Erfassung der räumlichen Erhaltensneigung analog zur Messung der zeitlichen durch die zeitliche Autokorrelationsfunktion erfordert zunächst eine genauere Analyse dieses Phänomens und soll hier in Anlehnung an die von NIPPER/STREIT (1977) vorgenommene Darstellung erfolgen. Am Beispiel einer „Isohyetenkarte des Tagesniederschlages vom 15.7.1953 für Süddeutschland" (Abb. 9.12), die einer Untersuchung von SCHIRMER (1973) entnommen ist, lassen sich charakteristische Typen räumlicher Erhaltensneigung verdeutlichen. In dieser Karte ist die räumliche Verteilung der Niederschlagshöhen dargestellt, die sich bei einer Westlage durch rege Schauertätigkeit ergeben, wobei die Kamm- und Tiefenlinien (d.h. Schauerstraßen und Trockenstreifen) kartographisch kenntlich gemacht wurden, um die Regelhaftigkeit der Verteilung hervorzuheben. Im Hinblick auf die räumliche Erhaltensneigung sind besonders zwei Sachverhalte erwähnenswert:

1. Die streifenförmige Anordnung der Schauerstraßen entsprechend dem Höhenwind in W-O-Richtung: Betrachtet man einen Punkt, der relativ hohen Niederschlag erhält, also auf einer Kammlinie liegt, so werden mit hoher Wahrscheinlichkeit auch die westlich bzw. östlich benachbarten Punkte ebenfalls hohe Niederschlagswerte aufweisen. In Anlehnung an die zeitliche Autokorrelation könnte man hier von einer positiven räumlichen Autokorrelation sprechen.

2. Die alternierende Anordnung von Niederschlagswerten in N-S-Richtung: Bei nicht zu geringen räumlichen Distanzen erkennt man einen mehr oder minder regelmäßigen

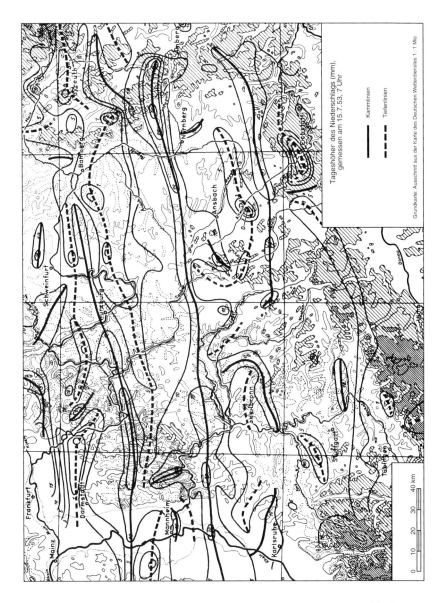

Abb. 9.12: Tageshöhen des Niederschlags (mm) vom 15.7.1953 in S- und SW-Deutschland.
Nach: SCHIRMER 1973, Abb. 1

Wechsel von hohen und niedrigen Niederschlagswerten, den man dann in Analogie zur zeitlichen Autokorrelation als negative räumliche Autokorrelation bezeichnen kann.

An dem Beispiel zeigt sich deutlich, dass bei einer räumlichen Betrachtungsweise die „Nachbarschaft" richtungsabhängig definiert werden sollte, denn für verschiedene Richtungen können sich unterschiedliche Erhaltensneigungen ergeben. Oder noch allgemeiner: Es ist von vornherein nicht eindeutig festgelegt, welche Raumeinheiten benachbart sind und welche nicht, und je nach Festlegung können sich die Ergebnisse deutlich unterscheiden. Deshalb muss als erster Schritt vor einer quantitativen Bestimmung der räumlichen Erhaltensneigung eine Festlegung der Nachbarn erfolgen, wobei (analog zur Analyse der zeitlichen Erhaltensneigung) zwei Sachverhalte zu berücksichtigen sind:

1. Der räumliche Transfer von Masse, Energie und Information muss nicht nur immer den nächsten Nachbarn betreffen, sondern kann auch über mehrere Raumeinheiten hinweg wirksam sein.

2. Wie bei der Zeitreihenanalyse, wo durch die Zeitschrittweite die Zeitspanne angegeben wird, über die zeitliche Erhaltensneigung wirksam ist, wird auch bei räumlichen Datenkollektiven eine „Andauer"- bzw. „Entfernungs"-Dimension benötigt, die angibt, über welche Raumdistanzen hinweg eine räumliche Erhaltensneigung vorhanden ist.

Ähnlich den Zeitschrittweiten, die die Nachbarschaft der Daten in der Zeit bestimmen, geschieht die Festlegung der Nachbarschaft (im Raum) durch Raumschrittweiten ($=$ RSW), wobei die Definition auf Raumschrittweiten $k \geq 1$ ausgelegt werden muss. Dabei zeigen sich jedoch grundsätzliche Unterschiede zum zeitvarianten Prozess:

1. Während bei einem zeitvarianten Prozess die Zeit eine natürliche Ordnungsrelation (mit „vorher"- und „nachher"-Beziehungen) aufweist, existieren solche Relationen im Raum a priori nicht; vielmehr können die möglichen Abhängigkeits- und Beeinflussungsrichtungen – allgemein: Nachbarschaftsbeziehungen – potentiell in die beliebig vielen Richtungen der Ebene gehen.

2. Die Zeitschrittweite ist durch die zeitliche Entfernung der jeweiligen Nachbarwerte, mithin durch die Dimension „Zeit" (z.B. Stunde, Tag, Monat, Jahr) allein von den formalen Dateneigenschaften her, die allerdings auch inhaltliche Bedeutung haben können, eindeutig definiert. Bei räumlichen Datenmengen ist eine solche „natürliche" Definition der Raumschrittweite nicht gegeben. Hier ist das Definitionsprinzip „Nachbarschaft" (wie das Beispiel der Isohyetenkarte zeigt) nicht eindeutig, da es sich nicht auf eine a priori gegebene Vorschrift wie bei der Zeit beziehen kann. Schon das einfache Nachbarschaftskriterium „Nachbarn sind Raumeinheiten mit einer gemeinsamen Grenze" ist nicht eindeutig, wie am Beispiel des Schachbrettes noch gezeigt wird. Zudem sind durchaus andere Nachbarschaftskriterien denkbar. So ließe sich für ein System zentraler Orte folgendes Nachbarschaftskriterium definieren: Zwei zentrale Orte sind Nachbarn der Raumschrittweite 1, falls sie zentrale Orte gleicher Stufe sind, sie sind Nachbarn der Raumschrittweite $k \geq 2$, falls ihr zentralörtlicher Rang sich um $k - 1$ unterscheidet. Eine solche Nachbarschaftsdefinition hat nichts mit der unmittelbaren Vorstellung von Nachbarschaft im distanziellen Raum zu tun. Nachbarschaft und Raumschrittweite sind somit zunächst rein formale Begriffsbildungen, die noch keine inhaltliche Bedeutung

haben. Eine solche erhalten sie erst dadurch, dass das Kriterium „Nachbarschaft" von Fall zu Fall inhaltlich (und damit in Abhängigkeit von einer Theorie oder Vermutung) begründet ist.

Insgesamt bleibt festzuhalten: Zur Operationalisierung des Konzeptes der räumlichen Autokorrelation ist zunächst eine Vorstrukturierung des Raumes notwendig; mit anderen Worten: Es muss für jede Raumschrittweite $k \geq 1$ ein Kriterium vereinbart werden, nach dem zwei Raumeinheiten als benachbart bzgl. dieser Raumschrittweite zu gelten haben.

An einem einfachen Beispiel (vgl. NIPPER/STREIT 1977) sollen solche Nachbarschaftskriterien exemplarisch aufgezeigt und in ihren Wirkungen auf die räumliche Autokorrelation erläutert werden. Als einfaches Raummodell dient dabei das Schachbrett mit seinen für die Felder binären Merkmalsausprägungen „schwarz" und „weiß" (Abb. 9.13). Die unendlich vielen Richtungen, in denen Nachbarn eines gegebenen Raumelementes zu suchen wären, sind hier durch die bekannten Regeln des Schachspiels auf überschaubar wenige reduziert.

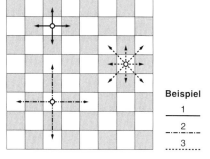

Abb. 9.13:
Unterschiedliche Nachbarschaftskriterien am Raummodell „Schachbrett"

Beispiel 1: Wir betrachten die Spielmöglichkeiten eines Turmes, der auf einem gegebenen Feld steht und sich jeweils nur ein Feld fortbewegen soll; die Raumschrittweite ist also mit $k = 1$ vereinbart. Nach den Spielregeln – d. h. hier: Nachbarschaftskriterium – gelten alle Felder mit einer gemeinsamen Kante in Zeilen- oder Spaltenrichtung als benachbart. Der Schritt eines Turmes in eine benachbarte Raumeinheit bringt daher stets einen Wechsel im Binärwert der Raumvariablen (d. h. Feldfarbenwechsel) mit sich. Dies ist ein extremes Beispiel für negative räumliche Erhaltensneigung bzw. negative räumliche Autokorrelation.

Beispiel 2: Der Turm soll jetzt genau ein Feld in waagerechter oder senkrechter Richtung überspringen; benachbarte Raumelemente sind diejenigen Felder, die im oben definierten Sinne jeweils Nachbarn 1. Ordnung zu einem gemeinsamen 3. Feld sind. Die Spielzüge des Turms führen also bei der Raumschrittweite $k = 2$ aus einer gegebenen Feldfarbe nicht hinaus, mithin liegt eine strenge positive Autokorrelation vor.[)]

Beispiel 3: Betrachten wir nun die Spielmöglichkeiten des Königs, der sich wie der Turm in Beispiel 1 nur um ein Feld fortbewegen darf (also Raumschrittweite $k = 1$). Für den König sind jedoch all die Quadrate benachbart, die entweder eine Kante oder eine Ecke mit dem Feld, auf dem er steht, gemeinsam haben. Wechselt ein König in ein „kantenbenachbartes"

Feld, so erfolgt eine Änderung der Feldfarbe, wechselt er in ein „eckenbenachbartes" Quadrat, so bleibt die Ausgangsfarbe erhalten. Da für einen Spielzug die Wahrscheinlichkeit eines Farbenwechsels und die der Farbengleichheit immer etwa gleich groß ist (für nicht am Rand gelegene Felder sind die Wahrscheinlichkeiten exakt gleich groß), also nicht auf eine bestimmte Feldfarbe prognostiziert werden kann, ist hier keine räumliche Erhaltensneigung bzw. Autokorrelation zu erwarten.

Aus den angeführten Beispielen ergibt sich eines sehr deutlich: Das Aufdecken räumlicher Autokorrelationen in regelmäßigen wie auch unregelmäßigen Mustern von Raumelementen hängt offensichtlich entscheidend von der (inhaltlich zu begründenden) Definition des Nachbarschaftskriteriums ab. Dieses Nachbarschaftskriterium muss für jede Raumschrittweite gemäß der zu prüfenden Hypothese über das Vorliegen einer räumlichen Autokorrelation gewählt werden. Vermutet man also, wie im Beispiel der Schauerstraßen, eine W-O-gerichtete Bandstruktur der räumlichen Niederschlagsverteilung, so wird man sinnvoller Weise nur solche Raumelemente als benachbart betrachten, die sich in dieser Richtung anordnen.

9.4.2 Operationalisierung des Nachbarschaftskriteriums

Die notwendige Formalisierung und Operationalisierung der verwendeten Nachbarschaftskriterien für verschiedene Raumschrittweiten k muss so angelegt sein, dass sie zumindest die beiden folgenden Fragen eindeutig beantwortet, nämlich:

1) Gelten die Raumelemente i und j bzgl. der betrachteten Raumschrittweite k überhaupt als Nachbarn ($\Rightarrow$ Existenz der Nachbarschaftsbindung)?
2) Welches relative Gewicht soll einem bestimmten Nachbarn j unter allen anderen Nachbarn von i bei der Raumschrittweite k zukommen ($\Rightarrow$ Intensität der Nachbarschaftsbindung)? Diese Frage stellt sich in der Zeitreihenanalyse bei der Bestimmung zeitlicher Autokorrelation nicht, da in der Zeitschrittweite k auf Grund der Vorgehensweise immer nur ein „Nachbar" existiert.

Eine Operationalisierung erfolgt am einfachsten durch die Definition von Gewichten

$$w_{ij}^{(k)} \quad (1 \leq i, j \leq n, n = \text{Anzahl der Raumelemente}).$$

Diese Gewichte haben generell folgendes Aussehen:

$$w_{ij}^{(k)} \begin{cases} > 0, & \text{falls für RSW} = j \text{ die Raumeinheit } j \text{ zu } i \text{ benachbart ist} \\ = 0, & \text{sonst.} \end{cases} \tag{9.8}$$

Die Existenz einer Nachbarschaftsbindung wird also dadurch angezeigt, dass $w_{ij}^{(k)} > 0$ ist, während die Intensität der Bindung durch die Größe des Wertes $w_{ij}^{(k)} > 0$ angegeben wird. Auf einzelne spezifische Probleme bei der Operationalisierung soll hier nicht weiter eingegangen werden. Diese sind bei NIPPER/STREIT (1977) ausführlicher diskutiert. Dort findet man auch mehrere Beispiele, wie das Nachbarschaftskriterium in einem geographischen Kontext sinnvoll operationalisiert werden kann. Zweckmäßigerweise ordnet man die einzelnen Gewichte $w_{ij}^{(k)}$ in Form sogenannter (quadratischer) Nachbarschaftsmatrizen $W^{(k)}$ an, also

$$W^{(k)} = \begin{bmatrix} w_{11}^{(k)} & w_{12}^{(k)} & \cdots & w_{1n}^{(k)} \\ w_{21}^{(k)} & w_{22}^{(k)} & \cdots & w_{2n}^{(k)} \\ \vdots & \vdots & \cdots & \cdots \\ w_{n1}^{(k)} & w_{n2}^{(k)} & \cdots & w_{nn}^{(k)} \end{bmatrix}$$

Diese Nachbarschaftsmatrizen $W^{(k)}$ repräsentieren dann die Gesamtheit der Nachbarschaftsbeziehungen zwischen allen n Raumelementen bei gegebener Raumschrittweite k. Häufig werden die Gewichte raumeinheiten-spezifisch (zeilenweise) normiert, d. h. es werden

$$w_{ij}^{'(k)} = \frac{w_{ij}^{(k)}}{\sum\limits_{j=1}^{n} w_{ij}^{(k)}} \tag{9.9}$$

als Gewichte definiert. Die Summe aller Gewichte $w_{ij}^{'(k)}$ bzgl. eines Raumelementes i ist dann gerade 1 $\left(\sum\limits_{j=1}^{n} w_{ij}^{'(k)} = 1 \right)$. Das bedeutet, dass für jede Raumeinheit das Gesamtgewicht der Nachbarn in der Raumschrittweite k gleich groß ist und die einzelnen Gewichte als relative Anteile, die die jeweiligen Nachbarn an Einfluss ausüben, interpretiert werden können.

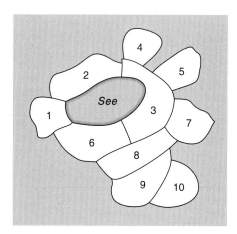

Abb. 9.14:
Beispiel eines Raumsystems mit 10 Raumeinheiten

Anhand des Raumsystems der Abb. 9.14 mit $n = 10$ Raumeinheiten soll die Operationalisierung des Nachbarschaftskriteriums beispielhaft bis zur Raumschrittweite $k = 3$ verdeutlicht werden. Als Nachbarschaftskriterium soll das Kriterium „gemeinsame Grenze ohne Umwege" dienen, wobei alle zu einer Raumeinheit in der Raumschrittweite k benachbarten Einheiten gleich großen Einfluss ausüben. Exakt ergibt sich dann folgende Definition:

1. Die Raumeinheiten i und j sind Nachbarn der Raumschrittweite 1, wenn sie ein Grenzstück gemeinsam haben. Sie sind Nachbarn der Raumschrittweite $k > 1$, wenn i einen Nachbarn der Raumschrittweite 1 hat, der gleichzeitig zu j ein Nachbar der Raumschrittweite $k - 1$ ist, und wenn i und j nicht schon Nachbarn einer kleineren Raumschrittweite als k sind (Ausschluss von Umwegen).
2. Sind i und j Nachbarn der Raumschrittweite $k \geq 1$, so ist das Gewicht $w_{ij}^{(k)} = 1$.

Tab. 9.5: Die Nachbarschaftsmatrizen W(k) des Raumsystems der Abb. 9.14

$$W^{(1)} = \begin{bmatrix} 0,00 & 1,00 & 0,00 & 0,00 & 0,00 & 1,00 & 0,00 & 0,00 & 0,00 & 0,00 \\ 1,00 & 0,00 & 1,00 & 0,00 & 0,00 & 0,00 & 0,00 & 0,00 & 0,00 & 0,00 \\ 0,00 & 1,00 & 0,00 & 1,00 & 1,00 & 1,00 & 1,00 & 0,00 & 0,00 & 0,00 \\ 0,00 & 0,00 & 0,00 & 0,00 & 0,00 & 0,00 & 0,00 & 0,00 & 0,00 & 0,00 \\ 0,00 & 0,00 & 0,00 & 0,00 & 0,00 & 0,00 & 0,00 & 0,00 & 0,00 & 0,00 \\ 1,00 & 0,00 & 1,00 & 0,00 & 0,00 & 0,00 & 0,00 & 1,00 & 0,00 & 0,00 \\ 0,00 & 0,00 & 1,00 & 0,00 & 0,00 & 0,00 & 0,00 & 1,00 & 0,00 & 0,00 \\ 0,00 & 0,00 & 0,00 & 0,00 & 0,00 & 1,00 & 1,00 & 0,00 & 1,00 & 0,00 \\ 0,00 & 0,00 & 0,00 & 0,00 & 0,00 & 0,00 & 0,00 & 1,00 & 0,00 & 1,00 \\ 0,00 & 0,00 & 0,00 & 0,00 & 0,00 & 0,00 & 0,00 & 0,00 & 0,00 & 0,00 \end{bmatrix}$$

$$W^{(2)} = \begin{bmatrix} 0,00 & 0,00 & 1,00 & 0,00 & 0,00 & 0,00 & 0,00 & 1,00 & 0,00 & 0,00 \\ 0,00 & 0,00 & 0,00 & 1,00 & 1,00 & 1,00 & 1,00 & 0,00 & 0,00 & 0,00 \\ 1,00 & 0,00 & 0,00 & 0,00 & 0,00 & 0,00 & 0,00 & 1,00 & 0,00 & 0,00 \\ 0,00 & 1,00 & 0,00 & 0,00 & 1,00 & 1,00 & 1,00 & 0,00 & 0,00 & 0,00 \\ 0,00 & 1,00 & 0,00 & 1,00 & 0,00 & 1,00 & 1,00 & 0,00 & 0,00 & 0,00 \\ 0,00 & 1,00 & 0,00 & 1,00 & 1,00 & 1,00 & 0,00 & 0,00 & 1,00 & 0,00 \\ 0,00 & 1,00 & 0,00 & 1,00 & 1,00 & 1,00 & 0,00 & 0,00 & 1,00 & 0,00 \\ 1,00 & 0,00 & 1,00 & 0,00 & 0,00 & 0,00 & 0,00 & 0,00 & 0,00 & 1,00 \\ 0,00 & 0,00 & 0,00 & 0,00 & 0,00 & 1,00 & 1,00 & 0,00 & 0,00 & 0,00 \\ 0,00 & 0,00 & 0,00 & 0,00 & 0,00 & 0,00 & 0,00 & 0,00 & 0,00 & 0,00 \end{bmatrix}$$

$$W^{(3)} = \begin{bmatrix} 0,00 & 0,00 & 0,00 & 1,00 & 1,00 & 0,00 & 1,00 & 0,00 & 1,00 & 0,00 \\ 0,00 & 0,00 & 0,00 & 0,00 & 0,00 & 0,00 & 0,00 & 0,00 & 0,00 & 0,00 \\ 0,00 & 0,00 & 0,00 & 0,00 & 0,00 & 0,00 & 0,00 & 0,00 & 0,00 & 0,00 \\ 1,00 & 0,00 & 0,00 & 0,00 & 0,00 & 0,00 & 0,00 & 1,00 & 0,00 & 0,00 \\ 1,00 & 0,00 & 0,00 & 0,00 & 0,00 & 0,00 & 0,00 & 1,00 & 0,00 & 0,00 \\ 0,00 & 0,00 & 0,00 & 0,00 & 0,00 & 0,00 & 0,00 & 0,00 & 0,00 & 0,00 \\ 1,00 & 0,00 & 0,00 & 0,00 & 0,00 & 0,00 & 0,00 & 0,00 & 0,00 & 1,00 \\ 0,00 & 1,00 & 0,00 & 1,00 & 1,00 & 0,00 & 0,00 & 0,00 & 0,00 & 0,00 \\ 1,00 & 0,00 & 1,00 & 0,00 & 0,00 & 0,00 & 0,00 & 0,00 & 0,00 & 0,00 \\ 0,00 & 0,00 & 0,00 & 0,00 & 0,00 & 1,00 & 1,00 & 0,00 & 0,00 & 0,00 \end{bmatrix}$$

Wie aus Abb. 9.14 zu ersehen ist, ist die Raumeinheit 6 Nachbar der Raumschrittweite 1 zur Raumeinheit 1. Wären Umwege erlaubt, so wäre die Raumeinheit 6 gleichzeitig auch Nachbar der Raumschrittweite 3, denn die Raumeinheit 6 ist Nachbar der Raumschrittweite 1 zur Raumeinheit 3, welche entsprechend der obigen Definition Nachbar der Raumschrittweite 2 zur Raumeinheit 1 ist. Eine Definition von Nachbarschaft, die Umwege zulässt, kann durchaus sinvoll sein, wenn man etwa davon ausgeht, dass nicht nur „direkt, d. h. auf „kürzestem Weg", Einfluss ausgeübt wird.

Tab. 9.6: Die normierten Nachbarschaftsmatrizen W'(k) des Raumsystems der Abb. 9.14

$$
W^{(1)} = \begin{bmatrix}
0{,}00 & 0{,}50 & 0{,}00 & 0{,}00 & 0{,}00 & 0{,}50 & 0{,}00 & 0{,}00 & 0{,}00 & 0{,}00 \\
0{,}50 & 0{,}00 & 0{,}50 & 0{,}00 & 0{,}00 & 0{,}00 & 0{,}00 & 0{,}00 & 0{,}00 & 0{,}00 \\
0{,}00 & 0{,}20 & 0{,}00 & 0{,}20 & 0{,}20 & 0{,}20 & 0{,}20 & 0{,}00 & 0{,}00 & 0{,}00 \\
0{,}00 & 0{,}00 & 0{,}00 & 0{,}00 & 0{,}00 & 0{,}00 & 0{,}00 & 0{,}00 & 0{,}00 & 0{,}00 \\
0{,}00 & 0{,}00 & 0{,}00 & 0{,}00 & 0{,}00 & 0{,}00 & 0{,}00 & 0{,}00 & 0{,}00 & 0{,}00 \\
0{,}33 & 0{,}00 & 0{,}33 & 0{,}00 & 0{,}00 & 0{,}00 & 0{,}00 & 0{,}33 & 0{,}00 & 0{,}00 \\
0{,}00 & 0{,}00 & 0{,}50 & 0{,}00 & 0{,}00 & 0{,}00 & 0{,}00 & 0{,}50 & 0{,}00 & 0{,}00 \\
0{,}00 & 0{,}00 & 0{,}00 & 0{,}00 & 0{,}00 & 0{,}33 & 0{,}33 & 0{,}00 & 0{,}33 & 0{,}00 \\
0{,}00 & 0{,}00 & 0{,}00 & 0{,}00 & 0{,}00 & 0{,}00 & 0{,}00 & 0{,}50 & 0{,}00 & 0{,}50 \\
0{,}00 & 0{,}00 & 0{,}00 & 0{,}00 & 0{,}00 & 0{,}00 & 0{,}00 & 0{,}00 & 0{,}00 & 0{,}00
\end{bmatrix}
$$

$$
W^{(2)} = \begin{bmatrix}
0{,}00 & 0{,}00 & 0{,}50 & 0{,}00 & 0{,}00 & 0{,}00 & 0{,}00 & 0{,}50 & 0{,}00 & 0{,}00 \\
0{,}00 & 0{,}00 & 0{,}00 & 0{,}25 & 0{,}25 & 0{,}25 & 0{,}25 & 0{,}00 & 0{,}00 & 0{,}00 \\
0{,}50 & 0{,}00 & 0{,}00 & 0{,}00 & 0{,}00 & 0{,}00 & 0{,}00 & 0{,}50 & 0{,}00 & 0{,}00 \\
0{,}00 & 0{,}25 & 0{,}00 & 0{,}00 & 0{,}25 & 0{,}25 & 0{,}25 & 0{,}00 & 0{,}00 & 0{,}00 \\
0{,}00 & 0{,}25 & 0{,}00 & 0{,}25 & 0{,}00 & 0{,}25 & 0{,}25 & 0{,}00 & 0{,}00 & 0{,}00 \\
0{,}00 & 0{,}20 & 0{,}00 & 0{,}20 & 0{,}20 & 0{,}20 & 0{,}00 & 0{,}00 & 0{,}20 & 0{,}00 \\
0{,}00 & 0{,}20 & 0{,}00 & 0{,}20 & 0{,}20 & 0{,}20 & 0{,}00 & 0{,}00 & 0{,}20 & 0{,}00 \\
0{,}33 & 0{,}00 & 0{,}33 & 0{,}00 & 0{,}00 & 0{,}00 & 0{,}00 & 0{,}00 & 0{,}00 & 0{,}33 \\
0{,}00 & 0{,}00 & 0{,}00 & 0{,}00 & 0{,}00 & 0{,}50 & 0{,}50 & 0{,}00 & 0{,}00 & 0{,}00 \\
0{,}00 & 0{,}00 & 0{,}00 & 0{,}00 & 0{,}00 & 0{,}00 & 0{,}00 & 0{,}00 & 0{,}00 & 0{,}00
\end{bmatrix}
$$

$$
W^{(3)} = \begin{bmatrix}
0{,}00 & 0{,}00 & 0{,}00 & 0{,}25 & 0{,}25 & 0{,}00 & 0{,}25 & 0{,}00 & 0{,}25 & 0{,}00 \\
0{,}00 & 0{,}00 & 0{,}00 & 0{,}00 & 0{,}00 & 0{,}00 & 0{,}00 & 0{,}00 & 0{,}00 & 0{,}00 \\
0{,}00 & 0{,}00 & 0{,}00 & 0{,}00 & 0{,}00 & 0{,}00 & 0{,}00 & 0{,}00 & 0{,}00 & 0{,}00 \\
0{,}50 & 0{,}00 & 0{,}00 & 0{,}00 & 0{,}00 & 0{,}00 & 0{,}00 & 0{,}50 & 0{,}00 & 0{,}00 \\
0{,}50 & 0{,}00 & 0{,}00 & 0{,}00 & 0{,}00 & 0{,}00 & 0{,}00 & 0{,}50 & 0{,}00 & 0{,}00 \\
0{,}00 & 0{,}00 & 0{,}00 & 0{,}00 & 0{,}00 & 0{,}00 & 0{,}00 & 0{,}00 & 0{,}00 & 0{,}00 \\
0{,}50 & 0{,}00 & 0{,}00 & 0{,}00 & 0{,}00 & 0{,}00 & 0{,}00 & 0{,}00 & 0{,}00 & 0{,}50 \\
0{,}00 & 0{,}33 & 0{,}00 & 0{,}33 & 0{,}33 & 0{,}00 & 0{,}00 & 0{,}00 & 0{,}00 & 0{,}00 \\
0{,}50 & 0{,}00 & 0{,}50 & 0{,}00 & 0{,}00 & 0{,}00 & 0{,}00 & 0{,}00 & 0{,}00 & 0{,}00 \\
0{,}00 & 0{,}00 & 0{,}00 & 0{,}00 & 0{,}00 & 0{,}50 & 0{,}50 & 0{,}00 & 0{,}00 & 0{,}00
\end{bmatrix}
$$

Ausgehend von der obigen Definition wird man nun beim Aufbau der Matrizen konkret am besten folgendermaßen vorgehen. Sind die Raumeinheiten i und j Nachbarn der Raumschrittweite k, so wird das Matrizenelement $w_{ij}^{(k)}$ gleich 1 gesetzt, andernfalls gleich 0. In dem Beispiel sind für die Raumeinheit 1 etwa die Raumeinheiten 2 und 6 Nachbarn der

Raumschrittweite 1, die Einheiten 3 und 8 solche der Schrittweite 2 und die Einheiten 4, 5, 7 und 9 solche der Schrittweite 3. Die Raumeinheit 6 ist dagegen (wie schon weiter oben ausgeführt) bzgl. der Raumschrittweite 3 nicht zur Raumeinheit 1 benachbart, da sie schon Nachbar der Schrittweite 1 ist. Die auf diese Weise gebildeten Nachbarschaftsmatrizen $W^{(k)}$ sind in Tab. 9.5 aufgeführt. Normiert man die Gewichte $w_{ij}^{(k)}$ in der in Gleichung (9.9) angegebenen Weise, so erhält man die in Tab. 9.6 dargestellten Matrizen $W'^{(k)}$. Sie sind das quantitative Ergebnis des zugrundegelegten Nachbarschaftskriteriums.

9.4.3 Bestimmung der räumlichen Autokorrelationsfunktion

Wir gehen nun von einer raumvarianten Variablen X aus, deren Werte für die n Raumeinheiten eines Bereiches gegeben sind. Die Werte x_i bezeichnen die Ausprägung der Variablen X in der Raumeinheit i. Die Nachbarn und deren Einfluss bzgl. der Raumschrittweite k seien durch die Gewichte $w_{ij}^{(k)}$ (normiert oder nicht-normiert) festgelegt.

Bei der Bestimmung der zeitlichen Autokorrelation wurde so vorgegangen, dass der Wert $x(t_i)$ des Zeitpunktes t_i als derjenige Wert angesehen wurde, den der um k Zeitschritte folgende Zeitpunkt t_{i+k} annehmen würde, wenn nur die Realisation zum Zeitpunkt t_i diejenige zum Zeitpunkt t_{i+k} beeinflusst. Jeder Zeitpunkt hat bei gegebener Zeitschrittweite also genau einen Nachbarn. Wie wir gesehen haben, üben bei räumlichen Daten allerdings bzgl. einer Raumschrittweite k meistens mehrere Nachbarn (und nicht nur einer) Einfluss auf die Ausprägung in der betreffenden Raumeinheit i aus. Der Gesamteinfluss aller Nachbarn bzgl. der Raumschrittweite k lässt sich dann durch die gewichtete Summe

$$x_i(k) = \sum_{j=1}^{n} w_{ij}^{(k)} \cdot x_j \tag{9.10}$$

bestimmen. Sind die Nachbarschaftsmatrizen normiert, dann sind die $x_i(k)$ nichts anderes als das gewichtete arithmetische Mittel aus den Werten der Nachbarn, d. h., $x_i(k)$ ist der Wert, den die Raumeinheit i hätte, wenn allein die Nachbarn der Raumschrittweite k für die Ausprägung in der Raumeinheit i verantwortlich wären, und zwar jeder Nachbar j mit dem entsprechenden Anteil seines eigenen Wertes ($= w_{ij}'^{(k)} \cdot x_j$), der ihm auf Grund der Intensität seiner Nachbarschaftsbindung zukommt.

Ob die Nachbarn der Raumschrittweite k tatsächlich Einfluss auf die Ausprägung der Werte x_i haben, lässt sich nun einfach bestimmen, indem man die tatsächlichen Werte x_i mit den „Nachbarschaftswerten" (d.h. den sich aus (9.10) ergebenden Werten) $x_i(k)$ vergleicht (vgl. Abb. 9.15). Analog zu den Variablen $X[k]$ und $X(k)$ bei der Bestimmung der zeitlichen Autokorrelation erhalten wir hier die Variablen X und $X(k)$, die auf ihre Ähnlichkeit geprüft werden, wobei die Anzahl der Merkmalsausprägungen unabhängig von der Raumschrittweite k immer n ist. Die Autokorrelationsfunktion kann dann mittels der $I(k)$- bzw.

$R(k)$-Koeffizienten bestimmt werden:

$$I\left(k\right) = \frac{n_k}{S_k} \frac{\sum\limits_{i \in L(k)} x_i x_i(k)}{\sum\limits_{i \in L(k)} x_i^2} \tag{9.11}$$

mit $L\left(k\right) = \{i \mid i \text{ hat Nachbarn in der RSW } = k\}$

n_k $= $ Zahl der Raumeinheiten mit Nachbarn der RSW $= k$

S_k $= \sum\limits_{\substack{i=1 \\ i \neq j}}^{n} \sum\limits_{\substack{j=1 \\ i \neq j}}^{n} w_{ij}^{(k)} = $ Summe der Gewichte in RSW $= k$.

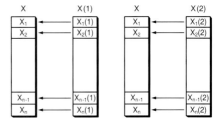

Abb. 9.15:
Graphische Veranschaulichung der Bestimmung
räumlicher Autokorrelation

Zur Herleitung des Multiplikators $\dfrac{n_k}{S_k}$ sei folgendes angemerkt: Der Korrelationskoeffizient (PEARSON) lässt sich, wenn X und Y auf Mittelwert 0 normiert sind, schreiben als

$$r = \frac{\dfrac{\sum\limits_{i=1}^{n} x_i y_i}{n}}{\sqrt{\dfrac{\sum\limits_{i=1}^{n} x_i^2}{n} \cdot \dfrac{\sum\limits_{i=1}^{n} y_i^2}{n}}},$$

d. h., formal ist r nichts anderes als das Verhältnis zwischen dem arithmetischen Mittel bestimmter Produkte zwischen bzw. innerhalb der Variablen X und Y. Beachtet man die Definition der $w_{ij}^{(k)}$-Werte, dann lässt sich $I(k)$ auch schreiben als

$$I(k) = \dfrac{\displaystyle\sum_{i \in L(k)} x_i x_i(k)}{\displaystyle\sum_{i \in L(k)} x_i^2} = \dfrac{\dfrac{\displaystyle\sum_{i=1}^{n}\sum_{j=1}^{n} w_{ij}^{(k)} x_i x_j}{\displaystyle\sum_{i=1}^{n}\sum_{j=1}^{n} w_{ij}^{(k)}}}{\dfrac{\displaystyle\sum_{i \in L(k)} x_i^2}{n_k}}, \tag{9.12}$$

d. h., $I(k)$ ist analog zu r gebildet und nichts anderes als das gewichtete arithmetische Mittel der kreuzweise miteinander multiplizierten Werte der Variablen X in Relation zu dem Mittel der quadrierten x-Werte.

Wie bei zeitvarianten Prozessen ist auch bei raumvarianten Mustern die Stationarität bzw. Instationarität eine wichtige Eigenschaft. Analog zu der Definition von Stationarität bei zeitvarianten Prozessen (vgl. Abschn. 9.2.1) spricht man von einem stationären raumvarianten Muster, wenn für jede Raumeinheit i das Mittel der möglichen Prozessrealisationen identisch ist und die Kovarianz zwischen der Wertevariablen für die Raumeinheit i und derjenigen für die k Raumschritte entfernte Raumeinheit j nicht von den beiden Raumeinheiten, sondern ausschließlich von der Raumschrittweite k abhängt. Räumliche Strukturen, in denen die Werte in einer Richtung ansteigen, die also einen linearen Trend aufweisen, sind z. B. instationär. Die formale Definition der räumlichen Stationarität wird hier nicht gegeben. Sie ist z.B. bei NIPPER (1983) ausführlich dargestellt.

Die $I(k)$-Werte sind nur bei Stationarität so normiert, dass ihr Wert zwischen -1 und $+1$ liegt und auch beide Grenzwerte als Ergebnis auftreten können. Im Fall von Instationarität, der die Regel ist, sind Mittelwert und Varianz von $X(k)$ nicht mit denjenigen von X identisch. Dann liegt $I(k)$ zwischen $- \max |(I(k)|$ und $+ \max |(I(k)|$ mit

$$\max |I(k)| = \sqrt{\dfrac{\mathrm{var}(x_i(k))}{\mathrm{var}(x_i)}}. \tag{9.13}$$

Als normierter Koeffizient ließe sich deshalb $\dfrac{I(k)}{\max |I(k)|}$ verwenden, wie es etwa HAG-GETT/CLIFF/FREY (1977) vorschlagen. In Anlehnung an die Diskussion von MARTIN/OEPPEN (1977) über die optimale Wahl von Autokorrelationskoeffizienten wird hier jedoch folgender Koeffizient gewählt:

$$R(k) = \sqrt{\dfrac{n_k \cdot S_{k,k}}{S_k^2}} \cdot \dfrac{\displaystyle\sum_{i \in L(k)} x_i \cdot x_i(k)}{\sqrt{\displaystyle\sum_{i \in L(k)} x_i^2 \cdot \sum_{i \in L(k)} (x_i(k))^2}} \tag{9.14}$$

mit $\quad S_{k,k} = \sum\limits_{i \in L(k)} \left(w_{i.}^{(k)} \right)^2$

$w_{i.}^{(k)} = \sum\limits_{j=1}^{n} w_{ij}^{(k)} = $ Zeilensumme der i-ten Zeile.

Sind die Nachbarschaftsmatrizen normiert, so schreiben sich $I(k)$ und $R(k)$ als

$$I(k) = \frac{\sum\limits_{i \in L(k)} x_i \cdot x_i(k)}{\sum\limits_{i \in L(k)} x_i^2} \tag{9.15}$$

$$R(k) = \frac{\sum\limits_{i \in L(k)} x_i \cdot x_i(k)}{\sqrt{\sum\limits_{i \in L(k)} x_i^2 \cdot \sum\limits_{i \in L(k)} (x_i(k))^2}}. \tag{9.16}$$

Der wesentliche Unterschied zum Vorschlag von HAGGETT/CLIFF/FREY (1977) besteht darin, dass nicht exakt von $\mathrm{var}(x_i(k))$ ausgegangen wird. Wie man aus den Formeln ersieht, ist $R(k)$ nicht exakt gleich dem Korrelationskoeffizienten nach PEARSON, da nicht unbedingt infolge von Instationarität gewährleistet ist, dass neben dem Mittelwert von X auch der Mittelwert von $X(k)$ gleich 0 ist. Letzteres gilt nur bei räumlicher Stationarität.

Es sei angemerkt, dass die Autokorrelationskoeffizienten bei Zugrundelegung (zeilenweise) normierter W-Matrizen sich von denjenigen auf Basis nichtnormierter Matrizen in der Regel unterscheiden. Dieses ist unmittelbar einsichtig, da die Berechnung der Koeffizienten dann mit anderen Gewichtungen durchgeführt wird.

Die Signifikanz der räumlichen Autokorrelationsfunktion gegen die Hypothese der stochastischen Unabhängigkeit („weißes Rauschen") lässt sich nach einem Test von CLIFF/ ORD prüfen. Da die Autokorrelationskoeffizienten I asymptotisch normalverteilt sind (für $n > 20$ ist die Approximation ausreichend), können sie durch die Größe

$$G = \frac{I - \mu(I)}{\sigma(I)} \tag{9.17}$$

mittels der Standardnormalverteilung auf Signifikanz getestet werden. Dieser Test ist für die einzelnen RSW $= k$ getrennt durchführbar. Er ist sowohl unter der Annahme N (Normalität) als auch unter der Annahme R (Randomisierung) gültig. Bei N wird davon ausgegangen, dass die n Variablenwerte Stichproben aus einer normal verteilten Grundgesamtheit sind. Bei R wird die zugrunde liegende Verteilung außer acht gelassen (parameterfreier Test) und stattdessen folgende Ausgangsüberlegung angestellt: Man betrachtet die Position des beobachteten Koeffizienten I in der Menge der Werte, die man erhält, wenn I für jedes räumliche Arrangement der Variablenwerte ermittelt wird. Da n Raumeinheiten zugrunde liegen, sind $n!$ ($= 1 \cdot 2 \cdot \ldots \cdot n$) solcher Arrangements und damit $n!$ Koeffizientenwerte für I möglich. Man fragt nun danach, ob das beobachtete räumliche Muster der Werte, gemessen durch den berechneten Koeffizienten I, in irgendeiner Weise ungewöhnlich ist in der Menge aller möglichen $n!$ Koeffizienten, die mit diesen Werten gebildet werden könnten.

Die Schätzwerte für den Mittelwert $\mu(I)$ und die Standardabweichung $\sigma(i)$ lassen sich aus folgenden Gleichungen sofort ermitteln:

Annahme N:

$$\bar{I} = -(n-1)^{-1} \tag{9.18}$$

$$\mathrm{var}\,(I) = \frac{n^2\,S_1 - n\,S_2 + 3\,S_0^2}{S_0^2\,(n_2 - 1)} - \bar{I}^2 \tag{9.19}$$

Annahme R:

$$\bar{I} = -(n-1)^{-1} \tag{9.20}$$

$$\mathrm{var}(I) = \frac{n\left((n_2 - 3n + 3)\,S_1 - n\,S_2 + 3\,S_0^2\right)}{(n-1)\cdot(n-2)\cdot(n-3)\,S_0^2}$$
$$- \frac{b_2\left((n_2 - n)\,S_1 - 2n\,S_2 + 6\,S_0^2\right)}{(n-1)\cdot(n-2)\cdot(n-3)\,S_0^2} - \bar{I}^2 \tag{9.21}$$

mit $\quad b_2 = \dfrac{n \cdot \displaystyle\sum_{i=1}^{n} x_i^4}{\left(\displaystyle\sum_{i=1}^{n} x_i^2\right)^2}$

$S_0 = \displaystyle\sum_{i=1}^{n}\sum_{j=1}^{n} w_{ij} =$ Summe aller Gewichte der Matrix W

$S_1 = \dfrac{1}{2}\displaystyle\sum_{i=1}^{n}\sum_{j=1}^{n} (w_{ij} + w_{ji})^2$

$S_2 = \displaystyle\sum_{i=1}^{n} (w_{i.} + w_{.i})^2$

wobei $\quad w_{i.} = \displaystyle\sum_{j=1}^{n} w_{ij} \quad$ und $\quad w_{.j} = \displaystyle\sum_{i=1}^{n} w_{ij}.$

Die Prüfgröße g (als Schätzung für G aus (9.17)) lautet dann:

$$g = \frac{I - \bar{I}}{\sqrt{\mathrm{var}\,(I)}}. \tag{9.22}$$

An dem Beispiel des in Abb. 9.14 aufgeführten Raumsystems und der dafür festgelegten Nachbarschaftsverhältnisse (s. Tab. 9.6) soll die Berechnung der Autokorrelationskoeffizienten explizit durchgeführt werden. Die einzelnen Werte $x_i, x_i(k), (x_i(k))^2, \ldots$ sind in Tab. 9.7 aufgeführt. Beispielsweise berechnet sich $x_1(3)$ folgendermaßen: Wie schon erwähnt, sind die Raumeinheiten 4, 5, 7 und 9 Nachbarn der Raumschrittweite 3. Sie haben jeweils ein Gewicht von $0{,}25$. Die Gewichte w_{1j} bzgl. der anderen Einheiten j sind 0, so dass sich insgesamt ergibt:

$$x_1\,(3) = 0{,}25 \cdot 2{,}28 + 0{,}25 \cdot 0{,}78 + 0{,}25 \cdot (-0{,}42) + 0{,}25 \cdot (-2{,}22)$$
$$= 1{,}07 + 0{,}195 - 0{,}105 - 1{,}055$$
$$= 0{,}11.$$

Tab. 9.7: Berechnung der räumlichen Autokorrelationskoeffizienten $r(k)$ des Raumsystems der Abb. 9.14 für die Raumschrittweiten $k = 1, 2, 3$

k	x_i	x_i^2	$x_i(1)$	$x_i^2(1)$	$x_ix_i(1)$	$x_i(2)$	$x_i^2(2)$	$x_ix_i(2)$	$x_i(3)$	$x_i^2(3)$	$x_ix_i(3)$
1	$-0{,}12$	$0{,}10$	$0{,}43$	$0{,}18$	$-0{,}14$	$0{,}73$	$1{,}03$	$-0{,}23$	$0{,}11$	$0{,}01$	$-0{,}01$
2	$1{,}88$	$3{,}53$	$1{,}23$	$1{,}51$	$2{,}31$	$0{,}43$	$0{,}18$	$0{,}81$	$-1{,}32$	$1{,}74$	$-2{,}48$
3	$2{,}78$	$7{,}73$	$0{,}70$	$0{,}49$	$1{,}95$	$-0{,}82$	$0{,}67$	$-2{,}28$	$-2{,}22$	$4{,}93$	$-6{,}17$
4	$2{,}28$	$5{,}20$	$2{,}78$	$7{,}73$	$6{,}34$	$0{,}31$	$0{,}10$	$0{,}71$	$-0{,}82$	$0{,}67$	$-1{,}87$
5	$0{,}78$	$0{,}61$	$2{,}78$	$7{,}73$	$2{,}17$	$0{,}68$	$0{,}46$	$1{,}03$	$-0{,}82$	$-0{,}67$	$-0{,}64$
6	$-1{,}02$	$1{,}04$	$0{,}38$	$0{,}14$	$-0{,}39$	$0{,}46$	$0{,}21$	$-0{,}47$	$-2{,}42$	$5{,}86$	$2{,}47$
7	$-0{,}42$	$0{,}18$	$0{,}73$	$1{,}03$	$-0{,}31$	$0{,}34$	$0{,}12$	$-0{,}14$	$-1{,}37$	$1{,}88$	$1{,}08$
8	$-1{,}32$	$1{,}74$	$-1{,}22$	$1{,}49$	$1{,}61$	$0{,}01$	$0{,}00$	$-0{,}01$	$1{,}63$	$2{,}66$	$-2{,}15$
9	$-2{,}22$	$4{,}93$	$-1{,}87$	$3{,}50$	$4{,}15$	$-0{,}72$	$1{,}03$	$1{,}60$	$1{,}23$	$1{,}51$	$-2{,}73$
10	$-2{,}42$	$5{,}86$	$-2{,}22$	$4{,}94$	$5{,}37$	$-1{,}32$	$1{,}74$	$3{,}19$	$-0{,}72$	$1{,}02$	$1{,}74$
$\sum$	$0{,}00$	$30{,}92$	$3{,}72$	$28{,}24$	$23{,}06$	$0{,}10$	$4{,}53$	$3{,}71$	$-6{,}72$	$20{,}45$	$-11{,}29$

Die Berechnung der $R(k)$ mit den Werten aus Tab. 9.7 führt dann zu

$$R\,(1) = \frac{23{,}06}{\sqrt{30{,}92 \cdot 28{,}24}} = 0{,}7804,$$

$$R\,(2) = \frac{3{,}71}{\sqrt{30{,}71 \cdot 4{,}53}} = 0{,}3133,$$

$$R\,(3) = \frac{-11{,}29}{\sqrt{30{,}92 \cdot 20{,}45}} = -0{,}4489.$$

Wie aus den Werten $R(k)$ zu ersehen ist, ergibt sich für die Raumschrittweite $k = 1$ eine recht hohe räumliche stochastische Abhängigkeit, während für die Raumschrittweite $k = 2$ – falls überhaupt – nur eine geringe Autokorrelation festzustellen ist. Der negative Wert in der Raumschrittweite $k = 3$ zeigt – zumindest in der Tendenz – an, dass Raumeinheiten in dieser Schrittweite Nachbarn haben, die eine – bezogen auf das räumliche Mittel – gegensinnige Ausprägung besitzen. Auf die Durchführung eines Signifikanztests wurde in diesem Beispiel auf Grund der geringen Anzahl der Raumeinheiten verzichtet.

9.4.4 Beispiele

Bei der Analyse der raum-zeitlichen Ausbreitung der Gastarbeiterbeschäftigung in der Westdeutschland von den 1960er Jahren an stellt sich u. a. die Frage, ob räumlich benachbarte Arbeitsamtsbezirke ähnliche Entwicklungen aufweisen oder nicht. Um diese Frage zu beantworten, wurden für den Zeitraum 1960 bis 1988 für die 141 Arbeitsamtsbezirke der damaligen Bundesrepublik (ohne Berlin) die Differenzen zwischen den Gastarbeiterquoten aufeinanderfolgender Jahre berechnet. Für jeden dieser Zwei-Jahres-Zeiträume wurden die sich ergebenden Änderungsraten einer räumlichen Autokorrelationsanalyse unterzogen. Entsprechend der Fragestellung wurde die Nachbarschaftsmatrix für die Raumschrittweite 1 über das Kriterium „räumliche Nachbarschaft" definiert, d. h.

$$w_{ij}^{(1)} = \begin{cases} 1, & \text{falls } i \text{ und } j \text{ ein Grenzstück gemeinsam haben} \\ 0, & \text{sonst.} \end{cases}$$

Die sich ergebende Matrix $W^{(1)}$ hat entsprechend der Anzahl der Arbeitsamtsbezirke 141 Zeilen und 141 Spalten. Die Matrix wurde nach Gleichung (9.9) zeilenweise normiert, und mit dieser Matrix wurden dann für die Änderungsraten der 28 Zwei-Jahres-Zeiträume 1960/61 bis 1987/88 die räumlichen Autokorrelationskoeffizienten $R(1)$ der Raumschrittweite 1 berechnet.

In Abb. 9.16 ist der zeitliche Verlauf der räumlichen Autokorrelationskoeffizienten $R(1)$ der Raumschrittweite 1 dargestellt. Deutlich sind unterschiedliche zeitliche Phasen in der Höhe der Koeffizienten zu erkennen: In den 1960er Jahren ergeben sich mittlere bis hohe Autokorrelationen. In den 1970er Jahren sind die Koeffizienten sehr niedrig, teilweise sogar (auf dem 5%-Niveau) nicht signifikant. Anfang der 1980er Jahre erreichen die Werte wieder das Niveau wie in den 1960er Jahren, um dann wieder abzufallen. Warum ist das so? Diese Frage kann an dieser Stelle nicht abschließend beantwortet werden. Bei einem Vergleich dieser Zeitreihe mit den Zeitreihen der Gastarbeiterquoten fällt jedoch folgende recht deutliche Übereinstimmung auf: Immer dann ergeben sich hohe räumliche Autokorrelationen, wenn die Gastarbeiterbeschäftigung allgemein, d.h. in (fast) allen Arbeitsamtsbezirken, ansteigt. Ist das nicht der Fall, so ist nur eine geringe oder überhaupt keine räumliche Erhaltensneigung vorhanden.

Die eingangs gestellte Frage lässt sich damit folgendermaßen beantworten: Benachbarte Arbeitsamtsbezirke zeigen in den Zeiträumen ähnliche Entwicklungen, in denen für die Bundesrepublik ein allgemeines Wachstum der Gastarbeiterbeschäftigung vorhanden ist. Ist das nicht der Fall, also z. B. bei allgemeiner Stagnation bzw. allgemeinem Rückgang der Gastarbeiterbeschäftigung, dann sind solche gleichgerichteten Entwicklungen weit weniger intensiv ausgeprägt oder gar nicht vorhanden. Dann gestaltet sich die Entwicklung räumlicher Nachbarn sehr „individuell".

In einem zweiten Beispiel sollen die Residuen, die sich in Kapitel 2 bei der multiplen Regressionsanalyse des Binnenwanderungssaldos ergaben, auf räumliche stochastische Unabhängigkeit untersucht werden. Bei der Residualanalyse des multiplen Regressionsmodells

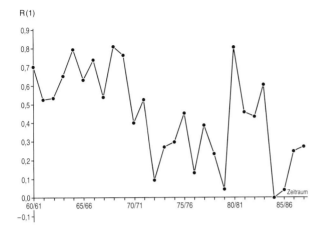

Abb. 9.16: Die räumlichen Autokorrelationskoeffizienten $R(1)$ der Raumschrittweite 1 für die jährlichen Änderungsraten der Gastarbeiterquoten in den Arbeitsamtsbezirken der Bundesrepublik Deutschland für die Zeitabschnitte 1960/61–1987/88

für den Binnenwanderungssaldo nach den erklärenden Variablen „Entwicklung der sozialversicherungspflichtig Beschäftigen", „Arbeitslosenquote" und „Beschäftigte je 1000 Erwerbsfähige" ließen sich auf Grund der Residuenkarte (Abb. 2.2 in Kapitel 2) zunächst keine auffälligen „Strukturen" in der räumlichen Anordnung der Residuen erkennen.

Wie könnte eine solche Struktur überhaupt aussehen? Die Variablen waren so gewählt worden, dass sie den Arbeitsmarkt und/oder den Verstädterungsgrad eines Kreises beschreiben. In Bezug auf eine regelhafte Struktur könnte zweierlei auftreten:

1. Räumlich unmittelbar benachbarte Kreise weisen ähnliche Residuen auf. Als Begründung hierfür ließe sich anführen, dass der Suburbanisierungsprozess sowie die Arbeitsmärkte über Kreisgrenzen hinausgehen. Beide Faktoren tragen ja zur Ausbildung des Binnenwanderungssaldos bei.
2. Hinsichtlich der unterschiedlichen Stärke des Verstädterungsgrades und der damit zusammenhängenden unterschiedlichen Größe und Struktur des Arbeitsmarktes lassen sich Kreistypen bilden. Kreise gleichen Typs weisen ähnliche Residuen auf. Ursache hierfür wäre, dass die der Typisierung zugrundegelegten Faktoren nicht oder nicht genügend in das Regressionsmodell zur Erklärung des Binnenwanderungssaldos eingegangen sind.

Für den ersten Fall wurde die Nachbarschaft der Raumschrittweite $k = 1$ folgendermaßen definiert:

Zwei Kreise i und j sind Nachbarn der Raumschrittweite $k = 1$, falls sie ein Grenzstück gemeinsam haben. Alle Nachbarn eines Kreises haben dasselbe Gewicht $w_{ij}^{(k)} = 1$.

In Tab. 9.8 sind die Ergebnisse der Schätzung der räumlichen Autokorrelationskoeffizienten $R(1)$ für die nicht-normierte sowie für die zeilenweise normierte Nachbarschaftsmatrix $W^{(1)}$ aufgeführt. Die Ergebnisse für die beiden Nachbarschaftsmatrizen sind leicht unterschiedlich. In beiden Fällen ist der Autokorrelationskoeffizient jedoch auf dem 5%-Niveau bei zweiseitiger Fragestellung signifikant von Null verschieden (die Prüfgrößen $g(N)$ bzw. $g(R)$ sind deutlich größer als der kritische Wert $z = 1,96$ der Standardnormalverteilung). Zwar ist die Autokorrelation nicht sehr stark ausgeprägt, es ist aber festzustellen, dass eine leichte räumlich-nachbarschaftliche Struktur, die in der Karte nicht erkennbar ist, in den Residuen vorhanden ist.

Tab. 9.8: Autokorrelationen der Raumschrittweite 1 auf Basis räumlicher Nachbarschaft

	$I(1)$	$R(1)$	$g(N)$	$g(R)$
$W(1)$ nicht norm.	0,1897	0,3902	2,6108	2,6259
$W(1)$ norm.	0,1782	0,3257	2,2372	2,2504

($g(N)$ = Prüfgröße unter der Annahme N, $g(R)$ = Prüfgröße unter der Annahme R)

Im zweiten Fall wurde für die Definition der Raumschrittweiten die siedlungsstrukturelle Gebietstypisierung der BfLR herangezogen, die ja auch schon bei der Regressionsanalyse mit Dummy-Variablen (vgl. 2.4.6) benutzt wurde. Die drei Kreistypen „kreisfreie Städte" (Typ 1), „Landkreise im ländlichen Umland von Regionen mit Verdichtungsansätzen oder mit großen Verdichtungsräumen" (Typ 2) und „Landkreise in ländlich geprägten Regionen" (Typ 3) ergeben eine Typisierung, die auf die Definition der Nachbarschaftsmatrizen $W^{(1)}$ und $W^{(2)}$ der Raumschrittweiten $k = 1$ und $k = 2$ in folgender Weise angewendet wurde:

1. Die Kreise i und j sind Nachbarn der RSW $= 1$, wenn sie dem gleichen Gebietstyp angehören.
2. Die Kreise i und j sind Nachbarn der RSW $= 2$, wenn eine der folgenden drei Konstellationen gilt:
   − i gehört zu Typ 1 und j zu Typ 2,
   − i gehört zu Typ 2 und j zu Typ 1 oder zu Typ 3,
   − i gehört zu Typ 3 und j zu Typ 2.
3. Für RSW $= k$ haben alle Nachbarn eines Kreises dasselbe Gewicht $w_{ij}^{(k)} = 1$.

In der Raumschrittweite $k = 1$ sind demnach alle Kreise Nachbarn, die zum gleichen Gebietstyp gehören, in der Raumschrittweite $k = 2$ alle Kreise, die dem hierarchisch vor- und/oder nachstehenden Gebietstyp zuzuordnen sind.

In Tab. 9.9 sind die Ergebnisse der Schätzung der räumlichen Autokorrelationskoeffizienten für die nicht-normierte und für die zeilenweise normierte Nachbarschaftsmatrix $W^{(k)}$ aufgeführt. Normierung bzw. Nicht-Normierung führen auch hier zu leicht unterschiedlichen Ergebnissen. In beiden Fällen ergeben sich recht geringe Autokorrelationskoeffizienten. Die Prüfgrößen $g(N)$ bzw. $g(R)$ liegen beträchtlich unter dem kritischen Wert von $z = 1,96$ bei einem Signifikanzniveau von $\alpha = 0,05$ (zweiseitige Fragestellung). D.h. die

Residuen weisen hinsichtlich des „hierarchischen Systems" keine regelhafte Struktur auf. Insgesamt zeigt die räumliche Autokorrelationsanalyse der Residuen aber, dass noch „Reststrukturen" in der räumlichen Verteilung der Residuen vorhanden sind. Diese sind zwar nicht sehr stark ausgeprägt (in der Karte der Residuen sind sie nicht zu erkennen), aber immerhin noch statistisch signifikant. Die unterschiedlichen Ergebnisse für die beiden Nachbarschaftsdefinitionen (räumliche Nachbarschaft, hierarchische Nachbarschaft) weisen nachdrücklich darauf hin, dass die Ergebnisse einer räumlichen Autokorrelationsanalyse sehr stark durch die Definition der Nachbarschaftsmatrizen mitbestimmt werden. Bei anderen Definitionen von Nachbarschaften und Raumschrittweiten können die autokorrelativen Strukturen vollkommen anders aussehen (z.b. sehr viel stärker oder auch gar nicht existent). An dieser Stelle wird deutlich, wie wichtig eine klare (inhaltlich begründete) räumliche Vorstrukturierung durch die Nachbarschaftsmatrizen ist.

Tab. 9.9: Autokorrelationen für die Regressionsresiduen auf Basis hierarchischer Nachbarschaften

	RSW	$I(1)$	$R(1)$	$g(N)$	$g(R)$
$W(1)$ nicht norm.	1	$-0,0233$	$-0,2089$	$-0,3227$	$-0,3241$
	2	$-0,0115$	$-0,1073$	$0,1902$	$0,1913$
$W(1)$ norm.	1	$-0,0250$	$-0,1584$	$-0,2940$	$-0,2958$
	2	$-0,0115$	$-0,1049$	$0,1902$	$0,1913$

$(g(N)$ = Prüfgröße unter der Annahme N, $g(R)$ = Prüfgröße unter der Annahme R)

Durfte nun die in Kap. 2 durchgeführte Regressionsanalyse zur Erklärung des Binnenwanderungssaldos überhaupt gemacht werden? Beachtet man das zuvor Gesagte, so ergibt sich in diesem Fall folgende Antwort: Geht man davon aus, dass der Prozess, der die in der Analyse verwendeten Binnenwanderungssalden als Prozessrealisationen hervorgerufen hat, in einem räumlichen Bezugssystem abläuft, wie es hier durch die Definition räumlicher Nachbarschaft festgelegt wurde, dann ist das Regressionsmodell aus Kap. 2 nicht optimal, da in den sich ergebenden Residuen noch räumlich stochastische Abhängigkeiten vorhanden sind. Läuft der Prozess in einem räumlichen Bezugssystem ab, wie es hier über die Kreistypen definiert wurde, dann durfte die Regressionsanalyse so durchgeführt werden. Die Antwort ist also abhängig davon, welches räumliche Bezugssystem angenommen wird. So ließen sich für dieses Beispiel sicher noch andere Bezugssysteme finden, die von der Sache her sinnvoll sind und wo die Autokorrelationsanalyse noch andere Ergebnisse liefern würde. Eine Möglichkeit wäre etwa die Koppelung der beiden angesprochenen Nachbarschaftsdefinitionen.

Ergeben sich bei der räumlichen Autokorrelationsanalyse der Residuen signifikante stochastische Abhängigkeiten, sollten andere bzw. zusätzliche Variablen in das Regressionsmodell aufgenommen werden. Eine andere Möglichkeit bestünde darin, diese stochastische Abhängigkeit direkt als endogene Komponente in das Modell mit einzubeziehen. Derartige Modelle mit autoregressiver Komponente bzw. rein räumliche Autoregressivmodelle sollen hier nicht weiter besprochen werden. Interessenten seien auf die Arbeiten von CLIFF/ORD (1981), FINKE (1983) und NIPPER (1983) verwiesen. Wie in der Zeitreihenanalyse lässt sich die räumliche Autokorrelationsfunktion für die Identifikation solcher Modelle einsetzen.

Räumliche Autokorrelation: Anwendungsmöglichkeiten und -probleme   *MuG*

Die räumlichen Autokorrelationskoeffizienten $R(k)$ liegen in dem Wertebereich zwischen $+1$ und -1 und lassen sich folgendermaßen interpretieren:

- Negative Koeffizienten $R(k)$ zeigen an, dass eine gegensinnig ähnliche Ausprägung bei der Raumschrittweite k vorhanden ist. Ein hoher Wert in einer Raumeinheit „bedingt" wahrscheinlich einen niedrigen Wert in einer k Raumschritte entfernten Einheit und umgekehrt.
- Koeffizienten $R(k)$ um 0 weisen darauf hin, dass keine Autokorrelation im Raumschritt k vorhanden ist.
- Positive Koeffizienten $R(k)$ zeigen an, dass bei der Raumschrittweite k ähnliche Ausprägungen wie in einer Ausgangsregion zu erwarten sind, d.h., ein hoher Wert in einer Raumeinheit „bedingt" wahrscheinlich einen ebenfalls hohen Wert in der k Raumschritte entfernten Einheit.

Die räumlichen Autokorrelationskoeffizienten sind in ähnlicher Weise wie die zeitlichen empfindlich gegenüber räumlichen Trends und führen im Fall des Vorhandenseins von Trends zu Fehlschätzungen. Ein solcher Trend liegt z. B. vor, wenn die Datenwerte in eine oder mehrere Richtungen hin abfallen (bzw. ansteigen). Räumliche Trends lassen sich durch eine sogenannte Trendoberflächenanalyse oder durch räumliche ∇-Operatoren (vgl. NIPPER/STREIT 1977) bestimmen und extrahieren.

Die hier vorgestellten Autokorrelationskoeffizienten $I(k)$ bzw. $R(k)$ sind (nach CLIFF/ ORD (1981)) nur für Variablen mit mindestens ordinalem Skalenniveau definiert. Für nominalskalierte Daten lassen sich allerdings ähnliche Koeffizienten berechnen. Sie sind bei CLIFF/ORD (1981) ausführlich diskutiert. Neben der räumlichen Autokorrelationsfunktion $R(k)$ nach MORAN gibt es noch die räumliche Autokorrelationsfunktion $c(k)$ nach GEARY (siehe hierzu CLIFF/ORD 1981). Diese basiert nicht auf der Kovarianz von X und $X(k)$, sondern auf der quadrierten Differenz zwischen den Werten von X und $X(k)$ und ist eng mit dem im sogenannten Kriging verwendeten Variogramm verwandt (siehe MATHERON 1971; AGTERBERG 1974, NIPPER 1981, ARMSTRONG 1998; WACKERNAGEL 1998). Variogramm und Kriging wurden ursprünglich in der Lagerstättenkunde entwickelt. Kriging ist eine sehr gute Möglichkeit zur Erstellung von Verteilungskarten, vorausgesetzt die Datenlage ist gut, d.h. vor allem die Raumpunkte, für die Merkmalswerte vorhanden sind, bilden eine gute räumliche Stichprobe (Verteilung der Punkte über den Raum ist gut und Anzahl ist ausreichend groß). Das Verfahren findet jetzt u.a. breite Anwendung in GIS-Programmen bei der Erstellung von Karten, wenn „räumliche Nachbarschaftsbeziehungen" eine wichtige Rolle spielen.

Räumliche Autokorrelation: Anwendungsmöglichkeiten und -probleme   *MuG*

10 Literaturverzeichnis

10.1 Zitierte Literatur

AGTERBERG, F.P. (1974): Geomathematics. Amsterdam.

ANDERSON, E.B. (2007): Introduction to the statistical analysis of categorical data. Berlin.

ARMSTRONG, M. (1998): Basic linear geostatistics. Berlin u.a.

BACKHAUS, K./ERICHSON, B./PLINKE, W./WEIBER, R. (1996): Multivariate Analysemethoden. Eine anwendungsorientierte Einführung. Berlin u.a., 8. Aufl.

BAHRENBERG, G. (1978): Ein allgemeines statisch-diskretes Optimierungsmodell für Standort-Zuordnungsprobleme. Karlsruhe (= Karlsruher Manuskripte zur Mathematischen und Theoretischen Wirtschafts- und Sozialgeographie 31).

BAHRENBERG, G./DEITERS, J. (Hrsg.) (1985): Zur Methodologie und Methodik der Regionalforschung. Beiträge zum Deutsch-Niederländischen Symposium zur Theorie und quantitativen Methodik in der Geographie (Osnabrück, März 1984). Osnabrück (= Osnabrücker Studien zur Geographie, OSG-Materialien 5).

BAHRENBERG, G./FISCHER, M.M. (Hrsg.) (1986): Theoretical and Quantitative Geography. Proceedings of the third European colloquium held at Augsburg, 13th-17th September 1982. Bremen (= Bremer Beiträge zur Geographie und Raumplanung 8).

BAHRENBERG, G./FISCHER, M.M./NIJKAMP, P. (Hrsg.) (1984): Recent developments in spatial data analysis. Methodology, measurement, models. Aldershot.

BAHRENBERG, G./LOBODA, J. (1973): Einige raumzeitliche Aspekte der Diffusion von Innovationen. Am Beispiel der Ausbreitung des Fernsehens in Polen. In: Geographische Zeitschrift 61, S. 165-194.

BARTELS, D. (1975): Die Abgrenzung von Planungsregionen in der Bundesrepublik Deutschland – eine Operationalisierungsaufgabe. In: Ausgeglichene Funktionsräume. Grundlagen für eine Regionalpolitik des mittleren Weges. Hannover (= Veröffentlichungen der Akademie für Raumforschung und Landesplanung, Forschungs- und Sitzungsberichte 94), S. 93-115.

BENNETT, R.J. (1979): Spatial time series: analysis, forecasting and control. London.

BERRY, B.J.L./KASARDA, J.O. (1977): Contemporary urban ecology. New York.

BLALOCK, H.M. JR. (1964): Causal Inferences in non-experimental research. Chapel Hill, N.C.

BOCK, H.H. (1974): Automatische Klassifikation. Theoretische und praktische Methoden zur Gruppierung und Strukturierung von Daten (Clusteranalyse). Göttingen.

BOOTS, B.N./HECHT, A. (1990): Spatial perspectives on Canadian provincialism and regionalism. Canadian Journal of Regional Science, Vol. 12, 2.

BOX, G.E.R/JENKINS, G.M./REINSEL, G. (1994): Times series analysis. Forecasting and Control. San Francisco, Überarb. Aufl.

BRATZEL, P./MÜLLER, H. (1979): Regionalisierung der Erde nach dem Entwicklungsstand der Länder. In: Geographische Rundschau 31, S. 131-137 (und Kartenbeilage).

BRYAN, J.G. (1951): The generalized discriminant function: mathematical foundation and computational routine. Harvard Educational Review, Vol. 21, S. 90-95.

CASETTI, E. (1964a): Multiple discriminant functions.Technical Report No. 11, Computer Applications in the Earth Sciences Project, Department of Geography, Northwestern University, Evanston.

CASETTI, E. (1964b): Classificatory and regional analysis by discriminant iterations. Technical Report No. 12, Computer Applications in the Earth Sciences Project, Department of Geography, Northwestern University, Evanston.

CLIFF, A.D./ORD, J.K. (1981): Spatial processes. Models and applications. London.

COOLEY, W. W./LOHNES, P. R. (1971): Multivariate data analysis. New York.

DEICHSEL, G./TRAMPISCH, H. J. (1985): Clusteranalyse und Diskriminanzanalyse. Stuttgart.

DEITERS, J. (1978): Zur empirischen Überprüfbarkeit der Theorie zentraler Orte. Fallstudie Westerwald. Bonn (= Arbeiten zur rheinischen Landeskunde 44).

ERB, W.-D. (1990): Anwendungsmöglichkeiten der linearen Diskriminanzanalyse in Geographie und Regionalwissenschaft. Schriften des Zentrums für regionale Entwicklungsforschung der Justus-Liebig-Universität Gießen, Bd. 39, Hamburg.

EVERITT, B./LANDAU, S./LEESE, M. (2001): Cluster analysis. London.

FAHRMEIR, L./HAMERLE, A. (Hrsg.) (1984): Multivariate statistische Verfahren. Berlin, New York.

FEILMEIER, M./FERGEL, L./SEGERER, G. (1981): Lineare Diskriminanz- und Clusteranalyseverfahren bei Kreditscoringsystemen. In: Zeitschrift für Operations Research, Serie B, 25, B25-B38.

FIENBERG, S.E. (1980): The analysis of cross-classified categorical data. Cambridge, Mass., 2. Aufl.

FINKE, K. (1983): Identifikation, Parameterschätzung und Güteprüfung von STARMA-Modellen. Eine Darstellung des Modellkonzeptes, veranschaulicht am Beispiel der Bevölkerungsurbanisierung in einem Umlandsektor Bremens. Bremen (= Bremer Beiträge zu Geographie und Raumplanung 6).

FISCHER, M.M. (1982): Eine Methodologie der Regionaltaxonomie: Probleme und Verfahren der Klassifikation und Regionalisierung in der Geographie und Regionalforschung. Bremen (= Bremer Beiträge zur Geographie und Raumplanung 3).

FISCHER, M.M. (1986): Theory testing via the latent variable model approach LISREL. In: BAHRENBERG, G./FISCHER, M. M. (Hrsg.): Theoretical and Quantitative Geography. Bremen (= Bremer Beiträge zur Geographie und Raumplanung 8), S. 60-84.

FISCHER, M.M./KEMPER, F.-J. (Hrsg.) (1986): Modelle für diskrete Daten und raumbezogene Probleme. Beiträge zum Symposium des Arbeitskreises „Theorie und quantitative Methodik in der Geographie" (Bonn, 4.-5. März 1985). Wien (= Schriftenreihe des

Österreichischen Instituts für Raumplanung, Reihe B, 12).

FISHER, R.A. (1936): The use of multiple measurement in taxonomic problems. In: Annals of Eugenics, 7, S. 179-188.

FUKUNAGA, K. (1972): Introduction to statistical recognition. New York (Academic Press).

GATZWEILER, H.-R./RUNGE, L. (1984): Laufende Raumbeobachtung. Aktuelle Daten zur Entwicklung der Städte, Kreise und Gemeinden 1984. Bonn (= Bundesforschungsanstalt für Landeskunde und Raumordnung, Seminare - Symposien - Arbeitspapiere 17).

GIESE, E. (1978): Kritische Anmerkungen zur Anwendung faktorenanalytischer Verfahren in der Geographie. In: Geographische Zeitschrift 66, S. 161- 182.

GIESE, E. (1985): Klassifikation der Länder der Erde nach ihrem Entwicklungsstand. In: Geographische Rundschau 37, S. 164-175.

GIESE, E. (1986): Regionalisierung der Erde. Zum Beitrag von Hennings in der GR 38, Heft 3. In: Geographische Rundschau 38, S. 420-421.

GIESE, E. (1988): Leistungsmessung wissenschaftlicher Hochschulen in der Bundesrepublik Deutschland. In: DANIEL, H.-D./FISCH, R. (Hrsg.): Evaluation von Forschung. Konstanzer Beiträge zur sozialwissenschaftlichen Forschung, Bd. 4, Konstanz, S. 59-92.

GIESE, E./BENKE, E./TOWARA, M. (1982): Zum Problem der Festlegung des kommunalrechtlichen Status von Städten. Eine Evaluierung und empirische Überprüfung der Kriterien zur Festlegung des kommunalrechtlichen Status hessischer Städte. Schriften des Zentrums für regionale Entwicklungsforschung der Justus-Liebig-Universität Gießen, Bd. 24, Saarbrücken.

GIESE, E./NIPPER, J. (1979): Zeitliche und räumliche Persistenzeffekte bei räumlichen Ausbreitungsprozessen - analysiert am Beispiel der Ausbreitung ausländischer Arbeitnehmer in der Bundesrepublik Deutschland. Karlsruhe (= Karlsruher Manuskripte zur Mathematischen und Theoretischen Wirtschafts- und Sozialgeographie 34).

GOLDSTEIN, M./DILLON, W. (1978): Discrete discriminant analysis. New York.

GÜSSEFELDT, J. (1988): Kausalmodelle in Geographie, Ökonomie und Soziologie. Eine Einführung mit Übungen und einem Computerprogramm. Berlin u.a.

GRIFFITH, D. (2003): Spatial autocorrelation and spatial filtering: gaining understanding through theory and scientific visualization. Berlin.

HAGGETT, R/CLIFF, A.D./FREY, A.E. (1977): Locational analysis in human geography. Vol. 2: Locational methods. London.

HARD, T./HARD, G. (1973): Eine faktoren- und clusteranalytische Prüfung von Expositionsunterschieden am Beispiel von Kalktriften. In: Flora 162, S. 442- 466.

HARMAN, H. (1970): Modern factor analysis. Chicago/London, 2. Auflage.

HENNINGS, W. (1986): Regionalisierung der Erde. Über den Umgang mit Theorie und Methode am Beispiel der räumlichen Beschreibung der Länder der Erde nach ihrem Entwicklungsstand. In: Geographische Rundschau 38, S. 148-152.

HERRMANN, R. (1974): Ein Anwendungsversuch der mehrdimensionalen Diskriminanzanalyse auf die Abflussvorhersage. Catena, Vol. 1, S. 367-385.

HERRMANN, R./SCHRIMPF, E. (1976): Zur Vorhersage des Abflussverhaltens in tropischen Hochgebirgen West- und Zentralkolumbiens. 40. Dt. Geographentag Innsbruck. Tagungsbericht und wissenschaftliche Abhandlungen. Wiesbaden, S. 750-770.

HIGGINS, J.E./KOCH, G.G. (1977): Variable selection and generalized chisquare analysis of categorical data applied to a large cross-sectional occupational health survey. In: International Statistical Review 45, S. 51-62.

HOLM, K. (1976): Die Faktorenanalyse – ihre Anwendung auf Fragebatterien. In: HOLM, K. (Hrsg.): Die Befragung, 3. München, S. 11-268.

HOLM, K. (1977): Lineare multiple Regression und Pfadanalyse. In: HOLM, K. (Hrsg.): Die Befragung, 5. München, S. 7-102.

JOHNSTON, R. J. (1978): Multivariate statistical analysis in geography. A primer on the general linear model, London, New York.

KASHYAP, R. L./RAO, A. R. (1976): Dynamic stochastic models from empirical data. New York, San Francisco, London.

KEMPER, F.-J. (1975): Die Anwendung faktorenanalytischer Rotationsverfahren in der Geographie des Menschen. In: GIESE, E. (Hrsg.): Symposium „Quantitative Geographie" Gießen 1974. Gießen 1975 (= Gießener Geographische Schriften 32), S. 34-47.

KEMPER, F.-J. (1978): Über einige multivariate Verfahren zur statistischen Varianzaufklärung und ihre Anwendung in der Geographie. Karlsruhe (= Karlsruher Manuskripte zur Mathematischen und Theoretischen Wirtschafts- und Sozialgeographie 28).

KEMPER, F.-J. (1982a): Multivariate Analysen für nominalskalierte Daten. Ein Handbuch zur Benutzung ausgewählter EDV-Programme. Bonn (= Bundesforschungsanstalt für Landeskunde und Raumordnung, Seminare - Symposien - Arbeitspapiere 3).

KEMPER, F.-J. (1982b): Sozio-ökonomische und siedlungsstrukturelle Faktoren für die Familiengröße. Ein Vergleich verschiedener multivariater Analyseverfahren. In: Zeitschrift für Bevölkerungswissenschaft 8, S. 225-242.

KEMPER, F.-J. (1984): Categorical regression models for large samples. In: BAHRENBERG, G./FISCHER, M.M./NIJKAMP, P. (Hrsg.), op. cit., S. 303-316.

KEMPER, F.-J./SCHMIEDECKEN, W. (1977): Faktorenanalysen zum Klima Mitteleuropas. In: Erdkunde 31, S. 255-272.

KILCHENMANN, A. (1968): Untersuchungen mit quantitativen Methoden über die fremdenverkehrs- und wirtschaftsgeographische Struktur der Gemeinden im Kanton Graubünden (Schweiz). Diss., Zürich.

KING, L.J. (1967): Discriminatory analysis of urban growth pattens in Ontario and Quebec, 1951–1961. Ann. of the Association of American Geographers, Vol. 57, S. 566-578.

KING, L.J. (1969): Statistical analysis in geography. Englewood Cliffs, N.J.

KING, L.J. (1970): Discriminant analysis: a review of recent theoretical contributions and applications. Economic Geography, Vol. 46, No. 2 (supplement).

KIRK, R.E. (1968): Experimental design: Procedures for the behavioural scientist. Belmont, Cal.

KLECKA, W.R. (1984): Discriminant analysis. Sage University Paper Series on Quantitative Applications in the Social Sciences, 07-019, Beverly Hills, London.

KRISHNAIAH, P. R./KANAL, L. N. (1982): Classification pattern recognition and reduction of dimensionality. Amsterdam.

LACHENBRUCH, P.A. (1975): Discriminant analysis. London.

LEITNER, H. (1978): Segregation, Integration und Assimilation jugoslawischer Gastarbeiter in Wien - eine empirische Analyse. Dissertation Universität Wien.

LEITNER, H./WOHLSCHLÄGL, H. (1980): Metrische und ordinale Pfadanalyse: Ein Verfahren zur Testung komplexer Kausalmodelle in der Geographie. In: Geographische Zeitschrift 68, S. 81-106.

LEITNER, H./WOHLSCHLÄGL, H. (1981): Kausalmodelle mit Variablen unterschiedlichen Skalenniveaus und ihre Testung mit Hilfe der „verallgemeinerten Pfadanalyse". In: OSTHEIDER, M./STEINER, D. (Hrsg.): Theorie und quantitative Methodik in der Geographie. Symposium in Zürich, 26.-28. März 1980. Zürich (= Züricher Geographische Schriften 1), S. 161-181.

MARTIN, R.L./OEPPEN, J.L. (1975): The identification of regional forecasting models using space-time correlation functions. In: Institute of British Geographers, Transactions 66, S. 95-118.

MATHERON, G. (1971): The theory of regionalized variables and its applications. Fontainebleau (= Les Cahiers du Centre de Morphologie Mathematique de Fontainebleau 5).

MURDIE, R.A. (1969): Factorial ecology of metropolitan Toronto, 1951-1961. Chicago (Department of Geography, University of Chicago, Research Paper 116).

NIJKAMP, P./LEITNER, H./WRIGLEY, N. (Hrsg.) (1984): Measuring the unmeasurable: Analysis of qualitative spatial data. The Hague.

NIPPER, J. (1981): Autoregressiv- und Kriging-Modelle. Zwei Ansätze zur Erfassung raumvarianter Strukturen. In: OSTHEIDER, M./STEINER, D. (Hrsg.): Theorie und Quantitative Methodik in der Geographie. Zürich (= Zürcher Geographische Schriften 1), S. 31-45.

NIPPER, J. (1983): Räumliche Autoregressivstrukturen in raum-zeit-varianten sozio-ökonomischen Prozessen. Gießen (= Giessener Geographische Schriften 53).

NIPPER, J./STREIT, U. (1977): Zum Problem der räumlichen Erhaltensneigung in räumlichen Strukturen und raumvarianten Prozessen. In: Geographische Zeitschrift 65, S. 241-263.

O'BRIEN, L.G./WRIGLEY, N. (1984): A generalized linear model approach to categorical data analysis: Theory and application in geography and regional science. In: BAHRENBERG, G./FISCHER, M.M./NIJKAMP, P. (Hrsg.): Recent developments in spatial data analysis. Methodology, measurement, models. Aldershot, S. 231-251.

OPP, K.D./SCHMIDT, P. (1976): Einführung in die Mehrvariablenanalyse. Grundlagen der Formulierung und Prüfung komplexer sozialwissenschaftlicher Aussagen. Reinbek.

PANKRATZ, A. (1983): Forecasting with univariate Box-Jenkins models. New York.

RUMP, H.-H./SYMADER, W./HERRMANN, R. (1976): Mathematical modelling of water quality in small rivers. Catena, Vol. 3, S. 1-16.

SACHS, L. (2004): Angewandte Statistik. Berlin.

SCHENDERA, C. (2008): Clusteranalyse mit SPSS. München.

SCHIRMER, H. (1973): Die räumliche Verteilung der Bänderstrukturen des Niederschlags in Süd- und Südwestdeutschland. Bonn-Bad Godesberg (= Forschungen zur Deutschen Landeskunde 205).

SEDLACEK, P. (Hrsg.) (1978): Regionalisierungsverfahren. Darmstadt.

SILK, J. (1981): The analysis of variance. Norwich (= CATMOG 30).

SIMON, H.A. (1957): Models of man. New York.

SMITH, C.A.B. (1947): Some examples of discrimination. In: Annals of Eugenics, 13, S. 272-282.

STEINER, D. (1969): The use of stereo height as a discriminating variable for crop classification on aerial photographs. Photogrammetrica 24.

STEINER, D. (1975): Geographische Raumgliederung und Mustererkennung. Publikationen des Geographischen Instituts der ETH Zürich, 55, Zürich, S. 19-45.

STEINHAUSEN, D./LANGER, K. (1977): Clusteranalyse. Berlin.

STREIT, U. (1981): Einige Anmerkungen zur Regressionsanalyse raumbezogener Daten. Erläutert am Beispiel einer Niederschlags-Abfluss-Regression. In: Erdkunde 35, S. 153-158.

ÜBERLA, K. (1977): Faktorenanalyse. Eine systematische Einführung für Psychologen, Mediziner, Wirtschafts- und Sozialwissenschaftler. Berlin u.a., 2. Aufl.

VAN DIJK, J./FOLMER H. (1985): Measuring differences in labour market characteristics between migrants and native unemployed: a logistic regression approach. In: BAHRENBERG, G./DEITERS, J. (Hrsg.), op. cit., S. 131-166.

WACKERNAGEL, H. (1998): Multivariate geostatistics. An introduction with applications. Berlin, Heidelberg, New York (Springer), 2. Aufl.

WELCH, B. L. (1939): Note on discriminant functions. In: Biometrica, 31, S. 218-220.

WERMUTH, M. (1980): Ein situationsorientiertes Verhaltensmodell der individuellen Verkehrsmittelwahl. In: Jahrbuch für Regionalwissenschaft 1, S. 94-123.

WRIGLEY, N. (1976): Introduction to the use of logit models in geography. Norwich (= CATMOG 10).

WRIGLEY, N. (1985): Categorical data analysis for geographers and environmental scientists. London, New York.

10.2 Lehrbücher

Die Liste enthält Lehrbücher, die ein oder mehrere Kapitel der Themen dieses Bandes behandeln. Es wurden solche Lehrbücher aufgenommen, die entweder als relativ erschöpfende Handbücher zu gebrauchen sind und/oder uns aus didaktischen Gründen als sehr geeignet zum Selbststudium erscheinen.

BACKHAUS, K./ERICHSON, B./PLINKE, W./WEIBER, R. (2006): Multivariate Analysemethoden. Eine anwendungsorientierte Einführung. Berlin u.a., 11. überarb. Aufl.

CLARK, W. A. V./HOSKING, P.L. (1986): Statistical methods for geographers. New York.

COOLEY, W. W./LOHNES, P.R. (1971): Multivariate data analysis. New York u.a..

FAHRMEIR, L./HAMERLE, A./TUTZ, G. (Hrsg.) (1996): Multivariate statistische Verfahren. Berlin u.a.

GÜSSEFELDT, J. (1988): Kausalmodelle in Geographie, Ökonomie und Soziologie. Eine Einführung mit Übungen und einem Computerprogramm. Berlin u.a.

GÜSSEFELDT, J. (1996): Regionalanalyse. Methodenhandbuch und Programmsystem GraphGeo (DOS). München/Wien.

HARTUNG, J./ELPELT, B. (2007): Multivariate Statistik. München.

HOLM, K. (Hrsg.) (1975-1979): Die Befragung. 6 Bände. Tübingen (Francke: UTB).

JOHNSTON, R.J. (1978): Multivariate statistical analysis in geography. A primer on the general linear model. London u.a.

SACHS, L. (2004): Angewandte Statistik. Berlin, 11. überarb. Auflage.

STEINHAUSEN, D./LANGER, K. (1977): Clusteranalyse. Einführung in Methoden und Verfahren der automatischen Klassifikation. Berlin u.a. (de Gruyter).

ÜBERLA, K. (1977): Faktorenanalyse. Eine systematische Einführung für Psychologen, Mediziner, Wirtschafts- und Sozialwissenschaftler. Berlin u.a., 2. Auflage.

WRIGLEY, N. (1985): Categorical data analysis for geographers and environmental scientists. London u.a.

Zu empfehlen sind auch die Handbücher zu den verschiedenen statistischen Programmpaketen, in denen die Methoden in der Regel kurz, aber sehr verständlich dargestellt sind.

11 Anhang

Die Tafeln sind entnommen aus:

KREYSZIG, E. (1968): Statistische Methoden und ihre Anwendungen. Göttingen, 3. Aufl.

SACHS, L. (1984): Statistische Auswertungsmethoden. Berlin, 3. Aufl.

ÜBERLA, K. (1968): Faktorenanalyse. Berlin.

Tafel 1   Kritische Werte der STUDENTschen t-Verteilung
Quelle: SACHS 1984, S. 111
Anwendung der Tabelle: Bei vorgegebenem α und Freiheitsgrad FG ist der berechnete $\hat{t}$-Wert signifikant,
wenn $\hat{t} \geq t_{FG;\alpha}$. Bei einem zweiseitigen Test wird die Tabelle von „oben" gelesen, bei einem einseitigen
Test von „unten".

	Irrtumswahrscheinlichkeit α für den zweiseitigen Test								
FG	0,50	0,20	0,10	0,05	0,02	0,01	0,002	0,001	0,0001
1	1,000	3,078	6,314	12,706	31,821	63,657	318,309	636,619	6366,198
2	0,816	1,886	2,920	4,303	6,965	9,925	22,327	31,598	99,992
3	0,765	1,638	2,353	3,182	4,541	5,841	10,214	12,924	28,000
4	0,741	1,533	2,132	2,776	3,747	4,604	7,173	8,610	15,544
5	0,727	1,476	2,015	2,571	3,365	4,032	5,893	6,869	11,178
6	0,718	1,440	1,943	2,447	3,143	3,707	5,208	5,959	9,082
7	0,711	1,415	1,895	2,365	2,998	3,499	4,785	5,408	7,885
8	0,706	1,397	1,860	2,306	2,896	3,355	4,501	5,041	7,120
9	0,703	1,383	1,833	2,262	2,821	3,250	4,297	4,781	6,594
10	0,700	1,372	1,812	2,228	2,764	3,169	4,144	4,587	6,211
11	0,697	1,363	1,796	2,201	2,718	3,106	4,025	4,437	5,921
12	0,695	1,356	1,782	2,179	2,681	3,055	3,930	4,318	5,694
13	0,694	1,350	1,771	2,160	2,650	3,012	3,852	4,221	5,513
14	0,692	1,345	1,761	2,145	2,624	2,977	3,787	4,140	5,363
15	0,691	1,341	1,753	2,131	2,602	2,947	3,733	4,073	5,239
16	0,690	1,337	1,746	2,120	2,583	2,921	3,686	4,015	5,134
17	0,689	1,333	1,740	2,110	2,567	2,898	3,646	3,965	5,044
18	0,688	1,330	1,734	2,101	2,552	2,878	3,610	3,922	4,966
19	0,688	1,328	1,729	2,093	2,539	2,861	3,579	3,883	4,897
20	0,687	1,325	1,725	2,086	2,528	2,845	3,552	3,850	4,837
21	0,686	1,323	1,721	2,080	2,518	2,831	3,527	3,819	4,784
22	0,686	1,321	1,717	2,074	2,508	2,819	3,505	3,792	4,736
23	0,685	1,319	1,714	2,069	2,500	2,807	3,485	3,767	4,693
24	0,685	1,318	1,711	2,064	2,492	2,797	3,467	3,745	4,654
25	0,684	1,316	1,708	2,060	2,485	2,787	3,450	3,725	4,619
26	0,684	1,315	1,706	2,056	2,479	2,779	3,435	3,707	4,587
27	0,684	1,314	1,703	2,052	2,473	2,771	3,421	3,690	4,558
28	0,683	1,313	1,701	2,048	2,467	2,763	3,408	3,674	4,530
29	0,683	1,311	1,699	2,045	2,462	2,756	3,396	3,659	4,506
30	0,683	1,310	1,697	2,042	2,457	2,750	3,385	3,646	4,482
35	0,682	1,306	1,690	2,030	2,438	2,724	3,340	3,591	4,389
40	0,681	1,306	1,684	2,021	2,423	2,704	3,307	3,551	4,321
45	0,680	1,303	1,679	2,014	2,412	2,690	3,281	3,520	4,269
50	0,679	1,301	1,676	2,009	2,403	2,678	3,261	3,496	4,228
60	0,679	1,299	1,671	2,000	2,390	2,660	3,232	3,460	4,169
70	0,678	1,296	1,667	1,994	2,381	2,648	3,211	3,435	4,127
80	0,678	1,294	1,664	1,990	2,374	2,639	3,195	3,416	4,096
90	0,677	1,292	1,662	1,987	2,368	2,632	3,183	3,402	4,072
100	0,677	1,291	1,660	1,984	2,364	2,626	3,174	3,390	4,053
120	0,677	1,290	1,658	1,980	2,358	2,617	3,160	3,373	4,025
200	0,676	1,289	1,653	1,972	2,345	2,601	3,131	3,340	3,970
500	0,675	1,283	1,648	1,965	2,334	2,586	3,107	3,310	3,922
1000	0,675	1,282	1,646	1,962	2,330	2,581	3,098	3,300	3,906
∞	0,675	1,282	1,645	1,960	2,326	2,576	3,090	3,290	3,891
FG	0,25	0,10	0,05	0,025	0,01	0,005	0,001	0,0005	0,00005
	Irrtumswahrscheinlichkeit α für den einseitigen Test								

Tafel 2 Werte von x zu gegebenen Werten $F(x)$ der Verteilungsfunktion der χ^2-Verteilung für verschiedene Freiheitsgrade FG
Quelle: KREYSZIG 1968, S. 402-403
Anwendung der Tabelle: Die kritischen Werte für das Signifikanzniveau $\alpha = 5\%$ findet sich bei einseitiger Fragestellung in der Spalte für $F(x) = 1 - \alpha = 0,95$; bei zweiseitiger Fragestellung in der Spalte
für $F(x) = 1 - \alpha/2 = 0,975$.
Für $FG > 30$ ist $z = \sqrt{2\,\chi^2} - \sqrt{2\,FG - 1}$ annähernd standardnormalverteilt und dieses so berechnete z kann zur Signifikanzprüfung benutzt werden.

	$F(x)$									
FG	0,01	0,05	0,10	0,50	0,75	0,90	0,95	0,975	0,99	0,999
1	0,00	0,00	0,02	0,45	1,32	2,71	3,84	5,02	6,63	10,83
2	0,02	0,10	0,21	1,39	2,77	4,61	5,99	7,38	9,21	13,82
3	0,11	0,35	0,58	2,37	4,11	6,25	7,81	9,35	11,34	16,27
4	0,30	0,71	1,06	3,36	5,39	7,78	9,49	11,14	13,28	18,47
5	0,55	1,15	1,61	4,35	6,63	9,24	11,07	12,83	15,09	20,52
6	0,87	1,64	2,20	5,35	7,84	10,64	12,59	14,45	16,81	22,46
7	1,24	2,17	2,83	6,35	9,04	12,02	14,07	16,01	18,48	24,32
8	1,65	2,73	3,49	7,34	10,22	13,36	15,51	17,53	20,09	26,13
9	2,09	3,33	4,17	8,34	11,39	14,68	16,92	19,02	21,67	27,88
10	2,56	3,94	4,87	9,34	12,55	15,99	18,31	20,48	23,21	29,59
11	3,05	4,57	5,58	10,34	13,70	17,28	19,68	21,92	24,73	31,26
12	3,57	5,23	6,30	11,34	14,85	18,55	21,03	23,34	26,22	32,91
13	4,11	5,89	7,04	12,34	15,98	19,81	22,36	24,74	27,69	34,53
14	4,55	6,57	7,79	13,34	17,12	21,06	23,68	26,12	29,14	36,12
15	5,23	7,26	8,55	14,34	18,25	22,31	25,00	27,49	30,58	37,70
16	5,81	7,96	9,31	15,34	19,37	23,54	26,30	28,85	32,00	39,25
17	6,41	8,67	10,09	16,34	20,49	24,77	27,59	30,19	33,41	40,79
18	7,01	9,39	10,86	17,34	21,60	25,99	28,87	31,53	34,81	42,31
19	7,63	10,12	11,65	18,34	22,72	27,20	30,14	32,85	36,19	43,82
20	8,26	10,85	12,44	19,34	23,83	28,41	31,41	34,17	37,57	45,32
21	8,9	11,6	13,2	20,3	24,9	29,6	32,7	35,5	38,9	46,8
22	9,5	12,3	14,0	21,3	26,0	30,8	33,9	36,8	40,3	49,3
23	10,2	13,1	14,8	22,3	27,1	32,0	35,2	38,1	41,6	49,7
24	10,9	13,8	15,7	23,3	28,2	33,2	36,4	39,4	43,0	51,2
25	11,5	14,6	16,5	24,3	29,3	34,4	37,7	40,6	44,3	52,6
26	12,2	15,4	17,3	25,3	30,4	35,6	38,9	41,9	45,6	54,1
27	12,9	16,2	18,1	26,3	31,5	36,7	40,1	43,2	47,0	55,5
28	13,6	16,9	18,9	27,3	32,6	37,9	41,3	44,5	48,3	56,9
29	14,3	17,7	19,8	28,3	33,7	39,1	42,6	45,7	49,6	58,3
30	15,0	18,5	20,6	29,3	34,8	40,3	43,8	47,0	50,9	59,7

Tafel 3   Kritische Werte der F-Verteilung für das Signifikanzniveau $\alpha = 5\%$ (einseitige Fragestellung) und für (m_1, m_2) Freiheitsgrade FG (m_1 = Freiheitsgrad der größeren Varianz)
Quelle: KREYSZIG 1968, S. 402-403
Anwendung der Tabelle: Der kritische Wert für das Signifikanzniveau $\alpha = 5\%$ findet sich bei einem Freiheitsgrad von $FG = (7, 4)$ bei 6,09.

m_2	m_1							
	1	2	3	4	5	6	7	8
1	161	200	216	225	230	234	237	239
2	18,5	19,0	19,2	19,2	19,3	19,3	19,4	19,4
3	10,13	9,55	9,28	9,12	9,01	8,94	8,89	8,85
4	7,71	6,94	6,59	6,36	6,26	6,16	6,09	6,04
5	6,61	5,79	5,41	5,19	5,05	4,95	4,88	4,82
6	5,99	5,14	4,76	4,53	4,39	4,28	4,21	4,15
7	5,59	4,74	4,35	4,12	3,97	3,87	3,79	3,73
8	5,32	4,46	4,07	3,84	3,69	3,58	3,50	3,44
9	5,12	4,26	3,86	3,63	3,48	3,37	3,29	3,23
10	4,96	4,10	3,71	3,48	3,33	3,22	3,14	3,07
11	4,84	3,98	3,59	3,36	3,20	3,09	3,01	2,95
12	4,75	3,89	3,49	3,26	3,11	3,00	2,91	2,85
13	4,67	3,81	3,41	3,18	3,03	2,92	2,83	2,77
14	4,60	3,74	3,34	3,11	2,96	2,85	2,76	2,70
15	4,54	3,68	3,29	3,06	2,90	2,79	2,71	2,64
16	4,49	3,63	3,24	3,01	2,85	2,74	2,66	2,59
17	4,45	3,59	3,20	2,96	2,81	2,70	2,61	2,55
18	4,41	3,55	3,16	2,93	2,77	2,66	2,58	2,51
19	4,38	3,52	3,13	2,90	2,74	2,63	2,54	2,48
20	4,35	3,49	3,10	2,87	2,71	2,60	2,51	2,45
22	4,30	3,44	3,05	2,82	2,66	2,55	2,46	2,40
24	4,26	3,40	3,01	2,78	2,62	2,51	2,42	2,36
26	4,23	3,37	2,98	2,74	2,59	2,47	2,39	2,32
28	4,20	3,34	2,95	2,71	2,56	2,45	2,36	2,29
30	4,17	3,32	2,92	2,69	2,53	2,42	2,33	2,27
40	4,08	3,23	2,84	2,61	2,45	2,34	2,25	2,18
60	4,00	3,15	2,76	2,53	2,37	2,25	2,17	2,10
80	3,96	3,11	2,72	2,49	2,33	2,21	2,13	2,06
100	3,94	3,09	2,70	2,46	2,31	2,19	2,10	2,03
200	3,89	3,04	2,65	2,42	2,26	2,14	2,06	1,98
∞	3,84	3,00	2,60	2,37	2,21	2,10	2,01	1,94

m_2	m_1							
	9	10	15	20	30	50	100	∞
1	241	242	246	248	250	252	253	254
2	19,4	19,4	19,4	19,4	19,5	19,5	19,5	19,5
3	8,81	8,79	8,70	8,66	8,62	8,58	8,55	8,53
4	6,00	5,96	5,86	5,80	5,75	5,70	5,66	5,63
5	4,77	4,74	4,62	4,56	4,50	4,44	4,41	4,37
6	4,10	4,06	3,94	3,87	3,81	3,75	3,71	3,67
7	3,68	3,64	3,51	3,44	3,38	3,32	3,27	3,23
8	3,39	3,35	3,22	3,15	3,08	3,02	2,97	2,93
9	3,18	3,14	3,01	2,94	2,86	2,80	2,76	2,71
10	3,02	2,98	2,85	2,77	2,70	2,64	2,59	2,54
11	2,90	2,85	2,72	2,65	2,57	2,51	2,46	2,40
12	2,80	2,75	2,62	2,54	2,47	2,40	2,35	2,30
13	2,71	2,67	2,53	2,46	2,38	2,31	2,26	2,21
14	2,65	2,60	2,46	2,39	2,31	2,24	2,19	2,13
15	2,59	2,54	2,40	2,33	2,25	2,18	2,12	2,07
16	2,54	2,49	2,35	2,28	2,19	2,12	2,07	2,01

Fortsetzung auf der nächsten Seite

Tafel 3   Fortsetzung

m_2	9	10	15	20	m_1 30	50	100	∞
17	2,49	2,45	2,31	2,23	2,15	2,08	2,02	1,96
18	2,46	2,41	2,27	2,19	2,11	2,04	1,98	1,92
19	2,42	2,38	2,23	2,16	2,07	2,00	1,94	1,88
20	2,39	2,35	2,20	2,12	2,04	1,97	1,91	1,84
22	2,34	2,30	2,15	2,07	1,98	1,91	1,85	1,78
24	2,30	2,25	2,11	2,03	1,94	1,86	1,80	1,73
26	2,27	2,22	2,07	1,99	1,90	1,82	1,76	1,69
28	2,24	2,19	2,04	1,96	1,87	1,79	1,73	1,65
30	2,21	2,16	2,01	1,93	1,84	1,76	1,70	1,62
40	2,12	2,08	1,92	1,84	1,74	1,66	1,59	1,51
60	2,04	1,99	1,84	1,75	1,65	1,56	1,48	1,39
80	2,00	1,95	1,79	1,70	1,60	1,51	1,43	1,32
100	1,97	1,93	1,77	1,68	1,57	1,48	1,39	1,28
200	1,93	1,88	1,72	1,62	1,52	1,41	1,32	1,19
∞	1,88	1,83	1,67	1,57	1,46	1,35	1,24	1,00

Tafel 4   Kritische Werte des Produktmoment-Korrelationskoeffizienten für verschiedene Signifikanzniveaus α
Quelle: SACHS 1984, S. 330 (Ausschnitt)
Anwendung der Tabelle: Ist bei gegebenem Signifikanzniveau α und dem Freiheitsgrad FG der Betrag des
berechneten Korrelationskoeffizient r größer als der zugehörige Tabellenwert, dann wird die Nullhypothese
$H_0 : \rho = 0$ zugunsten der Alternativhypothese abgelehnt.

FG	Zweiseitiger Test			Einseitiger Test		
	0,05	0,01	0,001	0,05	0,01	0,001
1	0,9969	A^*	B^*	0,9877	0,9995	C^*
2	0,9500	0,9900	0,9990	0,9000	0,9800	0,9980
3	0,8783	0,9587	0,9911	0,805	0,934	0,986
4	0,811	0,917	0,974	0,729	0,882	0,963
5	0,754	0,875	0,951	0,669	0,833	0,935
6	0,707	0,834	0,925	0,621	0,789	0,905
7	0,666	0,798	0,898	0,582	0,750	0,875
8	0,632	0,765	0,872	0,549	0,715	0,847
9	0,602	0,735	0,847	0,521	0,685	0,820
10	0,576	0,708	0,823	0,497	0,658	0,795
11	0,553	0,684	0,801	0,476	0,634	0,772
12	0,532	0,661	0,780	0,457	0,612	0,750
13	0,514	0,641	0,760	0,441	0,592	0,730
14	0,497	0,623	0,742	0,426	0,574	0,711
15	0,482	0,606	0,725	0,412	0,558	0,694
16	0,468	0,590	0,708	0,400	0,543	0,678
17	0,456	0,575	0,693	0,389	0,529	0,662
18	0,444	0,561	0,679	0,378	0,516	0,648
19	0,433	0,549	0,665	0,369	0,503	0,635
20	0,423	0,537	0,652	0,360	0,492	0,622
22	0,404	0,515	0,629	0,344	0,472	0,599
24	0,388	0,496	0,607	0,330	0,453	0,578
26	0,374	0,478	0,588	0,317	0,437	0,559
28	0,361	0,463	0,570	0,306	0,423	0,541
30	0,349	0,449	0,554	0,296	0,409	0,526
35	0,325	0,418	0,519	0,275	0,381	0,492
40	0,304	0,393	0,490	0,257	0,358	0,463
50	0,273	0,354	0,443	0,231	0,322	0,419
60	0,250	0,325	0,408	0,211	0,295	0,385
70	0,232	0,302	0,380	0,195	0,274	0,358
80	0,217	0,283	0,357	0,183	0,257	0,336
90	0,205	0,267	0,338	0,173	0,242	0,318
100	0,195	0,254	0,321	0,164	0,230	0,302
120	0,178	0,232	0,294	0,150	0,210	0,277
150	0,159	0,208	0,263	0,134	0,189	0,249
200	0,138	0,181	0,230	0,116	0,164	0,216
250	0,124	0,162	0,206	0,104	0,146	0,194
300	0,113	0,148	0,188	0,095	0,134	0,177
350	0,105	0,137	0,175	0,0878	0,124	0,164
400	0,0978	0,128	0,164	0,0822	0,116	0,154
500	0,0875	0,115	0,146	0,0735	0,104	0,138
700	0,0740	0,0972	0,124	0,0621	0,0878	0,116
1000	0,0619	0,0813	0,104	0,0520	0,0735	0,098
1500	0,0505	0,0664	0,0847	0,0424	0,0600	0,080
2000	0,0438	0,0575	0,0734	0,0368	0,0519	0,069

$A^* = 0{,}99877$ $B^* = 0{,}99999877$ $C^* = 0{,}9999951$

Sachverzeichnis

Studienbücher der Geographie

Die Studienbücher der Geographie behandeln wichtige Teilgebiete, Probleme und Methoden des Faches, insbesondere der Allgemeinen Geographie. Über Teildisziplinen hinweggreifende Fragestellungen sollen die vielseitigen Verknüpfungen der Problemkreise sichtbar machen. Je nach der Thematik oder dem Forschungsstand werden einige Sachgebiete in theoretischer Analyse oder in weltweiten Übersichten, andere hingegen stärker aus regionaler Sicht behandelt. Den Herausgebern liegt besonders daran, Problemstellungen und Denkansätze deutlich werden zu lassen. Großer Wert wird deshalb auf didaktische Verarbeitung sowie klare und verständliche Darstellung gelegt. Die Reihe dient den Studierenden zum ergänzenden Eigenstudium, den Lehrern des Faches zur Fortbildung und den an Einzelthemen interessierten Angehörigen anderer Fächer zur Einführung in Teilgebiete der Geographie.

Geographische Mobilitäts- und Verkehrsforschung

von Matthias Gather, Andreas Kagermeier und Martin Lanzendorf

2008. 303 Seiten, 112 Abbildungen, 24 Tabellen
ISBN **978-3-443-07143-1** broschiert, € 29,–

Mobilität und Verkehr haben sich zu einem etablierten Feld der Forschung entwickelt. Dieses Lehrbuch vermittelt einen Überblick über die wichtigsten Erkenntnisse der Mobilitätsforschung und der Verkehrswissenschaften in der Geographie sowie ihren Nachbardisziplinen, wie Raumplanung, Städtebau, Infrastruktur-, Freizeit- und Konsumforschung.

Das neue Werk unterscheidet sich von seinem Vorgänger aus der selben Reihe (Maier/Atzkern (1992): Verkehrsgeographie) vor allem in der Aktualität sowie in der Betrachtung der Herausforderungen, die sich aus dem Ziel einer nachhaltigeren Entwicklung für den Verkehrssektor ergeben. So erhielt das Lehrbuch eine neue Struktur, die sich stark an den sozialen, ökologischen und ökonomischen Anforderungen an ein zukunftsfähiges Verkehrssystem orientiert. Durch die in den vergangenen zwei Jahrzehnten veränderte gesellschaftliche und wissenschaftliche Wahrnehmung von Verkehr und Mobilität im Kontext lokaler und globaler Prozesse sind Themen wie z.B. gesellschaftliche und wirtschaftliche Wirkung des Verkehrs wichtiger geworden, während manche Bereiche an Bedeutung verloren(z.B. die Verkehrsinfrastrukturen). Andere Themen wurden inhaltlich fortgeführt und weiterentwickelt (z.B. die Möglichkeiten zur Gestaltung des Verkehrs in urbanen oder ländlichen Räumen).

Der neue Titel des Lehrbuchs macht deutlich, dass neben der Verkehrsanalyse die Frage der Mobilitätssicherung immer mehr in den Mittelpunkt rückt. Außerdem sind geographische Perspektiven heute Teil einer zunehmend interdisziplinär organisierten Verkehrs- und Mobilitätsforschung. Die Autoren führen dafür zahlreiche Fallbeispiele an, z.B. zu den sozialwissenschaftlichen Perspektiven zur Erklärung des Verkehrshandelns oder zu den Herausforderungen des Verkehrs außerhalb hochindustrialisierter Staaten.

Gebrüder Borntraeger · Berlin · Stuttgart
Johannesstr. 3 A, 70176 Stuttgart, Germany
Auslieferung: E. Schweizerbart'sche Verlagsbuchhandlung, Johannesstr. 3 A, 70176 Stuttgart, Germany, Tel. +49 (0)711 351 456-0, Fax +49 (0)711 351 456-99
mail@schweizerbart.de, www.schweizerbart.de

...udienbücher der **Geographie**

Die Studienbücher der Geographie behandeln wichtige Teilgebiete, Probleme und Methoden des Faches, insbesondere der Allgemeinen Geographie. Über Teildisziplinen hinweggreifende Fragestellungen sollen die vielseitigen Verknüpfungen der Problemkreise sichtbar machen. Je nach der Thematik oder dem Forschungsstand werden einige Sachgebiete in theoretischer Analyse oder in weltweiten Übersichten, andere hingegen stärker aus regionaler Sicht behandelt. Den Herausgebern liegt besonders daran, Problemstellungen und Denkansätze deutlich werden zu lassen. Großer Wert wird deshalb auf didaktische Verarbeitung sowie klare und verständliche Darstellung gelegt. Die Reihe dient den Studierenden zum ergänzenden Eigenstudium, den Lehrern des Faches zur Fortbildung und den an Einzelthemen interessierten Angehörigen anderer Fächer zur Einführung in Teilgebiete der Geographie.

Einführung in die Allgemeine Klimatologie

Physikalische und
meteorologische Grundlagen

von Wolfgang Weischet und
Wilfried Endlicher

7., vollständig neu bearbeitete Auflage
2008. 344 Seiten, 109 Abbildungen, 13 Tabellen, 1 Tafel
ISBN **978-3-443-07142-4** broschiert, € 29,–

Dieses Lehrbuch zur Einführung in die physikalische Betrachtungsweise der Allgemeinen Klimatologie hat sich in der geographischen Fachwelt den Rang eines Standardwerkes der Klimatologie erworben. Der vorliegende Text ist mit dem Ziel abgefasst worden, Geographen, Geographiestudenten und anderen Interessenten den Einstieg in die physikalische Betrachtungsweise der Klimatologie zu ermöglichen.

Die 7., vollständig neu bearbeitete Auflage berücksichtigt neue Einsichten der Forschung über den anthropogen induzierten Klimawandel. Zwei neue Kapitel zu den naturwissenschaftlichen Grundlagen der ablaufenden Prozesse wurden ebenso wie ein Kapitel zum Stadt- und Geländeklima hinzugefügt. Bei den gesicherten klimatologischen Sachverhalten, also dem weitaus größten Teil des Buches, wurden einige wenige Kürzungen und Ergänzungen sowie Überarbeitungen der Abbildungen vorgenommen. Eine Einleitung mit Definitionen und Ausführungen zum Klima als System, ebenfalls eine Erkenntnis der letzten Jahre, wurde vorangestellt. Das Literaturverzeichnis wurde erweitert und Internetquellen sowie ein Verzeichnis von Maßeinheiten und Umrechnungsformeln kamen neu hinzu.

Für alle, die sich für das Klima unseres Planeten, seinen derzeitigen Wandel und die dabei ablaufenden atmosphärischen Prozesse interessieren, bietet das Buch eine solide Grundlage.

Gebrüder Borntraeger · Berlin · Stuttgart
Johannesstr. 3 A, 70176 Stuttgart, Germany
Auslieferung: E. Schweizerbart'sche Verlagsbuchhandlung, Johannesstr. 3 A,
70176 Stuttgart, Germany, Tel. +49 (0)711 351 456-0, Fax +49 (0)711 351 456-99
mail@schweizerbart.de, www.schweizerbart.de

9.3.3 Beispiel

Die einleitend angestellten Überlegungen zur Abhängigkeit der zeitlichen Entwicklung der Natalität in der Sowjetunion von derjenigen der Verstädterung hatten zu der Vermutung geführt, dass der mögliche Einfluss nicht unmittelbar sofort wirksam wird, sondern erst mit einer gewissen zeitlichen Verzögerung, d.h., eine Analyse durch die zeitliche Kreuzkorrelationsfunktion scheint angemessener als eine einfache Korrelationsanalyse.

Tab. 9.4: Die zeitlichen Kreuzkorrelationskoeffizienten zwischen Verstädterungsgrad ($= X$) und Natalitätsrate ($= Y$) bzw. zwischen den zugehörigen, um den linearen Trend bereinigten Variablen (X^* bzw. Y^*) für die Zeitschrittweiten $-10 \leq k \leq +10$ in der Sowjetunion

Zeitschrittweiten $k < 0$			Zeitschrittweiten $k \geq 0$		
k	Y/X	Y^*/X^*	k	Y/X	Y^*/X^*
-10	$-0{,}9203$	$-0{,}2346$	0	$-0{,}9207$	$0{,}2464$
-9	$-0{,}9316$	$-0{,}0611$	1	$-0{,}9188$	$0{,}0898$
-8	$-0{,}9411$	$0{,}0659$	2	$-0{,}9158$	$-0{,}1344$
-7	$-0{,}9453$	$0{,}2306$	3	$-0{,}9122$	$-0{,}3216$
-6	$-0{,}9424$	$0{,}4176$	4	$-0{,}9181$	$-0{,}6247$
-5	$-0{,}9396$	$0{,}4742$	5	$-0{,}9083$	$-0{,}6865$
-4	$-0{,}9378$	$0{,}5538$	6	$-0{,}8943$	$-0{,}6520$
-3	$-0{,}9362$	$0{,}6263$	7	$-0{,}8761$	$-0{,}5819$
-2	$-0{,}9324$	$0{,}5662$	8	$-0{,}8489$	$-0{,}4576$
-1	$-0{,}9284$	$0{,}4016$	9	$-0{,}8129$	$-0{,}3058$
			10	$-0{,}7668$	$-0{,}1396$

Die Kreuzkorrelationsfunktion auf Basis der Originalvariablen bleibt natürlich auf einem hohen absoluten Niveau (um $-0{,}9$) hängen (vgl. Tab. 9.4, Abb. 9.11(a)), ein deutliches Zeichen für die in beiden Zeitreihen starken linearen Trends. Die Kreuzkorrelationsfunktionen der Trendresiduen (vgl. Tab. 9.4, Abb. 9.11(b)) zeigt demgegenüber deutlich, dass (für positive Zeitschrittweiten) zunächst recht geringe Koeffizienten vorhanden sind und erst bei $k = 4$ ein relativ bedeutender negativer Wert auftritt. Von der Zeitschrittweite $k = 6$ an tendieren die Koeffizienten wieder gegen Null. Es zeigt sich also, dass für die Zeitschrittweiten von 4 bis 6 Jahren starke gegensinnige Ähnlichkeiten vorhanden sind, die die obige Hypothese unterstützen, d.h.: ein über den allgemeinen Trend (= linearer Trend) hinausgehendes Anwachsen der Verstädterung wirkt sich in $4-6$ Jahren auf die Natalität in der Form aus, dass diese über den Trend hinaus überdurchschnittlich absinkt. Die Interpretation des Kurvenverlaufes für negative k gibt in diesem Beispiel keinen Sinn, da es keine sinnvolle Theorie für eine zeitlich verzögerte „Abhängigkeit" der Verstädterung von der Natalität gibt.

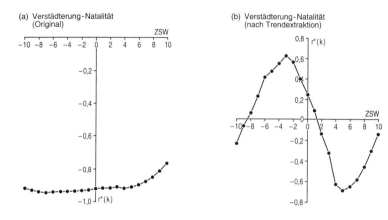

Abb. 9.11: Die Kreuzkorrelationsfunktionen zwischen Verstädterungsgrad und Natalitätsrate bzw. zwischen den zugehörigen, um den linearen Trend bereinigten Variablen bis zur Zeitschrittweite 10 in der Sowjetunion

9.4 Räumliche Autokorrelation

9.4.1 Das Phänomen der räumlichen Autokorrelation

Eine quantitative Erfassung der räumlichen Erhaltensneigung analog zur Messung der zeitlichen durch die zeitliche Autokorrelationsfunktion erfordert zunächst eine genauere Analyse dieses Phänomens und soll hier in Anlehnung an die von NIPPER/STREIT (1977) vorgenommene Darstellung erfolgen. Am Beispiel einer „Isohyetenkarte des Tagesniederschlages vom 15.7.1953 für Süddeutschland" (Abb. 9.12), die einer Untersuchung von SCHIRMER (1973) entnommen ist, lassen sich charakteristische Typen räumlicher Erhaltensneigung verdeutlichen. In dieser Karte ist die räumliche Verteilung der Niederschlagshöhen dargestellt, die sich bei einer Westlage durch rege Schauertätigkeit ergeben, wobei die Kamm- und Tiefenlinien (d.h. Schauerstraßen und Trockenstreifen) kartographisch kenntlich gemacht wurden, um die Regelhaftigkeit der Verteilung hervorzuheben. Im Hinblick auf die räumliche Erhaltensneigung sind besonders zwei Sachverhalte erwähnenswert:

1. Die streifenförmige Anordnung der Schauerstraßen entsprechend dem Höhenwind in W-O-Richtung: Betrachtet man einen Punkt, der relativ hohen Niederschlag erhält, also auf einer Kammlinie liegt, so werden mit hoher Wahrscheinlichkeit auch die westlich bzw. östlich benachbarten Punkte ebenfalls hohe Niederschlagswerte aufweisen. In Anlehnung an die zeitliche Autokorrelation könnte man hier von einer positiven räumlichen Autokorrelation sprechen.

2. Die alternierende Anordnung von Niederschlagswerten in N-S-Richtung: Bei nicht zu geringen räumlichen Distanzen erkennt man einen mehr oder minder regelmäßigen